新版 金属工学入門

西川 精一

アグネ技術センター

序　文

　人類の物質利用の歴史は，天然有機物および天然セラミックスの利用を主体とした原始的形態から始まったことは当然であるが，やや近代的な科学的知性の芽生えを感じさせ始めたのは，天然鉱石から金属を製錬する冶金技術の誕生からであろう．

　自然金や自然銅利用の時代は別として，正確な意味で採鉱冶金（Mining and Smelting）による金属の時代の始まりは，おそらく1400BC頃より始まった古代ギリシヤのLaurion鉱山において行われていたかなり大規模の含銀鉛の製錬からであろう*）．

　この金属製錬技術の長い発展の歴史の中にも，プラトンやアリストテレスの元素転換の思想と中世宗教的神秘思想が結びついて，ルネッサンス初期にはいわゆる錬金術（alchemy）が全盛を極めたことは歴史の明らかにするところである．このような人類の夢も金属を求めるロマンティックな回り道とは考えられないだろうか．この錬金術がマイセンの焼物を生み出したとも言われていることから考えても，人類の夢が多くの技術を生み出していることは確かである．

　このように金属はその歴史的観点よりしても，物質の中では最も単純素朴なものであるが，近代科学技術の花が金属から芽生えたのも決して偶然ではない．物質に関する学問の発達，特に科学技術の進歩は，その研究対象としてできるだけ単純なものを選ばないと困難である．そのような意味でも物質研究の歴史が金属から始まったのはきわめて幸運であったといえる．

　このようにして19世紀の初期には，Davyが金属の製錬で多数の業績をあげ，鋼の研究ではFaradayの名前を見出すことができる．このほかBerzelius，Oerstedt，Bunsenなど歴史に名をとどめる多くの化学者によって多くの金属元素の発見が続いた．

　合金の微細組織を研究するのに金属顕微鏡が使用され始めたのは1863年Sorbyからである．

　Gibbsが相律を導入したのは1874年であり，これを合金状態図に応用したのは1887年頃Roozeboomであると考えられている．これで金属および合金研究の初歩的段階は確立されたと考えてよい．その後1895年にRöntgenによりX線が発見されたが，これが金属を原子的スケールで研究できる手段を与えた．

　20世紀に入り1912年にはLaueやBraggにより金属単結晶によるX線回折像が示され，1916年には多結晶体への応用がDebyeやScherrerによって始められた．その後電子顕微鏡の導入によって金属学はさらに大きい進歩を示したが，この20世紀のはじめ頃その近代的な骨格はできあがったと考えてよい．

今世紀の中葉からは物質研究の力点は，金属から有機物質の合成の方に移り，有機高分子材料の合成化学の時代となる．有機高分子材料は巨大分子の複雑にからみ合った非晶質に近い状態である．その性質の解析は金属よりはるかに困難であるが，その代り性質はきわめて広い範囲に変化させることが可能である．

　人造ゴムや人造繊維の開発は人間のひとつの大きい夢をなしとげたということができる．

　現代はエレクトロニクスの時代であるが，その主役を演じている物質は金属と非金属の中間領域に存在する半金属あるいは半導体とよばれるものである．

　これらゲルマニウム，シリコンその他周期律中のb族元素化合物の性質は，金属の電子論の延長上で解明され得たのであるが，これらの物性研究に果した量子物理学の役割は大きい．

　工業技術の進展とともに，従来の構造用として使用されてきた金属材料に対する要求も極端に多様化し，苛酷とさえ考えられるようになってきた．特に耐熱性という点で金属ではとても耐えきれないような高温の要求が熱機関の方から提出され，いわゆるファインセラミックスが時代の脚光を浴びるようになっている．

　このような工業材料の変遷の歴史の流れの中で，金属はすでに古典的材料になったという言葉さえ聞かれる時代に見える．しかしこのような現象は工業材料の持つ社会的位置付けのきわめて局限された側面であって，現在でも工業材料の主流は金属であると考えられる．かつて人類が金属に託した夢が，現在は半導体やファインセラミックスに移っただけであって，金属自体の果している社会的役割にはそれほど大きい変化はない．

　時代の要求の高度化と多様化に対応するため，金属材料の応用面でも種々新しい動きが見られる．金属材料の複合化，機能化，情報処理による合金設計，極限状態下での物性の研究などがそれである．

　材料の複合化，機能化は用途の多様化とともに，材料研究者の当然な努力目標であって，その発想はそれほど大騒ぎするほどのものではないと思う．使用者の要求に適合した性能を新しいアイディアで工夫するのは材料研究者の義務であり，これを円滑に進めるためには使用者と材料提供者の不断の連携が必要である．

　材料に関する情報ほど世の中にあふれているものはない．この辺で便利なコンピューターを駆使して適切な処理を行っておくことは必要であろう．そこからまた新しい材料の予測が生まれることも期待できる．極限状態下での材料物性の研究には，上記の動向とはまた異なったセンスで魅力がある．

　ここでいう極限状態とは，周囲の環境が我々が日常経験するものと極端に異なっているという意味とその材料の大きさ形状が普通のバルクの状態と極端に異なっていることや，その製造条件が平衡状態より極端にずれていることなどを意味している．

超高圧下の材料物性の研究は金属にとっても興味深い．金属物性の基礎をなす電子論がどの程度確かなものか立証する上でも重要である．材料の結合様式はその結合に関係する電子の局在性の程度によって説明されている．自由電子のように非局在に近い場合は金属に近い性質を示し，局在性が強い場合は共有結合に近い性質を示す．超高圧下で原子相互が極端に接近した場合の電子はおそらく局在性を失う方向に変化するのであろう．

　バルクの金属塊を1～100nm程度の超微粒子にした状態，きわめて薄い膜金属の状態にした場合，どのような性質の変化が期待できるであろうか．このような状態では表面に存在する原子数の割合が全原子数の中で無視できないほど大きくなる．すなわち表面エネルギーの項が状態量の中に入り，従来の相律では取り扱えない種々の問題が起る可能性がある．

　最近液体急冷（～10^6K/s）によって種々の合金が非晶質に近い状態で得られるようになった．

　極端な非平衡状態であるから，室温付近で不安定という性質がひそんではいるが，種々の点でその物性は夢の多い魅力を持っている．

　以上材料工学は有機・無機を問わず，特に工業先進国においては，肥大化した多量生産方式からユニークなものの開発という「摸索の時代」に移りつつあるように感じられる．

　このような時代でどのような知識が最も必要であるかということを考えた場合，その物質の構造と特性の関連が最も理解しやすい金属という古典的な材料の基礎を平易な形で把握し，これを出発点として困難な応用問題とも言える各種工業材料に対応できるようにしておくことであろう．

　本書は以上のような考えから，金属の一般的性質の基礎的な理解と，その工業材料として占める位置づけをできるだけ整理することを目的とした．

　第Ⅰ部には金属および合金の性質をできるだけ基礎的に理解するのに必要な項目をまとめた．

　第Ⅱ部および第Ⅲ部は金属材料の各論であり，前者には鉄鋼材料，後者には非鉄材料をまとめた．非鉄材料は種類も多く煩雑であるので，大きく軽金属材料，低融点重金属材料，高融点重金属材料に分けた．また低融点重金属材料には半導体金属の一部を，高融点重金属には，貴金属や希土類金属を含めた．

　各論にはその金属の歴史，生い立ちである製錬法の概略，現在の需給統計の概略，性質とその応用を述べた．

　各編の終りには本書をまとめるに際して種々のデータを引用させていただいた参考書，文献を添付し，巻末には必要な付録を加えた．

　本書のレベルは大体大学の教養課程あるいは工業高等専門学校における基礎的専門課目程度とした．

本書は著者の研究教育生活におけるノートを集めたようなものであり，多くの先駆者の開拓した学問業績のアブストラクトに過ぎない．引用させていただいた参考書および文献の著者に対して深く敬意を表したい．また本書は著者が大学を退くにあたって，種々励ましの言葉をいただいた方々に対する感謝の気持のしるしであり，その時の約束の一端を果したものでもある．

なお，2成分系状態図の多くは，改訂2版金属データブック（日本金属学会編）から引用させていただいた．転載を許可された日本金属学会ならびに丸善株式会社に深謝の意を表したい．

最後に本書の出版にあたり，出版の労と種々助言をいただいたアグネ技術センターの長崎誠三学兄，図表と原稿の整理をしていただいた長田和雄工学博士およびアグネ技術センターの上村明子さん，各種の資料提供をいただいた小林繁美氏を含め多くの方々に深く謝意を表したい．

昭和60年3月

著　者

*) W. W. Krysko : Lead in History and Art (Blei in Geschichte und Kunst), Dr Riederer-Verlag GmbH, Stuttgart, 1979.

記号の用法，表現のしかたなどに統一を欠くところがあるが，そのままにとどめてある．読み苦しい点が多々あると思うがご了承いただきたい．

新版発行にあたって

　1985年5月，第1版を発行してからすでに16年を経過した．研究手段の進展は新しい物質の研究を促し，従来は単なる学問的興味とだけしか位置づけられなかったような材料物性が，精密化した工業技術によって次々に実用化されようとしている．その勢いはとどまるところを知らず，凄まじいばかりである．この変化の激しい時代にあって，拙著「金属工学入門」が15年間版を重ねてきたことについては感慨深いものがある．

　今回の合本にあたっては，極力誤植を訂正することを心がけ，1987年発行の2版でも取り上げきれなかったテーマについて若干加筆した．とくに第Ⅲ部最終章「新しい金属材料」については，大幅に書き改めた．目まぐるしく発展を続ける金属，材料研究の現実を省みると，なお不十分であることは否めないが，若い人たちの「温故知新」の一助となれば，望外の喜びである．

　最後に，初版発行以来種々助言をいただき，今回の合本を強くすすめてくれたアグネ技術センターの故長崎誠三学兄，急速に発展しつつある金属の微細構造の研究の現状の加筆に協力していただいた同社片岡邦郎氏に深く感謝したい．

2001年5月

　国名などは初版発行時のままとした．また，単位系についても統一を欠くところがあるが，そのままにとどめてある．ご了承いただきたい．

目　次

序文 ……………………………………………………………………………………… i
新版発行にあたって …………………………………………………………………… v

第 I 部　金属の基礎

第1章　金属原子と結晶構造 …………… 3
1・1　原子構造 ………………………………… 3
1・2　原子の結合 ……………………………… 5
1・3　結合力と結晶構造 ……………………… 9
1・4　金属結晶の幾何学 ……………………… 13
1・5　結晶内部における電子の
　　　エネルギー状態 ………………………… 18
1・6　結晶中に存在する各種の欠陥 ………… 20

第2章　金属および合金の状態 ………… 25
2・1　相平衡と熱力学 ………………………… 25
2・2　相律 ……………………………………… 34
2・3　純金属の平衡状態図 …………………… 35
2・4　純金属の融解と凝固 …………………… 37
2・5　合金相 …………………………………… 42
2・6　2成分系合金平衡状態図 ……………… 48
　2・6・1　2成分系2相平衡状態図 ………… 48
　2・6・2　2成分系3相平衡状態図 ………… 53
2・7　3成分系合金平衡状態図 ……………… 63
　2・7・1　3成分系2相平衡状態図 ………… 65
　2・7・2　3成分系3相平衡状態図 ………… 68
　2・7・3　3成分系4相平衡状態図 ………… 70
2・8　4成分系合金平衡状態図 ……………… 75
2・9　相の形成速度 …………………………… 75
　2・9・1　反応速度論 ………………………… 75
　2・9・2　拡散現象 …………………………… 79

第3章　金属および合金の一般的性質 … 87
3・1　比熱 ……………………………………… 87
3・2　密度 ……………………………………… 92
3・3　熱膨張 …………………………………… 96
3・4　熱伝導 …………………………………… 100
3・5　電気伝導 ………………………………… 103
3・6　磁性 ……………………………………… 111
3・7　変形 ……………………………………… 118
　3・7・1　弾性変形 …………………………… 118
　3・7・2　擬弾性 ……………………………… 122
　3・7・3　塑性変形 …………………………… 126
　3・7・4　金属の塑性変形に伴う
　　　　　性質変化 ……………………………… 138
3・8　金属の工業材料としての重要な
　　　機械的諸性質 …………………………… 141
　3・8・1　硬さ試験 …………………………… 141
　3・8・2　引張試験 …………………………… 144
　3・8・3　圧縮試験 …………………………… 153
　3・8・4　衝撃試験 …………………………… 153
　3・8・5　クリープ試験 ……………………… 155
　3・8・6　疲れ試験 …………………………… 158
　3・8・7　応力腐食割れ ……………………… 160
　3・8・8　破壊靭(じん)性 …………………… 161

3・9　金属材料の強化法⋯⋯⋯⋯⋯⋯165
　3・9・1　ひずみあるいは加工硬化⋯⋯165
　3・9・2　固溶体硬化⋯⋯⋯⋯⋯⋯165
　3・9・3　析出硬化⋯⋯⋯⋯⋯⋯⋯167
　3・9・4　マルテンサイト変態硬化⋯⋯170
　3・9・5　複合化による強化⋯⋯⋯⋯170
3・10　金属材料の腐食および酸化⋯⋯⋯171
　3・10・1　金属の電極電位⋯⋯⋯⋯⋯171
　3・10・2　腐食および防食⋯⋯⋯⋯⋯174
　3・10・3　金属材料の酸化⋯⋯⋯⋯⋯177
第Ⅰ部の文献・参考書⋯⋯⋯⋯⋯⋯⋯181
付録　1　Schrödingerの波動方程式⋯⋯184
　　　2　元素の電子構造⋯⋯⋯⋯⋯⋯186
　　　3　金属結合半径⋯⋯⋯⋯⋯⋯189
　　　4　元素の最近接原子間
　　　　　距離の周期性⋯⋯⋯⋯⋯⋯190
　　　5　金属に関係の深い非金属
　　　　　元素の共有結合半径⋯⋯⋯191
　　　6　イオン半径⋯⋯⋯⋯⋯⋯⋯191
　　　7　3次元空間内の自由電子の
　　　　　エネルギー状態⋯⋯⋯⋯⋯192
　　　8　結晶によるX線および電子線の
　　　　　散乱(Braggの反射条件)⋯⋯194

　　　9　禁止帯とその大きさ⋯⋯⋯⋯197
　　　10　Clausius-Clapeyronの式の導出・199
　　　11　ΔH_mの求め方⋯⋯⋯⋯⋯⋯200
　　　12　酔歩の問題
　　　　　(random-walk problem)⋯⋯⋯201
　　　13　Matano界面の求め方⋯⋯⋯⋯202
　　　14　古典的格子比熱式
　　　　　(Dulong-Petitの法則)⋯⋯⋯204
　　　15　Einsteinの比熱式⋯⋯⋯⋯⋯205
　　　16　Debyeの比熱式⋯⋯⋯⋯⋯⋯206
　　　17　立方晶における任意の方向のヤン
　　　　　グ率$E_{(l,m,n)}$の算出法⋯⋯⋯209
　　　18　$\left(\frac{\partial T}{\partial \varepsilon}\right)_S = \frac{-V_m \alpha E T}{C_V}$(p.123)の導出・211
　　　19　脆性破断に関するGriffithのモデル
　　　　　⋯⋯⋯⋯⋯⋯⋯⋯⋯⋯⋯212
　　　20　クラーク数⋯⋯⋯⋯⋯⋯⋯213
　　　21　各種硬さ値の比較表⋯⋯⋯⋯214
　　　22　ギリシャアルファベット⋯⋯216
　　　23　略字記号⋯⋯⋯⋯⋯⋯⋯⋯216
　　　24　単位⋯⋯⋯⋯⋯⋯⋯⋯⋯217
　　　25　単位換算表⋯⋯⋯⋯⋯⋯⋯223
　　　26　物理定数⋯⋯⋯⋯⋯⋯⋯⋯223

第Ⅱ部　鉄鋼材料

第1章　製鉄の歴史とその概略⋯⋯⋯227
1・1　鉄という金属元素⋯⋯⋯⋯⋯⋯227
1・2　製鉄の歴史⋯⋯⋯⋯⋯⋯⋯⋯228
1・3　製鉄法の概略⋯⋯⋯⋯⋯⋯⋯231
1・4　製鋼法の概略⋯⋯⋯⋯⋯⋯⋯234
1・5　粗鋼の鋳造法および圧延法⋯⋯236
1・6　鉄鋼業における環境問題⋯⋯⋯238

第2章　純鉄および炭素鋼⋯⋯⋯⋯⋯241
2・1　純鉄⋯⋯⋯⋯⋯⋯⋯⋯⋯⋯241
　2・1・1　各種市販純鉄⋯⋯⋯⋯⋯241
　2・1・2　純鉄の性質⋯⋯⋯⋯⋯⋯242
2・2　炭素鋼⋯⋯⋯⋯⋯⋯⋯⋯⋯245
　2・2・1　Fe-CおよびFe-Fe$_3$C系状態図
　　　　　⋯⋯⋯⋯⋯⋯⋯⋯⋯⋯⋯245

- 2・2・2 炭素鋼の組織 ……………247
- 2・2・3 炭素鋼の恒温変態 ………250
- 2・2・4 炭素鋼の熱処理の実際と性質変化 ……………253
  - 2・2・4・1 均質化処理 ……………253
  - 2・2・4・2 焼なまし ……………253
  - 2・2・4・3 焼準し（やきならし）……254
  - 2・2・4・4 焼入れ ……………254
  - 2・2・4・5 焼もどし ……………255
- 2・2・5 炭素鋼の熱処理に関連した諸問題とその対策 ……………256
  - 2・2・5・1 加熱の雰囲気と加熱方法 …256
  - 2・2・5・2 焼入れ用冷却媒 ………256
  - 2・2・5・3 オーステナイト粒度 …258
  - 2・2・5・4 鋼の焼入れ性 ………260
  - 2・2・5・5 鋼の焼割れ ……………262
  - 2・2・5・6 炭素鋼の焼もどしに伴う変化 ……………265
  - 2・2・5・7 恒温変態曲線を利用した各種の熱処理 ………266
- 2・2・6 実用炭素鋼の性質と用途 …269
  - 2・2・6・1 主要な不純物および介在物 ……………269
  - 2・2・6・2 実用炭素鋼の分類 ……271

第3章 合金鋼の基礎 ……………273
- 3・1 鉄を主成分とした2元合金一般 …273
- 3・2 Fe−C−X系3元合金一般 ………276
- 3・3 鉄を主成分とする侵入型合金 …277
  - 3・3・1 Fe−C系 ……………278
  - 3・3・2 Fe−N系 ……………280
  - 3・3・3 Fe−B系 ……………281
  - 3・3・4 Fe−H系 ……………282
  - 3・3・5 Fe−O系 ……………284

第4章 実用特殊鋼各論 ……………285
- 4・1 構造用特殊鋼 ……………285
  - 4・1・1 高張力鋼 ……………285
  - 4・1・2 特殊強靭鋼（低合金強靭鋼）…287
  - 4・1・3 超高張力鋼 ……………289
- 4・2 耐摩耗鋼, 軸受鋼, ゲージ鋼 …291
  - 4・2・1 高マンガン鋼 ……………291
  - 4・2・2 軸受鋼 ……………293
  - 4・2・3 ゲージ鋼 ……………293
- 4・3 工具用特殊鋼 ……………294
  - 4・3・1 低合金工具鋼 ……………294
  - 4・3・2 高速度鋼 ……………294
- 4・4 耐環境用特殊鋼 ……………296
  - 4・4・1 耐食性特殊鋼 ……………297
  - 4・4・2 耐熱性特殊鋼 ……………302
  - 4・4・3 低温用特殊鋼 ……………304
- 4・5 電磁気用特殊鋼 ……………306
  - 4・5・1 軟質磁性特殊鋼 ……………307
  - 4・5・2 硬質磁性特殊鋼 ……………311
  - 4・5・3 半硬質磁性特殊鋼 …………314

第5章 鋼材の表面硬化法 ……………317
- 5・1 浸炭および浸炭窒化法 …………317
- 5・2 窒化処理 ……………320
- 5・3 その他の鋼の表面硬化法 ………322

第6章 鋳鉄 ……………327
- 6・1 鋳鉄一般 ……………327
- 6・2 鋳鉄の組織 ……………327
- 6・3 鋳鉄の一般的諸性質 ……………330
- 6・4 各種実用鋳鉄 ……………332
- 第Ⅱ部の文献・参考書 ……………336

第Ⅲ部　非鉄金属材料その他

第1章　軽金属材料……………343
1・1　アルミニウムおよびその合金……344
　1・1・1　アルミニウム一般…………344
　1・1・2　純アルミニウム………………348
　1・1・3　アルミニウム合金……………350
　　1・1・3・1　アルミニウム合金一般……350
　　1・1・3・2　Al-Cu系合金…………354
　　1・1・3・3　Al-Mn系合金…………360
　　1・1・3・4　Al-Si系合金……………361
　　1・1・3・5　Al-Mg系合金……………362
　　1・1・3・6　Al-Mg-Si系合金………364
　　1・1・3・7　Al-Zn系合金……………365
　　1・1・3・8　Al-Li合金………………367
　　1・1・3・9　その他のアルミニウム合金
　　　　　　………………368
　1・1・4　アルミニウムの表面処理……372
1・2　チタンおよびその合金……………372
　1・2・1　チタン一般…………………372
　1・2・2　純チタン……………………375
　1・2・3　チタン合金…………………377
　1・2・4　チタンおよびチタン合金の
　　　　　問題点………………379
　1・2・5　チタンおよびその合金の
　　　　　加工法………………381
1・3　マグネシウムおよびその合金………382
　1・3・1　マグネシウム一般……………382
　1・3・2　純マグネシウム………………384
　1・3・3　マグネシウム合金……………386
　1・3・4　マグネシウムおよび
　　　　　その合金の加工法………390
1・4　ベリリウムおよびその他の軽金属・391
　1・4・1　ベリリウム……………………391
　1・4・2　カルシウム，ストロンチウム，
　　　　　バリウム…………………393
　　1・4・2・1　カルシウムおよびその合金
　　　　　　………………393
　　1・4・2・2　ストロンチウムおよび
　　　　　　その合金………………394
　　1・4・2・3　バリウムおよびその合金395
　1・4・3　リチウム………………………396
　1・4・4　ナトリウム，カリウム…………398
　1・4・5　ルビジウムおよびセシウム…399
　　1・4・5・1　ルビジウム……………399
　　1・4・5・2　セシウム………………399

第2章　低融点重金属材料……………403
2・1　低融点重金属材料一般………………403
2・2　亜鉛および亜鉛合金…………………405
　2・2・1　亜鉛一般………………………405
　2・2・2　純亜鉛…………………………407
　2・2・3　亜鉛合金………………………409
2・3　鉛および鉛合金………………………412
　2・3・1　鉛一般…………………………412
　2・3・2　純鉛……………………………416
　2・3・3　鉛合金…………………………420
　　2・3・3・1　Pb-Sb合金………………420
　　2・3・3・2　鉛基軸受合金……………424
　　2・3・3・3　活字合金…………………425
　　2・3・3・4　ケーブルシース用鉛合金・426
　　2・3・3・5　その他の応用……………426
2・4　スズおよびスズ合金…………………427
　2・4・1　スズ一般………………………427
　2・4・2　純スズ…………………………427
　2・4・3　スズ合金………………………428

2・4・3・1　Sn-Pb合金……………428
　　　2・4・3・2　軸受用スズ合金…………432
2・5　ビスマスおよびその他の
　　　低融点重金属……………………432
　2・5・1　ビスマスおよびその合金……432
　　　2・5・1・1　ビスマス一般……………432
　　　2・5・1・2　純ビスマス…………………432
　　　2・5・1・3　ビスマス合金………………433
　2・5・2　アンチモンおよび
　　　　　　その合金……………………435
　2・5・3　カドミウムおよび
　　　　　　カドミウム合金………………436
　　　2・5・3・1　カドミウム一般……………436
　　　2・5・3・2　純カドミウム………………436
　　　2・5・3・3　カドミウム合金その他……437
　2・5・4　水銀およびその合金……………437
　　　2・5・4・1　水銀一般………………………437
　　　2・5・4・2　純水銀…………………………438
　　　2・5・4・3　アマルガム……………………438
　2・5・5　インジウムおよびその合金……439
　2・5・6　ガリウムおよびその合金………440
　2・5・7　タリウムおよびその合金………441
　2・5・8　セレンおよびテルル……………442
　　　2・5・8・1　セレン……………………………442
　　　2・5・8・2　テルル……………………………443
2・6　その他の半金属…………………………444
　2・6・1　ゲルマニウムおよびその合金
　　　　　　……………………………………444
　2・6・2　シリコン………………………………444

第3章　高融点重金属材料………………451
3・1　銅および銅合金…………………………451
　3・1・1　銅一般……………………………451
　3・1・2　純銅………………………………454
　3・1・3　銅合金……………………………457

　　　3・1・3・1　銅合金一般………………457
　　　3・1・3・2　Cu-Zn合金………………459
　　　3・1・3・3　Cu-Sn合金………………462
　　　3・1・3・4　Cu-Al合金………………465
　　　3・1・3・5　Cu-Ni合金………………466
　　　3・1・3・6　Cu-Be合金………………468
　　　3・1・3・7　Cu-Pb合金………………470
　　　3・1・3・8　Cu-Mn合金………………470
　　　3・1・3・9　各種高力高電導銅合金…471
3・2　ニッケルおよびニッケル合金……472
　3・2・1　ニッケル一般…………………472
　3・2・2　純ニッケル……………………474
　3・2・3　ニッケル合金…………………475
　　　3・2・3・1　Ni-Fe合金…………………475
　　　3・2・3・2　Ni-Mo合金…………………477
　　　3・2・3・3　Ni-Cr合金…………………478
　　　3・2・3・4　Ni-Cu合金…………………482
　　　3・2・3・5　Ni-Be合金…………………482
3・3　コバルトおよびコバルト合金……483
　3・3・1　コバルト一般…………………483
　3・3・2　純コバルト……………………483
　3・3・3　コバルト合金…………………484
3・4　クロムおよびクロム合金…………484
　3・4・1　クロム一般……………………484
　3・4・2　純クロムおよびその合金……486
3・5　マンガンおよびマンガン合金……487
　3・5・1　マンガン金属一般……………487
　3・5・2　純マンガンおよび合金………487
3・6　ジルコニウムおよびその合金……488
　3・6・1　ジルコニウム一般……………488
　3・6・2　純ジルコニウム………………489
　3・6・3　ジルコニウム合金……………490
3・7　バナジウムおよびバナジウム合金
　　　………………………………………491
　3・7・1　バナジウム金属一般…………491

3・7・2　純バナジウムおよびその合金 ……492
3・8　リフラクトリーメタル ……493
　3・8・1　リフラクトリーメタル一般 …493
　3・8・2　モリブデンおよびその合金 …494
　　3・8・2・1　モリブデン金属一般 ……494
　　3・8・2・2　純モリブデンおよび
　　　　　　　　その合金 ……494
　3・8・3　タングステンおよび合金 ……495
　　3・8・3・1　タングステン金属一般 …495
　　3・8・3・2　純タングステンおよび
　　　　　　　　その合金 ……495
　3・8・4　タンタルおよびニオブと
　　　　　　その合金 ……496
　　3・8・4・1　タンタル ……496
　　3・8・4・2　ニオブおよびその合金 …497
　3・8・5　リフラクトリーメタルの
　　　　　　一般特性 ……498
3・9　貴金属 ……499
　3・9・1　金および金合金 ……500
　　3・9・1・1　金一般 ……500
　　3・9・1・2　純金 ……500
　　3・9・1・3　金合金 ……501
　3・9・2　銀および銀合金 ……509
　　3・9・2・1　銀一般 ……509
　　3・9・2・2　純銀 ……510
　　3・9・2・3　銀合金 ……510
　3・9・3　白金族金属およびその合金 …515
　　3・9・3・1　白金族金属一般 ……515
　　3・9・3・2　純白金および白金族 …517
　　3・9・3・3　白金族合金 ……519
3・10　希土類金属 ……524
　3・10・1　希土類金属一般 ……524
　3・10・2　希土類金属の性質
　　　　　　および用途 ……527

第4章　新しい金属材料 ……535
4・1　基本的な一般金属素材に
　　　対する考え方 ……535
4・2　極限状態下での金属物性の見直し …536
　4・2・1　超微粉の性質とその応用 ……537
　4・2・2　薄膜の物性とその応用 ……539
　4・2・3　急冷凝固非晶質合金膜 ……542
4・3　金属材料の複合化 ……544
　4・3・1　粒子分散強化の特徴と
　　　　　　その応用 ……545
　4・3・2　繊維強化の特徴とその応用 …545
　4・3・3　一方向凝固法による強化 ……549
4・4　金属材料の機能化による高度利用 …549
　4・4・1　アモルファス金属材料 ……551
　4・4・2　半導体材料 ……554
　4・4・3　超伝導材料 ……555
　4・4・4　磁性材料 ……557
　4・4・5　水素吸蔵合金 ……558
　4・4・6　形状記憶合金 ……559
　4・4・7　燃料電池 ……562
4・5　原子力工業と金属材料 ……562
　4・5・1　原子炉材料 ……563
　4・5・2　核融合炉材料 ……563
4・6　最近の金属材料の話題 ……564
4・7　金属材料のリサイクル ……569
4・8　材料極微小領域分析機器 ……570
第Ⅲ部の文献・参考書 ……574

索引 ……579
　和文索引 ……580
　欧文索引 ……593
　元素索引 ……602
　状態図索引 ……611

第Ⅰ部　金属の基礎

第1章　金属原子と結晶構造

　すべての材料がそうであるように，金属材料の基本的な性質はそれを構成している原子の特性と，その構成のしかた，いい変えればその結晶構造の両方できまる．1個の孤立した自由金属原子の特性は，いわゆる原子模型によって説明されるが，結晶という原子の空間的配列は原子間の結合についての知識を必要とする．実在する材料にはこのほか各種の格子欠陥が存在していて，これらがその性質を大きく左右している．そこで一般論として自由な単原子，原子間結合力，結晶構造の順序で記述を進める．

1・1　原子構造

　原子の構造は，原子核とその周囲をとりまく電子群よりなり，原子核は陽子（proton）と中性子（neutron）とよばれる基本粒子より構成されている．原子の質量は核に集中し，電子はこれらの原子が結合して物質を形成する場合の結合様式と，その結合様式に由来する諸物性を左右するものである．以上の概念はすでに古典的なものであるが，きわめて重要な基本である．電子はきわめて軽く，陽子や中性子の$5×10^{-4}$程度に過ぎない．また原子の大きさはその外側の電子の存在しているところまでと考え10^{-8}cm(10^{-1}nm)程度の半径を持っているのに対し，原子核の大きさは約10^{-12}cm(10^{-5}nm)と考えられるから，原子の質量はその中心のきわめて狭いところに集中していることがわかる．

　金属原子の特性はその核の構造に無関係というわけではないが，そのそとに対する作用のしかたは核の周囲，とくにその最も外側に近い電子によって左右される．これらの電子のエネルギー状態はいわゆる量子力学（quantum mechanics）によって記述され，4個の量子数（quantum numbers）によって量子化されたとびとびの準位（エネルギー準位：energy level）に位置している．電気的には原子は中性であるから，その原子番号に等しい陽子と電子を持ち，その数の電子は最も安定な状態，すなわち基底状態（ground state）では，このエネルギー準位を低い方から順次高い方へと満たすような形で分布している．また一つの準位にはパウリの排他律（Pauli's exclusion principle）によって2個以上の電子は

許容されない.

上で述べた4個の量子数とは，電子の運動を波動方程式（付録参照）で記述する場合，その1組の解を規定するのに必要な三つの整数と，±1/2の値をとるスピン量子数と呼ばれるものである．

次にこれら量子数の意味する物理的内容を簡単に述べる．

n：主量子数（principal quantum number）とよばれるもので，$1, 2, 3, \cdots n$ の正の整数である．電子の軌道運動という古典的なモデルの表現にしたがえば，その軌道の大きさ，電子のエネルギーの大きさをきめるものである．n が大きいほどそのエネルギー準位は高いと考えられる．

l：軌道量子数（orbital quantum number）あるいは方位量子数または副量子数とよばれる．$0, 1, 2, 3, \cdots (n-1)$ の正の整数である．電子の軌道運動の角運動量に関係するもので，n をきめても l の相異によって軌道の形が変化する．l が大きいほど準位はやや高くなるが，その変化はあまり大きくない．

m_l：磁気量子数（magnetic quantum number）とよばれ，$-l, \cdots, -1, 0, +1, \cdots +l$ の整数である．

外部磁場方向と電子の軌道運動の角運動量ベクトルとの間の角度に関係する．外部磁場が存在しない時はこの量子数は問題にならない．

m_s：スピン量子数（spin quantum number）とよばれ，±1/2の値しかない．電子の転位による磁気モーメントに関係したものである．

$n=1$ の準位をK殻（K-shell），$n=2$ の準位をL殻（L-shell），$n=3$ の準位をM殻（M-shell），$n=4$ の準位をN殻（N-shell），$n=5$ の準位をO殻（O-shell）等とよんでいる．これらの準位はさらに $2n^2$ 個の副準位に細分化されている．すなわちK殻には2個，L殻には8個，M殻には18個，N殻には32個，O殻には50個の副準位がある．

上の副準位の数を例えばM殻で求めてみると次のようになる．

M殻では $n=3$, $l=0, 1, 2$, $m_l=-2, -1, 0, 1, 2$, $m_s=+1/2, -1/2$ となる．

　　$l=0$ の場合　　$m_l=0, m_s=\pm 1/2$　2個
　　$l=1$ の場合　　$m_l=-1, 0, +1, m_s=\pm 1/2$　6個
　　$l=2$ の場合　　$m_l=-2, -1, 0, +1, +2, m_s=\pm 1/2$　10個

したがって $n=3$ のM殻では合計18個 $=2\times 3^2$ 個となる．他の場合も同様にして求まる．

中性原子に含まれる電子の数は原子番号に等しく，現在発見されている元素の数から考えて，電子のエネルギー準位はO殻まで考えれば充分であることがわかる．

従来分光学では，l の価によってその電子を次のようによぶ習慣がある．

　　$l=0$ の電子をs電子（sはsharpの頭文字）

$l=1$ の電子をp電子（pは principal の頭文字）
　$l=2$ の電子をd電子（dは diffuse の頭文字）
　$l=3$ の電子をf電子（fは fundamental の頭文字）
各原子の電子構造は付録に示した．
一般に原子の電子構造は次のように表す．
　H　：$(1s)^1$
　He　：$(1s)^2$
　O　：$(1s)^2(2s)^2(2p)^4$
　Al　：$(1s)^2(2s)^2(2p)^6(3s)^2(3p)^1$
　Si　：$(1s)^2(2s)^2(2p)^6(3s)^2(3p)^2$

また $n=$ 一定で最大限の電子を収容した電子構造を閉殻（closed shell）とよび，s電子2個＋p電子6個＝8個で最も安定な電子構造の得られることが周期律表を見ると理解できる．

　He：$(1s)^2$
　Ne：$(1s)^2+\overbrace{(2s)^2+(2p)^6}^{8}$
　Ar：$(1s)^2+(2s)^2+(2p)^6+\overbrace{(3s)^2+(3p)^6}^{8}$
　Kr：$(1s)^2+(2s)^2+(2p)^6+(3s)^2+(3p)^6+(3d)^{10}+\overbrace{(4s)^2+(4p)^6}^{8}$

この電子構造を8個構造（octet）とよぶ．
　原子が結合して物質を構成する場合，その最外殻電子がこの8個構造を作る時，その化合物は安定となる．

1・2　原子の結合

　原子がお互いに接近してその外殻電子軌道が重なり合いを示すようになると，その系全体のエネルギーの低下が起る．外殻電子軌道が重なり合うと許容軌道数が増加し，離れていた場合には不安定な準位に存在していた外殻電子が安定準位に入るからである．この低下エネルギーに相当した結合力が生れる．最も安定な結合様式とはこのエネルギー低下量が最大となる場合である．
　原子と原子の結合力はこれを大きく分けると，1次結合力（primary bonding force）と2次結合力（secondary bonding force）とに分類できる．

1次結合力は強い結合力であって，価電子（valence electron）あるいは外殻電子の関与のしかたによって従来三つのタイプに分類されている．イオン結合（ionic bond），共有あるいは等価結合（電子対結合，等極結合ともいう）（covalent bond），および金属結合（metallic bond）である．

2次結合力は比較的弱い結合力であって，それ自身ですでに安定な電子構造を持っている不活性ガス（inert gas）原子間，あるいは安定な分子間，および多くの有機高分子間の結合力のようなものである．多くの場合いわゆるその物質粒子固有の永久双極子（permanent dipole）により発生する．

イオン結合：原子の最外殻電子構造が，1個あるいは複数の電子を放出することによって安定構造になりやすい場合は，その電子を放出して正のイオンになろうとする傾向がある．このような原子を"electropositive"な原子という．また反対に外部より電子の補給を受けて負のイオンとなり，安定構造を達成しようとする傾向の強い"electronegative"な原子がある．この両者の正負電荷のクーロン力（Coulomb's force）による結合である．いまその一例として，NaClにおけるNa原子とCl原子の間の電子のやり取りを模型的に図1・1に示した．またこのイオン結合の場合の結合ポテンシャル模型を図1・2に示した．

図示したように両原子が近接すると，その外殻電子軌道が重なり，Naの方より1個の電子がその外殻より放出されて，Clの最外殻電子軌道に落ち込み，その系全体のエネルギーは低下し，この低下量に対応した引力が発生する．

このポテンシャルエネルギーの低下量を V_a とすれば，

$$V_a = -\frac{A}{r}$$

ただし r は原子間距離，Aは定数，$\lim_{r \to \infty} V_a = 0$

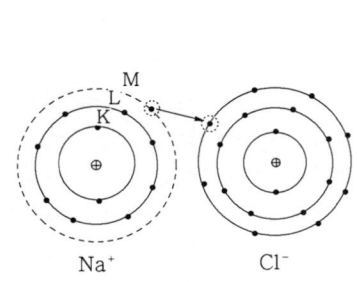

図1・1　イオン結合(NaCl)

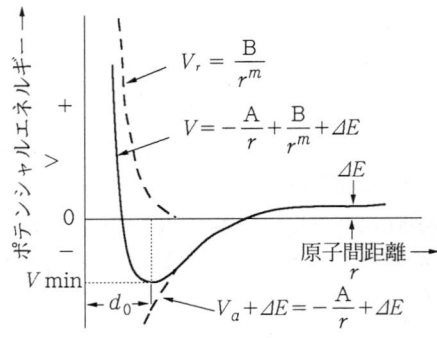

図1・2　イオン結合ポテンシャル(NaCl)

さらに近接するとイオン芯の重なりが起り，パウリの排他律によって電子は一部高いエネルギー準位に引きあげられ，系全体のエネルギーの増大が起る．このエネルギーの増大に対応した斥力が発生する．このポテンシャルエネルギーの増大を V_r とすれば，

$$V_r = \frac{B}{r^m}$$

ただしBは定数，$m > 1$ の定数，$\lim_{r \to \infty} V_a = 0$

また中性原子がイオン化するのに必要なエネルギーを ΔE とすれば，全エネルギー変化量 V は，

$$V = -\frac{A}{r} + \frac{B}{r^m} + \Delta E$$

いま，Na原子のs電子レベルを $-E_A$，Cl原子のp電子レベルに落ち込むものとしてその準位を $-E_B$ とすれば，$\Delta E = E_A - E_B$ である．

V の曲線には図1・2のように極小値が現れ，両原子の最も安定な平衡位置が存在する．

共有結合：安定な共有結合はN，O，C，Fなどの非金属原子間の結合に多く見出される．特に強い共有結合は，その外殻電子軌道が半分だけ満たされている原子間で発生する．結合は両原子より等しい数の電子を共有電子として提供することにより，両原子は最も安定な電子構造のoctetを形成する．そのいくつかの例を図1・3に示した．

図1・3に示したCは4b族の元素であり，その電子構造は $(1s)^2(2s)^2(2p)^2$ である．その4重結合は次のように説明される．Cの2個の2s電子の中で1個だけが2p軌道に移り，2pには合計3個の電子が存在する．したがって2sも2pもともに半分だけ満たされた状態となっている．このような軌道電子の再配列を混成（hybridization）とよび，このような軌道を (sp^3) 混成軌道（hybridized orbital）とよぶ．

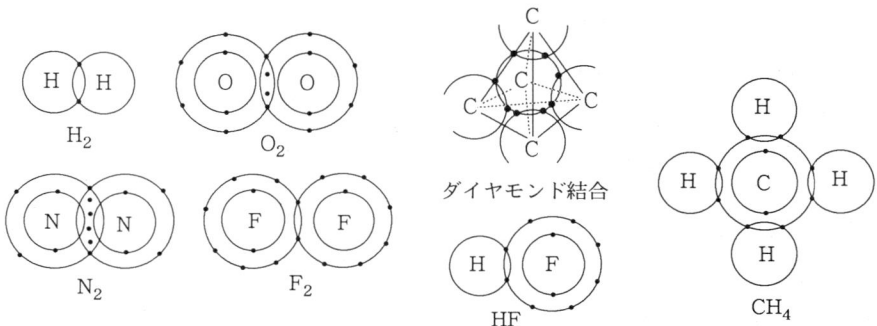

図1.3　共有結合

このようにして，Cは強い4個の結合の腕を持つようになると考えられている．

共有結合は結合電子の共有状態を特徴とするが，この共有電子は局在性が強く，したがって結合の方向性がきわめて著しい．このような結合様式の物質は，その結晶を形成する場合も特有な結合角を守り，いわゆる最密構造にはなりにくい．この点は下に述べる等方的な金属結合とは大きく異なるところである．

金属結合：この結合の場合も他の結合様式と同様に，原子の接近によって起る全エネルギーの低下と，それに対応した結合力で結びつけられているという点では類似している．

共有結合などと最も異なる点は，価電子の一部は特定の原子間に局在せず，その結晶全体に拡がり，どの金属イオンにも公平に所属するような形となっていることである．このような電子のことを自由電子（free electron）とよぶ．金属結合とは多数の金属イオンが空間的に規則正しく分布し，その中を自由に動き得る自由電子の形成する雰囲気（自由電子雲 free electron cloud）が満たしているような結合である．この結合の等方性と，自由電子の存在が金属材料の特性を大きく左右している．

電子の運動は波動方程式で量子力学的に記述されることを述べたが，金属原子が単独の状態から結晶という集合を作るということは，その価電子が1個の原子の占める狭い空間から結晶というマクロの広い空間に開放され自由電子化したことを意味する．この価電子の分布関数 $|\phi|^2$，すなわち波動関数の振幅の平方が意味する存在の確率が大きい空間に拡がり，電子の波長が長くなるとともに運動のエネルギーの低下に結び付いている．1次元の波動方程式では電子の運動のエネルギーは $E=n^2h^2/8mL^2$ である．ここで L はその運動空間の大きさである．L が大きくなると E は小さくなることがわかる．

また金属結晶内のポテンシャルはイオン位置において深い井戸型の周期ポテンシャルを形成している．自由電子もある時刻にはこの井戸の底近くに存在する確率も考えられるから，結晶中での自由電子のポテンシャルエネルギーも低くなっている可能性が考えられる．

結局，運動エネルギーとポテンシャルエネルギーの両面で低下が起り，それに対応した結合力が発生していることになる．

以上金属結合は自由電子化した価電子の存在によって，共有結合のような結合角を守る制約もない．したがって金属イオンを球体と考えた場合，その球を最も密度高く並べたきわめて簡単な結晶の形を作りやすい．このような結晶のことを最密充填型（the closest packing type）とよぶ．

金属でも価電子の多いものになってくると，その結合力は次第に強くなり，結合に関係する価電子はかならずしも全部が自由電子化せず，特定原子間に局在して共有結合的性格をもつようになる．たとえば鉄のような遷移金属では，その価電子軌道に（spd）の混成軌道を持ち，共有結合の性格が強く，結合力も大きい．その融点の高いことからもその間の様子を

うかがい知ることができる．このような金属結合と共有結合の混合の傾向は4b族において最も著しい．

C：ダイヤモンドで示されるように（sp³）の混成軌道による典型的共有結合
↓
Si：Cに近いがやや金属的性格を含む
↓
Ge：Siと同様
↓
Sn：高温のβ-Snは金属、低温のα-Snはダイヤモンド結合
↓
Pb：金属

金属が共有結合的性格を強く持つようになると，その結晶型も最密型から結合角の束縛を受けた複雑な結晶型に変化する．この傾向は非金属に近いSi, Sbなどに見られる．

共有結合の分子には永久双極子を形成するものが多い．2次的結合力はこの共有結合電子の局在性の強いことに関係がある．この双極子間に静電気的な引力が発生し，これが2次的結合力となる．この双極子の正極が水素である結合を水素結合（hydrogen bond）あるいは水素架橋（hydrogen bridge）とよぶ．図1・4にH_2OおよびHFなどの分子間に存在する水素結合を模型的に示した．

この水素結合は明瞭な方向性を持った2次的な結合力であるが，このほかに時間的に揺動する双極子間の結合力がある．これを一般に"van der Waalsの力"とよぶ．これは原子核のまわりの電子の存在確率が時間的にゆらぐことから発生する．これらの2次的結合力は高分子材料の構造や性質において重要な役割を果し，触媒反応，物理吸着（adsorption）などの表面現象にも重要なものである．

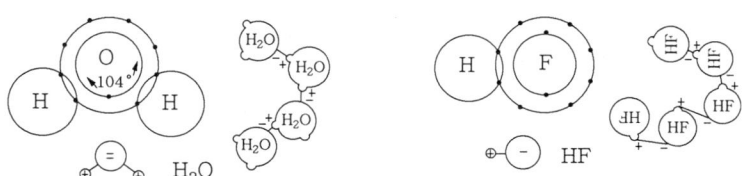

図1・4　分子間の2次結合

1・3　結合力と結晶構造

無数の金属原子が結合して規則正しい空間配列をとった巨大分子ともいうべきものが金属

の結晶である．金属イオンと金属イオンの間のポテンシャル空間を価電子，自由電子雲が満たしているきわめて等方的な最密型の結晶である．この結晶の等方性は他のイオン結晶，共有結合の結晶との比較において述べるのが理解しやすいので，最初にイオン結晶から金属結晶に進むことにしよう．

イオン結晶の構造：イオン結晶には（＋）イオンと（－）イオンが存在し，イオンを球体と考え，それぞれある大きさを持っているものとする．このイオン球の大きさはいわゆるイオン半径（ionic radius）で示され，その値は外殻電子軌道への価電子のやりとりなどによってきまる．一般に（＋）イオンは価電子を放出するのでそのイオン球は小さくなり，

表1·1　イオン半径と配位数

r_c：＋イオン半径　r_a：－イオン半径

配位数	イオン半径の比の範囲 (r_c/r_a)	配位多面体	原子配列の形式
2	0〜0.155	線	線結合
3	0.155〜0.225	正三角形	三角形
4	0.225〜0.414	正四面体	四面体
6	0.414〜0.732	正八面体	八面体
8	0.732〜1.00	立方体	立方晶
12	1.00	立方体	最密六方晶
12	1.00	立方体	面心立方晶

表1·2　イオン結晶の配位数の理論値と実際

イオン結晶および金属	r_c/r_a	幾何学的に予想される配位数	観察される実際の配位数
BeO	0.23	3〜4	4
SiO_2	0.29	4	4
MgO	0.47	6	6
MgF_2	0.48	6	6
NaCl	0.53	6	6
KCl	0.73	6〜8	6
CaF_2	0.73	6〜8	8
CsCl	0.93	8	8
体心立方金属	1.0	8〜12	8
面心立方金属	1.0	8〜12	12
最密六方金属	1.0	8〜12	12

他方(−)イオンは価電子をもらうのでそのイオン球は大きい．イオン結晶は次の制約の下で，小さい(+)イオンの周囲を大きい(−)イオンが取り囲むものと考える．1個の(+)イオンのまわりの(−)イオンの数を配位数（coordination number）とよぶ．この場合の前提となる制約は，(a)(+)イオン球と(−)イオン球は相接する，(b)(−)イオン球はお互いにそのイオン直径より近く接近することはできない，(c)各(+)イオン球は最大数の(−)イオン球で取り囲まれる．

この制約の下で純幾何学的にイオン半径と配位数の間に表1・1に示したような関係が考えられる．

いま，上述のイオン結晶についての配位数の考え方が実際の自然界でどの程度守られているかを表1・2に示した．この表を見るとr_c/r_aの値と配位数の関係がかなり忠実に守られていることがわかる．このことにより逆にイオン結晶ではr_c/r_aの値でその結晶の形が大体予想できることになる．そしてこのイオン結晶についてのイオン径と配位数との間に存在する一般則の延長上で$r_c/r_a = 1$の金属の最密構造が理解できる．

金属の結晶構造：金属結晶では(+)イオンのみであり，$r_c/r_a = 1$と考えることができる．これはイオン結晶の配位数で考えると8〜12の配位数領域である．金属結晶の等方的性格よりその結晶は最密型をとることが予想されたが，金属イオン球の結晶学的配列のしかたは大部分配位数8の体心立方晶か，配位数12の面心立方晶および最密六方晶である．この金属における代表的な三つの配位模型を図1・5に示した．面心立方晶と最密六方晶の図の(b)および(c)の配列は，前者は面心立方の体対角線の方向の原子の積み重なり方に相当し，後者は六方晶の六方軸方向の原子の積み重なりに相当する．

共有結合物質の結晶構造：共有結合では価電子の局在性が強く，結合原子間の結合角がきびしく守られている．また電子の共有によって安定な電子構造になろうとする傾向が強いから，原子価と配位数の間に一定の関係がある．この法則は$(8-N)$法則とよばれている．価電子数Nの原子が共有結合を形成する場合には，その原子のまわりの配位数は$(8-N)$

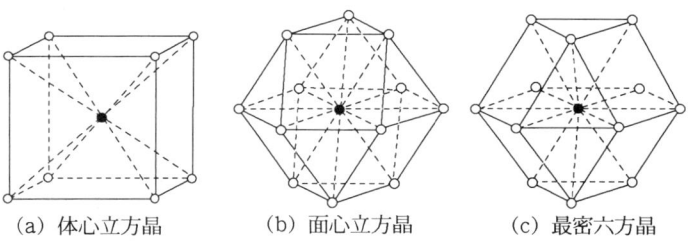

(a) 体心立方晶　　(b) 面心立方晶　　(c) 最密六方晶

図1・5　代表的な金属結晶の配位模型

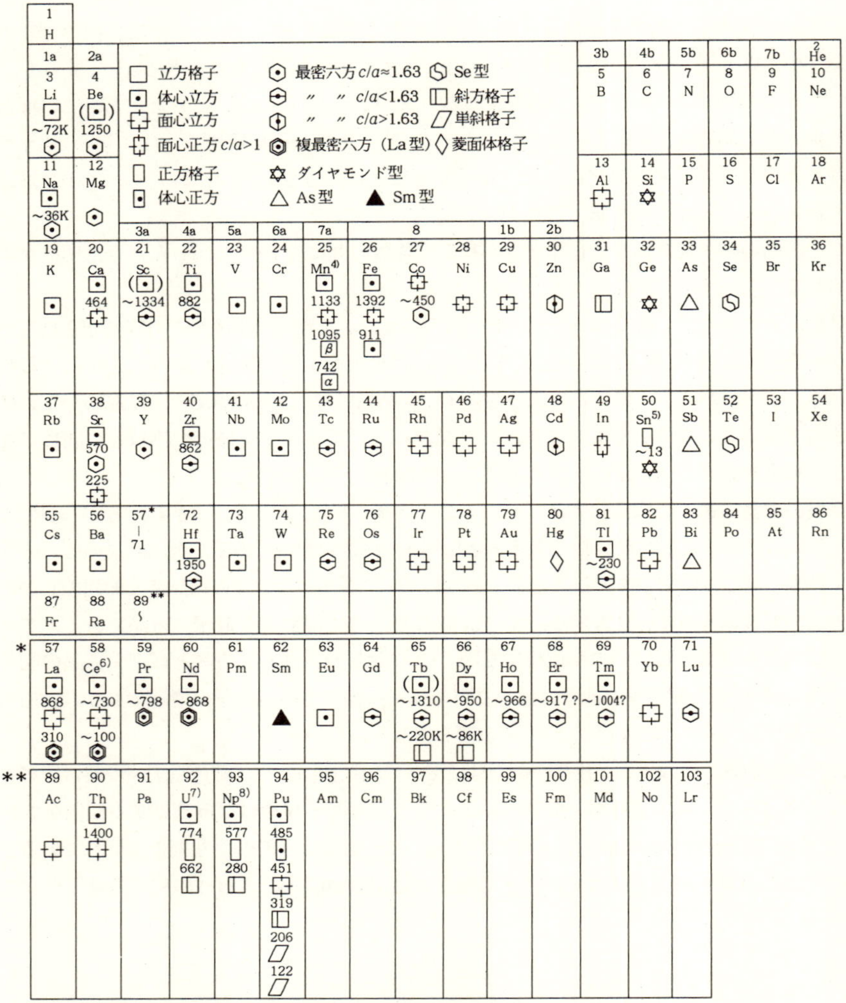

第I部 金属の基礎

図1·6 周期律表と元素の結晶構造

凡例:
- □ 立方格子
- ⊙ 最密六方 c/a≈1.63
- ⌀ Se型
- ● 体心立方
- ⊙ " c/a<1.63
- ▯ 斜方格子
- ⊞ 面心立方
- ⊙ " c/a>1.63
- ╱ 単斜格子
- 面心正方 c/a>1
- ⊙ 複最密六方 (La型)
- ◇ 菱面体格子
- 正方格子
- ✡ ダイヤモンド型
- 体心正方
- △ As型
- ▲ Sm型

注:
1) 非金属およびごく特殊な元素については記載を省略した.
2) 二つの格子型の間の数字は変態点(転移温度)でK表示のないものは℃を意味する. ?は変態に疑問のあるもの, 格子型では下が低温型を示す.
3) 不確実なものには格子型に( )をつけてある.
4) Mnで α は α-Mn型, β は β-Mn型.
5) Snでは低温型 ✡ を灰色スズ, 高温型 □ を白色スズともいう.
6) Ceの変態については諸説ある.
7) Uでは低温型 □ は α-U型, □ は β-U型.
8) Npでは低温型 □ は α-Np型, □ は β-Np型.

になるような結晶の形となる．たとえば価電子数4の炭素は4個の配位数を持つ正四面体のダイヤモンド結晶を形成する．図1・6に周期律表上の各元素の結晶構造を示した．

以上その結合力の性格によって，イオン結晶は（＋）イオンと（−）イオンの大きさの比率によりきまる配位数の結晶型となり，金属結晶は最密型となり，共有結合物質は$(8-N)$法則の配位数を持つ結晶型をとる．自然界の仕組みは意外に理屈通りに行われているのにおどろく．しかし一般の物質は純粋なイオン結合，金属結合，共有結合のみであることは少なく，多少なりとこの三つの結合力が混合し合っていることが多い．金属でも異種の金属イオンが共存する合金の場合は，この混在が広く現れてくる．

1・4　金属結晶の幾何学

結晶の対称性を代表する最小の単位を単位格子（unit cell, unit lattice）とよぶ．この単位格子の3次元的繰り返しによって結晶が構成される．単位格子の大きさおよび形をきめるパラメーターを格子定数（lattice parameters, lattice constants）とよび，これによって結晶を分類することができる．普通は結晶の三つの主軸をきめ，その軸角をα, β, γとし，その軸上での原子の繰り返し間隔，すなわち単位格子の3軸の長さをa, b, cとし，この6個のパラメーターにより結晶系をきめている．図1・7に単位格子の格子定数を示した．

一般にa, b, cおよびα, β, γの値より表1・3に示す結晶系に分類される．

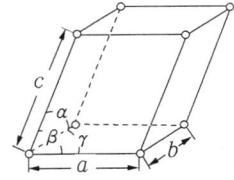

図1・7　結晶の単位格子の格子定数

表1・3　格子定数による結晶の分類

結晶系の名称	a, b, cの関係	α, β, γの関係
三斜晶系（triclinic）	$a \neq b \neq c$	$\alpha \neq \beta \neq \gamma$
単斜晶系（monoclinic）	$a \neq b \neq c$	$90°, \beta, 90°$
斜方晶系（orthorhombic）	$a \neq b \neq c$	$90°, 90°, 90°$
六方晶系（hexagonal）	$a = b \neq c$	$90°, 90°, 120°$
菱面体系（rhombohedral）	$a = b = c$	$\alpha = \beta = \gamma \neq 90°$
正方晶系（tetragonal）	$a = b \neq c$	$90°, 90°, 90°$
立方晶系（cubic）	$a = b = c$	$90°, 90°, 90°$

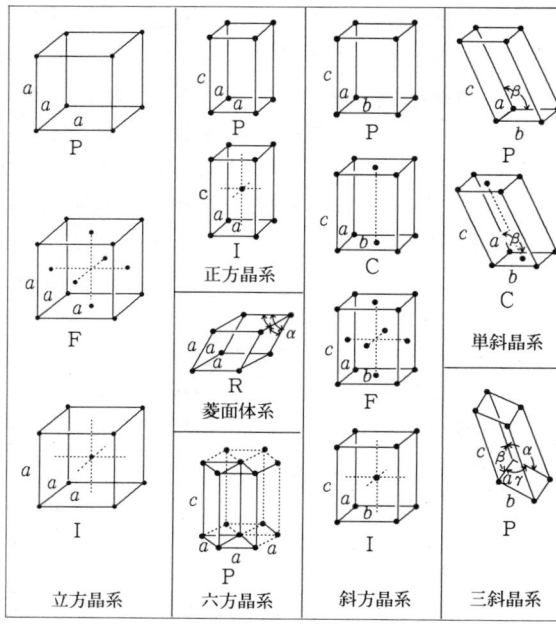

P : primitive cell
（単純格子）
C : 2平行面の中心に
格子点
F : 各面の中心に格子点
I : 格子の中心に格子点
R : rhombohedral
primitive cell
（単純菱面体格子）

図1･8　結晶系の分類

表1・3の結晶系のさらに細分化した14個の格子を図1・8に示した．それぞれ面心，体心に分けたものである．また代表的な金属結晶の単位格子を図1・9に示した．

結晶面の表示法：図1・10に示したように空間の一つの面を考え，この面と座標軸との交点をA, B, C 座標の原点Oとする．$\overline{OA}=a'$, $\overline{OB}=b'$, $\overline{OC}=c'$とした場合，この面の方程式は一般に次式で示される．

面心立方格子　　体心立方格子　　最密六方格子

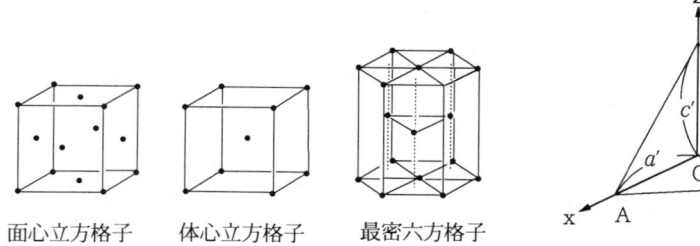

図1･9　代表的な金属結晶の単位格子

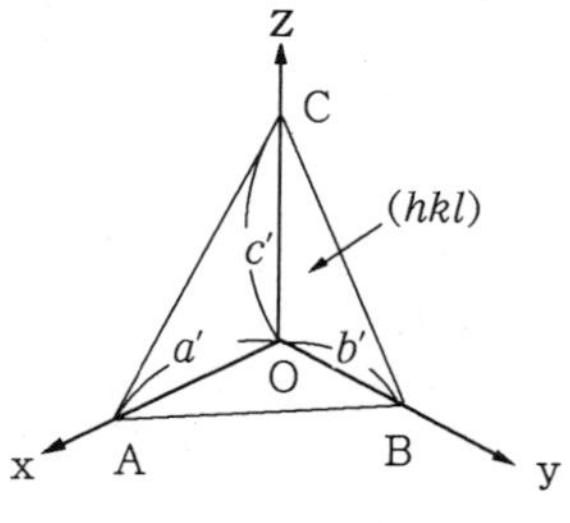

図1･10　結晶面のMiller面指数

$$\frac{x}{a'} + \frac{y}{b'} + \frac{z}{c'} = 1$$

結晶の任意の格子点を座標の原点とし，その格子点を通る結晶の三つの主軸を座標軸とする．また三つの主軸上の長さの単位は単位格子の格子定数にとる．いま，$1/a'=h$, $1/b'=k$, $1/c'=l$と置けば面の方程式は

$$hx + ky + lz = 1$$

この結晶面を $(h\,k\,l)$ と示す．この表示方法をミラー指数 (Miller indices) 表示とよぶ．

x, y, z 軸上の格子点の繰り返し間隔をそれぞれ a, b, c とし，この主軸とそれぞれ $a'=a$, $b'=2b$, $c'=3c$ で交わる結晶面のミラー指数を考える．その指数は約束に従って $1, 1/2, 1/3$ となるはずであるが，面指数は整数で示すことになっているから，分母に最小公倍数をかけて $h=6, k=3, l=2$ となり，この面のミラー指数は $(6\,3\,2)$ と表す．また $-a, 2b, -3c$ で交わる面の場合は $(\bar{6}\,3\,\bar{2})$ となる．

体心立方晶，面心立方晶，正方晶などの面表示は一般に上に示した3軸表示でよいが，六方晶の場合は4軸表示を使用することが多い．これをミラー・ブラベー (Miller-Bravais) の表示法とよぶ．

図1・11に六方晶の場合の4軸を示した．底面で120°で交わる a_1, a_2, a_3 軸と，これらに垂直に立つ c 軸である．面指数を h, k, i, l とすれば，ミラー指数の場合と同様に，これらは各軸と面の交点の原点よりの長さの逆数となっている．図1・11のACC′A′面について考えてみると，a_1軸およびa_2軸とはそれぞれ1および1，a_3軸とは$-1/2$，c軸とは平行であるから∞，その面表示は $(11\bar{2}0)$ となっている．またＡＢＯ′面は $(10\bar{1}1)$ である．

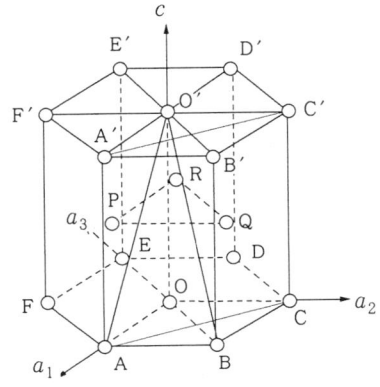

図1・11 六方晶の Miller-Bravais 面指数

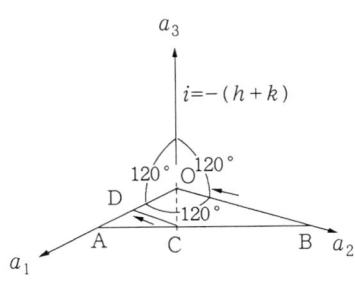

図1・12 六方晶の面指数
$i=-(h+k)$ の関係

六方晶面の4軸表示法では$i=-(h+k)$の関係が成立する．これは面の空間表示は3個のパラメーターで充分であるのに，この場合は4個を使用しているための制約であって，独立なパラメーターは3個ということである．

$i=-(h+k)$の関係は図1・12に示した3軸による底面表示より幾何学的に求まる．

$\overline{AO}=x$，$\overline{BO}=y$，$\overline{CO}=z$とするとすると，この底面とＡＢＣで交わる面のMiller-Bravaisの指数を$(h\,k\,i\,l)$とすると，

$$h=\frac{1}{x},\ k=\frac{1}{y},\ i=-\frac{1}{z}$$

CD∥BOとすれば△ODCは正三角形

∴ CD＝DO＝CO＝z

△ACD∽△ABO

∴ AD：AO＝CD：BO

∴ $(x-z):x=z:y$

∴ $z=xy/(x+y)$

∴ $\dfrac{1}{z}=\dfrac{1}{x}+\dfrac{1}{y}$

∴ $i=-(h+k)$

したがって六方晶の面指数iを省略して$(h\,k\,l)$で表すこともある．

結晶の方向表示法：結晶のある格子点Ｐの座標を(h,k,l)とした場合，座標原点ＯとＰを結ぶ$\overrightarrow{OP}$の方向を$[h\,k\,l]$と示す．また原点を通らない方向を示す場合は，座標の原点を適当にずらしてもよいし，原点を通りその方向に平行な等価な方向で代表させてもよい．また結晶の方向はすべて原点とある格子点を結んでいるのでその指数はすべて整数である．

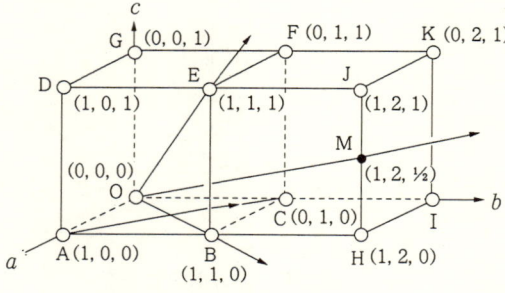

図1・13　立方晶の方向指数

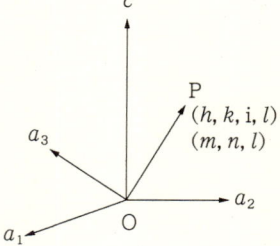

図1・14　六方晶の方向指数

図1・13に単純立方晶の場合を例にとって示す. $\overrightarrow{OA}$は [100], $\overrightarrow{OA}$は [$\bar{1}$00], $\overrightarrow{OB}$は [110], $\overrightarrow{OE}$は [111] である $\overrightarrow{OM}$は M は格子点でないので [12½] とはしないで [241] と示す. $\overrightarrow{AC}$は原点を通っていないが,原点を通りこれと平行な方向 [$\bar{1}$10] と示す.

　立方晶の場合は簡単であるが,六方晶の場合の Miller-Bravais の指数表示で [$hkil$] とすると,これと3次元空間の概念とが結びつき難く,理解しにくい.

　いま,図1・14において六方晶系のある格子点Pの座標を a_1, a_2, a_3, c の4軸を用いて示した場合これを (h, k, i, l) とする. また,これを a_1, a_2, c の3軸で示した場合の座標を (m, n, l) とする. 各軸方向の単位ベクトルをそれぞれ a_1, a_2, a_3, c とすれば

$$\overrightarrow{OP} = ha_1 + ka_2 + ia_3 + lc$$

$$\overrightarrow{OP} = ma_1 + na_2 + lc$$

また底面上の単位ベクトルの大きさは等しく,120°で交わっているから

$$a_1 + a_2 + a_3 = 0$$

以上の関係式を整理すると

$$(h-i-m)a_1 + (k-i-n)a_2 \equiv 0$$

上の関係が常に成立するためには,

$$h-i-m=0, \quad (k-i-n)=0$$

$$\therefore \quad m = h-i, \quad n = k-i$$

　m, n を決めてもこれを満足する h, k, i の組は無数に存在する. したがって m, n を決めても Miller-Bravais の指数は決まらない. 1組の m, n に対して1組の h, k, i を対応させるためにはもう一つの関係式が h, k, i の間に存在することが必要である. いま,仮に Miller-Bravais の面指数の間で成立した関係式 $h+k+i=0$ を方向指数の間にも導入すると,

$$h = (2m-n)/3, \quad k = -(m-2n)/3, \quad i = -(m+n)/3$$

の関係が成立し,(m, n, l) と (h, k, i, l) が1対1の対応を持つようになる.

　図1・11で六方晶の Miller-Bravais の方向指数のいくつかの例を示そう.

　$\overrightarrow{OA}$は3軸表示では [100] であるが4軸表示では [⅔, -⅓, -⅓, 0] であるが整数化して [2$\bar{1}\bar{1}$0] となる. 同様に $\overrightarrow{OC}$, $\overrightarrow{OE}$ はそれぞれ [$\bar{1}$2$\bar{1}$0], [$\bar{1}\bar{1}$20] となる.

　また $\overrightarrow{OA}$は3軸表示では [101] であるが4軸表示では [2$\bar{1}\bar{1}$3] となる.

　原点Oを通らない $\overrightarrow{AB'}$は $\overrightarrow{AB'} \parallel \overrightarrow{OC'}$ であり, $\overrightarrow{OC'}$ の3軸表示は [011] であって4軸表示は

[$\bar{1}2\bar{1}3$] となる。ゆえに $\overrightarrow{AB'}$ は [$\bar{1}2\bar{1}3$] である。

面指数と方向指数の間には次の関係が一般に成立している。

立方晶では　　　　$(hkl) \perp [hkl]$

最密六方晶の場合は　$(hki0) \perp [hki0]$

$l \neq 0$ の場合は上の関係は成立しない。

　金属結晶は球体を最も密度高く積み重ねた空間配列をとると考えられるので，最も近い原子は相接していると考えられる。したがって最近接原子間距離は原子直径に等しいとする考え方から評価される原子の大きさはゴールドシュミットの原子直径（Goldschmidt's atomic diameter）に近い値を示す。

　また最近接方向と最密面は金属結晶のすべり方向とすべり面に関連して重要である。最密六方晶は理想的な場合が $c/a = \sqrt{8/3}$ である。金属元素の結合半径とその周期性，金属に関係深い非金属元素の共有結合半径，希ガス型イオンのイオン半径の値などは付録に示した。

1・5　結晶内部における電子のエネルギー状態

　1個の独立した原子のまわりの電子は，先にも述べたように4個の量子数によって量子化されたとびとびのエネルギー準位に配列されている。ところが多数の原子が接近し結合して結晶体を作る場合には，それぞれの原子のまわりの電子軌道に重なりが生まれる。

　ところがパウリの排他則により各レベルに収容できる電子の数は決まっているから，重なり集まった電子全部を収容するためにはエネルギーレベルが拡がりその中が細分化されることが必要となる。この傾向は最初に重なりを起す最外殻に近い価電子レベルにおいてとくに大きい。また結合に関係する原子の数が増大するほど，すなわち分子が巨大化するほどレベルの拡大細分化傾向が大きくなる。その結果として結晶のスペクトルはもはや線ではなく帯状になる。このエネルギー・レベルの帯状化によって図1・15に示すように，未占有レベルと価電子レベルとの間に重なりが生じ，外部電場によって価電子の一部は自由に高レベルに移行できるようになる。このようにして価電子は自由電子の性格を帯びる。この自由電子は伝導電

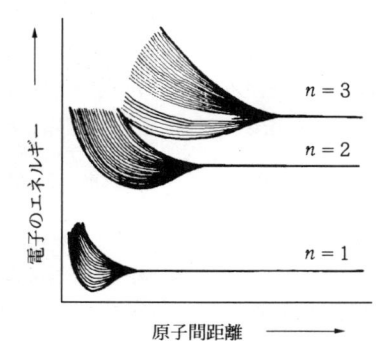

図1・15　結晶内電子のエネルギーレベルの帯状化

子 (conduction electron) ともよばれ，金属の電子論の中心的役割を果すものである．すでに述べたように自由電子の運動は波動方程式で記述できる．さきの取り扱いは定在波 (stationary wave, standing wave) としての取り扱いであったが，一方向に動いている電子の場合は時間とともに移動する進行波 (running wave) を用いなければならない．

波長 λ，振動数 ν の正弦波は $\sin 2\pi(x/\lambda - \nu t)$，その進行速度は $v = \nu\lambda$ である．波は正弦波でも余弦波でもよく，またその1次結合でも解を与える．したがって運動する電子を表現するには次のような形にすると便利である．

$$\phi = A(\cos\theta + i\sin\theta) = Ae^{i\theta}$$
$$\phi^* = A(\cos\theta - i\sin\theta) = Ae^{-i\theta}$$

ただし $\theta = 2\pi(x/\lambda - \nu t)$

進行波関数中の時間はあからさまに考える必要はないので $\exp(2\pi i\nu t)$ を A の中に含めて考えれば

$$\phi = Ae^{ikx} \quad \text{または} \quad Ae^{-ikx}$$

ただし $k = \pm 2\pi/\lambda$

k は波数と同時に波の進行方向も与えるもので波数ベクトル (wave number vector, wave vector) とよばれる．この k は3次元空間では k_x, k_y, k_z の成分をもつベクトルである．

$\lambda = h/mv$ であるから（ドゥ・ブローイ波長 $\lambda = h/p = h/mv$）

$$k = \pm 2\pi mv/h$$

自由電子のエネルギーは運動エネルギーが全エネルギーと考えられるから

$$E = \frac{1}{2}mv^2 = h^2k^2/8\pi^2 m$$

したがって完全に自由な電子のエネルギーは波数ベクトル k の大きさ k と放物線関係にある．この関係を図1・16に示した．

この関係からだけ見れば，電子は外部電場などによって無限に加速されることになるが，結晶内部ではその周期的ポテンシャル場の作用を受けている．

電磁波と結晶の周期ポテンシャル場との相互

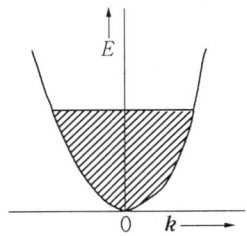

図1・16 自由電子のエネルギーレベルと波数ベクトルの大きさ k の関係

作用として弾性散乱に関するBraggの法則が知られている．

$$n\lambda = 2d \sin\theta$$

ただしλ：電磁波の波長，d：結晶の面間隔，θ：電磁波の入射角，n：反射の次数

電子も電磁波と同様に振舞うとすれば，上記の法則に従って反射される．
その場合の波数は

$$k = n\pi/d \sin\theta$$

つまり入射電子に対して上記の1系列のkの値で強い反射が起る．このことは結晶外部より入射される電子の場合も結晶内部で動く自由電子でも同様にあてはまる．つまりこのようなkに対応する電子のエネルギー状態は結晶内部では許容されないことを意味している．結晶内部の電子のエネルギー帯構造の中でこのkに対応する部分は一種の禁止帯となる．この禁止帯（forbidden band）には電子は存在し得ない．

これを平面的に示せば図1・17のようになる．結晶内部に存在する価電子群は許容帯の最低レベルより順次高いレベルへと充填され，その電子数によって許容帯を部分的に満たしていることもあれば，それを完全に満たしていることもある．また第1の許容帯からはみ出した部分は禁止帯を飛び越して第2許容帯に入り込んでいる場合もある．いずれにせよ許容帯を完全に満たしていない場合には，価電子の最高レベル，すなわちフェルミ・レベル（Fermi level）付近の価電子は熱エネルギーや電場の作用によって，空席になっている未占有レベルに比較的容易に移行することができる．すなわちこの電子は自由電子的挙動を示す．このような状態になっているのが電気伝導性のよい金属結晶である．結晶中での自由電子について上記のようにきわめて簡単化した定性的な説明を試みたが，その要点は付録を参照されたい．

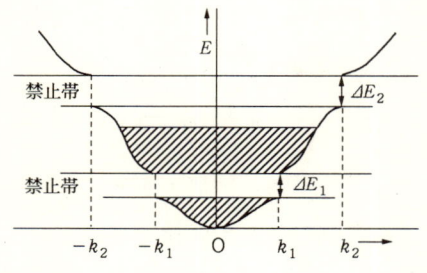

図1・17　エネルギーバンド模型

1・6　結晶中に存在する各種の欠陥

実在の結晶中には何らかの原因でその原子配列の乱れた部分が存在する．このような理想

的な配列からずれた場所を格子欠陥（lattice defects, lattice imperfections）とよんでいる．このような欠陥の存在が理想的な結晶と実在する結晶の構造に敏感な諸性質の相異の原因になっている．実用材料の塑性変形や熱処理に伴う微細組織の変化などはこの欠陥との深い関係の下で現れる現象である．したがって欠陥に関する知識は工業材料を理解する上で非常に重要である．

　点状の欠陥：点状の欠陥（point defects）には種々のものが考えられる．まずそのイメージを金属結晶の場合について図1・18，また参考のためイオン結晶の場合について図1・19に示した．金属結晶の場合は原子が1個抜けた空孔（vacancy），格子点原子が原子間に押しこめられている格子間原子あるいは侵入型原子（self interstitial atom），異種原子の置き代った置換型不純物原子（substitutional impurity atom），すき間に入った不純物原子として侵入型不純物原子（interstitial impurity atom）などがある．図1・19のイオン結晶では（＋）イオンと（－）イオンがあるので金属の場合よりやや複雑である．一対の（＋）および（－）イオンが抜けたショットキー欠陥（Schottky imperfection），空孔と侵入型原子の対になったフレンケル欠陥（Frenkel imperfection），一般に小さい（＋）イオンの抜けた空孔（カチオン空孔：cation vacancy），その他不純物原子が入った侵入型および置換型不純物原子などである．結晶は全体として電気的には中性に保たれている．したがってイオン結晶の場合は（＋）イオンと（－）イオン間の電荷の釣合いが常に保たれるように点欠陥は存在している．

　これらの欠陥が形成されるためにはそれぞれ特有な形成エネルギーを必要とする．そのエネルギーが温度のゆらぎのみで充分の場合はそれらの欠陥はそれぞれ熱平衡状態を保って存在する．いま金属結晶の空孔の場合を考えてみる．

　空孔を完全な結晶内部に直接形成

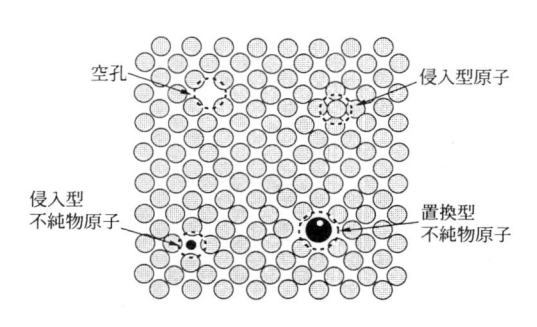

図1・18　金属結晶中の点欠陥

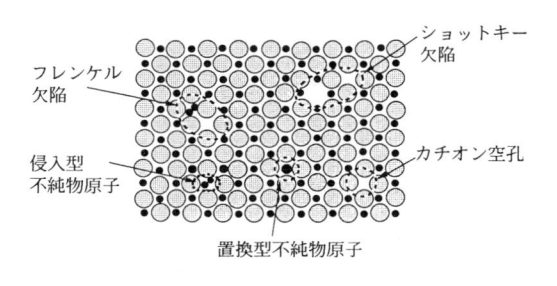

図1・19　イオン結晶中の点欠陥

することは非常に困難である．理想配列の中に空孔を作るためには同時に格子間原子も作らなければならないからである．そのためには非常に大きいエネルギーを必要とする．したがって実在する空孔形成には特殊な機構が考えられている．一般に結晶の自由表面や結晶粒界などでは比較的容易に空孔を作ることができる．

ここで形成された空孔が格子点の原子と位置変換を行いながら空孔は結晶内部に移動するという考え方である．また後述する線状の欠陥での転位というものがあるが，その刃状転位の上昇運動で空孔が形成されるという場合もある．これらの各種の空孔形成源（vacancy source）は同時にまたその消滅源（vacancy sink）ともなっている．空孔は温度によってある平衡濃度を保つ．

いま，1個の空孔の形成エネルギー（自由エネルギー）を E_f とすれば，温度 TK で熱的に平衡な空孔の数は次式で示される．

$$n = N\exp(-E_f/kT)$$

ただし $E_f = H_f - TS_f$，N は結晶の格子点の数，k はボルツマン定数である．

一般に空孔の形成エンタルピー（H_f）は $10kT_m$（T_m：その金属の融点）程度であり，形成エントロピー（S_f）は k 程度と考えられている．一般に金属の融点付近では 10^4 個の格子点の中で1個程度の空孔が存在するものとされている．上に示したように空孔の形成エネルギーは融点に比例し，結晶の凝集エネルギーと関係がある．その大きさは大体蒸発エネルギーの $1/4 \sim 1/2$ と見積られている

空孔に比較して格子間原子のエネルギーは弾性論の方から非常に大きいものと考えられている．したがって高温にしても熱的に平衡する数はきわめて少ない．

空孔は単独で存在するよりも2個あるいは数個集合体を形成した方が安定となる．高温より急冷された金属結晶中には多数の余剰空孔が残る．これを凍結余剰空孔（quenched-in excess vacancy）とよぶが，これらは集合体を形成してさらに大きい2次欠陥（secondary defect）を形成し，空孔濃度は常に平衡値に近づこうとする傾向がある．

原子炉用材料では高速中性子などの高エネルギー粒子の照射を受けることが多い．このような場合には材料中に侵入型原子および空孔が形成され，その性質が変化する．照射損傷（radiation damage）とよばれ重要な問題となっている．

線状の欠陥：線状の欠陥（line defect）は原子の位置の乱れが線状につながったものである．この中で転位（dislocation）とよばれるものは，金属の塑性変形との関連においてとくに重要である．

金属結晶が塑性変形を起すのは多くの場合結晶面のすべり（slip）によって行われる．この場合すべりはすべり面全域で同時に起るのではなく，転位の移動が起った部分のみがすべ

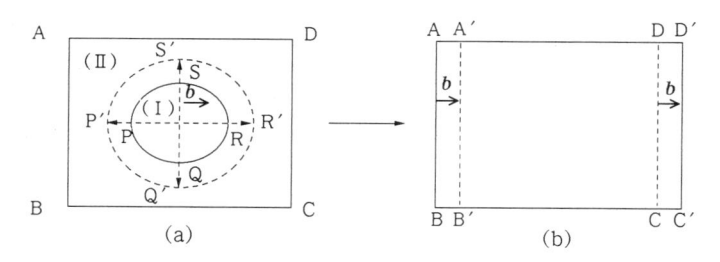

図1・20　結晶中の線状欠陥（転位）

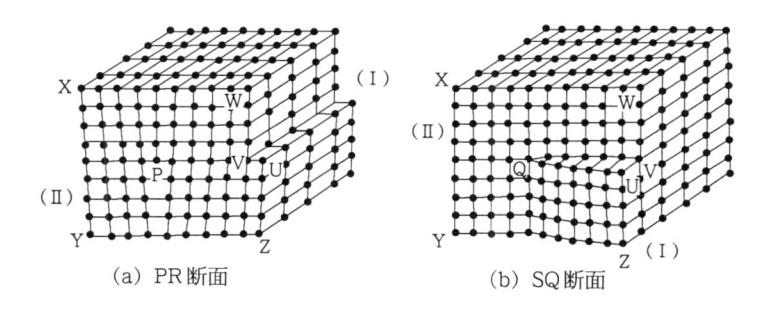

(a) PR断面　　(b) SQ断面

図1・21　刃状転位とらせん転位

りを起し，移動がまだ及ばない部分はすべりを起していない．

　図1・20にすべり面で拡がりつつある転位リングPQRSを示した．PQRSで囲まれた部分はすでにすべりが完了した部分（Ⅰ）であり，その外面（Ⅱ）はまだすべっていない部分である．PQRSはP'Q'R'S'の方向に拡がり，すべりは b で示した方向に起ったものとする．

　PQRSが結晶表面に抜け出た段階では，(b)図のように面ABCDは面A'B'C'D'のように全域が b だけすべりを完了している．

　この場合PR断面のPおよびR付近の原子の配列のしかた，QS面のQおよびS付近の原子配列を図1・21に示した．

　Pのような線状の原子のくいちがいを刃状転位（edge dislocation），Qのようなくいちがいをらせん転位（screw dislocation）とよんでいる．またすべりベクトル b は一般に最初にその重要性を指摘したオランダのBurgersにちなんでバーガース・ベクトル（Burgers vector）とよばれる．

　転位はそのエネルギーが空孔などよりも大きく，一般に熱的平衡は考えられず，熱活性化

過程では形成されないものと考えられている．主として冷間加工などによって結晶内部に導入され，擬安定平衡を保っている．

このほか結晶粒界も材料の性質を考える場合は重要であるが，この場所も欠陥の多数集まった場所と考えられる．転位については結晶の塑性変形のところで詳細に述べることとする．

第2章　金属および合金の状態

2·1　相平衡と熱力学

　物質はその周囲の環境によって様々な状態で存在する．そのひとつひとつの均一な存在のしかたあるいは存在形式とも言うべきものを相（phase）とよぶ．具体例で説明すれば，H_2Oという物質の液相の名は水であり，気相の名は水蒸気であり，固相の名は氷である．またこのH_2Oは外部条件，すなわち温度および圧力によって単相のみの状態，2相共存の状態，あるいは3相共存の状態で存在することができる．固態の鉄は，温度および圧力の変化によって結晶型の異なるα-Fe，γ-Fe，δ-Feの三つの相に変化する．また水に砂糖を加えると均一な砂糖水になる．この砂糖水も溶液（liquid solution）という一つの相である．加える砂糖が多すぎると，余分の砂糖は溶解せず砂糖水の中に固態の砂糖が沈殿した2相共存の状態となる．普通の状態では水と油は均一な溶液を形成せず2液相の共存状態を示す．融解した銅に十分な高温でニッケルを添加すると，どのような割合でも均一な溶液で1相の状態である．これを凝固させても均一な固溶体（solid solution）の1相状態しか得られない．以上の説明で物質あるいは物質系の状態（state）とその相（phase）の意味の区別が理解できたものと考える．

　物質が外部条件の変化によって一つの相から他の相に移行するのを相変化（phase change），相変態（phase transformation），相転移（phase transition）とよぶ．この場合の変態速度に関係した速度論（kinetic theory）は，その変態機構（transformation mechanism）の考え方によって諸説があり，なかなか難しい問題であるが，その変化の方向は化学熱力学（chemical thermodynamics）的平衡論によって予知することができる．

　一般に相変態の方向は自由エネルギー（free energy）とよばれる状態量が減少する方向であり，自由エネルギーの最小の相が安定な相ということになる．相平衡でいえば，その二つの相の自由エネルギーが等しい時に平衡関係を保ちどちらの方向にも変態は起らない．

　自由エネルギーは温度，圧力あるいは体積，組成を独立変数として含む関数として表すことができる．

　もちろん純金属のような1成分系（one component system, unary system）の場合は温度と圧力あるいは体積が独立変数である．

　Gibbsは物質系の多相平衡についての熱力学的な研究を1874～1878年にわたって行い，

ある平衡状態にある物質系の相の数，成分の数と自由に変化させ得る条件の数，すなわち自由度（degree of freedom）との間にある一定の関係の存在することを見出した．これが相律（phase rule）とよばれるものである．この相律が平衡状態図の基本をなしている．

この相律の説明に移る前に化学熱力学の基礎概念に触れておくことにする．

熱力学の状態方程式は系の熱力学的状態のみに依存し，その状態にいたる経路には依存しない量を基礎としている．このような量を状態量あるいは状態関数（function of state）という．

このような量としては内部エネルギー（internal energy），エンタルピー（enthalpy），エントロピー（entropy），自由エネルギーなどがある．

内部エネルギーとは系を構成する原子や分子などの粒子の運動のエネルギー（kinetic energy）とそれらの間の相互作用エネルギー（interaction energy）の総和である．後者は一種のポテンシャルエネルギーである．この内部エネルギーは，その系が周囲から隔離された孤立系であれば内部エネルギーの変化は起らない．しかしその系と周囲との間に相互作用があれば，エネルギーのやりとりによって内部エネルギーが変化する．そのエネルギーの移動は力学的な仕事（work）として，または熱接触しているときは熱（heat）の流れの形で行われる．

ある系が熱dQをその周囲より吸収して，外部に対してdWの仕事を行い，内部エネルギーがdEだけ変化したものとすれば，熱力学の第1法則より

$$dE = dQ - dW$$

いま仕事が一定圧力Pの下で摩擦なしに行われるものとすれば，$dW=PdV$，また$dP=0$であるから，

$$dE + PdV = dE + PdV + VdP = d(E + PV)$$

ここで内部エネルギーEのほかに次のような状態関数を定義することができる．

$$H = E + PV$$

このHがエンタルピーである．これはその系の内部エネルギーと外部エネルギーの和と考えられる．外部エネルギーとは外圧Pに対抗してその系が体積Vを保持しているポテンシャルエネルギーと考えてよい．

$dH = dQ$, $H = \int dQ$であるからHはその系の熱含量（heat content）と考えられる．

$P=$一定の下での反応熱はΔHであり，ΔHが正の時は吸熱反応（endothermic reaction），負の時は発熱反応（exothermic reaction）である．

ある物質系が平衡状態より多少ずれている場合には，自発的にある方向に向って反応が起る．このような場合にはこの系は外に向って仕事をすることができる．平衡状態になればもはや仕事をすることはできない．このように化学変化はその系がエネルギーを仕事の形で開放できる方向に起る．この系が仕事をしたからといって系のエネルギーが零になったわけではない．このような意味で系のエネルギーを二つに分け，

(1) 仕事として開放される自由エネルギー
(2) 仕事として開放され得ない束縛エネルギー（bound energy）

とすることができる．この系は自由エネルギーを開放するような変化を起し，自由エネルギーの最小状態が平衡状態である．

いま，全エネルギーを二つに分けたが，そのそれぞれに対する状態関数を考える必要がある．QやWではこの目的に合致しない．これらはいずれも反応の道筋に左右されるからである．

エントロピー

この概念は蒸気機関の熱と仕事の変換の理論の中から生まれてきた熱力学的状態量である．

いまA状態からB状態に移行する場合の変化過程を可逆（reversible）および不可逆（irreversible）の観点より考えてみよう．

たとえば気体を膨張させる場合，これを真空中に直接放出させるのは不可逆過程である．その気体の圧力よりわずかに外圧を低くしておいてから，摩擦のないピストンを静かに押して膨張をくりかえす過程は可逆過程と考えられる．このようにして最初から最後の状態までこのような微小な段階に区分し，ある一つの段階でのわずかな吸熱量を$\varDelta Q$とし，その絶対温度をTとすれば，$\varDelta Q/T$を最初から最後まで積分すると，その総和は変化の道筋に関係なく，最初と最後の状態のみに依存することが実験的に知られている．したがってこの$\varDelta Q/T$の和は状態関数と考えられ，これをSとすれば，A状態からB状態への可逆変化で

$$S_B = S_A + \int_A^B \frac{dQ}{T}$$

これをこの系の一つの状態量エントロピーと定義する．

いまある孤立系（isolated system）を考えると，$dQ=0$であるから，この孤立系の可逆過程ではエントロピーの変化は起らない．不可逆過程では常に$dS > \varDelta Q/T$となり，すべての変化は

$$dS \geq 0$$

これが熱力学の第2法則である．

一般に可逆と不可逆およびエントロピーの熱力学的概念は理解し難いので，つぎにもう一つの例を引いて説明を加えておく．

いま氷が水の中に存在している系を一つの孤立系とする．つまり水が大きい熱浴の役割を果しているわけである．

水の温度が0℃で氷から水への変化を起す場合は，水から氷へQだけの熱の供給はあるが，その系全体としてはエントロピー変化$\Delta S=0$である．ところが10℃の水である場合は同様にQだけの熱の移動はあるが，その系のエントロピー変化$\Delta S=(Q/T_0-Q/T_{10})>0$である．

ただし　$T_0=273K$，$T_{10}=283K$

エントロピーの概念は統計熱力学的な側面から見た方が理解しやすい．統計熱力学とは物質系を原子のような粒子の巨大な集団と考え，この物質系の微視的状態を統計（statistics）的に処理して，その巨視的状態に結びつける学問である．原子あるいは分子系の微視的状態には，個々の粒子の振動エネルギーの分布とその位置の分布が考えられる．いまその位置の微視的分布だけについて考えてみる．

いま粒子の位置の微視的状態数をWとすれば，その系の位置（あるいは配置）のエントロピーは

$$S = k \ln W$$

これはボルツマンの関係式（Boltzmann's relation）[1]としてよく知られている．

いまN個の原子よりなる合金を考え，A成分金属の原子数はn個とし，B成分の原子数を$(N-n)$個とする．

A金属原子n個のみの場合の原子の微視的状態数，すなわち原子のならべ方は

$$W_A = n!$$

その配置のエントロピーをS_Aとすると

$$S_A = k \ln W_A = k \ln n!$$

B金属だけの場合も同様に

$$S_B = k \ln W_B = k \ln (N-n)!$$

(A，B)固溶体の場合は

$$S_{A+B} = k \ln W_{A+B} = k \ln N!$$

ゆえに合金化によるエントロピー変化をΔS_mとすれば

$$\Delta S_m = S_{A+B} - (S_A + S_B)$$
$$= k \ln N! - [k \ln n! + k \ln(N-n)!]$$
$$= k \ln [N!/n!(N-n)!]$$

スターリングの近似式 (Stirling's equation) を使用すると
$$\ln N! = \sum_{1}^{N} \ln N \fallingdotseq \int_{0}^{N} \ln N \mathrm{d}N = N\ln N - N$$
$$\therefore \Delta S_m = k[N\ln N - n\ln n - (N-n)\ln(N-n)]$$

いま $X_A = n/N$ とすれば $X_B = (1-X_A) = (N-n)/N$

$$\therefore \Delta S_m = -Nk[X_A \ln X_A + (1-X_A)\ln(1-X_A)]$$

N を合金1モルの原子数とすれば
$$\Delta S_m = -R[X_A \ln X_A + (1-X_A)\ln(1-X_A)]$$

この ΔS_m は合金形成の場合の混合のエントロピー (mixing entropy) である．
　ボルツマンの関係式さえ理解しておれば，混合のエントロピー ΔS_m の方が可逆と不可逆の機械的仕事よりもエントロピーの概念をよく与えている．

自由エネルギー
　いまある系が周囲から熱 $\mathrm{d}Q$ だけ吸収して $\mathrm{d}W$ の仕事を周囲に行い，内部エネルギーの変化が $\mathrm{d}E$ だけあったとすると
$$\mathrm{d}E = \mathrm{d}Q - \mathrm{d}W$$

系のエントロピー変化を $\mathrm{d}S$，周囲のそれを $\mathrm{d}S_x$ とすれば
$$\mathrm{d}S + \mathrm{d}S_x \geq 0$$

周囲と系の温度が等しく T とすれば
$$\mathrm{d}S_x = -\mathrm{d}Q/T$$
$$\therefore \mathrm{d}S - \mathrm{d}Q/T \geq 0$$

$\mathrm{d}Q = \mathrm{d}E + P\mathrm{d}V$ を代入すれば
$$\mathrm{d}E + P\mathrm{d}V - T\mathrm{d}S \leq 0$$

$\mathrm{d}E + P\mathrm{d}V - T\mathrm{d}S = 0$ の時がこの系の平衡状態である．

我々が扱う変化の中で圧力Pと温度Tの一定の状態が最も一般的で重要である．この場合は，

$$dE + PdV - TdS = dE + PdV + VdP - TdS - SdT$$
$$= d(E + PV - TS) \leq 0$$

状態関数としては

$$G = E + PV - TS = H - TS$$

が定義できる．

P, Tが一定のもとでは，変化が自然に起る場合はGは常に減少する方向に変化が進む．平衡状態ではそれ以上Gが減少し得ない最小の状態にある．

このGをGibbsの自由エネルギーとよび，熱力学の状態関数の中で最も重要なものである．

体積Vと温度Tが一定の場合は

$$dE + PdV - TdS = dE - TdS \leq 0$$

$dT = 0$であるから

$$dE - TdS = dE - TdS - SdT = d(E - TS) \leq 0$$

状態関数として$F = E - TS$が定義できる．液体あるいは固体のように外部仕事PdVのきわめて小さい場合は$dG \fallingdotseq dF$と考えてよい．気体のような場合は明瞭に区別する必要がある．

このFはHelmholtzの自由エネルギーである．

最初に1成分系の相平衡の熱力学的意味付けを考え，次に多成分系に移りたい．

1成分系の自由エネルギーは温度および圧力の関数である．いま圧力$P = $一定の条件下では，

$G = H - TS$であるから

$$\left(\frac{\partial G}{\partial T}\right)_P = -S$$

すなわち1成分系のいかなる相のG-T曲線も圧力一定の条件下では負の勾配を持ち，その傾斜はエントロピーの大きい相ほど大きくなることがわかる．固相，液相，気相の順にその傾斜は大きいということである．二つのG-T曲線の交わりがその2相平衡の温度を示す．この関係の一例をH_2Oについて図1・22（a）に示した．

このような交点を各圧力下で求めると2相平衡線を描くことができる．いまH_2OのP-T図

を図1・22(b)に示した．縦軸に圧力P，横軸に温度Tをとると，固相，液相，気相の位置関係は図のようになることがわかる．2相共存の状態はAD，BD，CD線で示され，3相共存は点Dで示される．2相共存線がなぜ1点で交わるかの理由は後述の相律で説明したい．

図1・22(b)において$P=760$torrで水平線を引きBD，CD線との交点E，Fを求めると，その2相平衡の温度はそれぞれ0℃および100℃となる．D点は3重点(triple point)といわれ，温度は0.0098℃，圧力は4.58torrである．

次に2相平衡線の傾斜を考えてみよう．

クラジウス-クラペイロン(Clausius-Clapeyron)の関係式(付録参照)によれば，

$$\frac{dP}{dT} = \frac{\Delta H}{T\Delta V}$$

ただしΔHは相変態に伴うエンタルピー変化，ΔVは相変態に伴う体積変化である．

一般に低温相から高温相に移る時は吸熱反応であって，$\Delta H>0$である．また低温相から高温相に移る場合の体積変化$\Delta V>0$であることが多い．したがって一般には$dP/dT>0$であるから2相平衡線の傾斜は右上りで正であることが多い．この考え方からすれば図1・22(b)のAD線とCD線はよいが，BD線は勾配が負で異常である．これはH_2Oが氷から水に移る時に$\Delta H>0$であるが$\Delta V<0$となることより理解することができる．

次に2成分系の2相平衡の場合を考えてみよう．この場合の相の自由エネルギーは温度および圧力のほかに各成分の濃度にも依存する．したがってB成分の濃度をX_Bとすれば，

$$G=f(T,P,X_B)$$

いまA，B2成分よりなるα相とβ相が平衡を保っているとする．この系の自由エネルギーは，

$$G=G_\alpha+G_\beta$$

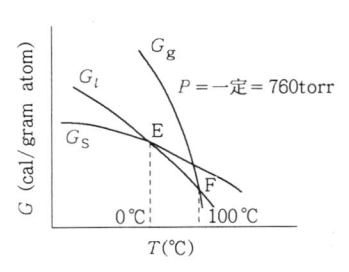

(a) H_2Oの相平衡

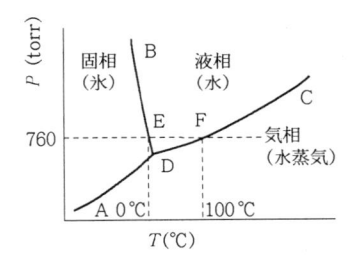

(b) H_2OのP-T図

図1・22　H_2Oの平衡状態図(P-T)図

$$dG = dG_\alpha + dG_\beta$$

α相とβ相の間では微少な物質交換が行われつつ平衡を保っているのであるから，この微少変化に対しては

$$dG = dG_\alpha + dG_\beta = 0$$

一般に
$$dG = \left(\frac{\partial G}{\partial T}\right)dT + \left(\frac{\partial G}{\partial P}\right)dP + \left(\frac{\partial G}{\partial X_B}\right)dX_B$$

温度，圧力一定の条件下では

$$dG = \left(\frac{\partial G}{\partial X_B}\right)dX_B$$

いまβ相からB成分の微少量dX_Bがα相に移ったとすると

$$dG_\alpha = \left(\frac{\partial G_\alpha}{\partial X_B}\right)dX_B, \quad dG_\beta = \left(\frac{\partial G_\beta}{\partial X_B}\right)(-dX_B)$$

平衡状態では

$$dG_\alpha + dG_\beta = 0$$

$$\therefore \left(\frac{\partial G_\alpha}{\partial X_B}\right)dX_B + \left(\frac{\partial G_\beta}{\partial X_B}\right)(-dX_B) = 0$$

$$\therefore \left(\frac{\partial G_\alpha}{\partial X_B}\right) = \left(\frac{\partial G_\beta}{\partial X_B}\right)$$

$(\partial G/\partial X)$ はその成分の化学ポテンシャル (chemical potential) または微分モル自由エネルギー (partial molal free energy) とよばれるものであり，相が平衡する時は各成分の各相における化学ポテンシャルが等しいという関係が得られる．

上の場合はもちろん $(\partial G_\alpha/\partial X_A) = (\partial G_\beta/\partial X_A)$ の関係も成立している．ただし2成分系では $X_A + X_B = 1$ である．

また1成分系においても平衡状態においては固相，液相，気相のその成分の化学ポテンシャルは等しい．

次に2成分系のエンタルピーおよびエントロピーと組成の関係を検討したい．

いまA, B 2成分よりなる1モルの合金系を考える．A成分とB成分がそれぞれ独立している場合のその系の状態関数は各成分の算術和である．すなわちB成分がnモルであれば

$$G = (1-n)G_A + nG_B$$

$$H = (1-n)H_A + nH_B$$

$$S = (1-n)S_A + nS_B$$

ところが両成分が一体となって一つの合金系を作る場合は上の関係は成立せず，いわゆる混合（mixing）による余分の項が入ってくる．

すなわち

$$G_{alloy} = (1-n)G_A + nG_B + \Delta G_m$$

以後多成分系において問題になるのは ΔG_m であるのでその内容を考えることにする．

$$\Delta G_m = \Delta H_m - T\Delta S_m$$

いま B 成分の量 n を原子分率 X_B とし，A, B 原子位置が完全にランダムな正則溶体 (regular solution) を仮定すれば

$$\Delta H_m = zNX_B(1-X_B)\left(H_{AB} - \frac{H_{AA} + H_{BB}}{2}\right)$$

上式の導出については付録を参照されたい．

なお，正則溶体と理想溶体について述べると，$H_{AB} - \frac{H_{AA}+H_{BB}}{2} = \Delta H$ とすれば，$\Delta H = 0$ で完全にランダムな配列をとる場合を理想溶体 (ideal solution) とよび，配列がランダムで $\Delta H \neq 0$ の場合が正則溶体である．

また，$\Delta S_m = -Nk[X_B \ln X_B + (1-X_B)\ln(1-X_B)]$（エントロピーの説明参照），

$$\therefore \Delta G_m = zNX_B(1-X_B)\left(H_{AB} - \frac{H_{AA}+H_{BB}}{2}\right) + NkT[X_B \ln X_B + (1-X_B)\ln(1-X_B)]$$

ただし z はこの溶体の配位数，N はロシュミット数，k はボルツマン定数である．また H_{AA} は A-A 原子対のエンタルピー，H_{BB} は B-B 原子対のエンタルピー，H_{AB} は A-B 原子対のエンタルピーである．

上に示した関係式より，ΔH_m の正負は $[H_{AB} - (H_{AA}+H_{BB})/2]$ の正負により決まることがわかる．また ΔH_m も $-T\Delta S_m$ もともに $X = 1/2$ のところに極値を持つことがわかる．したがって A, B 2 成分系よりなる正則溶体の ΔG_m と X の関係

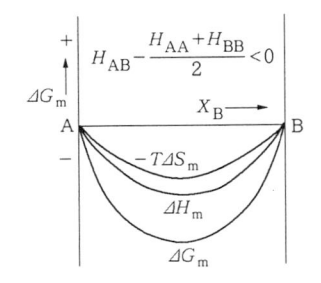

図 1·23 2 成分系正則溶体の混合の自由エネルギーと組成 (G_m-X) の関係

は図1・23で示したような曲線となる．

A, B 2成分系でα相とβ相が平衡関係にある場合は，$(\partial G_\alpha/\partial X)_{P,T}=(\partial G_\beta/\partial X)_{P,T}$の関係より，$G_\alpha$-$X$および$G_\beta$-$X$曲線に図1・24に示したような共通切線を引けば，各相の平衡濃度はそれぞれX_αおよびX_βとして求まる．全体としての濃度をXとすれば，この系全体の自由エネルギーは図のように$\overline{XE}$として求まる．

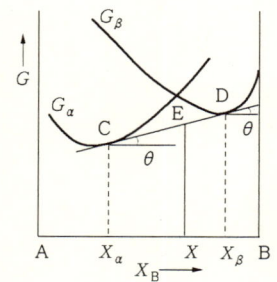

図1・24 2成分系の2相平衡とG-Xの関係

2・2 相律

一般に不均一な物質系（heterogeneous system）はいくつかの均一系（homogeneous system）より成り立っている．この均一系のひとつひとつを相（phase）とよんだのはGibbs[2]である．彼はこの不均一系の研究において，平衡状態にある相の数と自由に変化させ得る条件（温度，圧力，組成）の数と，その系を構成する成分の数の間にある一定の関係の存在することを見出した．これが相律（phase rule）とよばれるものであり，次式で示される．

$$f=c+2-p$$

ただしfは自由に変化させ得る条件の数，すなわち自由度，cは成分の数，pは平衡する相の数である．

この関係式はきわめて簡単なものであるが，後述する合金系の状態図を理解する上でも重要な基礎となっているものであるから，その導出方法を簡単に述べる．

物質系の状態をきめる変数としては温度，圧力，組成のみを考え，各相の界面エネルギー，重力や電磁場などの作用は考えないものとする．相が熱力学的に平衡を保つ条件は，各相に配分されている成分の化学ポテンシャルが各相間で，各成分ごとに等しいことであることは先にも述べた通りである．化学ポテンシャルをμで示せば，成分をA, B…とし，相を1, 2, 3,…pとすると次の連立方程式が成立する．

$$\mu_A^1=\mu_A^2=\mu_A^3=\cdots\cdots=\mu_A^p$$
$$\mu_B^1=\mu_B^2=\mu_B^3=\cdots\cdots=\mu_B^p$$
$$\vdots \qquad \vdots$$

以上成立する等式の数は $c(p-1)$ 個である.
また各相の組成の間には次の等式が成立する.

$$X_A^1 + X_B^1 + \cdots\cdots = 1$$
$$X_A^2 + X_B^2 + \cdots\cdots = 1$$
$$\vdots$$
$$X_A^p + X_B^p + \cdots\cdots = 1$$

したがって組成の独立変数としての数は $p(c-1)$ 個となる.この他に温度および圧力が独立変数であるから,総独立変数は $\{p(c-1)+2\}$ 個となる.

独立変数の数と連立方程式の数より自由に変えられる変数の数 f は

$$f = p(c-1) + 2 - c(p-1) = c + 2 - p$$

先にも引用した H_2O のような1成分系では

$$f = 1 + 2 - p$$

ゆえに $p=3$ のとき $f=0$ となって,3相平衡が自由度0の状態 (nonvariant state, invariant state) であり,これより多い相の共存状態はない.その温度および圧力は一義的に決まっていて自由に変えられない点として P-T 図上に示される.すなわち2相平衡曲線はこの1点で交わらねばならぬことになる(図1・22を参照).

2・3 純金属の平衡状態図

純金属の場合,考えられる相は固相,液相,気相の3相であり,変数は温度と圧力のみである.したがって純金属の平衡状態図は,先に H_2O の場合に引用したように P-T 図として

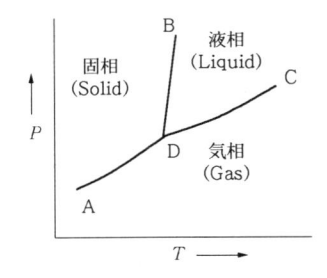

図1・25 純金属の平衡状態図 (P-T図)

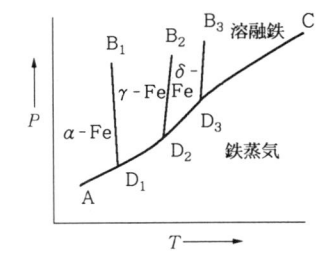

図1・26 鉄の P-T 図

平面上に描くことができる．図1・25に最も一般的な場合を示した．2相平衡線AD, BD, CDの傾きは先にも述べたようにクラジウス・クラペイロンの関係より正の勾配である．また1気圧の下では気相→液相→固相の状態変化を経験するのが一般的であることから，3重点Dは常圧より低圧側に存在していることがわかる．また低圧下では固相→気相の昇華 (sublimation) 現象を経験することも図より理解できる．H_2Oの場合は加圧によってその融点は低下するのに対し，一般の金属の場合は逆に上昇することもわかる．加圧による沸点 (boiling point) の上昇も図の示す通りである．

鉄は固相において二つの変態点を持っている．そのP-T図を示せば図1・26のようになる．

一つの物質がその結晶構造を変えるのを同素変態 (allotropic transformation) とよび，その各相を同素体 (allotropy) という．したがって鉄の状態図には図のように3重点が3個存在する．鉄はα-Fe→γ-Feでわずかに収縮し，γ-Fe→δ-Feでわずかに膨張し，またδ-Fe→溶融鉄で膨張するから，理論的にはB_1D_1は負の勾配の異常を示し，B_2D_2,

表1・4　金属の3重点(計算値)

金 属	温 度 ℃	圧 力 気 圧
As	814	36
Ba	704	0.001
Ca	850	0.0001
Cu	1083	0.00000078
δ-Fe	1535	0.00005
Pb	327	0.0000001
Hg	－38.87	0.0000000013
Zn	419	0.05

表1・5　加圧による融点の変化

物 質	T_m(K)	ΔH_f(cal/g)	$\Delta V = V_l - V_s$	1000気圧の時のΔT_m	
				計算値	実測値
H_2O	273.2	79.8	－0.0906	－7.5	－7.4
CH_3COOH	289.8	44.7	＋0.01595	＋25.0	＋24.4
Sn	505.0	14.0	＋0.00389	＋3.40	＋3.28
Bi	544.0	12.6	－0.00342	－3.56	－3.55

B_3D_3 は正の勾配で正常である．B_1D_1 も B_2D_2 も体積変化はごくわずかであるので勾配は大きくほとんど垂直と考えてよい．

常圧下では

   α-Fe $\rightleftarrows$ γ-Fe 911℃ A_3 変態点

   γ-Fe $\rightleftarrows$ δ-Fe 1392℃ A_4 変態点

   δ-Fe $\rightleftarrows$ 溶融鉄 1536℃ 鉄の融点

   溶融鉄 $\rightleftarrows$ 鉄蒸気 2890℃ 鉄の沸点

金属の3重点の計算値例を表1・4に示した．また加圧による融点の変化を，クラジウス・クラペイロン式により算出した値と実測値との比較の形で表1・5に示した．

Bi やこのほか Sb，Ga，Ge，Si などのいわゆる半金属類も H_2O と同様に凝固膨張という異常を示す．

2・4　純金属の融解と凝固

金属の融解と凝固は実際との関連においても重要であり，また相変態の速度論的な立場からも基本的な問題であるので，これを少し詳細に検討したい．液体は固体と気体の中間的な存在であり，固相ともまた気相とも不連続的な性質の変化を示す領域にある相である．この三つの相の間には何か本質的に異なるもののあることを暗示することが多い．それでは液相はどちらにより近いかということを判別するのは案外難しい．

液-気2相共存線上の高温部にはいわゆる臨界点（critical point）というところがあって，これより高温では液体と気体の区別がつかない領域が存在している．ところが固-液2相共存線上にはこの臨界点が見出されていない．このことからすると液相は固相よりもより気相に近いようである．

結晶状態の固相が融けて液体になった場合，最も大きい変化は変形に対する抵抗力であるが，塑性変形の際のせん断応力の大きさは液体の粘性の値の約 10^{20} 倍も大きい．以上の点では固-液両相のギャップはきわめて大きいことのようであるが，反対に固相に非常に近いという事実も多い．

たとえば固体も液体も静水圧に対する圧縮抵抗は共に非常に大きく，ほとんど非圧縮性の凝縮系（condensed system）と考えられる．融解の際の体積変化もせいぜい2～4％にすぎない．融解の潜熱もアルカリ金属のように低融点で原子間結合力の弱い金属で約500 cal/mol（2090 J/mol），タングステンのように結合力の強い金属でも約5000 cal/mol（20900 J/mol）である．ところがこの値は原子を完全にばらばらに引き離すのに要するエネルギーに相当する気化熱の3～4％にすぎない．

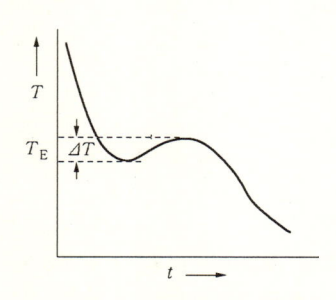

図1·27 冷却曲線の過冷現象

また結晶や液体の原子位置は, X線, 電子線および中性子線などの散乱実験によって決定されるが, 1個の原子を取り巻く最近接原子の数は結晶と液体ではそれほど大きい差がないことが示されている。つまり短範囲の規則性（short range order）では両者は非常によく似ているが, 長範囲規則性（long range order）の点で両者の間に大きい差のあることがわかる。以上の事実より液体はきわめて狭い範囲の原子配列では固体に近いとも考えられる。

このようなミクロな基礎問題とは別に, 液体金属の凝固現象は鋳造と関連して非常に重要である。

普通金属の凝固は圧力一定の条件下で進行するものと考えてよい。したがって固－液共存下では自由度は0となり, 反応は一定温度で進行する。ところが実験してみると水は0℃よりやや低温にならないと氷にならないし, アンチモンのような金属もその融点より低温にならないと凝固が進行しないことが多い。その冷却曲線をとってみると図1·27のようになる。ΔT だけ過冷（supercooling, undercooling）状態で凝固が始まり, 潜熱の放出とともに温度が正しい融点まで上昇して, 一定温度での液→固反応が進み, その終了とともに温度が低下する。

この ΔT の大きさは過冷度であるが, この過冷度は冷却条件や液体の純度に左右される。

液が静止状態で冷却速度が大きいほど大きくなり, 液に振動や撹拌のようなわずかの刺激を与えたりすると小さい。また液が清浄で純粋なほど大きくなり, ごみのような異物や不純物を多く含むほど小さくなる。

気相の中に液滴が形成されたり, 液相の中に結晶が形成される場合, その核となる液滴および結晶の形成のされ方に2通りの考え方がある。その一つは熱的なゆらぎ（thermal fluctuation）によってあらゆる場所に等しい確率で形成される場合と, 非常に形成されやすい特定の場所に優先的に形成される場合とである。前者を均一核形成（homogeneous nucleation）とよび, 後者は不均一核形成（heterogeneous nucleation, inhomogeneous nucleation）とよんでいる。

均一核形成に関しては, 従来から核形成－成長論（nucleation and growth theory）として古典的な考え方[3,4]があるのでこれを紹介しておく。

いま古い相の中に新しい相が形成される場合のその系の自由エネルギー変化を考えてみる。核の大きさを r とし, その体積を $c_1 r^3$ とする。その表面積を $c_2 r^2$ とする。ただし c_1, c_2 はそれぞれ核の形状に関係する定数である。単位体積の液相が固相に変化した場合の体積

自由エネルギー変化をΔG_Vとし，固液界面の単体表面エネルギーをσとすると，この核1個を形成するのに伴う系の自由エネルギー変化ΔGは

$$\Delta G = c_1 r^3 \Delta G_V + c_2 r^2 \sigma$$

いまΔTを一定とすればΔG_Vは一定であって負の値を持つ．σは一般には大きさや形状によって異なるがこの場合は一定とする．

ΔGはr^3に比例する負の項とr^2に比例する正の項の和で示されている．ΔG-rの関係を図示すれば図1・28のようになる．

$r<c_2\sigma/c_1(-\Delta G_V)$の範囲では$\Delta G$は正であり，$d\Delta G/dr=0$を満足する$r_c = 2c_2\sigma/3c_1(-\Delta G_V)$のところで極大値を示す．

この曲線より$0<r<r_c$の段階ではΔGは正でrの増加とともにΔGは増加するので，仮に熱的なゆらぎで形成されたとしてもすぐ消滅した方がその系は熱力学的に安定である．ところが，$r>r_c$の範囲ではrの増加とともにその系の自由エネルギーは減少の方向にあるため成長の可能性が考えられる．

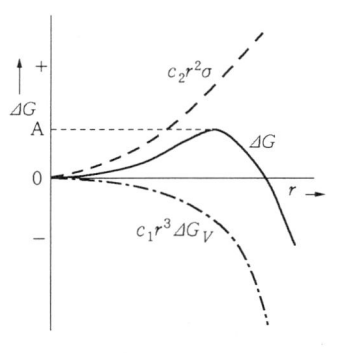

図1・28 凝固における均一核形成模型

いま$r=r_c$の場合のΔGをΔG_cとすれば

$$\Delta G_c = \frac{4c_2^3 \sigma^3}{27c_1^2 \Delta G_V^2}$$

このΔG_cは核が成長するためには越さなければならない山に相当する．このような熱活性で反応が進行するために越さねばならぬエネルギーの山を一般に活性化エネルギー(activation energy)とよぶ．正確には活性化自由エネルギーである．

いま$T=T_E$の場合$\Delta T=0$であって当然$\Delta G_V=0$となる．この場合は$\Delta G_c=\infty$となり反応は進行しない．すなわち平衡温度では活性化エネルギーが無限大となり反応は起らないということである．

つぎにΔTとΔG_Vの関係を求めると，

$$\Delta G_V = \Delta H_V - T\Delta S_V$$

$T=T_E$では$\Delta G_V=0$であるから

$$\Delta S_V = \frac{\Delta H_V}{T_E}$$

ΔH_V は ΔT の小さい範囲ではほぼ一定であるから

$$\Delta G_V = \Delta H_V - \frac{T \cdot \Delta H_V}{T_E} = \frac{\Delta T \cdot \Delta H_V}{T_E}$$

この ΔG_V の値を r_c の式に代入すると

$$r_c = -\frac{2c_2 \sigma \cdot T_E}{3c_1 \cdot \Delta T \cdot \Delta H_V}$$

$-(2c_2 \sigma \cdot T_E)/(3c_1 \cdot \Delta H_V) = \alpha$ とすれば α は一定と考えられるから

$$r_c \propto \frac{1}{\Delta T}$$

ゆえに r_c は ΔT に反比例し ΔT が大きくなるほど小さくなる。このことは ΔT が大きいほど小さい核でも成長できる可能性を持っていることである。一般に核の大きさ r とその数の関係はある形の分布を示すであろうから，小さい核でも成長できるとなれば成長する結晶粒の数は非常に大きくなる。その結果として ΔT の増大とともに結晶は微細化しその数が増大する。

次に凝固とは逆の固→液の融解の場合を考えてみよう。この場合も液→固で過冷が必要であったと同様に，過熱（overheating, superheating）が必要でありそうに考えられる。しかし実際は冷却時の過冷ほどには過熱は起りにくい。これは液相が形成される場合は結晶の表面あるいは界面などに優先的に核形成し，凝固の場合のような均一核形性は考えられないからである。一般に固相と気相の界面エネルギーは固相と液相および液相と気相の界面エネルギーの和より大きい。したがって結晶の表面に液体の膜ができることは表面エネルギーの減少に結びつくことになる。たとえば金では固-気，固-液，液-気の界面エネルギーはそれぞれ $1400 \mathrm{erg/cm^2}$ $(1400 \times 10^{-3} \mathrm{J/m^2})$，$132 \mathrm{erg/cm^2}$ $(132 \times 10^{-3} \mathrm{J/m^2})$，$1128 \mathrm{erg/cm^2}$ $(1128 \times 10^{-3} \mathrm{J/m^2})$ である。

液体の膜が結晶の表面にできることによって $140 \mathrm{erg/cm^2}$ $(140 \times 10^{-3} \mathrm{J/m^2})$ だけエネルギーの低下が起るから，融点にいたる前に結晶の表面に液体の膜が形成されても不思議はないことになる。このようなことで過熱は起りにくいが，結晶の内部では起り得る可能性もある。

金属の溶解作業は単に液体を作るだけではなく，種々の精製反応がその間に起ることが考えられるので重要である。不純物の除去，脱ガス，合金化など材料の最も基本的な性質を決める段階であるということができる。

インゴットの結晶組織を決定する溶融金属中での結晶の成長機構を考えたい。

結晶が成長するためには固-液界面が平衡温度より低くなっていることが必要である。実験によれば成長速度（固-液界面が液相中に進行していく速さ）は過冷度の平方にほぼ比例

する．

　純金属では非常に速い成長速度が得られ，たとえば8Kの過冷でスズや鉛では10cm/s, 175Kの過冷でニッケルでは4000cm/sの成長速度になる．このように結晶化に必要な原子の再配列は界面では非常に容易に起り，その活性化エネルギーは小さい．鋳造作業のような実際的な凝固条件では界面温度はほとんど融点に近く，凝固の速さは発生する凝固の潜熱を界面より取り去る速さで決められる．

　固-液界面の進み方には冷却条件によって図1・29に示したように二つの場合が考えられる．(a)図のようになっている場合は，熱はすべて固相をつたって逃げて行き，熱伝導率は液相より固相の方が大きいのでその温度勾配は液相の方が急激になっている．これが正常な場合であって，界面は温度勾配に垂直で平面的である．(b)図の場合は温度勾配が液相中で逆転して，界面前方の液相は核形成の起っていない過冷状態となっている．この状態では界面に突出部ができやすく，針状の樹枝状晶（dendrite）が成長する．結晶にはとくに成長しやすい方向があり，面心および体心立方晶では〈100〉方向である．

　不純物の多い金属を鋳造した時，樹枝状晶はごく普通に観察される．これは金属中に溶解している不純物元素が，温度勾配が図1・29の(b)のように逆転していなくとも，樹枝状晶の形成を促す傾向があるからである．

　鋳造されたインゴットの断面のスケッチ図を図1・30に示した．

　金型に接した最も急冷された部分には微細な結晶粒の分布した薄い層がある．この部分を急冷帯（chilled zone）とよぶ．この部分は過冷度の最も大きい部分と考えてよい．その内側には鋳型面にほぼ直角に発達した細長い結晶の並んだ部分がある．この結晶を柱状晶（columnar crystal）とよぶ．温度勾配が次第にゆるやかになり，結晶が核形成を上まわるところでは，熱の流れと逆の方向に，優先成長方向がこの方向にそろった結晶が柱状に伸

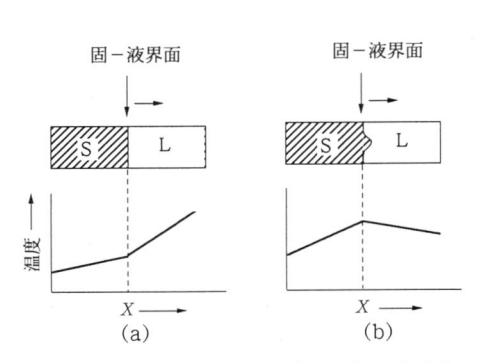

図1・29　凝固における固-液界面と温度分布

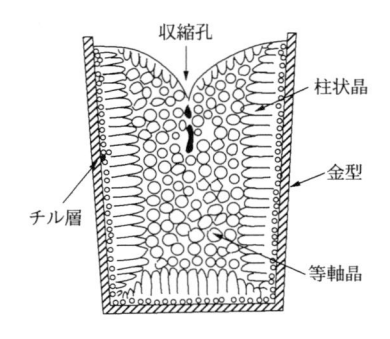

図1・30　鋳造インゴットの断面組織

びている．中心部分は過冷度も少なく，温度勾配も等方的であるので，大きい粒状結晶が成長している．最後に凝固する部分には一般に引け巣（shrinkage cavity）が形成される．

工業的には微細で粒状の結晶組織にすることが材質の強度からも好ましい．その目的で大きな組成過冷（constitutional supercooling）[5]を起すような合金元素を加えたり，不均一核形成を促す核形成促進剤（nucleating agent）を加えたり，超音波振動を加えたりして結晶の微細化を行う．健全な鋳物を作るには結晶粒のほかに不純物の偏析（segregation），放出ガスによるブローホール（blowhole）やピンホール（pinhole）などの問題もある．脱ガスのためにはフラックスの使用，不活性ガスの吹き込み，真空脱ガスなどを行っている．また有害ガスと反応する元素を添加して，無害な化合物として分散させ，脱ガスと結晶の微細化を同時に行う方法もある．鋼の強制脱酸剤（Al, Ti など）の添加などはこの方法である．

過冷度が進むと．珪酸塩のような粘性の大きい物質では，その機械的性質が固体とみなせる状態（10^{15} ポアズ以上の粘性）にまで液体構造が過冷され，いわゆる非晶質のガラス状態（glassy state）が準安定で得られる．このような物質ではその網目状の分子結合力が非常に強く，分子の移動を伴った拡散，結晶化に時間がかかる．そのためこのようなガラスが得られるものと考えられている．その粘性流動の活性化エネルギーは1モルについて25 RT_m 以上と大きいものである．シリカ，イオウ，セレン，グリセリンなどがこのような物質である（R はガス定数，T_m は融点）．

ところが溶融金属の粘性は，その活性化エネルギーが約 $3RT_m$ と小さく，最もガラスにし難い物質である．金属のガラスを作るには，金属蒸気を4K程度に冷却した固体表面に凝縮させる方法をとる．ところがこのガラスは非常に不安定で20K程度で結晶化してしまう．

室温で安定な純金属ガラスを作ることはほとんど不可能とされている．液体急冷で 10^6 deg/s 程度の大きい冷却速度でも純金属ガラスの作成には成功していない．合金ではいくつかの合金ガラスが作られている．現在この非晶質合金（amorphous alloys）の研究開発が盛んに行われている段階である．

2・5　合金相

多成分系の状態図に現れる各種合金相の基礎的な性質について述べる．

A原子とB原子が均一な溶体（homogeneous solution）を作る場合でも，両原子の性格によって次の三つの場合が考えられる．

（a）両原子の性格がきわめてよく似ていて，単独の場合も溶体の場合もその原子の相互作用に変化のない場合

(b) 異種原子間の相互作用が強くお互いに同種原子間より引きつけ合う場合
(c) 異種原子間で強く反発し合う場合

A-A原子間,B-B原子間,A-B異種原子間の相互作用ポテンシャルエネルギーをそれぞれ V_{AA}, V_{BB}, V_{AB} とし,

$$\varDelta V = V_{AB} - \frac{1}{2}(V_{AA} + V_{BB})$$

($\varDelta G_m = \varDelta H_m - T \varDelta S_m$ の説明では $H_{AB} - \frac{1}{2}(H_{AA} + H_{BB})$ として示した.)

とすると,上の三つの場合はそれぞれ,

(a) $\varDelta V = 0$
(b) $\varDelta V < 0$
(c) $\varDelta V > 0$

となる.

(a) の $\varDelta V = 0$ の場合は,この合金は原子的スケールで考えても,また広い範囲での配列を見ても,A,B両原子はその位置はランダムになり,いわゆる不規則溶体(ランダム溶体 random solution, 不規則溶体 disorderd solution)を作る.これを理想溶体(ideal solution)とよぶ.

(b) の場合はある原子の周囲には同種原子より異種原子が配列する傾向が強く,原子配列に規則性のある溶体(規則溶体 orderd solution)を作る傾向が強い.その規則性も最も近接した範囲のものと,もっと広範囲のものとがあり,前者は短範囲規則(short range order),後者は長範囲規則(long range order)とよんでいる.後者の結晶を規則格子あるいは超格子(superlattice)とよぶ.重格子ということもある.単位格子の大きさが普通の場合よりかなり大きなものとなる.またA原子の格子とB原子の格子が組み合わさって一つの格子を作っているので重格子の名もある.

A,B両原子が電気化学的性質において大きく異なるときは,その結合はイオン結合的性格が強くなり,溶体というよりは金属間化合物(intermetallic compound)を形成しやすい.

(c) の場合は均一な溶体や化合物は形成されず,A,Bそれぞれ1種類の原子のみよりなった複数の相の混合状態になろうとする傾向が現れてくる.

固溶体:原子的に溶け合った固相を固溶体(solid solution)とよぶ.合金系によっては全組成範囲で固溶体を形成する場合(Cu-Ni, Ag-Au, Au-Pd, K-Cs, Ti-Zr, Si-Sbなど)がある.これは水とアルコールの系のようなものである.しかし一般にはある限られた組成域までまず母金属(host metal)と結晶系の等しい1次固溶体(primary solid

(a)　　　　　　(b)

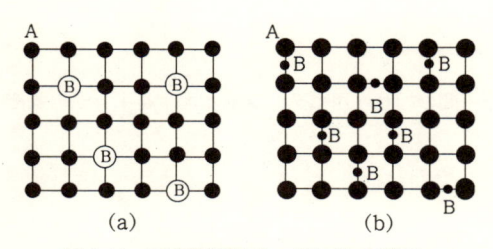

図1・31　不規則固溶体の平面格子模型

solution, terminal solid solution) を形成し，その組成域を越すと結晶系の異なった2次固溶体 (secondary solid solution) を形成するか，金属間化合物を形成する．これら2次固溶体および金属間化合物を中間相 (intermediate phase) とよぶこともある．

　固溶体には置換型固溶体 (substitutional solid solution) と侵入型固溶体 (interstitial solid solution) とがある．前者は母金属の結晶の格子点へ合金元素の原子が置き換った状態になったものである．後者はきわめて小さな原子が母金属結晶格子の原子間のすき間に入ったような状態になったものである．図1・31に平面格子としてこれを示した．不規則格子ではこの置き換りおよび侵入位置はランダムになっている．

　固溶体は高温では不規則状態であるが，ある温度以下では規則状態になる場合がある．広範な規則性を持つ規則格子ではA, B両原子の比率が1：1とか3：1という簡単な比率を満足する．この比率に近いところでは，不完全な規則格子になるか，部分的に規則状態と不規則状態とが混在するようになる．図1・32に規則格子の結晶格子を示した．CuZnでは図のような体心立方格子が8個集まって規則格子1個を形成する．CuAuでは図のような面心正方晶が8個集まって規則格子を形成する．いずれの場合も原子比が1：1であることがわか

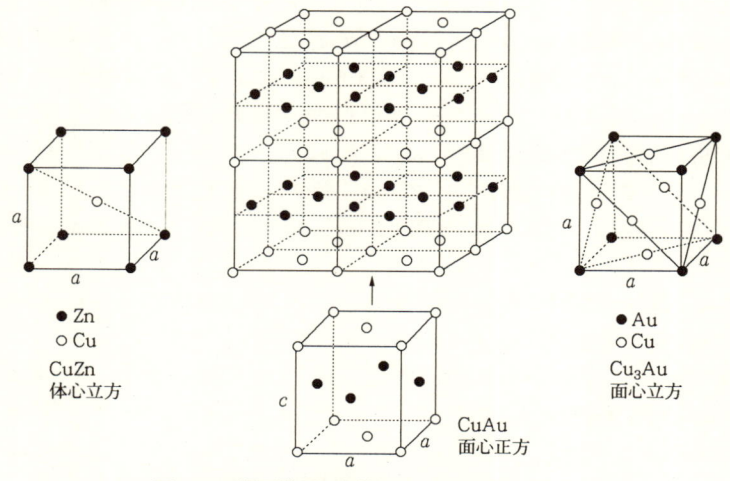

● Zn
○ Cu
CuZn
体心立方

CuAu
面心正方

● Au
○ Cu
Cu_3Au
面心立方

図1・32　規則格子(超格子)の格子模型

る．Cu₃Auでは図のような面心立方晶が8個集まる．

実用合金は1次固溶体範囲の組成で使用されるものが非常に多い．この実用合金の母相 (matrix) となる1次固溶体の性質をもう少し詳細に検討したい．

ある金属が他の金属を1次固溶体として固溶する場合の傾向についてはかなり一般的な経験則が知られている．その固溶性を左右する因子として次の三つのものが考えられる．

(1) 原子の大きさの条件
(2) 電気化学的条件
(3) 原子価の条件

(1) については，侵入型固溶の場合はHäggの法則があり，置換型固溶体の場合はHume-Rotheryの法則がある．これらの経験則の示す固溶に都合のよい原子の大きさの範囲を図1・33に示した．図の示すようにatomic size ratioが0.59以下の小さい原子は侵入位置に入り

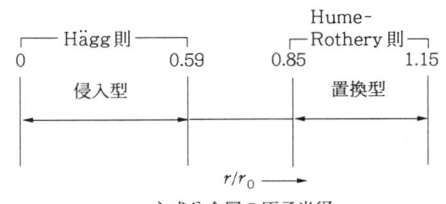

r_0：主成分金属の原子半径
r：合金元素の原子半径

図1・33 固溶体を形成する場合の原子の大きさに関する一般経験則

やすい．またHume-Rotheryの15％ size factorは置換しやすい条件である．大きさの異なる原子の置換によってその周囲には等方的な引張りあるいは圧縮応力が発生し，その結果として結晶の内部エネルギーの増加の起ることより，大きさの近い原子の溶解度は大きく，大きさの相異が大きいものほど溶解度が小さいことは容易に理解できる．

一般に固溶度は温度の上昇とともに増大する．これは温度の上昇のため原子間力が弱まり，たとえ異種原子が置換してもその周囲のひずみエネルギーの緩和が大きいことよりも理解される．この傾向は置換型でも侵入型でも同様に考えられる．

他方溶解度と温度の関係は，とくに低濃度領域において次式で示されることが多い．

$$X_E = A\exp\left(-\frac{Q}{RT}\right)$$

Qは1モルの合金の溶解熱でΔH_mに相当する．

1次固溶体の格子定数は合金濃度とともにその低濃度領域においてはほぼ直線的に変化する．これはベガードの法則（Vegard's law）とよばれるものであるが，その変化率は原子の大きさの差と関係が深い．

原子の大きさの概念はかなり任意性があって複雑であるが，Goldschmidtの原子径かイオン径で考える．

(2) の条件は合金原子の電気的陽性あるいは陰性度の問題であって，両原子の一方が陽

性で一方が陰性であれば，固溶体の形成よりむしろ化合物の形成傾向が強く固溶性は少ない．

(3) の条件は金属結合がどの程度に電子濃度の変化を許容し得るかということに結びつけて考えられる．共有結合では厳密に原子価の法則に従うが，金属のようにイオンと電子雲で成り立っている結合では，ある程度電子濃度の変化を許容できる．銅や銀を溶媒とした多くの合金系では，価電子数：原子数の比 (electron/atom ratio) の値が1.4のところまで1次固溶体が形成されることが見出されている．これは最初は経験則であったが，理論的にも証明されている．

中間相：中間相はこれを分類すると，電気化学的化合物 (electrochemical compound)，原子の大きさに左右される化合物 (size factor compound)，電子化合物 (electron compound) である．

電気化学的化合物は陽性な金属と陰性な金属の間で形成されるものであって，その組成も原子価の法則を満足しており，他の元素は固溶せずイオン結晶的構造を持っている．一般に融点が高く金属的ではない．これに比較して他の二つは金属的でかなりの組成範囲を持ち，2次固溶体と考えられる場合も多い．

原子の大きさの条件による化合物は，原子が空間的にできるだけ密につまるような結晶構造を持っていて，この種で重要なものにはラーベ相 (Laves phase) とよばれるものがある．これは組成としてはAB_2の形を持っているもので，$MgCu_2$, KNa_2, $AgBe_2$, $MgZn_2$, $CaMg_2$, $TiFe_2$, $MgNi_2$ などである．この化合物の特徴は，成分原子の大きさが約22.5%異なると，同種原子の最密充填の配位数12よりも大きい配位数を持った結晶構造になる．AB_2のラーベ相ではA原子は16個の最近接原子 (4A + 12B) でかこまれ，B原子は12個の最近接原子でかこまれている．平均して13.33原子の配位数となるから，このような隣接原子の多い構造は自由電子による結合に好都合である．この他に大きさの条件に合ったものとしては次のような相がある．

ジントル (Zintl) 型化合物にはNaTl, LiCdなどがある．これは体心立方晶に近い構造で4個の同種原子と4個の異種原子が最近接原子となっている．

シグマ (σ) 相は耐熱合金や高合金鋼中に現れることが多く，FeCr, CoCr, Mn_3Cr, FeV, FeW, Mn_3V, Co_2Mo_3 などがこれに属している．

中心の原子球のまわりに12, 14, 16個といった原子球が密につまった配列である．いわば正20面体というような正多面体を基礎にした構造である．正多面体で空間を完全にうずめるためにはどうしても多少のひずみを伴う．

この相では規則的な空間配列をなす原子の大きさが多少変化することによってこのひずみをうずめている．原子の密につまった大きな結晶の相である．

電子化合物：中間相にはまた電子化合物とよばれるものがある．これはHume-RotheryやWestgrenらが見出したもので，多くの合金系で電子濃度が3/2，21/13，7/4のところで現れる相がある．

これら電子化合物を表1・6にまとめて示した．ここで電子濃度は先に述べた価電子数/原子数の比の値のことであるが，遷移金属（Fe, Co, Ni, Pt, Pdなど）の場合は価電子数0として取り扱っている．これはs準位の電子の放出とd準位のその吸収ということで外部に対して0と考えたものである．これら電子化合物は一般にある組成範囲を持ち，規則構造である場合もあれば不規則な場合もある．

侵入型中間相：合金元素の原子の大きさが非常に小さい時には侵入型固溶体あるいは侵入型中間化合物が形成される．侵入型化合物として重要なものは，遷移元素の水素化合物，窒素化合物，炭素化合物，ボロン化合物などである．これらの化合物の構造は金属原子が最密構造をとっていて，そのすき間に非金属原子が侵入したような形になっている．

これらの相は金属的な性格を持った中間相と考えられる．

侵入型原子の大きさが母金属原子の0.59倍より小さい時はHäggの法則によりその構造は金属特有の面心立方，最密六方，体心立方のままその組成はM_4X，M_2X，MX，MX_2（Mは金属原子，Xは非金属原子）に近いものとなる．原子の大きさが0.59より大きくなると，母金属結晶はそのままの形で非金属原子の侵入を許容できなくなり構造は複雑となる．

FeとCの場合にはこの大きさの比が約0.63であり，中間相セメンタイトFe_3Cは金属的ではあるが，構造は複雑である．この種の化合物は融点が高く，硬質のものが多い．

NbC（3500℃），TaC（3800℃），TiC（3150℃），VC（2800℃），WC（2750℃）などがあり，超硬質合金材料，耐熱合金中の分散相として重要なものが多い．

表1・6　各種電子化合物

電子濃度	結　晶　型	化　合　物
3/2	体心立方（β-真鍮型） 複雑立方（β-マンガン型） 最密六方	(Cu, Ag, Au) Zn, CuBe, AgMg, Cu_3Al (Co, Ni, Fe) Al $(Ag, Au)_3Al$, Cu_5Si, $CoZn_3$ AgCd, Cu_5Ge, Ag_7Sb
21/13	複雑立方（γ-真鍮型）	$(Cu, Ag, Au)_5(Zn, Cd)_8$ Cu_9Al_4, $Cu_{31}Sn_8$, $(Fe, Co, Ni, Pd, Pt)_5Zn_{21}$
7/4	最密六方（ε-真鍮型）	$(Cu, Ag, Au)(Zn, Cd)_3$, Cu_3Si, Cu_3Ge, $CuBe_3$, Ag_5Al_3

2・6　2成分系合金平衡状態図

2成分合金のことを2元合金 (binary alloy) とよぶこともある．

相律より　$f = c + 2 - p = 4 - p$

したがって4相平衡まで考えられる．状態図は温度－圧力－組成の立体図形となる．

しかし実用的には圧力＝常圧＝一定の条件で間に合うことが多いので，気相を含まない状態図が描かれている．

このような場合は

$$f' = 3 - p$$

となり3相平衡まで考えればよいことになり，また状態図も温度－組成の平面図形で示される．

2・6・1　2成分系2相平衡状態図

この場合の圧力－温度－組成の立体図形は図1・34に示した．

いま恒圧断面を図1・35のようにとり，これを温度－組成面上に投影したのが図1・36となる．図1・36の (a) ～ (d) に示した状態図の中で固相－液相の2相平衡部分だけを取り出すと (a) および (b) の低温部分にある (e) に示したような状態図となる．

いまこのような状態図を持つ2成分系の平衡凝固過程を図1・37によって説明しよう．

X_B^0 の濃度の合金を温度 T_1 より図のように T_2, T_3, T_4, T_5 と冷却する場合の冷却曲線

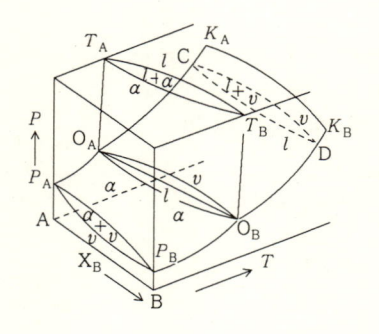

図1・34　2成分系状態図(P-T-X図) 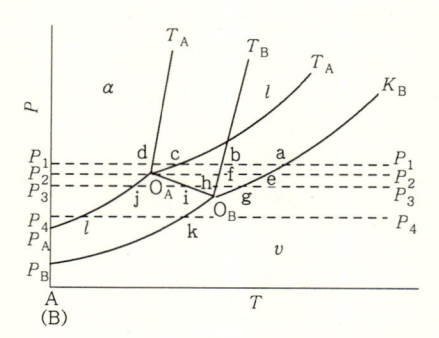　　図1・35　P-T-X図の恒圧断面

図 1・36
P-T-X図の恒圧断面の温度-組成面(T-X面)上への投影図

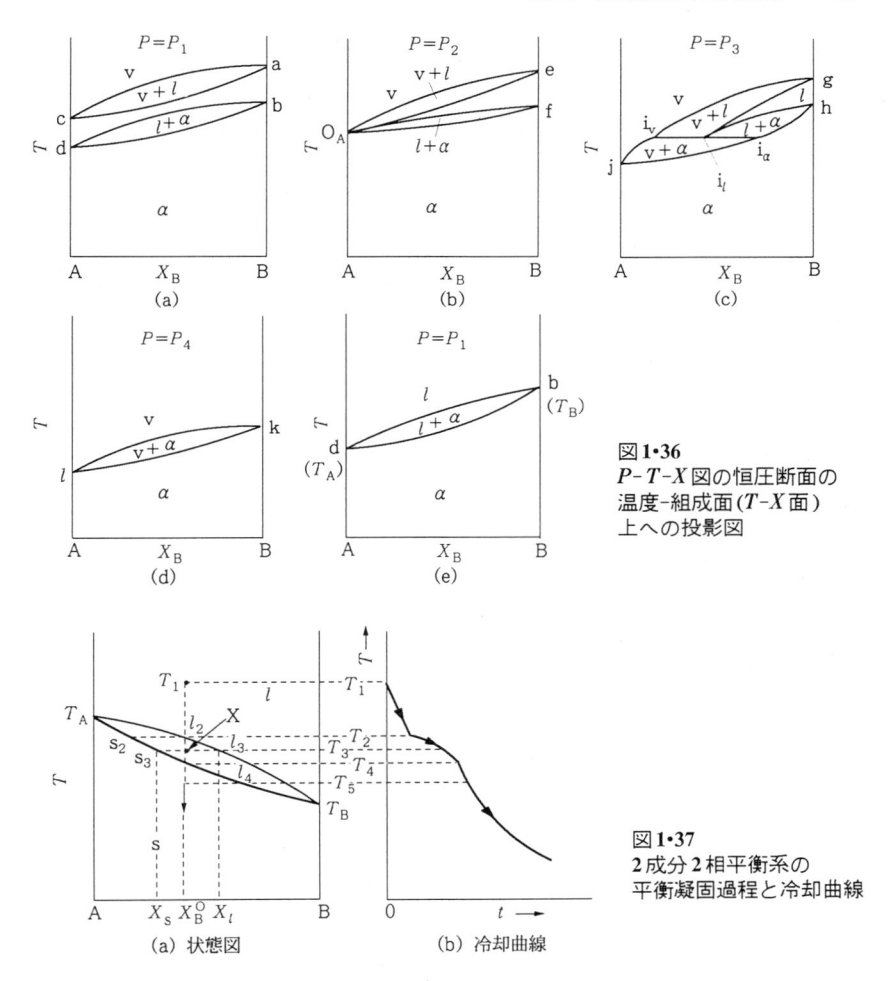

図 1・37
2成分2相平衡系の平衡凝固過程と冷却曲線

(a) 状態図　(b) 冷却曲線

(温度-時間曲線)を(b)に示した．液相線(liquidus)にぶつかる温度T_2において固溶体s_2が晶出を始め，温度の低下とともに液相の組成は液相線に沿って$l_2 \to l_3 \to l_4$と変化し，固相の組成は$s_2 \to s_3 \to s_4$と固相線(solidus)に沿って変化する．

T_3においてはX_sの組成の固溶体m_sとX_lの液体m_lが平衡するが，その量的割合は

$$m_s : m_l = \overline{Xl_3} : \overline{Xs_3}$$

で示される．この量的関係は槓杆法則(lever rule)とよばれている．図1・37の(a)

において,合金量を m,固溶体の量を m_s,液体の量を m_l とすると,

$$m = m_s + m_l$$

$$m_s X_s + m_l X_l = m X_B^0$$

$$\therefore \quad m_s : m_l = (X_l - X_B^0) : (X_B^0 - X_s)$$

$$= \overline{Xl_3} : \overline{Xs_3}$$

以上の凝固過程は完全に平衡が保たれる理想状態であって,実際の凝固に際しては拡散速度が凝固速度に追従できず,とくに固相中での拡散がおくれるので,図1・38の(a)に示したように固相線が一様に低濃度側にずれ,凝固終了温度も T_3 から T_4 まで低下する。その凝固後の濃度分布も図1・39の(a)で示したように,最初に凝固する中心部は平均濃度が低く,外周ほど高濃度となる。図1・38の(b)の場合は図1・39の(b)のようにこの逆の濃度分布となる。もちろんこのような非平衡凝固の場合は凝固途中の固相と液相の量的

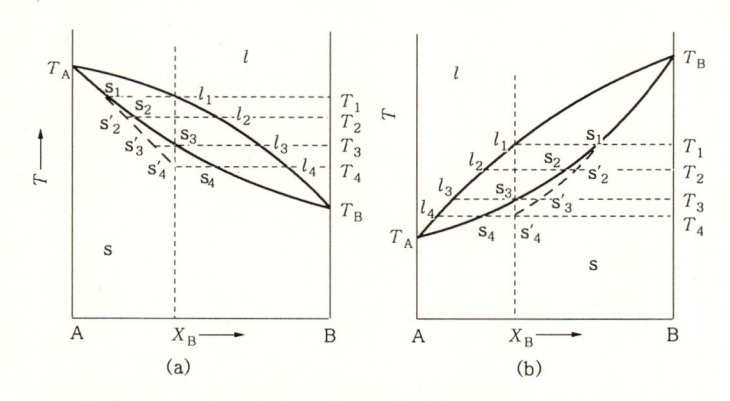

図1・38 2成分2相平衡系の非平衡凝固に伴う固相線のずれ

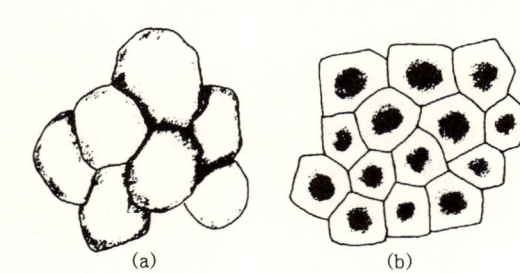

図1・39 非平衡凝固に伴う結晶粒内偏析

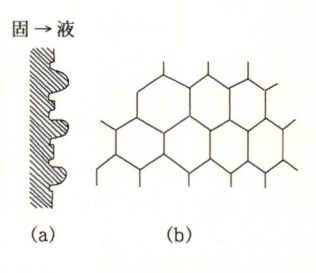

図1・40 組成過冷却に伴う凝固セル組織

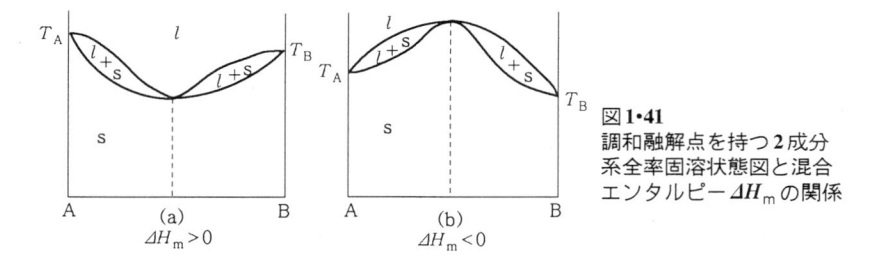

図1・41 調和融解点を持つ2成分系全率固溶状態図と混合エンタルピー ΔH_m の関係

(a) $\Delta H_m > 0$
(b) $\Delta H_m < 0$

関係も平衡状態とは異なり，この場合は一般に固相の量が平衡状態より減少する．結晶粒の中心と外周で濃度の異なる状態を有芯構造（cored structure）とよぶ．このような溶質原子の不均一分布を粒内偏析（grain segregation）とよんでいるが，このような凝固時の粒内偏析は高温加熱と冷間加工のくり返しにより均一化することができる．

上に述べた固－液界面における溶質の濃化による過冷現象を組成過冷却（constitutional undercooling）とよぶ．この組成過冷にににより比較的固溶度の小さい不純物を含む金属の凝固組織には図1・40の(b)に示すセル構造（cellular structure）が現れることが多い．この場合の固－液界面は図1・40(a)のような凹凸を示し，その断面は(b)のような形のそろった六角形の蜂の巣状となる．

いままで引用してきた全率固溶系の2成分2相平衡状態図は単純な形の液相線と固相線よりなるものであるが，実際には図1・41に示すような極小および極大を示すようなものもある．この極小点および極大点で液相線と固相線は相接しているが，このような点を調和融解点（congruent point）とよぶ．

図1・41の(a)のように極小点を示すのは混合のエンタルピー変化 $\Delta H_m > 0$ の場合である．このような場合の ΔG_m-X 曲線と状態図の対応関係を図1・42に示した．

また一般に図1・41の(a)のように $\Delta H_m > 0$ の場合は高温で均一相を形成していても，低温になると2相に分離する傾向を示す．したがって固相の低温部で図1・43の(a)のように2相分離線にかこまれた2相共存領域（溶解度ギャップ miscibility gap）が現れやすい．

反対に $\Delta H_m < 0$ の図1・41の(b)の場合は低温部で規則格子 s' を形成する傾向が強くなり，図1・43の(b)のような状態図を形成することが多い．

これは先にも述べたように $\Delta H_m > 0$ の場合は A-B 結合より (A-A 結合)＋(B-B 結合) の方が安定となり，$\Delta H_m < 0$ の場合は逆に A-B 結合が安定となるので当然の傾向である．

また A-B 結合が強いと固相で融点の高い部分が現れ，調和融解点として極大をとることも理解される．

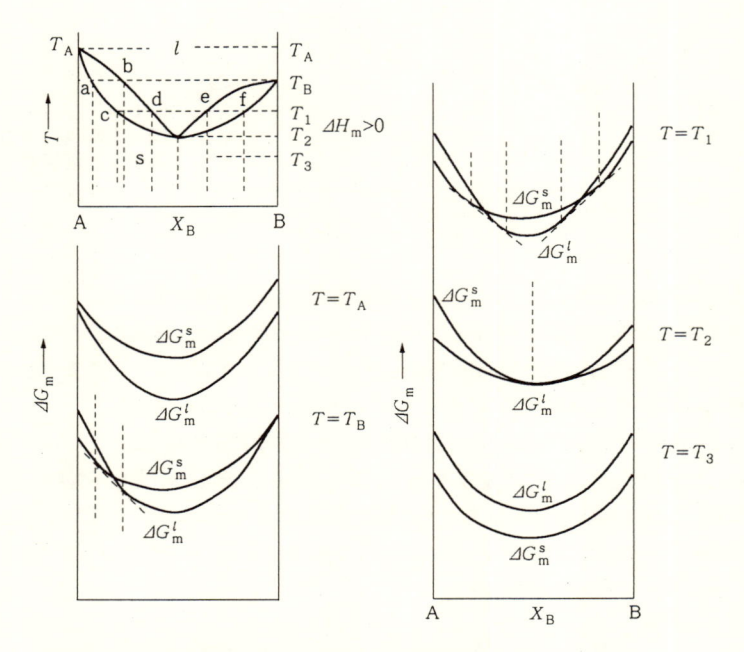

図1・42 調和融解点を持つ2成分全率固溶系のΔG_m-X曲線

表1・7 2成分3相平衡反応

反応のタイプ	名　　称
$l \rightleftarrows \alpha + \beta$	共晶反応（eutectic）
$\beta \rightleftarrows \alpha + \gamma$	共析反応（eutectoid）
$l_1 \rightleftarrows \alpha + l_2$	偏晶反応（monotectic）
$\alpha_1 \rightleftarrows \alpha_2 + \beta$	偏析反応（monotectoid）
$\alpha \rightleftarrows \beta + l$	再融反応（metatectic）
$l + \alpha \rightleftarrows \beta$	包晶反応（peritectic）
$\alpha + \beta \rightleftarrows \gamma$	包析反応（peritectoid）
$l_1 + l_2 \rightleftarrows \alpha$	合晶反応（syntectic）

l, l_1, l_2 液相　　$\alpha, \beta, \gamma, \alpha_1, \alpha_2$ 固相

第2章　金属および合金の状態　53

2・6・2　2成分系3相平衡状態図

2成分系としてはこのような場合が最も多く現れてくる状態図である。

2成分系で圧力一定の場合は $f'=3-p=0$ となり，状態図のどこかに自由度0の点（不動点または不変点 invariant point）が現れる。このような場合をすべて列記すると表1・7のようになる。表中 $\alpha, \alpha_1, \alpha_2, \beta, \gamma$ は固相を示し，l, l_1, l_2 は液相を示す。また→は冷却の場合，←は加熱の場合の反応方向を示す。上の5種類の反応はすべて冷却の際一つの相が二つの相に分解するタイプであり，下の3種類は二つの相が合成反応で一つの相になる反応である。

次にまず液相の関係する反応を含む状態図から説明しよう。

共晶反応 (eutectic)

この反応は溶液が冷却に際して，ある一定温度，一定組成で二つの固相に分解凝固するものである。この系は固相において $\Delta H_m > 0$ の傾向が強く，図1・43の(a)の2相分離線が高い温度まで上昇し，固相線および液相線の上に臨界点が顔を出したものと考えられる。A, B両成分が固溶体を作らぬ場合は図1・44の(a)のような状態図となる。また固溶体を作る時は(b)のようになる。また(b)の場合の状態図の構成と $\Delta G_m - X$ 曲線との関係を図1・45に示した。

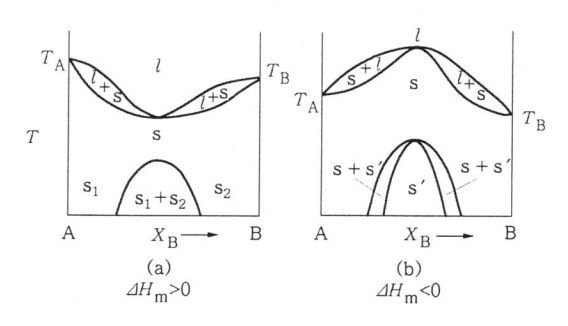

図1・43　調和融点を持つ固溶体の2相分離および規則化と ΔH_m の関係

共晶合金の平衡凝固

図1・44の(a)の状態図で組成 X_1, X_E, X_2 の合金の冷却曲線および組織変化を図1・46に示した。

X_1 組成合金は，液相線にぶつかる温度 T_1 で純金属Aを初晶（primary crystal, pre-eutectic crystal）とし晶出を始める。晶出に伴って発熱があるので冷却曲線に中だるみの形の冷却速度

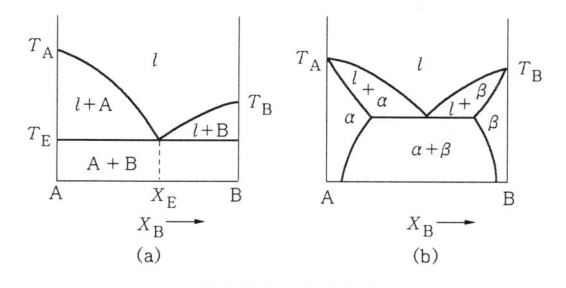

図1・44　2成分系共晶合金状態図

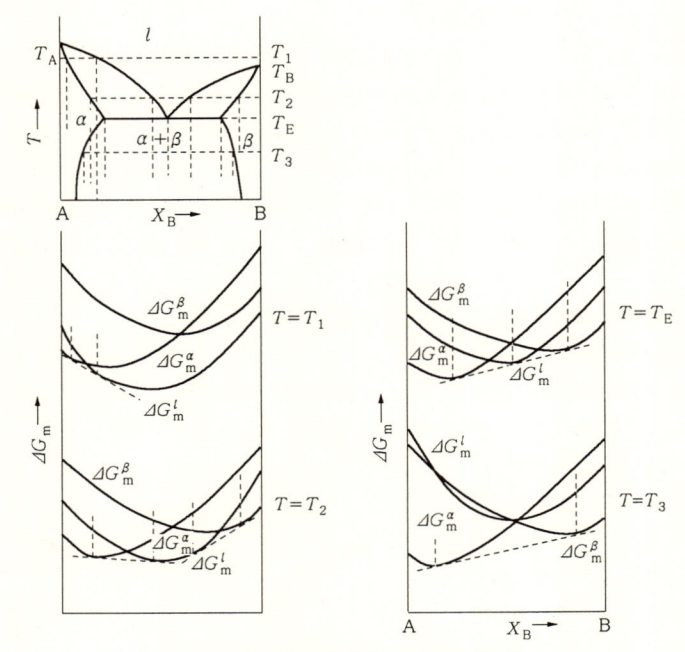

図1·45 2成分系共晶合金の ΔG_m-X 関係

の緩和が現れる．溶液の組成は晶出に伴って高濃度側へCLEと変化する．凝固途中での溶液と初晶Aの量的関係は梃杆法則により $\overline{\text{NM}}:\overline{\text{ML}}$ で表すことができる．共晶温度 T_E まで冷却すると，共晶組成 X_E の液相と初晶Aの量的比率は $\overline{\text{PF}}:\overline{\text{FE}}$ で示される．共晶温度では X_E の液相が結晶Aと結晶Bに分解し，この反応は3相共存であるから溶液がなくなるまで一定温度を保つ．すなわち冷却曲線に温度定点が現れる．

溶液の共晶分解が完了すると，A, B 2相共存となりふたたび温度降下が始まる．凝固完了時における（初晶A + 共晶A）：共晶Bの比率は $\overline{\text{QF}}:\overline{\text{FP}}$ となる．最終の合金組織は図中のスケッチのようになり，共晶組織はA結晶とB結晶が層状に接したラメラー構造（lamellar structure）を示すことが多い．共晶中のA結晶とB結晶の比率はもちろん $\overline{\text{EQ}}:\overline{\text{EP}}$ で示すことができる．

X_E および X_2 組成の合金の冷却曲線および組織のスケッチは同様に理解できるであろう．

図1·44の（b）の共晶系の平衡凝固もいま説明した（a）の場合と大差ないものと考えてよい．ただこの場合は初晶は α 固溶体および β 固溶体であり，共晶混合組織も α と β の混合となる．

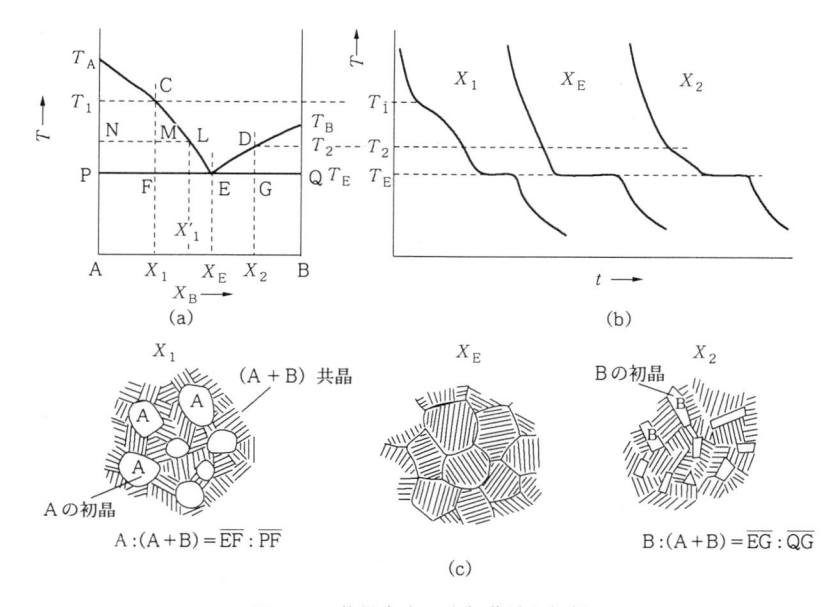

第2章　金属および合金の状態　55

図1·46　共晶合金の冷却曲線と組織

また固相線および固溶線（solvus）の存在によって，初晶の濃度は合金の組成範囲により変化し，低温で固溶線以下の温度に冷却してくると，初晶および共晶中の固溶体内で析出（precipitation）が起る．すなわち α 相中からは β の析出があり，また β 相中からは α の析出が起る．析出に伴う発熱量は初晶の晶出や共晶分解の発熱量に比較するときわめて小さいので，一般の冷却曲線も（a）の場合とほとんど同様になる．

共晶合金の非平衡状態図

図1·44の（a）の場合のように固相でまったく固溶体を作らない系では，急速な冷却による一時的な初晶の晶出および共晶反応に過冷現象は起っても，状態図の形にはほとんど変化は起らないと考えられる．しかし実際は多少なりと固溶体を作る場合が大部分であるから図1·44の（b）の状態図は変化する．急冷による変化の要点を図1·47に示せば，最大固溶限の低濃度側への移行と，共晶過冷による共晶組成の変化で

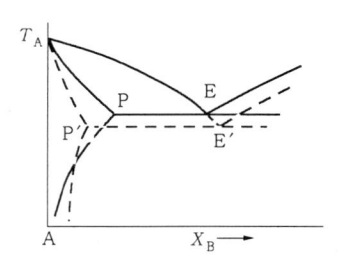

図1·47　共晶合金の非平衡凝固と状態図のずれ

ある.また低温において固溶体は過飽和となりやすい.

一般に共晶組成は最も低温まで液体構造が安定なところであるから,液体急冷 (liquid quenching) のような~10^6K/s 程度の冷却速度になると非晶質が得やすいといわれている.またこのような急冷や蒸着,電着などで平衡状態図には現れない擬安定相が得られることもある.

実用面では共晶合金は湯流れ性が良好であるので,鋳物用合金に利用されることが多く,低融点であるので接着用のはんだ類などに利用される場合も多い.

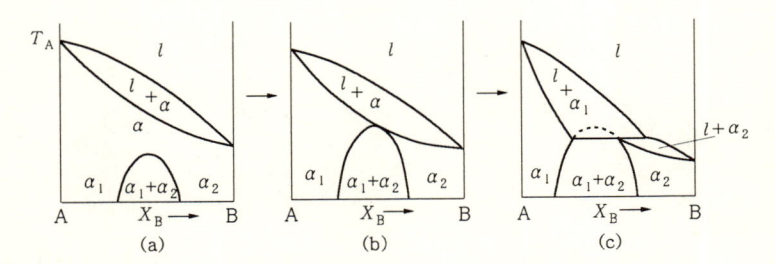

図 1·48 固溶体の 2 相分離傾向と包晶反応の関係

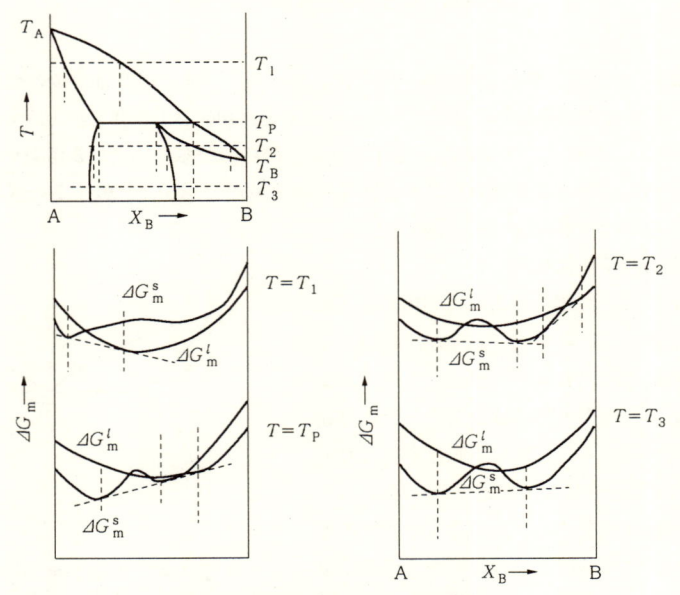

図 1·49 包晶合金の ΔG_m-X 関係

包晶反応 (peritectic)

　この反応は表1・7で示したように，溶液と晶出している初晶の固溶体が反応してさらに高濃度の固溶体あるいは中間化合物を形成するものである．この場合液相は固相を蔽い包むように反応が進行するのでこの名称がある．

　化学熱力学的にはA, B 2成分間で比較的融点の差が大きく，$\Delta H_m^s > \Delta H_m^l > 0$ の傾向の強い場合に時としてこの反応を含む状態図が現れやすい．図1・48にその傾向を示す場合の様子をスケッチで示した．(a) → (b) → (c) の順に固相の2相分離傾向が強まるに従って (c) のような包晶系の現れる様子が理解できるであろう．

　いま図1・48の (c) のような状態図と ΔG_m-X 曲線の関係を図1・49に示した．
　Cu-Zn系は第Ⅲ部の図3・55に示したように，実に5個の包晶反応が含まれているめずらしい例である．

$$\alpha + l \underset{}{\overset{902℃}{\rightleftharpoons}} \beta,\ \beta + l \underset{}{\overset{834℃}{\rightleftharpoons}} \gamma,\ \gamma + l \underset{}{\overset{700℃}{\rightleftharpoons}} \delta,\ \delta + l \underset{}{\overset{600℃}{\rightleftharpoons}} \varepsilon,\ \varepsilon + l \underset{}{\overset{423℃}{\rightleftharpoons}} \eta$$

包晶反応の平衡凝固

　共晶反応の場合と同様に図1・50によって包晶反応を含む系の平衡凝固過程を説明しよう．

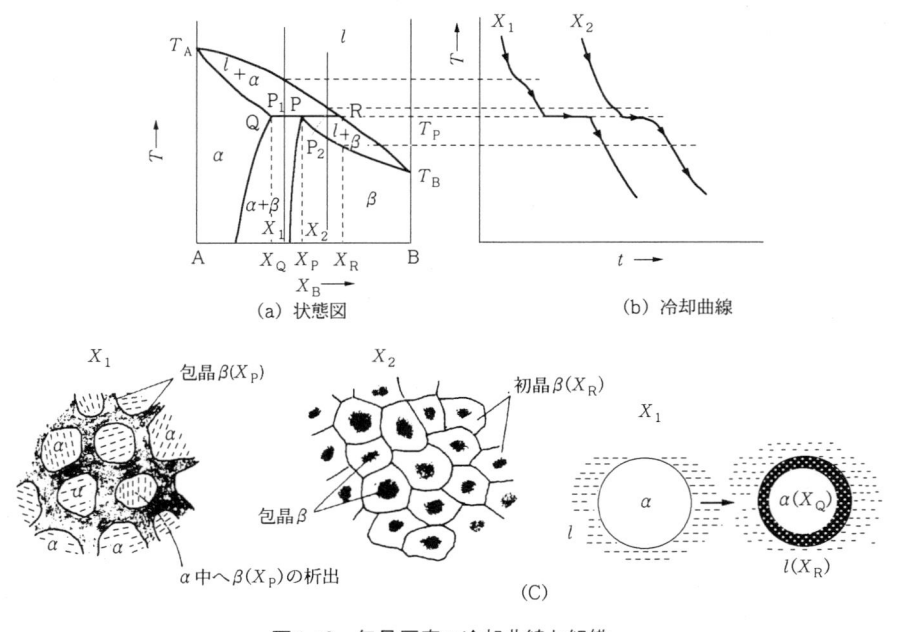

図1・50　包晶反応の冷却曲線と組織

この状態図で包晶反応のあるのは X_Q と X_R の間の組成範囲である.

いま X_1 の組成の合金を冷却する時の反応を述べると，液相線で α の初晶が現れ始め，包晶温度 T_P では X_Q の組成の α と X_R の組成の溶液とが $\overline{RP_1}:\overline{P_1Q}$ の比率で存在する．$\alpha_{X_Q} + l_{X_R} \rightarrow \beta_{X_P}$ の包晶反応が進み，l_{X_R} が消費された段階で包晶反応は完了する．その段階で $\alpha : \beta = \overline{PP_1} : \overline{P_1Q}$ となり，さらに温度の降下とともに主として α より β の析出が起り β 相が増加する．その冷却曲線は (b) 図のようになり，最終的な組織は (c) 図のようになる．

つぎに X_P 組成の場合は，T_P において α と液相が全部包晶反応で β となる．

また X_2 組成の場合は，T_P の包晶反応の結果初晶の α は全部 β となり，さらに温度降下とともに液相が凝固して全体が β となる．その組織は全部 β 相であるが，これは初晶の α と l の包晶反応に由来するものと，包晶反応後残留した液相から直接晶出した β の和である．その組織は (c) 図でやや濃淡で区別して示した．

包晶反応の非平衡凝固

包晶反応は必然的にその反応が始まると図1・50の (c) に示したような状態になり，α と l が反応するのを形成された β がその中間に介在してその進行を著しく阻害する．そのため反応速度はきわめて遅く完了しにくい．また結晶粒内の濃度分布も中心とその周辺では大きく異なることが多い．

包晶合金は一般にその鋳造後の結晶粒が微細化しやすいといわれているが，これは高温で形成された α 相が包晶反応の核作用と凝固の中心となるためであろう．

共晶の場合と同様に冷却速度が大きくなると固相線のずれにともなって，包晶形成の組成範囲も低濃度側に拡がる可能性がある．図1・51にその略図を示した．

偏晶反応 (monotectic)

共晶反応も包晶反応もともに固相が二つの固相に分離する傾向のある $\Delta H^s_m > 0$ の時に形成される．この分離傾向が高温の液相にまで存在しているのが偏晶反応である．

図1・52において，温度 T_1 においては高温で均一だった溶液が l_1 と l_2 の2液相に分離し，偏晶温度 T_M において

$$l_1 \longrightarrow l_2 + \alpha$$

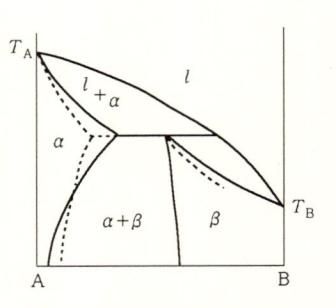

図1・51 包晶反応の非平衡凝固と状態図のずれ

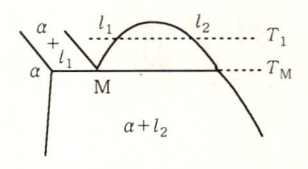

図1・52 偏晶反応

の反応が起る．

　液相で2液相分離傾向のある場合は，原子論的にもA-B対を作るよりはA-A対+B-B対になる傾向がきわめて強いことを物語るものであり，固相においても固溶範囲は狭いことが多い．要するにA成分とB成分が合金を作りにくい場合にこのような状態図が現れる．

　この傾向が強くなるにともなって期待される状態図の変化例を図1・53に示した．

　図のように固溶体はほとんど形成されず，2液相の分離範囲も次第に広くなり，最終的には水と油のように完全に分離した液体と，完全にA金属とB金属の機械的混合状態として凝固するような（d）図の状態図を示すようになる．

合晶反応 (syntectic)

syntecticに対しては適当な邦訳が与えられていない．synthesisは合成であり，液相の関係する反応であるので仮に合晶としておく．これは図1・54に示したように，

$$l_1 + l_2 \longrightarrow \alpha$$

の反応を含む．

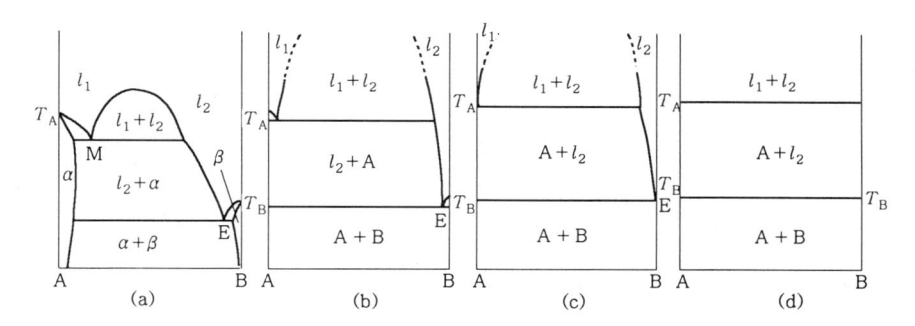

図1・53 偏晶反応系より完全分離系への状態図の推移

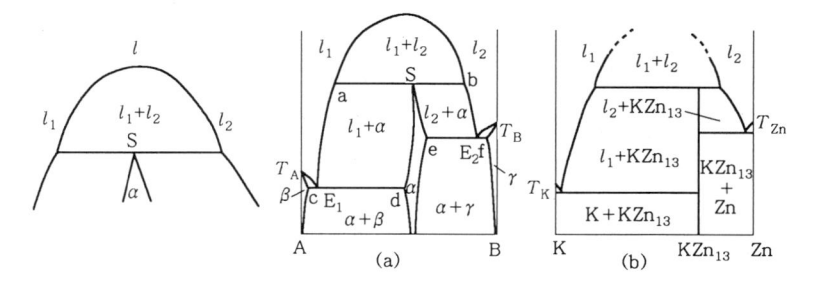

図1・54 合晶 (syntectic) 反応とこれを含む状態図例

偏晶反応は分解であるが，合晶反応は合成である点において相異しているが，液相分離と両端における1次固溶体範囲の狭いことではよく似ている．ただ固相において中間固溶体または中間化合物形成という親和性が両成分間に存在している．

実例は非常に少ないがK-Zn，Na-Zn，K-Pb，Pb-U系などにこの反応が含まれている．

この反応も反応開始とともに2液相界面に固相が形成されるので，包晶反応と同様にその進行は阻止されやすい．図1・54にK-Zn系の例を示した．

以上が液相の関係する2成分系3相平衡反応であるが，次に固相のみの3相平衡反応を示そう．

相の平衡関係は液相の場合とまったく同様であるが，液体内部と固体内部とで大きく異なるところは，固相では拡散速度が小さいので非平衡状態が得やすいこと，相変態にともなう体積変化がそのまま残留応力として残りやすいことであろう．したがって変態は熱履歴に敏感であって，材料の構造に敏感な性質が大幅に変化する熱処理（heat treatment）に関係が深い点で重要なものが含まれている．

共析反応(eutectoid)

この反応は

$$\beta \longrightarrow \alpha + \gamma$$

で示されるが，一般に α，β，γ はいずれも結晶構造の異なる相である．状態図上では β は中間相であり，α は主成分側の固相，γ は β よりさらに高濃度側の固相である．

この変態を含む系では，主成分が同素変態を示すものとそうでないものとに分けられる．

代表例としてのFe-C系やその他チタン合金などでは同素変態を含み，β 相は主成分の高温相であり α 相は低温相である．また同素変態を含まぬ相としては銅合金（Cu-Al，Cu-Snなど）の中間相 β がこの分解を示すことが多い．これらの代表例を図1・55に示した．

(b) 図はFe-Fe$_3$C系の擬安定平衡状態図であるが

$$\gamma（オーステナイト）\longrightarrow \alpha（フェライト）+ Fe_3C（セメンタイト）$$

の共析反応は鋼の熱処理の基礎となる重要なものである．

この変態はA$_1$変態とよばれ，高温よりの冷却速度により様々な組織が得られる．最も徐冷した場合は層状のフェライトとセメンタイトよりなるパーライト（pearlite）になり，やや速いと微細なフェライトとセメンタイトよりなるトルースタイト（troostite）およびソルバイト（sorbite）が得られる．さらに急冷するとマルテンサイト（martensite）とよばれる硬質の準安定相が得られ，場合によってはオーステナイトがそのまま凍結され残留オーステナイト（retained austenite）になることもある．これにともなってその機械的性質

(a)

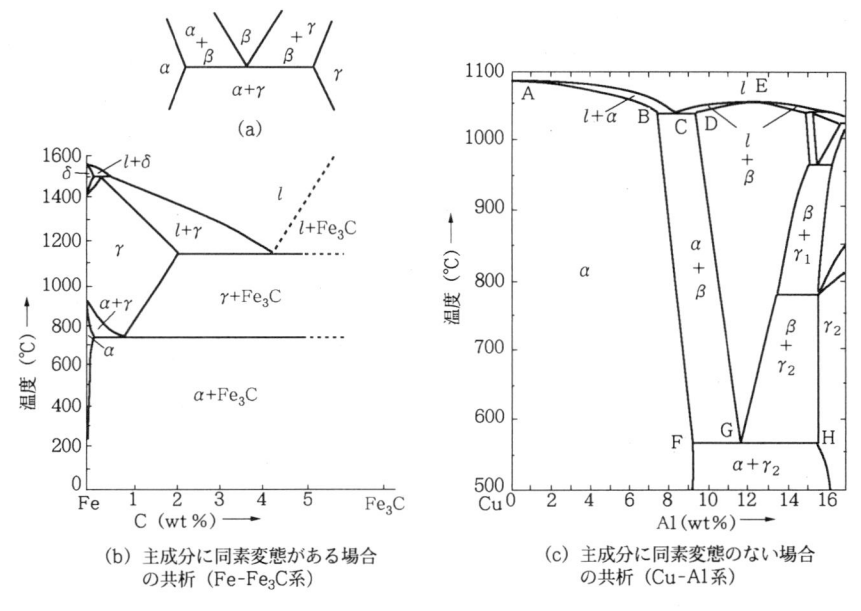

(b) 主成分に同素変態がある場合の共析 (Fe-Fe₃C系)

(c) 主成分に同素変態のない場合の共析 (Cu-Al系)

図1·55 共析反応とこれを含む合金系

は広範な変化を示す．

また(c)図のCu-Al系においてはβ相は冷却速度によって

$$\beta \to \alpha + \gamma_2 \quad \text{徐冷}$$
$$\searrow \beta_1 \to \beta' \quad \text{急冷}$$

の変化を示し，β_1はβの規則格子であり，β'はマルテンサイト組織である．βアルミ青銅ではγ_2相が現れると脆くなるので，β相の共析分解を急冷や添加元素によって極力抑えることにより実用に供している．

偏析反応 (monotectoid)

日本語で偏析 (segregation) という言葉があるので混同しやすい名称である．この反応を含む2成分系状態図はかなり多い．図1·56において示したように，成分金属に同素変態のない場合とある場合とがある．共通している点は固相において広い固溶体領域があり，この固溶体が2相分離曲線を持っていることである．図1·56の(a)ではAl-Zn系のAl側に広いα固溶体領域があり，このαが$\alpha + \alpha'$の2相分離を起し，$\alpha' \to \alpha + \beta$の偏析反応を示す．

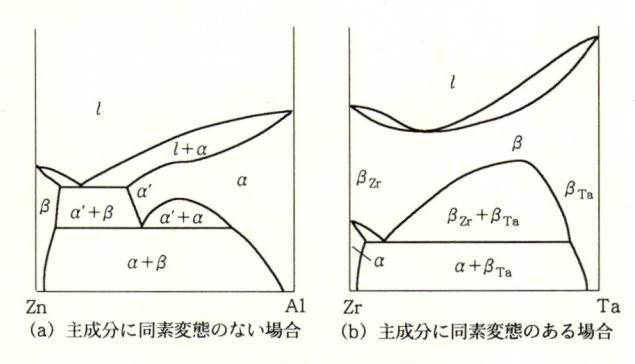

図1·56 偏析反応系状態図

(a) 主成分に同素変態のない場合
(b) 主成分に同素変態のある場合

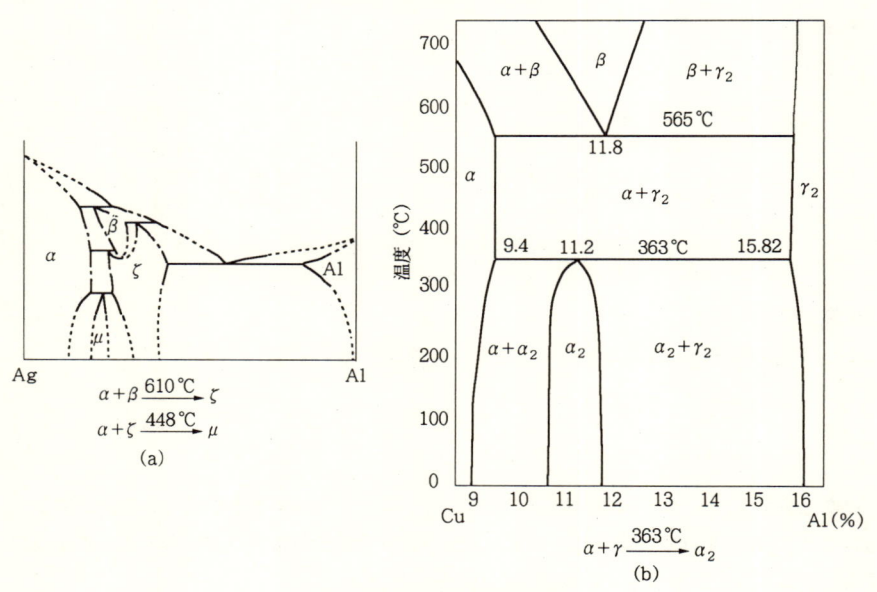

図1·57 包析反応系状態図

(b)のZr-Ta系ではZrの高温相βがTaと全率固溶体を形成し，このβがZr-richのβ_{Zr}とTa-richのβ_{Ta}に2相分離を起し，$\beta_{Zr} \rightarrow \alpha + \beta_{Ta}$の偏析反応を示す．

包析反応 (peritectoid)

反応の形式は

$$\alpha + \beta \longrightarrow \gamma$$

である．この反応は図1・57に示したように，Ag-Al系やCu-Al系に含まれているとされるが不確定である．液相を含む包晶反応でも進行しにくいということから考えて，非常に時間のかかる反応であることが考えられる．この反応が $\alpha_1+\alpha_2\to\beta$ のような形式をとれば，合析反応（syntectoid）という名称の3相平衡も考えられる．

再融反応 (metatectic)

これは非常に稀な例であるが，一度完全に凝固した合金が温度の低下とともに部分的に融解を始めるものである．図1・58にこのような反応の現れる可能性を示すとともにCu-Sn系の γ 相が $\gamma\to\varepsilon+l$ の再融反応を示す例を図示した．

(a) 図はA成分に同素変態のある場合であるが，$X_a<X<X_M$ の組成範囲の合金はその凝固過程において，$l\to l+\beta\to\beta\to\alpha+\beta\to\alpha+\beta+l\to\alpha+l\to\alpha$ の順序で $\alpha+\beta$ の完全凝固後に $\alpha+\beta+l$ の液相が現れている．

(b) 図においてもSn濃度 X_a と X_M の青銅は，$l\to l+\gamma\to\gamma\to\gamma+\varepsilon\to\gamma+\varepsilon+l\to\varepsilon+l$ の順で再融する．

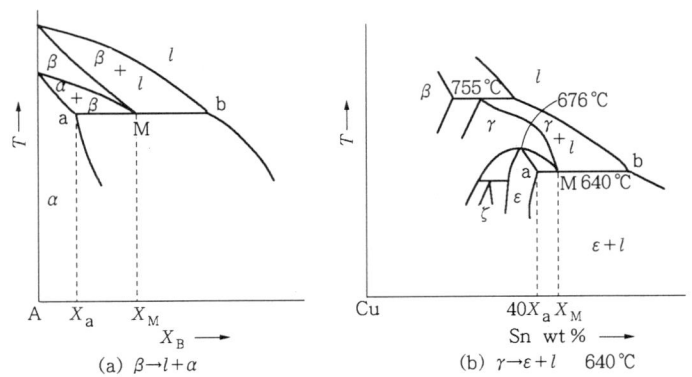

図1・58　再融反応系状態図

2・7　3成分系合金平衡状態図

3成分系においては相律より

$$f=3+2-p=5-p$$

であるからinvariant equilibriumでは5相平衡まで考えることになる．

常用されている常圧下での状態図では

$$f'=4-p$$

となり4相平衡まで考えればよい.

3成分系状態図は，組成は3成分であるから一つの平面上に表示する必要がある．温度軸はこの組成平面に立てた垂線上に示す．

組成面は一般に各成分を頂点とした正三角形で示すことが多い．この組成三角形をギッブスの三角形（Gibbs triangle）とよんでいる．これを図1・59に示した．

正三角形ABCをギッブスの三角形とし，頂点Aから辺AB上をBに向って成分Bの百分率を記入し，同様に辺AC上をCに向ってC成分の百分率を記入する．また辺BC上をCに向ってC成分の百分率を記入してもよいし，Bに向ってB成分百分率を記入してもよい．

三角形内合金Xの組成はXを通り正三角形の各辺に平行線PQ, RS, TUを引いたときにできる小さな三角形XQT, XPSおよびXURの一辺の長さで示される．

すなわち

$$X_A : X_B : X_C = \overline{XQ} : \overline{XP} : \overline{RU}$$

$$X_A + X_B + X_C = \overline{XQ} + \overline{XP} + \overline{RU} = \overline{AB} = 100$$

また

$$X_A : X_B : X_C = \overline{XH_A} : \overline{XH_B} : \overline{XH_C}$$

$$X_A + X_B + X_C = \overline{XH_A} + \overline{XH_B} + \overline{XH_C} = \overline{AH} = 100$$

以上のようにXより各辺に下した垂直の長さで組成を示してもよい．

いまX合金がα相とβ相の2相に分離しているものとする．図1・60に示したように2相を結ぶ線分$\overline{\alpha\beta}$を共軛線（tie line）とよぶが，X合金の組成点Xは必ず線分$\overline{\alpha\beta}$上に存在する．

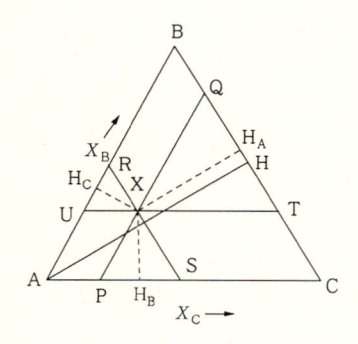

図1・59　ギッブスの組成三角形 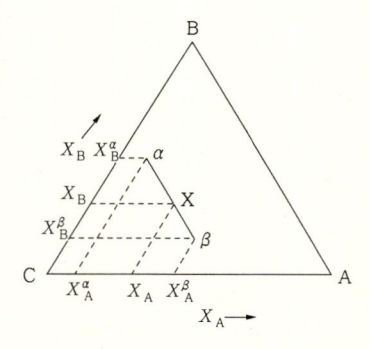　　　　図1・60　3成分系の2相平衡の共軛線

換言すれば $\overrightarrow{\alpha X}$ の延長上に β があり，また $\overrightarrow{\beta X}$ の延長上に必ず α が存在する．

合金 X の総量を m とし，α 相の量を m_α，β 相の量を m_β とすれば，この場合も2成分系のときと同様に槓杆則が成立する．

$$m_\alpha : m_\beta = \overline{X\beta} : \overline{X\alpha}$$
$$m_\alpha : m = \overline{X\beta} : \overline{\alpha\beta}$$
$$m_\beta : m = \overline{X\alpha} : \overline{\alpha\beta}$$

つぎに合金 X が α, β, γ の3相よりできている場合，α, β, γ を3頂点とする三角形を共軛三角形 (tie triangle) とよぶ．

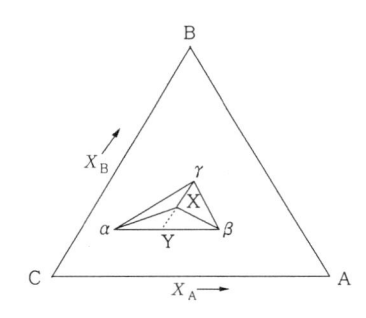

図1・61 3成分系の3相平衡の共軛三角形

図1・61に示したようにこの合金の組成点 X は必ず $\Delta\alpha\beta\gamma$ 内に存在する．

この場合も合金 X の総量を m，α 相の量を m_α，β 相の量を m_β，γ 相の量を m_γ とすれば，

$$m_\alpha : m_\beta = \overline{Y\beta} : \overline{Y\alpha}$$
$$(m_\alpha + m_\beta) : m_\gamma = \overline{X\gamma} : \overline{XY}$$
$$m_\alpha : m_\beta : m_\gamma = \Delta X\beta\gamma : \Delta X\gamma\alpha : \Delta X\alpha\beta$$

の関係が成立する．

2・7・1　3成分系2相平衡状態図

3成分合金の2相平衡としては次に示す三つの場合が考えられる．

$$l \rightleftarrows \alpha$$
$$\alpha_1 \rightleftarrows \alpha_2$$
$$l_1 \rightleftarrows l_2$$

いま一つの液相と一つの固相が全域で平衡を保つ場合を考えてみよう．その最も単純な状態図は図1・62のようになる．

この場合 A-B, B-C, C-A 各2成分系は単純な全率固溶系であり，液相も全範囲にわたって均一である．このような立体図を恒温面で切った切口は (a) 図に示したが，それを組成面に投影すると (b) 図のようになる．共軛線 $l_3\alpha_3$ は組成点 X において立てた垂線と恒温面の交点を通っている．共軛線 $\overrightarrow{l_3\alpha_3}$ は三角柱の隅に向かうが，BT_B 線に交わるとはかぎらない．また同一恒温面上で共軛線は決して交わることはない．

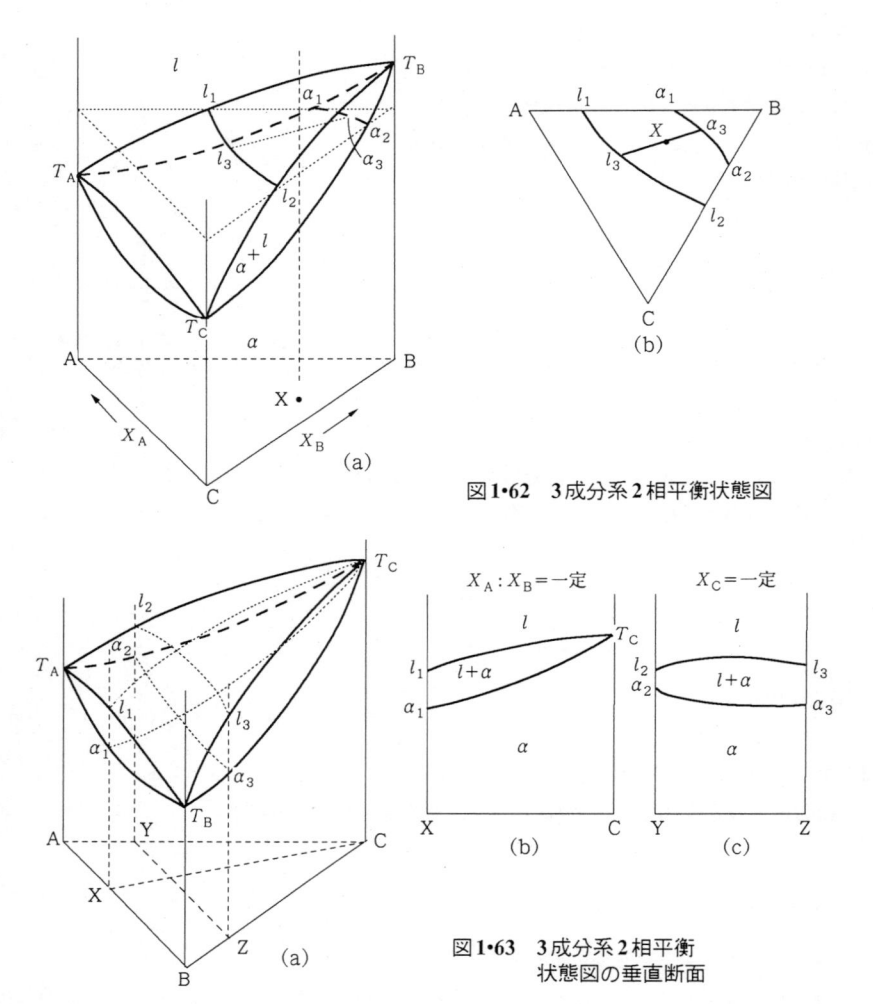

図1·62　3成分系2相平衡状態図

図1·63　3成分系2相平衡状態図の垂直断面

この3成分系において$X_A:X_B=$一定，または$X_C=$一定の状態図を示すと図1·63のような垂直断面となる．

X合金の凝固過程は図1·64のように温度T_1で始まりT_4で完了するものとする．温度T_1, T_2, T_3, T_4における各共軛線を$l_1\alpha_1$, $l_2\alpha_2$, $l_3\alpha_3$, $l_4\alpha_4$とすれば，これら組成三角形上への投影は図に示したようになる．投影された共軛線は組成点Xを中心として回転していることがわかる．

以上説明したのは単純な液相面および固相面を持った2相平衡の場合であるが2成分系の場合と同様に極大あるいは極小を示す系もある。

たとえばA-B-C3成分系において，A-B系，A-C系に極小を示す調和融解点があり，B-C系に極大のあるような場合には，図1・65に示したように液相面および固相面は複雑に湾曲し，鞍部（saddle point）のようなところが現れる．

いまA, B, C各成分の融点をT_A, T_B, T_Cとし，A-C系，C-B系，B-A系の調和融解点をそれぞれT_d, T_e, T_f，鞍部の温度をT_sとし，$T_A > T_e > T_s > T_B > T_f > T_C > T_d$の関係であれば，Aseを結ぶ線上に尾根があり，dsfを結ぶ線上に谷がある．液相面の等温線は(b)図のようにA

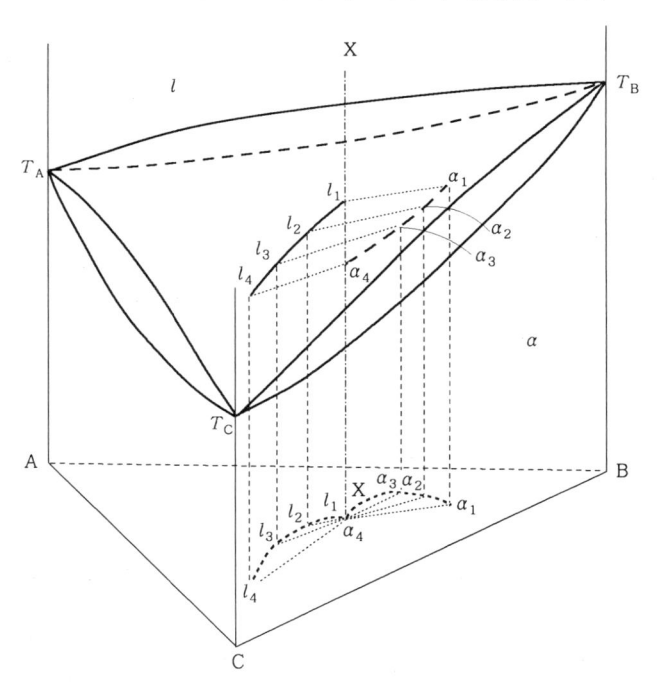

図1・64　3成分系2相平衡系の凝固過程

$T_A > T_e > T_s > T_B > T_f > T_C > T_d$

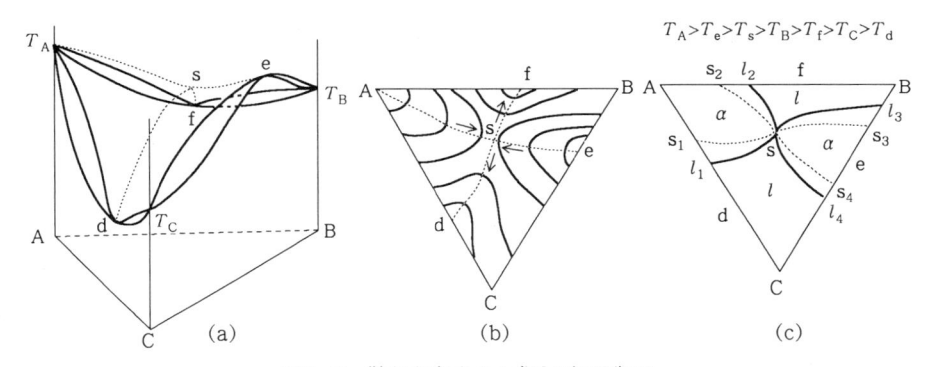

図1・65　鞍部を有する3成分2相平衡図

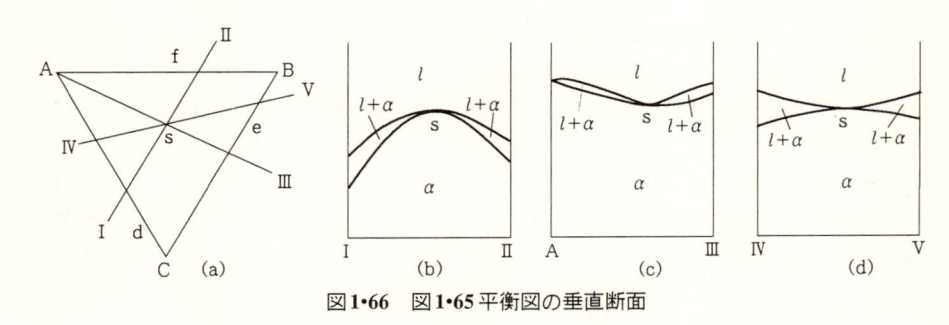

図1·66　図1·65平衡図の垂直断面

およびeからはsに向って下降し，sからはdとfに向って下降している．

またs点を通る等温面による切口は，これを組成三角形ABCに投影すると，(c)図に示したように液相線と固相線はs点に集まり，液相面の切口l_1sl_2とl_3sl_4曲線はs点において接し，固相面の切口s_1ss_2とs_3ss_4もs点で接している．

sを通る垂直断面を図1·66に示した．

以上の恒温面および垂直断面により複雑な曲面の形状が大略理解できるものと考えられる．

2·7·2　3成分系3相平衡状態図

3成分系では3相平衡ならば自由度1である．したがってある恒温面上では平衡3相の組成は一定であり，共軛三角形の3頂点となっている．この三角形内の組成を持った合金ならば，その温度では必ず3頂点で示される組成の3相に分離している．

3成分系3相平衡状態には表1·8に示したような種類が考えられる．上段の6種類は分解反応であり，下段の6種類は合成反応である．この中で主として$l\rightleftarrows\alpha+\beta$の共晶系を含む場合を説明する．

いま平衡3相をα, β, lとすれば，3相平衡領域の立体図形は図1·67 (a)のような形となる．またある恒温断面の投影図は (b) 図のようになる．各隅に1相領域があり，その中間に2相領域3個と中心に三角形の3相域がある．

表1·8　3成分系3相平衡の種類

$\alpha\rightleftarrows\beta+\gamma$	$\alpha\rightleftarrows\beta+l$	$\alpha\rightleftarrows l_1+l_2$
$l_1\rightleftarrows l_2+l_3$	$l_1\rightleftarrows\alpha+l_2$	$l\rightleftarrows\alpha+\beta$
$\alpha+\beta\rightleftarrows\gamma$	$\alpha+\beta\rightleftarrows l$	$l_1+l_2\rightleftarrows l_3$
$l_1+l_2\rightleftarrows\alpha$	$l_1+\alpha\rightleftarrows l_2$	$l+\alpha\rightleftarrows\beta$

α, β, γ　固相　　l, l_1, l_2, l_3　液相

A-B 2成分系が単純共晶
A-C および B-C 系が全率固溶

この場合の状態図例を図 1・68 に示した.この場合温度の関係は $T_B>T_A>e>e_1>T_C$ と仮定する.形としては A-B 2 成分系の共晶 e は C 成分の添加とともに e_1 に降下し,α と β の 2

(a) 共軛三角柱

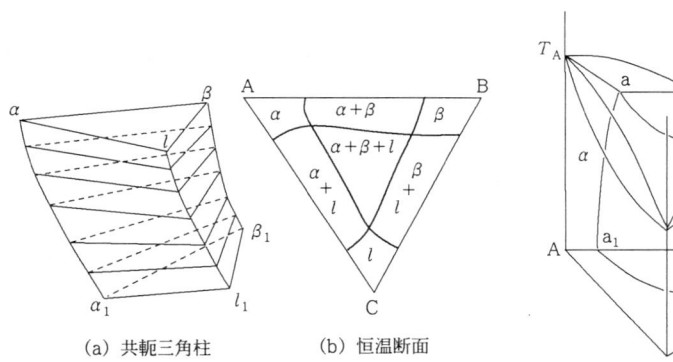

(b) 恒温断面

図1・67 3成分系3相平衡の共軛三角柱とその恒温断面

図1・68 A-B系が単純共晶,A-C,B-C系が全率固溶系の3成分状態図

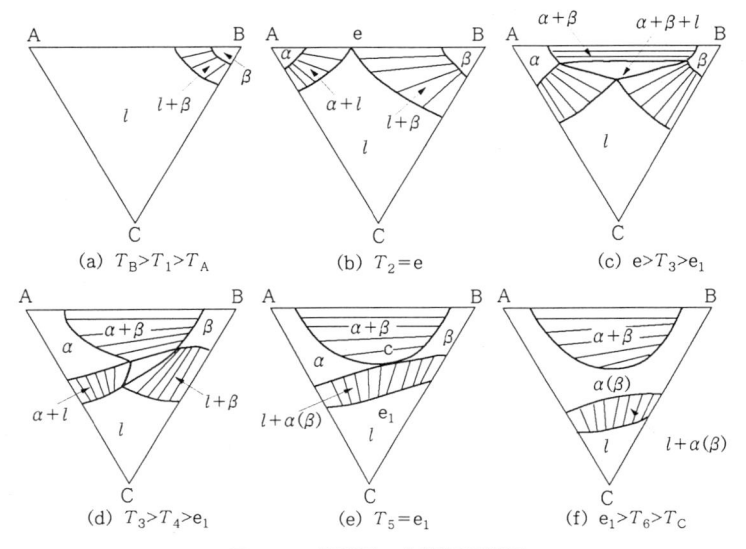

(a) $T_B>T_1>T_A$

(b) $T_2=e$

(c) $e>T_3>e_1$

(d) $T_3>T_4>e_1$

(e) $T_5=e_1$

(f) $e_1>T_6>T_C$

図1・69 図1・68の状態図の各種恒温断面

図1·70　図1·68の状態図の$X_C=$一定の垂直断面

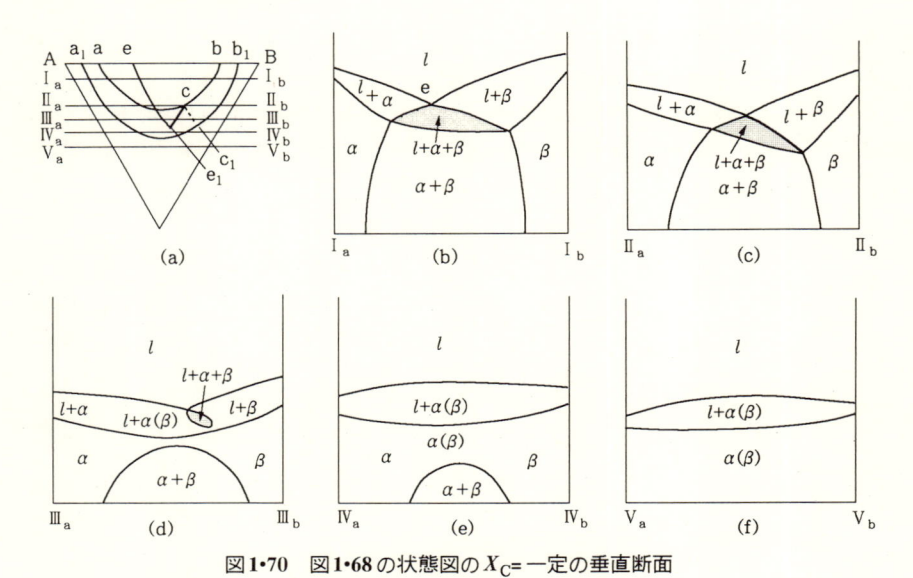

相分離曲面が$a_1c_1b_1$と3成分領域にせり出した形である．

各種恒温断面を図1·69に示した．

(a)は$T_B>T_1>T_A$の範囲のT_1断面であり，この場合は最も高融点のB成分隅で液相面と固相面を切るだけである．(b)は$T_2=e$の場合であってαとβとlの3相共存点がeにある．(c)の$e>T_3>e_1$では共軛三角形が現れる．(d)も同様，(e)の$T_5=e_1$では3相共存点はe_1となる．(f)の$e_1>T_6>T_C$では3相領域なし．

図1·70に図1·68の$X_C=$一定の5個の垂直断面を示した．

2·7·3　3成分系4相平衡状態図

3成分系では，常圧下において4相平衡が自由度0の場合であることは先にも述べた通りである．平衡4相の組成および温度は一定である．4相平衡の種類は表1·9のように24種類考えられるが，Findlay[6]によれば3成分系で4液相平衡は観察されていないということより，3種の4液相平衡を除外すれば，21種となる．その中で最も理解しやすく，実用的にも重要な$l \rightleftarrows \alpha+\beta+\gamma$の3元共晶を含む状態図について説明する．

図1·71に$l \rightleftarrows \alpha+\beta+\gamma$の4相平衡状態図を示した．ただしこの場合の各2成分系は単純共晶系とし，$T_A>T_B>T_C>e_1>e_3>e_2>$Eとする．この図の中で自由度0の点はE点の3元共晶点である．図はα, β, γの固溶体に温度にともなう固溶度変化があるため，それぞれの固

表1・9 3成分系4相平衡の種類

$\alpha \rightleftarrows \beta+\gamma+\delta$	$\alpha+\beta \rightleftarrows \gamma+\delta$	$\alpha+\beta+\gamma \rightleftarrows \delta$
$l_1 \rightleftarrows l_2+l_3+l_4$	$l_1+l_2 \rightleftarrows l_3+l_4$	$l_1+l_2+l_3 \rightleftarrows l_4$
$l \rightleftarrows \alpha+\beta+\gamma$	$l+\alpha \rightleftarrows \beta+\gamma$	$l+\alpha+\beta \rightleftarrows \gamma$
$l_1 \rightleftarrows l_2+\alpha+\beta$	$l_1+l_2 \rightleftarrows \alpha+\beta$	$l_1+l_2+\alpha \rightleftarrows \beta$
$l_1 \rightleftarrows l_2+l_3+\alpha$	$l_1+l_2 \rightleftarrows l_3+\alpha$	$l_1+l_2+l_3 \rightleftarrows \alpha$
$\alpha \rightleftarrows \beta+l_1+l_2$	$\alpha+l_1 \rightleftarrows l_2+l_3$	$\alpha+l_1+l_2 \rightleftarrows l_3$
$\alpha \rightleftarrows \beta+\gamma+l$	$\alpha+\beta \rightleftarrows l_1+l_2$	$\alpha+\beta+l_1 \rightleftarrows l_2$
	$\alpha+\beta \rightleftarrows \gamma+l$	$\alpha+\beta+\gamma \rightleftarrows l$
	$l_1+\alpha \rightleftarrows l_2+\beta$	

$\alpha, \beta, \gamma, \delta$ 固相　l, l_1, l_2, l_3, l_4 液相

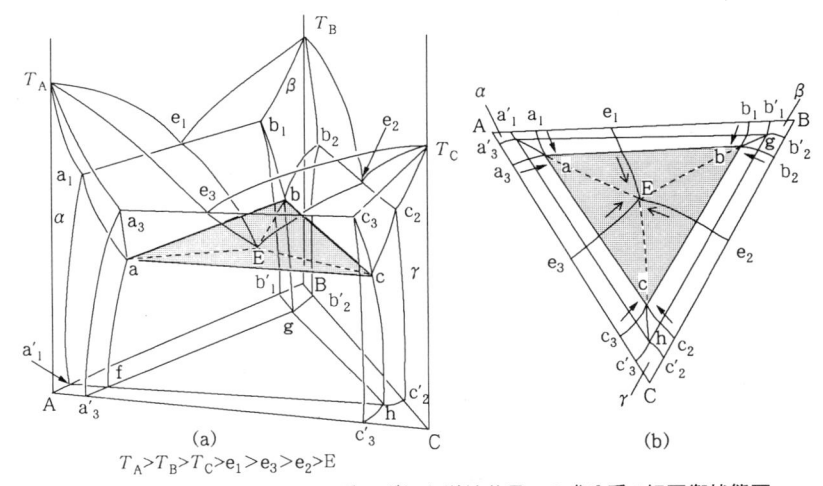

図1・71　A-B, B-C, C-A系いずれも単純共晶の3成分系4相平衡状態図

$T_A > T_B > T_C > e_1 > e_3 > e_2 > E$

溶面が図の中に描かれているので複雑な状態図となっている．理解を助ける意味で $l \rightarrow A+B+C$ の液相が純粋な各成分に分解する状態図を参考として図1・72に示した．この図をかりて合金の凝固過程を説明しよう．

状態図はAを初晶として晶出する Ae_1Ee_3 領域，Bを初晶として晶出する Be_1Ee_2 領域，Cを初晶として晶出する Ce_2Ee_3 領域に分けられる．各領域にそれぞれ図のような位置に合金 X, Y, Z, を考える．

X 合金を液相より冷却すると，液相面にぶつかる温度からA結晶を晶出し，AX' 上を X' の方向に組成が変化し2元共晶の谷 e_1E と X' でぶつかる．初晶として現れるのはAであるか

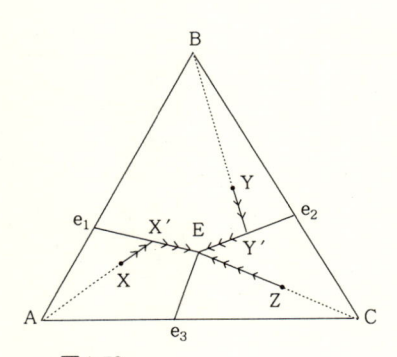

図1・72
図1・71の状態図で 各系とも全然固溶体を形成しない3成分系4相平衡状態図とその凝固過程

ら共軛線の一端はAで液相端は必ずAXの延長上にあることがわかる．X′において$l \to A+B$の2元共晶が始まり，液相の組成はX′Eの方向に降って行く．E点において残った液相は$l \to A+B+C$の3元共晶で分解凝固する．したがってX合金の凝固組織は初晶A＋2元共晶（A＋B）＋3元共晶（A＋B＋C）の三つの部分に分かれる．

同様にY合金の場合は初晶Bの晶出とともに液相の組成は$\overrightarrow{YY'}$の方向に移動し，次に$\overrightarrow{Y'E}$の方向に$l \to B+C$の2元共晶が進み，最終的にEで残った液相が3元共晶で分解凝固する．

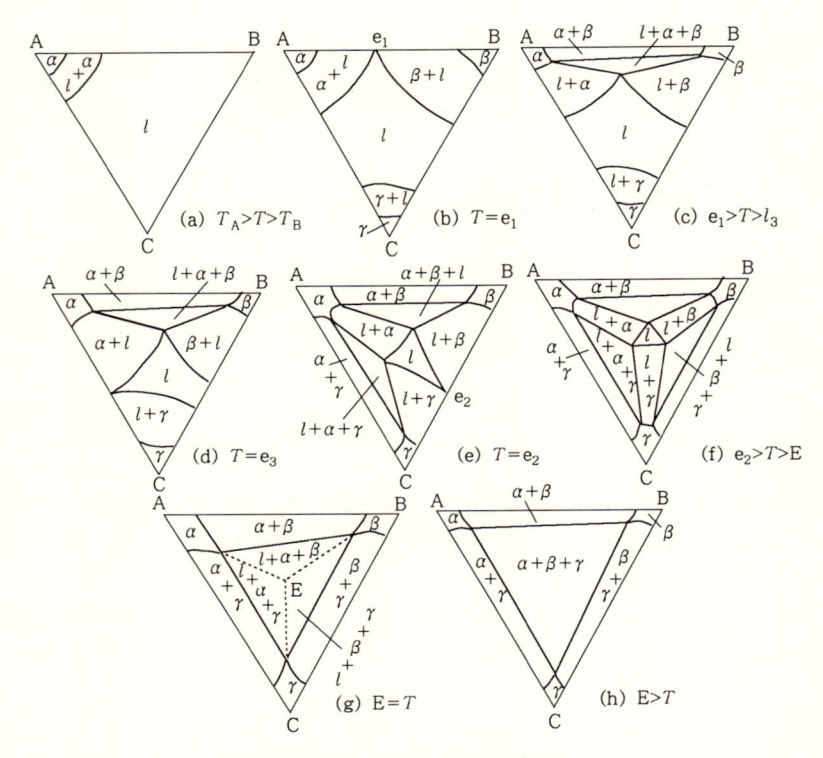

(a) $T_A > T > T_B$
(b) $T = e_1$
(c) $e_1 > T > l_3$
(d) $T = e_3$
(e) $T = e_2$
(f) $e_2 > T > E$
(g) $E = T$
(h) $E > T$

図1・73 図1・71の状態図の各種恒温断面

Z 合金の場合はCE線上にあるため,初晶Cの晶出とともに液相組成は$\overrightarrow{ZE}$の方向に降下し,E点で3元共晶を起して凝固が完了する.この場合は$l \to B+C$および$l \to C+A$のいずれの2元共晶も含まない.以上の予備知識をもって図1・71に立ち戻って考えたい.この場合は3元共晶を含むのは$\triangle abc$内の組成範囲のみである.その外側の$aa_1b_1b, bb_2c_2c, cc_3a_3a$ではそれぞれ$e_1, e_2, e_3$の2元共晶を含む.各隅の$aa_1Aa_3, bb_1Bb_2, cc_2Cc_3$の範囲ではそれぞれ$\alpha, \beta, \gamma$固溶体として凝固し,低温の析出面で$\alpha$からは$\beta$あるいは$\gamma$,$\beta$からは$\alpha$あるいは$\gamma$,$\gamma$からは$\alpha$あるいは$\beta$の析出が起る.

凝固の場合の液相の組成変化の軌跡は図1・72の場合ほど単純ではない.

図1・71の恒温断面をいくつかの温度区間に分けて図1・73の (a), (b), (c), (d), (e), (f), (g), (h) に示した.この状態図では$T_A > T_B > T_C > e_1 > e_3 > e_2 > E$であるが,(a)図の$T_A > T > T_B$ではA成分隅に液相面と固相面の切口があるだけである.(b)の$T = e_1$ではA

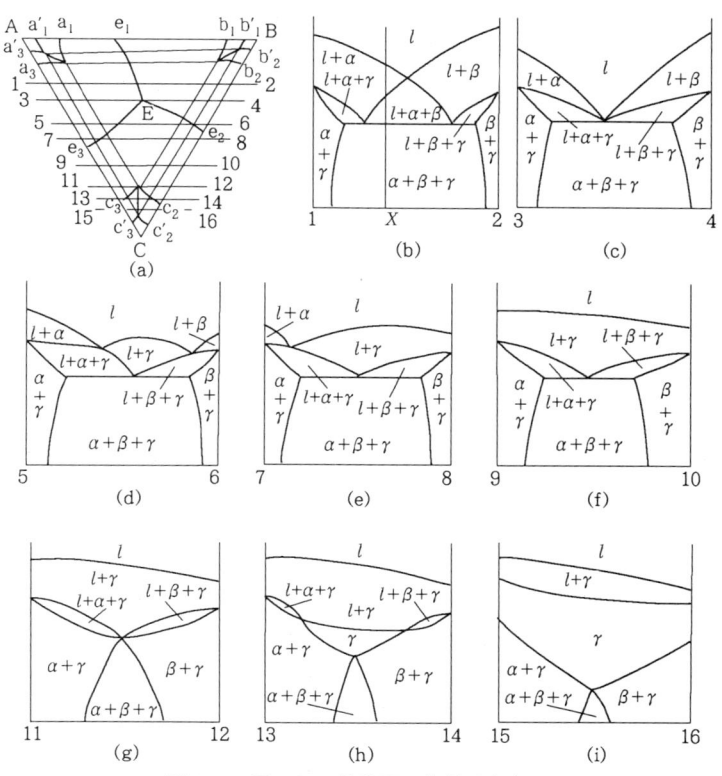

図1・74 図1・71の状態図の各種垂直断面

表1·10 共晶合金の融点

	Pb (%)	Sn (%)	Cd (%)	Bi (%)	In (%)	融点 (℃)
純金属	100	—	—	—	—	327
	—	—	100	—	—	321
	—	—	—	100	—	271
	—	100	—	—	—	232
	—	—	—	—	100	156.4
2元共晶	38.14	61.86	—	—	—	183
	82.6	—	17.4	—	—	248
	43.5	—	—	56.5	—	125
	—	67.7	32.3	—	—	177
	—	43.0	—	57	—	139
	—	48.0	—	—	52.0	117
	—	—	40	60	—	144
	—	—	26	—	74	123
	—	—	—	34	66	72
多元共晶	30.6	51.2	18.2	—	—	142.0
	—	26.0	20.0	54.0	—	102.5
	32	15.5	—	52.5	—	95.0
	40.2	—	8.2	51.6	—	91.5
	18.0	12.0	—	49.0	21.0	58.0
	22.6	8.3	5.3	44.7	19.1	46.8

およびB隅の液相面の切口が e_1 で交差している．(f) 図の $e_2>T>E$ では中央に三角形の液相のみの領域が残っている．(g) 図の $T=E$ においては $E \rightarrow \alpha+\beta+\gamma$ の4相平衡が示されている．

図1·74に各種垂直断面（C成分一定）を示す．辺ABに平行な垂直断面をC成分の低い方から高い方へと順次示したものである．

たとえば (b) 図の X 組成の合金の凝固過程をたどると，初晶面において α 相を晶出し始め，2元共晶で溶液の一部は $l \rightarrow \alpha+\beta$ の分解を行い，3元共晶温度において残った液相は $l \rightarrow \alpha+\beta+\gamma$ の分解を行って完全凝固する．

いうまでもなく各平衡相の組成はこの垂直断面内には含まれていない．

一般に3成分共晶は各2成分共晶のいずれよりも低温である．表1·10にこのような多元共晶の温度低下例を示した．2元共晶は成分金属の融点よりも必ず低く，3元共晶は各成分の2元共晶のいずれよりも低く，4元共晶は3元共晶よりも低く，5元共晶は4元共晶よりさらに低いことがわかる．

2・8　4成分系合金平衡状態図

4成分系になると，その組成表示のみで空間を必要とするから，これに温度軸と圧力軸を加えると5次元表示を必要とする．恒圧状態図としても4次元表示となる．

3成分合金における恒圧状態図も，種々の等温面で切断してその切口を組成三角形に投影して示した方が理解するには便利であった．

それと同様に4成分恒圧状態図を種々の等温面で切断し，その切口を正四面体組成空間内に投影し，その投影を組み合わせて相境界の温度変化を知る方法がとられている．実際的にはあまり利用されていないので省略するがさらに立ち入って検討されたい人は，参考書 (8) を参照されたい．

2・9　相の形成速度

2・9・1　反応速度論

いままで述べてきたのは相の平衡関係である．いま問題にしている相の形成は瞬時に起るものではなく，核（nucleus あるいは embryo）とよばれる相の微小な芽のようなものが形成され，それが時間をかけて成長し顕微鏡的あるいは肉眼的大きさに成長するのが一般的である．すなわち相の形成反応速度論と相の平衡論とは区別して考える必要がある．

大部分の反応速度というものは，その反応の起る場所の数と，反応生成相の成長速度に比例する．

2・4においても述べたように，新しく形成される相は過冷度 $\varDelta T$ とともにその数は増加する．他方1個の相の成長速度は，一般の相形成反応ではその相を構成する原子の拡散速度に比例する．

結局その相の形成反応速度は，$\varDelta T$ の小さい高温では1個の相の成長速度は大きいがその個数は少なく，全体としての反応速度は温度の上昇とともに小さくなる．反対に $\varDelta T$ の大きい低温では相の数は多いが，その成長が遅いのでこの場合も反応速度は低下する．

したがってある $\varDelta T$ のところで最大の反応速度が得られ，$\varDelta T$ と反応に要する時間の関係は図1・75のような形を示す．反応曲線は

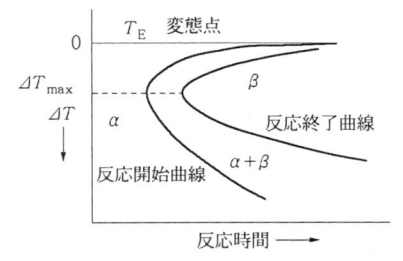

図1・75　核形成-成長による反応の温度-時間曲線

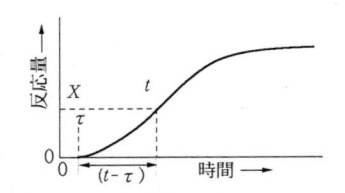

図1·76 核形成-成長による反応の反応量-時間曲線

C型を示し，ある過冷度ΔT_{max}のところで最大の反応速度となる．

またある一定のΔTのところでは反応量と時間の関係は図1·76のようになる．初期に核形成に要する反応遅滞期間があり，次第に反応量は増加して急激となり，最後は反応飽和段階に漸近する．

いま新しい相の安定核が形成されるまでの時間をτとし，時間τにおける核形成速度（単位体積中に単位時間に形成される安定核の数）を$I(\tau)$とし，核の成長は拡散支配で3次元成長だとすると，単位体積の母相中における時間tでの反応量X_iは次の積分で示される．

$$X_i = C\int_0^t I(\tau)D^{3/2}(t-\tau)^{3/2}d\tau$$

Cは比例定数である．

上の反応式は実は母相の量は常に一定であり，形成相は相互作用がなく独立に核形成および成長を続けるという仮定の下で成立する．

しかし実際に反応の起る場所は未反応の母相領域に限定されるからその補正を加える必要がある．いま実際の反応量をXとすれば，

$$dX = (1-X)dX_i$$

∴ $\ln(1-X) = -X_i$

∴ $\ln(1-X) = -C\int_0^t I(\tau)D^{3/2}(t-\tau)^{3/2}d\tau$

∴ $X = 1 - \exp(-C\int_0^t I(\tau)D^{3/2}(t-\tau)^{3/2}d\tau)$

上の補正された反応式をJohnson-Mehl-Avramiの式とよぶ．

一般に$I(\tau)$は不明な関数であるので，X_iの積分は不可能である．ただ特別の場合のみ可能であるが，たとえば最初から核数が一定で変化しない時，あるいは一定の核形成速度を有する時などである．

$I(\tau) = 0$の時は

$$X_i = C'D^{3/2}t^{3/2}$$

$I(\tau) =$ 一定の時は

$$X_i = \frac{2}{5}CI(\tau)D^{3/2}t^{5/2}$$

したがってそれぞれ
$$X = 1 - \exp(-C'D^{3/2}t^{3/2})$$
および $\quad X = 1 - \exp\left(-\dfrac{2}{5}CI(\tau)D^{3/2}t^{5/2}\right)$

ゆえに等方的な3次元成長の反応式は
$$X = 1 - \exp(-Kt^n)$$

ここでKは反応速度係数であり，核形成の形式，拡散の形式，相の幾何学的な形状などに支配される．きわめて簡単に考えた場合，反応分率Xの温度依存性はKに含まれているので，$\ln(1-X) = -Kt^n$の関係よりKの温度依存性を検討し，拡散律速ならば拡散の活性化エネルギーを求めるようなことが行われる．

また$\ln\ln(1-X) = \ln(-K) + n\ln t$の関係を利用し，$\ln\ln(1-X)$と$\ln t$の実験関係より反応の次数の検討なども行われることがある．

一般に1次反応とよばれているものはもちろん$n=1$に相当するものであるが，これはその反応速度は未反応部分に比例するという関係より簡単に求められる．

反応分率をxとした場合
$$dx/dt = k(1-x)$$
$$dx/(1-x) = kdt$$
$$\therefore \quad \ln(1-x) = -kt$$
$$\therefore \quad 1-x = \exp(-kt)$$
$$\therefore \quad x = 1 - \exp(-kt)$$

これは上述のJohnson-Mehl-Avramiの式の$n=1$の場合とまったく同形の式である．

しかし我々が問題にする金属あるいは合金の内部構造はきわめて複雑なものであり，均一系の熱的ゆらぎに端を発した核形成を考えるのみではとても問題は解決されそうにもない．

結晶の粒界，転位，積層欠陥，空孔集合体，微量不純物原子，介在物や異相と母相の界面，また結晶の表面など反応核の形成が始まる場所には様々な性格の異なったものが考えられる．その中で最初は何が優先するかは実験的に決定することはできるが，反応の途中で徐々に主役の交替の起ることもある．

固相内の相形成にともなってもう一つ重要なことがある．それは反応にともなう体積変化であって，新相核形成の初期では母相との界面は結晶学的に完全な整合性が保たれている．したがって界面近傍の新相および母相内部にはひずみが発生し，相の成長とともにその値は

大きくなっていく．そのひずみの値がある程度に達すると転位の形成という形でひずみの開放が行われ母相との整合性は次第に失われていく．最後には非整合な異相界面の形成へと進む．

その間このひずみの影響によって形成相の形態（morphology）に変化が起ることが多い．

合金では高温で均一と予想される領域から急冷されたいわゆる過飽和固溶体の相分離が実用的な意味からも最も重要である．

合金における相形成で最も重要なことは，反応にともなって母相濃度も新しく形成される相の濃度もともに変化することである．

この問題をまず濃度の微少なゆらぎから出発して，界面エネルギーおよびひずみエネルギーのない，単に化学自由エネルギーの変化のみを考えた古典的なBoreliusの理論[7]にしたがって説明しよう．

図1・77の（a）のような2相分離を行う系について考えてみる．そのΔG_mと濃度の曲線は図1・77の（b）のようなものと考えられる．

比較的低濃度合金Xがわずかな濃度ゆらぎでX_1とX_2の組成になったとすると，このゆらぎの発生によりΔG_mは$\overline{PQ}$だけ上昇する．すなわちこのゆらぎを形成するための活性化エネルギーが$\overline{PQ}$に相当する．

高濃度合金Yの場合は微少ゆらぎY_1，Y_2の形成によりそのΔG_mは$\overline{SR}$だけ減少する．すなわちこのゆらぎは活性化を必要とせず自発的に発生するということになる．

これは合金濃度が$(\partial^2 \Delta G_m / \partial X_B^2) > 0$の領域に存在しているか，$(\partial^2 \Delta G_m / \partial X_B^2) < 0$の領域にあるかによってきまる．すなわち$\Delta G_m$-濃度曲線の下に凸の部分か上の凸の部分かによって濃度ゆらぎにもとづく相分離のカイネティックスが本質的に相違することを物語っている．

この二つの濃度領域の境界線上では$(\partial^2 \Delta G_m / \partial X_B^2) = 0$となる．これは$\Delta G_m$-$X_B$曲線の変曲点を結んだ曲線であり，図（a）の点線で示した．この点線で示した曲線をス

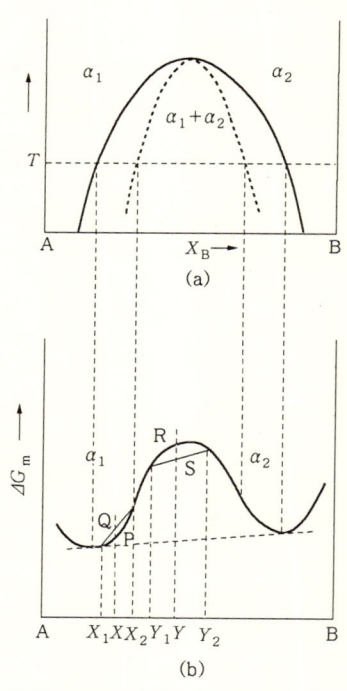

図1・77　2相分離反応に伴う自由エネルギー変化

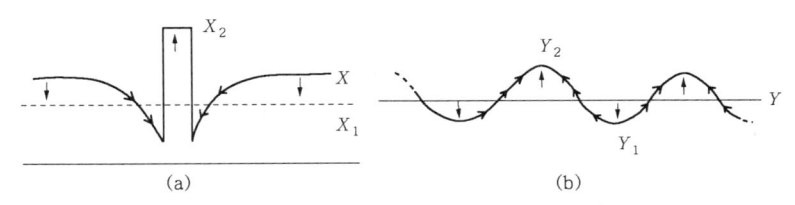

図1・78 核形成-成長反応とスピノーダル分解反応に伴う濃度プロファイルの相異

ピノーダル曲線（spinodal curve）とよぶ．この曲線の外側の組成領域では相分離は核形成-成長のタイプをとり，内側では核形成のための活性化を必要としない自発的な相分離過程でスピノーダル分解（spinodal decomposition）が起る．この両者の濃度ゆらぎのプロファイルを図1・78に示した．

核形成-成長では図1・78の(a)のように矢印の方向の高濃度→低濃度の正常な拡散によって核の成長が進行する．スピノーダル分解では図1・78の(b)のように低濃度→高濃度の逆拡散（negative or up-hill diffusion）によって濃度振幅は増幅される．このスピノーダル分解は濃度ゆらぎの項をその系の自由エネルギーに取り入れた式の展開によってChan-Hilliard[8]により理論の進展が行われた．

2・9・2 拡散現象

相形成速度は原子の拡散移動が基本的な素過程になっていることは，上に述べた各種の相分離過程の説明で理解できたと思う．しかも逆拡散という不思議な現象も起こり得ることを知った．ここで拡散に関するいくつかの基本事項を述べることにする．

一般に固体中の原子はたえずその位置で熱振動を行っている．その振動数は一般に約10^{12}程度のものであるが，その内の何回かは原子の位置を変える拡散に結びついている．いま原子が最も自由な条件下でランダムなジャンプを行ってその位置を変えていく問題は酔歩（random walk）の問題として解くことができる．

いま固体結晶中として，あらゆる方向に等しい確率でジャンプし，1回のジャンプ距離は最近接原子間距離に相当するものとしてこれをaとするという条件を置けば，n回のジャンプで移動する距離をR_nとすると，

$$\overline{R_n^2} = na^2 \quad \text{（付録12参照）}$$

ただしこの場合のnはかなり大きい値の場合にかぎる．

つぎに拡散を物質流（material flux）と考え，現象論的に電位勾配のある場合の電子の流れの電流，また温度勾配のある時の熱流と同様に考えてみる．物質流の式としてはフィッ

クの第1法則 (Fick's first law) を用い，やや原子論的モデルで原子の流れを図1・79のように考える．

図1・79のようなX軸方向の棒状固体を考え，原子面1と2の距離をaとする．棒の断面積は1とし，原子面1にはn_1個，原子面2にはn_2個の原子が存在し，xの正負の方向に同一の確率でジャンプを行うものとする．

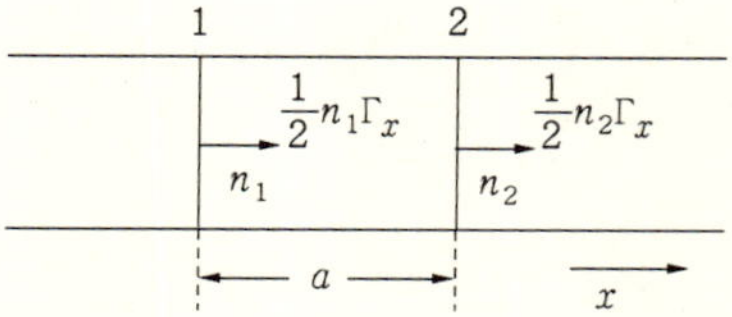

原子面1より2への原子流で原子面2上の原子の正味の増加をJ_xとすれば，

$$J_x = \frac{1}{2}(n_1 - n_2)\Gamma_x$$

図1・79 フィックの第1法則に従う原子の1次元拡散模型

ただしΓ_xは原子のX方向へのジャンプ頻度である．

いま各原子面の原子数を濃度に換算すれば，すなわち単位体積中の原子数を濃度と考えると，それぞれ$n_1/a, n_2/a$となり，フィックの法則より

$$J_x = \frac{1}{2}(c_1 - c_2)a\Gamma_x$$

また$\partial c/\partial x$をx方向の濃度勾配とすれば

$$c_1 - c_2 = -a\frac{\partial c}{\partial x}$$

$$\therefore\ J = -\frac{1}{2}a^2\Gamma_x\frac{\partial c}{\partial x}$$

ゆえに拡散恒数をD_xとすれば

$$D_x = \frac{1}{2}a^2\Gamma_x$$

上式はフィックの法則に従う1次元拡散を原子のジャンプモデルで表現した形である．

先に述べた酔歩は等方的な3次元拡散に相当するものであることを考慮に入れて両式を結び合わせると，$\Gamma = n/t$であり，$\Gamma_x = n/3t$と考えられるから，

$$D_x = \frac{1}{6}a^2\frac{n}{t} = \frac{1}{6}a^2\Gamma$$

$$\therefore\ \overline{R_n^2} = na^2 = 6D_x t$$

一般に拡散係数をDとした場合

$$D = \frac{1}{6}a^2 \Gamma$$

上の式は拡散係数を原子のジャンプ模型で考える場合の基本式である．

金属では D の温度依存性が問題になることが多いが，この問題はすべてジャンプ頻度 Γ の中味の検討ということである．

一般に D の温度依存式は次式で示される．

$$D = D_0 \exp\left(-\frac{Q}{RT}\right)$$

Q は1モルの原子についての拡散の活性化エネルギーである．正確には自由エネルギーと表現すべきであるが，D_0 の考え方によって活性化エンタルピーとしてもよい．次に $D=1/6\,a^2\Gamma$ の基本式との関連を侵入型原子および置換型原子の拡散にあてはめて整理してみたい．

侵入型原子の拡散式

この場合のジャンプ頻度は

$$\Gamma = \nu \exp\left(-\frac{\Delta G_m}{RT}\right)$$

ΔG_m はジャンプに必要な活性化自由エネルギーである．ν は侵入原子の振動数である．

$$\therefore\ \Gamma = \nu \exp\left(-\frac{\Delta H_m - T\Delta S_m}{RT}\right)$$

$$\therefore\ D = D_0 \exp\left(-\frac{Q}{RT}\right)$$

$$= \left(ra^2 \nu \exp\left(\frac{\Delta S_m}{R}\right)\right) \exp\left(-\frac{\Delta H_m}{RT}\right)$$

$$D_0 = ra^2 \nu \exp\left(\frac{\Delta S_m}{R}\right)$$

r は $1/6$ も含めた幾何学的定数である．

したがって $d\ln D/d(1/T) = -Q/R = -\Delta H_m/R$

置換型原子の拡散式

置換型原子の場合はその最近接位置にある空孔の存在確率によって原子のジャンプ頻度 Γ が左右される．したがって Γ は結晶の幾何学的な配位数と，空孔形成のための活性化エネルギーと，空孔と原子の位置交換のための活性化エネルギーに左右される．この活性化自由エネルギーをそれぞれ ΔG_f および ΔG_m とすれば，

$$D = D_0 \exp\left(-\frac{Q}{RT}\right)$$

$$= \left[r'a^2\nu \exp\left(\frac{\Delta S_f + \Delta S_m}{R}\right)\right] \exp\left(\frac{-\Delta H_f - \Delta H_m}{RT}\right)$$

実際的には我々は物質の非定常流を取り扱い，固体中のある位置での濃度の時間的変化を追求しなければならない．このような場合はフィックの第2法則 (Fick's second law) から出発する必要がある．

図1・80のような円柱の軸方向xの流れを考える．円柱の断面積を単位断面積1とし，体積1・Δx内の時間的濃度変化は

$$J_1 - J_2 = -\Delta x \frac{\partial J}{\partial x} = \Delta x \frac{\partial c}{\partial t}$$

$$\therefore \quad \frac{\partial c}{\partial t} = \frac{\partial}{\partial x}\left(D \frac{\partial c}{\partial x}\right)$$

上式がフィックの第2法則である．

$D = $ constant の場合上式は

$$\frac{\partial c}{\partial t} = D \frac{\partial^2 c}{\partial x^2}$$

となり，初期条件および境界条件によって種々の解が示されている[9]．

$D \neq $ constant の場合は

$$\frac{\partial c}{\partial t} = \frac{\partial}{\partial x}\left(D \frac{\partial c}{\partial x}\right) = \frac{\partial D}{\partial x} \frac{\partial c}{\partial x} + D \frac{\partial^2 c}{\partial x^2}$$

となり，$\partial D/\partial x$の項が上の微分方程式の解を非常に困難とする．

Dはtの関数でもcの関数でもよいわけであるが，一般には$D(c)$の形がなじみ深い．この場合従来のBoltzmann-Matanoの解[10),11)]がよく知られている．

Boltzmann-Matanoの解析で求まるDは一般には$\tilde{D}$として示され化学拡散係数 (chemical diffusion coefficient) とよばれる．（付録参照）

Dの濃度依存性はそれほど簡単な問題ではない．たとえばDarkenの次に述べるような実験[12)]を見ても理解できる．

Fe-0.4％Cの試料とFe-0.4％C-4％Siの試料で拡散対を作り，これを1050℃

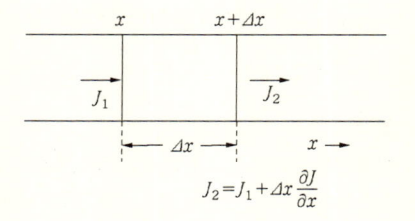

図1・80 フィックの第2法則に従う原子の1次元拡散模型

$$J_2 = J_1 + \Delta x \frac{\partial J}{\partial x}$$

の γ-Fe 領域で加熱したところ，C は断面を通し後者の試料より前者の試料に拡散した．フィックの第1法則によれば C の濃度勾配のないところでは C の移動は起らないはずである．このことは C の拡散は濃度勾配以外の原因によって起っていることを物語っている．

このことを理解するためには，拡散という物質の移動現象もポテンシャル勾配に対応する力の作用で起るという基本に立ち戻って考える必要がある．

いま単位体積中の移動物質濃度を c，その移動速度を v とすれば

$$J = cv$$

また物質に作用する力を F とすれば

$$v = BF$$

B は単位の力が作用した場合の流速で，易動度（mobility）とよばれる．

$$\therefore \quad J = cBF$$

物質の移動を起す力はその化学ポテンシャル勾配より生ずるものとすれば

$$F = -\frac{d\overline{G}}{dx}$$

$\overline{G}$ は化学ポテンシャル（chemical potential）あるいは部分モル自由エネルギー（partial molal free energy）とよばれる．相平衡の記述では μ と記したものである．

$$\therefore \quad J = -Bc\frac{d\overline{G}}{dx} = -D\frac{dc}{dx}$$

$$\therefore \quad D = B\frac{d\overline{G}}{\frac{dc}{c}} = B\frac{d\overline{G}}{d\ln c}$$

一般に $\quad \overline{G} = \overline{G}_0(P, T) + RT\ln a = \overline{G}_0(P, T) + RT\ln rc$

$$= \overline{G}_0 + RT(\ln r + \ln c)$$

a は活量（activity），r は活量係数（activity coefficient）である．

$$\therefore \quad D = BRT\left(1 + \frac{d\ln r}{d\ln c}\right) = D^*\left(1 + \frac{d\ln r}{d\ln c}\right)$$

理想溶液では $r = 1$ であるから

$$D = D^*$$

D^* は自己拡散係数 (self diffusion cofficient) で D は拡散物質の固有拡散係数である．
以上のことより物質の拡散係数はその活量に関係することがわかる．

いままでの拡散係数の記述において，Boltzmann-Matano の解析法より求められた化学拡散係数 $\tilde{D}$，また拡散係数の活量依存性より固有拡散係数 D および自己拡散係数 D^* の相互関係を簡単に述べる．

いま，合金のモル分率を N_1, N_2 とし $N_1+N_2=1$ である．化学拡散係数 $\tilde{D}$ と固有拡散係数 D_1, D_2 の関係は

$$\tilde{D}=N_1 D_2+N_2 D_1$$

また $D_1=D_1^*\left(1+\dfrac{d\ln r_1}{d\ln N_1}\right)$, $D_2=D_2^*\left(1+\dfrac{d\ln r_2}{d\ln N_2}\right)$ であり，Gibbs-Duhem の関係式より

$N_1 d\overline{G}_1+N_2 d\overline{G}_2=0$ であるから

$$N_1\frac{d\ln r_1}{dN_1}=N_2\frac{d\ln r_2}{dN_2}$$

$$\therefore \quad \tilde{D}=(D_1^* N_2+D_2^* N_1)\left(1+\frac{d\ln r_1}{d\ln N_1}\right)$$

実験的に D_1 および D_2 を求めるためには一般に次のような方法がとられている．

一般に D_1 および D_2 が異なる時には拡散対の界面が拡散の進行に伴って移動する．この現象は 70-30 黄銅と銅の拡散対においてモリブデンのマーカーの移動の観察によって Smigelskas と Kirkendall[13] によって初めて発見された．これを以後カーケンダール効果 (Kirkendall effect) とよんでいる．

Boltzmann-Matano の解析法で $\tilde{D}$ を求め，マーカーの移動速度を v としてこれを実験的に求めておけば，

$$\tilde{D}=D_1 N_2+D_2 N_1$$

$$v=(D_1-D_2)\frac{\partial N_1}{\partial x}$$

の関係より D_1 および D_2 を求めることができる．

このほかに転位に沿っての拡散 (dislocation short circuit diffusion)，結晶粒界に沿っての粒界拡散 (grain boundary diffusion)，結晶の自由表面に沿っての表面拡散 (surface diffusion) など格子内での正規の拡散より異常に迅速な拡散現象もあり相の形成速度に関係してくることがある．

表1・11に鉄中での自己拡散,侵入型拡散,置換型不純物拡散の場合のD_0とQの値を参考のため示した.

表1・11 純鉄中での侵入型拡散および置換型(空孔)拡散例

拡散物質	母相	D_0 cm²/sec	Q cal/gram・atom
N	α-Fe	$3 \cdot 10^{-3}$	18,200
	γ-Fe	$3 \cdot 10^{-3}$	34,600
C	α-Fe	$6 \cdot 10^{-3}$	19,200
	γ-Fe	0.1	32,400
H	α-Fe	$2 \cdot 10^{-3}$	2,900
	γ-Fe	$1 \cdot 10^{-3}$	9,950
Fe	α-Fe	5.8	59,700
	γ-Fe	1.3	67,000
Ni	γ-Fe	0.34	67,500
Mn	γ-Fe	0.48	66,400
Cr	α-Fe	$3 \cdot 10^4$	82,000
	γ-Fe	$1.8 \cdot 10^4$	97,000
Co	α-Fe	0.2	54,000
	γ-Fe	$3 \cdot 10^2$	87,000
W	α-Fe	$3.8 \cdot 10^2$	70,000
	γ-Fe	10^3	90,000

第3章　金属および合金の一般的性質

　工業材料として金属は今も昔も変りなく，構造用材料として最も重要なものである．強力でしかもねばさを兼備したいわゆる強靱性がある．高い弾性と適度の塑性能力を持っている．とくにその電気および熱の良導体，強磁性というきわめてユニークな特性は広い応用分野を持っている．

　このような特性が何に由来するのか，他のセラミックスや有機高分子材料との対比の形で考えたい．

　一般に材料にはその内部の微細構造に鈍感な性質（structure insensitive properties）ときわめて敏感な性質（structure sensitive properties）とがある．

　密度，比熱，熱膨張，弾性率などは前者に属し，大体その組成できまる．しかし電気抵抗，強磁性，機械的強さなどは後者に属し，その格子欠陥，不純物原子，製造条件などの前歴に強く影響を受けて変化する．一般的性質の中でまず前者に属するものから始めよう．

3・1　比熱

　物質を構成する原子はたえず熱振動を行っているものと考えられている．完全な理想気体のようなものでは各原子間に相互作用はなく，1個の原子はそれぞれ完全な独立運動を行い，全エネルギーはこの原子運動エネルギーの総和として与えられる．

　しかし金属結晶となると，原子間には相互作用があるのは当然であり，そのため原子のエネルギーとしては振動に伴う運動のエネルギーの他に位置に左右されるポテンシャルエネルギーが加わる．

　いま金属結晶の格子点にある原子はそれぞれ独立に格子点を中心とした単振動を行っていると考え，そのエネルギー分布はボルツマン分布に従うものとする．これが古典的な考え方であった．この考え方より1個の原子の平均エネルギーを$\overline{U}$とすると

$$\overline{U} = 3kT \quad \text{（付録参照）}$$

いま金属結晶1モルの内部エネルギーをEとすれば，

$$E = 3NkT = 3RT$$

非圧縮系性の凝縮系（液相，固相）では $C_v \fallingdotseq C_P$ である．

$$\therefore \ C_v = \left(\frac{\partial E}{\partial T}\right)_V \fallingdotseq C_P = \left(\frac{\partial H}{\partial T}\right)_P = 3R \fallingdotseq 6\mathrm{cal/mol.deg}.$$

すなわち古典的な統計力学から得られる比熱は，すべての金属に対して1モル当り約6カロリーということになる．これがいわゆるデューロン-プティーの法則（Dulong-Petit's law）である．

表1・12に主な金属の比熱およびモル比熱を示した．

この表をみると室温付近においては少数を除き大部分のモル比熱は6カロリーに近いことは事実である．一般に比較的原子量の大きい元素ではよくデューロン-プティーの法則があてはまる．

Be, Si などの比熱は室温付近ですでに $3R$ よりかなり小さく，表にはないがB, C も同様である．また研究の進歩とともに低温になるとすべての比熱が $3R$ より大きくずれ0に接近すること，Na, Cs, Ca, Mg などのアルカリおよびアルカリ土類金属では高温で $3R$ よりはるかに大きい比熱を示すことなどが発見され，古典論の修正がEinsteinやDebyeなどによって行われ，新しい比熱のモデルが生れた．

Einsteinの比熱モデルは N 個の原子集団の熱振動は古典論と同様に，$3N$ 個の独立な1次

表1・12 主な金属元素の比熱(cal/g・℃)順位およびモル比熱(cal/mol・℃)　（20℃）

元素	比熱	モル比熱	元素	比熱	モル比熱	元素	比熱	モル比熱
Li	0.79	5.48	Cu	0.092	5.84	La	0.048	6.67
Be	0.45	4.05	Zn	0.0915	5.98	Hf	0.0351	6.27
Na	0.295	6.78	Se	0.084	6.63	Th	0.034	7.89
Mg	0.245	5.95	Rb	0.080	6.84	Ta	0.034	6.15
Al	0.215	5.80	Ga	0.079	5.51	Hg	0.033	6.62
K	0.177	6.92	Ge	0.073	5.22	W	0.033	6.07
Si	0.162	4.55	Ba	0.068	9.34	Pt	0.0314	6.12
Ca	0.149	5.97	Zr	0.067	6.11	Au	0.0312	6.14
Ti	0.124	5.94	Mo	0.066	6.33	Tl	0.031	6.33
V	0.119	6.06	Rh	0.059	6.07	Pb	0.0309	6.40
Mn	0.115	6.32	Pd	0.0584	6.23	Ir	0.0307	5.89
Fe	0.11	6.14	In	0.057	6.54	Bi	0.029	6.06
Cr	0.11	5.72	Ag	0.0559	6.03	U	0.0279	6.64
Ni	0.105	6.16	Sn	0.054	6.41			
Co	0.099	5.83	Sb	0.049	5.96			

元単振動の集まりと考え,ただそのエネルギー値を量子化して

$$E_n = nh\nu \ (n = 0, 1, 2, \cdots \infty)$$

$$= n(h/2\pi) \cdot 2\pi\nu$$

$$= n\hbar\omega \ (\omega は角振動数)$$

とした.またエネルギー値の分布はプランクの法則(Planck distribution)に従うものとして,E_n の平均値を

$$\overline{E} = \frac{\sum_{n=0}^{\infty} n\hbar\omega e^{-n\hbar\omega/kT}}{\sum_{n=0}^{\infty} e^{-n\hbar\omega/kT}} = \frac{\hbar\omega}{e^{\hbar\omega/kT}-1}$$

とした.(付録15参照)

いま $kT \gg \hbar\omega$ とすれば

$$\overline{E} \simeq kT$$

となり,高温では古典的モデルに近づく.

また $kT \ll \hbar\omega$ とすれば

$$\overline{E} \simeq \hbar\omega e^{-\hbar\omega/kT}$$

となるから,

$$C_v = \left(\frac{\partial U}{\partial T}\right)_V = \left(\frac{\partial (3N\overline{E})}{\partial T}\right)_V \simeq 3Nk(\hbar\omega/kT)^2 e^{-\hbar\omega/kT}$$

となり,C_v の値は低温になると指数関数的に0に近づく.

しかし実験の結果では,低温では T^3 に比例して変化しているので,Einstein のモデルでも低温の比熱の説明には不十分であった.

いま $\hbar\omega = h\nu = k\Theta_E$ とすれば上の比熱式は

$$C_v = 3Nk(\Theta_E/T)^2 \frac{e^{\Theta_E/T}}{(e^{\Theta_E/T}-1)^2}$$

となる.

Θ_E は Einstein の特性温度とよばれるもので,多くの固体物質で100～300Kである.
$\Theta_E = 300$K とすると

$$\nu = \omega/2\pi \simeq 5 \times 10^{12} \ c.p.s.$$

Einstein モデルによる格子振動数である.

Debye のモデルは,格子振動を独立な単振動とせず,格子全体が原子 N 個よりなる場合

には$3N$個のモードを持つ振動を行うと考えた.

振動のエネルギー分布はEinsteinのモデルの場合と同様に,量子化されたプランクの分布則に従い,弾性波の速度も縦波と横波で同一と考える.

振動のエネルギーは体積$V=L^3$の結晶で,

$$U = \frac{3V\hbar}{3\pi^2 v^3}\int_0^{\omega_D}\frac{\omega^3}{e^{\hbar\omega/kT}-1}d\omega$$

ただしvは弾性波の伝達速度,ω_Dは最大角振動数である.

いま $x_D = \hbar\omega_D/kT = \dfrac{\theta_D}{T}$ とおけば

$$U = 9NkT\left(\frac{T}{\theta_D}\right)^3\int_0^{x_D}\frac{x^3}{e^x-1}dx$$

$$\therefore\ C_v = \frac{\partial U}{\partial T} = 9Nk\left(\frac{T}{\theta_D}\right)\int_0^{x_D}\frac{x^4 e^x}{(e^x-1)^2}dx$$

$$= 3Nk\mathrm{D}(\theta_D/T)\quad(付録16参照)$$

θ_Dはデバイ温度とよばれるものであり,$D(\theta_D/T)$はデバイ関数である.
この$D(\Theta_D/T)$は積分はできない.その極値として

$$\lim_{T\to\infty}\log D(\Theta_D/T) = 1$$

また$T\ll\Theta_D$の場合は

$$\mathrm{D}(\Theta_D/T) = \frac{4}{5}\pi^2\left(\frac{T}{\Theta_D}\right)^3$$

$$\therefore\ C_v = \frac{12\pi^4}{5}R\left(\frac{T}{\Theta_D}\right)^3 = 464.5\left(\frac{T}{\Theta_D}\right)^3$$

すなわちデバイのモデルでも高温では古典値の$3R$に近づき,低温ではT^3に比例して変化する実験結果の説明に成功した.

以上は格子振動より求めた比熱式であるが,これは自由電子を含まない固体の比熱をよく説明できる.金属のように自由電子を含む結晶では,この自由電子の運動エネルギーを含めた比熱式でないと正確ではない.これが電気的絶縁物質と金属の比熱の基本的な相異と考えられる.

電子のエネルギーはパウリの排他律に従い,最低レベルより最高レベルへと順次に満たされていて,絶対零度におけるその最高レベルがフェルミ・レベルE_Fである.ところが温度の上昇とともにE_Fと(E_F-kT)の間にある電子は熱エネルギーを得て図1・81に示したよ

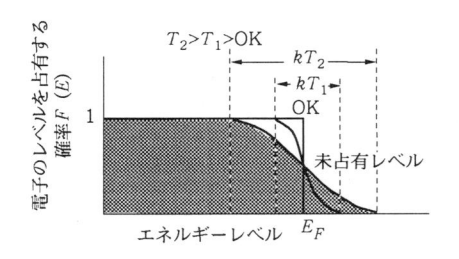

図 1·81　フェルミレベル付近の電子の分布 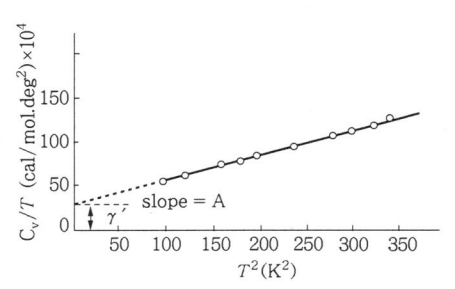　　　図 1·82　ニオブの低温比熱と温度の関係

うに未占有レベルに励起される．この熱的に励起された電子のみが自由電子として比熱に寄与することになる．

TK において伝導電子となり比熱に寄与する電子数は全電子数の約 kT/E_F 倍になる．E_F はたいていの金属に対して約 5eV であり，室温付近では $kT ≃ 1/40$ eV である．したがって金属の全電子数の約 1/200 しか比熱に関係しないことになる．これより金属の比熱の中でその電子比熱の室温付近における寄与分はきわめて小さく無視できるほどである．

金属 1 モルの電子数を N とした場合，約 $N×(kT/E_F)$ 個の電子が $(3/2)kT$ の運動エネルギーを得て励起されるものとすれば，その電子比熱は

$$C_{V(\text{electron})} \simeq (3Nk^2/E_F)T \propto T$$

以上の結果より低温における理想金属の比熱は格子比熱の和の形として，

$$C_{V(\text{total})} = C_{v(\text{lattice})} + C_{v(\text{electron})} = AT^3 + \gamma' T$$

と示すことができる．ただし A, γ' は温度に無関係な定数である．この関係の成立することをニオブの低温比熱と温度の関係として図 1·82 に示した．このように電子比熱は 0K 付近では比熱の主要部分を占めるものであるが，一般に室温付近では無視されるほど小さい．しかし高温で Na, Cs, Ca, Mg などの大きい比熱は電子比熱の寄与が重要な部分を占めていると考えられる．

金属の代表として Ag の比熱－温度曲線を図 1·83 に示した．20℃ の銀の比熱は 0.0559cal/g.deg. であり，モル比熱は 6.03cal/mol.deg. となっている．高温になるとやや増加するようであるが，$3R$ の値にほぼ近いことを示している．また約 150K 以下では急激に減少することも示されている．この付近が $C_v = AT^3 + \gamma' T$ の式で示される温度領域である．

金属のような結晶性固体に対しては比熱に関する考え方もほぼ確立しているが，ガラスや

プラスチックスなど非結晶物質に対しては分子の複雑な運動などが加わるので、比熱の中味は非常に解析が困難である。表1・13に金属，セラミックス，プラスチックスなどの比熱を比較した。

金属が固溶体の合金を形成する場合は，そのモル比熱は近似的にノイマン-コップ則 (Neumann-Kopp's law) にしたがって，成分金属の原子比熱を加算すればよい。もちろんこれはデューロン-プティーの法則の成立温度範囲でのことである。

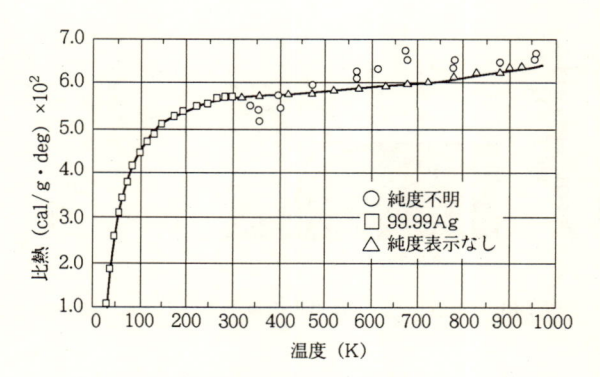

図1・83 銀の比熱-温度曲線

表1・13 金属，セラミックス，有機高分子の比熱

物 質	Cp (300K) cal/g・℃	モル比熱 cal/mol・℃
アルミニウム	0.22	5.9
鉄	0.11	6.1
鉛	0.031	6.4
炭素	0.18	2.1
アルミナ	0.18	18.3
溶融シリカ	0.19	11.4
ガラス	0.2	—
ベークライト	～0.4	—
テフロン	0.25	—
低密度ポリエチレン	0.5	—

3・2 密度

元来金属結合は等方的であり，その結晶構造もいわゆる最密配列をとるのが大部分である。したがって他の材料に比較すると密度の大きいものが多いのは当然である。種々の工業材料との比較を表1・14に示した。

しかし金属の中を眺めてみても，表1・15に示してあるように，最も軽いのはLiの0.534

で水の半分位であり，最も重いのはIrやOsなどのように22.5とその開きは大きい．

軽金属材料という言葉が使用されているが，これにはそれほど学問的な根拠はないが，日

表1・14　各種工業材料の密度の比較　　　　　　　　　　　　(g/cm³)

材料	密度（20℃）
アルミニウム	2.7
鋼	7.9
鉛	11.3
コンクリート	1.6〜2.2
れんが	0.8〜1.7
プラスチックス	1〜2
天然ゴム	1.1
木材	0.1〜0.4
コルク	0.1〜0.2
スチレンフォーム	0.03〜0.1

表1・15　固体元素の密度順位(20℃)

元素	密度 (g/cm³)	元素	密度 (g/cm³)	元素	密度 (g/cm³)
Li	0.534	As	5.72	Bi	9.80
K	0.86	Ga	5.907	Mo	10.22
Na	0.9712	V	6.1	Ag	10.49
Ca	1.55	La	6.19	Pb	11.36
Mg	1.74	Te	6.24	Th	11.66
P	1.83	Zr	6.489	Tl	11.85
Be	1.848	Sb	6.62	Pd	12.02
Cs	1.903 (0℃)	Ce	6.77	Ru	12.2
S	2.07	Zn	7.133 (25℃)	Rh	12.44
C	2.25	Cr	7.19	Hf	13.09
Si	2.33 (25℃)	Sn	7.298	Hg	13.546
B	2.34	In	7.31	Ta	16.6
Sr	2.60	Mn	7.43	Pu	19.00−19.72
Al	2.699	Gd	7.86	U	19.07
Sc	2.99 (計算値)	Fe	7.87	W	19.3
Ba	3.5	Nb	8.57	Au	19.32
Ti	4.507	Cd	8.65	Re	21.04
Se	4.79	Co	8.85	Pt	21.45
Ra	5.0	Ni	8.902 (25℃)	Ir	22.5
Ge	5.323 (25℃)	Cu	8.96	Os	22.57

本ではTiの4.5以下の密度をもつ金属材料を指す．

金属間でその密度を比較すると大体原子番号の順に増加しているが，原子番号92のUが19.07であるのに対し，75および76のOsとIrが約22.5である．必ずしも原子番号順になっていないところもある．これは主として結晶中の原子配列のしかたの相異によるものである．

金属の密度は特別の変化が起らないかぎり，温度の上昇とともに小さくなる．これはその熱膨張から考えて当然の結果であるが，密度を下げる原因としてもう一つのことが考えられる．結晶中の空孔の数が温度とともに指数関数的に増加することもその一つの原因となる．

このような結晶中の格子欠陥は，結晶の理想的な配列である最密構造を乱す原因となるから，冷間加工などによっても多少は密度が減少する．しかしその程度はきわめて小さい．

一般に鋳造ままのインゴットを塑性加工すると，その中に含まれる気孔などがつぶされて一度密度はやや増加するが，加工が進むにつれて減少し始める．これを焼なますとふたたび増加する．このようにその加工履歴により多少は変化するが，その変化はわずかである．

欠陥のない理想結晶が最も高い密度を示すはずであるが，この理想密度を求める方法を簡単に述べる．

理想密度を d_0 とすると

$$d_0 = \frac{\text{単位格子中の原子の質量}}{\text{単位格子の体積}}$$

立方晶金属の場合は

$$d_0 = \frac{nM}{Na^3}$$

ただし　M：金属の原子量（g）

　　　　N：アボガドロ数（6.02×10^{23}）

　　　　a：格子定数（nm）

　　　　n：単位格子中に含まれる原子数

　　　　　　面心立方では4

　　　　　　体心立方では2

　　　　　　単純立方では1

最密六方晶の金属では，

$$d_0 = \frac{nM}{N\dfrac{3\sqrt{3}}{2}a^2 c} = \frac{6M}{N\dfrac{3\sqrt{3}}{2}a^2 c}$$

ただし，a, c：格子定数

もし最密六方晶が $c/a=\sqrt{8/3}$ の理想的な場合であれば

$$d_0 = \frac{6M}{N3\sqrt{2}a^3}$$

合金で1次固溶体を形成する場合ならば，置換型固溶体と侵入型固溶体ではつぎのように理想密度が与えられる．

置換型固溶体では

$$d_0 = \frac{n\{(1-x)M_A + xM_B\}}{NV}$$

表1·16 金属の理想密度と実測密度の比較(20℃)

体心立方金属	格子定数（Å）	理想密度 d_0	実測密度 d
Li	$a = 3.5089$	0.531	0.534
Na	$a = 4.289$	0.968	0.971
Ba	$a = 5.025$	3.596	3.5
Cr	$a = 2.884$	7.203	7.19
Fe	$a = 2.8664$ (25℃)	7.878	7.87
W	$a = 3.158$	19.39	19.3
最密六方晶金属			
Mg	$a = 3.2088$ $c = 5.2095$ (25℃)	1.739	1.74
Ti	$a = 2.95035$ $c = 4.6831$	4.507	4.51
Zr	$a = 3.2312$ $c = 5.1477$ (25℃)	6.511	6.49
Zn	$a = 2.6649$ $c = 4.9470$	7.139	7.13
Co	$a = 2.5071$ $c = 4.0686$	8.841	8.85
面心立方金属			
Al	$a = 4.0491$	2.700	2.70
Ni	$a = 3.5238$	8.915	8.90
Cu	$a = 3.6153$	8.934	8.96
Pb	$a = 4.9489$	11.36	11.36
Au	$a = 4.078$	19.30	19.32
Pt	$a = 3.9310$	21.33	21.45

ただし　x：溶質原子の原子分率
　　　　M_A：溶媒金属の原子量
　　　　M_B：溶質金属の原子量
　　　　V：固溶体の単位格子の体積
　　　　n, N：純金属の場合と同様

侵入型固溶体では，

$$d_0 = \frac{n\left(M_A + \dfrac{x}{1-x}M_B\right)}{NV}$$

20℃における金属の理想密度と実測密度の比較を表1・16に示した．かなりよい一致を示していることがわかる．なお，合金の場合は格子定数a, cの合金濃度による変化を考慮して単位格子の体積を計算する必要があることはいうまでもない．

金属材料を構造用材料として，とくに軽量化が進んでいる車両，航空機などに使用する場合は，その比強度＝引張強さ／密度が問題となる．このような場合チタンなどが賞用されるのは比強度がとくに優れているからである．

3・3　熱膨張

材料は温度が上昇すると一般に膨張する．これは加熱によって構成原子の熱振動の振幅が増大することから当然の結果と考えられがちであるが，振幅の増大だけでは説明がつかない．その原子の平衡位置が昇温にともなってその間隔が増加する方向にずれなければ膨張は起らない．平衡位置が温度によってずれるためには，原子間ポテンシャルがその付近で非対称であることが必要である．

いま原子の2体間ポテンシャルは，

$$V(r) = -\frac{A}{r^n} + \frac{B}{r^m}$$

で一般的に示される．右辺1項は引力によるポテンシャルであり，第2項は斥力によるものである．一般に近づくにつれ

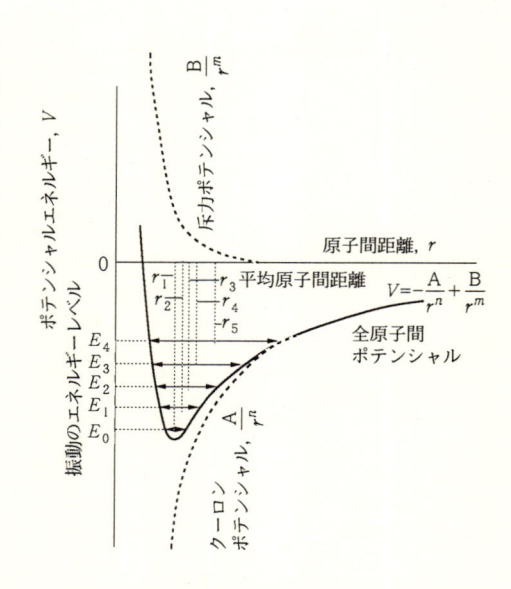

図1・84　原子の2体間ポテンシャル曲線

て斥力が優先し，遠ざかると引力が優先する．すなわち $m>n$ であって，平衡位置を中心にして r の減少する側のポテンシャル勾配は急激に増加するが，r の増大する方向にはゆるやかである．図1・84にその一例を示した．この場合は $n=1$，$m=3$ の曲線を示した．温度の上昇とともに原子の振動のエネルギーレベルが上昇し，それに伴って振幅は増大すると同時に，その中心位置が原子間距離の増加する方向に移動することが示されている．このポテンシャルの非対称性は n と m の値によってきまるから，この n と m は固体の膨張係数に関係が深いことがわかる．表1・17に金属の線膨張係数を大きいものから順番に示した．

表1・17 金属の線膨張係数の順位 (0~100°C)(10^{-6}/K)

Sr	100	Ni	13.3
Na	71	Co	12.5
Li	56	Fe	12.1
Zn	31	Be	12
Pb	29	Sb	8~11
Mg	26	Si	9.6
In	24.8	Pt	9.0
Sn	23.5	Ti	8.9
Al	23.5	Ir	6.8
Mn	23	Ta	6.5
Ca	22	Ge	5.75
Ag	19.1	Mo	5.1
Cu	17	Zr	5.0
Au	14.1	W	4.5
Bi	13.4		

比熱のデバイモデルより線膨張係数 a_l に関し次式が示される．

$$a_l = \frac{\gamma C_v \beta}{3V}$$

ここで

γ : Grüneisenの定数で $\gamma = (m+n+3)/6$
　一般には原子の振動数を ν，原子容を V_a とした場合 $\gamma = -(d\ln\nu)/(d\ln V_a)$
C_v : 恒容モル比熱
β : 固体の圧縮率
V : 固体のモル体積

他方体積弾性係数を K とすると

$$\beta = \frac{1}{K} = \frac{3(1-2\nu)}{E}$$

E はヤング率であり，ν はポアッソン比であって，金属では大体0.30に近い値であるから

$$a_l = 0.4 \frac{\gamma}{EV} C_v$$

一般に金属結晶では室温付近において C_v および V の値は大差ないから，金属の線膨張係

数 a_l はそのヤング率にほぼ反比例することがわかる．またポテンシャル勾配に関係したGrüneisenの定数に比例する．表1・18に金属のGrüneisenの定数値例を示した．

固体の結晶が溶融するまでの熱膨張の総量はほぼ一定であって，原子間距離でほぼ1～3%程度の増大であるといわれている．したがって，

$$a_l T_m \fallingdotseq 一定$$

という関係が成立する．

この関係より金属の熱膨張係数は，その融点の絶対温度にほぼ反比例すると考えられる．

金属の結晶構造，融点，ヤング率，線膨張係数の関係例を表1・19に示した．

金属の線膨張係数は大体 10^{-6} の単位で2桁の値であるが，セラミックスでは金属より約1桁低い値のものが多い．セラミックスの融点は一般に金属より高いことからも予想される傾向であろう．

ポリマーに対しては金属結晶などにあてはまる一般的な関係はそのまま適用できない．融点の定義も非晶質との関連などで困難であることから予想される．

一般にガラスや金属などよりさらに大きい熱膨張係数を示すが，それは大体著しく低いヤング率によるものと考えてもよい．

しかし高分子のガラス転移温度 T_g (glass transition temperature) とその線膨張係数の関係は，金属の融点と線膨張係数の関係曲線の上にのるものが多い．ガラス転移温度とは，非晶物質の粘性－温度曲線でその変化の最も大きい温度を指す．ナトリウムガラスでは $10^{13.4}$ ポアズ付近である．

各種工業材料の線膨張係数を表1・20で比較した．

溶融シリカがきわめて小さい熱膨張を示すが，その熱衝撃に強い理由がこれで理解されよう．

合金の場合は，特別の相変態，規則格子変態，磁気変態が起らないかぎり，純金属と大体同様に考えられる．Fe-36%Ni合金でインバー (Invar) とよばれる，室温付近でその熱

表1・18　金属のGrüneisenの定数 γ の値

金　属	Grüneisen constant γ
Al	2.17
Cu	1.96
Au	3.03
Fe	1.60
Pb	2.73
Mo	1.57
Ni	1.88
Pt	2.54
Ag	2.40
Ta	1.75
Sn	2.14
W	1.62

表1·19 金属の結晶構造別による融点，線膨張係数，ヤング率の関係

構造	金属	融点 (K)	$a(10^{-6}/cm/℃)$	$a×M.P.×10^3$	E (kgf/mm^2)
面心立方	Cu	1,356	16.5	22.5	11,000
	Ag	1,233	19.7	18.9	7,500
	Au	1,336	16.2	18.8	8,200
	Pt	2,046	8.9	18.3	15,000
	Ir	2,727	6.8	18.6	53,000
	Rh	2,239	8.3	18.3	38,600
	Pd	1,827	11.8	21.5	12,300
	Al	933	23.9	22.3	7,700
	Ni	1,728	13.3	23.0	21,000
	Pb	600	29.3	17.6	1,750
	Th	2,073	11.1	21.2	7,400
最密六方	Cd	594	29.8	17.8	6,300
	Zn	692	⊥c 15.0	10.4	9,900
			//c 61.8	42.5	—
	Mg	923	26.0	23.1	4,500
	Be	1,553	12.4	15.8	29,600
	Co	1,768	12.3	21.7	21,000
	Ti^a	2,193	8.5	18.6	11,000
	Zr^a	2,023	5.0	10.2	9,600
体心立方	Li	459	56	25.6	1,170 (83K)
	Na	371	71	26.2	910 (90K)
	K	336	83	27.7	360 (90K)
	Cr	2,163	6.2	13.2	25,000
	Fe^a	1,612	11.7	18.8	20,000
	Nb	2,743	7.1	19.5	10,600
	Mo	2,898	4.9	14.2	42,000 (33,000)
	Ta	3,269	6.5	21.2	19,000
	W	3,783	4.3	16.3	35,000 (41,000)
その他	Sb	903	9.0	8.1	7,900
	Bi	793	13.3	10.5	3,200
	Ga	303	18.0	5.5	9,440 (90K)
	In	429	33.0	14.1	1,000
	Sn	504	23.0	11.6	6,200
	Mn^a	1,518	22.0	33.5	16,000

a：線膨張係数　　M.P.：融点　　E：ヤング率　　X^a：a-X相 (Xは金属)

膨張係数が1.26×10^{-6}と非常に小さいものが知られている．鉄が10.8×10^{-6}，ニッケルが13.3×10^{-6}であるのに比較すると，桁ちがいに小さい．この特性は磁気変態に関係があると考えられている．この合金はその磁気変態点（～250℃）に低温より近づくにつれて，磁気ひずみが発生して収縮する傾向がある．これと一般的な熱膨張が相殺し合って見かけ上非常に小さい線膨張係数を示すと考えられている．したがってインバーも温度がキュリー点を越すと通常の大きい膨張係数にもどる．この合金はバイメタルの低膨張側やガラス封入用金属として賞用されている．

表1・20　各種工業材料の膨張係数

材料	線膨張係数 (10^{-6}/K)
アルミニウム	24.1
鉄	10.8
鉛	28.0
炭素	2.3～2.8
アルミナ	6.7
シリカ	0.05
ガラス	7.2
テフロン	100
低密度ポリエチレン	180

3・4　熱伝導

いまある物質で，x方向に単位断面を通って単位時間に流れる熱量は

$$Q = -\sigma_T dT/dx$$

と示すことができる．

熱は構成粒子の熱運動によって伝わり，あらゆる方向に等方的に流れると考えると，特定のx方向に対しては，

$$\sigma_T = \frac{1}{3} n C_v V l$$

となる．

ただし　　n：単位体積中の粒子の数
　　　　　C_v：粒子の比熱
　　　　　V：粒子の移動速度
　　　　　l：粒子の平均自由行路

この熱流の担い手（carrier）となる粒子は，金属の場合は自由電子と結晶格子を構成する原子の熱振動である．自由電子の存在しないセラミックスやプラスチックスでは原子あ

るいは分子の熱振動のみである．

結晶格子を構成する原子の振動の波長は音波領域であるが，電磁波を光量子（photon）という粒子で置き換えたと同様に，この音波領域の格子振動の弾性波を音子（phonon）という粒子で置き換え，波をこの粒子の運動とする．すると金属中での担い手は自由電子と音子の2種であるということになる．

各粒子による熱伝導率は，

$$\sigma_{Te} = \frac{1}{3} n_e C_{ve} V_e l_e$$

$$\sigma_{Tp} = \frac{1}{3} n_p C_{vp} V_p l_p$$

と示すことができる．

n_e, n_p はそれぞれ自由電子および音子の分布密度，C_{ve} および C_{vp} は自由電子と音子の比熱，V_e および V_p はそれぞれの移動速度，l_e および l_p はそれぞれの平均自由行路である．

金属のような良導体に対しては，V_e および l_e はそれぞれ V_p および l_p の10～100倍であるが，比熱 $n_e C_{ve}$ は

表1・21 主な金属の熱伝導率(300K)

金属	熱伝導率 $W \cdot M^{-1} \cdot K^{-1}$	金属	熱伝導率 $W \cdot M^{-1} \cdot K^{-1}$
Ag	427	Ni	91
Cu	398	Cr	90
Au	315	In	82
Al	237	Fe	80
Be	200	Li	77
W	178	Pt	71
Mg	156	Sn	67
Si	148	Ge	60
Ir	147	Ta	58
Mo	138	Nb	54
Na	132	Tl	46
Zn	121	Pb	35
K	102	Sb	24
Co	99	Ti	22
Cd	97	Bi	9

Y. S. Touloukian, et al., "Thermophysical Properties of Matter" vol.1 (Thermal Conductivity Metallic Elements and Alloys), Plenum Press (1970)
($cal \cdot cm^{-1} \cdot s^{-1} \cdot deg^{-1} = 2.39006 \times 10^{-3} W \cdot M^{-1} \cdot K^{-1}$)
固体では不純物や空孔率などに大きく影響されるので実際の材料の熱伝導率はかなり多様なものになっている．

$n_p C_{vp}$ の約1/100程度である．結局 σ_{Te} は σ_{Tp} の10～100倍の大きさということになる．すなわち自由電子による熱流は音子の10～100倍も大きいということである．

このような結果から金属はセラミックスやプラスチックスに比較して格段に大きい熱伝導性を示すことが理解される．

金属の室温における熱伝導率を，最も伝導率の高いAgから順番に表1・21に示した．また0℃における銀の熱伝導率を100とした時の他の工業材料の値を表1・22で比較した．金属に比較して高分子材料の熱伝導性の低いことがよく理解できる．

ダイヤモンドが室温で銀の1.5倍も熱をよく伝えるのは意外であるが，欠陥のない完全結晶では，音子が自由電子と同程度に熱伝導のよい担い手になることがこれによって示されて

いる。これは l_p が極端に大きくなった場合に相当する。ダイヤモンド（300〜30K），サファイアー（90〜25K）がその例である。

温度の上昇とともに音子と自由電子はともにその V_p および V_e を増大するが，反面衝突の頻度も高くなり l_p および l_e は減少する。従って低温以外ではこの V と l とが相殺し合って，純金属では熱伝導率はほとんど一定になってしまう場合が多い。

図1・85に市販純度の銅およびアルミニウムの熱伝導率と温度の関係を示した。絶対0度付近から温度の上昇とともに主として $n_e C_{ve}$ と V_e の増大により急激に増加してある温度で最高の熱伝導率を示し，その後 l_e の減少にともなって急激に減少し，さらに高温では V_e と l_e の相殺でほぼ一定値に落ち着いている。

合金になると一般に純金属より熱伝導率は低くなる。その例を表1・22中に黄銅およびニクロムについて示した。これは主として合金元素の添加により l_e が低温でも非常に小さくなるためである。図1・85にステンレスについて示してあるように，このような高濃度合金においては温度の上昇とともに単純に熱伝導率は増加し，高温で一定値に落ち着く。その温度変化は純金属の場合とやや異なり，ある温度で伝導率の極大点を示すような傾向がない。

先にも述べたように純金属では自由電子が主としてその熱伝導率を左右する。このような場合には後述する電気伝導率との間に，

表1・22　各種材料の熱伝導性の比較
（0°Cの銀の熱伝導率を100とする）

材　料	熱伝導性
銀	100
OFHC銅	93
市販純アルミニウム	55
鉄	16
黄銅（70：30）	24
ニクロム（70：30）	3.4
グラファイト	〜40
ダイヤモンド	150
ゲルマニウム	14
ガラス	0.15
コンクリート	0.23
ベークライト	〜0.1
マイカ	0.1
ポリエチレン	0.08
杉	0.025
桐	0.020
紙	0.014
コルク	0.010
エチルアルコール	0.042
グリセリン	0.066
水	0.136
アルゴン	0.004
ヘリウム	0.032
水素	0.039
空気	0.005

$$\frac{\sigma_T}{\sigma_e T} = L = 一定$$

L : Lorentz number

というWiedemann-Franzの法則が成立する.

熱伝導と関連して工業材料では断熱 (heat insulation) ということが重要である. この断熱には多孔性物質が有効なことが多い. 最良の断熱は真空であるといわれているが, 多孔性ポリマーがとくに低温でのよい断熱材になるのは, 孔の中のガス物質が低温で固体となり真空の孔が形成されるからであるとの説がある.

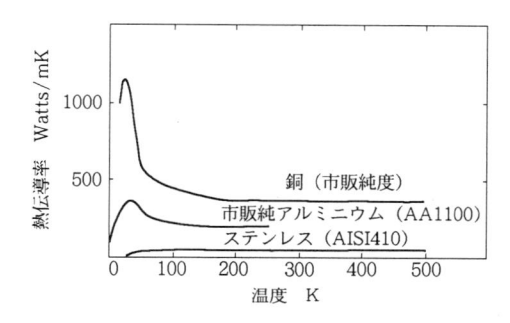

図1・85　金属材料の熱伝導率と温度の関係

3・5　電気伝導

電気の良導体であるということは金属材料の最も大切な特性の一つである. その電気伝導の古典的な考え方から近代のバンドモデル (band model) への推移をふりかえり, またその構造に敏感な性質の側面を整理して理解を深めたい.

いま導体の断面を $A(\mathrm{m}^2)$, その x と $x+\varDelta x(\mathrm{m})$ の位置における電位をそれぞれ V と $V+\varDelta V(\mathrm{volt})$ とした場合, その2点間を単位時間 (second) に流れる電流を I (coulomb) とすれば,

$$J_e = \frac{I}{A} = \sigma_e \frac{\varDelta V}{\varDelta x} = \sigma_e \varepsilon = \frac{\varepsilon}{\rho_e}$$

がMKS単位で示したオームの法則 (Ohm's law) である.

J_e は電流密度でその単位はcoulomb/m^2sであり, ε は電場の強さでvolt/mである. また σ_e は電気伝導率でmho/m, ρ_e はその逆数の電気比抵抗 ohmm の単位である.

一般にオームの法則は

$$V(\mathrm{volt}) = I(\mathrm{ampere}) R(\mathrm{ohm})$$

で示されるが, この場合の電気抵抗は

$$R = \rho_e \frac{\varDelta x}{A}$$

として示すことができる.

また電場の強さをεとし，電子の電荷をeとした場合，この電子に作用する力は$e\varepsilon$となり，電子の加速度は

$$a = \frac{e\varepsilon}{m_e}$$

このままでは電子は無限に加速され，無限大の電流が流れることになるが，実際はある定常電流に落ち着く．これを説明するためには電子は周期的に何らかと衝突をくり返してその運動のエネルギーをそのつど失う必要がある．その衝突の相手は主として音子，不純物原子，格子欠陥などとされている．

いま一つの衝突と次の衝突の平均時間を2τとすれば，電子の速度は0と最大値$2\tau e\varepsilon/m_e$の間を2τを周期として繰り返されることになり，その平均速度は図1・86に示すように

$$\bar{v} = \frac{\tau e\varepsilon}{m_e}$$

となる．このτは緩和時間 (relaxation time) という．

いま自由電子の分布密度をnとすれば

$$J_e = ne\bar{v} = \frac{ne^2\varepsilon\tau}{m_e}$$

となり，さらに

$$\sigma_e = \frac{ne^2\tau}{m_e}$$

と示すことができる．

この古典モデルでは電子は電場の作用によって徐々にその運動のエネルギーを増すものであるが，比熱(3・1)のところでも述べたように，このような挙動を示し得るのは$(E_F - kT)$近傍のわずかな価電子にすぎない．この電子すなわち自由電子密度nは古典論では知ることができない．比熱のところではこの電子は全価電子の1％以下にすぎないことが示されている．

1・5において考察したように結晶内部の電子のエネルギーレベルは帯構造にひろがっている．たとえばN個の原子よりなる結晶ならば，その s レベルは$2N$個，p レベルならば$6N$個の電子を許容できる．

図1・87に金属のような良導体，ダイヤモンドのような不良導体，シリコンのような半導体のバンドモデルを示した．図中E_vは価

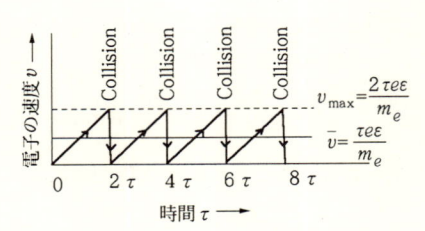

図1・86 周期的ポテンシャル場における電子の速度変化

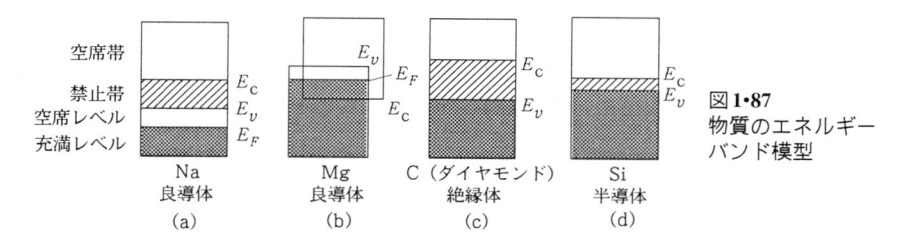

図1・87 物質のエネルギーバンド模型

空席帯
禁止帯
空席レベル
充満レベル

(a) Na 良導体
(b) Mg 良導体
(c) C（ダイヤモンド）絶縁体
(d) Si 半導体

電子レベル，E_Fはフェルミ・レベル，E_cは伝導レベルを示したものである．

(a)図はNaの場合であって，3sレベルが半分満たされE_FはE_vの1/2であって，価電子レベルにはE_Fレベルより上に多数の空席が存在する．

従ってE_Fレベル付近の電子は容易に加速され自由電子化し得る状態にある．

Mgのような場合は（b）図のように3sレベルは完全に満たされているが，価電子バンドと伝導バンドが重なり合っているので，E_F付近の電子は自由に加速化できる．

ところがダイヤモンドのように価電子バンドが完全に満たされ，伝導バンドとの間に幅の広い禁止帯が存在する時は，（c）図のようになり電子の自由化は困難で不良導体となる．半導体のシリコンでは（d）図のように禁止帯の幅がせまいので，E_F付近の電子は熱的励起によって容易に禁止帯を飛び越して伝導帯に加速される．

表1・23に純金属の0℃における電気比抵抗，銅の伝導性を100とした場合の伝導率の比

表1・23 金属元素の電気比抵抗(0℃)，0℃の銅の導電率を100%としたときの導電率の順位

元素	比抵抗 ($\mu\Omega\cdot$cm)	導電率 (%)	元素	比抵抗 ($\mu\Omega\cdot$cm)	導電率 (%)	元素	比抵抗 ($\mu\Omega\cdot$cm)	導電率 (%)
Ag	1.51	103	Ni	6.14	25	V	18.2	8.6
Cu	1.56	100	Cd	6.8	23	Cs	18.8	8.4
Au	2.04	76	Li	8.55	18	Pb	19.0	8.2
Al	2.45	64	Fe	8.9	17	Sr	23	7
Be	2.8	55	Pt	9.81	16	Hf	29.6	5.3
Mg	3.9	40	Pd	10.0	15	U	32	4.9
Na	4.2	37	Rb	11.0	14	Sb	39	4.0
Rh	4.3	36	Sn	11.5	13	Zr	40	3.9
W	4.9	32	Ta	12.6	12	Ti	50	3.1
Mo	5.2	30	Cr	12.7	12	Sm	92	1.7
Zn	5.5	28	Th	13	12	Hg	94	1.6
Co	5.6	28	Ga	13.6	11	Bi	107	1.4
K	6.1	25	Nb	13.9	11	Mn	258	0.6

表1·24 各種工業材料の電気伝導率, 熱伝導率, ローレンツ数Lの値

材料	熱伝導率 K (W/m・K)	電気伝導率 σ_e (mho/m)	ローレンツ数 L ($T=300K$)
市販純度銀	420	6.3×10^7	22.2×10^{-7}
OFHC銅	390	5.85×10^7	22.2
Cu-2%Be合金	180	2.0×10^7	30.0
金	290	4.25×10^7	22.7
市販高純度アルミニウム	230	3.5×10^7	21.9
Al-1%Mn合金	192	2.31×10^7	27.7
70/30黄銅	115	1.56×10^7	24.5
市販純度タングステン	167	1.82×10^7	30.6
市販純度鉄インゴット	66	1.07×10^7	21.4
AISI 1010 steel (0.1%C)	47	0.7×10^7	22.4
市販純度ニッケル	62	1.03×10^7	20.1
AISI 301 stainless steel (17%Cr, 7%Ni)	16	0.14×10^7	38.1
黒鉛	170 (平均)	10^5 (平均)	—
窓ガラス	0.9	$2\text{-}3 \times 10^{-5}$	—
マイカ	0.51	$10^{-11}\text{-}10^{-15}$	—
ポリエチレン	0.33	$10^{-15}\text{-}10^{-17}$	—

較を, 最高の伝導性を示す銀より順に示した.

また各種工業材料の室温における電気伝導率, 熱伝導率およびローレンツ数Lを表1・24に示した.

自由電子模型とフェルミ-ディラックの統計より, 電気伝導率と熱伝導率は

$$\sigma_e = n_e e^2 \tau / m_e$$

$$\sigma_T = \frac{\pi^2}{3} k^2 T n_e \tau / m_e$$

ただし3・4において

$$\sigma_T \fallingdotseq \sigma_{Te} = \frac{1}{3} n_e c_{ve} v_e l_e$$

$$n_e c_{ve} = \frac{\pi^2}{2} n_e k T / T_F$$

$$k T_F = \frac{1}{2} m_e v_{eF}^2$$

n_e：単位体積中の自由電子数
k：ボルツマン定数
e：電子の電荷
m_e：電子の質量
τ：緩和時間

平均自由行路をl_e，平均移動速度をv_eとすれば

$\tau = l_e/v_e$

$$\therefore \quad L = \frac{\sigma_T}{\sigma_e T} = \frac{\pi^2}{3}\left(\frac{k}{e}\right)^2$$

$$= 2.72 \times 10^{-13}\,\mathrm{esu/deg^2}$$

$$= 24.5 \times 10^{-9}\,\mathrm{watt\cdot ohm/deg^2}$$

表1・24の金属および合金のLの値は上の理想値に近く，金属の自由電子模型の妥当性を示している．

金属の電気伝導率は緩和時間$\tau = l_e/v_e$に左右されることがわかった．とくにl_eに左右される．

自由電子の運動を記述する波動力学によると，その結晶が完全な規則性を保ち，格子振動がなければ，電子は散乱によってエネルギーを失うことなく運動できる．しかし実際は格子振動による音子，不純物原子，格子欠陥などとの衝突によって有限のl_eを持ち定常速度になる．音子による衝突回数は温度に関係し，絶対0度では0であるが温度とともに増加する．不純物原子や格子欠陥による部分は，温度による格子欠陥の数の変化を無視すれば，温度に関係なく0Kでも残るものである．このような考え方により金属の電気比抵抗は一般に，

$$\rho = \rho_T + \rho_R$$

と示すことができる．

ただしρ_Tは音子との衝突に関係した項で温度とともに増大する．ρ_Rは不純物原子および格子欠陥に関係した項で残留抵抗（residual resistivity）とよばれるものである．上の関係はマティーゼンの法則（Matthiesen's rule）とよばれ，純金属あるいは希薄な合金の低温でよく成立する．高濃度合金および高温ではこのような単純な関係は成立しない．

電気抵抗は構造に敏感であると述べたが，ρ_Rがこの構造に敏感な項である．

ρと温度との関係は，室温付近においては

$$\rho = \rho_0\{1 + \alpha(T - T_R) + \cdots\}$$

で示される.
ただし　ρ_0：室温での電気比抵抗
　　　　T_R：室温

　ρ-Tの関係は室温付近でほぼ直線的であり，純金属に対し温度係数αは約0.004であるが，合金になると一般にこの値はやや小さくなる．

　この残留抵抗は結晶の純度あるいは完全度を比較するのによく使用される．とくに化学分析では求めにくい微量の不純物量や点欠陥の数を示すのに使用されることが多い．

　たとえば液体ヘリウム温度4.2K付近では，マティーゼンの法則によりその抵抗値の大部分はρ_Rのみであるとする．そこで

$$\rho(298\text{K})/\rho(4.2\text{K})=\{\rho_T(298\text{K})+\rho_R\}/\rho_R$$

で示される25℃とヘリウム温度における電気抵抗値の比を求める．非常に純度の高い欠陥の少ない金属結晶ではこの値は大きく10^5に近いが，市販純度の金属では10^2程度となり，合金になると1に近い値となる．

　金属に合金元素が固溶化すると一般にρ_Rの増大によって電気比抵抗が大きくなる．2成分系固溶体においては

$$\rho_R(x)=Ax(1-x)$$

ただし　x：合金元素の原子分率
　　　　A：濃度に関係のない定数

　一般にAの値は溶媒金属と溶質金属の原子価，原子径の大きさの差，その他電気化学的性質の差に左右される．原子径の差の増大とともに増加する傾向を持っている．

　上の関係式より$x=1/2$のところに$\rho_R(x)$の極大値がある．全率固溶系の合金ではその成分金属の組み合わせに関係なく50at%のところに抵抗の極大が現れる．

　非常に希薄な合金で$x \ll 1$の場合は

$$\rho_R(x) \fallingdotseq Ax$$

となり，ρ_Rは合金濃度とともに直線的に増加する．この関係はNordheim's rulreとよばれている．

　金属の電気比抵抗は冷間加工による欠陥の導入によっても増加する．欠陥としては点状欠陥の空孔と線上欠陥の転位が代表的なものであるが，電気抵抗に対する寄与は空孔の方が大きい．

表1・25　超伝導を示す金属とその遷移温度(H=0　Oe)

元　素　名	T_c (K)	元　素　名	T_c (K)
Al	1.18	Hf	0.17
Ti	0.39	Ta	4.48
V	5.03	W	0.003
Zn	0.86	Re	1.7
Ga	1.09	Os	0.66
Zr	0.55	Ir	0.14
Nb	9.5	α-Hg（菱面体晶）	4.15
Cd	0.52	β-Hg（体心正方晶）	3.95
In	3.41	Tl	2.37
Sn	3.77	Pb	7.19
α-La（最密六方晶）	4.9	Th	1.37
β-La（面心立方晶）	6.3	U	0.9

超伝導

　ある種の金属では極低温になるとその電気抵抗が急激に減少して0になるものがある．この現象の発見は1911年カメリン・オンネス（Kamerlingh-Onnes, H.）の極低温における水銀の電気比抵抗の測定実験によってなされたものである．

　表1・25に現在超伝導を示すとされる金属を原子番号の小さなものから順に示した．臨界温度の最も高いのはNbの9.5Kで，Pbの7.19Kがこれに続いている．

　最近強磁場発生用の超伝導コイル材料をはじめとして各方面で注目を集めている現象である．

　このような現象の起る理由としては，次のように考えられている．いわゆる陽子，中性子，電子，光子などの粒子は大きく分けてフェルミ統計に従うフェルミ粒子（Fermi particle）とボース統計に従うボース粒子（Bose particle）の2種に分けられる．電子，陽子，中性子は前者のグループであって，パウリの原理に従い一つの量子状態には2個以上の粒子が存在することができないというフェルミ統計に従うものである．ところがヘリウム原子（陽子2個＋中性子2個＋電子2個）や光子は後者のグループで，一つの量子状態に何個入ってもよいというボース統計に従うもので，ある臨界温度以下では全部が一つの量子状態に入るボース凝縮という現象を示す．

　たとえば^{4}Heは2.2K以下でボース凝縮を起し，運動量0の最低量子状態に全部落ち込む．このような液体ヘリウムは一度回転し始めると永遠に回転を続けるという粘性0の状態になる．この状態を超流動（superfluidity）とよぶ．

　自由電子1個は元来フェルミ粒子であるが，電子間にはごく小さいが引力があるとされて

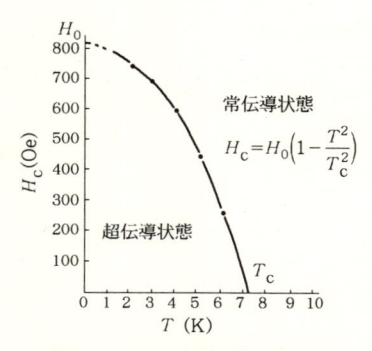

図1・88　Pbの超伝導遷移温度T_cと臨界磁場H_cの関係

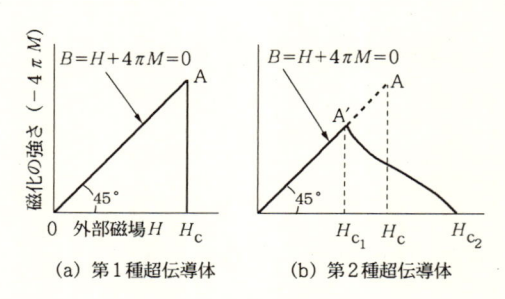

図1・89　超伝導体内部の磁化曲線の形状
(a) 第1種超伝導体
(b) 第2種超伝導体

表1・26　第2種超伝導材料

	材料	T_c (K)	4.2KのH_{c_2}(kOe)
化合物系	Nb_3Ge	23.0	
	$Nb_3(Al_{0.8}Ge_{0.2})$	20.7	
	Nb_3Sn	18.2	245（市販）
	Nb_3Al	17.5	
	NbN	15.6	153
	Nb_3Ga	14.5	
	NbC	14	
	V_3Si	17.1	235
	V_3Ga	16.8	210（市販）
	MoN	12.0	
	$MoGa_4$	9.8	
合金系	Nb-42Ti-6Ta	10〜11	140
	Nb-48Ti	9.5	122（市販）
	Nb-33Zr	10.7	80
	Nb-25Zr	11.0	70
	Pb-56Bi	8.8	15
	Mo-50Re	〜10.0	〜15

いる．同符号の電荷間で引力があるというのは静電的にナンセンスであるが，他電子や正イオンの遮蔽効果でこのわずかな引力が残ると説明されている．そしてある臨界温度以下になると2個の電子が対を作り，これがボース粒子として振る舞い凝縮を起して超伝導を示す

と考えられている．そして一度輪線を流れ始めた電流は永久に流れ続け電気抵抗0の状態となる．

輪線に電流が流れると磁場の発生することが知られているが，この磁場の強さによって超伝導遷移温度 T_c が変化する．この磁場の強さと遷移温度の関係は

$$H_c = H_0\left(1 - \frac{T^2}{T_c^2}\right)$$

で示される．

ただし T_c は磁場 $H=0$ の場合の遷移温度，H_0 は0Kの場合の臨界磁場である．たとえばPbの場合の H_c-T 曲線を示せば図1・88のようになる．

超伝導体内部の磁化曲線の形状により第1種超伝導体と第2種超伝導体に分けられる．その磁化曲線の形を図1・89に示した．前者ではある臨界磁場 H_c まで磁気感応度 $B = H + 4\pi M = 0$ の状態が保たれ，H_c を超すと $B = H$ となり外部の磁力線が内部を通り常伝導体になってしまう．純金属の超伝導体はこれに属している．後者では H が小さい間は前者と同様であるが，H_{c_1} から $-4\pi M$ は減少を始め H_{c_2} で $-4\pi M = 0$ となる．導体内部に H_{c_1} と H_{c_2} の間で超伝導部分と常伝導部分が混在する．多くの化合物超伝導体および合金超伝導体はこれに属している．

第1種の H_c は100〜1000エルステッドにすぎないが，第2種の H_{c_2} はその100倍近い値を示す．

超伝導マグネットのコイル材としては，第1種は実用にならないが，第2種ならば充分実用できるものである．

第2種の H_c-T 特性を図1・90に示した．また第2種の材料を表1・26に示した．

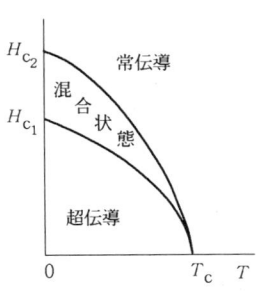

図1・90 第2種超伝導体の H_c-T 特性

3・6 磁性

金属の強磁性は構造に敏感な大切な物性の一つであるが，これを説明する前に磁性についての基礎概念をまとめておこう．

永久磁石の周囲には磁場が存在し，その磁場の強さは，磁石の北極Nから出て南極Sに入る磁力線（magnetic flux）の密度で示される．磁力線は磁石内部ではSよりNに向かい，Nから出てSに入る閉曲線である．図1・91の（a）にこれを単純な形で示した．

いま棒磁石の長さを l，両端に発生している磁気量を m とした場合，この磁石の磁気モーメント（magnetic moment）は $P_m = ml$ の大きさでその方向はSよりNに向っている．

輪線電流iが流れている場合，電流に対して右ネジの方向に磁力線が生じ，輪線の囲む面積をAとすればiAの磁気モーメントを持つ．図1・91の(b)に示す通りである．

金属棒を一様な磁場内に置けば，その両端に磁気が発生する．この金属棒の長さをl，両端の磁気量をmとすると，磁化の強さは

$$I = \frac{P_m}{V} = \frac{ml}{Sl} = \frac{m}{S}$$

ただしVは金属棒の体積，Sは棒の断面積

金属片内の磁場の強さは磁束密度あるいは磁気誘導度（magnetic induction）Bであり，

$$B = H + 4\pi I$$

導磁率または透磁率（permeability）μは

$$\mu = B/H = (1 + 4\pi I/H)$$

$x = I/H$を磁化率（susceptibility）とすれば

$$\mu = 1 + 4\pi x$$

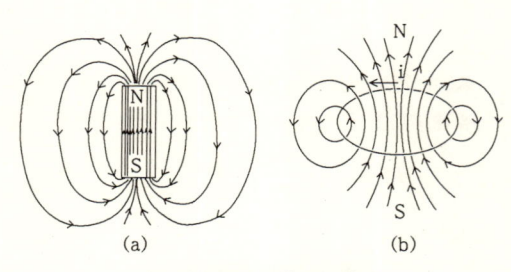

図1・91　磁石と磁場

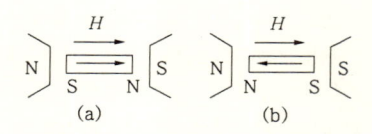

図1・92　常磁性と反磁性

いま多くの物質を磁場中に置いた時，あるものは強く磁石に吸引され，あるものは検知できない程度に弱く引きつけられ，またあるものは反発の傾向を示す．引きつけられるものは図1・92の(a)で示したように，外部磁場に対してその物質内部で外部磁場を強める方向に磁化し，反発するものは(b)のように弱める方向に磁化する．つまり前者ではxの値は正であり，後者ではxの値は負である．多くの物質はxの値が正か負のいずれかに分けられる．

　$x>0$の物質は常磁性体（paramagnetic substance）
　$x<0$の物質は反磁性体（diamagnetic substance）
である．

　常磁性体の中には，Fe, Co, Al, Pt, Niなどの金属やO_2のようなガス体が数多く含まれている．また反磁性体にはBi, Sb, Cu, Ag, Auなどの金属やHe, Arなどの不活性ガ

スなどがある．

　常磁性体の中にはFe，Ni，Coなどのように強い磁化傾向を示すものもあれば，AlやPtのように検知できないほど弱く引きつけられるものもある．

　常磁性体でとくに大きな磁化率を持っているものを強磁性体（ferromagnetic substance）とよんでいる．現在知られている強磁性元素は，Fe，Co，Ni，Gd，Dy，Tb，Ho，Er，Tmの9種にすぎないが，このほかに化合物強磁性体は数多く知られている．このほかに強磁性と類似の磁性に反強磁性（antiferromagnetism），フェリ磁性（ferrimagnetism）などがある．

　物質の磁性は，それを構成する原子あるいは分子の持つ磁気の総和と考えられる．また原子の磁気能率は電子の磁気能率と原子核の磁気能率に分けられる．

電子の磁気能率

　原子核の周囲の電子の磁気能率を考えてみよう．いま古典的な模型で電子は原子核の周囲を円軌道の運動をしているものとする．図1・93を参考として考えると，電子の運動はそれと逆向きの電流iの輪線電流に対応する．

$$i = \frac{1}{c}\frac{ev}{2\pi r} \quad (e：電子の電荷)$$

電子の周速度はvであるから角速度を$\dot{\varphi}$とすれば

$$v = r\dot{\varphi}$$

図1・93 電子の軌道運動と磁気能率

$e/2\pi r$は円周上の平均電荷，$1/c$は静電単位を電磁単位に変換したために導入されているもので，cは光速である．

　いまこの輪線電流の磁気能率をP_mとすれば

$$P_m = \pi r^2 i = \frac{e}{2m_0 c} m_0 r^2 \dot{\varphi}$$

$m_0 r^2 \dot{\varphi}$は電子の軌道運動に伴う角運動量に相当する．

　量子力学によれば，電子の軌道運動の角運動量は，軌道量子数をlとしたとき，

$$lh/2\pi$$

の量子化されたとびとびの値しかとり得ない．

　したがって電子の軌道運動に伴う磁気能率の量子化された値は

$$P_m = l\frac{eh}{4\pi m_0 c}$$

すなわち軌道運動の磁気能率は$eh/4\pi m_0 c$を最小単位として，軌道量子数に比例して増大

する．$\mu_B = eh/4\pi m_0 c$ をボーア磁子（Bohr magneton）とよぶ．

$e = -4.802 \times 10^{-10}$ CGS 静電単位，$m_0 = 9.1055 \times 10^{-28}$ g，$c = 2.9978 \times 10^{10}$ cm/sec，$h = 6.624 \times 10^{-27}$ erg·sec であるから

$$\mu_B = eh/4\pi m_0 c = 0.9274 \times 10^{-20} \text{CGS電磁単位}$$

このほかに電子には自転に相当するスピン角運動量があり．これに対応する磁気能率は μ_B である．

いま磁気能率を持つ粒子に外部磁場が作用した場合，その磁気能率が外部磁場方向にそろった方が安定となる．

粒子の磁気能率 μ と外部磁場 H とが図 1・94 のような関係にある場合，粒子に作用する磁気的な偶力は

$$\tau = \mu H \sin\theta$$

この時の粒子のポテンシャルエネルギーは

$$E = \int_0^\theta \mu H \sin\theta \, d\theta = -\mu H \cos\theta$$

ゆえに $\theta = 0$ の時 E は最小で粒子は安定となる．

$\theta = 0$ は粒子の磁気能率が外部磁場方向に一致していることであって，外部磁場を強める方向であり，常磁性的寄与のあることを示している．

遷移元素の場合は d 電子が磁性に関係することが多い．3d 電子の磁気的寄与は磁気量子数 m できまるが，その値は $-2, -1, 0, +1, +2$ のいずれかである．ポテンシャルエネルギーは $m = 2$ のときに最小となり，常磁性的寄与が最も大きい．$m = -2$ が最も不安定である．

図 1・95 に外部磁場と量子数の関係を略図で示した．しかし一般的には熱的な撹乱があるので，その磁気能率の方向にもある程度の乱れが起っている．

以上電子の常磁性的寄与のみを述べたが，軌道電子には反磁性的な側面もある．

レンツの法則（Lenz's law）によれば，電荷体は一般に外部磁場変動に対して，瞬間的にはその外部の変動に逆らう方向の反応を示す．このことより軌道電子には反磁性的性格

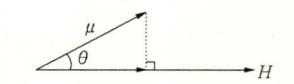

図 1・94　磁気能率と外部磁場の相互作用

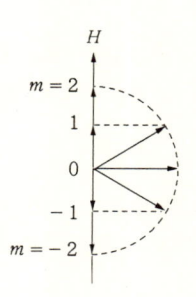

図 1・95　外部磁場と磁気量子数の関係

があることが理解される．この性格の現れとして，軌道面が磁場方向を軸とした首振り運動，つまりラーモアの歳差運動 (Larmor precession) を行う．これは原子の反磁性の重要部分を占めるものである．軌道電子の中でも主量子数 n の大きい，すなわち軌道半径の大きい外側の電子ほどこの反磁性的寄与が大きい．

外部磁場のもとでは自由電子はらせん運動を行い，反磁性を示す．これをランダウ (Landau) の反磁性とよぶ．自由電子にはこのほかにパウリ (Pauli) の常磁性とよばれる側面もある．

原子核の磁気能率

上記の電子の磁気能率式 $P_m = l(eh)/(4\pi m_0 c)$ をみるとわかるように，一般に粒子の磁気能率式には分母にその粒子の質量を含んでいる．電子に対し中性子や陽子を含む原子核の質量は大きく，$10^3 \sim 10^4$ 倍である．したがってその磁気能率は電子のそれに比較すると大略 $10^{-3} \sim 10^{-4}$ 倍となり非常に小さい．原子の磁気に対する寄与は電子の方が圧倒的に大きいことがわかる．電子の磁気能率の中で軌道運動とスピンの寄与が最も重要であるが，固体物質になるとスピンの寄与が最も大きくなる．

以上の考え方より元素の磁性をその電子構造の方から考えてみよう．

He, Ne, Ar, Kr, Xe などの不活性元素は反磁性を示す．その電子構造は閉殻であって，スピンを逆にした電子対がエネルギー・レベルを満たしている．すなわち逆向きの磁気能率が互いに消し合い，反磁性の部分のみが残ったためと考えられる．同様の理由で H_2 分子も反磁性である．

Na や K などのアルカリ金属は，それぞれ 3s および 4s に 1 個の電子を持っている．この場合は s 電子のスピンによる磁気能率によって常磁性を示す．

Ni, Co, Fe のようないわゆる強磁性体では特殊な電子構造を持ち，いわゆる遷移元素として 3d レベルが非閉殻であり，これに帰因する強い常磁性が期待できる．

Cu, Zn はその s 電子は $(4s)^1$ および $(4s)^2$ となっているが，ともに反磁性を示す．この場合は軌道電子としては考えず，自由電子的取り扱いを行えば，これらの金属の弱い反磁性は自由電子の反磁性的寄与の現れとして理解される．

強磁性

磁化率 χ の正で非常に大きな常磁性体には相異ないが，単なる常磁性体の延長上だけで考えては理解できない点が多い．

いままでは物質の磁性を，主としてこれを構成している原子の外殻電子が示す磁性で説明したが，金属のような最密構造の固体結晶になると，近接する原子間の相互作用をこれに加えて考える必要が生じてくる．この相互作用によって外部磁場がないのに磁化した小区域，すなわち磁区 (magnetic domain) が存在し，この自発的にスピンのそろった磁区が外

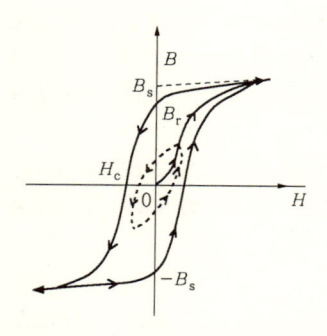

図1・96 強磁性体の磁気履歴曲線

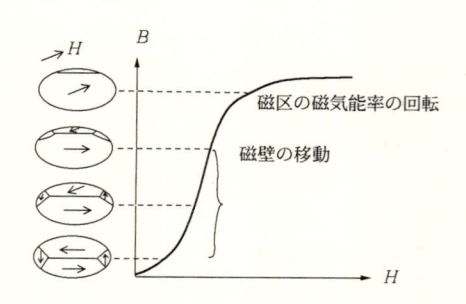

図1・97 強磁性体の磁化過程

部磁場によってどのような磁気的応答を示すかということを説明しなければならない。このようなモデルで強磁性体の説明を試みたのがWeissである。以後強磁性の研究はこの磁区の形成される理由と，その磁区の外部磁場による変化の追求に集中され，多くの成果がおさめられた。

磁区内の原子のスピンは低温ではよくそろっているが，温度の上昇に伴う原子の熱振動により，そのそろい方が乱れてくる。そして完全にバラバラのスピンを持つようになると単なる常磁性になってしまう。この強磁性と常磁性の遷移温度を磁気変態点あるいはキュリー点（Curie temperature）とよぶ。

強磁性体の磁化曲線

強磁性体を磁場中で磁化すると，その磁化曲線は可逆的にはならず，図1・96に示したようなループを描く。外部磁場Hの増加に伴ってその磁気誘導度Bは最初はゆるやかに，つぎに次第に急激に増加して飽和に近づく。この飽和値は飽和誘導度（saturation induction）B_sともよぶ。

つぎにHを減少してももとの曲線をたどらず，$H=0$でもBは0とならず磁気が残る。この残留磁気あるいは残留誘導度（remanent induction）はB_rである。このB_rを0にするためにはH_cだけ逆磁場をかけなければならない。この逆磁場を抗磁力あるいは保磁力（coercive force）H_cとよぶ。逆磁場をさらに増してゆくと飽和値$-B_s$に達し，さらに磁場を正の方向に逆転するとふたたびB_sに達する。このようなループを強磁性体の磁気履歴曲線（hysteresis loop）とよぶ。B_sまで飽和させないで図中点線で示した途中段階で磁場を逆転させても小さなループを描く。

ワイス（Weiss, P.）は強磁性体のこのような磁化挙動を磁区モデルを用いて次のように説明した。

強磁性体内部にはその原子の磁気能率がその分子磁場の作用で完全にそろった小さな磁区が存在している．外部磁場のない時はそれら磁区の磁気能率はその方向がランダムであり，外部に対しては何らの磁気を示さない．これに外部磁場が作用すると，最初それに近い方向の磁気能率を持った磁区が次第に成長するように磁区の境界が移動し，最後にこの大きく成長した磁区の能率の方向が外部磁場方向に徐々に回転して飽和する．その過程は図1・97に略図で示した．このように強磁性体の磁化は磁壁の移動と磁区の回転によって行れるが，この反対は非可逆的であるのでループを描くことになる．このループの形状は材料の内部の微細構造に非常に敏感であり，強磁性の構造に敏感な特性をよく示している．

強磁性体には非常に磁化されやすく，外部磁場を除けばすぐ消磁するタイプと，磁化されにくいが一度磁化されると消磁しにくいタイプがある．それはその内部の微細構造に関係するものであって，前者は軟質磁性材料（soft magnetic material）とよばれ，電磁石あるいは変圧器の鉄心材料に適したものであり，純鉄，珪素鋼板，パーマロイなどがこのグループの代表的なものである．後者は硬質磁性材料（hard magnetic material）とよばれ，永久磁石に適した材料である．前者には比較的欠陥などの少ない名実ともに軟らかい材料が多く，後者は欠陥の多い複雑な硬い材料が多い．軟鋼でも焼なましたものは前者の性格であり，冷間加工したり焼入れたものは後者の性格が強い．

反強磁性とフェリ磁性

反強磁性は常磁性の一つのタイプと考えられる．その磁区内の原子の磁気能率は図1・98の(b)に示したように反平行で大きさが等しい．したがって外部に対しては磁気的反応はほとんど示さず常磁性的である．MnOのような化合物がその例である．温度の上昇とともに熱振動の撹乱によってその配列が乱れ，弱い磁性を示すが，さらに高温でT_cを超すと原子の磁気モーメントは完全に不規則になるので図のようにT_cでχが最大値を示す．この反強磁性転移温度T_cはネール温度（Néel tempereture）とよぶ．

フェリ磁性は(c)図のように平行と反平行の磁気能率の大きさに差があ

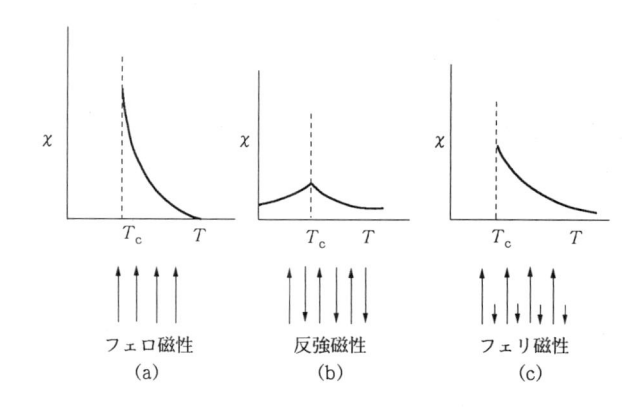

図1・98 強磁性(フェロ磁性)，反強磁性，フェリ磁性のχ-T関係と各磁区内での磁化率の比較

り，外部磁場に対してフェロ磁性と同様に振舞う．$MO \cdot Fe_2O_3$（Mは2価の金属）の分子式を持つスピネル型結晶格子の化合物はこの磁性を示す．このような材料をフェライト（ferrite）とよび，各種の粉末磁石に使用されている．

3・7 変形

材料の弾性変形は最も基本的な力学的性質の一つであり，その弾性定数は材料を構成する原子の結合力に関係した重要な目安である．

他方その塑性変形は構造にきわめて敏感に影響を受ける性質の一つであるが，工業的には利用価値の高い特性である．

3・7・1 弾性変形

いまある連続弾性体の内部に微小体積素片を考え，これに作用する応力とひずみの間のフックの法則（Hooke's law）の一般式を示すと

$$\sigma_1 = C_{11}\varepsilon_1 + C_{12}\varepsilon_2 + C_{13}\varepsilon_3 + C_{14}\gamma_4 + C_{15}\gamma_5 + C_{16}\gamma_6$$

$$\sigma_2 = C_{21}\varepsilon_1 + C_{22}\varepsilon_2 + C_{23}\varepsilon_3 + C_{24}\gamma_4 + C_{25}\gamma_5 + C_{26}\gamma_6$$

$$\sigma_3 = C_{31}\varepsilon_1 + C_{32}\varepsilon_2 + C_{33}\varepsilon_3 + C_{34}\gamma_4 + C_{35}\gamma_5 + C_{36}\gamma_6$$

$$\sigma_4 = C_{41}\varepsilon_1 + C_{42}\varepsilon_2 + C_{43}\varepsilon_3 + C_{44}\gamma_4 + C_{45}\gamma_5 + C_{46}\gamma_6$$

$$\sigma_5 = C_{51}\varepsilon_1 + C_{52}\varepsilon_2 + C_{53}\varepsilon_3 + C_{54}\gamma_4 + C_{55}\gamma_5 + C_{56}\gamma_6$$

$$\sigma_6 = C_{61}\varepsilon_1 + C_{62}\varepsilon_2 + C_{63}\varepsilon_3 + C_{64}\gamma_4 + C_{65}\gamma_5 + C_{66}\gamma_6$$

となる．

ただしこの場合その体積素片は回転も並進も行わず力学的釣合いを保っている．図1・99に示したように応力は$\sigma_1, \sigma_2, \sigma_3$の引張りあるいは圧縮成分と，$\sigma_4, \sigma_5, \sigma_6$のせん断応力成分の6成分に分けられる．またひずみは$\varepsilon_1, \varepsilon_2, \varepsilon_3$の引張りあるいは圧縮ひずみ成分と$\gamma_4, \gamma_5, \gamma_6$のせん断ひずみ成分の6成分よりなる．応力もひずみもその独立成分はともに6個であり，これを結びつけるのに必要な弾性定数の成分（modulus of elasticity tensor）の数は36個となる．

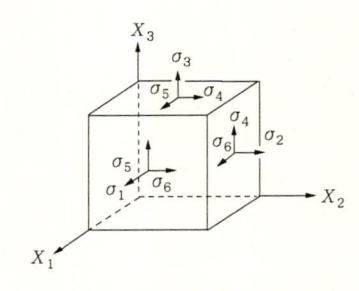

図1・99 体積素片に作用する力

しかるに結晶の対称性よりこの成分の中で多くのものは0となり，またお互いに等しくなったりするので，その数はかなり減少する．

たとえば立方晶では

$$C_{11}=C_{22}=C_{33}$$
$$C_{12}=C_{21}=C_{13}=C_{31}=C_{23}=C_{32}$$
$$C_{44}=C_{55}=C_{66}, \quad 他は0$$

となり，残るものは C_{11}, C_{12}, C_{44} だけとなる．

また六方晶では $C_{11}, C_{12}, C_{13}, C_{33}, C_{44}$ の5個である．

立方晶のある方向（方向余弦 l, m, n）の縦弾性係数を $E_{l,m,n}$ とすれば，

$$E_{l,m,n}=\left[\frac{C_{11}+C_{12}}{(C_{11}+2C_{44})(C_{11}-C_{12})}+\left(\frac{1}{C_{44}}-\frac{2}{C_{11}-C_{12}}\right)\times(l^2m^2+m^2n^2+n^2l^2)\right]^{-1}$$

と表すことができる．（導出方法は付録参照）

この $E_{l,m,n}$ の方位依存性は上の式の右辺の後の項によるものであるが，いま $1/C_{44}-2/(C_{11}-C_{12})=0$ が成立すれば，その方位依存性は0となり弾性的に等方となる．

すなわち $2C_{44}=C_{11}-C_{12}$ の時にこの立方晶は等方的弾性体となる．

$2C_{44}/(C_{11}-C_{12})$ の値がその立方晶の弾性異方性を示すパラメーターとなるが，その例を表1・27に示した．

純金属ではアルミニウムやモリブデン，タングステンなどは等方性がかなり強いが，銅，

表1・27　金属および合金の弾性異方性

材料	(10^{12}dyne/cm^2)			$2C_{44}/(C_{11}-C_{12})$
	C_{11}	C_{12}	C_{44}	
Al	1.08	0.622	0.284	1.23
Cu	1.70	1.23	0.753	3.3
Au	1.86	1.57	0.42	3.9
α-Fe	2.37	1.41	1.16	2.4
Pb	0.48	0.41	0.144	3.9
Mo	4.6	1.79	1.09	0.77
Ni	2.5	1.60	1.185	2.6
Ag	1.20	0.897	0.436	2.9
W	5.01	1.98	1.51	1.0
β-黄銅	0.52	0.275	1.73	18.7

金，鉛などは異方性が強い．合金になると体心立方の β-黄銅はきわめて異方性が強い．

実用的な弾性定数には $E, \mu(G), K, \nu$ が使用されている．

1軸方向の単純引張りあるいは圧縮に対して，

$$E=\frac{\sigma}{\varepsilon} \text{ (ヤング率, 縦弾性率 : Young's modulus)}$$

ある面にそってのせん断応力とせん断ひずみに対しては，

$$\mu=G=\frac{\tau}{\gamma} \text{ (剛性率, せん断率 : rigidity modulus, shear modulus)}$$

静水圧的圧縮あるいは引張力と体積変化率に対し，

$$K=\frac{\sigma_H}{\Delta V/V} \text{ (体積弾性率 : bulk modulus)}$$

ある特定方向の伸びとそれに直角方向の縮みに対し

$$\nu=\frac{-\varepsilon_y}{\varepsilon_x} \text{ (ポアッソン比 : Poisson's ratio)}$$

等方的な弾性体に対しては

$$K=\frac{E}{3(1-2\nu)}, \quad G=\frac{E}{2(1+\nu)}=\mu, \quad \nu=\frac{E}{2G}-1$$

$$C_{11}=K+\frac{4}{3}\mu, \quad C_{12}=K-\frac{2}{3}\mu, \quad C_{44}=\mu$$

となる．

表1·28 金属の単結晶および多結晶の弾性定数

金属	E (kgf/mm^2)			G (kgf/mm^2)			$2C_{44}/(C_{11}-C_{12})$
	Max.	Min.	多結晶	Max.	Min.	多結晶	
Al	7,700	6,400	7,000	2,900	2,400	2,700	1.23
Cu	19,600	6,800	11,300	9,800	3,100	4,600	3.3
Ag	11,700	4,300	7,300	4,500	2,000	3,000	2.9
Pb	3,900	1,100	1,600	1,500	500	600	3.9
α-Fe	29,500	13,500	21,100	11,900	6,100	8,400	2.4
W	39,700	39,700	39,700	15,500	15,500	15,500	1.0
Mg	5,200	4,400	4,400	1,800	1,700	1,700	—
Zn	12,600	3,500	10,200	5,000	2,800	3,900	—
Cd	8,300	2,900	5,000	2,500	1,800	2,000	—
Sn	8,700	2,700	4,600	1,800	1,000	1,700	—

金属材料は一般に多結晶体であるが，その結晶粒の方位が完全にランダムならば，マクロにはあらゆる方向に一様な弾性を示す．しかし圧延板や線材，押出し棒材になると，それぞれ特有の優先方位（preferred orientation, texture）を示すことが多い．このような場合は材料に弾性の異方性が当然現れる．

一般に立方晶金属では先に示したヤング率$E_{l,m,n}$（l, m, nの方向余弦をもつ）の方位依存式より$E_{\langle 111 \rangle}$が最大となり，$E_{\langle 100 \rangle}$が最小である．

いま参考のため一般金属単結晶のEおよびGの最大と最小値，多結晶材料の平均値を表1・28に示した．また立方晶金属に対しては異方性パラメーター（elastic anisotropy parameter）$2C_{44}/(C_{11}-C_{12})$も参考のためつけ加えた．

金属やセラミックスは一般に結晶固体であり，その弾性は引張りの場合も圧縮の場合も応力−ひずみ関係は一つの直線上にのる．しかしその弾性ひずみ範囲はたかだか0.5％以下できわめて小さい．

ガラスや架橋ポリマーでは直線的な弾性を示す非晶物質もあるが，多くの高分子材料ではゴムのようにきわめて広いひずみ範囲（数100％）で可逆的な変形を示す．これらをゴム弾性物質（elastomer）とよんでいるが，その弾性変形は直線的でなく，フックの法則には従わない．これは金属やセラミックス，ガラスのような場合は原子間の1次的な結合力に逆らっての変形であるのに対し，エラストマーの場合はお互いにからみ合った高分子間の2次的な結合力および1個の分子の中での1次的な結合力といった性格の異なる複数の力に逆らっての変形であるからである．また木材のようないわゆる繊維物質の弾性変形は上に述べた金属やポリマーとはまた異なった弾性挙動を示す．

また各種工業材料のヤング率の比較を表1・29に示した．

弾性定数の温度変化

金属材料の弾性定数は一般に温度の上昇とともに小さくなる．これは金属結晶を構成する原子間力の温度変化と密接に関係しているからである．3・3の熱膨張のところで原子間のポテンシャルを図1・84で示した．これより図1・100に示したCondon-Morseの原子間力図が得られる．その平衡原子間距離a_0における曲線への接線の傾きは$(\partial F/\partial r)_{r=a_0}$で

表1・29　軟鋼のヤング率$E=22,000\,\text{kgf/mm}^2$を1とした場合の各種材料のヤング率

材　　料	軟鋼に対する比率
タングステン	1.8
軟鋼	1
銅	0.54
アルミニウム	0.32
鉛	0.068
ガラス	0.27
石英ガラス	0.32
グラファイト	0.13
ナイロン-66	10^{-2}
低密度ポリエチレン	10^{-3}
ゴム	10^{-5}

あり，ヤング率 E はこの傾きに比例することが理解できる．ポテンシャル曲線よりすれば $(\partial^2 V/\partial r^2)_{r=a_0}$ に比例することになる．このポテンシャル曲線は一般に，結合力の強い結晶では深く狭い谷を示し，弱い結晶では浅く広い谷となっている．また温度とともにこの谷は浅く広くなる．このような原子間力と弾性定数の基本的な関係より，高融点金属は熱膨張係数が小さく弾性定数が大きいという一般的傾向も理解できる．

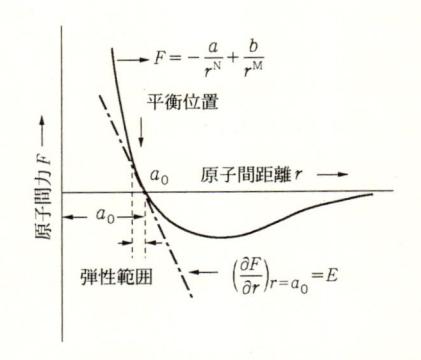

図1・100 Condon-Morse の原子間力

合金の弾性定数

完全な全率固溶を形成する系においては成分金属の加成則に大体従うと考えられている．

また共晶を形成したり，中間に金属間化合物が存在するような複相合金では多少加成則よりのずれが発生する．その様子を図1・101に示した．(b)のような場合は $A-A_xB_y$，A_xB_y-B の区間では多少負の方向のかたよりを示している．一般に希薄合金では引張り強さなどの変化に対し，ヤング率の変化はきわめて小さい．

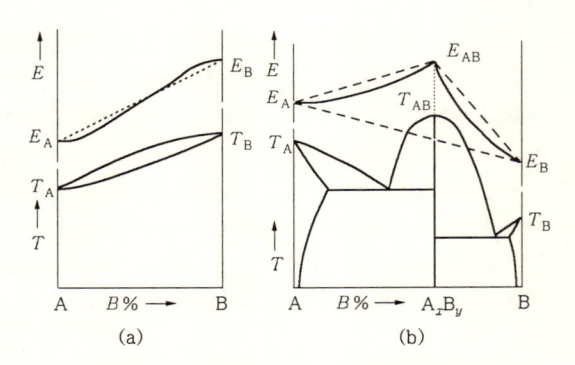

図1・101 合金の弾性係数と状態図の関係

3・7・2 擬弾性 (anelasticity)

弾性変形は原子の位置の可逆的な変位によって起るものであるが，荷重速度が大きくなると変位に時間的な遅れが発生する．すなわち弾性ひずみは応力のみの関数ではなく時間にも依存するようになる．これを擬弾性効果 (anelastic effect)，あるいは弾性余効 (elastic after-effect) とよんでいる．

金属材料に繰り返し応力がかかった場合，この擬弾性効果によって，その振動のエネルギーは材料内部で消費され，その振幅の減衰が起る．このような材料内部での振動エネ

ギーの消耗は，外部的な原因によるものに比較するときわめて小さいものであるが，その内部の微細構造に関する情報を得るための有力な手がかりとなるものである．

熱弾性効果 (thermoelastic effect)

いま応力のかかり方が非常に急速で，その材料が周囲と何らの熱エネルギー交換も行わない間に最大応力に達したとする．この場合の内部エネルギーの変化はもっぱら機械的仕事により行われるものであって，等エントロピー的変化である．したがって1軸方向の断熱変形に対しては

$$\left(\frac{\partial T}{\partial \varepsilon}\right)_S = \frac{-V_m \alpha E T}{C_V} \quad \text{(付録18参照)}$$

ただし　V_m：1モルの固相の体積
　　　　E　：等温ヤング率
　　　　α　：線膨張係数
　　　　T　：温度（K）
　　　　C_V：恒容比熱

V_m, α, E, T, C_Vはいずれも正であるから，断熱的な弾性張力に対しては$(\partial T/\partial \varepsilon)_S<0$で温度が下がり，圧縮に対しては逆に温度が上昇する．ゴムのような場合はαが負の値を示す．このようなときは張力に対して温度が上昇し，圧縮に対しては温度が降下する．金属などとは反対の挙動を示すことになる．このような現象を熱弾性効果とよんでいる．

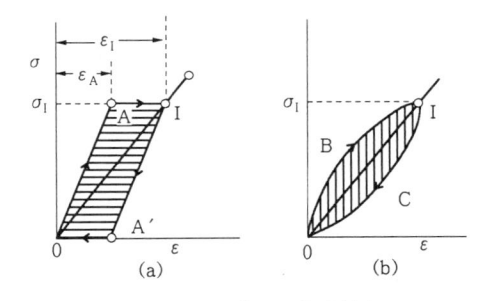

図1・102 非可逆的弾性変形

図1・102によって断熱変形と等温変形の説明を加えよう．

荷重速度が小さく等温弾性変形の場合は（a）図の$\overrightarrow{OI}$変形したものは荷重を除くと$\overrightarrow{IO}$にもどる．ところが高速荷重を行うと断熱的に$\overrightarrow{OA}$と伸びて温度が下がり，応力σ_1の下で周囲より熱を吸収して$\overrightarrow{AI}$と熱膨張を行い，I点で高速で荷重を除くと断熱的に$\overrightarrow{IA'}$と収縮して温度が上り，A′点で周囲に熱を放出して$\overrightarrow{A'O}$と熱収縮を行いもとにもどる．すなわち等温的に徐々に変形するときの1サイクルの仕事は0であるが，断熱的変形の場合は平行四辺形OAIA′の，面積に相当する仕事がこの材料になされたことになる．これは理想的サイクルであるが，実際の高速荷重の場合は（b）図のようなループを描く．

繰り返し荷重速度，すなわち振動の周波数とこの材料内に吸収されるエネルギーの関係は図1・103に示したようになる．ある周波数のところで吸収エネルギーのピークが現れる．

このような振動エネルギーの減衰の原因となる摩擦抵抗を内部摩擦（内耗）（internal friction）とよんでいる．この内部摩擦を引き起す実体は，侵入型原子，転位，結晶粒界，

各結晶粒間の熱弾性効果による温度差によって発生する熱流などである。

たとえば室温付近においては侵入型原子のピークは$10^{-2}\sim10^{-1}$cpsで起るが、熱流のそれは10^5cpsとされている。また粒界のせん断変形によるものは10^{-8}cpsである。このように内耗を起す実体によって最大減衰のおこる振動数は大きく変化する。

原因はどうあろうとも、このピークは内部での原子の再配列の時間と振動の周期との共鳴(resonance)によって起る共鳴吸収である。鉄中の侵入型炭素原子はこの内耗実験でよく研究されている。この場合、炭素原子の拡散のジャンプ頻度と振動の周期との共鳴によってピークが現れる。

材料内部での原子位置の再配列に関係したこの内耗の現象は当然温度に敏感である。そこである内耗源を含む材料を一定の周波数で温度を変化させてその減衰をしらべても、ある温度でピークを示すようになる。温度を横軸にしてその減衰を求めても図1・103と同様な曲線が得られる。このようにして未知の内耗源の性格を同定することができる。

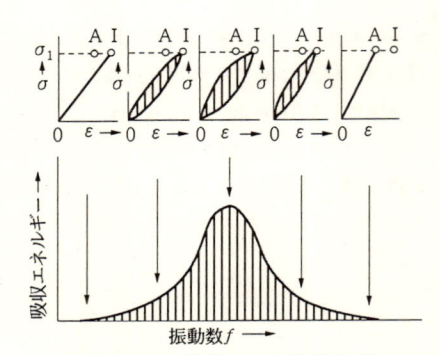

図1・103 内耗による共鳴吸収

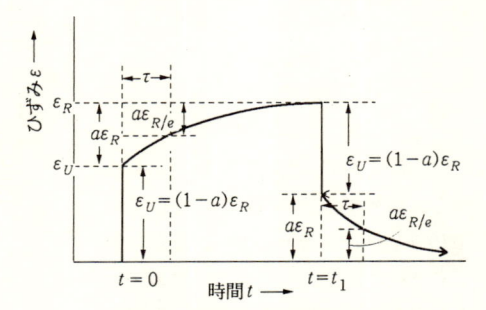

図1・104 弾性ひずみの緩和時間

緩和時間(relaxation time)

弾性ひずみの時間とともに緩和される部分、たとえば図1・102(a)の$(\varepsilon_I-\varepsilon_A)$で示される部分の時間依存性を示す用語としてこの緩和時間τが使用される。

図1・104のように時間$t=0$で断熱的に負荷を与えて瞬間ひずみε_Uを発生させて負荷状態に置くと、時間とともにひずみはε_Rまで増加する。

$a=(\varepsilon_R-\varepsilon_U)/\varepsilon_R$とすれば、緩和ひずみの時間との関係は

$$\varepsilon=\varepsilon_R(1-ae^{-t/\tau})$$

の形で示される。

このτは緩和に要する時間の尺度として使用される。

減衰能（damping capacity）

また材料の振動の減衰のしかたを示す用語として減衰能が使用される．これは実際には強制振動下での1サイクルで消費されるエネルギーの全ひずみエネルギーに対する割合，または自由振動下での振幅の対数減衰などで測定される．

前者の場合は，応力と時間関係を

$$\sigma = \sigma_0 \sin \omega t$$

ひずみと時間関係を

$$\varepsilon = \varepsilon_0 \sin(\omega t - \phi)$$

として両者の間に ϕ だけの位相差を生ずるものとする．

この場合1サイクルで消費されるエネルギーは

$$\Delta U = \oint \sigma d\varepsilon = \pi \varepsilon_0 \sigma_0 \sin \phi \simeq \frac{\sigma_0^2}{E} \pi \sin \phi \simeq E \varepsilon_0^2 \pi \sin \phi$$

全弾性エネルギーは

$$U \simeq \frac{\sigma_0^2}{2E} \simeq \frac{E \varepsilon_0^2}{2}$$

$$\therefore \quad \frac{\Delta U}{U} \simeq 2\pi \sin \phi$$

ϕ が小さいときは

$$\frac{\Delta U}{U} \simeq 2\pi \phi$$

ゆえに ϕ が減衰能の尺度となる．

自由振動の場合は，振動のエネルギーは振幅の平方に比例することより対数減衰能として，

$$\delta = \ln\left(\frac{\varepsilon_1}{\varepsilon_2}\right) \simeq \frac{1}{2} \frac{\Delta U}{U}$$

が測定される．ただし ε_1，ε_2 はある時点における振幅とその次の振幅を示す．

最近構造物の振動や騒音が生活環境などとの関連において問題になることが多くなってきた．この目的で高減衰能合金の開発が進められている．このような材料としては低弾性で高密度の鉛のようなものが理想的であるが，合金特性として次のようなタイプが研究の対象となっている．

　a. 複相合金の相界面でのエネルギーの吸収（Al-Zn合金，灰鋳鉄）
　b. 強磁性材料の磁壁移動に伴うエネルギーの吸収（Fe，Ni，Fe-Cr合金，Fe-Cr-Al合

金,Fe-Co合金など)
c. 不純物原子に固着された転位の不可逆運動に伴うエネルギーの吸収(Mg, Mg-Zr, Mg-Ni合金など)
d. **熱弾性型マルテンサイトにおける変態双晶境界の移動に伴うエネルギーの吸収**(Mn-Cu合金, Mn-Cu-Al合金, Cu-Al-Ni合金, TiNiなど)

商品名としてはNIVCO-10(Co-Ni合金), Sonostone(Mn-Cu合金), サイレンタロイ(Fe-Cr-Al合金), ゲンタロイ(Fe-W, Fe-Co, Fe-Mo合金), R.F.C.(圧延鋳鉄), SPZ(Zn-Al合金)などが公表されている.

3・7・3 塑性変形

塑性変形(plastic deformation)とは負荷を取り去っても後に永久に残る変形をいう.どのような材料でも大なり小なり塑性変形を示す.金属材料は他の結晶性物質,たとえばセラミックスなどのイオン結晶,共有結合物質とは異なり,かなり大きい塑性変形を示す.これら結晶物質の塑性変形は一般に結晶面のすべり(slip)によって起るが,時には双晶変形(twinning)で起ることもある.すべり変形と双晶変形の相異を図1・105に示した.(a)はすべり変形であって,特定の結晶面が特定の方向にすべっている.(b)は双晶変形であり,双晶面を境にして結晶は鏡面対称に変形している.また特別の場合として高温時で空孔の移動による拡散クリープ(diffusion creep)や結晶粒界すべり(grain boundary sliding)による変形も考えられるが,以下述べる塑性変形は結晶面のすべり変形を中心にして考える.

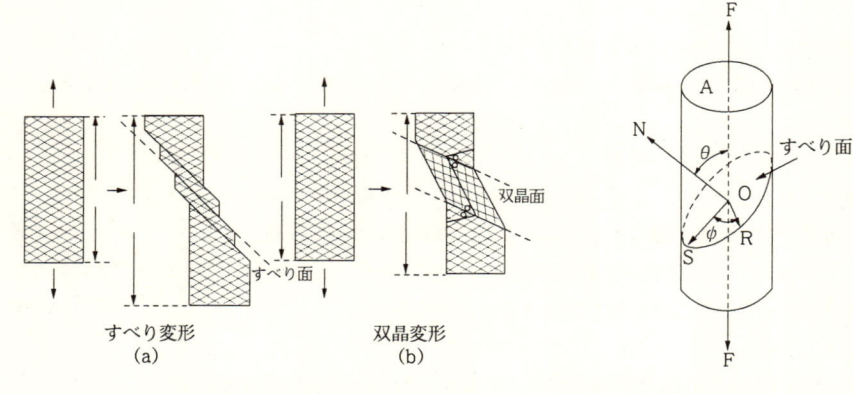

図1・105 結晶の塑性変形

図1・106 単結晶のすべり変形

第3章 金属および合金の一般的性質

高分子材料の中にも大きな可塑性（plasticity）を示すものがあるが，この変形は長い分子のからみ合った非晶質の変形であって，結晶塑性とは本質的に異なる機構によって起るものである．

金属単結晶のすべり

図1・106に示した円柱状の単結晶を軸方向に外力Fで引張ると，図に示したようにすべり面がすべり，柱面にすべり楕円（glide ellipse）が現れたものとする．

すべり面への法線ONと外力Fとのなす角度をθ，ONとFを含む平面とすべり楕円との交線をOSとし，OSとすべり方向ORとの間の角度をϕとする．

いまこの単結晶円柱の断面積をAとすれば，すべり楕円の面積は$A/\cos\theta$となり，外力Fによるすべり方向ORへのせん断応力成分は

$$\tau = \{F\sin\theta/(A/\cos\theta)\}\cos\phi = (F/A)\sin\theta\cdot\cos\theta\cdot\cos\phi$$

このτは外力Fのすべり方向への分解せん断応力（resolved shear stress）とよんでいる．結晶はこのτの値がある臨界値になった時にすべりが起る．この臨界のせん断応力を臨界分解せん断応力（critical resolved shear stress）とよびτ_cで示す．このようなすべりの考え方をシュミットの法則（Schmid's law）[14]とよぶ．

金属結晶では一般にすべりは，その結晶の最近接方向へ最密充填面がすべる．結晶の対称性によって等価なすべり方向および等価なすべり面がいくつも存在している．そのうちの1組のすべり面とすべり方向をすべり系（slip system）あるいはすべり要素とよんでいる．

図1・106のような場合，すべてのすべり系が同時に活動を開始するのではなく，θ，ϕの関係からそのτの値が最もτ_cに近いすべり系か

結晶構造	すべり面	すべり方向	すべり要素の数
fcc Cu, Al, Ni, Pb, Au, Ag, γ-Fe, …	{111}	$\langle 1\bar{1}0\rangle$	4×3=12
bcc α-Fe, W, Mo, β黄銅	{110}	$\langle \bar{1}11\rangle$	6×2=12
α-Fe, Mo, W, Na	{211}	$\langle \bar{1}11\rangle$	12×1=12
α-Fe, K	{321}	$\langle \bar{1}11\rangle$	24×1=24
hcp Cd, Zn, Mg, Ti, Be, …	{0001}	$\langle 11\bar{2}0\rangle$	1×3=3
Ti	{10$\bar{1}$0}	$\langle 11\bar{2}0\rangle$	3×1=3
Ti, Mg	{10$\bar{1}$1}	$\langle 11\bar{2}0\rangle$	6×1=6
NaCl, AgCl	{110}	$\langle 1\bar{1}0\rangle$	6×1=6

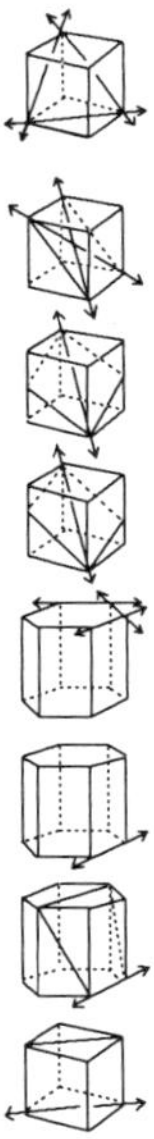

図1・107 結晶のすべり要素

ら活動が始まる．一般の引張り試験では引張り軸は固定されているため，すべりとともにすべり面に偶力が働きこれを回転させる．すべりの進行とともに θ, ϕ の関係も変化するので，次に最大の τ を持つ他のすべり系が活動を始めるといった順序になる．もちろん条件によっては二つまたは三つのすべり系が同時に活動を起すこともある．ここで代表的な金属結晶のすべり系を図1・107 にまとめて示した．

臨界せん断応力 τ_c の理論値と実測値

金属のすべり変形は結果的には隣接原子面が相対的に変位することであるから，原子間力に抗してこれを変位させるのに必要なせん断応力 τ は図1・108 より次のような周期関数として示すことができる．

$$\tau = A\sin 2\pi \cdot \frac{x}{a}$$

$$\therefore \frac{d\tau}{dx} = A \cdot \frac{2\pi}{a} \cos 2\pi \cdot \frac{x}{a}$$

いま微小変位 x に対してフックの法則が成立するものとすれば，

$$\tau = \mu \cdot \frac{x}{b}$$

$$\therefore \lim_{x \to 0}\left(\frac{d\tau}{dx}\right) = \frac{\mu}{b}$$

また $\lim_{x \to 0}\left(\frac{d\tau}{dx}\right) = \lim_{x \to 0}\left(A \cdot \frac{2\pi}{a} \cos 2\pi \cdot \frac{x}{a}\right) = A \cdot \frac{2\pi}{a}$

$$\therefore A = \frac{\mu}{2\pi} \cdot \frac{a}{b}$$

臨界せん断応力の理想値を τ_i とすれば

$$\tau_i = \tau_{max} = A = \frac{\mu}{2\pi} \cdot \frac{a}{b}$$

a, b は格子定数であるから $a/b \approx 1$ とすれば，τ_i の値は剛性率 μ の約 $1/6$ 程度の大きさとなる．

このような古典的な結晶面のすべり模型より求められた τ_i と実際の τ_c の値を表1・30 に示した．

この表で最も注目すべき点は τ_i/τ_c の値が $10^3 \sim 10^4$ ときわめて大きく，実在金属結晶の臨界せん断応力は何らかの原因で理論値より非常に小さくなっていることである．この問題は長い間

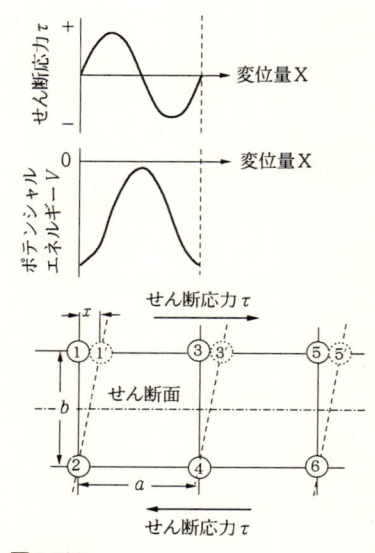

図 1・108
結晶面の変位にともなうせん断応力およびポテンシャルエネルギーの変化

表1・30 臨界せん断応力の理想値と実測値の比較

金属	理想値 τ_i (kgf/mm^2)	実測値 τ_c (kgf/mm^2)	τ_i/τ_c
Cu	640	0.100	6,400
Ag	450	0.060	7,500
Au	450	0.092	4,900
Ni	1,100	0.58	1,900
Mg	300	0.083	3,600
Zn	480	0.094	5,100

の疑問であったが，実在結晶中には理想結晶とは異なり各種の格子欠陥が含まれ，そのなかでとくに転位（dislocation）とよばれる線状欠陥が格子のすべり変形と密接な関係のあることがわかるにつれてこの疑問点が解明されるようになった．

多結晶体の塑性変形

上に述べたのは外部よりの制約条件のない単結晶のすべり変形についてであるが，多くの実用金属材料は微細な多結晶体である．多数の多面体結晶が粒界面で結合しあった状態を保ちつつその形を変形させるのが塑性変形である．このような条件下では外力によって変形を起す場合かなり多数のすべり要素が同時に活動していることが絶対に必要な条件である．

各結晶粒がその隣接結晶粒と結合を保ちながら，任意の形に変形するためには各結晶粒のひずみのテンソルの6個の成分 $\varepsilon_1, \varepsilon_2, \varepsilon_3, \gamma_4, \gamma_5, \gamma_6$ がそれぞれ独立な任意値を持つ必要がある．ここで $\varepsilon_1, \varepsilon_2, \varepsilon_3$ は引張圧縮ひずみ成分，$\gamma_4, \gamma_5, \gamma_6$ はせん断ひずみ成分である．しかし結晶粒の形は変るが，粒界にすき間のできるような体積変化は起らないはずであるから，引張圧縮ひずみ成分の間には，

$$\varepsilon_1 + \varepsilon_2 + \varepsilon_3 = 0$$

という条件が成立している．したがって独立なひずみテンソル成分の数は5個でよい．すなわち多結晶体の塑性変形が自由に進行するためには，各結晶粒が5個の独立なすべり要素を持っていることが必要である．

一般に対称性の高い立方晶ではこの条件を満足するだけのすべり系を持っているから優れた変形能力を示す．

ところが六方晶のようなやや対称性の低い金属になると，上記の条件を完全に各結晶粒が満足しているとはかぎらない．したがって亜鉛，マグネシウム，ベリリウム，チタンなどの室温における塑性加工は困難であり，脆性破壊を起しやすい．高温になるとすべり系が増加

するのでその困難さも緩和されるようになる．

加工しやすい立方晶で5個のすべり要素が満足されている場合は，各結晶粒の形状は最終的にはその材料の外形に対応した形になる．

線引きの時は細い繊維状となり，圧延の時は平坦な板状で圧延方向に伸びた形となっている．

転位によるすべり模型

線状の欠陥である転位については1・6において簡単に触れたが，すべりとの関連においてここでもう少し基本的なことを説明する．

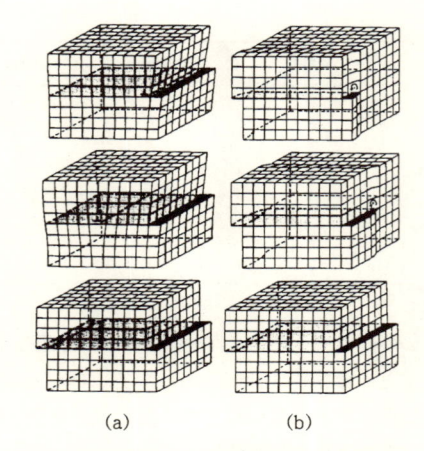

図1・109　刃状転位およびらせん転位の移動と結晶面のすべり過程

先にも述べたように，理想結晶の原子面をその原子間力に打ち克ってすべらせるためには，実測される臨界分解せん断応力τ_cの10^3～10^4倍も大きいせん断力を必要とする．しかるに，すべりをすべり面内に含まれる転位の移動によって説明すれば，すべった部分の拡大はこの線状欠陥の移動に必要なきわめて局所的部分の仕事のみで行うことができる．

図1・109に単純な刃状転位およびらせん転位によるすべりを示した．(a)では刃状転位が右から左に移動して，上下の結晶がすべり面を境にして左右に1原子間距離だけすべっている．(b)ではらせん転位が結晶の手前から奥の方に移動することによって，結晶のすべり面を境にして左右にすべっている．

図1・110に弯曲した転位が最初すべり面上の$X_1Y_1Z_1$の位置にあり，それが拡がりながら表面に抜け出てすべりが完了する様子を示した．

一本の転位のすべりベクトルは図のようにどの部分を取ってもbであり，方向と大きさが

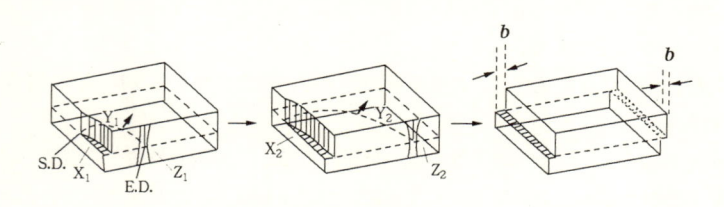

図1・110　複合転位の移動による結晶面のすべり

一定である．したがってX_1部分ではらせん成分が強く，Z_1部分では刃状成分が強い．Y_1部分ではその中間的性格である．

このようにすべりをすべり面全域における同時的ずれの古典的模型から，すべり面上にきわめて小領域のずれた部分の核を作り，それを成長させてすべりを完了する模型におきかえれば，その駆動力となるτ_cは非常に小さい値ですむことになる．

転位のバーガースベクトル

転位によって生ずる塑性的変位の定義より考え，1本の転位線のどの部分においてもバーガースベクトルは等しくなければならない．

したがって転位線はその端部が結晶内で自然に消滅することはなく，必ず結晶表面にその端部がなければならない．結晶表面とは自由表面であってもよく，結晶粒界面あるいは異相界面であってもよい．

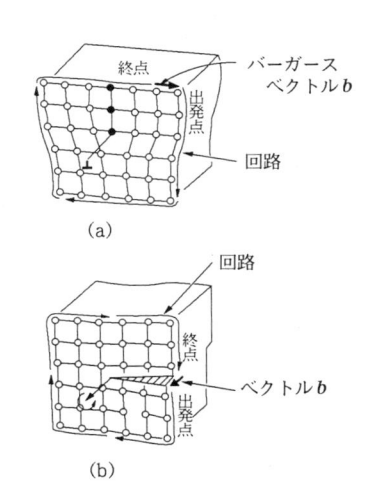

図1・111 刃状転位とらせん転位のバーガース回路

バーガースベクトルの定義は，転位の周囲にバーガース回路（Burgers circuit）を作った時，回路の終点と始点とにずれが生じるが，これを結ぶベクトルである．

図1・111にこれを示した．転位をかこみ時計のまわる方向に回路を作った場合の終点と始点をむすぶベクトルである．また一般にバーガース回路に対し右ねじの方向を転位線の正の方向ときめることが多い．

転位の運動

転位はすべり面にそって動くのが普通の塑性変形に結びついた動き方である．この場合転位は一つの安定位置から次の安定位置へと運動を繰り返しながら動いて行く．転位のこの形式の運動は一種の保存運動（conservative motion）である．ところが転位はすべり面に対して直角方向に動くこともある．これは一つのすべり面にあった転位が，その上下の隣接すべり面へと移行することであって，この運動を一般に転位のクライム（climb）とよんでいる．これは転位単独では起らず，点欠陥すなわち空孔あるいは侵入原子との反応によって起る．

たとえば転位芯に空孔が吸収されたり侵入型原子が放出された場合には転位は上昇運動を行い，反対に空孔を放出したり侵入型原子を吸収したりする時は転位は下降する．このような運動は一種の非保存運動（nonconservative motion）である．

転位の運動のしやすさは転位芯自体の性格とその周囲の環境に左右される．

一般に転位芯の性格はその金属結晶の原子間結合力に左右され，結合力が強く原子間距離の小さい金属ではその転位芯は狭く，これを動かすのに大きい力を必要とする．このような金属では塑性変形に大きな力が必要である．

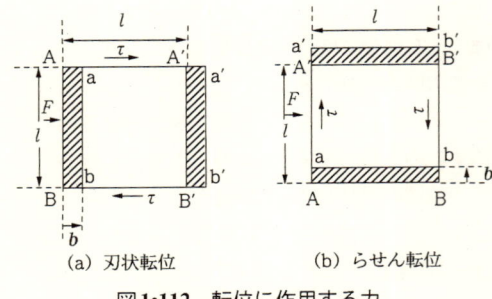

図1・112 転位に作用する力
(a) 刃状転位　(b) らせん転位

その環境に左右されるということは，その周辺に存在する他の転位との間の弾性的相互作用，不純物原子の固着作用などによって動きにくくなる場合のことである．

また転位には易動転位（mobile dislocation）と不動転位（sessile dislocation）とよばれるものがあり，そのバーガースベクトルがすべり面上にあるものが前者であって，すべり面上にないものが後者である．

転位に作用する外力

図1・112に示したように，長さ l の直線状の転位に作用する力を求めてみよう．外力の分解せん断応力を τ とし，単位長さの転位に作用する力を F とする．せん断応力 τ がバーガースベクトル b だけ移動させるのになした仕事は，転位ABをA'B'まで動かすのに力 F がなした仕事に等しい．

$$\tau l^2 b = Fll$$

$$\therefore \ F = \tau b$$

すなわち単位長さの転位に作用する力は分解せん断応力とすべりベクトルの積に等しい．

転位のエネルギー

転位がその周囲に持っている弾性エネルギーを転位の自己エネルギー（self energy of dislocation）とよぶ．転位芯の部分は連続弾性体としては取り扱えないが，やや離れた部分から無限遠までの広い領域は連続弾性体と近似できる．芯の部分の局部的エネルギーは高いが，領域は狭いので全エネルギーに占める割合は小さい．

したがって転位の自己エネルギーは芯部分を除いても大差ないものと仮定して，次のような領域での連続弾性体の弾性エネルギーの積分値として示される．

単位長さのらせん転位の自己エネルギーは

$$\xi_s \simeq \frac{1}{2\mu}\left(\frac{\mu b}{2\pi}\right)^2 \int_{5b}^{R} 2\pi r\, \mathrm{d}r / r^2 = \frac{\mu b^2}{4\pi} \ln \frac{R}{5b}$$

刃状転位の自己エネルギーは

$$\xi_E \simeq \frac{\mu b^2}{4\pi(1-\nu)} \ln \frac{R}{5b}$$

ただし積分範囲は転位芯より $5b$ だけ離れたところから結晶の大きさ R までとする．
いずれにしても転位の自己エネルギーは

$$\xi \propto \mu b^2$$

すなわちその金属結晶の剛性率とバーガースベクトルの平方に比例する．

転位はその形成エネルギーの大きさから考えても，熱的平衡状態で結晶中に存在するとは一般に考えられていない．その擬安定性はその自己エネルギーの低いものほど高いと考えられる．元来結晶中には種々のバーガースベクトルを持った転位が想定されるが，実際は最近接原子間距離をそのバーガースベクトルの大きさに持った転位のみが最も多いのは，最も自己エネルギーの低い転位の存在確率が最も高いからである．このようなことから結晶のすべり方向と大きさがきまってしまう．

転位間の相互作用

転位はその周囲にひずみの場を持っている．

したがって隣接転位間にはそのひずみ場の相互作用によって影響を及ぼし合う．ひずみ場が作用し合ってひずみの緩和が起れば両者は互いに引き合い，その反対の場合は反発が起る．正負の転位間では引力があり，同符号の転位間では斥力のあるのは上に述べたような理由からである．

また転位は分解したり合体したりする．合体の結果両方とも消滅したり，異なった性格の転位となる．

転位の分解の重要な例として面心立方金属の場合をあげることができる．

面心立方晶のすべり系は $\{1\,1\,1\}$，$\langle 1\,\bar{1}\,0\rangle$ であるが，これは $\{1\,1\,1\}$ 上の

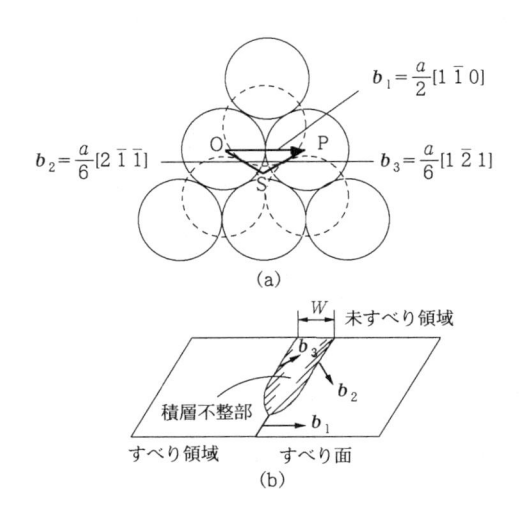

図1・113　面心立方金属中での刃状転位の拡張

バーガースベクトル $\frac{a}{2}\langle 1\bar{1}0\rangle$ を持った転位の移動によりすべりが起るということである。この場合図1・113に示したように{111}面の積み重なり方から見て直接 $\frac{a}{2}\langle 1\bar{1}0\rangle$ の変位を行うことは困難であって，図のように $\frac{a}{6}\langle 2\bar{1}\bar{1}\rangle$ と $\frac{a}{6}\langle 1\bar{2}1\rangle$ の二つの変位を行って，結果として $\frac{a}{2}\langle 1\bar{1}0\rangle$ の変位を行った形になった方が抵抗が小さい。

変位ベクトルで示せば

$$\overrightarrow{OS} + \overrightarrow{SP} = \overrightarrow{OP}$$

$$b_2 + b_3 = b_1$$

で示されるジグザグの行路をたどる。

これを転位反応の形で示せば

$$\frac{a}{2}\langle 1\bar{1}0\rangle \longrightarrow \frac{a}{6}\langle 2\bar{1}\bar{1}\rangle + \frac{a}{6}\langle 1\bar{2}1\rangle$$

転位の分解反応はその自己エネルギーの低下の方向に起るのが自然である。上の転位の分解でこれを検討してみる。

$$b_1 = \frac{a}{2}\langle 1\bar{1}0\rangle, \quad b_2 = \frac{a}{6}\langle 2\bar{1}\bar{1}\rangle, \quad b_3 = \frac{a}{6}\langle 1\bar{2}1\rangle$$

とすれば，それぞれの自己エネルギーを ξ_1, ξ_2, ξ_3 とすれば

$$\xi_1 \propto \mu \frac{a^2}{2}, \quad \xi_2 \propto \mu \frac{a^2}{6}, \quad \xi_3 \propto \mu \frac{a^2}{6}$$

$$\therefore \quad \xi_1 > \xi_2 + \xi_3$$

転位が分解を起す場合，もとの1本の転位を完全転位（full dislocation）とよび，2本の分解した転位を部分転位（partial dislocation）とよぶ。

一般に面心立方のすべり面の積層順序は{111}面がABCABC…となっているが，この部分転位で囲まれた部分ではAB CBC ABC…のようにその順序がくるっている。このような積層不整部分を積層欠陥（stacking fault）とよぶ。

面心の積層欠陥部分では最密六方晶の積層順序になっていることがわかる。

転位が部分転位に分かれることを転位の拡張（extension）とよぶ。また部分転位に分かれて積層欠陥を伴った転位のことを拡張転位（extended dislocation）とよぶ。

転位の拡張の幅はその結晶の積層欠陥エネルギーの大小できまる。そのエネルギーは金属，合金系，合金濃度などによって変化する。

エネルギーが大きい時は拡張は小さく，移動しやすい部分転位は形成されにくい。エネルギーが小さい時は広く拡張し，部分転位は動きやすい。

たとえば同じ面心立方晶でも銅および銅合金には非常に双晶が形成されやすい。それに対してアルミニウムやアルミニウム合金では双晶は形成されにくい。双晶は部分転位の移動によって形成されるものであるから，銅では積層欠陥エネルギーが小さくて転位は拡張しやすいが，アルミニウムでは積層欠陥エネルギーが大きく転位は拡張しにくい．

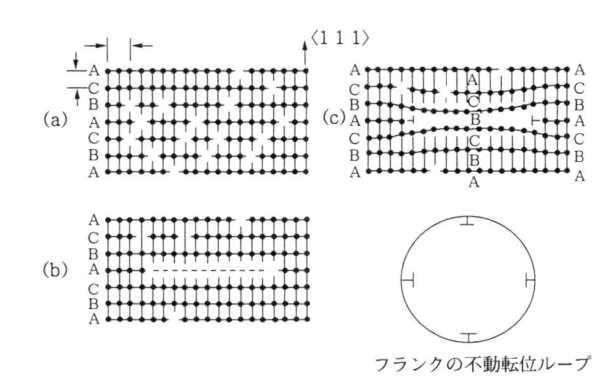

図1・114 空孔集合体よりフランクの不動転位ループの形成

転位の形成源

塑性変形は転位の移動によって起り，変形の進行とともに転位はどんどん結晶表面や結晶粒界面などに抜け出て行く．したがって転位の数は変形とともに減少するはずであるが，事実はその逆で塑性加工の進行とともに転位は急激に増加する．これを説明するためには何らか結晶内部に増殖源を考える必要がある．この転位の増殖源を考えてみよう．

空孔集合体がつぶれて形成される転位ループ：冷間加工により転位が動き，その非保存運動などにより空孔も増加する．この平衡濃度以上に多い空孔は集合して空孔集合体 (vacancy cluster) を形成して全体の自由エネルギーを低下させようとする傾向がある．図1・114のスケッチで示したように{1 1 1}上に円板状の集合体を作り，その部分が応力緩和によってつぶれたとすると，円形の $\frac{1}{3}a\langle 1\ 1\ 1\rangle$ のバーガースベクトルを持った刃状転位ループが形成される．この転位ループはすべり面上にのってはいるが，そのバーガースベクトルはすべり面に垂直となっているので動けない．これをフランクの不動転位ループ (Frank sessile dislocation loop) とよぶ．

この不動転位ループも次に示す転位反応によって動く転位となる．

$$\frac{1}{3}a\langle 1\ 1\ 1\rangle + \frac{1}{6}a\langle 1\ 1\ \bar{2}\rangle \longrightarrow \frac{1}{2}a\langle 1\ 1\ 0\rangle$$

$\frac{1}{2}a\langle 1\ 1\ 0\rangle$ は面心立方晶のすべり転位であるから動くことができるが，このようにして動けるようになった転位ループをプリズマティック転位ループ (prismatic dislocation loop) とよんでいる．

フランク-リード転位源 (Frank-Read source)：何らかの原因で両端が固定された移動可能な転位は，外部からの力の作用により図1・115のような順序で転位の増殖が可能である．このような転位発生源はフランク-リード源とよばれる．結晶の中にはこのような転位源がかなり多数存在しているものと考えられている．

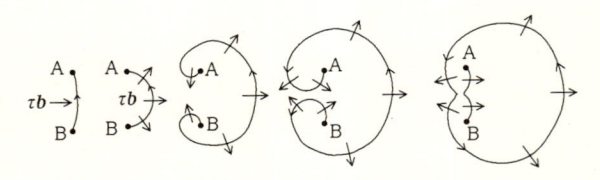

図1・115　フランク-リード源による転位ループの形成

転位と空孔の合体で形成される転位ループ：たとえば焼入れなどの操作で過飽和に空孔が導入された場合などでは，その余剰空孔はらせん転位に吸収され図1・116に示したようにらせん転位がヘリックス状に巻き，ついには小さな転位ループ群に分裂して転位の数が増加するようなことも考えられる．

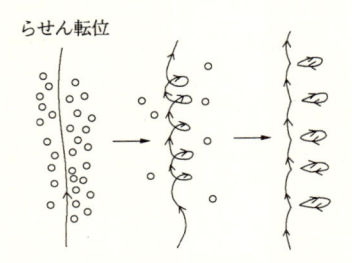

図1・116　らせん転位と空孔の反応による転位ループの形成

このような現象はアルミニウムなどの電顕像でよく観察されている．

普通金属結晶内では焼なまし状態で10^6〜10^8本/cm^{2}程度の転位密度が考えられ，冷間加工では10^{11}〜10^{12}本/cm^{2}に増加する．これらの転位のあるものはすべり面上の移動転位 (glide dislocation) となり，またあるものはすべり面と交差して移動転位のピン止め作用をする林立転位 (forest dislocation) となっている．一般の結晶はこのような転位の複雑にからみ合った状態である．

転位の数と結晶の強さ

金属材料の塑性変形には転位という格子欠陥が非常に重要な役割を果していることを知った．転位密度の大小によってその金属結晶の機械的強さは大きな影響を受けることが考えられる．

転位が1本も存在しない単結晶があったとすれば，その結晶の塑性変形には先にも述べたようにきわめて大きい臨界せん断応力を示すはずである．ある特殊な方法で成長させた完成度の高い猫のひげのような単結晶ホイスカー (whisker) では，理想結晶の臨界せん断応力 $\tau_i ≒ \mu/2\pi$ に近い値を示すもののあることが知られている．

表1・31 各種ホイスカーの機械的性質

融点 °C	ホイスカーの種類	引張強さ (σ_m) kgf/mm^2	ヤング率 (E) kgf/mm^2	比重 (g)	σ_m/g kgf/mm^2	E/g kgf/mm^2
~3,000	グラファイト	1,970	68,950	2.2	893	31,660
2,050	Al$_2$O$_3$	1,547	53,470	4.0	386	13,370
1,540	Fe	1,266	19,700	7.8	161	2,530
~1,900	Si$_3$N$_4$	1,407	38,700	3.1	457	12,660
2,600	SiC	2,110	70,360	3.2	661	21,810
1,450	Si	774	18,300	2.3	302	7,740
	Al$_2$O$_3$の大きい結晶	703	53,470	4.0	175	13,370
	Siの大きい結晶	366	18,300	2.3	147	7,740

金属のハロゲン化物を水素雰囲気中で高温還元したり，水素または不活性ガス中で純金属の過飽和蒸気を適当な温度で凝縮させた場合などにしばしばこのホイスカーが形成される．またメッキ金属表面などに形成されることがある．

たとえばハロゲン化鉄を還元して得られた1.5 μm程度の太さの鉄ホイスカーでは，その室温における引張強さは1337kgf/mm^2，しかも塑性変形はほとんど示さず，5.6％もの弾性ひずみを示して破断する．これに対して一般の鉄の引張強さは約20kgf/mm^2，その弾性ひずみ域はわずかに0.01％以下ですぐ塑性変形域に入る．

一般にホイスカーの強さは細いほど高いが，これは細いほど転位の数も少なく，表面欠陥も少ないためと考えられる．

表1・31にホイスカーの機械的性質の例を示した．

転位の数とその結晶の強さの関係は，大略の傾向として図1・117に示したように，転位密度の増加とともに急激に低下して，10^6～10^{8}本/cm^{2}の一般金属材料の焼なまし状態より低い密度で最低値を示し，冷間加工で密度の増加とともに転位間相互作用によってまた強化されるというパターンをとる．

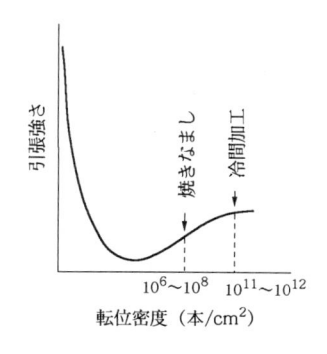

図1・117
転位密度と材料の強さの関係

3・7・4 金属の塑性変形に伴う性質変化

金属材料は塑性加工を受けるとその性質,とくに構造に敏感な性質が大きく変化する.主として格子欠陥の導入増加という面より各種の性質変化を概説しよう.

物理的性質変化

物理的性質の中で電気および強磁性的性質は変化が大きい.

冷間加工により電気抵抗の成分の中でいわゆる残留抵抗が増加する.冷間加工で導入される欠陥は空孔と転位が主であるが,電気抵抗に対する寄与は空孔の方が大きく,転位の方は小さいと考えられる.

また強磁性体の磁化過程の初期段階は磁壁の移動によって左右されるが,冷間加工により導入された欠陥はこの移動に対して障害物となることが多い.したがってμは減少し,B_rおよびH_cは増大して,硬質磁性材料的性格が強化される.

化学的性質変化

冷間加工により材料の自由エネルギーは当然増大する.したがって焼なまし状態よりは単極電位が高くなり,電解質中ではより陽極的となって溶解腐食を発生しやすくなる.

また不均一な残留応力が材料内部に残るため,いわゆる応力腐食割れに関連したトラブルを起しやすい.

機械的性質変化

金属材料は塑性変形とともに硬化する.この現象を加工硬化(work hardenig)あるいはひずみ硬化(strain hardening)とよぶ.これは先にも述べたように転位の増殖による結果起る相互作用のため,移動転位の動きが阻止されるからである.

金属単結晶の加工硬化曲線例を図1・118に示した.もちろんこの形は結晶方位と外力の方向との関係,すなわち3・7・2で示したシュミットファクター(Schmid's factor)で多少は変化するものであるが,一般に3段階に区別できる.

段階1は既存転位の中で最も動きやすいものが移動してすべりが起る単一すべり段階である.ある臨界せん断応力τ_cのところで変形が進む.

単一のすべり系を活動させる転位の移動消滅と増殖の釣り合った状態とも表現できる.加工硬化はほとんど起らない.

段階2はほぼ一定の加工硬化率を示す段階であって,段階1で活動していたすべり系以外のすべり系も同時に活動を始める多重すべり(multiple slip)の段階である.これはすべり面の回転などによって起る現象である.異

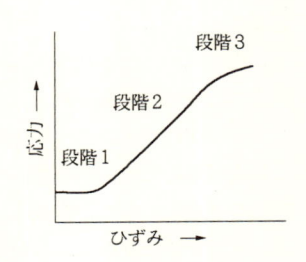

図1・118 金属単結晶の加工硬化曲線

なるすべり面上の転位の相互作用の増加による加速度的な硬化と同時に，動けなくなった転位部分への応力集中などによって，応力増加と変形量が定常状態になった段階である．

段階3では加工硬化にある種の熱活性化による回復（recovery）過程が重複した段階である．

空孔などとの合体により転位のクライムなどが起り，局部的に転位の運動の阻止作用が緩和されるものと考えられる．したがって加工硬化も頭打ちを示す．

回復および再結晶

加工硬化した材料を加熱すると，その内部に存在している不安定な格子欠陥が熱活性によって消失したり，より安定な配列に変化する過程で，加工により導入された内部エネルギーの放出が行われる．これを大きく分けると低温で初期に起る回復と高温で最終的に起る再結晶（recrystallization）とに分けることができる．

回復段階では光学顕微鏡的スケールでは何らの組織変化も認められず，材料としての機械的な性質にもほとんど変化が現れない．しかし低温領域においても強加工や放射損傷（radiation damage）で導入された侵入型原子，空孔，空孔集合体などの主として点欠陥と考えられる格子欠陥の移動消滅が優先的に起っている．やや温度の高い領域では転位の移動，消滅，再配列が進行する．これは電子顕微鏡的にも観察され，加工によって結晶粒内にほぼ一様に導入分布した多数の転位は次第に一種のセル構造（dislocation cell structure）を作り，セル構造が進行すると加工結晶粒内に微細な副結晶粒（subgrain）を形成する．この副結晶粒の大きさは～1 μm程度の大きさであり，その粒間方位差はきわめて小さい．このような副結晶粒の形成をポリゴニゼーション（polygonization）とよぶことがある．マクロな結晶粒界を大傾角粒界（large angle grain boundary）とよぶのに対し，方位差の小さい副結晶粒界を小傾角粒界（small angle grain boundary）とよぶ．

さらに高温領域になると，副結晶粒の中である特定のものがその周囲の微小粒を併合して

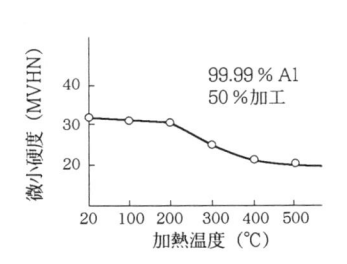

図1·119 冷間加工材の加熱に伴う硬さ変化

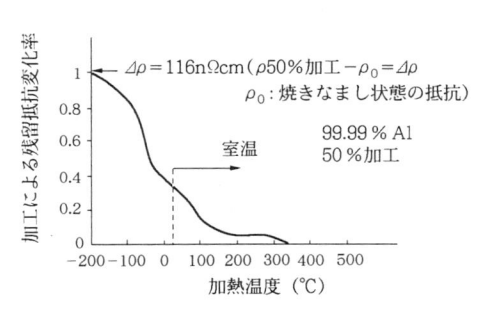

図1·120 冷間加工材の加熱に伴う残留抵抗の変化

大きくなり，加工結晶粒とは無関係な方位のいわゆる再結晶粒として成長する．このように再結晶粒の形成される段階を再結晶とよんでいる．この現象は光学顕微鏡的にも観察することが可能であるとともに，その加工硬化状態が急激に軟化する．さらに温度を上げると再結晶粒の粗大化が起る．

この回復，再結晶段階を硬さ−温度曲線，残留抵抗−温度曲線で示したのが図1・119，1・120である．

表1・32 金属の再結晶温度

金属	再結晶温度 T_R (K)	融点 T_m (K)	T_R/T_m
Fe	723	1,809	0.40
Ni	873	1,728	0.51
Au	473	1,336	0.36
Ag	473	1,233	0.39
Cu	473	1,356	0.35
Al	423	933	0.45
Pt	723	2,043	0.36
Mg	423	923	0.46
Ta	1,273	3,269	0.39
W	1,473	3,683	0.40
Mo	1,173	2,898	0.41
Zn	479	692	0.69
Pb	<293	600	<0.49
Sn	<293	505	<0.58
Cd	293	594	0.49

金属材料の加工と焼なましの操作は材料の成形過程として非常に重要であるが，金属の再結晶温度はほぼその融点を T_mK とした場合 $\frac{1}{2}T_m$K よりやや低い温度である．これは大体の目安であって多くの条件によって変化する．

その金属の純度，不純物元素の種類，加工率，加工法，加熱時間などの影響を受ける．

一般に純度が高いほど，加工率が大きいほど，加熱時間が長いほど低温側に移行する．

あまり正確なデータではないが，金属の融点とその再結晶温度の関係を表1・32に示した．T_R/T_m の値は大体0.4〜0.6の範囲におさまり平均して約0.5である．

熱間加工と冷間加工

金属材料は一般に溶湯を鋳造してインゴットを作り，最初高温で大きな塑性加工を加えて中間寸法にし，最終的には室温で仕上げ寸法に軽度の塑性加工を加えるのが一般的である．

最初の高温での加工を熱間加工（hot working），最後の室温での仕上げ加工を冷間加工（cold working）とよんでいる．このような表現法では熱間と冷間の温度区別は不明瞭である．一般に学問的には再結晶温度以上での加工を熱間，再結晶温度より低温での加工を冷間加工とよぶ．熱間では加工硬化と再結晶軟化が同時に起り硬化は緩和されてしまうので大きい加工率を一度に与えることができることになる．表1・32よりわかるようにタングス

テンやタンタルのような高融点金属では1000℃でも冷間加工であるが、スズや鉛では室温でも熱間加工である。

3・8 金属の工業材料としての重要な機械的諸性質

　金属は工業材料として使用される場合は、量的な面からも構造用材料として最も重要である。したがってその力学的な諸性質の検討が必要である。
　材料の実用面での強度はかなり複雑な内容を含んでいる。静的な強度、動的な強度、高温での強度あるいは低温での強度、また特殊な腐食雰囲気中での強度などあらゆる面からの検討が要求される。このような実用的な強度の側面よりその機械的性質の検討を行う。

3・8・1　硬さ試験

　工業的にその強度試験法として最も簡便なものに硬さ（hardness）の測定法がある。この方法にはその測定原理的な分類からすると、押込み法、反発法、引掻き法がある。
　まず押込み法の主要なものから述べる。これは平坦な試料表面に硬質の圧子（indenter）を押しつけ、その変形抵抗を数値的に求める方法である。その値の内容は材料の塑性変形に関係する多数の因子を含むものと考えられる。

ブリネル硬さ試験 (Brinell hardness test)

　図1・121の(a)に示したような高炭素鋼球の圧子を使用し、これを一定荷重で押しつけた時の圧痕の直径を測定して表との比較で硬さ値を求める。圧子としては炭化タングステンを焼結して作った球を使用することもあるが、一般には直径10mmの鋼球を使用することが多い。
　硬さ表に示されているHB値は荷重をくぼみの面積で割ったものである。

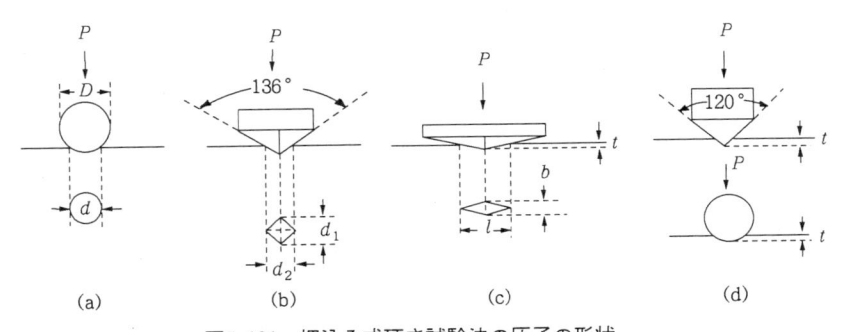

図1・121　押込み式硬さ試験法の圧子の形状

$$\mathrm{HB} = \frac{2P}{\pi D(D-\sqrt{D^2-d^2})} \quad (\mathrm{kgf/mm^2})$$

ふつう荷重は10mmφの鋼球では500～3000kgまで使用する．試料が圧子による変形の影響を受ける部分はかなり広く，正確な値を得るためには圧痕の直径dの10倍以上の試料厚を必要とし，圧痕間の距離も充分大きくとらなければならない．

ビッカース硬さ試験 (Vickers hardness test)

この硬さはブリネル硬さとその測定法の主旨は等しいが，圧子はブリネルの鋼球に対して対面角136°の図1・121の (b) に示したようなダイヤモンドの四角錐を使用し，正方形圧痕の平均対角線dを測定して表よりそれに対応する硬さ値を求める．

$$\mathrm{HV} = P/S = 2P\sin 68°/d^2 = 1.85437\, P/d^2 \quad (\mathrm{kgf/mm^2})$$

ただし$d=(d_1+d_2)/2$，Sは圧痕の表面積

ビッカース硬さは VPN (Vickers Pyramid Number)，DPN (Diamond Pyramid Number)，HV などで示す．

その測定原理からいえばブリネルと等しい値を示すはずであるが，圧子の形状などの相異で多少異なった値を示すこともある．測定上の注意はブリネルの場合と同様である．

ビッカースの場合は顕微鏡と組み合わせてきわめて微小部分の硬さを測定する微小硬さ試験機 (micro Vickers hardness tester) がある．この試験機の圧子の中にはメッキ被膜やきわめて薄い表面硬化層の硬さを測定する目的のヌープ圧子 (Knoop indenter) がある．図1・121の (c) にこれを示したが，このダイヤモンド四角錐を使用する場合は，$l:b=7.11:1$，$b:t=4.00:1$の関係が保たれ，きわめて小さいtの硬さが示される．

$$\mathrm{HK} = 14.2 P/l^2 \quad (\mathrm{kgf/mm^2})$$

lを顕微鏡で測定し上式に従った表より硬さ値を求める．

ロックエル硬さ試験 (Rockwell hardness test)

この方法はダイヤルゲージによる直読式の簡単な試験法の一つであり，ダイヤルには圧痕の深さに対応した硬さ値が記入してある．現場的にかなり広く使用されている．圧子は鋼球あるいはダイヤモンド円錐を使用する．軟質材料に対しては大きい鋼球で荷重を小さくし，硬質材料に対しては小さい鋼球で荷重を大きくするか，ダイヤモンド円錐圧子を使用する．

使用法はまずセット荷重（ふつうは10kgf）をかけておき，クランプをはずして全荷重をかける．セット荷重では各スケールの読みを0としておく．ふたたびセット荷重にもどした時のゲージの目盛りを読む．図1・121の (d) に示したような圧子と荷重の関係で種々の

第3章 金属および合金の一般的性質 143

表1・33 ロックエル硬さ計のスケール

ロックエルスケール	圧 子	荷重 (kgf)	記 号	
ロックエル A	ダイヤモンドコーン	60	HR_A	
〃 C	〃	150	HR_C	$(10 \sim 150t)^*$
〃 D	〃	100	HR_D	
ロックエル B		100	HR_B	
〃 F	1/16in 鋼球	60	HR_F	$(130 \sim 500t)^*$
〃 G		150	HR_G	
ロックエル E	1/8in 鋼球	100	HR_E	

* 試料厚さ, t : 圧痕の深さ

スケールが定められている. 表1・33に各スケールの条件をまとめて示した.

炭素鋼は現場的にはHR_Cを使用することが多い.

以上はいずれも圧子による押込み式である. 一般に鉛のようにきわめて軟質で, テスト中にクリープを起しやすい金属の場合は, 圧子の径や荷重時間などに特別の配慮が必要である.

ショアー硬さ試験 (Shore hardness test)

この方法は最も簡単で現場的である. 一定の高さから鋼球を試料表面に落下させ, それが反発してとび上る高さから値を読みとる形式になっている. 図1・122に示した. 軟質の材料ほど非弾性衝突による落下エネルギーの吸収が大きく, 反発高さは低く現れる.

ショアー硬さ値は

$$HS = \frac{10000}{65} \times \frac{h}{h_0}$$

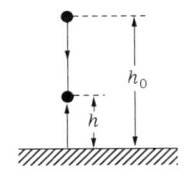

図1・122 ショアー硬さの原理図

マルテンス硬さ試験 (Martens hardness test)

ダイヤモンド圧子の上に一定の荷重をのせ, この状態で圧子により試料面を引掻く. その場合圧子で形成される引掻き溝の太さで比較する方法である. 金属のようにねばい材料ではあまり利用されず, 硬くてもろい材料に応用される.

これにはモースの硬さ表があり, 表1・34に示した. 超硬質焼結工具に使用される炭化タングステンなどは12と13の中間程度である.

金属材料の硬さ値の比較表をビッカース硬さを標準として付録に示した.

表1·34 モース硬さ表

硬さ値	物質	硬さ値	物質	硬さ値	物質
1	滑石	6	正長石	11	溶融ジルコン
2	石膏	7	石英ガラス	12	溶融アルミナ
3	方解石	8	水晶	13	炭化けい素
4	蛍石	9	黄玉	14	炭化ほう素
5	りん灰石	10	ざくろ石	15	ダイヤモンド

3·8·2 引張試験 (tensile test)

　丸棒あるいは板状試験片を使用し，比較的短時間で引張り破断させ，材料の強さや変形特性を調査する試験法である．油圧，歯車駆動の形式で荷重をかける方法があるが，最近は変形速度一定の条件で行われる後者のタイプが一般的である．求められるのは荷重－変形曲線である．

　試験片の最初の標点間距離を l_0，断面積を A_0，ある時点での荷重を P，その時点での伸び量を Δl とすれば，P/A_0 および $\Delta l/l_0$ をそれぞれ公称応力 (nominal stress, engineering stress)，公称ひずみ (nominal strain, engineering strain) とよぶ．これに対して試験

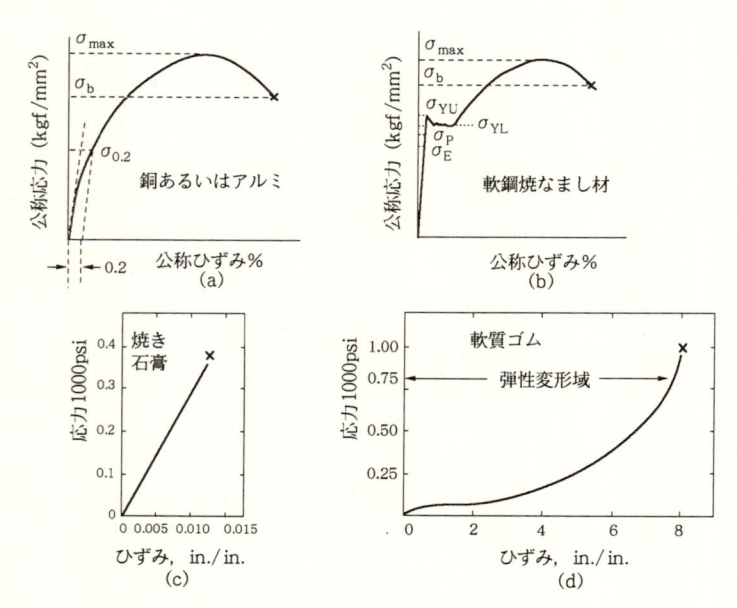

図1·123　各種材料の引張試験における公称応力－ひずみ曲線

中のある時点での断面積をA, 長さをlとした場合, P/Aおよびdl/lそれぞれを真応力 (true stress) および真ひずみ (true strain) とよぶ.

公称応力-ひずみ曲線の代表例を図1・123に示した. (a) は一般的な金属材料の公称応力-公称ひずみ曲線である.

曲線の最初の部分には狭いひずみ範囲で直線部分があり, この直線範囲は弾性限あるいは比例限とよばれるところであるが, その範囲は実際的には正確に求めにくいことが多い. このような場合は原点における接線の傾きをヤング率Eとし, 公称ひずみ0.2％あるいは0.1％のところでこの接線に平行線を引いて公称応力-ひずみ曲線との交点にあたる応力値を耐力 (proof stress) あるいは降伏応力 (offset yield stress) とよんでいる. 0.2％の場合は$\sigma_{0.2}$, 0.1％の場合は$\sigma_{0.1}$と記す. この応力レベルは主として構造物設計の基準となる.

最高応力$\sigma_{max}=P_{max}/A_0$は引張強さ (tensile strength) とよばれる.

破断応力 (breaking strength) $\sigma_b=P_b/A_0$, 伸び率 (elongation) $=(l_b-l_0)/l_0\times 100$, 断面収縮率 (reduction of area) $=(A_b-A_0)/A_0\times 100$などが工業的値として求められる.

焼なまされた軟鋼の場合は (b) のような形の応力-ひずみ曲線が得られる. 弾性限あるいは比例限よりやや高い応力レベルで急激な応力の低下と大きな伸びが見られる. この現象を降伏現象 (yielding) とよび, その上限応力は上降伏応力 (upper yielding stress), 下限は下降伏応力 (lower yielding stress) である. 降伏現象による伸びを降伏伸びとよんでいる. このような異常変形挙動については後述する.

金属材料に対しセラミックスや有機高分子材料の応力-ひずみ曲線はかなり異なった形をしている. 一般に塑性能力の小さいセラミックスでは最初の直線部分からすぐ破断に結びつきσ_{max}は現れない. これを図1・123の (c) に示した.

またゴムのような場合は直線的でない広い弾性変形の後, σ_{max}を示さず破断する. その様子は図1・123の (d) に示した.

真応力-真ひずみ曲線

公称の応力-ひずみ曲線は工業的に重要であるが, 塑性域に入り大きく伸びてくる範囲では断面積も刻々と変化するため, 最初の断面積から求めた応力は本当の応力値とかなり異なっている. 真の応力値はある時点での正しい断面から求める必要がある. 真の応力をσ_Tとすれば

$$\sigma_T = P/A$$

また各時点での真のひずみはdl/lで示されるから, 全真ひずみ量ε_Tは

$$\varepsilon_T = \int_{l_0}^{l} \frac{dl}{l} = \ln\left(\frac{l}{l_0}\right)$$

ただしlは荷重を取り去った後に測定した値で永久変形のみを考慮したものとする．もし荷重下で測定したとすれば弾性ひずみの補正が必要であり，

$$\varepsilon_T = \ln\left(\frac{l}{l_0}\right) - \frac{\sigma_T}{E}$$

ひずみの小さい領域では

$$\varepsilon_T = \ln\left(1 + \frac{l-l_0}{l_0}\right) \simeq \frac{l-l_0}{l_0} = \varepsilon_n$$

となってε_Tとε_nの区別はそれほど重要でない．

$\sigma_{\max}$付近になると試料に局部的なくびれ（necking）が発生し始め，変形は局限されるので長さの変化で示したひずみは意味を失う．

くびれている場合の本当のひずみは

$$\varepsilon_T = \ln\left(\frac{A_0}{A}\right)$$

くびれていない時は$A_0 l_0 = Al$であるから，

$$\ln\left(\frac{l}{l_0}\right) = \ln\left(\frac{A_0}{A}\right)$$

となって長さ変化でも断面積変化でも同じ意味となるが，くびれる場合はそうではない．くびれは荷重-伸び曲線に水平部分が現れ始めてから発生し始める．

その臨界条件としては

$$\partial P = \partial(\sigma_t A) = \sigma_T \partial A + A \partial \sigma_t = 0$$

$$\therefore \quad \frac{\partial \sigma_T}{\sigma_T} = -\frac{\partial A}{A} = \frac{\partial l}{l} = \partial \varepsilon_T$$

ただしくびれが発生するまでの条件下では

$$Al = \text{const.}$$

$\therefore \quad \partial Al + A\partial l = 0$

$\therefore \quad \partial A / A = -\partial l / l$

しかるに降伏がすぎた段階ではσ_T-ε_T曲線は一般に放物線的となり

$$\sigma_T = K \varepsilon_T^n$$

と示される．nは加工硬化指数（work hardening exponent）とよばれるもので0.1～0.3の値が普通である．

第3章 金属および合金の一般的性質

上の関係式とくびれの発生する条件式を使用すると

$$\varepsilon_T = \ln\left(\frac{l}{l_0}\right) = \ln\left(\frac{A_0}{A}\right) = n$$

の関係が求まる．すなわちくびれはε_Tが加工硬化指数と等しくなった時に発生する．上式の導出は次の通りである．

$$\sigma_T = K\varepsilon_T^n , \quad \frac{d\sigma_T}{d\varepsilon_T} = nK\varepsilon_T^{n-1} , \quad \frac{d\sigma_T}{\sigma_T} = n\varepsilon_T^{-1}d\varepsilon_T$$

しかるに $\quad \dfrac{d\sigma_T}{\sigma_T} = d\varepsilon_T \quad \therefore \quad n\varepsilon_T^{-1} = 1 \quad \therefore \quad n = \varepsilon_T = \ln\left(\dfrac{A_0}{A}\right)$

くびれの発生点では

$$d\sigma_T/\sigma_T = dl/l = (dl/l_0)(l_0/l) = d\varepsilon_n(l_0/l)$$

しかるに $\quad l/l_0 = (l_0 + dl)/l_0 = 1 + \varepsilon_n$

$\therefore \quad d\sigma_T/d\varepsilon_n = \sigma_T/(1+\varepsilon_n)$

上の関係式を利用すると図1・124に示したコンシデールの作図(Considére's construction)によってくびれ発生点（塑性不安定点）が求まる．

図1・124 コンシデールの作図法

破断部の形状

破断部の形状は材料の破断特性を示す重要なものである．いわゆる理想的な延性を持つ材料では，断面の収縮は破断点が点状になるまで延びる．図1・125の(a)に示したような場合に相当する．しかし実際の材料では内部に非金属介在物，ピンホールなどの欠陥を持っているので，(b)に示したようにくびれの発生段階で内部に孔が多数形成され，それが次第に連結し，最後に周辺が引張軸に対し45°傾斜した最大せん断応力面にそって切断する．いわゆるカップ-コーン破面

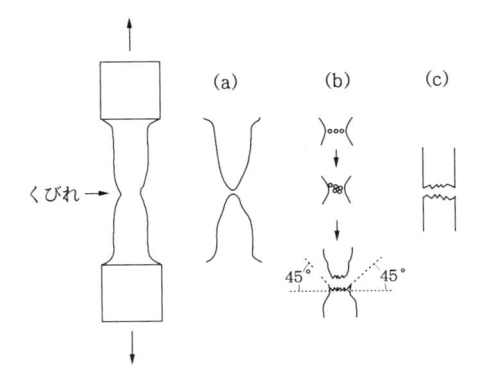

図1・125 引張試験片の破断部の形状

(cup and cone fracture)を示す．またその中心部の破断を内部くびれ(internal necking)あるいは延性繊維破断面(ductile fibrous fracture)という．

伸びのない脆い材料は(c)に示すようにくびれはほとんど発生しない脆性破面(brittle

fracture) を示す．結晶粒界やへき開面 (cleavage plane) で破断することが多い．

降伏応力と降伏現象

　一般の金属材料内部には転位や種々の欠陥がからみ合って存在し，これらは転位の移動に対して抵抗となっている．結晶粒界や介在物の周辺には転位の発生源およびこれらによって形成された転位群が集積している．このような状態で外部応力がある値に近づくと，動きやすい転位はわずかに移動を開始するが，これだけでは降伏現象は起らない．これは降伏前微小ひずみ (pre-yield microstrain) の段階とよばれるものにすぎない．この段階から応力は降伏応力まで急速に増加し，内部のほぼ全面において転位源の活動が始まり，全面ですべり帯 (slip band) が形成されることによって急速な塑性変形が起り降伏現象となる．

　定性的には降伏応力は

$$\sigma_y = \sigma_s + \sigma_i$$

と示すことができる．ただし σ_s は転位源を全面的に活動させて転位を多重形成するのに必要な応力であり，σ_i は転位の運動のさまたげとなるあらゆる摩擦抵抗である．一般の金属材料では $\sigma_y = 10^{-3}\mu \sim 10^{-2}\mu$ であるが，その値を正確に求めることは困難である．

　上記の降伏現象を説明する前に，一般的な降伏現象を転位密度とその移動速度の方からもう少し定量化して説明しよう．

　一般に変形速度は

$$\dot{\varepsilon} = bv\rho$$

ただし b はバーガースベクトルの大きさ，v は転位の移動速度，ρ は転位密度である．

　他方転位の移動速度は

$$v = (\sigma/\sigma_0)^n, \quad 0 < n < 40$$

ただし σ_0 は転位の単位移動速度あたりの応力

　一般に引張試験は $\dot{\varepsilon} =$ 一定の条件下で行われる場合が多いから，ある応力レベルで転位密度 ρ が急激に増加すれば v は急激に低下し，それに応じて σ が急激に低下する．これが降伏現象に結びつくものと考えられる．

　物質によっては降伏による応力低下が非常に大きく現れるものがある．シリコン，ゲルマニウム，サファイアーのような結晶の完全度の高いものにおいて著しい．

　これらの結晶では転位密度はきわめて低く（$\rho \approx 10^3 \cdot cm^{-2}$），また原子間結合力が強いので，結晶の周期的ポテンシャル場を転位に移動させるのに必要なパイエルス-ナバロ力 (Peierls-Nabarro force) も非常に大きい．

このような場合に一定の$\dot{\varepsilon}$を与えるためにはρは小さいからvが大きくなければならない。σ_0は大きいからvを大きくするためには大きいσが必要である。ところが降伏が始まるとρが急激に大きくなるので，vを小さくするためσが大きく低下する必要がある。σは一度大きく低下しても一般的な加工硬化の進行とともにふたたび増加する。

金属，とくに面心立方金属ではパイエルス力が非常に小さく，また$v \approx 10^5 \mathrm{cm/sec}$程度までは応力はあまり変化しないと考えられている。鉄などの体心立方晶の遷移金属では室温付近で上述の非金属と面心金属の中間程度とされている。したがって，一般に面心立方金属では明瞭な降伏現象は現れにくいが，体心金属では現れやすい。

金属では大きい降伏現象を示すためにはρが0に近いきわめて転位の少ないことが必要である。実際にホイスカーなどではこの降伏が大きく現れる。

炭素鋼も含めて時に合金系で観察される降伏現象は上の説明とは異なった機構で起ると考えられるものが多い。最もよく知られている軟鋼について説明すれば，転位と侵入型原子との相互作用により，転位芯の付近にこれら侵入型原子の富化した雰囲気が形成される。このような雰囲気につつまれた転位は一種のピン止め作用によって動きにくい状態となっている。拡散しやすい侵入型原子の場合はとくに比較的低温でもこのような雰囲気形成が起りやすい。したがって焼なまされた軟鋼では転位がこのような雰囲気から離脱するため高い上部降伏応力を必要とする。降伏が始まると自由な転位となるため応力の低下が起り，大きな降伏伸び（yield elongation）あるいはリューダースひずみ（Lüders strain）の進行とともにふたたび加工硬化段階に入る。したがって加工硬化直後は降伏を示さず直接加工硬化段階を示すが，降伏後室温放置を長期にわたって行ったり，焼もどしたりすると，ふたたび転位の周囲に雰囲気形成が起るので，また降伏現象を示す。その様子は図1・126に示してある。図中ABは直後の場合，CDEはD状態で雰囲気形成のための時効を行ったものである。

軟鋼ではこの降伏現象に結びつくひずみ時効（strain aging）は実用面ではその深しぼり加工性などと関係して重要である。降伏を起し大きいリューダースひずみが発生すると加工表面の肌が荒れ（stretcher strain marking）商品価値が低下する。

置換型合金元素を含む合金系においても，その応力-ひずみ曲線にギザギザの凹凸を示すセレーション（serration）が現れることがある。これも転位と溶質原子の相互作用による降伏類似現象であってPL効果（Portevin-Le Chatelier effect）とよばれるもの

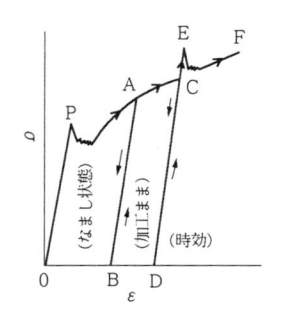

図1・126 軟鋼の降伏現象

である.拡散のおそい溶質原子と移動速度の大きい転位の結合と離脱によって起るとされている. Al-Mg合金などに観察される.

結晶粒度と降伏応力

多結晶体では方位の異なる結晶粒が同時に変形を起すためには,多くの独立したすべり系が同時に活動する必要がある.転位は粒界付近に堆積して隣接結晶粒の内部に大きい集中応力を及ぼす.このような効果をすべて総合して,この堆積転位群が隣接結晶粒に降伏を起させるのに要する外力は次式で示される.

$$\sigma_y = \sigma_i + k_y d^{-1/2}$$

ただし σ_y は下降伏点,d は結晶粒径,k_y は比例定数,σ_i は転位の摩擦抵抗である.

上の関係はホール・ペッチの式 (Hall-Petch equation) とよばれるもので,この粒径と降伏応力の関係は,転位が侵入型原子でピン止めされている鋼材の場合だけでなく,降伏の現れにくい面心立方金属の耐力の場合にもよくあてはまる.

超塑性[15]

材料が1軸方向の引張りに対してくびれが発生せず,数100%～1000%程度のきわめて大きい伸びを示すことがある.これを超塑性(super plasticity)とよび注目されている.この現象について最初に報告があったのは,1934年Sn-Bi共晶合金についてPearson[16]が1950%もの伸び率を発見したことに始まる.その後この現象はあまり研究者の注目を引かなかったが,1960年代になって,ソ連およびアメリカ合衆国での研究によって急激に脚光をあびるようになった.

多くの研究の結果,このような現象の現れる原因を大別すると,二つに分かれることがわかった.

(1) 材料内部に変形中でも変化しない安定な微細結晶構造が存在すること.
(2) 変形時の外部条件の選び方で現れやすい性質を持った材料であること.

(1) を構造超塑性 (structural super plasticity),(2) を環境超塑性 (environmental super plasticity) と区別している.ただ超塑性といえば前者を指すことが多い.

構造超塑性の特徴は,変形速度$\dot{\varepsilon}$,温度,結晶粒の大きさによって敏感に変化することである.

$\dot{\varepsilon}$の影響を図1・127に示した.この図はMg-Al共晶合金の共晶粒径$10.6\mu m$のものを350℃で変形させた結果である.

一般に変形中のσとεの関係は

$$\sigma = K' \dot{\varepsilon}^m \varepsilon^n$$

で示される．ただしnはいわゆる加工硬化指数（work hardening exponent）とよばれるものであり，図中Ⅱの領域の超塑性の現れるところでは$n≈0$と考えられるので，上の式は

$$\sigma ≒ K'\dot{\varepsilon}^m$$

となる．

mはひずみ速度感度指数（strain-rate sensitivity exponent）とよばれるものであり，K'は物質定数である．したがって$m=\partial\ln\sigma/\partial\ln\dot{\varepsilon}$で示される．

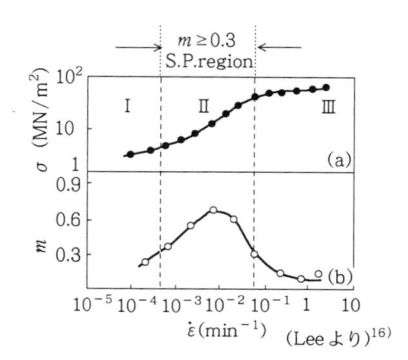

図1・127 変形速度と変形速度感度指数の関係

超塑性はこのmの大きい領域で起る現象である．引張変形の際のくびれの発生しない塑性安定（plastic stability）の条件は$n+m≧1$と考えられている．超塑性領域内では$n≈0$であるゆえ，上の関係より$m≧1$が塑性安定の条件となる．ところが一般に超塑性を示す材料についての多くの結果は$m<1$を示している．したがって超塑性材料でも変形早期に塑性不安定によりくびれが発生しなければならない．しかも大きな伸び率を示すことを説明するためには$\sigma≒K'\dot{\varepsilon}^m$の関係に立ちもどって考える必要がある．

くびれが発生した個所では$\dot{\varepsilon}$は増大し，mが大きいとそれに伴うその個所での変形応力σが急増する．そのためにくびれの成長はおさえられ変形は他の領域で分担するようになる．このようなことが多くの場所で繰り返される結果としてきわめて大きく伸びるまで破断しないことになる．以上が超塑性出現の概念的な説明である．

超塑性は結晶粒径が$10\mu m$以下の場合に起りやすいとされている．一般の材料ではHall-Petchの法則より粒径の減少とともにその降伏応力は増加するものであるが，超塑性の場合はその逆になっている．

また超塑性は高温現象であって$1/2T_m$K以上の温度領域で起るとされている．

この粒径および温度の影響をまとめると，図1・127の（a）図の$\ln\sigma-\ln\dot{\varepsilon}$の関係曲線は，粒径が減少し，温度が上昇すると全体として右側に移行して，超塑性は低σ，高$\dot{\varepsilon}$側で現れる．また（b）図の$m-\ln\dot{\varepsilon}$の関係も，全体としてmが増加し，m_{max}の位置が高$\dot{\varepsilon}$側に移る．

超塑性発現の機構に関しては確たる定説はないが，初期にはZeherとBackofen[17]の粒界すべりと拡散クリープによる説明があったが，新しいところではAshbyとVerrall[18]によって，粒界3重点での物質流の調節を格子および粒界拡散で説明する粒界すべりモデルが提出されている．そのモデルの模型図を図1・128に示した．

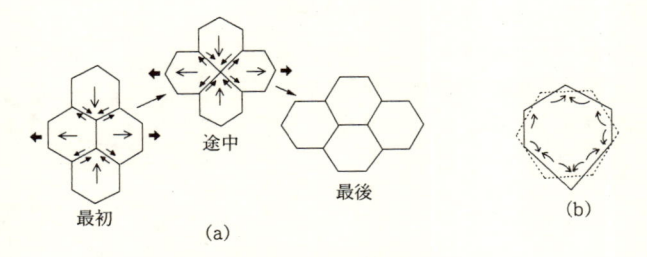

図1·128　超塑性発現機構のモデル

表1·35　構造超塑性合金例

合　　金	m_{max}	最大伸び（％）	試験温度（℃）
Al-Cu共晶（Cu 33％）	0.8	500	440〜520
Al-10.72％Zn-0.93％Mg-0.42％Zn	0.9	1,550	550
Cu-9.8％Al	0.7	700	700
Fe-4％Ni	0.58	820	900
Mg-Al共晶（Al 32.3％）	0.85	2,100	350〜400
Ni-39％Cr-10％Fe	0.5	〜1,000	810〜980
Sn-Pb共晶（Pb 38.1％）	0.5	1,500	0〜80
Sn-Bi共晶（Bi 57％）	—	1,950	20〜30
Ti-6％Al-4％V	0.85	1,000	800〜1,000
Zn-Al偏析（共析）（Al 22％）	0.5	2,500	20〜250

　次に代表的な構造超塑性合金を表1·35に示す．この中でもZn-Al偏析組成合金はよく知られていて，種々のSPZ（super plastic zinc）として工業的応用が考えられている．

　環境超塑性は異方性の強い変形を示す多結晶体ならば次のような環境下で常に起るものである．
（1）ある変態点の上下を繰り返し温度変化を与える
（2）異方的な熱膨張を示す材料に温度サイクルを与えた場合
（3）中性子照射

　上記の条件下で降伏応力以下の小さい応力を重複させると300％以上の大きい伸びを示す．初期の研究では主として（1）の条件下での報告が多い．

　表1·36にこの種の超塑性を示す材料を示す．

　中性子照射下ではα-Uは100℃において，降伏点の1％にあたる低応力下でも3×10^{-4}/secのひずみ速度で伸びるといわれている．

表1·36 環境超塑性合金例(熱サイクル)

材　料	応力 (MN/m²)	温度範囲 (℃)	変　態	1サイクル当りの最大伸び (%)
Fe	3.92	860-960	$\alpha-\gamma$	1.0
Fe-0.9%C	20.6×10^4	20-140	γ-mart.	1.8*
Fe-32%Ni	15.3×10^4	20-140	γ-mart.	3.0*
Zr	9.807	813-913	$\alpha-\beta$	0.9
Zn	1.47	150-350	熱膨張	0.95
U	16	400-600	熱膨張	0.64
	39.2	613-713	$\alpha-\beta$	0.95

＊ 加熱か冷却のみ

3·8·3　圧縮試験 (compression test)

　充分柔軟性のある金属材料一般は引張試験でその機械的性質に関する情報は得られる．しかし脆い材料では引張力に対しては極端に弱いが，圧縮力に対しては充分耐久力のあるものもある．脆い材料ほど微小な亀裂や切欠きに敏感であるからである．金属材料では鋳鉄などがその代表的なものであり，非金属材料では各種セラミックスやコンクリートなどである．このような材料はその特性より主として圧縮側に使用されるから，その耐圧縮性の評価も工業的には重要である．

　図1·129に灰鋳鉄の場合とコンクリートについて，引張りと圧縮で極端にその破断応力の異なる例を示した．

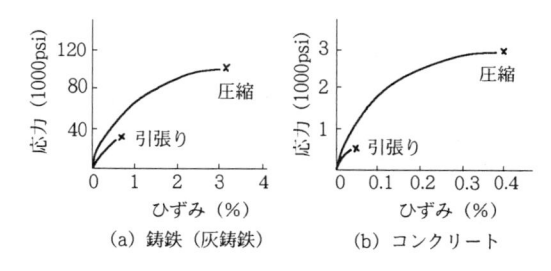

(a) 鋳鉄(灰鋳鉄)　　(b) コンクリート

図1·129　材料の圧縮強さ

3·8·4　衝撃試験 (impact test, shock test)

　引張試験や圧縮試験は比較的静的な外力に対する材料の応答を調べ，その機械的性質の特性を比較する方法である．しかし実際使用の際は急激な衝撃として負荷のの加わることも多い．このような場合は材料の破壊に対する耐力は単なる引張り強さや伸び率の大小だけではきまらず，衝撃が材料を破断させるのに必要な仕事エネルギーで比較するのが妥当と従来から考えられている．これは材料の粘り強さを意味する強靭性 (toughness) という言葉で表現される．

この強靭性の大小は大体真応力-真ひずみ曲線の下にかこまれた面積 $W=\int_0^{\varepsilon b}\sigma_T d\varepsilon_T$ の大小で比較できる．それは図1・130に示した通りである．

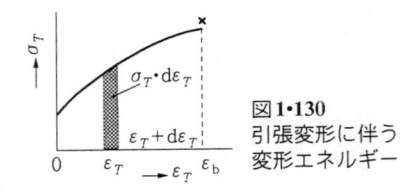

図1・130 引張変形に伴う変形エネルギー

衝撃に対する抵抗力は局部的な応力集中の大小に敏感，すなわち切欠き感受性（notch sensitivity）が大きいので，試験方法としては図1・131に示したような切欠きのある試験片を振子式ハンマーで衝撃を加え，振子の高さより求めた破壊に消費されたエネルギーで比較する．この試験機に従来よりアイゾット（Izod）型とシャルピー（Charpy）型がある．

前者のエネルギー単位は従来 lb・ft（ポンド・フート）であり，後者は kg・m とするのが慣習である．

一般に金属材料は低温ほど塑性能力が減退して次第にもろさを増す傾向がある．とくに体心立方晶の遷移金属類ではこの傾向が強い．侵入型固溶の微量不純物 H，N，C，O などの影響が強いとされている．

面心立方晶のニッケルと体心立方晶の炭素鋼についてその衝撃値と温度の関係を図1・132に示した．

面心立方のニッケルでは低温でかえって靭性を増す傾向があるのに対し，炭素鋼ではある温度範囲より急激に靭性の低下が目立つ．その低下の温度領域は炭素量とともに高温側に移行する．このような靭性の急変温度を延性-脆性遷移温度（ductile-brittle transition temperature）とよんでいる．固溶侵入型元素量，結晶粒度などに影響を受ける．一般にリムド鋼より強制脱酸を行ったキルド鋼の方が遷移温度は低い．また従来から平炉鋼の方が転炉鋼の方より遷移温度が低いともいわれている．

低温で使用する構造物，たとえば液化ガスのボンベのようなものは鋼材ならばオーステナ

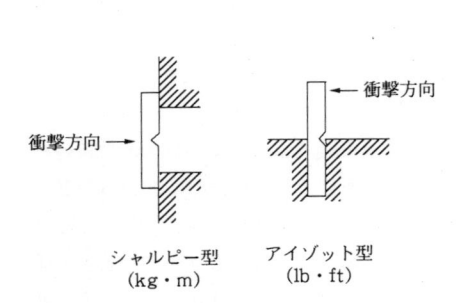

図1・131 衝撃試験片の形状

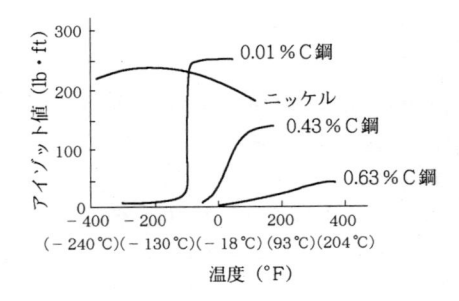

図1・132 炭素鋼の衝撃値と温度の関係

イト鋼，あるいは非鉄金属材料で面心立方金属材料の使用が好ましい．また極寒の極地における構造物についても同様なことがいえる．

3・8・5　クリープ試験

衝撃値は急激な負荷に対する耐力を示すものであるが，実用に際してはそのレベルは比較的低いが長期にわたる応力下で構造物の破壊が起ることがある．とくに高温雰囲気中で使用される構造物とか，鉛のような融点の低い金属材料に多い．この現象をクリープ破壊（creep rupture）とよぶ．この現象は応力レベルによってかなり広い温度範囲で起るが，実際には$0.5T_\mathrm{m}\mathrm{K}$（$T_\mathrm{m}$：融点）以上で問題になることが多い．この荷重-変形量-時間の関係を温度を考慮しながら研究するのがクリープ試験である．

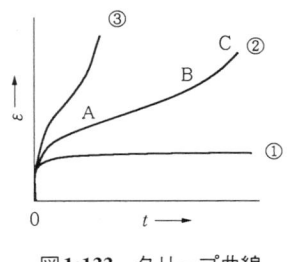

図1・133　クリープ曲線の形状

変形量-時間の関係を示すクリープ曲線は温度と荷重の大きさによって変化するが，その典型的な形を図1・133に示した．

α-クリープ

図の①で示された型式のもので，低温，低荷重の場合のクリープ曲線の形である．温度は$0.5T_\mathrm{m}$よりはるかに低温である．初期に量的には小さいが急激な変形を示し，その後は変形がほとんど現れない．

このクリープ曲線の初期の形は

$$\varepsilon = \varepsilon_0 + \alpha \log t$$

と示されるので，対数にかかる定数のαよりα-クリープとよぶ．また対数クリープ，低温クリープの名称でよばれることもある．

この条件下では最初動きやすい転位が多数急激に動き，次第に障害物にピン止めされて，時間とともに対数的にその数の減少が起る．温度は低いから回復は起らず，一度停止した転位はそのままの状態を続ける．

β-クリープ

図中②のクリープ曲線の形であり，荷重はやや大きく，温度も$0.5T_\mathrm{m}$よりやや高いところで現れる最も一般的な形である．曲線は大体OA, AB, BCの三つの部分に分けられる．これを順に1次クリープ，2次クリープ，3次クリープともよぶ．

OAの1次クリープのところでは，α-クリープと同様に移動転位は時間とともに急激に減

少するが，温度が高いので空孔との相互作用で転位のクライムが起り，荷重が比較的大きいので拡張転位の交差すべり（cross slip）も起る．交差すべりとは転位が広く部分転位に拡張しやすい場合，その移動中に障害物によってその移動を阻止された時，拡張してその障害物をさけ，別のすべり面に移行する現象をいう．すなわち転位のピン止めと同時にその開放される回復が同時に進行しているところがα-クリープと異なる．その曲線の形は

$$\varepsilon = \beta t^m \quad (m < 1)$$

で示される．mの値は1/3の付近が多く，そのため$\beta t^{1/3}$則，あるいはアンドレー則（Andrade's law）とよばれている．

ABの部分はε-tの関係が直線的となっている．この部分は2次クリープ，定常クリープ（steady creep），直線クリープ（linear creep）などとよばれる．その直線は

$$\varepsilon = c + kt$$

で示される．

この区間では加工硬化と熱的な回復軟化が釣合いを保った状態である．

いま転位が動く時の摩擦抵抗をσ_iとすれば，$h = \partial \sigma_i / \partial \varepsilon$は加工硬化係数であり，$r = -\partial \sigma_i / \partial t$は熱軟化係数とよばれるようなものに相当する．定常クリープ状態ではσ_iは一定であるから，

$$d\sigma_i = \left(\frac{\partial \sigma_i}{\partial \varepsilon}\right) \cdot d\varepsilon + \left(\frac{\partial \sigma_i}{\partial t}\right) \cdot dt = 0$$

$$\therefore \quad \dot{\varepsilon} = k = r/h$$

すなわち直線の傾斜kは熱軟化係数と加工硬化係数の比の値となる．

定常クリープ速度と温度および応力の関係は重要である．

Dorn-Weertmanによれば

$$\dot{\varepsilon} = A\sigma^m \exp(-Q/RT)$$

ただしRは気体定数である．$m \simeq 5$．

Qは多くの場合金属の自己拡散の活性化エネルギーに等しい．

Sherbyによれば次のような式が示されている．

$$\dot{\varepsilon} = S\left(\frac{\sigma}{E}\right)^n D$$

ただしEは金属のヤング率，Dは自己拡散係数，Sは材料の構造係数とよばれるもので，

結晶粒の大きさ，転位密度，およびその分布のしかたなどの影響をすべて含んでいる．
上の式を変形すれば

$$\dot{\varepsilon} = (S \cdot E^{-n} \cdot D_0) \cdot \sigma^n \exp(-Q/RT)$$

定常クリープと自己拡散の関係の重要であることはDorn-WeertmanおよびSherbyの式に示されているが，Aや$(S \cdot E^{-n})$の中には温度依存性が残されていることに注意する必要がある．

このほかにLarson-Millerパラメーターがよく使用されることがある．上記いずれの式においても定常クリープ速度式を完全に決定することはできない．ただ破断までの時間の予測に使用されるところに利点がある．これらをさらに一般化した形として

$$t \cdot \exp(-Q/RT) = f(\sigma)$$

とする．

この式より出発して適当なLarson-Millerパラメーターを導入して次の式が与えられる．

$$T(\mathrm{d} + \log t) = f(\sigma)$$

各種の温度で一定の変形量あるいは破断までの時間の関係をσ-$T(c + \log t)$の関係でプロットする．この場合温度はRankine温度（°F + 459.69），tは時間（hour）で示す．cは多くの合金系に対して約20となる．そのプロットの一例を図1・134に示した．温度，破断時間の設定よりσが求まる．

BCの部分はクリープ破断につながる部分であって，粒界での流動変形 (grain boundary sliding) なども加わり，試験片にはくびれが現れ，微小なき裂，ボイドの発生とともに破断が進行する．

③はさらに高温高荷重の場合であって，この条件下では1次，2次，3次段階の区別はできにくい．短時間で破断が起る．

クリープ試験は通常10^3～10^5時間という長時間を必要とするものである．工業的にはクリープ破断試験 (creep rupture test) を行う．これは一定の温度および荷重下での破断時間の長短で耐クリープ性を比較する方法である．

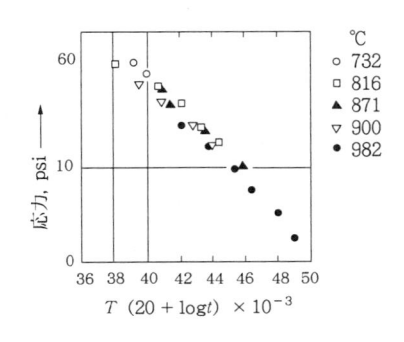

図1・134
Ni合金 M252(0.15%C, 19%Cr, 10%Mo, 2.5%Ti, 10%Co, 1%Al, 残Ni) のクリープ破壊応力に対するLarson-Millerプロット

耐熱材料の開発のポイントは高温での化学的安定性と耐クリープ性の2点に要約できる．

耐クリープ性の基本は高温での拡散が起りにくい，原子間結合力の強い高いヤング率を持った高融点材料であるか，転位の移動障害となる微細な析出物の析出分散状態の安定確保である．

高温でのクリープ破断は一種の脆性破断であって，きわめて小さい塑性変形で起るものであるが，この際重要なことは粒界すべりとボイドの形成（cavitation）である．

粒界すべりが顕著になる温度を凝集対応温度（equicohesive temperature）という．荷重時間にも依存するが通常約 $0.5T_m$ である．この温度以下では延性に富む金属は大きいクリープ伸びの後に延性破壊を起すが，この温度以上では破断は粒界に限られ0.01～0.1程度のひずみで破断を起してしまう．通常き裂は粒界の三重点で形成されることが多い．

高温低応力下では三重点クラックの代わりに空洞破壊（cavitation fracture）が起る．これは小さい球状のボイドが粒界にそって形成され，徐々に成長して合体する．ボイドは介在物の周辺で形成されることが多く，その部分への空孔の流入によって成長する．

3・8・6 疲れ試験 (fatigue test)

長期にわたる繰り返し荷重下では，意外に低い応力レベルで構造物に破壊が起ることが多い．このような現象を疲れ破壊あるいは疲労破壊（fatigue fracture）とよぶ．自然環境下ではこの繰り返し荷重のモードも複雑である．繰り返し曲げ，引張り圧縮の繰り返し，引張り曲げの繰り返しなど様々なものが考えられる．その周波数も広範囲にわたる．

一般に応力振幅を S とし，その破断までの繰り返し回数を N とした場合，S-N 曲線が得られる．N は一般に対数目盛で示す．

S-N 曲線を形成する測定点はかなりのバラツキを示すが，室温で行った場合大体曲線は二つのタイプになる．

図1・135にこれを示した．

軟鋼のような場合は，ある応力振幅下では破壊が起らない下限応力が明瞭に現れる．

ところがアルミニウムなどの場合ではその下限値が現れず，振幅の減少とともにだらだらと破壊回数が増加する場合がある．この相異の原因はひずみ時効に関係するとの説もあるが明瞭でない．軟鋼

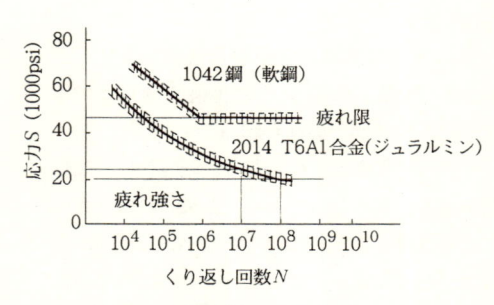

図135　金属材料の S-N 曲線

に現れるような下限値を疲れ限（fatigue limit, endurance limit）という．下限の定まらぬ材料では工業的に $N=10^7$ 回のところの応力振幅を疲れ強さ（fatigue strength）とよんでいる．材料によっては 10^8 回のところをとることもある．疲れ限あるいは疲れ強さは大体その材料の引張り強さに比例しているものであって，鉄鋼材料では大体その1/2，非鉄材料ではだいたいその1/3である．

この疲れが原因と考えられる事故はコメット機のアルミニウム製機体のき裂，大きい鉄鋼溶接構造船の波浪による破損沈没などが知られているがその原因は複雑である．材料そのものより設計ミスがかなり大きい部分を占めていることも考えられる．

その基本はき裂の発生と伝播である．どのようなき裂が原因になるかという点については次のようなことだけは確かである．すなわち最大引張応力の発生する場所に存在する切欠きのようなものが原因になる．実際発生する疲れ破壊を調査すると，必ず表面からき裂が進行して内部に拡がっている．一般構造物の表面は最大引張応力の発生する場所となりやすい．

疲れ破壊面を観察すると，表面を起点として同心円状にき裂の進行を示す線（striation）があり，その外側に完全破断時の脆性破壊面が現れている．

き裂は非金属介在物のような部分から発生するようであるが，マイクロクラックの形成については未だ不明な点が多い．

ガラスのような脆性物質中でのき裂の成長については従来よりグリフィスのモデル（Griffith's model）がある．き裂を成長させる臨界応力 σ_c について

$$\sigma_c \propto (\gamma E/c)^{1/2}$$

の式を提示している．（付録を参照）

ただし γ は表面エネルギー，E はヤング率，c は表面クラックの長さである．

しかし金属のようにある程度の塑性変形能のある材料では，き裂先端の応力集中部で塑性変形が起り，弾性エネルギーの緩和と同時にき裂先端部の界面エネルギーを増加させることのあるのに注目し，Orowan は Griffith の式を次のように修正した．

$$\sigma_c \propto \{(\gamma+p)E/c\}^{1/2}$$

p は塑性加工による表面エネルギーの増加分である．低炭素鋼のような場合は γ が 10^3 erg/cm^2 であるのに対し p は $10^5 \sim 10^6$ erg/cm^2 である．すなわち p は γ の約1000倍も大きい．

一般にある程度の延性のある金属材料のような場合はクラックの臨界長さはガラスの数 μm に対して数 mm と大きい．

疲れき裂の一般的特性として次のようなことが考えられる．

160   第I部 金属の基礎

(1) き裂先端の形状に左右される．切欠きが鋭いほど応力集中は大きく低い応力振幅で破壊する．
(2) 周波数が高いほど先端部の応力緩和が少なく脆性破壊が進行しやすい．
(3) き裂は多結晶体ではへき開面と粒界をつたって進む．

へき開面は体心立方晶の α-FeやWでは {100} 面であり，最密六方晶のBe, Zn, C (黒鉛) などでは (0001) の底面である．

疲れ破壊対策

表面に欠陥のないようにすること，表面を滲炭，窒化，高周波焼入れ，ショットピーニングなどで強化することが有効である．

表面に耐食性を与えることも有効である．たとえば鉛の疲れも真空中では起りにくいが，空気中では起りやすい．空気中のき裂の伝播は粒界であることより，粒界の酸化が重要な影響を与えていることが知られている．

また σ_c の式より表面エネルギーが重要な役割を果していることがわかる．γ は表面への吸着物質によって低下するが，水分の吸着はその作用が大きい．

3・8・7 応力腐食割れ (stress corrosion cracking)

19世紀頃より黄銅製の薬きょう (cartridge) が自然にき裂を発生することはよく知られ第一次世界大戦で問題となった．この現象は置き割れあるいは時期割れ (season cracking) とよばれる．加工性の良好な70:30黄銅の深絞り加工品に最も発生しやすく，その後多くの材料にこのような現象のあることが知られるようになった．

黄銅の場合はアンモニア性雰囲気の作用がこの現象を非常に引き起しやすいことがわかった．鋼材ではボイラーのアルカリ脆性 (caustic embrittlement)，塩や OH^- を含む水溶液中でのオーステナイト鋼の割れ，アルミニウム合金ではAl-Zn-Mg系強力合金の割れ，マグネシウム合金の割れなど種々の類似現象が見出されている．

これらの現象の共通点は冷間加工された残留応力を内蔵した材料が，鉄さびのような全面腐食ではないが，その雰囲気の何らかの腐食作用によって粒界や粒内割れを起すことである．

残留応力と腐食の関係には不明なことが多いが，その対策としては低温 (回復温度領域) 加熱により残留応力を除くことが最も有効である．

腐食と応力の関係としては
(1) クラック先端部では応力集中によりアノーディックになりやすく，その部分の腐食により発生した水素による脆化
(2) すべり帯中の積層欠陥部での腐食溶解現象

などが提唱されている．

応力腐食割れにも，粒界割れ（intergranular cracking）と粒内割れ（transgranular cracking）の2種のタイプがある．

粒界割れのタイプとしては

(1) 黄銅の時期割れはたぶん粒界での脱亜鉛現象であろう．

(2) 時効性高力アルミニウム合金では粒界における優先析出あるいは無析出帯（denuded zone）形成による粒界強度低下の現象であろう．

(3) ステンレス鋼中では，微量炭素がクロム炭化物として粒界析出することにより，その近傍のCr濃度による耐食性の低下が起る．

粒内割れのタイプとしては

(1) 一般に積層欠陥エネルギーの低い系で起りやすい．転位の拡張が大きく双晶などを形成しやすい系である．

(2) 積層欠陥そのものがアノーディックになるのか，その付近での転位の堆積による応力集中でそこが腐食されやすくなるのか不明である．

応力腐食割れはどこかで水素脆性（hydrogen embrittlement）と結びついていることが多い．試験方法としては再現性がむずかしいので促進実験法で行われる．

チタン合金などにもこのタイプの腐食（高温での塩化物による）が問題となっているように，全面腐食のない耐食性のよい材料に起りやすい現象である．

3・8・8　破壊靭（じん）性 (fracture toughness)[19]

材料のねばさや脆さの表現法としては従来はシャルピー衝撃値などが最も実用面でも使用されてきた．この試験法は鋼材などの品質管理面でそれなりに重要な役割を果してきたが，破断までの全エネルギーだけで材料の破壊靭性を示すことは破壊力学の学問的な理論形成には不充分であるという反省から，種々の破壊靭性パラメーターが使用されるようになってきた．他方走査電顕（scanning electron microscope, SEM）による破面の組織観察（fractography）の進歩と相まってこの方面の研究がさかんである．

破壊靭性という言葉の定義はなかなか困難であるが，き裂の先端部には応力集中が起るが，この領域におけるひずみと応力をある一つのパラメーターで指定したとき，このパラメーターがき裂の成長開始，伝播および停止時にとる値をもって示す．

き裂先端の状態を示すパラメーターとしては，応力拡大係数（K），き裂開口変位量（δ），J積分（J）があり，この他にひずみエネルギー解放率Gなどのパラメーターも使用される．

各パラメーターの適用範囲を図1・136に示した．

図1・136において，A点以下の破壊のときはK_{IC}, G_{IC}を使用する．A〜B間の破壊のと

きはCOD（crack opening displacement, δ_{IC}）、J_{IC}を使用する。B以後の破壊は断面収縮の伴ういわゆる延性破壊である。

各パラメーター間には次のような関係がある。

$$J_{IC} = G_{IC} = K_{IC}^2/E' = \alpha \sigma_y \delta_{IC}$$

Iは平面ひずみ状態，すなわち厚さ無限大における値を示す。破壊靭性パラメーターはすべて臨界値（critical value）を示すのでCを付けて使用する。αは1に近い値，σ_yは降伏応力である。また$E' = E/(1-\nu^2)$であり，νはポアッソン比である。

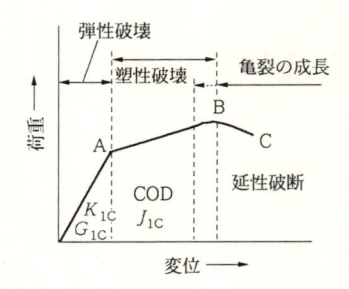

図1·136 破壊靭性試験における荷重－変位の関係

一般に破壊靭性は板厚の増加とともに減少し，ある厚さ以上で飽和し平面応力条件を満たすようになる。このK_{IC}は材料固有の特性値として重要視されている。

K_{IC}試験（平面ひずみ破壊靭性試験）

これはGriffith[20]－Orowan[21]－Irwin[22]によって体系化された線形弾性破壊力学にもとづく破壊靭性試験法である。き裂先端部における塑性変形領域のきわめて狭い場合にのみ適用できる。

ASTM-E399[23]に示されている試験片を図1·137に示した。図に示したように（a）の曲げ試験と（b）のコンパクト引張試験片の2種がある。厚さが6.4mm以上の金属材料であり，寸法Bおよびaの大きさは平面ひずみ条件が成立するための下限が示されている。（a）は比較的小容量の試験機でも実施できるが，（b）は大容量の引張試験機を必要とする反面テストピースは（a）の場合の1/3以下のものですむ。

クリップゲージを用い，荷重Pと変位vの関係を求め，図1·138に示したP-v曲線より

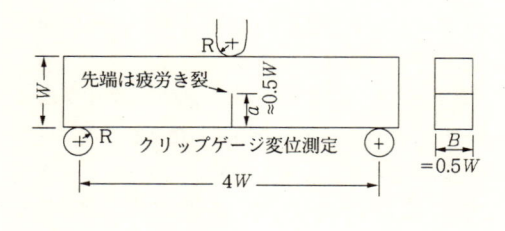

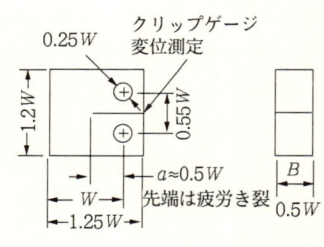

(a) 曲げ試験　　　　　　　　　　(b) コンパクト引張試験

図1·137　K_{IC}試験および試験片（ASTM-E399）

第3章　金属および合金の一般的性質　163

K_Qを求めるための基準荷重P_Qを作図より求める．

図1・138のOAは初期の直線部分の傾斜を示し，点P_5はOAより5％だけ傾斜のゆるやかな直線とP-v曲線の交点である．P_Qの値としては図に示したような3種のケースが考えられる．

Type I：延性破壊
Type II：pop-in
Type III：単純脆性破壊

図1・138　ASTM E399のK_{IC}試験における荷重P_Qの定義

COD試験

鋼材などでそのK_{IC}が適用できるのは非常に低い温度で，材料が極端に脆い状態である．

室温付近では，き裂先端部の塑性変形領域も広くK_{IC}の適用は困難である．そこでCottrell[24]やWells[25]らにより，き裂開口変位CODという概念が導入された．これは非線形破壊力学的考え方であり，英国規格案DD19[26]にまとめられている．その試験片を図1・139に示した．

き裂発生時のクリップゲージ変位v_Cから，切欠先端部でのCOD（δ_C）を求める方法がWellsにより提案されている．

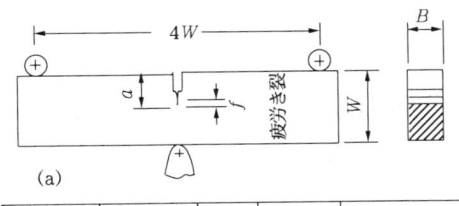

	試験片厚さ B	試験片深さ	切欠深さ a	疲労き裂深さf	
				$B<13$mm	$B\geq 13$mm
最適試験片	材料の原厚	$2B$	B	≥ 1.75mm	≥ 2.5mm
代案（i）	同上	B	$0.3B$	同上	同上
代案（ii）	同上	$1.3B$	$0.3B$	同上	同上

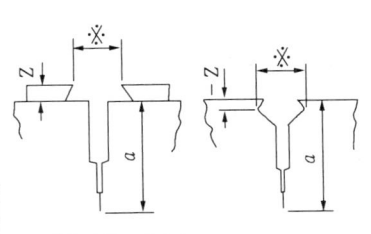

(※印寸法の変化をクリップゲージで追跡する)

(c) クリップゲージ装着位置Zの定義

図1・139　DD19のCOD試験および試験片

J_{IC}試験

線形弾性破壊力学の制約にしばられずに，COD試験法とは別個に提案されている方法で

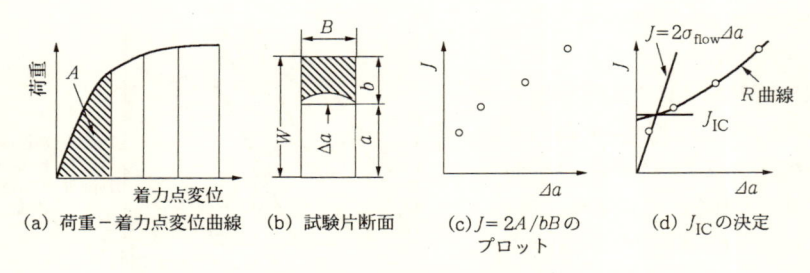

図1・140　J_{IC}測定法の一例(Landesほか，1974)

ある．その理論はRice[27]のJ積分による非線形破壊力学から出発している．この理論はフックの法則を特例として包括する非線形弾性論であって，平面応力状態ではこのJ積分の値はK^2/E，平面ひずみ状態では$(1-\nu^2)K^2/E$と一致するものであり，非線形弾性材料のポテンシャルエネルギー減少率である．

この試験法に使用するテストピースはK_{IC}試験用のものである．これを数個使用して図1・140に示した荷重-着力点変位曲線を求める．

このテストではK_{IC}の場合の$a \approx 0.5W$よりaをやや大きく$a \geq 0.6W$の方がよいとされている．種々の変位までの荷重-変位曲線下の面積をAとすると

$$J = 2A/Bb$$

によりJ積分値に変換し，J-Δa曲線を求める．Δaの値がストレッチゾーン(stretched zone)のみである時は

$$J = 2\sigma_{flow}\Delta a$$

の関係を保つとされている．ただしσ_{flow}は材料の降伏点と引張強さの算術平均とする．ストレッチゾーンとは，き裂先端部で局部的な塑性流動によって新しい自由表面が形成される場合，最初はすべり面に沿ったステップ表面が形成され，それが進行すると平坦破面に移行する．この平坦破面領域を指す．このストレッチゾーンが発達しきって通常の安定き裂に引き継がれるとΔaの値はR曲線の方に移行する．ただしRは不安定破壊発生に対する材料の抵抗値を意味する．図の(d)のように，$J=2\sigma_{flow}\Delta a$曲線とR曲線の交点としてJ_{IC}が求められる．破壊靱性パラメーターの詳細については専門書を参照されたい．ここでは簡単な紹介のみにとどめる．

以上材料力学的には破壊靱性パラメーターの研究は進んでいるが，このパラメーターを左右する冶金学的諸因子との関係はまだ今後の研究に残されているものと考えられる．

3・9　金属材料の強化法

　固体材料の強さの内容はそれほど単純なものではないが，ここで問題にする強化法とは単純に引張強さあるいは降伏強さのような変形に対する抵抗力ということに限定したい．したがってここでの強化とは硬化とほぼ同様の内容と考えてよい．
　従来種々の金属材料の硬化法が開発されているが，その機構は塑性変形の主役を果している転位の移動を阻止する方法である．

3・9・1　ひずみあるいは加工硬化
　金属の線材などを何回も繰り返して曲げていると次第に硬化し変形しにくくなる現象はよく知られている．この加工によって材料を硬化させる方法は一般に工業的に利用されている．
　これは冷間加工によって格子欠陥，主として転位の増殖を行い，その相互作用によって移動転位の運動を妨げるものである．
　この方法で多くの金属材料，主として熱処理に伴う相変化のない純金属や合金類が強化されている．たとえば無酸素銅は焼なまし状態ではその引張強さは〜22kgf/mm^2，HV〜27であるが，冷間加工によって〜40kgf/mm^2，HV〜120となる．アルミニウムでは，なまし状態でその引張強さ〜6kgf/mm^2，HV〜16であるが，加工によって〜15kgf/mm^2，HV〜40となる．またニッケルのようなものでは，なまし状態で〜45kgf/mm^2，HV〜90であるが，加工によって〜80kgf/mm^2，HV〜200となる．
　一般に冷間加工によって金属材料中に導入され残留するエネルギーの量は0.01〜1.0cal/gと報告されている．加工の仕事のエネルギーの90％以上は熱として放射される．このわずかな蓄積エネルギーは転位，空孔，積層欠陥として存在している．その残留量は材料の融点が高いほど多く，合金濃度が高いほど増加する．

3・9・2　固溶体硬化 (solid solution hardening)
　金属材料は合金元素の固溶化によって硬化したり降伏応力が上昇する．これは母金属原子と合金原子との間の化学的な結合力によることもあるが，両者の間の原子径の大きさの差によって引き起されることが多い．
　図1・141に銅に各種の合金元素を添加した場合の耐力と合金元素濃度の関係を示した．またCu原子の原子直径を2.550Å（10^{-1}nm）とした場合，各合金元素の原子直径とCu原子の原子直径との差$(d-2.550)/2.550×100\%$を図中につけ加えて示した．合金濃度による

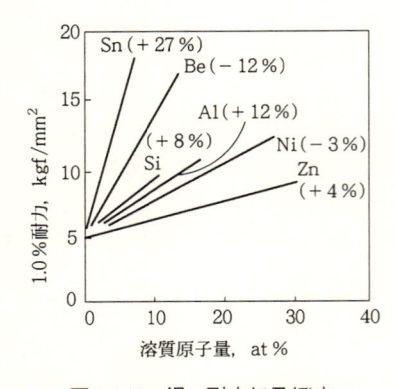

図1・141　銅の耐力に及ぼす添加元素の影響

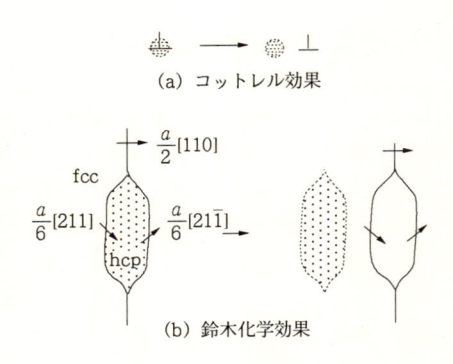

図1・142　溶質原子と転位の相互作用モデル

耐力の増加率は原子の大きさが異なるほど大きくなっていることがわかる．

単純に考えて母金属原子より小さい原子が入ると，その周囲には引張り，大きい原子が入るとその周囲には圧縮応力が発生する．この応力は原子径の差が大きいほど大きくなる．

この溶質原子の周囲に存在する応力と転位の周囲の応力との相互作用によって硬化が起ることが考えられる．

以上の固溶化による硬化の説明をさらに一歩進めて，次のような硬化理論が提唱されている．

転位の周囲の応力と溶質原子周囲の応力が緩和するような形で相互作用すれば，両者間に結合力が働き，溶質原子は転位芯の周辺に集まり，濃度の高い雰囲気の形成が起る．このような雰囲気が一度形成されるとその転位は安定化し，そのモビリティーはもっぱら原子の拡散という遅い動きに律速されるようになる．このような現象をコットレル効果（Cottrell effect）とよんでいる．このような転位を動かすために余分の外部力を必要とする．すなわち降伏応力が上昇したことになる．このような現象は侵入型固溶体である軟鋼の低温におけるひずみ時効において認められている．また焼鈍された軟鋼の降伏現象の説明にも利用されている．

また面心立方金属ではすべり転位 $\frac{a}{2}\langle 1\bar{1}0\rangle$ が $\frac{a}{6}\langle 2\bar{1}\bar{1}\rangle$ と $\frac{a}{6}\langle 1\bar{2}\bar{1}\rangle$ との2本の部分転位に拡張し，拡張部分の{1 1 1}面の積み重なり方は面心立方のABCABCA…から最密六方晶のABAB…に変化している．すなわち母相は面心立方晶で積層欠陥部分は最密六方晶となっている．したがって化学熱力学的な多相平衡の考え方から，両部分の合金濃度に差が発生し，これが転位を動きにくくしているという考え方である．これは一般に鈴木の化学効果

(Suzuki chemical effect)とよんでいる．

上記の二つの考え方を図1・142に示した．

このほかに固溶体の規則-不規則性より効果を論ずる考え方もある．一般に規則化した固溶体中を転位が移動する場合よりも，不規則固溶体中を移動する場合の方が抵抗が小さいと考える．実際に規則格子は不規則格子より硬質で変形しにくい場合が多い．Cu-Zn合金のβ相やAu-Cu合金のAuCu相においてこの傾向が観察される．またFeRh相やCoPt相などにもこの規則化による硬化が示されている．

3・9・3　析出硬化 (precipitation hardening)

いまA-B2成分合金系において，図1・143に示したように，A金属中に固溶するB成分の固溶度変化が大きい場合を考えてみる．たとえばX_B%の合金をα単相領域から急冷すると，β相の析出は阻止されいわゆる過飽和固溶体 (super saturated solid solution) が擬安定の状態で低温に凍結される．この過飽和固溶体中には溶質原子が過飽和であると同時に，高温で熱平衡を保っていた多数の空孔も過剰空孔 (excess vacancy) として残っている．

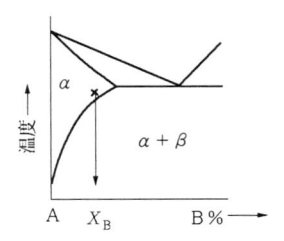

図1・143　固溶度の温度変化を利用した熱処理

平衡濃度の空孔だけでは溶質置換型原子の拡散の起りにくい低温においても，多数の凍結空孔の活発な運動によってB原子の拡散が促進され，析出の前駆段階としてB原子が集合する傾向を示す．母相中でこのように溶質原子の濃化した部分を集合体 (cluster) とよんでいる．この集合体が次第に成長して，X線や電子線の回折スペクトル中に明瞭な異常散乱ピークを示すようになった状態をG-Pゾーン (Guinier-Preston zone) とよんでいる．これはAl-Cu系の析出過程の研究中フランスのGuinierとイギリスのPrestonによって同時期にそれぞれ独立に発見されたので，その頭文字をとって名付けられたものである．さらに析出段階が進行すると種々の中間段階の擬安定相が現れ，最終的には平衡相βが出現する．この現象はAl-Cu系について最も古くから詳細に研究されているので，Al-Cu系についてやや立ち入って説明することにする．

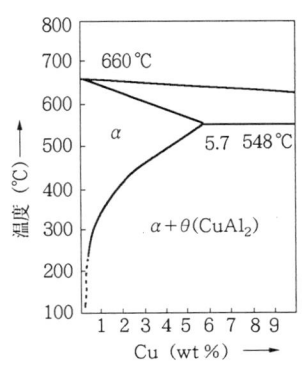

図1・144　Al-Cu合金のAl側の固溶度変化

図1・143に対応するAl-Cu合金のAl側の拡大平衡状態図を図1・144に示した．548℃

図1・145　Al-Cu合金の130℃における時効硬化曲線

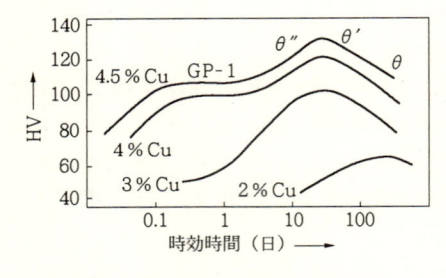

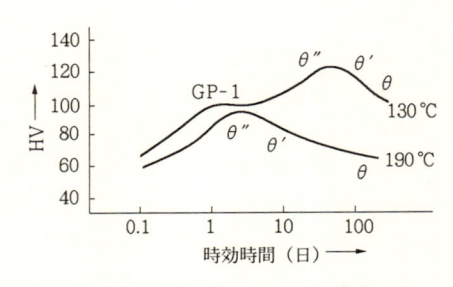

図1・146　Al-4wt%Cu合金の時効硬化曲線

の共晶温度ではAl中へのCuの固溶量は5.7wt%であるが，温度の低下とともにそれが急激に減少し200℃付近では0.5wt%以下になっている．

　種々のCu濃度の過飽和固溶体を130℃で時効させた場合および時効温度を変えた場合の析出過程を硬さ変化で示したのが図1・145および1・146である．いずれも時効時間とともに硬化を示して最高硬さに達し，以後時間とともに軟化の傾向を示している．硬化開始はCu濃度の高いものほど短時間側にあり，高濃度合金では硬化反応が明瞭に2段階に分かれている．

　これは硬化に寄与する析出反応に少なくとも2種類の異なる反応があるということを示している．GuinierとPrestonがX線回折像に特異な異常散乱を見出したのはこのAl-4wt%Cu合金の時効初期の硬化段階においてであった．すなわちこの初期の硬化現象はG-Pゾーンの形成によるものであることが理解される．その後このAl-Cu系過飽和固溶体の分解過程についてはきわめて数多くの研究が行われ，現在ではG-Pゾーン，θ''相（以前には初期のG-PゾーンをG-P（I）ゾーンとよび，θ''相はG-P（II）ゾーンと区別されたこともある），θ'相，安定相θが区別されている．硬化段階は図1・145中に示したようにG-Pゾーン，θ''，θ'形成段階であって，θ'の粗大化およびθの形成段階は軟化に入る過時効（over aging）段階であることが示されている．Al-Ag, Al-Zn, Al-Cu-Mg, Al-Zn-Mg, Al-Mg-Si系など一連のアルミニウム合金について同様の析出過程の研究が進み，過飽和固溶体の分解理論とその工業的応用に長足の進歩がみられた．その間1956年頃よりHirschやBollmannらによって導入された透過電顕による直接観察の実験技術はこれらの析出現象の解明に大きく貢献したことは見逃せない．その後析出硬化現象は鉄系を始めとして多くの合金系にも応用されている[28, 29, 30, 31]．

　析出によって何故硬化するかということに関しては，現在転位との相互作用で説明されている．その考え方は初期の整合な析出物の場合と，整合性を失った安定相の分散の場合とに

大きく分け，次のように説明される．

　G-Pゾーンのような整合な析出段階の場合は，析出相の周囲のひずみ場と転位の相互作用，析出相を直接転位がせん断して通る場合のせん断抵抗の二つの考え方にまとめられる．

　MottとNabarroによれば，結晶を連続弾性体と考え，その中へ整合状態で微少な相が析出する場合の弾性ひずみ場から転位が移動するのに必要なCRSS（critical resolved shear stress）τを次式で与えている．

$$\tau \propto G \cdot \varepsilon \cdot f$$

ただしGは母相の剛性率，fは析出物の体積分率，εはミスフィットパラメーター（misfit parameter）であり，ひずみ場の大きさを決めるもので，溶質原子と溶媒原子の大きさの相異に左右されるものである．

　たしかにεの大きいと考えられる合金系では時効に伴う硬化量も大きい，たとえば原子の大きさの大きく異なるAl-Cu系やCu-Be系ではG-Pゾーン形成に伴う硬化量は非常に大きいが，大きさのあまり異ならないAl-Ag系やAl-Zn系では硬化量が小さい．参考のため原子の大きさをGoldschmidtの原子径で示し，その大きさの相異をパーセントで示せば，Al-Cu系ではCu原子は約10.6％小さく，Cu-Be系ではBe原子が約11.7％小さい．これに対しAl-Ag系ではAg原子が約1.05％大きく，Al-Zn系ではZn原子が約3.51％小さいだけである．

　しかし材料の機械的性質は単に析出物の量のみではなく，その大きさ，形，分布密度，などに左右される．析出物の形態は時効時間とともに変化し，電顕観察では転位がG-Pゾーンを切断して通ることが多い．この切断抵抗は析出物の表面積の増加，界面転位の形成などに伴うshort-rangeの相互作用であるが，応力場との相互作用はlong-rangeの相互作用として区別できる．

　非整合の析出分散によっても硬化は考えられる．Orowanによれば転位が分散粒子のある場を通るときには図1・147に示したようなまわりこみ現象を示しつつ通ることが考えられる．

　転位が非整合析出物の切断をさけつつ，まわりこんで通るときのせん断応力は

$$\tau \propto G \cdot b / l$$

である．ただしGは母相の剛性率，bは転移のバーガースベクトルの大きさ，lは粒子間距離である．上式より析出相の分布密度の高いlの小さい状態ほどτ

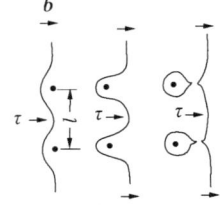

図1・147　分散粒子によるOrowanループの形成

は大きく硬化も大きい．

　この場合重要なことは析出相の周囲に転位の通過によって転位ループが多重形成されることである．この急激な転位密度の増加は当然転位の移動抵抗を高め硬化を引き起こす．

3・9・4　マルテンサイト変態硬化

　これは鋼の焼入れできわめて硬いマルテンサイトを形成させる熱処理で代表されるものである．一般に固相内での相変態は原子の拡散というゆるやかな素過程の積み重ねの結果として起る拡散律速の反応が多い．ところがこのマルテンサイトという準安定相の形成速度はときとして 10^{-7} 秒という瞬時の反応であることから無拡散変態として取り扱われている．

　マルテンサイトの形成は結晶のある領域が，急冷によって導入された多数の転位の移動によって変形を起し，そのマルテンサイト晶と母相との間に発生するひずみが引き金となってさらに反応領域が拡大するといった自己触媒的（auto-catalytic）なところがある．転位が多数急激に移動する点で塑性変形の時の降伏現象によく似た点を持っている．

　たとえば炭素鋼のマルテンサイトは急冷により炭素を過飽和に固溶し，c 軸方向に少し伸びた体心正方格子であって，多数の格子欠陥を含んだ状態である．0.55％Cの炭素鋼の焼なました初析 α ＋パーライト（$\alpha + Fe_3C$）の状態での硬さはHV190であるのに対し，そのマルテンサイトは900程度に硬化している．このマルテンサイト変態は鋼材ばかりではなく，銅合金の β 相，チタンあるいはジルコニウムの β 相などを急冷した場合にも観察される．これらの場合は多くは体心立方晶の共析分解を急冷で阻止した場合，または高温で不規則な体心立方が低温で規則的体心立方に変化する規則格子変態を急冷で阻止した場合に起りやすい．

3・9・5　複合化による強化

　最近金属中に硬質の微粒子を分散させて強化する粒子分散強化材，またはホイスカーのような強力な繊維を組み込んだ繊維強化材の研究が進んでいる．

　粒子分散の方は時効硬化のところでも述べたように，Orowanの転位のまわりこみによる模型でその強化機構が説明できる．アルミニウム中に Al_2O_3 を分散させたSAPとよばれる材料，ニッケル中に ThO_2 の分散を考えた材料などがある．セラミック粉に金属を混入して焼成したサーメット（Cermet）とよばれる材料は，金属で可塑性を与えたセラミックスで金属材料とはよびがたいが，これも一種の粒子分散型である．

　細い強力な繊維を可塑性に富む材料中に方向をそろえて分散させた材料としては，FRPとよばれるガラス繊維強化プラスチック（fiber reinforced plastic）が広く利用されている．この他にアルミナ，グラファイト，ボロンなどの細くて強い繊維を作り，これを金属や

プラスチックに組み合せて強化する研究も進んでいる．また共晶組成合金を一方向凝固法によって繊維強化と同一の理屈で強化した材料もある．この場合やわらかい地質は外部からの力を分散している強力繊維に伝えるだけの役目をしているだけであり，繊維はつな引きの綱の役目を果している．

この際重要なことは母相と繊維界面が強く物理的につながっていることである．界面で化合物が形成して脆化したり，母相と繊維の間にすき間ができたりしてはいけない．

3・10　金属材料の腐食および酸化

一般に金属は自然界に存在するその鉱石を還元して製錬されている．その鉱石は酸化物であることが多いから，自然状態では純金属よりも酸化物である方が安定なことを物語っている．このように金属は自然に酸化物となって損耗する．

また水分の共存下では金属表面には電解液が形成され，化学反応によって腐食される．

上のように水分の共存しない酸化のような場合を乾腐食（dry corrosion）とよび，水分の共存状態を湿腐食（wet corrosion）とよんで区別することもある．

金属材料の自然状態での腐食は，工業材料の大きい損失の原因であり，これに対する対策としての防食技術は重要であるが，最近問題になっている廃棄物処理の点では，自然状態ではほとんど変化しないプラスチックスなどとは異なり金属の利点の一つとも考えられる．次に金属の腐食機構を考える場合の基礎事項を簡単に述べよう．

3・10・1　金属の電極電位 (electorode potential)

金属がイオンとなって水溶液中に溶解する湿腐食を考える場合，その反応速度は金属固有の性質ばかりではなく周囲の環境にも左右されるものであるが，まず金属固有の性質としてイオン化傾向あるいは電位列（electrochemical series）についての知識が重要である．

金属をそのイオンを含んだ電解液中に浸けると，金属表面からは金属原子がイオンとなって液中に溶出しようとする反応と，液中金属イオンが金属表面へ金属原子として析出しようとする反応が起る．前者の場合は金属表面に電子が残り，後者の場合は表面より電子をうばうから正の電荷が残る．これらの電荷は表面付近のイオンに静電的な力を及ぼし，相反する反応の間に平衡が成立する．この平衡を保ったときの金属の溶液に対する電位をその金属の電極電位または単極電位（half-cell potential）とよぶ．

電位を決める場合は標準が必要となるが，標準水素電極（standard hydrogen electrode）を基準として定めた金属の電極電位を用いるのが一般的である．

標準水素電極というのは，白金電極表面に白金黒（微細な白金粉）を塗り，これを1.2mole

表 1·37　金属の標準単極電位 (25°C)

電極反応	E(volts)	電極反応	E(volts)
$Cs = Cs^+ + e$	+3.02	$Co = Co^{+2} + 2e$	+0.29
$Li = Li^+ + e$	+3.02	$Ni = Ni^{+2} + 2e$	+0.25
$Rb + Rb^+ + e$	+2.99	$Sn = Sn^{+2} + 2e$	+0.136
$K = K^+ + e$	+2.922	$Pb = Pb^{+2} + 2e$	+0.126
$Na = Na^+ + e$	+2.712	$H_2 = 2H^+ + 2e$	0.000
$Ca = Ca^{+2} + 2e$	+2.5	$Sb = Sb^{+3} + 3e$	−0.11
$Mg = Mg^{+2} + 2e$	+2.34	$Cu = Cu^{+2} + 2e$	−0.345
$Al = Al^{+3} + 3e$	+1.67	$Cu = Cu^+ + e$	−0.522
$Ti = Ti^{+2} + 2e$	+1.63	$Hg = Hg^{+2} + 2e$	−0.7986 ?
$Zn = Zn^{+2} + 2e$	+0.762	$Ag = Ag^+ + e$	−0.800
$Cr = Cr^{+2} + 2e$	+0.6	$Pd = Pd^{+2} + 2e$	−0.82
$Cr = Cr^{+3} + 3e$	+0.71	$Hg = Hg^{+2} + 2e$	−0.86
$Fe = Fe^{+2} + 2e$	+0.44	$Pt = Pt^{+2} + 2e$	−1.2
$Cd = Cd^{+2} + 2e$	+0.4	$Au = Au^{+3} + 3e$	−1.42
		$Au = Au^+ + e$	−1.68

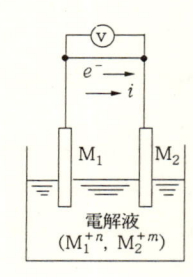

図 1·148
異種金属のガルバニセル模型

/l の HCl 溶液と接触している1気圧の水素中に浸したものである．

　金属イオン濃度を1mole/l とした場合の単極電位を標準単極電位 (standard half-cell potential) とよぶ．温度はすべて25°Cを標準とする．

　表 1·37 に金属の標準電極電位を示した．

　いま M_1, M_2 の2種の金属を両極として1組のガルバニセルを形成したとする．その略図を図 1·148 に示す．電極間には電位差が生じ図のように電子が流れたとする．

　この場合の反応式は

$$M_1^{(0)} + \left(\frac{n}{m}\right) M_2^{+m} \longrightarrow M_1^{+n} + \left(\frac{n}{m}\right) M_2^{(0)} : \Delta F$$

上記の反応に伴う電気化学自由エネルギー変化 ΔF が負の時は，M_1 金属が極から溶けてイオン化し，電子 e は導体を図の方向に移動し，M_2^{+m} イオンの還元を反対極で行う．電子を M_1 極から M_2 極に移す仕事は ΔF が供給するのであって，もしこの電池が可逆的でありさえすれば，ΔF がすべてこの仕事に消費されることになる．

　上式では n モルの電子が M_1^{+n} イオン1モルの形成のため移動するから，

　　　$\Delta F = -nE\mathfrak{F}$

　ただし $\mathfrak{F}$ は1モルの電子の電荷でファラデー定数 (Faraday constant) とよばれるもの

で，約96500coulombである，EはM_2からM_1に対する電位（volts），ΔFのディメンションはこの場合joules/moleである．また上式のマイナス符号は，ΔFが負のときEが正であるように付けたものである．

上に記した反応は次の二つの反応に分解できる．

$$M_1^{(0)} \longrightarrow M_1^{+n} + ne : \Delta F_1 = -nE_1\mathfrak{F}$$

$$M_2^{(0)} \longrightarrow M_2^{+m} + me : \Delta F_2 = -mE_2\mathfrak{F}$$

$$\therefore \Delta F = -nE\mathfrak{F} = \Delta F_1 - \frac{n}{m}\Delta F_2 = -n(E_1 - E_2)\mathfrak{F}$$

$$\therefore E = E_1 - E_2$$

上の結果よりM_1とM_2の組み合せでできるセルの電位は各half-cellの反応の電位より求まることがわかる．

たとえば表1・40に示した標準電極電位より，ZnとFeの組み合せでできるガルバニセルの電位Eは，0.762 − 0.440 = 0.322voltとなる．

Eの値が正であればあるほどイオン化しやすくより活性な金属（active metal）またはより卑な金属（base metal）とよぶ．他方Eが負になればなるほどイオン化し難くより貴な金属（noble metal）とよぶ．またガルバニセルで卑な金属はアノード（anode）とよび，貴な方をカソード（cathode）という．つまり電解質との接触界面において金属がイオン化して流出する方をアノード，流入する方をカソードという．内部回路では電流はアノードよりカソードに流れ，外部回路ではカソードよりアノードに向って流れることになる．

図1・148に示したガルバニセルでM_1極がアノードでM_2極がカソードということになる．

電解質濃度と単極電位の関係

一般にイオン化に際しての自由エネルギー変化ΔFは電解質濃度によって変化する．

$\Delta F = -nE\mathfrak{F}$の式において$E$が変化することになる．1モル溶液のときの単極電位をE_0とし，濃度cの時の活量（activity）をaとすれば，

$$E = E_0 - \frac{RT}{n\mathfrak{F}} \ln a$$

aは大体濃度に比例する量と考えてよく，希薄溶液では$a \approx c$と考えられる．25℃の希薄溶液では上式は

$$E = E_0 - \frac{0.059}{n} \log_{10} c$$

上式より濃度が高くなるとその標準単極電位は低くなる．

ガルバニセルの反応速度

電流が流れ始め，極反応が進行すると，両極付近の初期条件はすぐ崩れ始める．たとえばアノード周辺ではイオン濃度の増加とともに単極電位は低下の傾向を示す．他方カソード周辺では種々の複雑な陰極反応が起る．

カソードでは金属イオンが還元されて減少するが，それと同時に電解極が酸性であれば，

$$2H^+ + 2e \longrightarrow H_2$$

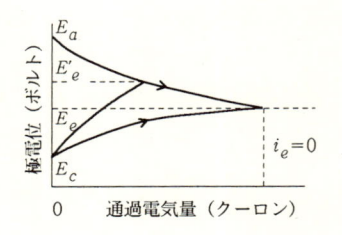

図1・149　ガルバニセルの分極曲線

の反応で水素ガスが発生し，中性あるいは塩基性であれば，

$$O_2 + 2H_2O + 4e \longrightarrow 4OH^-$$

の反応でアルカリが増加し酸素が消費される．

酸性の場合陰極板上にHが発生しH_2ガスとなるが，これがすぐ浮上すればカソード電位は元にもどるが，そのままだとH_2ガスをかぶり水素電極のようになる．このようにカソード表面の性質が重要な因子となる．

中性および塩基性の場合は，その周辺の溶解酸素濃度が電極反応に重要な影響を持つ．このことより酸素の濃淡で電位が変化し，セルの形成されることがわかる．

以上の両極周辺の変化は電流の流れを阻止する方向に起っていることがわかるが，これを分極（polarization）とよぶ．この分極によってセルの機能は次第に失われる．

ガルバニセルの電位の時間的変化を図1・149に示した．

アノード電位はイオン濃度の増大により次第に時間とともに低下し，両者は接近して平衡電位E_eに落着き，極間電流は0となる．外部条件の変化によっては図のようにカソード分極が加速され平衡電位がE'_eにずれるようなこともある．図から分極傾向が大きいほどガルバニセルは速くその機能を失うことがわかる．

つまりアノードよりの金属の溶解は早期にストップすることになる．

3・10・2　腐食および防食

水溶液電解質中での腐食は，金属表面に何らかの原因で局部的なガルバニセル（local galvanic cell）が形成されることにより発生する．次に主要なセル発生原因をまとめてみよう．

化学組成の相異

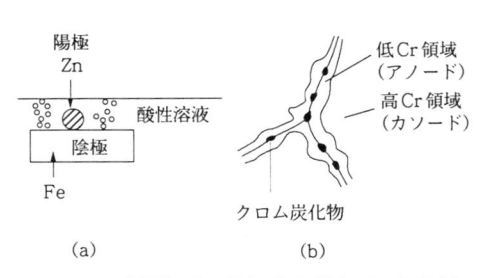

図1・150　化学組成の差によるガルバニセル例

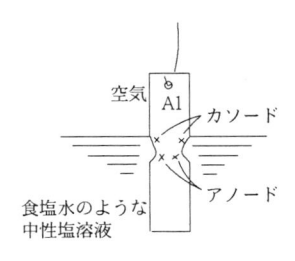

図1・151　中性塩水溶液中での水準線腐食

　これには異種金属の電気的な接触というマクロな問題から，金属材料内部の組織の不均一性といったミクロな問題まで含む．ここで電気的な接触というのは単なる機械的なものではなく電気回路が形成され得るような接触という意味である．
　たとえば図1・150の(a)のように酸性溶液中で鉄片と亜鉛が接触している場合は，図のように亜鉛はアノードとして溶解し，鉄はカソードとなりその表面から水素ガスが発生する．この場合亜鉛は溶解するが，鉄の酸中への溶解を防いでいることになる．もちろんこれはこのガルバニセルの周辺のみで遠いところには影響はない．
　18：8ステンレス鋼でも腐食によって割れることがある．この場合は(b)図のようにクロム炭化物が結晶粒界に沿って析出し，その周辺の母相中のCr濃度が低くなる．そのため粒界周辺がアノードとなり粒内がカソードとなって粒界腐食が起る．

電解液の濃度差
　金属容器内で電解質が流れているような場合を考えてみよう．容器の隅の部分やすき間のようなところでは流れにくいので，一般に金属イオン濃度が高くなりやすい．したがってこの部分はカソードとなり流速の大きいところはアノードとなって腐食を受けやすい．

溶存酸素の濃度差
　液の部分によって酸素の供給の充分なところと不充分なところがある．たとえば図1・151のようにアルミ板が食塩水中に部分的に浸漬している場合のような例である．水準線直下とそれよりさらに下とでは空気中よりの酸素の供給量が異なる．このような場合は直下の酸素の多い部分がカソードとなり，その下の部分がアノードとなって腐食される．このような腐食形式を水準線腐食（water-line corrosion）とよぶ．
　このほか水中で鉄の表面によごれが乗っている場合その下の部分，ボルトやリベットの頭の下の部分，その他酸素の供給の悪いすき間の部分などは腐食されやすい．このような腐食をすき間腐食（crevice corrosion）などともよぶ．

不均一な応力の分布

金属材料は一般に冷間加工を受けた状態の方が焼なまし状態より自由エネルギーが高い．

したがって冷間加工により不均一な応力分布が電気的に接しているような場合には，応力の高い方がアノードとなり低い方がカソードとなる．

腐食破断の形式は3・8・7で説明した応力腐食割れとよばれる現象である．一般ばね材料ではこのような割れにとくに留意する必要がある．

防食法

以上腐食の発生原因の大略を述べたが，次に現在採用されているその対策の概略を述べる．

(1) 金属表面の保護被膜形成

酸素の存在下では新鮮な金属表面にはすぐ薄い酸化被膜が形成される．その薄膜はときにはち密で硬質であるので金属表面の強い保護作用をする．このような状態を不働態（passive state）とよぶ．たとえばその単極電位でははるかに高く卑な方にあるアルミニウムが，鉄などに比較していつまでも金属光沢を失わないのはその表面にきわめて薄い（100Å以下）Al_2O_3の保護被膜が形成されているからである．またステンレス鋼のさびないのも，その表面にクロムのち密な酸化被膜が形成されているからである．このように不働態化を促す環境にすることが防食法の一つである．

(2) 電気的絶縁層の介在

異種金属の接触が避けられない場合には，その界面に適当な絶縁層をはさんでガルバニセル形成を阻止するようにする．

(3) カソード面を小さくして分極を促す．

ガルバニセルの形成が考えられる場合には，カソード表面を小さくすると陰極反応が急激に起り分極する．たとえば鋼板を銅の釘でとめると，カソードとなる銅釘の表面積は極端に鋼板より小さいので，セルを形成し鋼板が溶解を始めても分極により停止する．ところが銅板を鉄釘でとめるとたちまち鉄釘は溶解してしまう．

(4) すき間や隅の部分はあまり鋭くない設計にする．

(5) 材料の表面のよごれやスケールはできるだけ取り除き，きれいな表面にする．

(6) 残留応力の除去を行う．ひずみとり焼なまし（stress relief annealing）は再結晶温度より低い温度で行う．銅合金ならば約200℃付近である．

(7) 各種の化学的表面処理

たとえば塗装，めっき，アルマイト処理

(8) 腐食抑制剤（inhibitor）の添加

インヒビターとは電解質中に添加して，金属表面あるいは腐食生成物と反応したり，吸着

によって表面を保護するような膜の形成を行う添加物である．たとえばラジエーターやボイラー用水にクロム酸，タングステン酸など酸素を多く含む遷移元素酸化物の添加を行う．

このほか大きい分子の有機物を添加して，金属表面に吸着層を形成させて保護するものもある．

(9) 液中の脱酸素処理

アルカリおよび中性電解質中では溶存酸素はカソード分極を解除してセルを活発化しやすい．したがって電解質中に溶け込んでいる酸素を除いた方が分極は促進され，腐食は進行しにくくなる．

(10) 犠牲陽極の使用

鉄製タンクの内面などへ，ZnあるいはMgのような単極電位の高い金属片を電気的に接続せしめると，これらの金属は鉄とガルバニセルを形成し，アノードとして溶解するが，その周辺の鉄はカソードとなり強い保護作用を受ける．このような方法を一般に陰極防食 (cathodic protection) とよぶ．

(11) 外部より人為的に電位を与える．

たとえば土中の金属製パイプラインの腐食を防ぐ目的で，外部より直流電源で電位を与え，パイプラインがカソードになるようにして保護する．

3・10・3　金属材料の酸化

酸化は金属材料の化学的損耗の一つである．

耐熱材料を取り扱う場合には非常に重要な問題である．この問題を考える場合も，電解液中での湿食の場合と同様に，金属元素本来の酸素に対する親和力と同時に，形成される酸化被膜の構造を解析することも重要である．後者はとくに酸化反応の速度論の観点より重要である．

金属の酸素に対する親和性

金属の表面に酸化物の単分子層を形成する傾向は，金属元素と酸素の親和力の大小できまる．その親和力の大小は酸化反応に伴う自由エネルギー変化の大小できまる．

$$x\mathrm{M} + \frac{y}{2}\mathrm{O}_2 \longrightarrow \mathrm{M}_x\mathrm{O}_y : \varDelta F$$

表1・38に金属の酸化反応に伴う$\varDelta F$の値を示した．

表1・37と表1・38を比較すると，一般に電気化学的に卑な金属ほど酸化されやすく，貴な金属ほど酸化されにくい．AgとAuでは$\varDelta F$は正であるが，これは500KでAgとAuはその酸化物を形成するよりは，分解状態の方が安定であることを示す．

金，銀が室温付近でいつも金属光沢を保っているのはこのためである．

酸化被膜の成長機構

酸化反応は酸素ガスが金属表面で原子に解離し，解離した酸素原子が電子をもらってアニオンとなり金属結晶中に入り結合する．

$$O_2 \rightarrow 2O \rightarrow 2O + 4e \rightarrow 2O^{-2}$$

この反応は最初は新鮮な金属表面で起るが，酸化被膜が形成されてしまうと，ガス相と金属表面はイオン結晶である酸化膜の介在によって一応分離されてしまう．酸化膜がち密で孔のない場合は，以後の酸化反応は，酸化膜を通しての金属イオン，酸素イオンおよび電子の拡散によって左右される．もし被膜が多孔性ならば，酸素ガスはその孔を通り，たえず金属表面で上記の反応をくりかえすことになる．したがって被膜のち密性は酸化膜の成長に重大な関係を持っていることがわかる．

この酸化膜の構造は金属とその酸化物の体積比に強く左右される．

この体積比は Pilling-Bedworth の式としてつぎに示されている．

$$\text{P-B値} = \frac{\text{酸化物の体積}}{\text{金属の体積}} = \frac{Md}{amD}$$

ただし　M：酸化物の分子量（分子式 M_aO_b）
　　　　m：金属の原子量
　　　　d：金属の密度
　　　　D：酸化物の密度
　　　　a：酸化物1分子当りの金属原子数

$Md/amD < 1$ の場合は酸化物は金属より体積が小さくなるから，酸化膜に対して金属は張力を及ぼし，膜は多孔性となる．

$Md/amD = 1$ の場合は両層界面で応力を発生せず，ち密で保護作用の強い膜を形成しやすい．

$Md/amD > 1$ の場合は金属より膜に圧縮力が作用し，膜にき裂が発生して盛り上がり剥離する．

以上の膜の状態をスケッチで図1・152に示した．ち密で耐食的な被膜は（b）の場合に期待できる．

表1・38　金属の酸素1グラム原子あたりの酸化に伴う自由エネルギー変化量(500K)

(10^3cal)

金属	ΔF	金属	ΔF
Ca	-138.2	H	-58.3
Mg	-130.8	Fe	-55.5
Al	-120.2	Co	-47.9
Ti	-101.2	Ni	-46.1
Na	-83.0	Cu	-31.5
Cr	-81.6	Ag	$+0.6$
Zn	-71.3	Au	$+10.5$

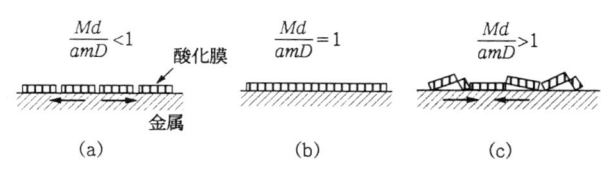

図1・152 金属表面における酸化被膜の状態と P-B 値

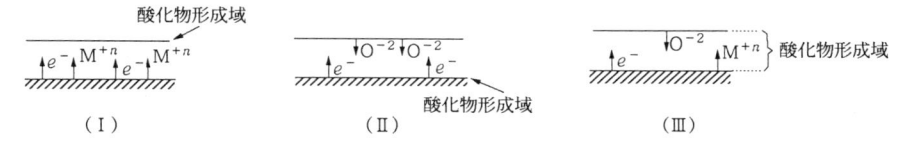

図1・153 酸化被膜の形成域と膜の電気およびイオン伝導性

(a), (c)の場合は孔やき裂を通って直接O_2ガスが侵入し，酸化物-金属界面で酸化膜の形成がたえず行われる．

このような場合の膜厚の成長速度は孔やき裂の数や大きさの条件が一定ならば，ほぼ時間に対し直線的となる．すなわち

$$dx/dt = \text{const.}, \quad x = at + b$$

膜厚の増大とともに益々多孔性が増すと，成長速度は加速度的に増大することも考えられる．

(b)の場合は膜に孔やき裂はないから，膜の成長はイオンや電子の移動によって律速される．この場合はO^{-2}, M^{+n}, e^-の膜中の移動の傾向によって図1・153に示したような場合が考えられる．

〔Ⅰ〕はM^{+n}が酸化膜中で動きやすく，膜の電気抵抗も小さい時であり，酸化物の形成はもっぱら膜の表面で進行する．〔Ⅱ〕はO^{-2}の移動度の大きい場合であり，このときは酸化物はもっぱら金属との界面で進行する．〔Ⅲ〕は〔Ⅰ〕と〔Ⅱ〕の中間で形成域は膜の内部で進行する．

反応がイオンの拡散律速ならばフィックの第1法則よりxとtの関係は放物線的となる．

$$\frac{dx}{dt} = \frac{a'}{x}, \quad x^2 = 2a't + b'$$

イオンの移動も遅く，電気抵抗も大でe^-の移動も少ない場合は，蓄積イオンが拡散に対しある種の阻止作用を及ぼすという考え方より，その反応速度は対数的となり，

$$x = A\log(Bt + c)$$

一般に低温ではFe，Niの皮膜の成長は上記の対数関係になり，長時間かけてもその厚さは100～200 Åどまりである．AlやBeの酸化膜もこの対数関係に従う．

一般にCrの酸化皮膜は鋼材の酸化防止に有効に働いているわけであるが，電気伝導性はよいがイオン伝導性が悪いと考えられている．

以上酸化膜が保護的に作用するためには，P-B値がほぼ1に近く，膜の電気およびイオン伝導性の低いことが要求される．

この他に金属と酸化膜の密着力，酸化物の蒸気圧なども問題になる．たとえばMoは耐熱材料として非常に有効な材料であるが，酸素の共存下では酸化モリブデンとなり，この酸化物は非常に気化しやすいのであまり保護作用はなく，金属Moは次第に細くやせる．

また保護作用のある酸化皮膜の場合，その成長速度と温度との関係は

$$dx/dt \propto \exp\left(-\frac{Q}{RT}\right)$$

で示されることが多い．

これはxとtの関係が放物線的である場合，$dx/dt = a'/x$の中のa'中にイオンの拡散恒数が含まれ，上式のQがその拡散の活性化エネルギーとなっているからである．

第 I 部の文献

1) 久保亮五:統計力学,共立出版,1966
2) J. W. Gibbs : The Scientific Papers, **1**, Dover Publication Inc., 1961, 96
3) M. Volmer and A. Weber : Z. Phy. Chem., **119**, 1925, 277
4) R. Becker and W. Döring : Ann. Phys., **24**, 1933, 719
5) F. W. Rutter and B. Chalmers : Can. J. Phys., **31**, 1953, 15
6) A. Findlay : The Phase Rule and its Applications, edited by A. N. Campbell and N. O. Smith, Dover Publications Inc. New York. 9th edition, 1951, p. 8
7) G. Borelius : Ann. Phys., **28**, 507, 1937 ; Trans AIME, **191**, 1951, 477
8) J. W. Cahn and J. E. Hilliard : J. Chem, Phys., **28**, 1958, 258 ; **31**, 1959, 688;Acta Met., **9**, 1961,795 ; **10**, 1962, 179
9) J. Crank : Mathematics of Diffusion, Oxford University Press, Fair Lawn, N. J. 1956
10) L. Boltzmann : Ann. Phy., **53**, 1894, 960
11) C. Matano : Japan Phys., **8**, 1933, 109
12) L. Darken : Trans. AIME, **180**, 1949, 430
13) A. Smigelskas and E. Kirikendall : Trans. AIME, **171**, 1947, 130
14) E. Schmid and W. Boas : Plasticity of Crystals, F. A. Hughes and Co., 1950
15) J. W. Edington, K. N. Melton and C. P. Culter : Superplasticity, Progress in Materials Science, Pergamon press. **21**, 1976
16) C. E. Pearson : J. Inst. Metals, **54**, 1934, 111
17) S. W. Zehr and W. A. Backofen : Trans. Quart. A. S. M., **61**, 1968, 300
18) M. F. Ashby and R. A. Verrall : Acta Met., **21**, 1973, 149
19) 例えば三村宏:破壊と靭性を支配する諸因子,鉄と鋼,64巻,1978,7号,906
20) A. A. Griffith : Phil. Trans. Roy. Soc., A221, 1920, 163
21) E. Orowan : Repts. Progr. in Phys., **12**, 1948-1949, 185
22) G. R. Irwin : Encyclopedia of Phys., Ⅵ, 1958, Springer
23) Annual Book of ASTM Standards, Part 31, 1972, 955
24) A. H. Cottrell : Iron and steel Inst. Special Rept., 69, 1960, 281
25) A. A. Wells, Crack Propagation Symposium 1961, p. 210, Cranfield
26) British Standard Inst., DD19, 1972
27) J. R. Rice : Fracture Ⅱ, edited by H. Liebowitz, Academic Press, 1968, p. 191
28) A. H. Geisler : Precipitation from Solid Solution of Metals, John Wiley & Sons. Inc. 1951

29) H. K. Hardy and T. J. Heal : Report on Precipitation, Progress in Metal Physics, Vol. **5**
30) R. F. Mehl and J. B. Mewkirk et al : Precipitation from Solid Solution, A. S. M., 1959
31) A. Kelly and R. B. Nicholson : Precipitation Hardening, Progress in Materials Science, Vol. **10**, No. 3, 1963

第 I 部の参考書

1) C. Kittel : Introduction to Solid States Physics, John Wiley & Sons. 1953
2) L. S. Darken and K. W. Gurry : Physical Chemistry of Metals, McGraw–Hill Book Co., 1953
3) W. Hume–Rothery and G. V. Raynor : The Structure of Metals and Alloys, 1954
4) F. N. Rhines : Phase Diagrams in Metallurgy : McGraw–Hill Book Co.,1956
5) R. E. Smallman : Modern Physical Metallurgy, Butterworths, London, 1962
6) J. Weertman : Elementary Theory of Dislocation, Macmillian Pub. Co., 1964
7) The Structure and Properties of Materials, Jhon Wiley & Sons. Inc.,
    W. G. Moffatt, G. W. Pesrsall and J. Wulff : Vol. Ⅰ, Structure, 1964.
    J. H. Brophy, R. M. Rose and J. Wulff : Vol. Ⅱ, Thermodynamics of Structure, 1964.
    H. W. Hayden. W. G. Moffatt and J. Wulff : Vol. Ⅲ, Mechanical Behavior, 1965.
    R. M. Rose, L. A. Shepard and J. Wulff : Vol. Ⅳ, Electronic Properties, 1966
    (岩波書店より「材料科学入門」として訳書が出版されている)
8) A. Prince : Alloy Phase Equilibria, Elsevier Pub. Co., 1966
9) R. W. Cahn Edited : Physical Metallurgy, North–Holland Pub. Co., 1965
10) P. G. Shewmon : Diffusion in Solids, McGraw–Hill Book Co., 1963
11) J. W. Christian : The Theory of Transformations in Metals and alloys, Pergamon Press, 1965
12) J. W. Burke : The Kinetics of Phase Transformation in Metals, Pergamon Press, 1965
13) V. Vlack : Elements of Material Science(渡辺亮治, 相馬結吉共訳 : 材料科学要論, アグネ, 1964)
14) A. H. Cottrell : An Introduction to Metallurgy, Edward Arnold Ltd., 1967(木村宏訳 : コットレルの金属学(上・下), アグネ, 1969)
15) L. Pauling : The Nature of the Chemical Bond, Cornell University Press, Ithaca, 1960
16) J. C. Slater : Quantum Theory of Molecules and Solids, McGraw–Hill Book Co., N. Y., 1963
17) H. H. Uhling : Corrosion and Corrosion Control, Wiley, N. Y., 1963

18) C. S. Barrett : Structure of Metals, McGraw-Hill Book Co., N. Y., 1954
19) Hansen, Anderko : Constitution of Binary Alloys, McGraw-Hill Book Co., 1958
20) ASM Handbook Comittee : Metals Handbook (第8版), A. S. M.
21) 金属便覧 (改訂4版), 日本金属学会編, 丸善, 1983
22) 金属データブック (改訂2版), 日本金属学会編, 丸善, 1984
23) 化学大辞典, 化学大辞典編集委員会編, 共立出版, 1963
24) 理化学辞典 (第3版, 増補版), 岩波書店, 1981

付録

付録1　Schrödingerの波動方程式

量子力学は波動力学ともよばれ，光量子（photon），電子，陽子，中性子，原子，分子などの微粒子や放射線に適用される．物質粒子の運動を一種の波（物質波）としてとらえ，波動方程式とよばれる微分方程式で記述する．光の挙動には光量子とよばれるエネルギー粒子の運動的側面と波の運動的側面のあることはよく知られている．この量子力学によれば，運動量 mv（m は質量，v は速度）で運動エネルギー $E=\frac{1}{2}mv^2$ の粒子に対し，次の関係式で与えられる波長 λ と振動数 ν が対応する．

$$\left.\begin{array}{l} \lambda = h/mv \\ \nu = E/h \end{array}\right\}$$

h はプランク定数（6.63×10^{-27} erg・sec（6.63×10^{-34} J・sec））である．

原子の中の電子を考えてみると，質量は 9.1×10^{-28} g（9.1×10^{-31} kg），速度は 10^8 cm/s（10^6 m/s）程度であるから，上の式より $\lambda \simeq 7$ Å となる．この λ の値は原子自身の大きさより大きいので，電子は原子核のまわりで明瞭な軌道を持つというよりは，その核のまわりに拡がった電荷としてとらえた方がよい．

Schrödingerの波動方程式とは次のような形の微分方程式である．

いま1次元の定在波を考え，長さ L の金属の中を電子が往復運動をしているものと考える．波動函数を $\phi = A\sin(2\pi x/\lambda)$ とし，$\lambda^2 = h^2/2mE$（E ＝全エネルギー＝運動エネルギー）とおけば，

$$\frac{d^2\phi}{dx^2} + \frac{8\pi^2 mE}{h^2}\phi = 0$$

上の式は $x=0$ および L に対して $\phi=0$ を満足するゆえ

$$2\pi L/\lambda = n\pi \quad (n=1, 2, 3, \cdots\cdots)$$

$$\therefore \quad \lambda = 2L/n$$

$$\therefore \quad E = h^2/2m\lambda^2 = n^2 h^2/8mL^2$$

エネルギーは整数 n で量子化されている．

ポテンシャルVが存在する場合は

$$\frac{d^2\phi}{dx^2} + \frac{8\pi^2 m}{h^2}(E-V)\phi = 0$$

3次元に拡張すれば

$$\frac{\partial^2\phi}{\partial x^2} + \frac{\partial^2\phi}{\partial y^2} + \frac{\partial^2\phi}{\partial z^2} + \frac{8\pi^2 m}{h^2}(E-V)\phi = 0$$

$$\therefore \ \Delta^2\phi + \frac{8\pi^2 m}{h^2}(E-V)\phi = 0$$

1次元では1個の量子数で量子化されるが，3次元では3個の量子数でそのエネルギーは量子化される．

付録2　元素の電子構造

原子番号	元素	各グループ中の電子数									
		1s	2s	2p	3s	3p	3d	4s	4p	4d	4f
1	H	1									
2	He	2									
3	Li	↑ヘリウム核↓	1								
4	Be		2								
5	B		2	1							
6	C		2	2							
7	N		2	3							
8	O		2	4							
9	F		2	5							
10	Ne		2	6							
11	Na	↑ネオン核↓			1						
12	Mg				2						
13	Al				2	1					
14	Si				2	2					
15	P				2	3					
16	S				2	4					
17	Cl				2	5					
18	Ar				2	6					
19	K	↑アルゴン核↓						1			
20	Ca							2			
21	Sc						1	2			
22	Ti						2	2			
23	V						3	2			
24	Cr						5	1			
25	Mn						5	2			
26	Fe						6	2			
27	Co						7	2			
28	Ni						8	2			
29	Cu						10	1			
30	Zn						↑3d充満↓	2			
31	Ga							2	1		
32	Ge							2	2		
33	As							2	3		
34	Se							2	4		
35	Br							2	5		
36	Kr							2	6		

付録2（続き）

原子番号	元素	1s〜4p 充満	各グループ中の電子数							
			4d	4f	5s	5p	5d	5f	5g	6s
37	Rb	↑ クリプトン核 ↓			1					
38	Sr				2					
39	Y		1		2					
40	Zr		2		2					
41	Nb		4		1					
42	Mo		5		1					
43	Tc		6		1					
44	Ru		7		1					
45	Rh		8		1					
46	Pd		10							
47	Ag		↑ 4d充満 ↓		1					
48	Cd				2					
49	In				2	1				
50	Sn				2	2				
51	Sb				2	3				
52	Te				2	4				
53	I				2	5				
54	Xe			0	2	6				
55	Cs			0	↑ 5s〜5p充満 ↓					1
56	Ba			0						2
57	La	↑ 1s〜4d充満 ↓		0			1			↑ 6s充満 ↓
58	Ce			2			0			
59	Pr			3			0			
60	Nd			4			0			
61	Pm			5			0			
62	Sa			6			0			
63	Eu			7			0			
64	Gd			7			1			
65	Tb			8			1			
66	Dy			10			0			
67	Ho			11			0			
68	Er			12			0			
69	Tm			13			0			
70	Yb			14			0			
71	Lu			14			1			
72	Hf			14			2			

付録2（続き）

原子番号	元素	1s～5p 充満	各グループ中の電子数						
			5d	5f	5g	6s	6p	6d	7s
73	Ta	↑↓ 1s～5p充満	3			2			
74	W		4			2			
75	Re		5			2			
76	Os		6			2			
77	Ir		7			2			
78	Pt		9			1			
79	Au		10			1			
80	Hg	↑↓ 1s～5d充満				2			
81	Tl					2	1		
82	Pb					2	2		
83	Bi					2	3		
84	Po					2	4		
85	At					2	5		
86	Rn			0	0	2	6		
87	Fr								1
88	Ra								2
89	Ac							1	2
90	Th							2	2
91	Pa			2				1	2
92	U			3				1	2
93	Np			5		↑↓ 6s～6p充満		0	2
94	Pu			6				0	2
95	Am			7				0	2
96	Cm			7				1	2
97	Bk			8				1	2
98	Cf			10				0	2
99	Es			11				0	2
100	Fm			12				0	2
101	Md			13				0	2
102	No			14				0	2
103	Lw			14				1	2

付録3　金属結合半径

($Å = 10^{-1}$nm)

金属元素	半径	金属元素	半径	金属元素	半径	金属元素	半径
Li	1.52 (8)	Rb	2.49 (8)	Ce	1.82 (12)	Os	<u>1.35 (12)</u>
Be	<u>1.13 (12)</u>	Sr	2.13 (12)	Pr	1.82 (12)	Ir	1.35 (12)
Na	1.85 (8)	Y	1.81 (12)	Nd	<u>1.82 (12)</u>	Pt	1.38 (12)
Mg	<u>1.6 (12)</u>	Zr	1.60 (12)	Pm	<u>1.8 (12)</u>	Au	1.44 (12)
Al	1.43 (12)	Nb	1.42 (8)	Sm	<u>1.8 (12)</u>	Hg	<u>1.55 (12)</u>
K	2.25 (8)	Mo	1.36 (8)	Eu	1.98 (8)	Tl	<u>1.71 (12)</u>
Ca	1.96 (12)	Tc	1.35 (12)	Gd	<u>1.8 (12)</u>	Pb	1.74 (12)
Sc	1.63 (12)	Ru	1.34 (12)	Tb	<u>1.7 (12)</u>	Bi	<u>1.82 (12)</u>
Ti	1.45 (12)	Rh	1.34 (12)	Dy	<u>1.7 (12)</u>	Po	<u>1.7 (12)</u>
V	1.31 (8)	Pd	1.37 (12)	Ho	<u>1.76 (12)</u>	Th	1.80 (12)
Cr	1.25 (8)	Ag	1.44 (12)	Er	<u>1.75 (12)</u>	U	1.5 (8)
Mn	1.3 (12)	Cd	1.52 (12)	Tm	<u>1.74 (12)</u>	Pu	<u>1.63 (12)</u>
Fe	1.24 (8)	In	1.57 (12)	Yb	1.93 (12)		
Co	1.25 (12)	Sn	1.58 (12)	Lu	<u>1.74 (12)</u>		
Ni	1.25 (12)	Sb	1.61 (12)	Hf	<u>1.59 (12)</u>		
Cu	1.27 (12)	Cs	2.63 (8)	Ta	1.43 (8)		
Zn	1.37 (12)	Ba	2.17 (8)	W	1.36 (8)		
Ga	<u>1.35 (12)</u>	La	1.87 (12)	Re	<u>1.38 (12)</u>		

—— 計算値

(　) 配位数Z, Z = 8, 6, 4 ではZ = 12の場合よりそれぞれの原子半径は約3%, 4%, 12%小さくなる.

$$r(8) = \frac{r(12)}{1.03}, \quad r(6) = \frac{r(12)}{1.04}, \quad r(4) = \frac{r(12)}{1.12}$$

190　第Ⅰ部　金属の基礎

付録4　元素の最近接原子間距離の周期性

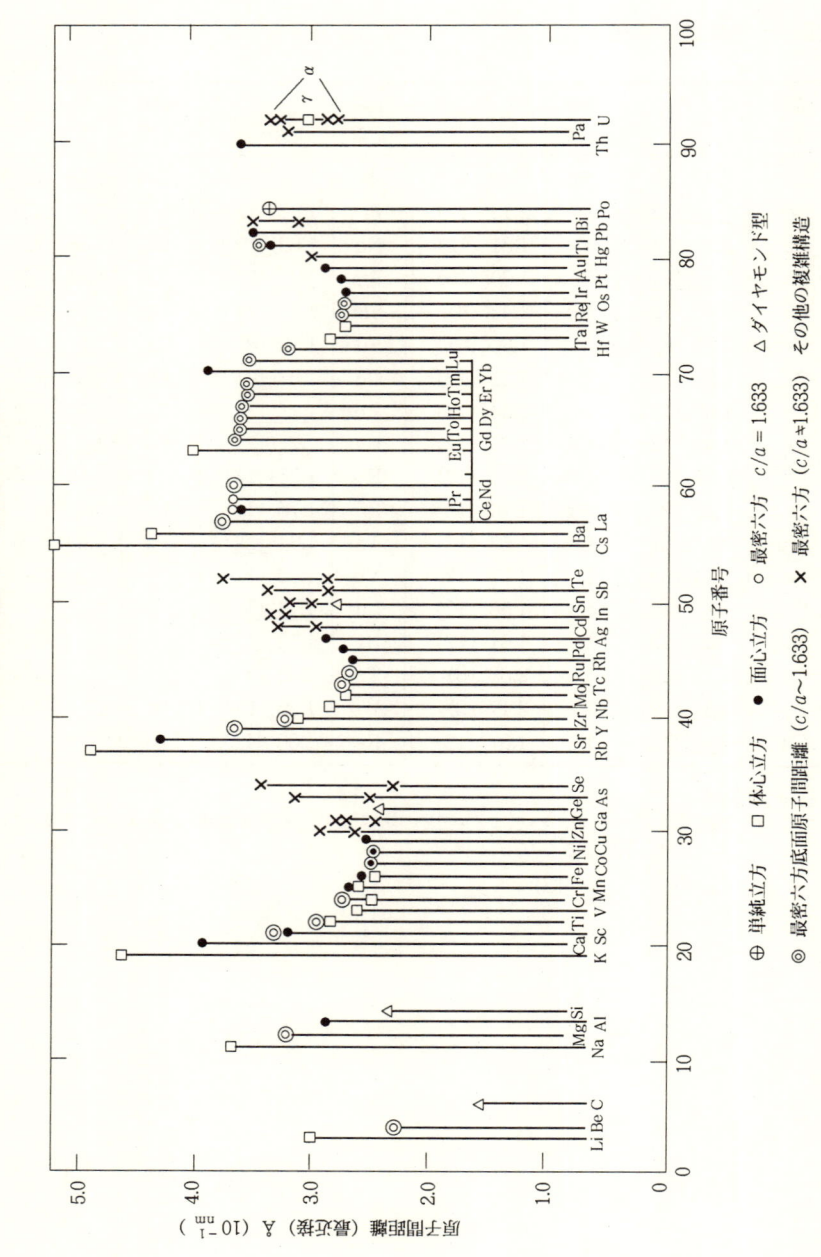

付録5　金属に関係の深い非金属元素の共有結合半径

($Å = 10^{-1}$nm)

元素	半径	元素	半径
H	0.37	P	1.10
B	0.88	S	1.04
C	0.77	Ge	1.22
N	0.74	As	1.21
O	0.74	Se	1.17
Si	1.17	Te	1.37

付録6　イオン半径* (希ガス型イオン, 外殻電子8または2) ($Å = 10^{-1}$nm)(Pauling)

		H^-	Li^+	Be^{2+}	B^{3+}	C^{4+}	N^{5+}	O^{6+}	F^{7+}
		2.08	0.60	0.31	0.20	0.15	0.11	0.09	0.07
N^{3-}	O^{2-}	F^-	Na^+	Mg^{2+}	Al^{3+}	Si^{4+}	P^{5+}	S^{6+}	Cl^{7+}
1.71	1.40	1.36	0.95	0.65	0.50	0.41	0.34	0.29	0.26
P^{3-}	S^{2-}	Cl^-	K^+	Ca^{2+}	Sc^{3+}	Ti^{4+}	V^{5+}	Cr^{6+}	Mn^{7+}
2.12	1.84	1.81	1.33	0.99	0.81	0.68	0.59	0.52	0.46
As^{3-}	Se^{2-}	Br^-	Rb^+	Sr^{2+}	Y^{3+}	Zr^{4+}	Nb^{5+}	Mo^{6+}	Tc^{7+}
2.22	1.98	1.95	1.48	1.13	0.93	0.80	0.70	0.62	
Sb^{3-}	Te^{2-}	I^-	Cs^+	Ba^{2+}	La^{3+}	Ce^{4+}			
2.45	2.21	2.16	1.69	1.35	1.15	1.01			

*イオン半径：イオンを球と見なした場合の半径．便宜的概念で，いろいろの数値が与えられる．イオン結晶を球が接して充満した結晶と考えたとき，相接する二つのイオンの半径の和はイオン結合の長さであり，結晶の格子定数により与えられる．V.M.Goldschmidt (1926)はP.A.Wasastjerna (1923)がモル屈折から求めたO^{2-}およびF^-の半径をもとにして，この方法により多くのイオン半径を求めた．L. Pauling (1927)は量子力学的にイオン半径を計算した．その結果はGoldschmidtの結果ともよく一致している．（理化学辞典より）

付録7 3次元空間内の自由電子のエネルギー状態

完全に自由(ポテンシャルエネルギー0の状態)な電子のSchrödingerの波動方程式は,

$$-\frac{\hbar^2}{2m}\left(\frac{\partial^2}{\partial x^2}+\frac{\partial^2}{\partial y^2}+\frac{\partial^2}{\partial z^2}\right)\phi_K(r)=E_K\phi_K(r) \tag{1}$$

ただしKは波数ベクトル, rは位置ベクトルである.

いま電子が, 辺の長さLの立方体中に閉じこめられているとすれば, この定在波の波動関数は,

$$\phi_n(r)=A\sin(\pi n_x x/L)\sin(\pi n_y y/L)\sin(\pi n_z z/L) \tag{2}$$

n_x, n_y, n_zは量子数nの各成分で正の整数

またLを周期とする周期的境界条件を入れて考えると,

$$\phi(x+L, y, z)=\phi(x, y, z)$$

$$\phi(x, y+L, z)=\phi(x, y, z)$$

$$\phi(x, y, z+L)=\phi(x, y, z)$$

したがって進行平面波に対する波動方程式は,

$$\phi_K(r)=\exp(i\boldsymbol{K}\cdot\boldsymbol{r}) \tag{3}$$

これを満足する波数ベクトルKの値は,

$$K_x, K_y, K_z=0\,;\,\pm\frac{2\pi}{L}\,;\,\pm\frac{4\pi}{L}\,;\,\cdots\cdots\,;\,\frac{2n\pi}{L} \tag{4}$$

これらのKの成分とスピン量子数が, このような量子状態にある自由電子の4個の量子数となる.

上記(3)式を(1)式に代入すると

$$E_K=\frac{\hbar^2}{2m}K^2=\frac{\hbar^2}{2m}(K_x^2+K_y^2+K_z^2) \tag{5}$$

ただし $K=\pm 2\pi/\lambda$

(4)式よりK空間の体積要素$(2\pi/L)^3$中に3個で1組のK_x, K_y, K_zが許容されることがわかる. したがって単位体積中には$(L/2\pi)^3$個のKベクトルが存在できる.

いまN個の自由電子が基底状態でK空間をうずめるとすると

$$2\cdot\left(\frac{L}{2\pi}\right)^3\frac{4}{3}\pi K_F^3=\frac{V}{3\pi^2}K_F^3=N \tag{6}$$

ただし2はスピン量子数より，V は実空間（結晶）の体積である．K_F はこの $\boldsymbol{K}$ 空間の最高レベルの波数ベクトルの大きさである．これがフェルミレベルに相当する．

フェルミエネルギーを E_F とすれば

$$E_F = \frac{\hbar^2}{2m} K_F^2 = \frac{\hbar^2}{2m}\left(\frac{3\pi^2 N}{V}\right)^{2/3} \tag{7}$$

(7) 式より E_F は電子密度に関係することがわかる．

フェルミ面における電子の速度は

$$v_F = \frac{\hbar K_F}{m} = \left(\frac{\hbar}{m}\right)\left(\frac{3\pi^2 N}{V}\right)^{1/3} \tag{8}$$

またエネルギー E のレベルにおける量子状態密度を $D(E)$ とすれば，(7) 式より

$$N = \frac{V}{3\pi^2}\left(\frac{2mE}{\hbar^2}\right)^{3/2}$$

であるから，

$$\ln N = \frac{3}{2}\ln E + \text{const}$$

$$\therefore \quad \frac{dN}{N} = \frac{3}{2}\frac{dE}{E}$$

$$\therefore \quad D(E) = \frac{dN}{dE} = \frac{3N}{2E}$$

$$\therefore \quad D(E_F) = \frac{3N}{2E_F} \tag{9}$$

付録 8　結晶による X 線および電子線の散乱 (Bragg の反射条件)

X 線や電子線などの結晶体による回折図形は，これら入射線と結晶の持つ電子濃度の周期的変動場との相互作用によって散乱された散乱線の干渉によって引き起こされる現象であることは，現象論的には大体理解できる．

いま入射線の波数ベクトルを K，散乱線のそれを K' とする．

いま (a) 図のように結晶の原点 0 より r にある体積 ΔV の結晶素片を考え，0 での散乱線と r での散乱線の位相関係を考える．

図より入射線の光路差は $r\sin\varphi$，その位相角差は $2\pi r\sin\varphi/\lambda = K\cdot r$，同時に散乱波の位相角差は $-K'\cdot r$ となる．したがって原点 0 と r における位相差の総和は $(K-K')\cdot r$ で示される．

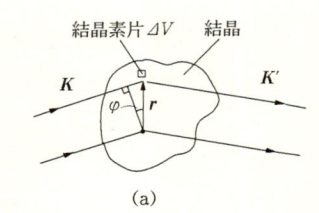

r で散乱された波の 0 における波に対する位相因子 (phase factor) は

$$\exp[i(K-K')\cdot r] \tag{1}$$

したがって r における電子密度を $n(r)$ とすれば，K' 方向への散乱波の振幅は $n(r)\Delta V\cdot\exp[i(K-K')\cdot r]$ を結晶全体で積分すれば求まる．

$$\begin{aligned}I &= \int \Delta V n(r)\exp[i(K-K')\cdot r] \\ &= \int \Delta V n(r)\exp[-i\Delta K\cdot r] \quad \because\ K+\Delta K = K'\end{aligned} \tag{2}$$

$n(r)$ は結晶の電子密度であるが，これは結晶の周期性に左右される周期関数である．

いま簡単のため，a の周期を持った 1 次元格子を考え，$n(r)$ を $n(x)$ としてこれをフーリエ級数に展開すると

$$n(x) = n(0) + \sum_p [C_p\cos(2\pi px/a) + S_p\sin(2\pi px/a)] \tag{3}$$

p は整数であり，C_p および S_p は実定数である．上式が a の周期を持つことは $n(x+a) = n(x)$ より理解できる．$2\pi p/a$ を逆格子点，または結晶のフーリエ空間の点とよぶ．

一般に

$$n(x) = \sum_p n_p \exp(i2\pi px/a) \tag{4}$$

と示すと便利である．ただし n_p は複素関数である．$n(x)$ が実関数であるためには結晶の対称性より

$$n^*_{-p} = n_p \tag{5}$$

(5) の関係は次のようにして説明される．

$\varphi \equiv 2\pi p x / a$ とすれば

$$n_p \exp(i\varphi) + n_{-p} \exp(-i\varphi)$$
$$= (n_p + n_{-p})\cos\varphi + i(n_p - n_{-p})\sin\varphi$$

いま $n_{-p} = A + iB$ とすれば $n^*_{-p} = A - iB$ となり，

(4) 式が成立するとすれば $n_p = A - iB$

$$\therefore\ n_p \exp(i\varphi) + n_{-p}\exp(-i\varphi)$$
$$= 2A\cos\varphi + 2B\sin\varphi$$

ゆえに $n(x)$ は実関数である．

(4) の1次元の関数を3次元に拡大して，逆格子ベクトル G を定義すると

$$n(r) = \sum_G n_G \exp(i\mathbf{G}\cdot\mathbf{r}) \tag{6}$$

(6) を (2) に代入すれば

$$I = \sum \int \Delta V\, n_G \exp\{i(\mathbf{G}-\Delta\mathbf{K})\cdot\mathbf{r}\} \tag{7}$$

ΔK は散乱ベクトル (scattering vector) とよばれるものであって，弾性散乱の場合は入射線の振動数 ω は，散乱線の ω' に等しく，その結果として K の大きさと K' の大きさは等しい．したがって ΔK は (b) 図のように示される．

(b)

いま結晶格子の単位ベクトルを a, b, c とした場合，逆格子の単位ベクトルは

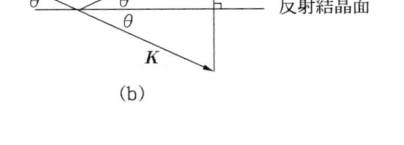

$$A = 2\pi\frac{b+c}{a\cdot(b\times c)},\quad B = 2\pi\frac{c\times a}{a\cdot(b\times c)},\quad C = 2\pi\frac{a\times b}{a\cdot(b\times c)} \tag{8}$$

また $A\cdot a = 2\pi,\ B\cdot a = 0,\ C\cdot a = 0$

$A\cdot b = 0,\ B\cdot b = 2\pi,\ C\cdot b = 0$

$$A\cdot c = 0,\ B\cdot c = 0,\ C\cdot c = 2\pi \tag{9}$$

G を任意の逆格子ベクトルとすると

$$G = hA + kB + lC \quad (h, k, l \text{ は整数}) \tag{10}$$

また $r = xa + yb + zc \quad (x, y, z \text{ は整数})$

この場合（6）により

$$n(r) = \sum_G n_G [i 2\pi (hx + ky + lz)]$$
$$= \sum_G n_G$$

（7）より

$$I = \sum V n_G \exp[i(G - \Delta K) \cdot r]$$

$G = \Delta K$ とすれば

$$I = \sum V n_G$$

散乱ベクトル ΔK が G と大きく異なると I はほとんど 0 になる．
$G = \Delta K$ が弾性散乱の条件となる．

$$\therefore \quad K + G = K'$$
$$\therefore \quad (K + G)^2 = |K'|^2 = |K|^2$$
$$\therefore \quad 2K \cdot G + |G|^2 = 0 \tag{11}$$

(11) 式より Bragg の式が次のようにして求まる．
G が逆格子ベクトルであれば，$-G$ もまた逆格子ベクトルであり，(11) 式は

$$2K \cdot G = |G|^2$$
$$\therefore \quad 2|K||G|\cos(\frac{\pi}{2} - \theta) = |G|^2 \quad (\theta \text{ は原子面への入射角})$$
$$\therefore \quad 2(2\pi/\lambda)\sin\theta = |G|$$

$G = hA + kB + lC$ と垂直な格子面間隔 $d(hkl)$ は $2\pi/\sqrt{h^2 + k^2 + l^2} = 2\pi/|G|$

$$\therefore \quad 2(2\pi/\lambda)\sin\theta = 2\pi/d(hkl)$$
$$\therefore \quad \lambda = 2d\sin\theta$$

反射の次数を n とすれば

$$n\lambda = 2d\sin\theta$$

付録9　禁止帯とその大きさ

完全な自由電子のエネルギーは

$$E_K = \frac{\hbar^2}{2m}(K_x^2 + K_y^2 + K_z^2) \tag{1}$$

その周期的環境条件として，1辺 L の結晶では

$$K_x, K_y, K_z = 0 ; \pm\frac{2\pi}{L} ; \pm\frac{4\pi}{L} \cdots\cdots \pm\frac{2n\pi}{L} \tag{2}$$

自由電子の波動関数は

$$\Psi_K(r) = \exp(i\boldsymbol{K}\cdot\boldsymbol{r}) \tag{3}$$

これは運動量 $\boldsymbol{P} = \hbar\boldsymbol{K}$ をもつ進行波である．

実際結晶内では自由電子の運動はイオンによる周期ポテンシャルによりごく弱い影響を受けている．そのバンド構造をはじめとして，金属中での電子の挙動はこの弱いポテンシャルの影響を受けたほぼ自由な電子の模型で説明される．

結晶による電磁波および電子波の回折現象において Bragg の反射条件がある．ここでは Schrödinger の波動方程式の解は存在せず，波は完全な弾性散乱を受けて反射される．

その条件は

$$(\boldsymbol{K}+\boldsymbol{G})^2 = K^2 \tag{4}$$

1次元格子では

$$|K| = \pm\frac{1}{2}|G| = \pm n\pi/a \tag{5}$$

$G = 2\pi n/a$ は逆格子ベクトルであり，n は整数である．

2つの進行波 $\exp(i\pi x/a)$ と $\exp(-i\pi x/a)$ によって二つの定在波が形成される．

$$\Psi(+) = e^{i\pi x/a} + e^{-i\pi x/a} = 2\cos(\pi x/a)$$

$$\Psi(-) = e^{i\pi x/a} - e^{-i\pi x/a} = 2i\sin(\pi x/a) \tag{6}$$

(6) より二つの定在波における電子の存在確率は

$$|\Psi(+)|^2 \propto \cos^2 \pi x/a$$

$$|\Psi(-)|^2 \propto \sin^2 \pi x/a \tag{7}$$

一方進行波のそれは

$$|\Psi|^2 = e^{-ikx}\cdot e^{ikx} = 1 \tag{8}$$

この場合は場所によらず一定となる．

定在波では電子の存在確率は$\Psi(+)$の場合は$x=0, a, 2a, \cdots\cdots$で最大となり，$\Psi(-)$では$x=\frac{1}{2}a, \frac{3}{2}a, \frac{5}{2}a \cdots\cdots$で最大となる．

図よりもわかるように$\Psi(+)$波では＋イオン芯で電子の存在確率が最大であり，この位置はまたは結晶のポテンシャルエネルギー最小のところである．他方$\Psi(-)$波では＋イオン芯の中間に電子の存在確率の最大があり，この位置は結晶のポテンシャルエネルギー最大のところである．

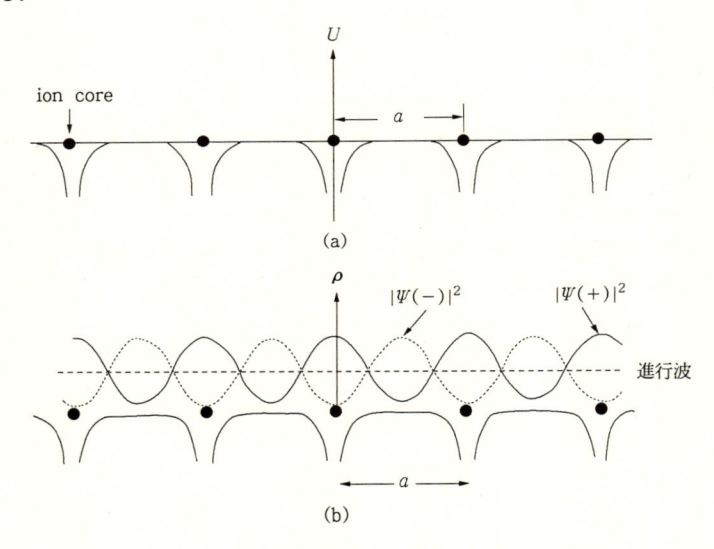

(a)

(b)

したがって$\Psi(+)$波ではその電子のポテンシャルエネルギーは進行波より低く，$\Psi(-)$波では高くなる．この差がエネルギーギャップの大きさに等しく，この値をE_gとすれば，次のようにして求まる．

結晶のポテンシャルエネルギーを$U(x)=U\cos\pi x/a$とすれば，結晶の単位長さあたり

$$E_g = 2U\int_0^1 dx (\cos 2\pi x/a)(\cos^2\pi x/a - \sin^2\pi x/a)$$
$$= U$$

エネルギーギャップの大きさは結晶のポテンシャルの振幅に等しい．

付録10　Clausius‐Clapeyron の式の導出

$$G = H - TS = E + PV - TS$$

$$\therefore \quad dG = dE + pdV + VdP - TdS - SdT$$

$$= dQ + Vdp - TdS - SdT$$

$dS = \dfrac{dQ}{T}$ であるから

$$dG = VdP - SdT \tag{1}$$

$$\therefore \quad \left(\dfrac{dG}{\partial p}\right)_T = V, \quad \left(\dfrac{\partial G}{\partial T}\right)_p = -S$$

いま Water $\rightleftarrows$ Vapour の平衡関係を考えよう．

$$\Delta G = G_v - G_w$$

平衡状態では $G_v = G_w$ であるから $\Delta G = 0$, $dG_v = dG_w$ \hfill (2)

$$dG_v = V_v dp - S_v dT, \quad dG_w = V_w dp - S_w dT$$

平衡状態では $dG_v = dG_w$ であるから

$$V_v dP - S_v dT = V_w dP - S_w dT$$

$$(V_v - V_w) dP = (S_v - S_w) dT$$

$$\therefore \quad \Delta V \cdot dP = \Delta S \cdot dT$$

$$\therefore \quad \dfrac{dP}{dT} = \dfrac{\Delta S}{\Delta V} \tag{3}$$

平衡状態では

$$\Delta G = \Delta H - T \cdot \Delta S = 0$$

$$\therefore \quad \Delta S = \dfrac{\Delta H}{T}$$

$$\therefore \quad \dfrac{dP}{dT} = \dfrac{\Delta H}{T \Delta V} \tag{4}$$

$$V_v - V_w = \Delta V > 0, \quad H_v - H_w = \Delta H > 0$$

$$\therefore \quad \dfrac{dP}{dT} > 0$$

付録11　ΔH_m の求め方

いま A，B 2成分合金において A-A 原子対の数を w_{AA}，B-B 原子対の数を w_{BB}，A-B 原子対の数を w_{AB} とする．またこれらの原子対のそれぞれ1対のエンタルピーを H_{AA}，H_{BB}，H_{AB} とすれば，この正則溶体のエンタルピーは

$$H = w_{AA}H_{AA} + w_{BB}H_{BB} + w_{AB}H_{AB}$$

B原子の原子分率を X_B とし，配位数を Z，全原子数を N とすると

$$w_{AA} = \frac{1}{2}ZN(1-X_B)^2$$

$$w_{BB} = \frac{1}{2}ZN(X_B)^2$$

$$w_{AB} = \frac{1}{2}ZN\{2(1-X_B)\cdot X_B\} = ZN(1-X_B)\cdot X_B$$

$$\therefore\ H = \frac{1}{2}ZN\{(1-X_B)^2 H_{AA} + X_B^2 H_{BB} + 2(1-X_B)\cdot X_B H_{AB}\}$$

しかるに純粋な A 成分および B 成分のエンタルピーはそれぞれ $H_A = \frac{1}{2}ZN(1-X_B)H_{AA}$，$H_B = \frac{1}{2}ZNX_B\cdot H_{BB}$ であるから，混合のエンタルピー ΔH_m は

$$\begin{aligned}
\Delta H_m &= H - (H_A + H_B) \\
&= \frac{1}{2}ZN\{(1-X_B)^2 H_{AA} + X_B^2 H_{BB} + 2(1-X_B)\cdot X_B \cdot H_{AB} \\
&\quad -(1-X_B)H_{AA} - X_B H_{BB}\} \\
&= ZN X_B(1-X_B)\left(H_{AB} - \frac{H_{AA}+H_{BB}}{2}\right)
\end{aligned}$$

付録12　酔歩の問題 (random-walk problem)

いま1個の原子が原点から出発して n 回 jump したとする．原点と最終位置を結ぶ位置ベクトルを R_n とすれば

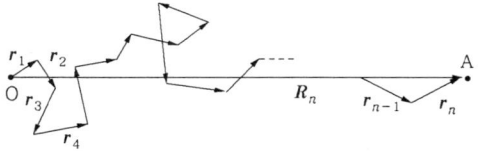

$$R_n = r_1 + r_2 + r_3 + \cdots\cdots = \sum_{i=1}^{n} r_i \tag{1}$$

$$R_n \cdot R_n = R_n^2 = r_1 \cdot r_1 + r_1 \cdot r_2 + r_1 \cdot r_3 + \cdots\cdots + r_1 \cdot r_n$$
$$+ r_2 \cdot r_1 + r_2 \cdot r_2 + r_2 \cdot r_3 + \cdots\cdots + r_2 \cdot r_n$$
$$\cdots\cdots\cdots\cdots\cdots\cdots\cdots\cdots\cdots\cdots\cdots\cdots\cdots$$
$$+ r_n \cdot r_1 + r_n \cdot r_2 + r_n \cdot r_3 + \cdots\cdots + r_n \cdot r_r \tag{2}$$

$$\therefore\ R_n^2 = \sum_{i=1}^{n} r_i \cdot r_i + 2\sum_{i=1}^{n-1} r_i \cdot r_{i+1} + 2\sum_{i=1}^{n-2} r_i \cdot r_{i+2} + \cdots\cdots$$

$$= \sum_{i=1}^{n} r_i^2 + 2\sum_{j=1}^{n-1}\sum_{i=1}^{n-j} r_i r_{i+j} \tag{3}$$

しかるに $r_i \cdot r_{i+j} = |r_i||r_{i+j}|\cos\theta_{i,\,i+j}$

$$\therefore\ R_n^2 = \sum_{i=1}^{n} r_i^2 + 2\sum_{j=1}^{n-1}\sum_{i=1}^{n-j} |r_i||r_{i+j}|\cos\theta_{i,\,i+j} \tag{4}$$

いま各回の jump 距離 $r = $ const とすれば

$$R_n^2 = nr^2 + 2r^2 \sum_{j=1}^{n-1}\sum_{i=1}^{n-j} \cos\theta_{i,\,i+j}$$

$$= nr^2 \Bigl(1 + \frac{2}{n}\sum_{j=1}^{n-1}\sum_{i=1}^{n-j} \cos\theta_{i,\,i+j}\Bigr) \tag{5}$$

各原子について R_n^2 を平均すれば

$$\overline{R_n^2} = nr^2\Bigl(1 + \frac{2}{n}\overline{\sum_{}\sum_{} \cos\theta_{i,\,i+j}}\Bigr) \tag{6}$$

各 jump はつながりがなく完全に独立で，あらゆる方向に等しい確率で起るものとすれば，(6) 式の右辺の第2項は＋と－が消し合って0でなければならない．

$$\therefore\ \overline{R_n^2} = nr^2 \tag{7}$$

付録13 Matano界面の求め方

いま $\eta = x/t^{1/2}$ という変数を導入すると

$$\frac{\partial c}{\partial t} = \frac{c}{\eta}\frac{\partial \eta}{\partial t} = -\frac{1}{2}\frac{x}{t^{3/2}}\frac{dc}{d\eta}$$

また

$$\frac{\partial c}{\partial x} = \frac{dc}{d\eta}\frac{\partial \eta}{\partial x} = \frac{1}{t^{1/2}}\frac{dc}{d\eta}$$

上の関係を $\dfrac{\partial c}{\partial t} = \dfrac{\partial D}{\partial x}\dfrac{dc}{\partial x} + D\dfrac{\partial^2 c}{\partial x^2}$ に代入すれば

$$-\frac{x}{2t^{3/2}}\frac{dc}{d\eta} = \frac{\partial}{\partial x}\left(\frac{D}{t^{1/2}}\frac{dc}{d\eta}\right) = \frac{1}{t}\frac{d}{d\eta}\left(D\frac{dc}{d\eta}\right)$$

あるいは $-\dfrac{\eta}{2}\dfrac{dc}{d\eta} = \dfrac{d}{d\eta}\left(D\dfrac{dc}{d\eta}\right)$

この変数変換により $\dfrac{\partial c}{\partial t} = \dfrac{\partial}{\partial x}\left(D\dfrac{\partial c}{\partial x}\right)$ の非同次式は同次式に変る．この変換を最初に行ったのが Boltzmann である．

これを用いて $D(c)$ を求める方法を開いたのが Matano である．

半無限拡散対で初期および境界条件を

$t=0$, $x<0$ で $c=c_0$
$t=0$, $x>0$ で $c=0$

とすれば，$\eta = x/t^{1/2}$ の変換により

$\eta = -\infty$ で $c=c_0$
$\eta = \infty$ で $c=0$

となる．

$$-\frac{\eta}{2}\frac{dc}{d\eta} = \frac{d}{d\eta}\left(D\frac{dc}{d\eta}\right)$$

上式は全微分式であるので

$$-\frac{\eta}{2}dc = d\left(D\frac{dc}{d\eta}\right)$$

$$\therefore \quad -\frac{1}{2}\int_{c=0}^{c=c'}\eta\, dc = \left[D\frac{dc}{d\eta}\right]_{c=0}^{c=c'}$$

$c(x)$ は常にある一定時間で問題とされるから $t=$ 一定として，$\eta=x/t^{1/2}$ の関係を代入すると，

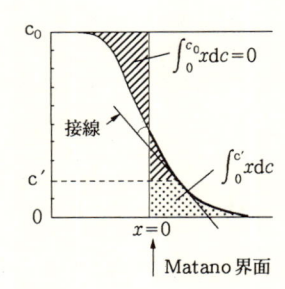

$$-\frac{1}{2}\int_0^{c'} x\,\mathrm{d}c = Dt\left[\frac{\mathrm{d}c}{\mathrm{d}x}\right]_{c=0}^{c=c'} = Dt\left(\frac{\mathrm{d}c}{\mathrm{d}x}\right)_{c=c'}$$

また $c=c_0$ のところで $\mathrm{d}c/\mathrm{d}x=0$ であるから

$$\int_0^{c_0} x\,\mathrm{d}c = 0$$

上の関係式で $x=0$ のところが Matano 界面となる．

$$D(c') = -\frac{1}{2t}\left(\frac{\mathrm{d}x}{\mathrm{d}c}\right)_{c'}\int_0^{c'} x\,\mathrm{d}c$$

付録14 古典的格子比熱式 (Dulong‐Petit の法則)

比熱の古典的な考え方として,原子のエネルギー状態を次のように考える.

原子は結晶中でも格子点を中心とした独立な3次元単振動を行うものとする.

その質量を m,その位置を (x, y, z),運動量を (p_x, p_y, p_z),振動数を w とすると,そのエネルギーは,

$$U = 3\left(\frac{p_x^2}{2m} + \frac{1}{2}mw^2x^2\right)$$

右辺第1項は運動のエネルギー,第2項はポテンシャルエネルギーである.ただし運動量は x, y, z 方向に等分されているものとする.

U の平均値をボルツマン分布より求めると,

$$\overline{U} = 3\left(\frac{\frac{1}{2m}\int_{-\infty}^{\infty}p_x^2\exp(-p_x^2/2mkT)\,\mathrm{d}p_x}{\int_{-\infty}^{\infty}\exp(-p_x^2/2mkT)\,\mathrm{d}p_x}\right.$$

$$\left.+\frac{\frac{mw^2}{2}\int_{-\infty}^{\infty}x^2\exp(-mw^2x^2/2kT)\,\mathrm{d}x}{\int_{-\infty}^{\infty}\exp(-mw^2x^2/2kT)\,\mathrm{d}x}\right)$$

$$= 3\left(\frac{1}{2}kT + \frac{1}{2}kT\right) = 3kT$$

ただし

$$\int_{-\infty}^{\infty}y^2\exp(-y^2)\,\mathrm{d}y = \frac{1}{2}\pi^{1/2},\quad \int_{-\infty}^{\infty}\exp(-y^2)\,\mathrm{d}y = \pi^{1/2}$$

金属結晶1モルの内部エネルギーを E とすれば,

$$E = 3NkT = 3RT$$

$$\therefore\ C_v = \left(\frac{\mathrm{d}E}{\mathrm{d}T}\right)_V \fallingdotseq C_p = \left(\frac{\mathrm{d}H}{\mathrm{d}T}\right)_p = 3R \fallingdotseq 6\,(\mathrm{cal/mole.deg})$$

付録 15　Einstein の比熱式

N 個の原子よりなる結晶において，その熱振動は古典論と同様に $3N$ 個の独立な 1 次元単振動の集まりと考える．ただそのエネルギー値は量子化されて，

$$E_n = nh\nu \quad (n = 0, 1, 2, \cdots\cdots \infty)$$
$$= n(h/2\pi) 2\pi\nu$$
$$= n\hbar w \quad (w は角振動数)$$

またエネルギー値の分布はボルツマン分布に従うものとすれば，E_n の平均値は，

$$\overline{E}_n = \frac{\sum_{n=0}^{\infty} n\hbar w \exp(-n\hbar w/kT)}{\sum_{n=0}^{\infty} \exp(-n\hbar w/kT)}$$

$x<1$ の場合一般に $\sum_{n=0}^{\infty} x^n = \dfrac{1}{1-x}$

また $\sum_n nx^n = x\dfrac{\mathrm{d}}{\mathrm{d}x}\sum_n x^n = \dfrac{x}{(1-x)^2}$

$$\therefore \quad \langle n \rangle = \frac{\sum_n nx^n}{\sum_n x^n} = \frac{x}{1-x}$$

$x = \exp(-\hbar w/kT)$ とすれば

$$\langle n \rangle = \frac{\sum_n nx^n}{\sum_n x^n} = \frac{\sum_n n \exp(-n\hbar w/kT)}{\sum_n \exp(-n\hbar w/kT)} = \frac{\exp(-\hbar w/kT)}{1 - \exp(-\hbar w/kT)}$$
$$= \boxed{\frac{1}{\exp(\hbar w/kT) - 1}} \quad (\text{Planck の分布関数})$$

$$\therefore \quad \overline{E} = \frac{\hbar w}{\exp(\hbar w/kT) - 1}$$

$$\therefore \quad U = 3N\overline{E} = \frac{3N\hbar w}{\exp(\hbar w/kT) - 1}$$

$C_v = \left(\dfrac{\partial U}{\partial T}\right)_v$ として Einstein の比熱式は求まる．

$\hbar w = h\nu = k\theta_E$ のように Einstein の特性温度 θ_E を用いると

$$\overline{U} = 3N\overline{E} = \frac{3Nk\theta_E}{\exp(\theta_E/T) - 1}$$

$$\therefore \quad C_v = \left(\frac{\partial U}{\partial T}\right)_v = 3Nk(\theta_E/T)^2 \frac{\exp(\theta_E/T)}{\{\exp(\theta_E/T) - 1\}^2}$$

付録16　Debyeの比熱式

デバイの比熱式の場合も，その振動のエネルギーは量子化されているが，格子振動はその中に含まれる原子の独立な単振動の総和とせず，結晶全体がある波数ベクトルKに対して図のような振動を行うものと考える．

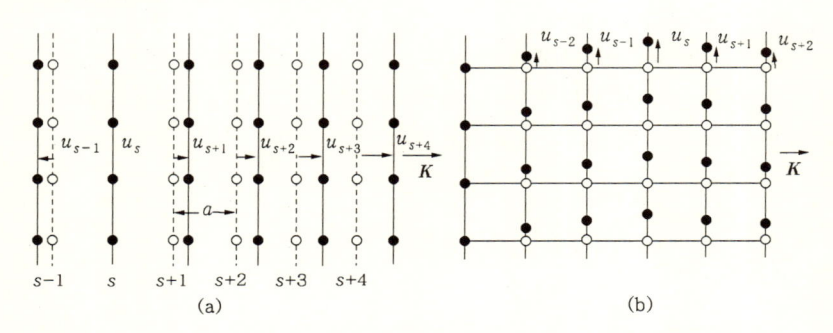

波の進行方向に対して（a）では原子面が縦波方向に図のような周期的変位を示し，（b）では横波方向に周期的変位を示す．図のように1個のKに対して1個の縦波と2個の横波が考えられる．

図に示したような単純立方格子において，各原子面の変位によって面間で作用する力が考えられるが，原子面sに対する原子面$(s+p)$の作用力はフックの法則により変位$(u_{s+p}-u_s)$に比例する．

s面に作用する全体の力は

$$F_s = \sum_p C_p(u_{s+p} - u_s)$$

この場合の作用力定数C_pは，原子面としても各原子面上の原子間としてもよい．

s面の運動の式は

$$M\frac{d^2 u_s}{dt^2} = \sum_p C_p(u_{s+p} - u_s)$$

Mは原子面の質量である．

いま変位は時間とともにe^{-iwt}で変化するとすると，

$$\frac{d^2 u_s}{dt^2} = -w^2 u_s$$

$$\therefore \quad -Mw^2 u_s = \sum_p C_p(u_{s+p} - u_s)$$

上の式は進行波の解として次の解を持つ．

$$u_{s+p} = ue^{i(s+p)Ka}$$

K は波数ベクトル，a は面間距離である．

$$\therefore \quad -w^2 Mue^{isKa} = \sum_p C_p(e^{i(s+p)Ka} - e^{isKa})u$$

$$\therefore \quad w^2 M = -\sum_p C_p(e^{ipKa} - 1)$$

結晶の対称性より $C_p = C_{-p}$

$$\therefore \quad w^2 M = -\sum_{p>0}(e^{ipKa} + e^{-ipKa} - 2)$$

$$2\cos pKa \equiv e^{ipKa} + e^{-ipKa}$$

$$\therefore \quad w^2 = \frac{2}{M}\sum_{p>0} C_p(1 - \cos pKa)$$

上式は散乱の関係式（dispersion relation）とよばれる重要な w と K の間の関係式である．

もし最近接原子面間のみで作用するだけとすれば，上の関係式は

$$w^2 = (2C_1/M)(1 - \cos Ka)$$

$$\therefore \quad w^2 = (4C_1/M)\sin^2\frac{1}{2}Ka,$$

$$\therefore \quad w = (4C_1/M)^{1/2}|\sin\frac{1}{2}Ka|$$

いま一辺の長さ L で N^3 個の単純立方格子よりなる立方体結晶を考える．大きな長さ L で周期性を持つという境界条件より

$$\exp\{i(K_x x + K_y y + K_z z)\}$$

$$\equiv \exp\{i\{K_x(x+L) + K_y(y+L) + K_z(z+L)\}\}$$

$$K_x, K_y, K_z = 0; \pm\frac{2\pi}{L}; \pm\frac{4\pi}{L}; \cdots\cdots; \frac{N\pi}{L}$$

K 空間の体積 $(2\pi/L)^3$ あたり1個の値が定まる．別の表現をすれば単位 K 空間体積中には，$\left(\frac{L}{2\pi}\right)^3 = \frac{V}{8\pi^3}$ の K の値がある．

ゆえに K より小さい K 空間に存在する波数ベクトルをもった振動のモード数は，

$$N = \left(\frac{L}{2\pi}\right)^3 \cdot \frac{4}{3}\pi K^3$$

結晶中の弾性波の速度は縦波も横波も変らないとして v とすれば

$$w = v \cdot K$$

$$\therefore \quad N = \left(\frac{L}{2\pi}\right)^3 \frac{4\pi w^3}{v^3} = \frac{Vw^3}{6\pi^2 v^3}$$

従ってモード密度は

$$D(w) = \frac{dN}{dw} = \frac{Vw^2}{2\pi^2 v^3}$$

結晶の熱振動のエネルギーは1個の縦波,2個の横波のそれぞれに対して,

$$U = \int dw D(w) n(w) \hbar w$$

$n(w)$ は量子数 n にある割合であるから,Einstein比熱モデルの場合と同様に,Planckの分布関数より

$$\langle n \rangle = \frac{1}{e^{\hbar w/kT} - 1} \quad (k:\text{ボルツマン定数})$$

$$\therefore \quad U = \int_0^{w_D} dw \frac{Vw^2}{2\pi^2 v^3} \cdot \frac{\hbar w}{e^{\hbar w/kT} - 1}$$

3個の波に対しては

$$U = \frac{3V\hbar}{2\pi^2 v^3} \int_0^{w_D} dw \frac{w^3}{e^{\hbar w/kT} - 1}$$

$x_D \equiv \hbar w_D / kT = \theta_D/T$ とおき,$N = \dfrac{Vw^3}{6\pi^2 v^3}$ より $w_D^3 = 6\pi^2 v^3 N/V$,

これに対応する K_D は,$K_D = w_D/v = (6\pi^2 N/V)^{1/3}$

$$\therefore \quad U = 9NkT\left(\frac{T}{\theta_D}\right)^3 \int_0^{x_D} \frac{x^3}{e^x - 1} dx$$

従って比熱は

$$C_v = \frac{3V\hbar^2}{2\pi^2 v^3 kT^2} \int_0^{w_D} \frac{w^4 e^{\hbar w/kT}}{(e^{\hbar w/kT} - 1)^2} dw$$

$$= 9Nk\left(\frac{T}{\theta_D}\right)^3 \int_0^{x_D} \frac{x^4 e^x}{(e^x - 1)^2} dx$$

付録17 立方晶における任意の方向のヤング率 $E_{(l, m, n,)}$ の算出法

いま弾性体内に任意の面 ABC を考え，この面に垂直な応力を $\sigma_{(l, m, n,)}$，その方向へのひずみ $\varepsilon_{(l, m, n,)}$ とすれば，この方向でのヤング率は

$$E_{(l, m, n,)} = \sigma_{(l, m, n,)} / \varepsilon_{(l, m, n,)}$$

$l, m, n,$ はいま考えている方向の方向余弦とする．
σ の応力成分は

$$\sigma_1 = \sigma l^2, \quad \sigma_2 = \sigma m^2, \quad \sigma_3 = \sigma n^2$$

$$\tau_{12} = \sigma lm, \quad \tau_{23} = \sigma mn, \quad \tau_{31} = \sigma nl$$

$$\tau_{13} = \sigma ln, \quad \tau_{21} = \sigma ml, \quad \tau_{32} = \sigma nm$$

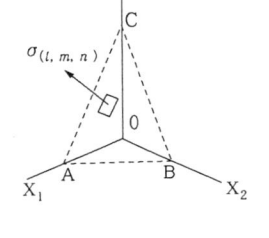

また立方晶の弾性パラメータは独立成分が C_{11}, C_{12}, C_{44} の3個であるから

$$\begin{vmatrix} C_{11} & C_{12} & C_{12} & 0 & 0 & 0 \\ C_{12} & C_{11} & C_{12} & 0 & 0 & 0 \\ C_{12} & C_{12} & C_{11} & 0 & 0 & 0 \\ 0 & 0 & 0 & C_{44} & 0 & 0 \\ 0 & 0 & 0 & 0 & C_{44} & 0 \\ 0 & 0 & 0 & 0 & 0 & C_{44} \end{vmatrix}$$

ゆえに本文図 1・99 にもどして

$$\sigma_1 = C_{11}\varepsilon_1 + C_{12}\varepsilon_2 + C_{12}\varepsilon_3 = \sigma l^2$$

$$\sigma_2 = C_{12}\varepsilon_1 + C_{11}\varepsilon_2 + C_{12}\varepsilon_3 = \sigma m^2$$

$$\sigma_3 = C_{12}\varepsilon_1 + C_{12}\varepsilon_2 + C_{11}\varepsilon_3 = \sigma n^2$$

$$\sigma_4 = C_{44}\gamma_4 = \tau_{23} = \sigma mn$$

$$\sigma_5 = C_{44}\gamma_5 = \tau_{31} = \sigma ln$$

$$\sigma_6 = C_{44}\gamma_6 = \tau_{12} = \sigma lm$$

また $l^2 + m^2 + n^2 = 1$

$$\therefore \ \varepsilon_1 = \frac{\sigma}{C_{11}-C_{12}} \left(l^2 - \frac{C_{12}}{C_{11}+2C_{12}} \right)$$

$$\varepsilon_2 = \frac{\sigma}{C_{11}-C_{12}} \left(m^2 - \frac{C_{12}}{C_{11}+2C_{12}} \right)$$

$$\varepsilon_3 = \frac{\sigma}{C_{11}-C_{12}} \left(n^2 - \frac{C_{12}}{C_{11}+2C_{12}} \right)$$

$$\gamma_4 = \frac{\sigma nm}{C_{44}}, \quad \gamma_5 = \frac{\sigma ln}{C_{44}}, \quad \gamma_6 = \frac{\sigma lm}{C_{44}}$$

一般に

$$\varepsilon_{(l,\,m,\,n)} = \varepsilon_1 l^2 + \varepsilon_2 m^2 + \varepsilon_3 n^2 + \gamma_4 mn + \gamma_5 ln + \gamma_6 lm$$

$$\varepsilon_{(l,\,m,\,n)} = \sigma_{(l,\,m,\,n)} \left\{ \frac{1}{C_{11}-C_{12}} \left(l^4 + m^4 + n^4 - \frac{C_{12}}{C_{11}+2C_{12}} \right) \right.$$

$$\left. + \frac{l^2 m^2 + m^2 n^2 + n^2 l^2}{C_{44}} \right\}$$

$$= \sigma_{(l,\,m,\,n)} \left\{ \frac{C_{11}+C_{12}}{(C_{11}-C_{12})(C_{11}+2C_{12})} \right.$$

$$\left. + \left(\frac{1}{C_{44}} - \frac{2}{C_{11}-C_{12}} \right)(l^2 m^2 + m^2 n^2 + n^2 l^2) \right\}$$

$$\therefore \ E_{(l,\,m,\,n)} = \sigma_{(l,\,m,\,n)} / \varepsilon_{(l,\,m,\,n)} = \left\{ \frac{C_{11}+C_{12}}{(C_{11}-C_{12})(C_{11}+2C_{12})} + (l^2 m^2 + m^2 n^2 \right.$$

$$\left. + n^2 l^2) \times \frac{(C_{11}-C_{12})-2C_{44}}{C_{44}(C_{11}-C_{12})} \right\}^{-1}$$

付録18 $\left(\dfrac{\partial T}{\partial \varepsilon}\right)_S = \dfrac{-V_m \alpha E T}{C_V}$ (p.123) の導出

凝縮系では $dG \simeq dF$

$$dF = dE - d(TS)$$

等エントロピーで，内部エネルギー変化は可逆的な外部よりの機械的仕事のみとすれば

$$dF = V_m \sigma d\varepsilon - dTS - TdS$$
$$= V_m \sigma d\varepsilon - dTS \tag{1}$$

ただし，V_m はモル体積，σ は1軸応力，ε は1軸ひずみ

$$\left(\frac{\partial F}{\partial T}\right)_\varepsilon = -S, \quad \left(\frac{\partial^2 F}{\partial T \partial \varepsilon}\right)_{\varepsilon,\,T} = -\left(\frac{\partial S}{\partial \varepsilon}\right)_T$$

$$\left(\frac{\partial F}{\partial \varepsilon}\right)_T = V_m \sigma, \quad \left(\frac{\partial^2 F}{\partial \varepsilon \partial T}\right)_{T,\,\varepsilon} = V_m \left(\frac{\partial \sigma}{\partial T}\right)_\varepsilon$$

しかるに $\left(\dfrac{\partial^2 F}{\partial T \partial \varepsilon}\right)_{\varepsilon,\,T} = \left(\dfrac{\partial^2 F}{\partial \varepsilon \partial T}\right)_{T,\,\varepsilon}$

$$\therefore \quad -\left(\frac{\partial S}{\partial \varepsilon}\right)_T = V_m \left(\frac{\partial \sigma}{\partial T}\right)_\varepsilon \tag{2}$$

$$\left(\frac{\partial S}{\partial \varepsilon}\right)_T = \left(\frac{\partial S}{\partial T}\right)_\varepsilon \left(\frac{\partial T}{\partial \varepsilon}\right)_S, \quad \left(\frac{\partial \sigma}{\partial T}\right)_\varepsilon = \left(\frac{\partial \sigma}{\partial \varepsilon}\right)_T \left(\frac{\partial \varepsilon}{\partial T}\right)_\sigma$$

$$\therefore \quad -\left(\frac{\partial S}{\partial T}\right)_\varepsilon \left(\frac{\partial T}{\partial \varepsilon}\right)_S = V_m \left(\frac{\partial \sigma}{\partial \varepsilon}\right)_T \left(\frac{\partial \varepsilon}{\partial T}\right)_\sigma \tag{3}$$

しかるに $\left(\dfrac{\partial S}{\partial T}\right)_\varepsilon = C_V / T$ ，$\left(\dfrac{\partial \sigma}{\partial \varepsilon}\right)_T = E$ (恒温ヤング率)，$\left(\dfrac{\partial \varepsilon}{\partial T}\right)_\sigma = \alpha$ (線膨張係数)

$$\therefore \quad \left(\frac{\partial T}{\partial \varepsilon}\right)_S = -\frac{V_m \alpha T E}{C_V}$$

付録19　脆性破断に関する Griffith のモデル

　Griffith はガラスのようなもろい物質の内部に図のようなき裂の存在を想定した．その形はレンズ状であり，その先端部に大きな応力集中が起ると考えられる．このような先端部における最大応力は次の式で与えられる．

$$\sigma_m \simeq 2\sigma\left(\frac{c}{\rho}\right)^{1/2} \tag{1}$$

c：表面クラックの長さ，内部クラックはその長さは図のように $2c$ である．
ρ：主軸先端部の曲率半径
σ：平均外部張力

　このような応力集中部では，小さい外部張力の下でも材料の理論強度を越してしまうことが起り得る．
　いまクラックが伝播し始めると，その先端部の高い弾性エネルギーは開放されたが，反面新しいき裂面として表面エネルギーがこの系に付加される．
　薄板中のき裂の伝播によって開放される弾性エネルギーは

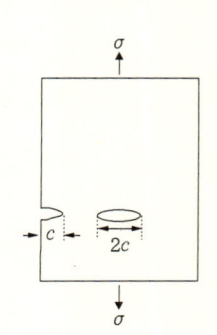

$$U_E = -\frac{\pi \cdot c^2 \cdot \sigma^2}{E} \tag{2}$$

付加される表面エネルギーは

$$U_s = 4c\gamma \tag{3}$$

ただし E：ヤング率
　　　γ：単位表面エネルギー

　Griffith はき裂が伝播できる臨界条件は，この系のエネルギーがき裂の成長によって変化しない状態として，

$$\frac{\partial U}{\partial c} = \frac{\partial (U_E + U_s)}{\partial c} = -\frac{2\pi c\sigma^2}{E} + 4\gamma = 0$$

$$\therefore \quad \sigma_c = \left(\frac{2\gamma E}{\pi c}\right)^{1/2} \tag{4}$$

付録 20　クラーク数（気圏 0.03 % ＋ 水圏 6.91 % ＋ 岩石圏 93.06 % として地球全質量の約 0.7 % の地球球皮部の構成百分率）　　　　　　　　　　　　　　（%）

元素	値	元素	値	元素	値
O	49.5	Zn	4×10^{-3}	Lu	7×10^{-5}
Si	25.8	Y	3×10^{-3}	Sb	5×10^{-5}
Al	7.56	Nd	2.2×10^{-3}	Cd	5×10^{-5}
Fe	4.70	Nb	2×10^{-3}	Tl	3×10^{-5}
Ca	3.39	La	1.8×10^{-3}	I	3×10^{-5}
Na	2.63	Pb	1.5×10^{-3}	Hg	2×10^{-5}
K	2.40	Mo	1.3×10^{-3}	Tm	2×10^{-5}
Mg	1.93	Th	1.2×10^{-3}	Bi	2×10^{-5}
H	0.87	Ga	1×10^{-3}	In	1×10^{-5}
Ti	0.46	Ta	1×10^{-3}	Ag	1×10^{-5}
Cl	0.19	B	1×10^{-3}	Se	1×10^{-5}
Mn	0.09	Cs	7×10^{-4}	Pd	1×10^{-6}
P	0.08	Ge	6.5×10^{-4}	He	8×10^{-7}
C	0.08	Sm	6×10^{-4}	Ru	5×10^{-7}
S	0.06	Gd	6×10^{-4}	Pt	5×10^{-7}
N	0.03	Br	6×10^{-4}	Au	5×10^{-7}
Rb	0.03	Be	6×10^{-4}	Ne	5×10^{-7}
Ba	0.023	Pr	5×10^{-4}	Os	3×10^{-7}
Zr	0.02	As	5×10^{-4}	Te	2×10^{-7}
Cr	0.02	Sc	5×10^{-4}	Rh	1×10^{-7}
Sr	0.02	Hf	5×10^{-4}	Ir	1×10^{-7}
V	0.015	Dy	4×10^{-4}	Re	1×10^{-7}
Ni	0.01	U	4×10^{-4}	Kr	2×10^{-8}
Cu	0.01	Ar	3.5×10^{-4}	Xe	3×10^{-9}
W	6×10^{-3}	Yb	2.5×10^{-4}	Ra	1.4×10^{-10}
Li	6×10^{-3}	Er	2×10^{-4}	Pa	9×10^{-11}
Ce	4.5×10^{-3}	Ho	1×10^{-4}	Ac	4×10^{-14}
Co	4×10^{-3}	Eu	1×10^{-4}	Po	4×10^{-14}
Sn	4×10^{-3}	Tb	8×10^{-5}	Rn	1×10^{-15}

付録21 各種硬さ値の比較表

| HV | HB | | | HR | | | | HS |
	標準圧子	ハルトグレン圧子	炭化タングステン圧子	Aスケール or HR_A	Bスケール or HR_B	Cスケール or HR_C	Dスケール or HR_D	
940	…	…	…	85.6	…	68.0	76.9	97
920	…	…	…	85.3	…	67.5	76.5	96
900	…	…	767	85.0	…	67.0	76.1	95
880	…	…	757	84.7	…	66.4	75.7	93
860	…	…	757	84.4	…	65.9	75.3	92
840	…	…	745	84.1	…	65.3	74.8	91
820	…	…	733	83.8	…	64.7	74.3	90
800	…	…	722	83.4	…	64.0	73.8	88
780	…	…	710	83.0	…	63.3	73.3	87
760	…	…	698	82.6	…	62.5	72.6	86
740	…	…	684	82.2	…	61.8	72.1	84
720	…	…	670	81.8	…	61.0	71.5	83
700	…	615	656	81.3	…	60.1	70.8	81
690	…	610	647	81.1	…	59.7	70.5	…
680	…	603	638	80.8	…	59.2	70.1	80
670	…	597	630	80.6	…	58.8	69.8	…
660	…	590	620	80.3	…	58.3	69.4	79
650	…	585	611	80.0	…	57.8	69.0	…
640	…	578	601	79.8	…	57.3	68.7	77
630	…	571	591	79.5	…	56.8	68.3	…
620	…	564	582	79.2	…	56.3	67.9	75
610	…	557	573	78.9	…	55.7	67.5	…
600	…	550	564	78.6	…	55.2	67.0	74
590	…	542	554	78.4	…	54.7	66.7	…
580	…	535	545	78.0	…	54.1	66.2	72
570	…	527	535	77.8	…	53.6	65.8	…
560	…	519	525	77.4	…	53.0	65.4	71
550	505	512	517	77.0	…	52.3	64.8	…
540	496	503	507	76.7	…	51.7	64.4	69
530	488	495	497	76.4	…	51.1	63.9	…
520	480	487	488	76.1	…	50.5	63.5	67
510	473	479	479	75.7	…	49.8	62.9	…
500	465	471	471	75.3	…	49.1	62.2	66
490	456	460	460	74.9	…	48.4	61.6	…
480	448	452	452	74.5	…	47.7	61.3	64
470	441	442	442	74.1	…	46.9	60.7	…
460	433	433	433	73.6	…	46.1	60.1	62
450	425	425	425	73.3	…	45.3	59.4	…
440	415	415	415	72.8	…	44.5	58.8	59
430	405	405	405	72.3	…	43.6	58.2	…

付録 21　（続き）

HV	HB			HR				HS
	標準圧子	ハルトグレン圧子	炭化タングステン圧子	Aスケール or HR_A	Bスケール or HR_B	Cスケール or HR_C	Dスケール or HR_D	
420	397	397	397	71.8	…	42.7	57.5	57
410	388	388	388	71.4	…	41.8	56.8	…
400	379	379	379	70.8	…	40.8	56.0	55
390	369	369	369	70.3	…	39.8	55.2	…
380	360	360	360	69.8	(110.0)	38.8	54.4	52
370	350	350	350	69.2	…	37.7	53.6	…
360	341	341	341	68.7	(109.0)	36.6	52.8	50
350	331	331	331	68.1	…	35.5	51.9	…
340	322	322	322	67.6	(108.0)	34.4	51.1	47
330	313	313	313	67.0	…	33.3	50.2	…
320	303	303	303	66.4	(107.0)	32.2	49.4	45
310	294	294	294	65.8	…	31.0	48.4	…
300	284	284	284	65.2	(105.5)	29.8	47.5	42
295	280	280	280	64.8	…	29.2	47.5	…
290	275	275	275	64.5	(104.5)	28.5	47.1	41
285	270	270	270	64.2	…	27.8	46.0	…
280	265	265	265	63.8	(103.5)	27.1	45.3	40
275	261	261	261	63.5	…	26.4	44.9	…
270	256	256	256	63.1	(102.0)	25.6	44.3	38
265	252	252	252	62.7	…	24.8	43.7	…
260	247	247	247	62.4	(101.0)	24.0	43.1	37
255	243	243	243	62.0	…	23.1	42.2	…
250	238	238	238	61.6	99.5	22.2	41.7	36
245	233	233	233	61.2	…	21.3	41.1	…
240	228	228	228	60.7	98.1	20.3	40.3	34
230	219	219	219	…	96.7	(18.0)	…	33
220	209	209	209	…	95.0	(15.7)	…	32
210	200	200	200	…	93.4	(13.4)	…	30
200	190	190	190	…	91.5	(11.0)	…	29
190	181	181	181	…	89.5	(8.5)	…	28
180	171	171	171	…	87.1	(6.0)	…	26
170	162	162	162	…	85.0	(3.0)	…	25
160	152	152	152	…	81.7	(0.0)	…	24
150	143	143	143	…	78.7	…	…	22
140	133	133	133	…	75.0	…	…	21
130	124	124	124	…	71.2	…	…	20
120	114	114	114	…	66.7	…	…	…
110	105	105	105	…	62.3	…	…	…
100	95	95	95	…	56.2	…	…	…
95	90	90	90	…	52.0	…	…	…
90	86	86	86	…	48.0	…	…	…
85	81	81	81	…	41.0	…	…	…

(Metals Handbook より)

216   第Ⅰ部   金属の基礎

付録22 ギリシャアルファベット

Alpha	A	α	A	a	Nu	N	ν	N	n
Beta	B	β	B	b	Xi	Ξ	ξ	X	x
Gamma	Γ	γ	G	g	Omicron	O	o	O	o
Delta	Δ	δ	D	d	Pi	Π	π	P	p
Epsilon	E	ε	E	e	Rho	P	ρ	R	r
Zeta	Z	ζ	Z	z	Sigma	Σ	σ	S	s
Eta	H	η	E	e	Tau	T	τ	T	t
Theta	Θ	θ	Th	th	Upsilon	Υ	υ	U	u
Iota	I	ι	I	i	Phi	Φ	φ	Ph	ph
Kappa	K	κ	K	k	Chi	X	χ	Ch	ch
Lambda	Λ	λ	L	l	Psi	Ψ	ψ	Ps	ps
Mu	M	μ	M	m	Omega	Ω	ω	O	o

付録23 略字記号 (Metals Handbook より)

A	Angstrom	gps	gallons per second
AISI	American Iron and Steel Institute	hp	horse power
		ID	inside diameter
AMS	Aeronautical Material specification (of SAE)	ipy	inches penetration per year
ASTM	American Society for Testing Materials	K	Kelvin
		mdd	miligrams/square decimeter/day
atm	atmosphere		
Btu	British thermal unit	mpy	miles per year
C	Centigrade	OD	outside diameter
cal	calorie	oz	ounce
cps	cycles per second	ppm	parts per million
diam	diameter	psi	pounds per square inch
emf	electromotive force		
F	Fahrenheit	rpm	revolutions per minute
fpm	feet per minute	rps	revolutions per second
fps	feet per second	SAE	Society of Automotive Engrs.
ft	foot		
ft-lb	foot-pound		
g-cal	gram-calorie		

付録24 単位 *

国際単位系（SI）1960年国際度量衡総会で決定．

SIは4種の基本量，長さ（m），質量（kg），時間（s），電流（A）を基本とし，これに熱力学的温度（K），物質の量（mol），光度（cd）を加えて基本単位とし，平面角（rad），立体角（sr）を2個の補助単位とする．

CGS単位系は3種の基本量長さ（cm＝10^{-2}m），質量（g＝10^{-3}kg），時間（s）を基本単位としたもの．

単位の10の整数乗倍の接頭語

名称	記号	大きさ	名称	記号	大きさ
エクサ（exa）	E	10^{18}	デシ（deci）	d	10^{-1}
ペタ（peta）	P	10^{15}	センチ（centi）	c	10^{-2}
テラ（tera）	T	10^{12}	ミリ（milli）	m	10^{-3}
ギガ（giga）	G	10^{9}	マイクロ（micro）	μ	10^{-6}
メガ（mega）	M	10^{6}	ナノ（nano）	n	10^{-9}
キロ（kilo）	k	10^{3}	ピコ（pico）	p	10^{-12}
ヘクト（hecto）	h	10^{2}	フェムト（femto）	f	10^{-15}
デカ（deca）	da	10	アト（atto）	a	10^{-18}

＊単位系はすべて理科年表（1984，丸善）より

SI 組立単位(1)

量	単位の名称	単位記号	他のSI単位による表し方	SI基本単位による表し方
周波数	ヘルツ (hertz)	Hz		s^{-1}
力	ニュートン (newton)	N	J/m	$m \cdot kg \cdot s^{-2}$
圧力, 応力	パスカル (pascal)	Pa	N/m²	$m^{-1} \cdot kg \cdot s^{-2}$
エネルギー, 仕事, 熱量	ジュール (joule)	J	N·m	$m^2 \cdot kg \cdot s^{-2}$
仕事率, 電力	ワット (watt)	W	J/s	$m^2 \cdot kg \cdot s^{-2}$
電気量, 電荷	クーロン (coulomb)	C	A·s	s·A
電圧, 電位	ボルト (volt)	V	J/C	$m^2 \cdot kg \cdot s^{-3} \cdot A^{-1}$
静電容量	ファラッド (farad)	F	C/V	$m^{-2} \cdot kg^{-1} \cdot s^4 \cdot A^2$
電気抵抗	オーム (ohm)	Ω	V/A	$m^2 \cdot kg \cdot s^{-3} \cdot A^{-2}$
コンダクタンス	ジーメンス (siemens)	S	A/V	$m^{-2} \cdot kg^{-1} \cdot s^3 \cdot A^2$
磁束	ウェーバー (weber)	Wb	V·s	$m^2 \cdot kg \cdot s^{-2} \cdot A^{-1}$
磁束密度	テスラ (tesla)	T	Wb/m²	$kg \cdot s^{-2} \cdot A^{-1}$
インダクタンス	ヘンリー (henry)	H	Wb/A	$m^2 \cdot kg \cdot s^{-2} \cdot A^{-2}$
光束[1]	ルーメン (lumen)	lm	cd·sr	
照度[2]	ルクス (lux)	lx	lm/m²	
放射能[3]	ベクレル (becquerel)	Bq		s^{-1}
吸収線量[4]	グレイ (gray)	Gy	J/kg	$m^2 \cdot s^{-2}$

1) 光度1cdの点光源より1srの立体角内に放射される光束
2) 1m²の面を1lmの光束で照したときの照度
3) 1sの間に1個の原子崩壊を起す放射能
4) 放射線のイオン化作用で1kgの物質に1Jのエネルギーを与える吸収線量

SI 組立単位(2)

量	単位記号	SI基本単位での表し方
面積	m^2	1) 流体の流線に平行な面を通じ，両側に速度勾配を減少させる方向に接線応力が働き，その大きさが速度勾配に比例するとき，この比例係数を粘度という
体積	m^3	
密度	kg/m^3	
速度	m/s	2) 粘度をその流体の密度で割った量
加速度	m/s^2	3) 物体を一定方向から見たとき，その方向に垂直な単位面積当りの光度
角速度	rad/s	
力のモーメント	$N \cdot m$	$m^2 \cdot kg \cdot s^{-2}$
表面張力	N/m	$kg \cdot s^{-2}$
粘度 [1]	$Pa \cdot s$	$m^{-1} \cdot kg \cdot s^{-1}$
動粘度 [2]	m^2/s	
熱流密度 / 放射照度	W/m^2	$kg \cdot s^{-3}$
熱容量 / エントロピー	J/K	$m^2 \cdot kg \cdot s^{-2} \cdot K^{-1}$
比熱 / 質量エントロピー	$J/(kg \cdot K)$	$m^2 \cdot s^{-2} \cdot K^{-1}$
熱伝導率	$W/(m \cdot K)$	$m \cdot kg \cdot s^{-3} \cdot K^{-1}$
電界の強さ	V/m	$m \cdot kg \cdot s^{-3} \cdot A^{-1}$
電束密度 / 電気変位	C/m^2	$m^{-2} \cdot s \cdot A$
誘電率	F/m	$m^{-3} \cdot kg^{-1} \cdot s^4 \cdot A^2$
電流密度	A/m^2	
磁界の強さ	A/m	
透磁率	H/m	$m \cdot kg \cdot s^{-2} \cdot A^{-2}$
起磁力 / 磁位差	A	
モル濃度	mol/m^3	
輝度 [3]	cd/m^2	
波数	m^{-1}	

電磁気の単位系の比較 ($c = 2.997925 \times 10^{10}$)

量と記号	SI	CGS esu	CGS emu
電気量 Q	クーロン C	$= c \cdot 10^{-1}$	10^{-1}
電束密度 D	クーロン/m² C/m²	$= 4\pi c \cdot 10^{-5}$	$4\pi \cdot 10^{-5}$
分極 P	クーロン/m² C/m²	$= c \cdot 10^{-5}$	10^{-5}
電流 I	アンペア A	$= c \cdot 10^{-1}$	10^{-1}
電位 V	ボルト V	$= \frac{1}{c} \cdot 10^8$	10^8
電界 E	ボルト/m V/m	$= \frac{1}{c} \cdot 10^6$	10^6
電気抵抗 R	オーム Ω	$= \frac{1}{c^2} \cdot 10^9$	10^9
電気容量 C	ファラッド F	$= c^2 \cdot 10^{-9}$	10^{-9}
誘電率 ε	ファラッド/m F/m	$= 4\pi c^2 \cdot 10^{-11}$	$4\pi \cdot 10^{-11}$
磁極 Q_m	ウエーバー Wb	$\frac{1}{4\pi c} 10^8$	$= \frac{1}{4\pi} \cdot 10^8$
磁束 $\varPhi$	ウエーバー Wb	$\frac{1}{c} \cdot 10^8$	$= 10^8$ 1)
磁束密度 B	テスラ T	$\frac{1}{c} \cdot 10^4$	$= 10^4$ 2)
磁化 M	アンペアー/m A/m	$\frac{1}{c} \cdot 10^{-3}$	$= 10^{-3}$ 2)
磁位 ϕ_m	アンペア A	$4\pi c \cdot 10^{-1}$	$= 4\pi \cdot 10^{-1}$ 3)
磁界 H	アンペアー/m A/m	$4\pi c \cdot 10^{-3}$	$= 4\pi \cdot 10^{-3}$ 4)
インダクタンス L	ヘンリー H	$\frac{1}{c^2} \cdot 10^9$	$= 10^9$
透磁率 μ	ヘンリー/m H/m	$\frac{1}{4\pi c^2} \cdot 10^7$	$= \frac{1}{4\pi} \cdot 10^7$

SIでは $D = \varepsilon_0 E + P$, $H = \frac{B}{\mu_0} - M$ とする

ε_0 (真空の誘電率) $= 8.85418782 \times 10^{-12}$ F/m
μ_0 (真空の透磁率) $= 1.25663706 \times 10^{-6}$ H/m
$=$ CGS $-$ Gauss 単位系で使用
1) マクスウエル Mx, 2) ガウス G, 3) ギルバート Gi, 4) エルステッド Oe

SI以外の単位

> 太字：SIと併用される単位
> *：SIによる値が実験的に得られるものでSIと併用
> **：暫定的に用いられる単位
> †：固有の名詞をもつCGS単位

長　さ：	フェルミ (fermi) = **1fm** X線単位 (Xunit) = 0.1002pm オングストローム (Å) = **0.1nm** ミクロン (μ) = 1μm = 10^{-3}mm 海里** (nautical mile) = 1,852m
面　積：	バーン** (barn) = 10^{-28}m^2 = 100fm^2 アール** (are) = 100m^2 ヘクタール** (hectare) = 10^4m^2 = 1hm^2
体　積：	リットル (litre) = 1dm^3 = 10^{-3}m^3
平面角：	度 (degree, °) = 1直角の1/90 = π/180rad 1rad = 57.29578° = 57°17′44″ 分 (minute, ′) = 1/60度 秒 (second, ″) = 1/60分
質　量：	原子質量単位* (atomic mass unit, u) = $1.6605655 \times 10^{-27}$kg = 核種^{12}Cの1個の原子の質量の**1/12** トン (tonne, t) = 1,000kg
時　間：	分 (minute, min) = **60s** 時 (hour, h) = 60min = **3,600s** 日 (day, d) = 24h = **86,400s**
速　度：	ノット** (knot) = 1海里/時 = 1.852km/h = 0.5144m/s
加速度：	ガル** (gal, Gal) = 1cm/s^2 = 10^{-2}m/s^2 重力の加速度 g = 9.80665m/s^2
力　　：	ダイン† (dyne, dyn) = 1g·cm/s^2 = 10^{-5}N 重力キログラム (kilogram-force, kgf) = 9.80665N 重力単位系：質量の代わりに力を用いる単位系（工学） 　　　　　ドイツでは重力キログラム (**kgf**) をキロポンド 　　　　　(kilopond, kp) と呼ぶ

圧　　　　力	バール**(barr, bar) = 10^6dyn/cm^2 = 10^5N/m^2 = 10^5Pa トル(torr, Torr) = 水銀柱ミリメートル(mmHg) = 133.322Pa 標準大気圧**(atm) = 760mmHg = 101,325Pa 重力キログラム毎平方センチメートル = 1kgf/cm^2 = 1kp/cm^2 = 98,066.5Pa ポンド毎平方インチ(psi) = 0.00155kgf/mm^2 = 152Pa
仕　　事， エネルギー	エルグ†(erg, erg) = 1dyn·cm = 10^{-7}J 電子ボルト*(eV) = $1.6021892 \times 10^{-19}$J 2真空中1ボルトの電位差を横切るときに電子の得る運動エネルギー
熱　　　　量	温度を指定しないカロリー = 4.18605J = 1/860(W·h) 温度を指定したカロリー = 水1gの温度を$(t-0.5)$°Cから$(t+0.5)$°Cまで上げるのに要する熱量 15°Cカロリー(cal_{15}) = **4.1855** 国際蒸気表カロリー(cal_{IT})**4.1868J**（1gの水を0°Cから100°Cに上げるのに必要な熱量の1/100) 熱化学カロリー(cal_{th}) = **4.184J** キロカロリー（キログラムカロリー）(kcal) = **1,000cal**
仕　事　率	仏馬力(horse-power, PS) = 75m·kgf/s = 735.5W 英馬力(horse-power, hp) = 550ft·lbf/s = 745.7W
温　　　　度	セルシウス度(degree Celsius, °C) = 1K tK = 273.15 + t°C
粘　　　　度	ポアズ†(poise, P) = 1dyn·s/cm^2 = 0.1Pa·S
動　粘　度	ストークス†(stokes, St) = 1cm^2/s = 10^{-4}m^2/s
磁　　　　気	ガウス†(gauss, G) = 10^{-4}T（磁束密度のCGS-emu） エルステッド†(oersted, Oe) = $(1/4\pi)10^3$A/m（磁場の強さのCGS-emu） マックスウエル†(maxwell, Mx) = 10^{-8}Wb（磁束のCGS-emu） ガンマ(gamma, γ) = 10^{-9}T
光	スチルブ†(stilb, sb) = 1cd/cm^2 = 10^4cd/m^2（輝度のCGS） フォト†(photo, ph) = 10^4lx（照度のCGS）
放　射　能	キュリー**(curie, ci) = 3.7×10^{10}s^{-1} = 3.7×10^{10}Bq = ラジウム1g当りの放射能
放射線量	レントゲン**(röntgen, R) = 1kgの空気を照射して正および負それぞれ2.58×10^{-4}cのイオンを作る放射線量 = 2.58×10^{-4}c/kg
吸収線量	ラド**(rad, rad) = 10^{-2}Gy = 0.01J/kg

付録 25　単位換算表

1 radian = 57.3° = 0.159 rev.
1 kilogram = 2.21 lb（mass）
1 pound（mass）= 0.454 kg
1 atomic mass unit = 1.66×10^{-27} kg
1 meter = 39.4 in = 3.28 ft ; 1 inch = 2.54 cm
1 mile = 5,280 ft = 1.61 km
1 angstrom unit = 10^{-10} meter = 1×10^{-4} microns
1 millimicron = 10^{-9} meter
1 atmosphere = 29.9 in.Hg = 76.0 cmHg = 1.01×10^{5} Nt/meter^2
1 Btu = 778 ft-lb = 252 cal = 1,060 joules
1 calorie = 4.19 joules ; 1 joule = 0.239 cal = 2.87×10^{-7} kw-hr
1 electron volt = 1.60×10^{-19} joule = 1.60×10^{-12} erg
1 horse power = 550 ft-lb/sec = 746 Watts

付録 26　物理定数

光速	c	3.00×10^{8} meters/sec.
アヴォガドロ数	N_0	6.02×10^{23} molecules/mole
ガス定数	R	8.32 joules/(mol)(K)
		= 1.98 cal/(mol)(K)
プランク定数	h	6.63×10^{-34} joule・sec
		= 6.63×10^{-27} erg・sec
ボルツマン定数	k	1.38×10^{-23} joule/K
真空中での透磁率	μ_0	1.26×10^{-6} henry/meter
真空中での電媒定数	ε_0	8.85×10^{-12} farad/meter
電子の電荷	e	1.60×10^{-19} coul
		= 4.8×10^{-10} statcoulomb
電子の静止質量	m_0	9.11×10^{-31} kg
電子の電荷と静止質量の比	e/m_0	1.76×10^{11} coul/kg
ボアー磁子	μ_B	9.29×10^{-24} amp・m^2

第Ⅱ部 鉄鋼材料

第1章 製鉄の歴史とその概略

1・1 鉄という金属元素[1]

　Feという元素はクラーク数で4.70％であり，地球表面付近ではO，Si，Alに次いで多量に存在している．これを宇宙的分布にまで広げて考えた場合，H，Heが98％を占め，残り2％が他の元素すべての量であるが，この2％の中で金属元素としてはFeが突出して存在量が多い．これは宇宙の誕生，星の生成と死滅といった広大な根源的問題に結びついていると考えられている．

　原子の原子核は陽子と中性子という核子の結合によって構成されていることは周知のとおりであり，その核子の総数が元素の質量数（mass number）である．これらの核子は10^{-12}cm程度の空間に密につまっていて，その相互作用力によって結合していることは，第I部の金属の基礎のはじめに述べた通りである．この原子核を構成している核子1個当りの結合エネルギーの大小が，その原子核の安定性を決めている．その値の大きいものほど安定であり小さいものほど不安定である．この核子1個当りの平均結合エネルギーと質量数の関係を示したのが図2・1である．質量数56の鉄原子核のところで最大値を示している．すなわち^{56}Feは最も安定な原子核であり，宇宙空間に多量に存在していることがわかる．

　初期宇宙は高温高密

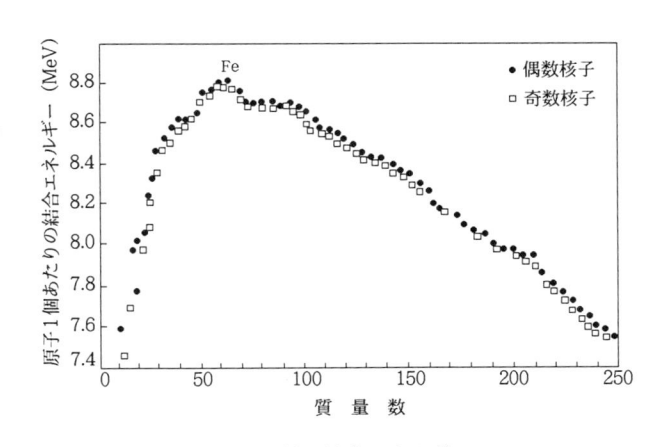

図2・1　原子核の結合エネルギー

度の自由中性子からできていたといわれている．この自由中性子の半減期は約12分であって，β崩壊により電子とニュートリノと呼ばれる粒子を放出しながら陽子に変っていく．次に陽子は中性子を捕えて重水素原子核となり，これがさらに中性子を捕えて三重水素原子核となる．これがさらにβ崩壊して ^{3}He となり，次に中性子を捕えて ^{4}He が生まれる．

さらに重い原子核の形成は宇宙に生まれた星の内部での熱核融合反応によるものとされている．3個のヘリウム原子核が融合して ^{6}C が形成され，この炭素原子核の融合により酸素からマグネシウムの間の元素が作り出された．このような星の重力収縮による発熱で，ネオン，酸素の熱核融合反応へと進み，最後にケイ素が燃焼して鉄元素が誕生し，核融合反応が終結する．この一連の核融合反応ではすべての熱エネルギーが放出され，原子核内の核子の結合力は増大の一途をたどり，安定核の形成の方向に進む．

鉄が中心核となった星の収縮はエネルギーの吸収を伴い，物質はものすごい速さで中心部に落ち込み巨大な圧力を発生する．最後に大爆発を起して超新星爆発というドラマを展開し，この爆発のわずかの瞬間に鉄より重い元素が生み出される．このようにして形成された超新星の中心核は中性子だけの中性子星となるか，すべてのものを閉じ込めるブラックホールとなって，永久に光を失うという．

この宇宙と星の壮大なドラマの中で占める鉄の役割を考えると，まさに「金の王なるかな」の感を深める．

日常きわめて平凡な金属として我々の眼にうつる鉄という金属元素には，以上のような宇宙の歴史が秘められていることを理解してほしい．

1・2　製鉄の歴史

石器，銅器の時代に続いて鉄鋼時代に生きている人類にとって，その発展の歴史をたどることは，人間の文化の歴史的観点から考えても，また科学史的観点から見てもきわめて意義深いことである．

鉄鋼の歴史[2,3]はこれを大別して次の三つの段階に分けられる．
1) 人類が初めて原始的な形で鉄を利用し始めた，いわば鉄の古代史の時代．
2) ヨーロッパで高炉が発明され，鉄が初めて高炭素の銑鉄として現れ始めた時代．これは15世紀の頃と考えられている．
3) 最後に1856年，Bessemer により転炉製鋼法が開発され，いわゆる近代的な鉄鋼一貫作業の確立された近代につながる時代．

その後鉄鋼製造法そのものの研究開発とともに，その周辺技術の画期的な進歩によって，鉄鋼業はその工業規模において益々巨大なものとなっている．

1）の古代史としては，ローマ時代には鉄の産地はフランスとスペインの国境ピレネー山脈地方，アルプス地方，イタリアのエルベ島とコルシカ島，イギリスのサセックス地方などである．その地理的位置は高品位の鉄鉱石と森林に恵まれた地方に局在している．

2）の時代は文化史的に見て大体ルネッサンスに始まる高炉（blast furnace, shaft furnace）法時代である．高炉の出現以前は，鉱石の木炭還元による海綿鉄（sponge iron）であって，浸炭が行われないので純度は高いが，半溶融状態で作られたため非金属介在物（non-metallic inclusions）が多いものであった．

高炉による製鉄法は，その源は西ドイツのライン河流域のジーガーランドとされている．その後この方法はベルギーのリエージュ地方，ルクセンブルグ，ロレーヌ，シャンパーニュなどのフランスの森林地方に拡がり，ダンケルクから英仏海峡を渡ってイングランドに進み，サセックスのウィールドの森に定着したと考えられている．

高炉法では従来の製鉄法より高温が得られるため鉄の中に浸炭が進み，それとともにFe-C合金の共晶組成の融点1150℃付近まで融点が下るのでスラッグとの分離が容易となった．

このFe-約4wt％C合金にかなりのSiを含む銑鉄（pig iron）の得られるのが特徴である．

当時の人々はこの高炉銑と従来の海綿鉄あるいは鍛鉄との性質があまりにも異なっているので，全く異質の金属と考えた程である．この銑鉄を利用して鋳造法により砲や各種の農器具が作られた．

高炉法の普及とともに起った深刻な問題は，森林の木材が切り倒された結果による環境保護の社会的動向であって，1581年イギリスでは樹木を炭に焼くことを禁止する法律の制定にまで発展した．これは恐らく工業化社会における環境問題第1号であろう．

高炉法ではこの木炭危機に対応して，還元剤として石炭の使用という大きい技術的テーマが待ちかまえていた．この研究に1589～1709年まで実に100年以上の努力が続けられ，ついにDarbyによってコークスの使用に成功した．この成功と1769年のジェームズ・ワットによる蒸気機関の発明が，近代製鉄業に大きな貢献を及ぼした．

木炭危機はようやく切抜けられたが，コークスの使用によって銑鉄中にSが増加し，材質が脆くなるという問題が残された．また銑鉄に対しいかにして可鍛性を持たせるかということも大きなテーマとなった．

1783年頃銑鉄を反射炉で酸化脱炭して可鍛性に富む低炭素鋼を作るパドル法（puddling process）がCortにより開発された．またルツボ中で従来の低炭素である鍛鉄を約1400℃に加熱し，浸炭により適量のCを含む炭素鋼を作るるつぼ製鋼法が，Huntsmanにより開発された．パドル法による低炭素鋼を錬鉄とよぶ．

以上の高炭素で可鍛性のない鉄を可鍛性のある炭素鋼に，また純鉄に近い鉄を強い炭素鋼

にする技術の総決算として1856年Bessemerによる転炉 (converter) 製鋼法が導入された．

これは炉底より空気を吹きこんで吹精 (bessemerizing) するのでベッセマー法ともよばれた．またこれとほとんど同じ頃，熱効率の悪い反射炉に蓄熱室を加えることによって効率を向上した平炉 (open hearth) がドイツのSiemensにより開発され，この炉を用いた製鋼法がフランスのMartinによりスタートした．この平炉法はまたジーメンス・マルタン法 (Siemens-Martin process) ともよばれるものである．このようにして近代的な鉄鋼一貫作業の骨格が完成した．

日本にもいわゆる鉄の古代史に属するものはあったが，高炉が日本で初めて釜石に建設されたのは1874 (明治7) 年大島高任による．また木炭銑をコークス銑に切り換えるのに成功したのは，1893 (明治26) 年野呂景義と香村小録の努力の結果である．現代の世界的大製鉄企業新日本製鉄の前身である半官半民の八幡製鉄所が設立されたのは1896 (明治29) 年であった．

ヨーロッパで発展した近代的製鉄業は，アメリカ合衆国で巨大なU.S.スティール社を生み，長い間世界の鉄鋼業界を牛耳ってきたが，1945年頃よりソ連，西独，日本などが急成長をとげ，1970年にはアメリカ合衆国，ソ連，日本の3国がその生産量において肩を並べる程になった．日本の生産統計の歴史的な推移を図2・2に示した．

日本における粗鋼の生産方法は1960 (昭和35) 年頃までは塩基性平炉法が大部分を占めたが，1965 (昭和40) 年頃からは大部分が転炉法になってしまっていることがわかる．

日本は終戦前の粗鋼最高生産量は1943 (昭和18) 年の7650×10^3トンであったのに対し，1973 (昭和48) 年では終戦後最高の$119,322 \times 10^3$トンを記録した．

14〜15倍の大膨張であり，世界総生産の実に16〜17％を占めるようになった．

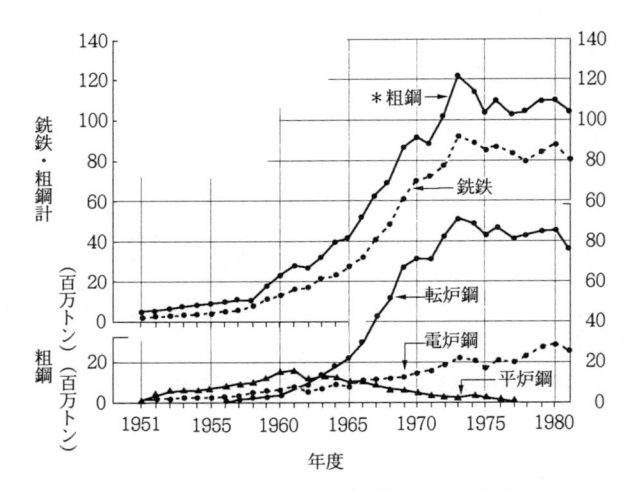

図2・2 日本の鉄鋼生産推移 ＊粗鋼合計
(鉄鋼統計要覧1982より)

アメリカ合衆国およびソ連の生産量における優位は，資源，歴史，国の大きさから言って当然であるが，資源小国の日本のこの急成長は世界的な奇跡であり，異常である．その最も大きい原因は，日本における鉄鋼大手の大企業が粗鋼年産トン当たり26.43ドル（E.C.6カ国は10.60ドル，イギリスは13.47ドル，アメリカ合衆国は14.40ドル）という多額の設備の投資競争を行い，生産規模および設備の質的な面で超一流のものを作り上げた結果だと考えられている．

今後の日本の鉄鋼業界のかかえる問題は大きく困難なものである．資源およびエネルギーの両面より，まず外国の強粘結炭のみに頼らない日本の石炭をも含めた化石燃料の高度利用，原子力製鉄も含めて直接製鉄による高炉からの脱却，一般構造用鋼指向型から高級鋼技術の開発に重点を置かねばならない．すなわち基本素材としての鉄ではなく，高度利用に対応できる製品としての鉄に向かうことが，今後の発展途上国での低コスト生産を考えた場合の必然的な方向であろう．

1・3 製鉄法の概略

古代の鉄は露頭状態の高品位鉱石あるいは砂鉄を，木炭を熱源および還元剤として製造された海綿鉄あるいは半融鉄と呼ばれる純鉄に近いものであった．高炉法ではコークスを用いた高温操業により，4wt％程度のCとそれにSi, S, P, Mnを主とする不純物を含んだ銑鉄である．この近代製鉄法の主流をなす高炉法の概略を述べる．まず近代高炉の断面略図を図2・3に示した．

高炉法に使用される鉱石はFe_2O_3，Fe_3O_4などを主成分とし，SiO_2，MnO_2，P_2O_5などの酸化物および水分を含んでいる．鉱石中の鉄分は平均して約50％と考えられる．この鉱石の粒形を整えて炉頂より装入する．

コークスはできるだけS分の少ない，灰分（ash）の少ない，炉内の荷重に耐えられる硬さをもったものを必要とする．このようなコークスはいわゆる強粘結性炭から得られるものであるが，日本国内ではほとんど産出せず，従来は中国，アメリカ合衆国などから輸入されている．

石灰は高炉中で形成される鉱滓（slag）の組成，性状を調節する目的で添加される．このスラッグの調整は溶銑との分離，ひいては銑鉄の品質の向上には欠かすことのできない条件

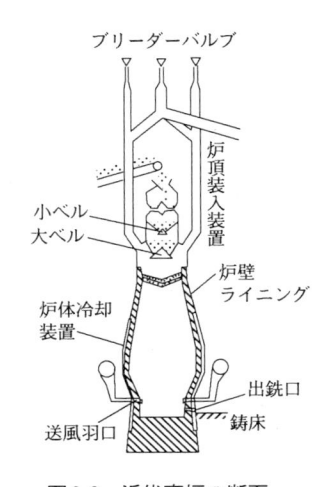

図2・3 近代高炉の断面

（ブリーダーバルブ，炉頂装入装置，小ベル，大ベル，炉壁ライニング，炉体冷却装置，送風羽口，出銑口，鋳床）

である．

これらの主原料および副原料は炉頂より層状に装入される．さらに羽口（tuyere）を通して多量の熱風が吹きこまれる．

次に炉内反応の要点を述べる．

(1) コークスの燃焼

$$C + O_2 = CO_2$$
$$CO_2 + C = 2CO$$

(2) 高温COガスによる還元反応

$$Fe_2O_3 + 3CO = 2Fe + 3CO_2$$
$$MnO + CO = Mn + CO_2$$
$$P_2O_5 + 5CO = 2P + 5CO_2$$
$$\text{etc.}$$

炉内では固形炭素による直接還元もあるが，上記COガスによる間接還元が主反応として進行するものと考えてよい．

(3) 溶融鉄中への各種元素の吸収

未燃コークスよりC，S，P，Mn，また還元Siの吸収が起る．その吸収は溶銑とその上に浮くスラッグとの界面で行われ，スラッグ層および溶銑層へのこれら元素の配分の割合は，温度やスラッグ組成に左右される．

(4) スラッグの形成

スラッグの主成分はSiO_2-CaO-Al_2O_3である．これに各種の酸化物や硫化物を含む．CaOの添加は，融点が低く，流動性のよいスラッグを形成し，金属中へのスラッグの混入を防ぎ，また銑鉄には有害とされるSをCaSの形でスラッグとともに除去する．

得られる銑鉄の化学組成を表2・1に示す．このほかにNi，Cr，Cu，Tiなどの金属不純物，O，N，Hなどのガス不純物を含む．一般に還元されやすく，気化しにくい金属元素は銑鉄中に吸収される．

表2・1 銑鉄の化学組成例　　　　　　　　　　　　　　　　　（wt%）

銑鉄の種類	C	Si	Mn	P	S
やや昔の銑鉄	4.0〜4.5	0.5〜1.5	1〜2.5	0.1〜1.0	0.04〜1.08
最近の銑鉄	3.0〜4.5	0.2〜2.0	0.2〜2.5	0.02〜0.5	0.01〜0.5
JIS製鋼用銑	≥ 3.50	≤ 0.50 ≤ 1.40	≥ 0.4	≤ 0.30 ≤ 0.50	≤ 0.05 ≤ 0.07
JIS鋳物用銑	≥ 3.36	1.4〜3.5	0.3〜0.9	≤ 0.30	≤ 0.05

第1章 製鉄の歴史とその概略 233

以上が高炉製鉄法の骨格であるが,戦前と戦後では製鉄業の規模も質もきわめて大きく変化した.その要点は,鉱石の前処理による品質の改良,送風技術の改善,コークス使用量の切下げの3点であろう.

(a) 鉱石の前処理

昔の鉱石は篩(ふるい)分けのみでその大きさを分け,ある大きさ以下の鉱石はすべて炉頂より装入するという荒っぽい方法であった.そのため粉鉱もそのまま投入され通風を阻害し,炉内装入物が下降をストップしてしまう棚吊り(hanging)の原因となった.最近は鉱石資源の不足から粉鉱の有効利用が重要な課題となり,焼結鉱にするか団子のように固めたペレット(pellet)として利用するような技術が進歩した.そのため鉱石品位も精鉱化していてFe分も約60％以上となり,かつては銑鉄1トンを製造するのに約2トンの鉱石を処理する必要のあったのが,約1.5～1.7トンですむようになり,高炉の負担も軽減された.

(b) 送風技術の工夫改良

昔は送風温度が上昇すると棚吊りなどの炉況の悪化が発生しがちであったので,送風温度は600～700℃であった.最近は鉱石の前処理技術の進歩とともにその温度も1000℃付近になっている.送風温度の上昇とともに熱源としてのコークスの負担が軽減され,酸素富化によって無駄な窒素量を少なくし,天然ガス,微粉炭,重油などを添加する複合送風技術が進歩した.

(c) コークス比(coke ratio)の切り下げ

初期には冷風をそのまま高炉に吹き込み,銑鉄1トンに対して約8トンのコークスを使用した時代もあった.その後1828年頃より熱風送風に移行し,1948～1949年頃ではわが国でのコークス比は約1であった.それが1961年では0.59に低下している(日本鉄鋼連盟調査).

各国でもこのコークス比の切り下げに力点がおかれ,諸外国でも0.6～0.7となっている.

(d) 高圧操業法の開発

さらに近代製鉄法の特徴として追加すべき事項のひとつとして高圧操業を挙げることができる.炉頂圧力をあげての操業の試みは,ソ連などでは20世紀の始め頃より開始されていたが,実際に導入されたのは1944年頃アメリカ合衆国においてである.

普通の高炉操業では炉頂圧は$0.1 kg/cm^2$以下であったが,これがアメリカ合衆国では0.4〜$0.7 kg/cm^2$となり,ソ連ではさらに1.0〜$2.8 kg/cm^2$となった.高圧操業のメリットは,主として高炉内で起るCOガスによる鉱石の間接還元反応を有効に進め,高炉の出銑能力を増大させることにある.

このほか数多くの高炉周辺技術の改良によって,高炉能力(有効内容積$1 m^3$あたりの1日の出銑量:トン$/m^3$)は1935年頃は約0.5であったのが,1960年では約1.08に達し,その

後約10年間で2.5近くに達しているのが日本の現状である．高炉の大きさも4000～5000 m^3 に達するものが現れてきている．

1・4 製鋼法の概略

高炉は鉱石の還元反応で銑鉄を製造するのに対し，多量の炭素と多くの不純物を含むこの銑鉄を酸化による脱炭と不純物の除去精製を行うのが製鋼の主旨である．

従来の製鋼法は転炉を用いたベッセマー法と平炉を用いたジーメンス・マルタン法が主流であり，特殊鋼材用として電気炉法，るつぼ法などがある．

平炉法

熱エネルギーの有効利用の目的で蓄熱室を備えた反射炉を平炉（open hearth）とよぶが，この炉を用いた製鋼法である．この方法は充分なスペースと時間をかけて製鋼できるので，この方法が最も一般的である時代が長く続いた．

操業方式によって酸性法と塩基性法に大別できる．

酸性法は SiO_2 分の多いスラッグを作るので，炉内の耐火材料は SiO_2 を主成分とした白けい石（SiO_2 分98％以上）を使用する．SiO_2 の多い酸性スラッグではP，Sなどの除去が不完全であるから，使用原料銑もP，Sの少ない良質のものを使用する．製鋼原料は P<0.025 ％，S<0.020％の銑鉄，P，Sの少ない屑鋼，酸化剤としてP，Sの少ない鉄鉱石，脱酸剤としてフェロマンガン，フェロシリコン，アルミニウムなど，また合金鉄と加炭剤として銑鉄やコークスを使用する．主として大型の鋳鋼品，鍛鋼品，水素による白点（white spot）などの生じやすい特殊鋼などに適用される．わが国ではこの方法はあまり利用されていなかった．

塩基性法は SiO_2 分が少なく，CaO 分の多いスラッグを作る操業である．P，Sなどの除去も容易であるので，使用原料銑にあまりきびしい制限を必要としない汎用性が特徴である．

炉内耐火物は高 MgO のドロマイト（(Mg・Ca)CO_3）を使用し，製鋼原料は冷銑，石炭，屑鋼，鉄鉱石，マンガン鉱石，螢石などであって，酸素吹精などによる強力な酸化精錬も行う．CaO/SiO_2 の値を高めて塩基性とし，フェロマンガンなどによる脱硫も行う．平炉法としてはこの方法が主流であった．

転炉法

平炉法は大型反射炉で充分時間をかけて精錬するのに対して，転炉はその名の示すように横転できる徳利型の炉底より空気を吹き込み，急激な酸化精錬を行う短時間即決型が特徴である．この空気の吹き込み形式の精錬法を広く吹精とよぶ．

転炉法にも酸性法と塩基性法があるが，塩基性転炉法としては，P含有量の高いヨーロッパのミネット系鉱石を処理するトーマス法が知られている．この方法では，形成されるスラッグ中に多くの燐酸を含み，このスラッグは燐酸肥料として利用される．

転炉の吹精効果を充分にあげる目的で，上から酸素を吹き込んで吹精する上吹き転炉法が開発され，鋼材の価格の切下げに大きく貢献した．上吹き転炉の略図を図2・4に示した．

純酸素あるいは酸素富化した空気を吹き込み，製鋼の際の酸化精錬の能率をあげる試みは時代のひとつの流れであったが，転炉法にこの方法の応用を研究し始めたのは1936年頃Lellepからである．彼は従来通り炉底より吹き込んだので，耐火物がもたず失敗に終った．その後1948年頃，上からの吹き込みをデューラー(Durrer)などが研究し，1949年オーストリアのLinzおよびDonawitz工場で成功を収めた．以後この方法はLD法とよばれ急速に普及した．炭素量の異なる各種鋼材の精錬に応用することが可能で，またトーマス法にも適用できる．ヨーロッパではこの製鋼法の開発で鋼材の価格を8％も切り下げることができた程画期的なものである．

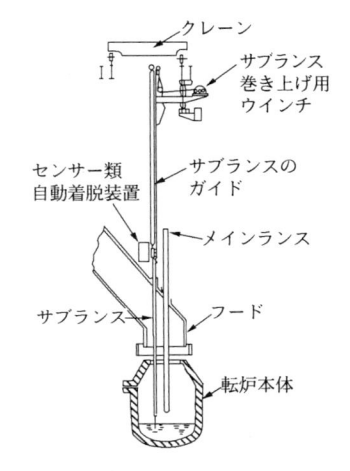

図2・4　上吹き転炉の略図

上部からの酸素の吹き込みは鉄パイプ製の吹精管（lance）で行われるが，その先端は吹精ガスの断熱膨張で温度が下がり溶解しないとされている．

この純酸素上吹転炉法は，従来の平炉法に比較して建設費が安く，能率がよく，平炉鋼に劣らぬ良質の鋼を作ることができるなどの利点を持っている．そのため高度成長期の日本においては，この炉の大型化による能率の向上とともに種々の改良が加えられ，平炉法を捨ててLD法に切り換えることが徹底的に進んだ．

以上の製鋼法のほかに，特殊鋼のような高級鋼材として，アーク炉または高周波炉を用いた製鋼法も行われている．

大体以上三つの製鋼法が主流をなすものであるが，主原料である銑鉄の種類，鉄屑の入手条件などによってその事情を異にしている．

たとえば1976年の生産統計によれば，日本では全粗鋼生産の80.9％がLD法，0.5％が平炉，18.6％が電気炉となっている．この関係はアメリカ合衆国では，LD法が62.4％，平炉法が18.3％，電気炉法19.2％となっている．西独ではLD法が71.9％，平炉法14.3％，電気炉法12.4％，トーマス法1.4％である．

以上3国ではLD法が圧倒的に優位を占めている．これに対して世界で最高の粗鋼生産量を誇るソ連では，1975年の統計によれば，LD法が24.6％，平炉法64.7％，電気炉法9.9％，トーマス法0.8％であり，平炉法が現在でも最も優位を占めている．

最近は純酸素底吹き転炉法でQ-BOP法とよばれる方法が1968年頃に開発され，アメリカ合衆国や日本などでも採用されるようになっている．

この方法の特徴は，炭化水素系ガスで炉底を冷却しながら酸素を吹き込むので，LD法などの上吹き法に対し，建屋が低くてすむ，気泡の溶湯中の上昇による良好な酸化精錬効果が期待できる，吹精時間が短縮できる等のメリットが考えられる．しかし反面鋼中水素の増大などの問題が残されている．

1・5　粗鋼の鋳造法および圧延法

従来は製鋼炉から出る溶鋼は，これをまず取鍋 (ladle) に入れ，クレーンで造塊場に運び，鋳鉄製の鋳型 (ingot mold) に注入して鋼塊 (steel ingot) を作った．鋼塊の断面は一般に四角な形状のものが多く，四隅での不純物の偏析などをできるだけ起させないように丸味を持たせてある．その重さは1トン位から10数トンに及ぶ．

製鋼反応は酸化を主体にしたものであるから，その最終段階では多量の酸素，ガスが溶鋼中に富化された状態になっている．したがって鋳造前に脱酸操作を施すのが一般的である．この脱酸のしかたにより従来から2種の鋼種が区別されていた．

リムド鋼 (rimmed steel)

フェロマンガンなどによる軽い脱酸操作はあるが，とくに強制脱酸を行わない鋼種をリムド鋼とよぶ．凝固する時には，鋼塊中で$FeO + C \rightarrow Fe + CO$の反応が起り，多量のガス放出によって沸騰現象がみられる．

この急激なガス放出をリミングアクション (rimming action) とよんでいる．鋼塊表面の急冷されたいわゆるチル層 (chilled layer) のすぐ内側に放出ガスによる気孔が集中し，一見して気孔群が鋼塊を縁付けしたような外観を呈するのでこの名称がある．この周辺部の気孔群の発生のため，中心部には凝固収縮が集中せず，いわゆる引け巣あるいは収縮孔 (shrinkage cavity, shrinkage pipe) とよばれる孔が発生しない．したがって鋼塊の頭部を除去しないでそのまま圧延することができ経済的である．この方法は安価で多量に使用する鋼種に有利である．炭素量が一般に0.15％以下の軟鋼にかぎられ，0.3％以上の熱処理鋼には適用できない．表面切削を行わず，加工素材のまま使用する一般構造用鋼に適している．Siが比較的少ないので溶接しやすいメリットはあるが，低温脆性あるいはひずみ時効などを起しやすいので低温使用は危険であり，深しぼり加工などにも不向きである．

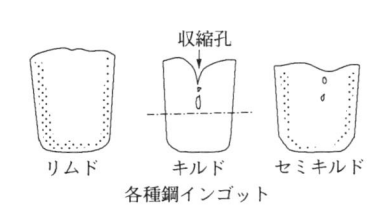

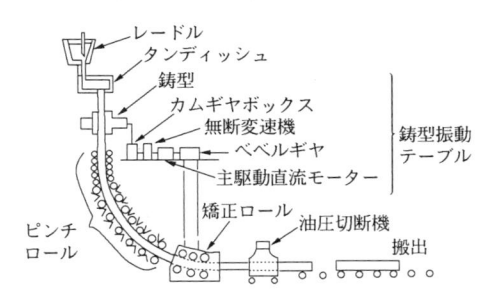

図 2・5　リムド鋼とキルド鋼　　　図 2・6　連続鋳造機略図（U. S. S. Machine, Gary）

キルド鋼 (killed steel)

溶鋼にフェロシリコンや金属アルミニウムなど加えて強制脱酸を行ったものであり，凝固するときに沸騰現象は起らず，静かに固化するので沈静鋼ともよぶ．鋼塊中には気孔も少なく良質の鋼が得られるが，中心部に大きい収縮孔が発生するので，その部分を切断除去する必要があるので歩留りが悪い．高価な鋼種に適している．ガス不純物，たとえばNなども侵入型の固溶状態ではなく，窒化物として固定されているので低温脆性やひずみ時効の原因とならず，酸化物や窒化物粒子の分散によって結晶粒は微細化され強靭である．

またリムド鋼とキルド鋼の中間でセミキルド鋼 (semikilled steel) などもある．これら鋼種のインゴット断面の模型図を図2・5に示した．

これらの鋼塊は均熱炉（soaking pit）に入れて1200～1300℃に加熱してその均質化をはかり，これを熱間ロールにかける．また大きい鋼塊の場合はこれを分塊ロールにかけて圧延し，切断して小さな鋼片（bloom）にしてから製品工場のロールに移される．

以上が従来法であるが，最近は連続鋳造法（continuous casting）が普及した．

この方法はその原理はBessemerによって提案されたといわれているが，成功したのは1948年にアメリカ合衆国においてである．当初は数階建ての高い塔のような建屋の上部に取鍋に入れた溶鋼を運び上げ，電気炉で保温して一定温度に保ち，鋼滓分離器を通して水冷鋳型に注入する．凝固部分は徐々に下降し，下部のピンチロールを通してガス溶断機で任意の長さに切断するという形式のものであった．そのメリットは，均熱炉，分塊工場などを省略できること，組織が均一で偏析が少ない，収縮孔の心配がない，鋳肌が良好で非金属介在物が少ない，鋳物特有の柱状組織でなく粒状の結晶組織であることなどである．

その後鋳造物を曲げる垂直曲げ型，未凝固部の鋳片をも曲げる弯曲型連鋳機へと改良されてきている．現在では引き抜き速度も2～2.5m/minとなり，1974年現在では連鋳法で世界の生産量は年産13×10^6トンにも達している．この連鋳法では脱酸は従来の分類に従えば，フェロシリコンやアルミニウムなどの強制脱酸に近いものと考えられる．図2・6に連

鋳機の見取図を示した．

　近代における鉄鋼業の大きな躍進の中には，圧延技術の大型化，高速化，連続化と自動化の果した役割は大きい．

　分塊（blooming）においては，圧延機の大型化，ユニバーサル圧延，大圧下圧延法の進歩で従来年間能力200～300万トンであった板用分塊圧延機も最近は600万トンという大きい能力になっている．

　比較的厚い板の圧延用ホットストリップミル（hot strip mill）と，仕上げの薄板を作るコールドストリップミル（cold strip mill）の部門は最もコンピューター制御の行きとどいた部分となっている．

　ホットストリップミルは最高圧延速度が約1600m/min，年間生産能力600万トンと大型化した．コールドストリップミルは完全な連続圧延作業と薄板連続焼鈍処理とが一体化して動く形式となり，その仕上げ最高圧延速度も2500m/minと高速化している．以上の連続化およびコンピューター制御化によって，板厚精度の向上（ホットストリップで±50 μm以内），生産性の向上，省力化，コストの切り下げが行われている．

　最後に近代的な鉄鋼生産工程の一覧図を図2・7に示した．

1・6　鉄鋼業における環境問題

　資源およびエネルギー面ではきわめて弱小な日本は，工業立国をその国造りの基本として発展してきた．その理念そのものには間違いないとしても，極端な高度成長の結果として，世界の10～15％の工業規模を有する現在，多くの工業先進国の中でもとくに数多くの難問に直面せざるを得ない状態となっている．そのひとつは狭小な国土の中における生活環境の悪化の問題である．このような環境保護の運動は，遠く高炉製鉄の発展の歴史のなかでも，イギリスでの森林保護の立法の形で起ったこともある．

　鉄鋼業においては，高炉ガス，コークス炉ガスおよび転炉ガスなど各種の排出ガスの回収，鉱石や石炭など固形粉塵の飛散防止，鉄1トンに対して必要とする100～150トンの水の処理回収，その他種々の騒音，振動，産業廃棄物など様々な問題が山積している．

　1973年の調査によれば，これら諸問題の対策費として，日本の鉄鋼業の総投資の実に16.6％の費用が使用されているといわれている．

　主要な環境保護対策には次の三つが考えられる．

(1)　硫黄酸化物対策

　鉄鋼業におけるSO_xの主な発生源は，焼結工程，燃料重油，コークス炉の三つをあげることができる．このなかで総SO_xの約60％は焼結工程で発生するものであり，このプロセ

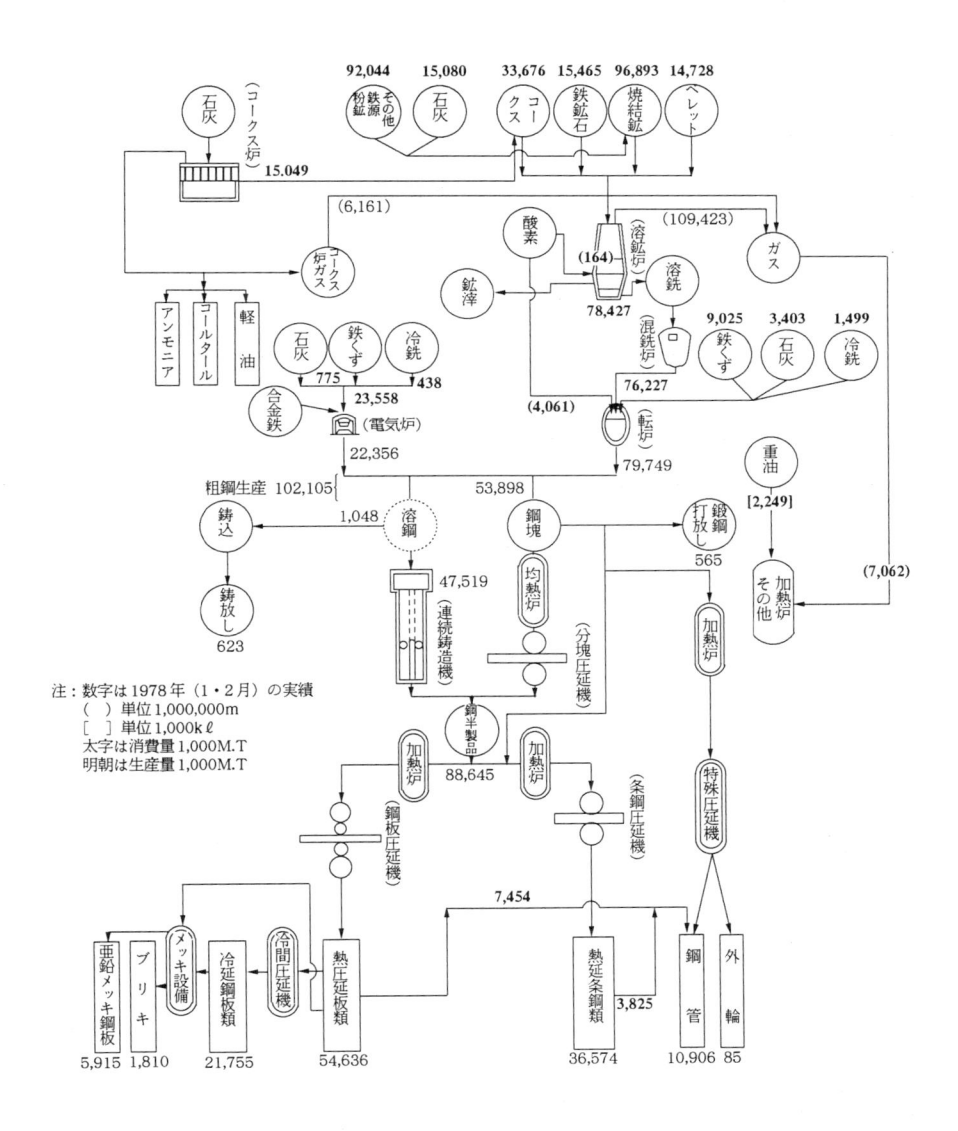

第1章 製鉄の歴史とその概略   239

図2・7 鉄鋼生産工程一覧
(鉄鋼統計要覧1982より)

注：数字は1978年(1・2月)の実績
( ) 単位 1,000,000m
[ ] 単位 1,000kℓ
太字は消費量 1,000M.T
明朝は生産量 1,000M.T

スの改善が要望される.その対策として脱硫と同時に硫安,石膏などの副産物の形としてSを固定化することが考えられる.

(2) **窒素酸化物対策**

　NO_xの主な発生源は焼結工場,加熱炉,ボイラー関係などが考えられる.NH_3を還元剤として適当な触媒を使用しNO_xをN_2に還元する方法,排ガスに電子線を照射してNO_xとSO_xを同時に除去する方法などが考えられている.

(3) **産業廃棄物対策**

　鉄鋼業における産業廃棄物はスラッグ,ダスト,汚泥,耐火材料の屑などであるが,量的にはスラッグが約90％を占める.高炉スラッグは銑鉄1トンあたり約300kg,転炉スラッグは粗鋼1トンあたり80〜100kgの割合で発生する.したがって粗鋼年産1000万トンの製鉄所で約400万トンのスラッグが出てくる.

　高炉スラッグはセメント原料,路盤材,埋立て用などに使用され,今後コンクリート骨材などへの利用も考えられている.他方転炉スラッグは水和反応で崩壊するので,一部は高炉に再利用されるほかは大分部埋立て用に使用されている.これもセメントに混合する方法によって風化を防ぎ,路盤材や高炉スラッグと同様に水滓化してコンクリート骨材に利用する方法などが研究されている.今後製鉄業においてはこの産業廃棄物の利用がますます重要な課題となりつつある.

第2章　純鉄および炭素鋼

2・1　純鉄

2・1・1　各種市販純鉄

市販の純鉄には一般に炭素その他の不純物がかなり多量に含まれている．各種の市販純鉄を表2・2に示した．

スウェーデン鉄は木炭銑を精製したものであり，従来純度の高い鉄として著名である．

アームコ鉄はAmerican Rolling Mill社で平炉法で精製された純鉄の商品名である．原料銑はS分などのできるだけ少ないものを選び，FeOの多いスラッグでC，Si，Mnなどを微量にまで低下させたものである．

電解鉄は硫酸塩浴（Burgess法），塩化物浴（Fischer法），硫酸塩-塩化物混合浴などの水溶液電解で作られる．

カーボニル鉄はMondの考え出した方法で製造された鉄である．1890年にMondはNiとCOガスが反応してNi(CO)$_4$の分子式を持つニッケルカーボニルの形成を認めた．またFeとCOガスの反応ではFe(CO)$_5$の形成されることも認められた．高温高圧で形成されたこの鉄カーボニルは，低温低圧（200℃，1気圧）下で分解してFeとCOに分解する．1927年ドイツのI.G.社が工業化に成功したものである．

実験室的にはカーボニル鉄や電解鉄を溶融マグネシヤのような高級耐火物の容器中に入

表2・2　各種純鉄の純度

純鉄名	不純物（%）										備考
	C	Si	Mn	P	S	O	H	N	Cu	その他	
スウェーデン鉄	0.085	0.02	0.09	0.046	0.04				0.01		
アームコ鉄	0.015	0.01	0.09	0.01	0.02	0.15					
電解鉄	0.008	0.007	0.002	0.006	0.003		0.08				
カーボニル鉄	0.020	0.01		tr.	0.004	<0.01					
実験用試料	0.001	0.003		0.0005	0.0026	0.0004					*
ATOMIRON 5N	0.0013	0.0001	0.00024	0.0001	0.0001	0.0087	0.0001	0.0001	0.00005	Ni0.00007 Co0.00008 Cr0.00004	**

*　最高純塩化鉄を酸化鉄とし，水素還元後高真空中で焼結したもの
**　昭和電工の製品名（5NはO，N，Hを除いている）

れ，高真空中で高周波加熱を行いつつ高純度の水素で還元処理するとさらに高純度の鉄が得られる．

2・1・2 純鉄の性質

純鉄の物理定数の主要なものを表2・3にまとめて示した．

鉄は常圧下では融解するまでにその結晶構造を2回変化する．室温付近では体心立方晶であって，α-Feあるいはフェライト（ferrite）とよばれる．この鉄は強磁性であって，強く磁石に引きつけられる．温度が上昇して780℃になると，その強磁性を失い常磁性となって強く磁石に引きつけられなくなる．これは結晶構造には変化なく，鉄内部の電子状態のみが急激に変化することによって起る．この磁気変態点を別にキュリー点ともよぶ．かつてこの常磁性のα-Feをβ-Feとよんだことがあるが，現在ではβ-Feの名称は使用されない．

表2・3 鉄の物理的性質

原 子 量	55.85
密　　度, g/cm^3	7.87（20℃）
融　　点, ℃	1536 ± 1
融 解 熱, cal/mole	3300（±100）
転 移 点, ℃	$\delta \rightleftarrows \gamma$　1392　δ-Fe：bcc
	γ-Fe：fcc
	$\gamma \rightleftarrows \alpha$　911　α-Fe：bcc
沸　　点, ℃	2890
凝 固 収 縮, %（体積分率）	～4
比　　熱, cal/g・deg	0.1102（0～100℃）
熱膨張係数，（線膨張）	11.66×10^{-6}（0～100℃）
熱 伝 導 率, cal/cm・sec・deg	0.122～0.178
電気比抵抗, $\mu\Omega$・cm	9.7～10.3（20℃）
ヤ ン グ 率, kgf/mm^2	21000

911℃になると面心立方晶のγ-Feあるいはオーステイナイト（austenite）とよばれる相に変化する．さらに1392℃でγ-Feがふたたび体心立方晶のδ-Feに変化する．δ-Feは1536℃で融解する．鉄の示すこのような結晶の転移を同素変態（allotropic transformation）とよび，各相を同素体（allotropy）という．

融点付近の鉄の蒸気圧は約0.076torrであるが，約2890℃付近で1気圧となり沸騰する．

高圧下では当然相転移の温度も多少変化するはずであるが，高圧高温領域ではε-Feとよばれる最密六方晶の構造が現れるという．

従来この鉄のδ-Fe $\rightleftarrows$ γ-Fe，γ-Fe $\rightleftarrows$ α-Feの変態はそれぞれA_4変態およびA_3変態とよばれている．同様に鉄の磁気変態はA_2変態ともいう．

第2章 純鉄および炭素鋼 243

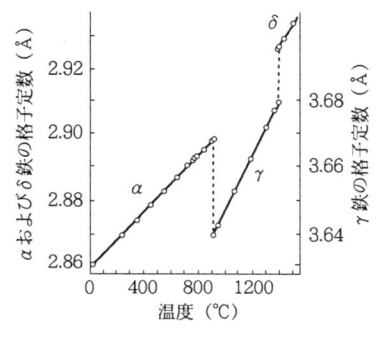

図2・8 鉄の格子定数の温度変化

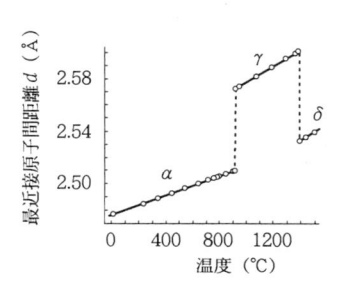

図2・9 鉄の最近接原子間距離と温度

A_4変態，A_3変態は鋼材の構造および性質を考える上でとくに重要であるので，その内容をもう少し詳細に検討したい．

図2・8に，α-Fe，γ-Fe，δ-Feの格子定数の温度変化および各変態に伴うその不連続変化を示した．α-Feの格子定数は室温付近より温度とともにほぼ直線的に増加し，A_3変態点でγ-Feになるとα-Feのa ≒ 2.90 Åよりγ-Feのa ≒ 3.64 Åに不連続的に増大する．γ-Feの格子定数の温度による増加率はα-Feのそれより大きく，A_4変態点で$\gamma \to \delta$に伴いその格子定数はa ≒ 3.68 Åよりa ≒ 2.93 Åに減少する．δ-Feのaの値はα-Feのほぼ延長上に位置する．

図2・9にそれぞれの相の最近接原子間距離dを示した．最近接原子間距離は体心の場合は$\sqrt{3}a/2$，面心の場合は$\sqrt{2}a/2$に相当する．γ-Feになるとその値は急激に増大する．

図2・10に各相の原子容 (atomic volume) と温度の関係を示した．原子容は各相の単位格子の体積をその中に含まれる原子数で割った値である．体心の場合は$a_\alpha^3/2$，面心の場合は$a_\gamma^3/4$である．この図よりA_3変態で$\alpha \to \gamma$に伴って原子容がやや減少し，A_4変態で増大することがわかる．

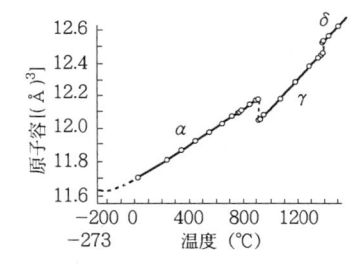

図2・10 鉄の原子容の温度変化

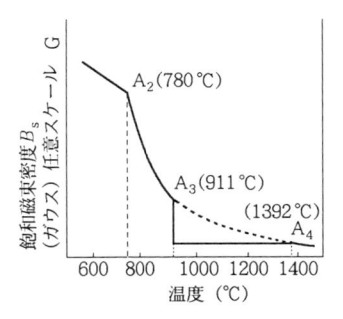

図2・11 鉄の飽和磁束密度と温度

鉄は強磁性材料として非常に重要であるが，その飽和磁気量と温度との関係を図2・11に

表 2・4　純鉄の磁気特性例

純鉄 \ 磁性	μ_0	μ_m	H_c(Oe)	B_r (G)	備　考
アームコ鉄	4000	18000	0.25	14000	(1300℃水素中加熱)
電解鉄	250	20000	0.475	10000	(熱処理)
カーボニル鉄	3300	21420	0.07	10000	(0.004〜0.008％C)
単結晶	6000	680000	0.05	14000	(1450℃水素中加熱)

表 2・5　各種純鉄の機械的性質

機械的性質 \ 純鉄	アームコ鉄	カーボニル鉄	アメリカ標準局鉄
降伏点 (kgf/mm^2)	18.3〜22.5	10.5〜16.9	4.2〜5.6
引張強さ (kgf/mm^2)	29.5〜33.7	19.7〜28.1	19.7〜21.0
伸び (％)	22〜28	30〜40	36〜46
断面収縮率 (％)	65〜78	70〜80	>90
かたさ (HB)	82〜100	〃	49±3
ヤング率 (kgf/mm^2)	21,000		〃

示した．温度の上昇とともにこの値は一般に減少の傾向をたどるものであるが，A_2点で急激な低下を示して常磁性となり，A_3点における構造変化で不連続的に低下し，γ相ではほとんど温度によって変化せず，A_4点で不連続的にわずかに増加し，δ相ではα相の延長上にそって低下する．

　一般に磁性は構造にきわめて敏感な性質のひとつであり，微量な不純物の量や種類によって大きく変化するものである．表2・4に種々の純鉄の磁気特性を示した．一般に高純で，欠陥の少ない状態ほどその軟質磁気特性が向上し，透磁率μは大きく，誘導度（magnetic induction）Bも増大する．逆に欠陥が多いほど硬質磁気特性の抗磁力H_cなどが大きくなる．

　鉄の機械的性質もその純度に敏感である．その傾向を表2・5に示した．純度が高いほど降伏強さ，引張強さ，硬さ等は低く，伸び，断面収縮率などは高くなる．これらの変化に対して弾性定数の方はほとんど純度に無関係である．純鉄の機械的性質としては引張強さ約20kgf/mm^2，伸び率約40％というのが平均的な標準値である．

　鉄の化学的性質の基本はその電子構造

$$(1s)^2\ (2s)^2\ (2p)^6\ (3s)^2\ (3p)^6\ (3d)^6\ (4s)^2$$

にあり，励起状態としては$(3d)^7\ (4s)^1$，$(3d)^6\ (4s)^1\ (4p)^1$，$(3d)^8$の3種が小さなエネルギー変化で起りやすい．一般に周期表をK→Cuに移るにつれてその電子のエネルギー・

レベルは最初4sが最低でその上に3dがある状態から，次第に3dレベルが低くなり4sレベルの方が高くなる．結晶を形成する鉄では（4s, 4p, 3d）の混成軌道が形成されやすく，純粋なs, p, d状態は考えにくい状態になっている．原子価は2価か3価であり，その酸化物はFeO, Fe_3O_4, Fe_2O_3などがある．

2・2 炭素鋼

高炉から出てくる鉄は約4wt％の炭素を含んだ銑鉄であり，鋼はこれを原料として酸化精製されたものである．したがってFe-C系はあらゆる鋼材の基本であると考えられる．鉄合金を述べるのに先だってまず炭素鋼の基本的な性質から考えたい．

2・2・1 Fe-CおよびFe-Fe_3C系状態図

鉄の中での炭素の存在のしかたは3種類考えられる．原子状態で鉄中に溶解しているか，Fe_3Cという形のセメンタイト（cementite）とよばれる炭化物および黒鉛（graphite）の形で分散しているかである．Fe_3Cはかなり安定な化合物であるが準安定相と考えられ，最も安定な条件下ではFeとCに分解するものとされている．したがってFe-C系を安定平衡状態と考え，Fe-Fe_3C系を擬安定あるいは準安定状態としている．後者は鋼材を考える場合の基本系であり，前者は鋳鉄のような高炭素合金の場合に主として重要性を増す．

図2・12にその状態図を示した．図中実線で示したのがFe-Fe_3C系であり，点線がFe-C系である．

Cが鉄中に原子状で溶解する場合は，いわゆる侵入型でFe原子の隙間に入る．固体の鉄結晶の場合，δ-Feおよびα-Feのような体心立方晶では主要な隙間として図2・13に示す6個のFe原子でかこまれた八面体の孔（octahedral hole）と，4個のFe原子でかこまれた四面体の孔（tetrahedral hole）がある．γ-Feのような面心立方晶では八面体の孔が対称性が高く最も大きい．910℃におけるα-Feの格子定数$a \fallingdotseq 2.90$ Å，γ-Feの格子定数$a \fallingdotseq 3.64$ Åとして，各孔の3主軸の大きさを示した．Cの原子直径は約1.42 Åであるから，これらの孔の大きさよりはやや大きいが，727℃ではα-Fe中には0.095at％（0.02wt％）しか固溶しないが，γ-Fe中には1147℃で最大9.23at％（2.14wt％）まで固溶する．

FeにCが固溶すると，A_4点は1392℃より1494℃の包晶温度まで上昇し，A_3点は911℃より727℃のA_1点まで低下する．すなわちCの固溶によってγ-Feの安定温度領域が拡大する．

図中GS線は冷却に際してはγ-Fe中からα-Feが析出を始め，加熱に際してはα-Feが完全にγ-Feに変化する温度を示すもので，A_3線とよぶ．ES線は冷却に際してγ-Fe中か

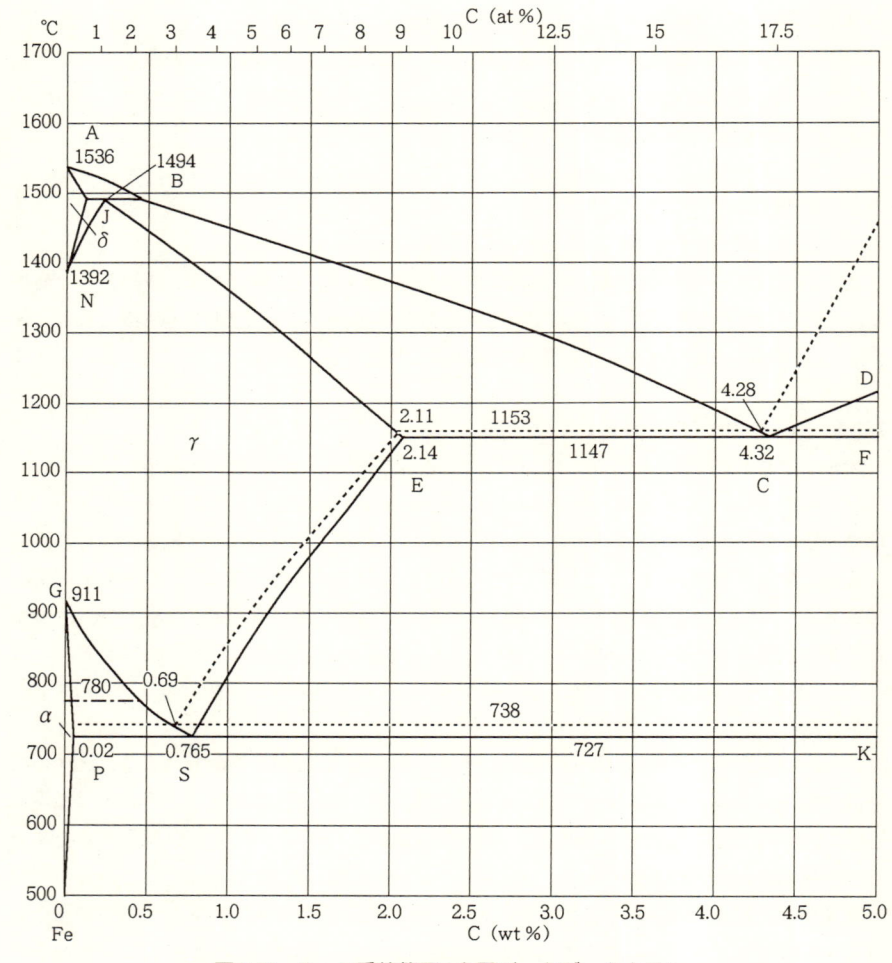

図 2·12　Fe-C 系状態図（金属データブックより）

らFe₃Cが析出を始め，加熱に際してはFe₃Cがγ-Fe中に完全に溶解する温度であって，A_{cm}線ともよぶ．

　1147℃の共晶は鋳鉄を論ずる際に重要であり，727℃の共析は鋼の熱処理の基本をなすものである．この共析反応はA_1変態とよばれる．

　共析組成は0.77wt％C（3.46at％C）であって，この組成のγ-Feは共析温度においてα-Fe（0.02wt％C）とFe₃Cに分解する．この分解組織をパーライト（pearlite）とよぶ．

α-Fe中にはCは最大0.02wt％しか固溶せず，その固溶量も温度の低下とともに減少する．

その磁気変態点は炭素濃度によってほとんど変化せずに780℃である．Fe_3C にも磁気変態点があり，213℃付近に存在している．この変態を A_0 変態とよぶことがある．

かつて炭素鋼とは1.7wt％CまでのFe-C合金であるとされた．この当時の状態図では γ-Fe中の最大C％がE点で1.7wt％Cであった．現在の状態図ではE点は2.14wt％Cとなっている．

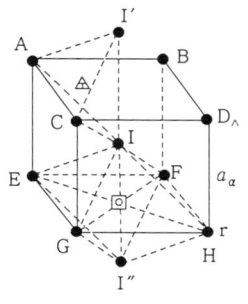

八面体孔
◎：八面体IEGHFI″の中心
孔の長径 $\left(\sqrt{2}-\dfrac{\sqrt{3}}{2}\times 1.03\right)a_\alpha$
孔の短径 $\left(1-\dfrac{\sqrt{3}}{2}\times 1.03\right)a_\alpha$
四面体孔
△：四面体II′ACの中心
孔の径 $\left(\dfrac{\sqrt{5}}{2}-\dfrac{\sqrt{3}}{2}\times 1.03\right)a_\alpha$
a_α：α-Feの格子定数

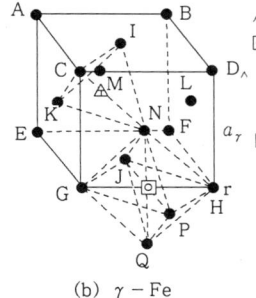

(a) α-Fe

八面体孔
◎：八面体NJGPHQの中心
孔の径 $=\left(1-\dfrac{\sqrt{2}}{2}\right)a_\gamma$
四面体孔
△：四面体NICKの中心
孔の径 $=0.225\times\dfrac{\sqrt{2}}{2}a_\gamma$
a_γ：γ-Feの格子定数

(b) γ-Fe

図2・13　α-Fe，γ-Feの格子間位置とその形状

2・2・2　炭素鋼の組織

炭素鋼をオーステナイト域から炉冷（10℃/min程度）すると，それまでの熱処理の履歴に関係なく，炭素濃度にだけ対応した組織になる．これを標準組織（normal structure）という．

炭素鋼の標準組織はフェライト，パーライト，セメンタイトの量によって分類できる．その標準組織写真を図2・14に示した．

0.02wt％≤C<0.77wt％の鋼を亜共析鋼（hypoeutectoid steel），C=0.77wt％の鋼を共析鋼（eutectoid steel），0.77wt％<C≤2.14wt％の鋼を超共析鋼（hypereutectoid steel）とよぶ．

亜共析鋼の領域においては，初析フェライト（primary ferrite）とパーライトが現れ，C量の増加とともにパーライト組織の量が増加する．また初析フェライトはたいてい，もとのオーステナイト粒界から成長する．共析鋼では全面がパーライト組織となる．超共析鋼では初析セメンタイトがオーステナイト粒界に沿って網目状に形成され，母相はパーライト

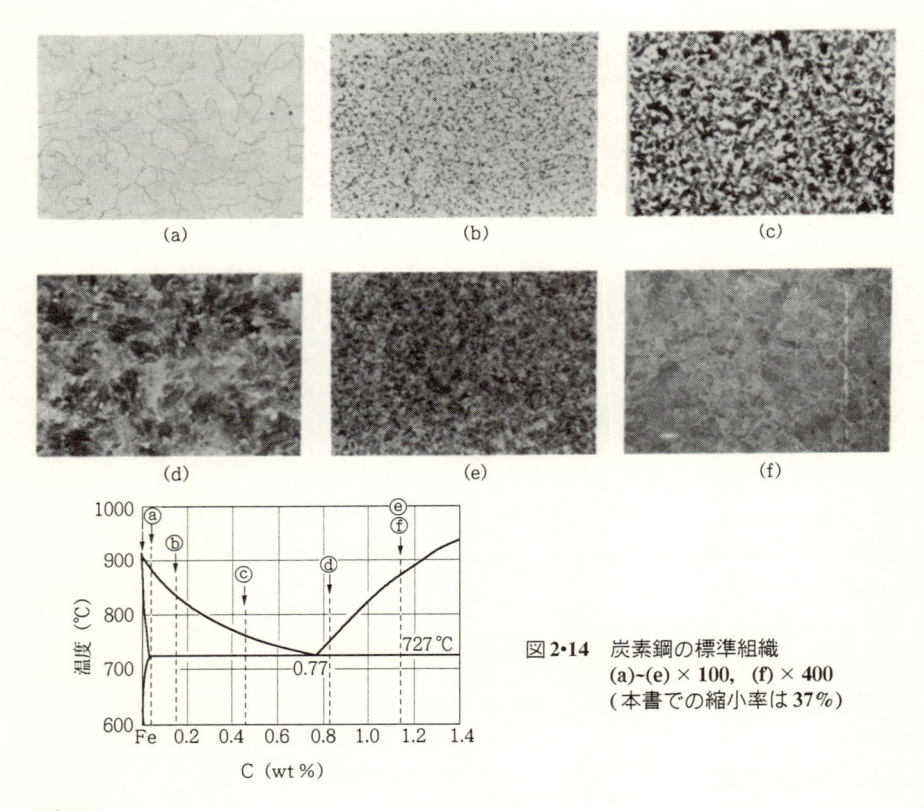

図 2·14　炭素鋼の標準組織
(a)〜(e) × 100,　(f) × 400
(本書での縮小率は37%)

である.

　一般に固相中での反応は拡散によって進行するが, そのために反応が開始するのに時間がかかる. したがって冷却の際は過冷を起しやすく, 加熱の際は過熱を起こしやすい. この加熱の際と冷却の際の変態点を区別するため, 前者では c (chauffage), 後者では r (refroidissement) というフランス語の頭文字を使用する. たとえば, A_1 変態ではそれぞれ A_{c1} および A_{r1} となる.

　$A_{r1} < A_1 < A_{c1}$ であるので, 加熱-冷却によって変態点に履歴現象 (hysteresis) が現れる.

　オーステナイトおよびフェライトは, C量の増加とともに格子定数が増大し, 硬くなる.

　セメンタイトはきわめて組成範囲の狭い炭化物であり, 硬くて脆い. キュリー点は213℃付近にあり, 室温では強磁性である. その構造は斜方晶であって, $a = 4.517$ Å, $b = 5.079$ Å, $c = 6.730$ Å とされている.

この炭化物は初析の場合も，またパーライト中でも板状に析出しやすいが，熱処理，塑性加工などによりその形状，大きさを変化させることができる．それに伴って炭素鋼の性質は大きく変化する．

　炭素鋼に他の合金元素が添加された場合，セメンタイトはCr，Mo，Mnなどに対しては固溶度を持ち，セメンタイト中のFe原子はこれらの原子と一部置換して，$(FeCr)_3C$，$(FeMo)_3C$，$(FeMn)_3C$のような炭化物を形成する．これらの炭化物はセメンタイトより安定で硬質であり，一般にそのA_0点はFe_3Cの場合より低下する．NiやSiは上記合金元素とは反対にセメンタイト中にはほとんど固溶せずフェライトあるいはオーステナイト中に固溶する．

　上記の炭素鋼の組織は高温（オーステナイト領域）よりの冷却速度により大きく変化する．

　最も大きい影響を受けるのはA_1変態である．冷却速度の増大とともにA_1変態で形成されるパーライト組織は次第に微細化する．パーライトの中のセメンタイトも明瞭な層状組織を示さず，微細なソルバイト（sorbite）からさらに微細なトルースタイト（troostite）へと変化する．さらに冷却速度が大きくなり，いわゆる焼入れ（quenching）とよばれる程度になると，共析分解反応は阻止されて，非常に硬くて脆いマルテンサイト（martensite）という準安定な中間状態が室温で現れるか，オーステナイトのまま残留した残留オーステナイト（retained austenite）になる．この残留オーステナイトは室温においてそれほど安定ではなく，徐々にマルテンサイトに変化し，部品に寸法の変化や変形を引き起こす．

　マルテンサイトは光学顕微鏡で見ると針状の組織であって，非常に硬く（HB＝600〜900）脆い．この変態は他の拡散現象を基調とした相変態とは異なり，きわめて短時間に瞬間的に起る．1個のマルテンサイトの針状結晶の形成時間は10^{-7}秒以内といわれ，金属中での弾性波の伝播速度に近いとされている．この反応は，オーステナイト結晶中のある大きさをもったFe原子集団が，一種のせん断的なすべりを起し，面心立方晶が体心正方晶に移行するものである．しかもオーステナイト中のC原子はほとんどそのままの位置に凍結されている．

　この体心正方晶はややゆがんだ形をしており，変態に伴う応力の一部緩和のために形成された転位を伴っている．

　マルテンサイトの相転移はきわめて複雑であるが，従来からγ-Feの面心からマルテンサイトの体心正方への移行は図2・15で概念的に示されている．

　この焼入れによって形成されたマルテンサイトはα-マルテンサイトともよばれる．この体心正方晶の格子定数および硬さとC濃度の関係を図2・16に示した．図2・15に示した場合の軸比$\sqrt{2}/1$よりはかなり小さな軸比を示し，この点ではα-Feの体心立方に近い．

　このα-マルテンサイトを100〜150℃で加熱すると過飽和のCの一部が析出し，その軸

比が 1.012〜1.013 とほとんどフェライトと等しい体心立方に近い β-マルテンサイトになる．析出した C は ε-カーバイド（Fe_2C〜$Fe_{2.4}C$）とよばれる準安定な炭化物となっている．

この β-マルテンサイトは冷却速度のややゆるやかな焼入れによっても形成される．β-マルテンサイトは別名焼戻しマルテンサイト（tempered martensite）ともよばれる．

γ-Fe → α-マルテンサイトの変化に伴って体積は膨張する．これが変態応力として残り焼割れを起すことがある．α-マルテンサイト → β-マルテンサイトの変化で若干体積が収縮する．これは炭素の析出によって起る．

鋼の焼入れとは元来オーステナイトをマルテンサイトにして硬化することであるが，この α-マルテンサイトは硬すぎて脆いため，実際はもう少し靱性の高い β-マルテンサイト，トルースタイトあるいはソルバイトにして使用する．

金属材料の熱処理はこのように，徐冷で得られる安定組織ではなく，急冷で得られる準安定組織により材料の強化を計ることが多い．

図 2・15 Bain の変形によるマルテンサイトの形成模型

図 2・16 マルテンサイト，オーステナイトの格子定数，硬さと炭素濃度

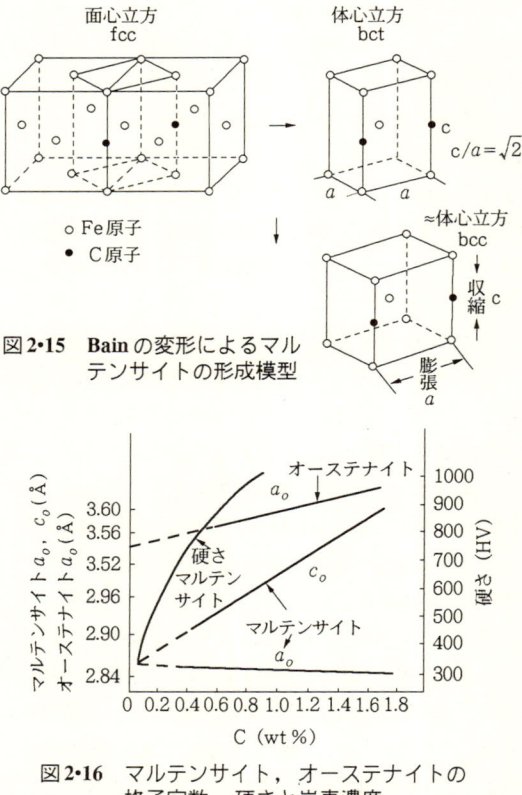

2・2・3 炭素鋼の恒温変態

高温で安定なオーステナイトを A_1 点以下のある一定温度に過冷し，それをその温度で保持した場合の恒温変態（isothermal transformation）の反応の形態および反応の速度を知ることは，炭素鋼の熱処理の本質をさぐる上で最も重要なことである．一般の熱処理の冷却法では，A_1 点以下の各温度における短時間恒温変態の総計と考えられる連続冷却変態

(continuous cooling transformation)を見ていることになるので，それを学問的に解析することが困難である．

19世紀の末頃から鋼の熱処理に関する基礎問題が取り上げられ，SorbyやOsmondなどの研究によって多くの成果があげられるようになった．1930年アメリカ合衆国のDavenportとBainが過冷オーステナイトの恒温変態を研究し，いわゆるS曲線（S-curve）を発表するに及んでその研究の前進が大きくとげられた．

一般に変態の反応速度は，核形成-成長の機構で反応が進行するものとすれば，核の形成速度と成長速度によって律速される．核の形成速度は過冷度とともに増大するが，成長速度は拡散によって支配されるため高温ほど大きい．したがってその恒温変態曲線はある過冷度で反応速度最大となるC型曲線となる．複数の変化が進行するときはこの変化の数に対応したC曲線の重ね合せとなり，その形は複雑となる．S曲線もこのC曲線の複雑化したものと考えられる．

DavenportとBainはほぼ共析組成の0.8wt％C鋼について，その小試験片を最初A_1点より高温のオーステナイト安定領域に加熱し，これを一定温度に保った鉛浴や塩浴中に急冷し，その温度で一定時間保持してからさらに塩氷水中に凍結した．その組織を顕微鏡で調べ，反応の開始点および終了点を，温度を縦軸とし時間を横軸としてプロットしたのが図2・17である．

S曲線はT-T-T曲線（Time-Temperature-Transformation curve）あるいは3T曲線ともよばれる．共析鋼のオーステナイトの分解反応も，図2・17中に写真で示したように温度によって異なる分解機構で進行していることがわかる．A_1点直下のパーライト，ソルバイト，トルースタイトまでは，いわゆるパーライト反応であって，オーステナイトはフェライトとセメンタイトに分解している．反応開始が最も短時間側にある曲線の突出した部分は鼻（nose）あるいは膝（knee）とよばれているが，これより低温部ではベイナイト（bainite）とよばれる組織が現れる．鼻の直下を上部ベイナイト（upper bainite）とよび羽毛状であるが，低温ではマルテンサイトによく似た針状の下部ベイナイト（lower bainite）が現れる．

ここでパーライト変態とベイナイト変態の相異点を述べておこう．

パーライト変態は図2・18にスケッチで示したように，過冷オーステナイトの結晶粒界近傍にセメンタイトが核形成され，そのセメンタイト板の隣接部分がC濃度の低下とともにフェライトに変る反応と考えられている．ところが，ベイナイト反応は過冷オーステナイト中にまず過飽和フェライトが核形成され，このフェライト中より炭化物が析出する反応と解されている．その反応の機構からするとマルテンサイト変態に近い性格を持っている．ただマルテンサイトが形成されるM_s点よりも高温での反応であるから，炭素原子の拡散はマ

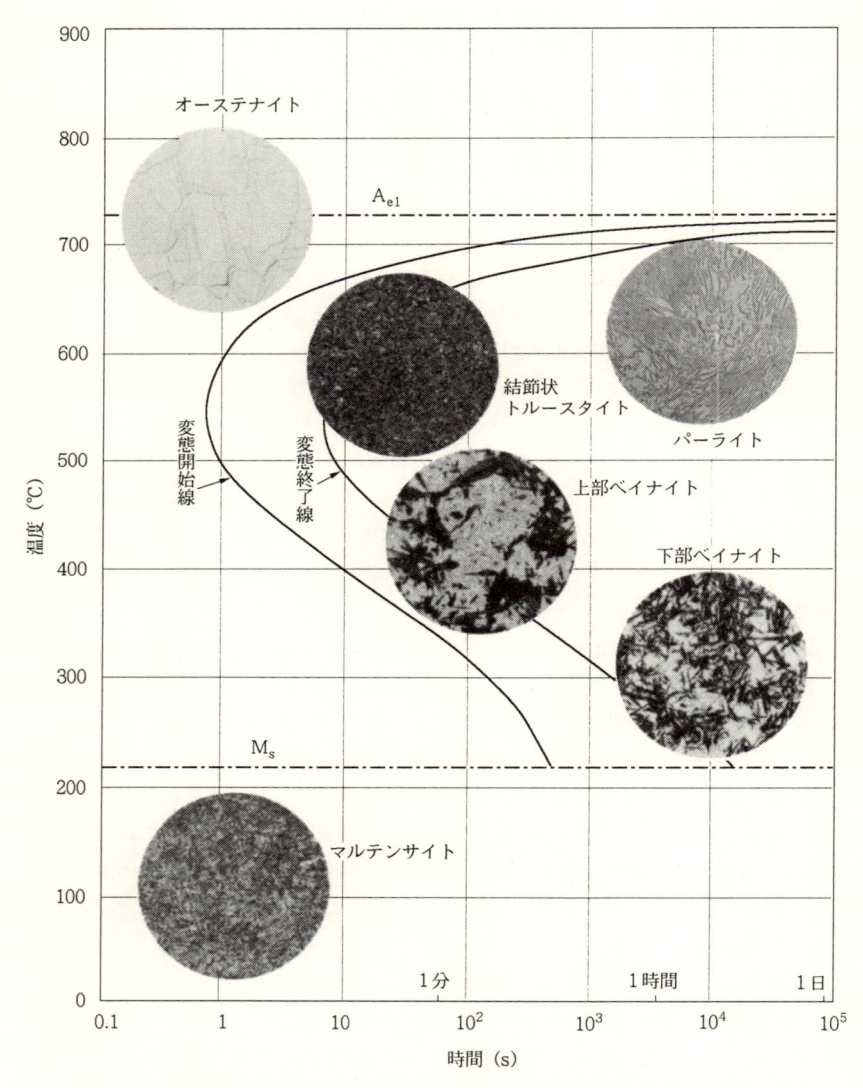

図2・17　共析鋼のT-T-T曲線と組織変化×400(本書での縮小率は53％)
（埼玉県鋳物機械工業試験所渡辺始氏提供）

ルテンサイト形成の場合よりもかなり容易であって，面心立方晶より体心立方晶の格子変態と析出が同時に進行するものと考えられる．

さらにベイナイトには上部ベイナイトと下部ベイナイトがあるが，前者においては析出する炭化物がFe₃Cであるのに対して，後者ではC濃度のもう少し高い準安定な炭化物が形成される．α-マルテンサイト→β-マルテンサイトの移行に伴ってε-カーバイドの析出があると考えられているが，下部ベイナイト中の炭化物もこれによく似たものであることが考えられる．

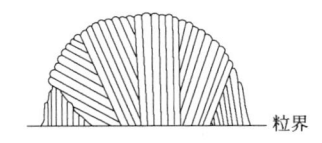

図2・18 パーライトノジュールの形成模型

M_s点以下ではオーステナイトは潜伏期間なしに瞬時にしてマルテンサイトとなり，形成マルテンサイト量は保持時間には関係せず，保持温度のみによって変化する．この反応は個々の原子の移動によるものではなく，せん断的な変形で進行する無拡散変態 (diffusionless transformation) である．18000℃/sという実験的に可能な最大冷却速度をもってしても，その反応の進行の阻止は不可能とされている．

マルテンサイト変態は，その性格からいって，恒温変態曲線上に示すことのできない反応である．オーステナイトが完全にマルテンサイトになる温度はM_f点とよんでいる．

2・2・4 炭素鋼の熱処理の実際と性質変化

鋼塊より使用できる鋼材にするまでの過程で実際に行われている熱処理の目的と，それに伴う性質変化を分類する．

2・2・4・1 均質化処理

均質化処理 (homogenization) は拡散焼なまし (diffusion annealing) ともいわれる．インゴットの偏析を除き，均質な状態を確保するための熱処理であって，インゴットの鋳造とその熱間加工の中間に行われる．通常温度は1100～1150℃の高温である．この目的の炉は均熱炉 (soaking pit) とよばれる．これを行うと熱間加工中に起る赤熱脆性 (hot shortness) による割れをある程度防止できる．

2・2・4・2 焼なまし

この熱処理にはその目的に応じて種々の名称でよばれるものがある．

完全なまし (full annealing)：本なましともよばれ，亜共析鋼ではA_{c3}線，超共析鋼ではA_{c1}点より30～50℃高い温度に適当時間加熱し，炉中または灰の中で徐冷する処理である．鋼を完全に軟化させ，以後の塑性を容易にすることを目的としている．

軟化なまし (softening)：中間焼なましともよばれ，加工硬化した鋼材を再結晶軟化させる目的で行われる．A_{c1}～650℃に加熱後徐冷する．とくに低炭素鋼では完全なましでは，軟化しすぎて被切削性などが低下するので，このやや低温のなましの方がよい．除歪なまし (stress relief annealing)，再結晶なまし (recrystallization annealing) などとよば

れるのも，大体同様の目的である．

球状化なまし (spheroidizing annealing)：パーライト中の層状セメンタイトおよび超共析鋼に現れる結晶粒界上に網目状で現れるセメンタイトを加熱によって球状化する熱処理である．冷間加工材，焼入材の場合はA_{c1}点直下（650～700℃）の加熱，A_1点を境界としてその上下で加熱冷却をくり返す方法，A_{cm}線よりやや高温に加熱してオーステナイト中にセメンタイトを溶入し急冷する方法などがある．一般にセメンタイトの球状化は鋼材の機械的性質の改善につながる．

2・2・4・3 焼準し（やきならし）

焼きならし（normalizing）は，A_{c3}あるいはA_{cm}線より約60℃高い温度に加熱し，一様なオーステナイト組織にした後，大気中に放冷する熱処理である．この操作の目的は，鋳造品や鍛造品の加熱により粗大化した組織の微細化，低炭素鋼の被切削性の向上，結晶粒度調整による深絞り加工性の改善などの目的で行われる．かつて空中放冷された鋼材の組織が現場の標準となったことよりこの名称が残った．各種焼なましの温度関係は図2・19に示した．

2・2・4・4 焼入れ

鋼材をオーステナイト領域から急冷し，A_1変態を抑えてマルテンサイトを形成させる熱処理である．その特徴は，(1) 拡散を伴なわない結晶のせん断変形により，Fe原子集団が面心立方晶より体心正方晶に移行する反応である．(2) M_s点は冷却速度によって変化せず，鋼材の組成，オーステナイト結晶粒度，オーステナイト結晶中の結晶学的な不均一性などの影響を受ける．組成との関係についてはいくつかの実験式が提唱されている．

$$M_s\ (℃) = 550 - 361 \times (\text{wt \% C}) - 39 \times (\text{wt \% Mn}) - 20 \times (\text{wt \% Cr})$$
$$- 17 \times (\text{wt \% Ni}) - 10 \times (\text{wt \% Cu}) - 5 \times (\text{wt \% Mo+W})$$

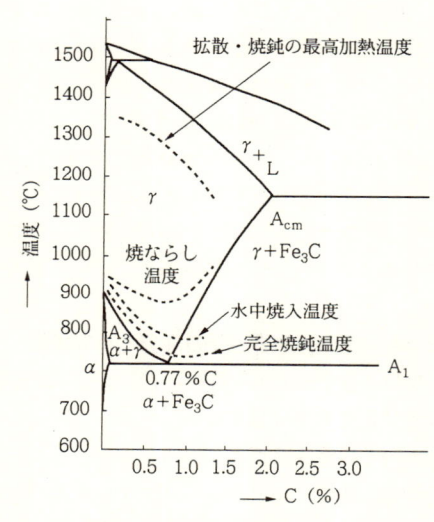

$$M_s\ (℃) = 538 - 317 \times (\text{wt \% C}) - 33 \times (\text{wt \% Mn}) - 28 \times (\text{wt \% Cr}) - 17 \times (\text{wt \% Ni}) - 11 \times (\text{wt \% Si+Mo+W})$$

$$M_s\ (℃) = 561 - 474 \times (\text{wt \% C}) - 33 \times (\text{wt \% Mn})$$
$$- 17 \times (\text{wt \% Ni+Cr}) - 21 \times (\text{wt \% Mo})$$

図2・19 炭素鋼の各種焼なまし温度

これをみると，純鉄の $M_s = 538 \sim 561℃$，M_s に最も影響の強いのはCであり，合金元素は大部分 M_s 点を低下させる，すなわちオーステナイトを過冷しやすくする作用がある．上の実験式は高炭素鋼や，浸炭層には適用できない．この式を用いると共析鋼では $M_s = 274 \sim 198℃$ となる．

(3) 変態量の増加は温度の降下のみによって起る．いま焼入れられた温度を T_q とすると，マルテンサイト量 P の％は次の実験式で与えられる．

$$P = 100 - 1.11 \times 10^{-12} \{455 - (M_s - T_q)\}^{5.22}$$

(4) M_f 点は M_s 点と同様組成とともに変化し，合金元素濃度とともに低下する．オーステナイト内の欠陥の除去は，オーステナイトの安定化につながり，M_f 点をさらに降下させる．

(5) マルテンサイト変態は外部応力の影響を受けやすい．M_s 点より上でも，ある臨界温度 T_E 以下であれば加工によりマルテンサイト変態を起させることができる．このようなマルテンサイト変態を応力誘起マルテンサイト変態（stress induced martensite transformation）とよぶ．マルテンサイト変態は膨張を伴うから，静水圧下では M_s 点は低下し，引張り下では上昇する．

2・2・4・5 焼もどし

一般に，焼もどし（tempering）とは，鋼材中の残留応力を除き，硬くて脆いマルテンサイトに靭性を与える熱処理である．つまり熱処理の最終仕上げで鋼材を安心して使用できる状態にもどす処理である．その温度は目的によって異なる．中炭素構造用鋼などでは，そのマルテンサイトを 550〜650℃ の高温に加熱して，焼もどしソルバイト（tempered sorbite, secondary sorbite）にして強靭性を取りもどす熱処理である．また高炭素工具鋼などでは，150〜200℃ の低温加熱によって脆い α-マルテンサイトを β-マルテンサイトにする処理である．

焼もどしに関連して，温度によってはかえって脆化を引き起す温度領域のあることに注意する必要がある．

低温焼もどし脆（ぜい）性：青熱脆性（blue brittleness）とよばれる脆化現象が，青色の干渉色を生ずる酸化被膜の形成温度領域（200〜300℃）で発生することがある．0.2〜0.4wt％C の構造用鋼によく認められる現象である．これはC，Nなどの侵入型原子が転位線上に析出するためと考えられている．

高温焼もどし脆（ぜい）性：マルテンサイトをソルバイト化する 550〜650℃ の焼もどしにおいて，500℃ 付近での滞留時間をできるだけ短くするようにしないと，オーステナイト粒界だった場所にそって，炭化物，硫化物，燐化物，窒化物などの析出が起り脆化する．

2・2・5 炭素鋼の熱処理に関連した諸問題とその対策

鋼材の熱処理の出発点は，鋼をオーステナイト領域から急冷して硬いマルテンサイトを作ることから始まる．この高温からの急冷という操作に関しては種々の技術的な問題が付随して起ってくる．焼入れ剤に使用する液体の冷却能，鋼種による焼入れ性の評価，焼割れの発生とその対策などである．

2・2・5・1 加熱の雰囲気と加熱方法

空気中での高温加熱は鋼材の酸化と脱炭（decarburization）を引き起すから好ましくない．一般に雰囲気としてはガス雰囲気と液体雰囲気が考えられる．

アルゴンなどの不活性ガスはよいが高価である．窒素ガスは往々にして酸素を混入しやすく酸化の心配があり，鋼種によっては窒化の危険性も考えられる．水素ガスは酸化の防止になるが脱炭を押えることはできない．

無水のアンモニアを分解して得られる H_2 と N_2 の混合ガスは，酸化や窒化の危険性も少なく安価である．コークス炉ガス，発生炉ガスを部分燃焼してその水分を除いたものを使用することもある．また天然ガス，石油ガスの変成ガスが保護雰囲気として使用されることもある．COガスは浸炭性があり，CO_2 ガスは酸化性がある．最近不活性ガスである N_2 ガスを基本成分として，微量の O_2，CO，水分の害を除く目的でアルコール系の有機物を添加した雰囲気も注目されている．

液体浴は塩浴が一般的である．塩としては NaCl，$CaCl_2$，$BaCl_2$ などの混合浴が使用される．ときには鉛などの金属浴が使用されることもある．

加熱方法としては，鋼材部品の各部がなるべく一様に加熱されることが望ましい．

加熱によって形成されるオーステナイト内部でのC濃度分布，オーステナイト化の量などは加熱時間と温度に左右される．

一般に加熱温度は，亜共析鋼では A_3 線より約60℃，過共析鋼では A_1 変態点より約60℃高い温度である．オーステナイト化に要する時間はパーライト状態によって異なる．微細なパーライトはオーステナイト化が速く，粗なものは時間がかかる．初析セメンタイト（primary cementite）の大きさもそのオーステナイト母相中への溶入速度に関係する．以上加熱時間が短かいと炭素濃度の不均一なオーステナイト，残留セメンタイトの不均一分布が残り，全体として変態が早められる傾向を示す．このような変態の場所的不均一性は，焼入れ組織の不均一性と残留応力の増加に結びつき，材料としては好ましくない．したがって焼入れ前の加熱温度と時間に対しては不十分でないよう適当な配慮が必要である．

2・2・5・2 焼入れ用冷却媒

鋼材の焼入れに際して，冷却速度およびその最終温度の選定は非常に重要である．冷却媒としては水，油，空気，塩浴，金属浴などがその熱処理の要求に応じて使用されている．

焼入れ用冷却媒の冷却能を比較するのはかなり困難であるが，いま水を例にとって考えた場合，その冷却段階は3段に区別できる．図2・20に示すように，AB段階では鋼材と冷却媒の界面に蒸気膜が発生し，この蒸気膜を介しての冷却速度は非常に小さい．BC段階では蒸気膜が局部的に破れ，表面から気泡となってガスは散逸し，鋼材中の熱量は冷却媒の気化熱と激しい対流作用の両面よりうばわれるので冷却能は最大となる．CD段階となると気泡の発生はなく，通常の対流と液中への熱伝達のみの冷却であるから，冷却速度はふたたび小さくなる．したがって冷却媒の冷却能は，その沸点，気化熱，粘性，比熱，熱伝導率，撹拌条件，鋼材の表面状態などに支配されて変化する．

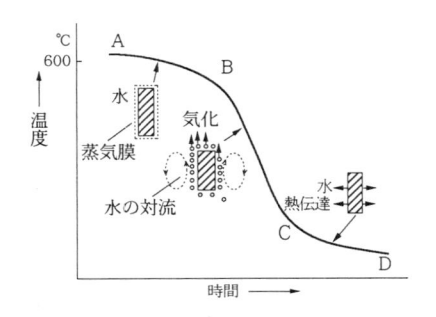

図2・20　水中における鋼塊の冷却曲線

鋼材の焼入れ媒としての有効性は，A_3とA_1変態点付近の温度域では充分な冷却能があり，マルテンサイト変態の温度域では冷却能が小さく，材料の表面と中心部の温度差ができるだけ小さい状態に保たれ，内外が一様にマルテンサイト化の進行することが理想的である．

普通の水は600℃付近で蒸気膜が安定しAB段階に入りやすいので焼きが入りにくい．5～10％の食塩あるいは塩化カルシウムを添加すると，塩化物の微結晶が水の蒸気膜の形成と同時に鋼材表面に晶出し，これが気泡形成の核的作用をするので気相膜は破れ，AB区間が短くなってBC段階に入りやすい．したがって鋼の焼入れに必要な500℃までの急冷が可能となる．塩の添加のほか水の撹拌，噴水の利用なども有効である．マルテンサイト変態がCD段階であることが好ましいのであるが，水ではまだBC段階にあり急冷が続く．この点油を使用すると，その冷却能は約1/5程度に低下するが，マルテンサイト形成時にCD段階が得られる．

油は高温の鋼材の焼入れで老化しやすいが，油の中では鉱物質のものが最も安定である．

鉱物油でも低温溜出物の多いものほど蒸気膜を形成しやすい．したがって重油が最も有効で，中油，軽油の順に冷却能は低下する．一方BC段階での冷却能は，液の粘度，蒸発熱に最も大きく左右され，粘度が高くて蒸発熱が小さいほど冷却能は低下する．

各種の焼入媒の冷却能の比較を表2・6に示した．この値は20mmφの銀球の中心にニッケル線を挿入し，Ag-Ni熱電対の形成によって測定した．銀球は800℃から焼入れ，液量は2ℓ，液の流速は25cm/sである．

表 2·6 各種の焼入浴の冷却能の比較例

焼入れ液	液温 (℃)	V_{700} (℃/sec)	V_{max} (℃/sec)	t_{max} (℃)	V_{200} (℃/sec)
蒸 留 水	0	400	1730	300	900
	40	200	1580	300	900
11％食塩水	20	1300	2670	540	800
	40	1100	2140	520	800
種 油	20	100	300	580	20
鉱 物 油	40	70	210	500	210
鉛 浴	350	280	300	730	—
水 銀	0	3000	3000	700	300
硝酸ソーダ	310	270	300	740	—

備考：銀球の初期温度 800℃,
　　液量 2ℓ，液速 25cm/sec.
V_{700} : 700℃における銀球の冷却速度
V_{max} : 最大冷却速度
t_{max} : 最大冷却速度の温度
V_{200} : 200℃における銀球の冷却速度

焼きの入りやすい合金鋼では，圧縮空気，窒素などを使用することがある．薄肉物の場合などは変形防止の鋼製の冷たいダイスにはさんで冷却し焼入れることがある．これをダイ焼入れ（die quenching）とよんでいる．またマイナスの温度までの冷却を必要とするときは，ドライアイス-アルコール，液体窒素なども利用されることがある．

2·2·5·3 オーステナイト粒度

鋼のオーステナイト結晶粒度は，鋼材の熱処理性やその機械的性質に大きい影響がある．

一般に炭素鋼では，粒が粗大であるほど焼きがよく入るが，微細なものは入りにくい．しかし反面粗大なものは靭性が低下する．したがってその使用目的に応じて粒径を適当に調節する必要がある．S曲線の位置もこの粒径に左右されるから必ず付記するようになっている．

オーステナイトの粒の大きさを示すのに一般に広くASTM粒度を用いる．

ASTM粒度：拡大率100倍の下で，1インチ平方の視野に1個の粒のあるものを粒度No. 1，2個あるものをNo.2，4個あるものをNo.3…と決める．いま1インチ平方中の粒数をn個，粒度番号をNとすると，$n = 2^{N-1}$の関係がある．わが国には別に学振粒度がきめられていて，粒の大きさはASTMと大差ない．

実際は100倍でオーステナイト粒を写真にとり，これと標準図とを比較して粒度を出す．

約950℃に加熱後No.1～No.5の鋼を粗粒鋼（coarse grained steel），No.5より高い番号のものは細粒鋼（fine grained steel），また粗粒と細粒の混在するものは混粒鋼（mixed grained steel）とよぶ．オーステナイト粒の観察には適当な処理が必要である[4]．これには腐食法，滲炭法，一端焼入れ法などがあるが，炭素濃度によって適当な方法を選ぶべきで

No.3（粗粒鋼）　　　　　　　　　　No.7（細粒鋼）

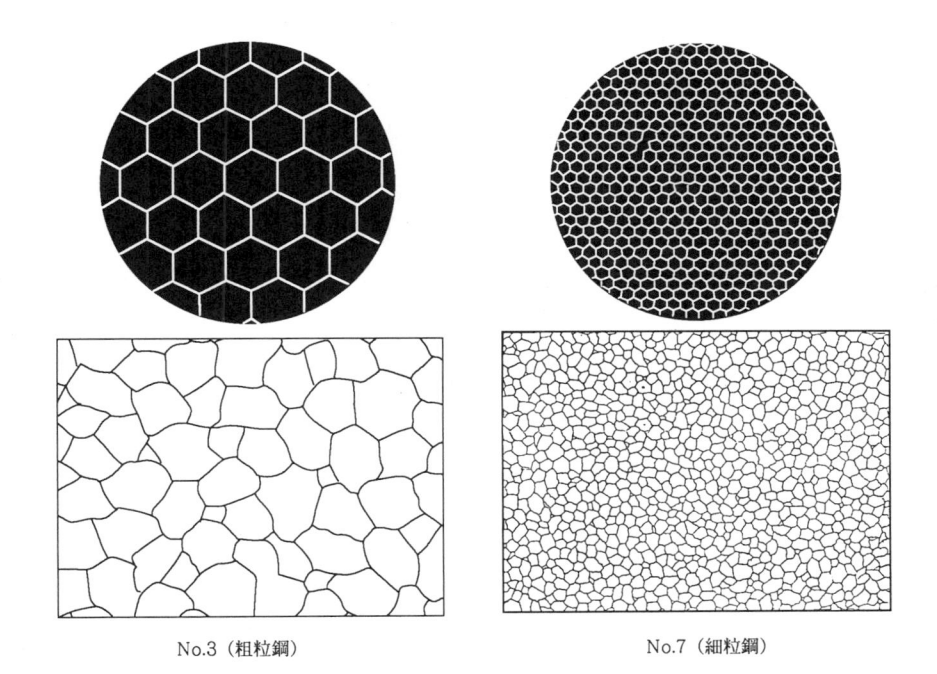

図2・21　ASTM粒度例（縮小率50%）

ある．要するに粒界に特別のコントラストが現れるような方法を考える．粗粒鋼と細粒鋼の一例を図2・21に示す．

このほかに破断法（fracture method）という粒度測定法が実用化されている．これはノッチを入れた試験片を急冷によりマルテンサイト化し，その破面を標準試料の破面と比較してきめる．この方法は中炭素鋼，高炭素工具鋼などに有効である．この標準試料はアメリカ合衆国ではShepherdの標準試料とよばれ，10段階に粗粒から細粒へと分けられている．

ヨーロッパではスウェーデンで開発されたJernkontoret標準試料というものがあり，10段階に分かれShepherdのそれとよく似たものである．

この破面粒度とASTM粒度の間にきわめてよい相関のあることが図2・22に示してある．

オーステナイト粒度の調整

オーステナイト粒度は，溶鋼の脱酸方法，鋼片になってからの種々の加工および熱処理過程により変化する．リムド鋼とキルド鋼を比較した場合，後者の方が一般に細粒である．

Al，Ti，Zr，V，Bなど強い脱酸剤を0.01～0.07％程度添加すると粒度は微細化する．

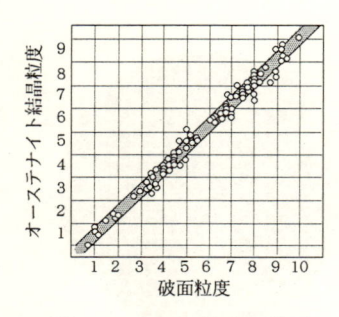

図 2・22　ASTM 粒度と破面粒度の相関性

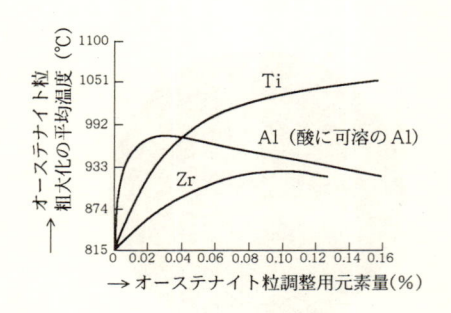

図 2・23　0.3%C キルド鋼の粒成長温度に及ぼす Al, Ti, Zr の影響

一般に Al を使用する場合が多い．この場合酸素は Al_2O_3，窒素は AlN の形で固定化される．このような酸化物および窒化物は高温においても安定であり，溶鋼中あるいは鋼材中で分散粒子 (dispersoid) として存在し，オーステナイト形成の核になったり，その粒成長を阻止して細粒を形成する．

炭素鋼は加熱の場合，α-Fe→γ-Fe の変態点直上で最も細粒である．亜共析鋼ならば A_{c3}，共析鋼および過共析鋼ならば A_{c1} 直上である．あまり高温にすると粒はもちろん粗大化する．

分散粒子のオーステナイト成長阻止効果は，それが微細に分散し，高温で安定なものほど大きいと考えられるが，図 2・23 にその一例を示した．図中酸に可溶の Al とは AlN であって Al_2O_3 は酸に溶解しない．

2・2・5・4　鋼の焼入れ性

鋼の熱処理は焼入れによって硬質のマルテンサイトの形成から始まるわけであるが，同一組成の炭素鋼でも，その内部の微細構造によって焼入れ性 (hardenability) が異なる．オーステナイト粒度なども重要な因子の一つである．

焼入れ性を増大させる因子：
(1) オーステナイト中に固溶元素を多量に含むこと．Co のみは例外．
(2) オーステナイト粒が粗大であること．
(3) オーステナイト組成が均一であること．
(4) 焼入れ温度でオーステナイト単相であること．

焼入れ性を減少させ，トルースタイト，ソルバイトの形成を容易にする因子：
(1) オーステナイト粒が微細であること．
(2) オーステナイト粒内あるいは粒界に不溶性分散粒子が多く存在すること．

(3) オーステナイト組成が微視的に変動していること.

焼入れ性に関係した用語中重要なものを次に列記する.

臨界径 (critical radius)

ある一定温度から丸棒の鋼片を焼入れた場合，質量効果によって表面がマルテンサイトになり，中心部がパーライト化することがある．たとえば中炭素鋼を急冷した場合，HR_C＝45以上の硬化部の深さと試料径の関係を図2・24に示した．この場合P点の径の値をその条件における臨界径とよぶ．この径の大きいものほど焼きがよく入るといえる．

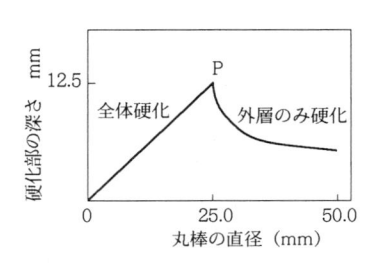

図2・24 臨界直径

臨界冷却速度 (critical cooling rate)

ある一定形状の試料を，ある一定のオーステナイト領域温度から急冷した場合，完全にマルテンサイト化される下限速度を上臨界冷却速度 (upper critical cooling rate)，トルースタイト＋マルテンサイトになる下限速度を下臨界冷却速度 (lower critical cooling rate) とよぶ．これらの臨界冷却速度とC％の関係を図2・25に示した．

C％の低いところではこの値が極端に大きくなり，焼入れの困難さを示している．あるC％以上からほぼ一定値に落着く．過共析，とくに0.9％以上になると，実際の焼入れ温度はγ-Fe＋Fe_3Cの複相領域となるので，A_1変態は進行しやすくなり，この場合も高い臨界温度を必要とする．上臨界冷却速度を単に臨界冷却速度ということが多い．

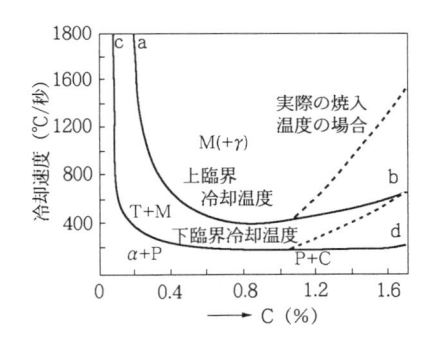

図2・25 炭素鋼の臨界冷却速度

焼入れ性試験法 (hardenability test)

実用的な方法としてジョミニー試験法 (Jominy test, Jominy end-quench test) とよばれるものがある．図2・26に示したような標準試験片を所定温度に約20分保持し，図2・27に示したような一端焼入れ装置を使用して，24±2℃の水でその端部を焼入れる．この場合噴水管の口の径は0.5インチ，水の自由表面からの落差は2.5インチ，試料の端面と噴出孔との距離を0.5インチに保つ．一定時間（約10分）水で冷却し

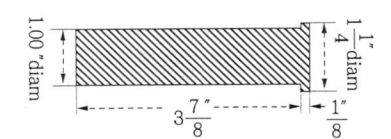

図2・26 ジョミニー標準試験片

てから取りはずし，軸方向に沿って試料を切断してその面上で焼入れ端より硬度測定を行う．水冷端からの50％マルテンサイト部までの距離を測定し，その値をジョミニー値として焼入れ性を示す．

またジョミニー値の表示方法としては，たとえば0.50％C鋼で，焼入れ端より12/16インチのところのロックエル硬さ $HR_C=45$ が最小限の要求であれば，$J_{45}=12$ と示すこともある．

Hバンド (H-band, hardenability band)

ジョミニー試験結果に合致するように製造された鋼材にH鋼と呼ばれるグループがある．

これはSAE（アメリカ自動車技術者協会）とAISI（アメリカ鉄鋼協会）の協力で，各種の鋼についてのジョミニー試験による焼入れ性の上限と下限が決定され，この焼入れ性の範囲をH-バンドと呼ぶようになった．SAEあるいはAISI規格番号の後にHの記号をつけるようになってから始まったものである．図2・28にH-バンドの一例を示した．

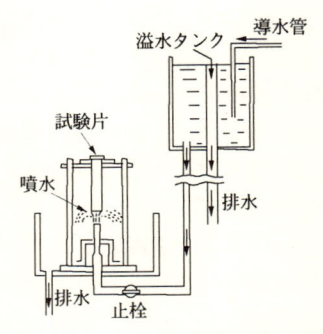

実際にある鋼種を使用したい場合，そのジョミニー曲線を求めるのは手数のかかることであるので，一般には便宜的に，図2・28中に示してあるように，試験片の焼入れ端よりの距離を一定にしてその硬さの上限と下限をA，A′と決め，その範囲に入るかどうかを確かめる．また一定硬さ値を決めておいて，その距離の上限Bおよび下限B′に入るかどうかを確かめる．

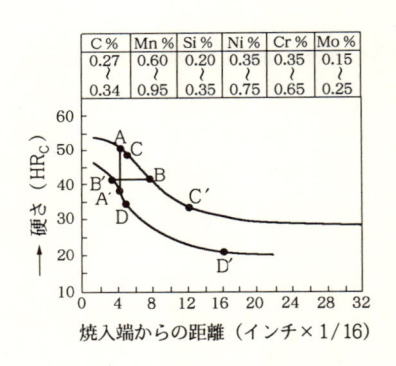

ときにはジョミニー曲線の任意の2点の最高硬度値CC′あるいは最低硬度値DD′を基準にして規格に合致しているかどうかを確認する方法をとっている．

2・2・5・5 鋼の焼割れ

鋼の熱処理に際して，これを急冷したり急熱したりする場合焼割れという事故がしばしば起る．熱処理は部品の製造過程としては最後の仕上げに近い段階であるから，これを割ってしまっては，その損害の波及するところはきわめて広くかつ大きい．充分な対策を必要とする．

金属材料は一般にセラミックスなどに比較して，格段にその熱伝導性は大きいが，反面その熱膨張係数も大きい．表2・7に金属および非金属の熱伝導性の比較を，図2・29に線膨

表2・7　金属および非金属の熱伝導率(0℃) Ag=100

金属	熱伝導率	金属	熱伝導率	金属	熱伝導率	非金属	熱伝導率
Ag	100	Si	19.9	Ta	13.0	ガラス	~0.2
Cu	99.7	Fe	19.6	(20℃)		マイカ	0.1
Au	74.6	Ni	18.2	Nb	12.5	ベークライト	~0.1
Al	57.1	Pd	17.0	Ga	6.9~9.1	ポリエチレン	0.08
Mg	41.2	Pt	16.7	(30℃)			
W	40.5	Co	16.7	Pb	8.3		
Be	37.5	(0~100℃)		U	6.7		
Mo	33.1	Cr	16.0	In	5.9		
Zn	29.9	Sn	15.9	Sb	5.8		
Cd	25.1	Ge	13.9	Bi	2.6		

張の比較を示した．高温から急冷された場合，その冷却速度は表面付近で大きく中心付近で小さい．したがって表面が先に収縮を起し，中心部は表面が低温になり剛性を増してから収縮しようとする．その結果表面に圧縮，中心部に引張りの残留応力（residual stress）が残る．この残留応力を熱応力（thermal stress）とよぶ．その一例を図2・30に示した．また一方炭素鋼はγ-Fe→マルテンサイトの変態に際し膨張を起す．これが急冷に際して場所的に不均一に起

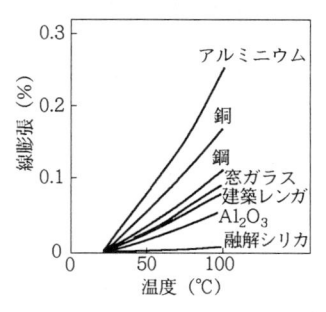

図2・29　工業材料の線膨張の比較

れば，マルテンサイト変態の場合は熱応力の場合とは逆の残留応力，すなわち表面付近に張力，中心付近に圧縮の変態応力（transformation stress）が残る．その一例を図2・31に示した．この熱応力と変態応力の合成応力が図2・32のように残留する結果として，これが何らかの原因で緩和されなければ，張力部に存在する欠陥部分より割れが発生する可能性が

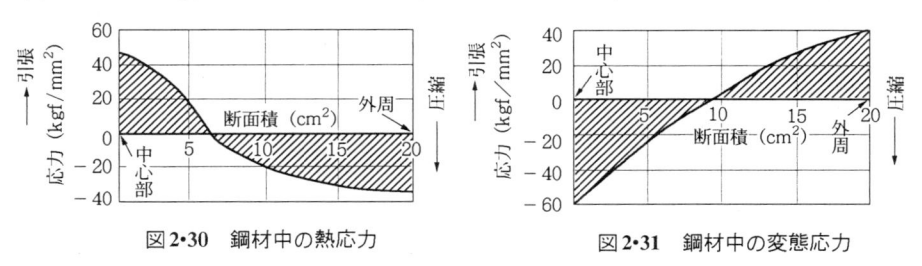

図2・30　鋼材中の熱応力

図2・31　鋼材中の変態応力

ある．割れの発生のしやすさは，鋼種や冷却条件に左右されることはもちろんであるが，場所的な冷却速度の相異を引き起す品物の大きさおよび形状にも関係する．大きさの影響を質量効果（mass effect），形状の影響を形状効果（shape effect）とよんでいる．炭素鋼では炭素濃度とともにその熱伝導性が低下

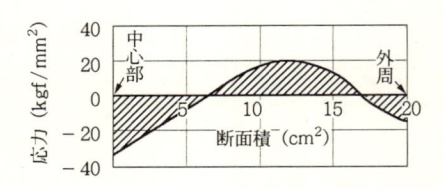

図2・32 焼入れ鋼材中の残留応力の分布例

し，マルテンサイトも形成されやすいからその残留応力も大きくなりやすい．したがって割れに対する注意も一層重要である．実際の焼割れの写真例を図2・33に示した．

(a) 6tonのピニオン（SCM420） 　　(b) 550kgのチューブ（SNCM439）

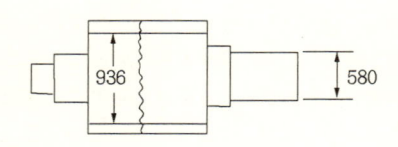

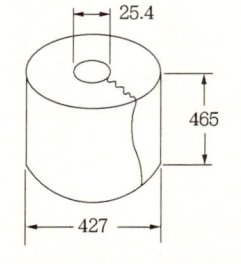

図2・33 焼割れの写真例

成分（%）	C	Si	Mn	P	S	Ni	Cr	Mo
SCM420	0.17~0.23	0.15~0.35	0.55~0.90	0.030以下	0.030以下	—	0.85~1.25	0.15~0.35
SNCM439	0.36~0.43	0.15~0.35	0.60~0.90	0.030以下	0.030以下	1.60~2.00	0.60~1.00	0.15~0.30

部品の形として断面積の極端に異なる部分が相接しているような場合は，一体として焼入れを行わず，できれば各部分に分け，後で組合せるようなことも必要になってくる．部品の鋭角的な突出部は避け，できるだけ丸味を持たせるようにする．鋭角部には残留応力の集中が起りやすい．これを隅角効果（corner effect）とよぶことがある．また肉厚の一様化を計るため，場所を選んでめくら孔を掘る場合もある．

残留応力は割れのみに関係するだけでなく，最終の切削加工時の変形の原因ともなりやすいので，ひずみ除去なまし（stress relief annealing）である程度除去しておく必要もある．

2・2・5・6　炭素鋼の焼もどしに伴う変化

炭素鋼のマルテンサイト相が焼もどしによってどのような変化を示すか，実際に則して考えてみよう．マルテンサイトの変化は大別すると次の四つの段階に分類できる．

(1) 中間炭化物の形成

室温～250℃では，体心正方晶のα-マルテンサイトからFe_3CよりC濃度のやや高い$Fe_{2.4}C$（あるいはFe_xCが）が析出し，母相マルテンサイトの軸比は減少して1に接近する．この析出炭化物は最密六方晶で，Fe-N系のε窒化鉄Fe_2Nの構造に似ているのでε炭化鉄とよばれ，軸比の小さくなったマルテンサイトは焼もどしマルテンサイトとなる．炭化物は温度の上昇および加熱時間とともにFe_3Cに変化する．高炭素工具鋼などはこの熱処理を行う．この段階で残留応力のわずかな緩和，体積の収縮，硬さの増大，磁性の減少，またわずかながら発熱現象を認める．他方残留オーステナイトがあれば，その安定化が進行している．

(2) 残留オーステナイトの分解

230～280℃において残留オーステナイトの分解が始まる．オーステナイトの分解は加熱時間が長いと150℃付近でも起っていると考えられている．一般に低合金鋼の残留オーステナイトは250～300℃で分解すると考えるのが常識である．この段階では体積の膨張，磁性の増加，軟化の停滞，熱の発生を伴う．

(3) 析出炭化物の変化と大幅な残留応力の除去

約270℃以上では，ε炭化物はFe_3Cに変化し，最初に析出したセメンタイトの形状は微細な薄板状から次第に球形に変化しかつ粗大化する．この温度範囲ではCのみならずFe原子の拡散も次第に可能となり，残留応力は大きく除かれる．

(4) パーライトの形成

約400℃付近では，フェライトとセメンタイトの混合組織となる．この温度範囲で形成されるパーライト組織は，焼もどしトルースタイトあるいは2次トルースタイトと呼ぶ．さらに500℃付近になると焼もどしソルバイトあるいは2次ソルバイトになる．合金元素が存在する時は，セメンタイト中への合金元素の固溶，新しい炭化物の形成で析出硬化を起すこと

もある．また炭化物の析出でC濃度の低下があるオーステナイトが存在する時は，焼もどし後の冷却の時にマルテンサイトに変化することもある．

いわゆる青熱脆性は（1）の段階で起り，赤熱脆性は（4）の段階で起る2次硬化現象に関係がある．

2・2・5・7　恒温変態曲線を利用した各種の熱処理

従来の鋼の熱処理の原則は，高温よりの焼入れと焼もどしの2段操作であった．この焼入れに付随して種々の問題が発生することは先にも述べた通りである．その後鋼の恒温変態についての研究が進み，その成果を利用して新しい熱処理法が開発された．実用的にはS曲線のほかにC-C-T曲線（continuous cooling transformation curve）なども利用されている．

オーステンパー (austempering)

T-T-T曲線の鼻の下で，しかもM_s点よりも高温で，A_{r1}点上より過冷されたオーステナイトを恒温変態を行わせ，オーステナイトを強靭なベイナイト（主として下部ベイナイト）組織にする方法である．T-T-T曲線との関係は図2・34に示した．実際の操作を述べると，300〜350℃に保持した金属浴または塩浴中に焼入れ，変態が完了するまで（30〜60分）その温度に保持して後空冷する．図中に示してあるように，部品の内外の温度も変態開始の時点ではほぼ一様になり，残留応力の発生も緩和できる．ただしあまり大型部品では内部が徐冷されてパーライトが生じやすいので適当ではない．この方法の有効な炭素濃度は0.6〜1.0％Cであり，HR_C = 50程度のベイナイト組織が得られる．オーステンパー用に最適な鋼種としては，0.45〜0.50％C，1.0％Si，0.6〜1.0％Mn，0.6〜1.0％Cr，0.10〜0.15％Vという実用中炭素低合金構造用鋼があげられる．用途としてはスプリング，シャフト，銃剣，ゴルフのクラブなど，肉厚があまり大きくなく強さと靭性とを要求する部品に適している．

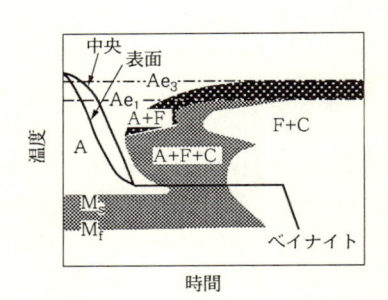

図2・34　オーステンパー

マルテンパー (martempering)

この熱処理の目的は，マルテンサイト組織をもつ硬度の高い鋼材を，割れや変形を起させることなく，できるだけ残留応力の少ない状態で確保することである．T-T-T曲線との関係は図2・35の（a）および（b）に示した．

完全オーステナイト状態からM_s点の直上あるいはわずか下の温度（180〜220℃）に保った熱浴中に焼入れ，内外の温度を一様化してからベイナイト変態が起らぬうちに浴から出

第2章　純鉄および炭素鋼

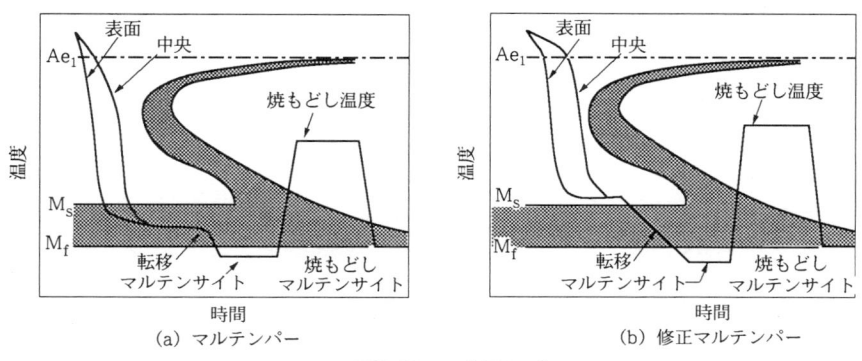

図2·35　マルテンパー

し，マルテンサイト温度区間を徐冷（一般に空冷）する．得られる組織はマルテンサイトであるのにマルテンパーとよばれる理由は次のようなことである．

この場合に得られるマルテンサイトは一般の焼入れで得られるものより内部応力もはるかに小さく，マルテンサイトを焼もどした場合に似ているところからである．しかしマクロな応力は小さいが，ミクロな応力は残留しある程度不安定なマルテンサイトであるから，図2·35に示してあるように，焼もどしを行う必要がある．以上のような理由から焼もどし前の操作はマルクエンチ（marquenching）と呼ぶ方が誤解も少なく適切であるとする人もある．

たとえば0.8％C，0.5％Mn，0.10％Vの鋼材で，歯車の歯の厚さ6mm程度のものをマルテンパーすると効果があるとされている．180℃付近の塩浴中に急冷すると，歯の部分だけ過冷オーステナイトとなり，実体はパーライト変態を起こしてしまう．塩浴から取出してこれを空冷すると，歯のところだけがマルテン化する．割れや変形が少なく，しかも歯のみが硬質で実体の強靭な品物が得られる．工具鋼などにもこの熱処理の適用できるものが多い．

オースフォーミング (ausforming)

これはT-T-T曲線の鼻部の下で，過冷オーステナイトの安定時間の最も長い温度域をえらんで，塑性加工を加え，変態開始前に焼入れる方法である．非常に微細なマルテンサイトが得られ性質が改善される．T-T-T曲線との対応を図2·36で示した．

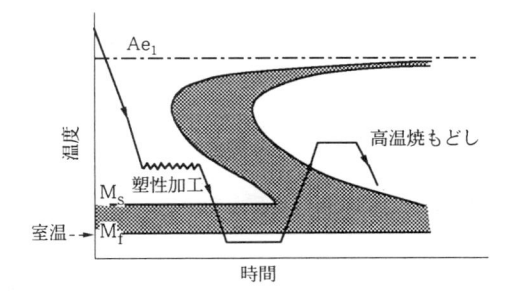

図2·36　オースフォーミング

サブゼロ処理 (subzero treatment)

深冷処理ともよばれる．通常の焼入れを行う場合，炭素濃度が高いとか合金元素量が多いと，M_f点が低下して室温よりはるかに低温となっている．このような場合に室温付近に焼入れるとオーステナイトが多量に残留する．

この残留オーステナイトは不安定であって徐々に変化するので，寸法の変化や変形の原因となる．そこでこれを除く目的でさらに－80℃付近に焼入れ，ふたたび室温にもどしてから低温焼きもどしに移る．その熱処理をT－T－T曲線との対応で図2・37に示した．

あまりサブゼロ温度が低すぎ－100℃以下になると低温脆性を示す傾向がある．－80℃付近が適温とされ，冷媒にフレオンが使用される．高級工具鋼などはこの処理が必要である．

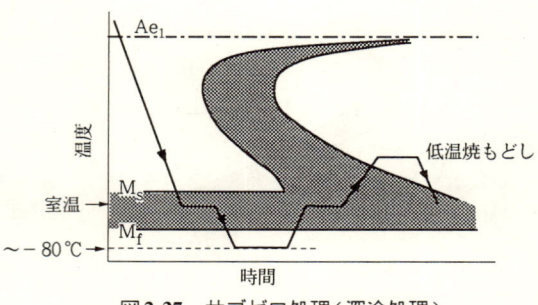

図2・37 サブゼロ処理(深冷処理)

C－C－T曲線

実際の焼入れ操作の場合は，理想的な恒温変態とはちがって連続冷却中の各温度で各種の相変態の起ることが考えられる．したがってC－C－T曲線とT－T－T曲線の関係を理解しておくことが重要である．共析鋼についてこれを示したのが図2・38

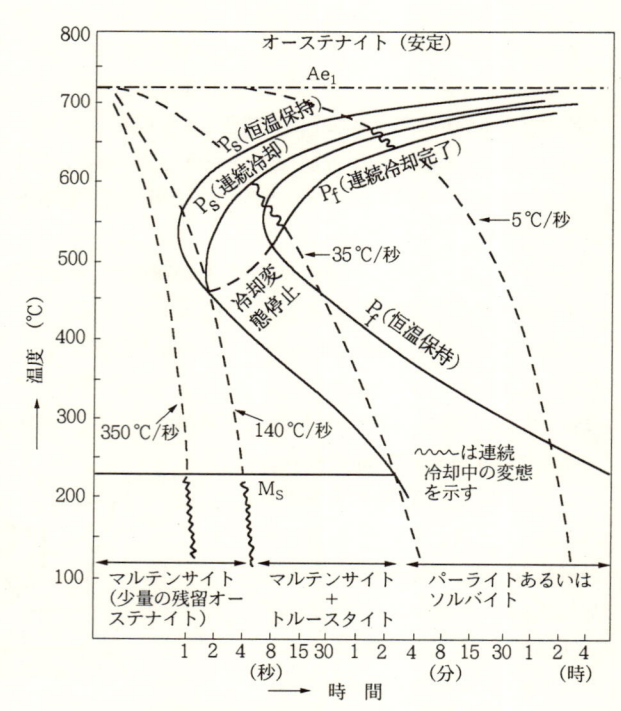

図2・38 共析炭素鋼の連続冷却(C－C－T)変態図と恒温変態(T－T－T)図との関係

である．C-C-T曲線はT-T-T曲線の右下に移行している．すなわちC-C-T曲線の場合の方が反応が遅れる傾向にある．一般に相変態を起すためには過冷度が必要であって，過冷度が大きいほど反応は起りやすい．連続冷却では途中である程度の過冷度の緩和現象が起り，反応は起りにくく開始点は長時間側にずれる．また失った過冷度をかせぐ意味からも低温側に移る．このことは連続冷却におけるオーステナイトの安定化と関係がある．

2・2・6 実用炭素鋼の性質と用途

一般に実用されている炭素鋼には種々の不純物が含まれている．これら不純物の中でとくに性質に影響の深いものについて述べる．

不純物としてはJIS規格にも指定されているMn, Si, P, Sの含有量は重要である．このほかN, H, 介在酸化物として含まれるOなども鋼材の微妙な性質を論ずる際には避けて通ることができないものである．

2・2・6・1 主要な不純物および介在物

Mn

普通炭素鋼中には0.2～0.8％含まれている．その一部は鉄中に固溶しているが，MnSの形で存在することもある．固溶MnはA_1変態点を下げ，焼入れの臨界冷却速度を小さくし，焼入れ効果を増す傾向がある．また結晶粒の成長を抑える作用がある．一般に冷間加工性を阻止するので深絞り加工用の鋼材などではできるだけ少ない方がよい．

Si

強制脱酸を行うキルド鋼ではフェロシリコンを脱酸剤として使用する関係上やや多く含まれ0.2～0.4％である．リムド鋼では0.1％以下である．弾性限，引張強さなどを増すが，伸び率，衝撃値などは低下する．また酸素との親和力が大きいので鍛合性が低下する．

P

大部分はFe_3Pの形で存在し，少量は固溶する．室温における衝撃値を低くし，加工に際してはき裂の発生を促し，低温脆性の原因となる．溶鋼の凝固の際に粒界に偏析しやすく，均質化処理によっても均一化しにくく，加工後も帯状組織（banded structure）として残る．この部分には平均値の4～12倍ものPが偏析している例が多い．またMnS，MnOなどのスラッグ成分とともに偏析していわゆるゴースト線（ghost line）を形成する．このPの害は高炭素鋼ほど敏感であるので，工具鋼などは0.025％以下，半硬鋼で0.04％以下，軟鋼でも0.06％以下となっている．

S

大部分はMnSの形で存在する．Mnが少ないときはFeSを形成し，Fe-FeSの共晶組織を粒界に網目状に形成する傾向がある．この状態になると0.02％以下のSでも，鋼材の強

さ, 伸び, 衝撃値を低下させることが大きい. 高温加工の場合の割れにつながる高温脆性 (hot shortness) の原因となっている. 高炭素工具鋼, 熱処理鋼では0.03％以下, 軟鋼で0.06％以下となっている.

従来から鋼材中のSの偏析はサルファープリント (sulphur print) とよばれる方法で検出されている.

サルファープリントの原理：No.00～No.000のエメリー紙で試料表面を磨き, その上へ2％ H_2SO_4水溶液中に3～4分浸漬した印画紙をはりつける. この際印画紙が滑らないように紙は艶消しの面の方がよい. ゴムロールなどでよく密着させる. すると硫化物と硫酸の反応でH_2Sを発生し, H_2Sが乳剤中のAgBrと反応して褐色から黒灰色のAg_2Sを析出する. この印画紙をよく水洗して普通の定着液に約15分入れる. 30分ほど水洗, 乾燥する.

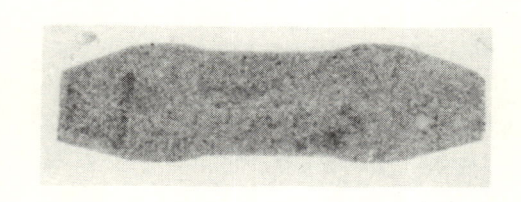

図2・39 サルファープリント×1
(本書での縮小率は80％)
鋳鋼：C　Si　Mn　P　S　Ni　Cr
(％) 0.20 0.23 1.04 0.054 0.043 0.12 0.94
(大屋熱処理小林氏提供)

$$\left. \begin{array}{l} FeS + H_2SO_4 \rightarrow FeSO_4 + H_2S \\ MnS + H_2SO_4 \rightarrow MnSO_4 + H_2S \end{array} \right\} \rightarrow H_2S + 2AgBr \rightarrow Ag_2S + 2HBr$$

そのプリント例を図2・39に示した.

Cu

普通は0.3％以下であって, 主として母相中に固溶している. 0.4％以上になると加工性を損う傾向があるので, 強加工材にはCuの少ないものが望ましい. 反面鋼材の耐候性（自然環境下での耐食性）を増す利点もある.

ガス不純物

CO_2, CO, H, Nなど全量約0.01～0.15％含まれる. もちろんできるだけ少ない方が好ましい.

多いときは各種の欠陥の原因となる. この中で侵入型で固溶しやすいN, Hは鋼材の性質に最も関係が深い. 固溶Nは時効性を与え, 低温脆性の原因となる. またHは水素脆性 (hydrogen embrittlement) を引き起し, ガス状に集まると毛割れ (hair crack) 別名白点 (white spot) とよばれる割れの原因となる.

このほか非金属介在物（non metallic inclusion, slag inclusion）は鋼材の割れの発生点となる可能性がある．

炭素鋼は低温になると急激に靭性を失い脆くなる傾向がある．この傾向はリムド鋼において著しく，キルド鋼になると起りにくい．この急に脆化する温度を遷移温度（transition temperature）とよんでいる．キルド鋼では固溶NはAlと結合して窒化物となり，酸化物とともに不溶性分散粒子として結晶の微細化が行われ，この遷移温度がより低温側に移行する．

図2・40にかつての平炉鋼，転炉鋼の衝撃値の温度変化を示した．空気を多量に吹き込む転炉では平炉の場合より遷移温度が高い．平炉鋼でもアルミキルドが最も遷移温度が低い．

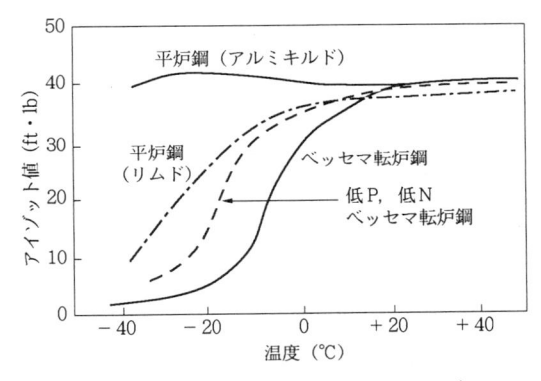

図2・40　種々の鋼種の遷移温度

2・2・6・2　実用炭素鋼の分類

0.2％以下の炭素鋼

軟鋼（mild steel）ともよばれるもので，焼入れ，焼もどしの熱処理をしないで使用する．塑性加工が容易であり，冷間引抜管，プレス製品，針金，くぎ，ビス，ナット，ボルト，船や車両用外板に使用する薄鉄板，ぶりき板，とたん板，カラー鉄板などに使用される．リムド鋼で溶接性もよい．また溶接用鋼線（steel filler wire）も0.15％C以下の軟鋼である．

0.15～0.25％C炭素鋼はもっぱら切削加工，鍛造性，鋳造性を利用し，鋳鋼としてはこの塑性付近が最適である．

鋳鋼（cast steel）は現在鉄道車両の自動連結器，自動車のフレームヘッド，船舶の錨鎖，発電用の水車などかなり多方面に使用されている．一般に鋳造のままでは比較的脆弱であるので，焼ならしにより鋳造組織を破壊して微細な組織にする．この熱処理はA_{c3}点直上まで加熱して空冷するものである．加熱の際A_{c1}点付近でフェライトとセメンタイトの界面にオーステナイトが形成され，微細なオーステナイト組織が得られる．鋳造偏析も一部均一化される．焼ならしによる性質の改良例を表2・8に示した．

0.25～0.45％C炭素鋼

粘りと強さの要求される部品に使用される．一般に焼入れ，焼もどし，焼ならしなどの熱処理を施して使用する．車軸，クランク軸，ピストン棒，歯車などに使用される．

表 2・8 鋳鋼の焼ならしの効果例

0.11％C鋳鋼の状態	抗張力 kgf/mm²	降伏点 kgf/mm²	伸び %	断面収縮率 %	衝撃値 kgm/cm²
鋳込みのまま	41	18	26	31	4
905℃焼ならし	43	26	30	60	16

0.45~0.6％C炭素鋼

靭性よりもやや硬さの高いことを必要とする熱処理部品に使用される．高周波焼入れなどの表面硬化法により，耐摩耗性を与えることができる．鉄道のレールに使用されるのはこの程度の炭素鋼であって，普通熱間圧延のままで使用される．

0.6％C以上の高炭素鋼

耐摩耗性，高弾性の要求ある部品，たとえばばね，車輪タイヤ，工具類，ピアノ線などに使用される．0.9％C以下の比較的炭素の低いものは，靭性と硬さの両方を必要とする工具，機械部品に使用される．たとえば，刻印スナップ，鍛造型，プレス型，木工用鋸，さく岩機用のたがね，鉱山用工具，ペン先，ばねなどである．炭素量が1％以上のものは，切削工具，刃物などに使用される．

不純物，とくにP，Sなどの影響が大きいから特に良質のものを選ぶ必要がある．

第3章 合金鋼の基礎

　炭素鋼とは異なった特殊な性質を与えるため，C以外の合金元素を加えた鋼の総称であり，特殊鋼（special steel）ともよぶ．

　一般に広く合金鋼を考える場合は，本来炭素鋼に少量の合金元素を加えた系と，Fe-X（Xは炭素以外の合金元素）系に微量の炭素を含む場合の二つのグループに分けて考えた方が都合がよい．前者ではFe-Fe$_3$C系の状態図を中心にして考え，後者ではFe-X系の状態図を中心にして考えるべきである．特に後者ではFe-X系の母相をなす固溶体と，CとXの間で形成される炭化物の挙動が中心となる．

3・1 鉄を主成分とした2元合金一般

　いま鉄の中に固溶しやすい合金元素について考えてみよう．置換型固溶の場合，Hume-Rotheryの15% size factorの経験則があるが，鉄原子の直径を2.5Å（10^{-1}nm）として(2.5 ± 0.38)Å（10^{-1}nm）の範囲で各元素の固溶のしやすさを示したのが図2・41である．"favourable"な領域にある元素をあげると，

　第2周期　Be
　第3周期　Al, Si
　第4周期　Ti, V, Cr, Mn, Co, Ni, Cu, Zn, Ga, Ge
　第5周期　Nb, Mo, Tc, Ru, Rh, Pd, Ag, Sn
　第6周期　Ta, W, Re, Os, Ir, Pt, Au

　大部分のアルカリおよびアルカリ土類は"unfavourable"であるが，Beのみはγ-Fe中に高温で最大35at%まで固溶する．

　第4周期元素すなわち3d遷移元素は，Tiは境界線上にあるが，他はすべて鉄に対する合金元素としては最も重要なものが多い．

　第5，第6周期の上記元素の中にも鉄にとって重要な固溶元素が多く含まれている．

　以上鉄に対して15% size factorは割合によく実際と合っている．

　小さい原子のH, N, C, Bは侵入型固溶原子として重要である．

　合金元素の影響としては鉄のA_4およびA_3変態点がどのように変化するかは重要なポイントである．

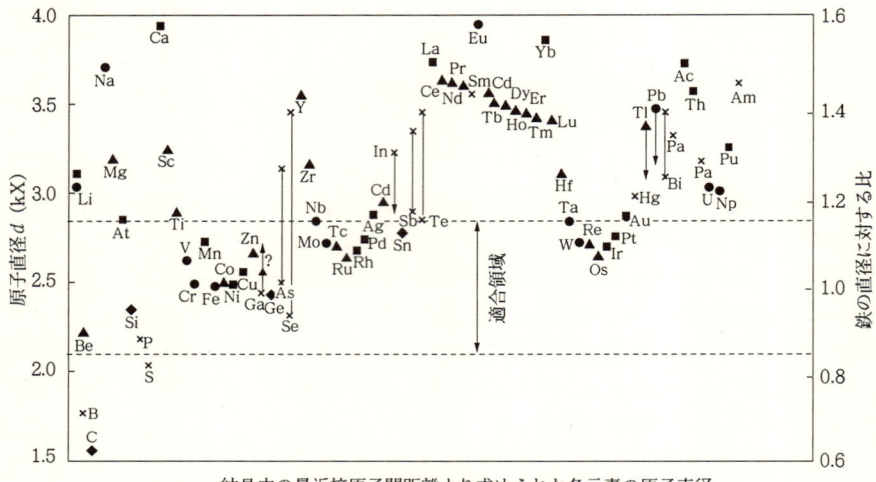

図2·41 鉄に対して15%以内の適合原子をもった元素

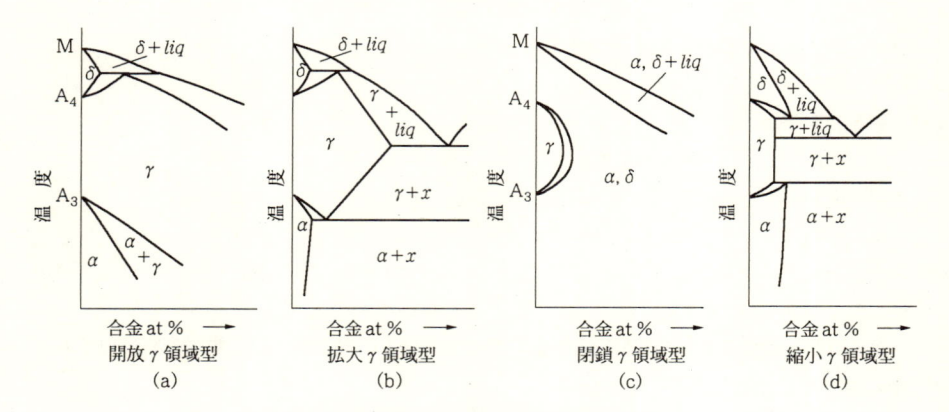

結晶中の最近接原子間距離より求められた各元素の原子直径
- ● 体心立方格子
- ▲ 最密六方格子
- ■ 面心立方格子
- × 複雑な結晶系

Tl, Pb, In の矢印は完全イオン化状態の概算値

図2·42 鉄基2元合金の鉄側状態図の分類

(a) 開放 γ 領域型
(b) 拡大 γ 領域型
(c) 閉鎖 γ 領域型
(d) 縮小 γ 領域型

γ-Fe への固溶性に着目してこれをまとめると，γ-Fe の領域を拡大する γ 安定型と，γ 領域をせばめる α 安定型に大別できる．これをさらに状態図の類型別に整理すると図2·42のような4グループに分けられる．

γ安定型にはγ領域が全域に広がる開放γ領域型（open γ-field type）とγ領域は拡大はされるが全域には広がらない拡大γ領域型（expanded γ-field type）に分けられる。またα安定型としてはδ-Fe領域とα-Fe領域が連続して，その間にγ領域が閉じこめられたような形の閉鎖γ領域型（closed γ-field type）とγ領域が単にせばまって別の相と接するような形の縮小γ領域型（contracted γ-field type）に分けられる。

α安定型の前者はその形よりγ-ループ型（γ-loop type）ともよばれている。

大体の傾向として合金元素が各遷移系列の終りに近づくほどγ安定型が多い。

この傾向は第1長周期の3d遷移系列のTi→V→Cr→Mn→Co→Niの順に端的に示されている。Fe-Ti，Fe-V，Fe-Cr系はいずれもγ-ループ型であって，いわゆるα安定型であるが，これを細かく観察するとこの順にγ-ループの領域は拡大し，Fe-Cr系になると低Cr側ではA_4点はCr濃度とともに低下するが，A_3点も同時に低下する。すなわち低Cr側ではA_4点でみればδ安定型であり，同時にA_3点でみればγ安定型という形になっている。高Cr側になるとA_4点は下降を続け，A_3点は反転して上昇しループを形成する。次にFe-Mn，Fe-Co，Fe-Ni系になるといずれも開放γ領域型になって全域にわたってγ-Feは安定化される。合金元素が各周期を左から右に移る場合の鉄基2元合金状態図の変化傾向を図2・43に示した。

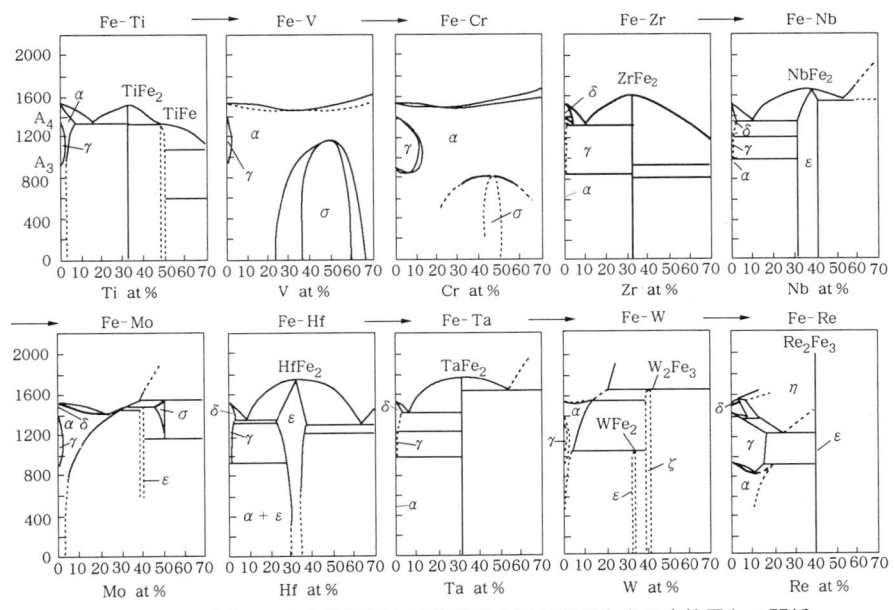

図2・43　鉄基2元合金状態図と周期律表中における合金元素位置との関係

侵入型合金元素として重要なCは，上記の分類からすればγ-Fe安定型の拡大γ領域型に属している．

3·2　Fe-C-X系3元合金一般

実用合金鋼は炭素鋼に合金元素が添加された Fe-C-X 3元系か，さらに複雑な多元合金である場合が多い．したがってその合金組織を考える場合，何を基準にして考えるべきかが大切な問題となる．低合金鋼ならば，炭素鋼の組織を基準として，それが添加元素の種類と量によってどのような変化を受けるかという方向から考察を進めればよい．また高合金鋼ならば，その合金元素と鉄の2元系を基準として，Cが共存する場合の炭化物形成の可能性に重点を置けばよい．以上が原則であるが実際はかなり複雑である．

炭化物の性格およびその分散の形態は，鋼材の強さなどと密接な関係にあるので重要である．表 2·9 に鋼材に関係の深い遷移金属元素の炭化物を示した．これを大別すると立方晶型炭化物，六方晶型炭化物，斜方晶型炭化物の三つのグループに分けることができる．

表 2·9　遷移金属の炭化物の分類

族周期	IV	V	VI	VII		VIII	
3	TiC	VC	$Cr_{23}C_6$	$Mn_{23}C_6$	Fe_3C	Co_3C	Ni_3C
			Cr_7C_3	Mn_7C_3			
		V_4C_3	Cr_3C_2	Mn_3C			
4	ZrC	NbC	Mo_2C				
		Nb_4C_3	MoC				
5	HfC	TaC	W_2C				
		Ta_2C	WC				

立方晶NaCl型　(TiC, ZrC, HfC, VC, V_4C_3, NbC, Nb_4C_3, TaC)
六方晶　　　　(Ta_2C, Mo_2C, MoC, W_2C, WC)
斜方晶　　　　(Mn_3C, Fe_3C, Co_3C, Ni_3C)
複雑な立方晶　（単位格子に92個の金属原子を含む）
　　　　　　　（$Cr_{23}C_6$, $Mn_{23}C_6$）
複雑な六方晶　（Cr_7C_3, Mn_7C_3）
複雑な立方晶　（Cr_3C_2）

立方晶型炭化物

TiC, ZrC, HfC, TaC, VC～V_4C_3, NbC～Nb_4C_3 などがこの種の炭化物である．上に示したようにバナジウム炭化物およびニオブ炭化物は広い組成範囲を示す．

一般に炭素との結合は最も強く，きわめて安定な炭化物であり，鉄はこれらの炭化物には固溶しない．したがってFeを含む複炭化物の形成はない．多くの場合低温ではフェライト

相中に分散する．以上のことより鋼材中にこれらの合金元素（Ti, Zr, Hf, Ta, V, Nb）があり，これに炭素が共存すると優先的に炭化物を形成し分散する．

六方晶型炭化物

Ta_2C, WC, W_2C, MoC, Mo_2C, Cr_3C_7などの炭化物がこのグループに属している．この炭化物は上述の立方晶型ほどは安定でなく，適当量Feを固溶してFe_3W_3C, Fe_4W_2C, Fe_3Mo_3C, Fe_4Mo_2Cのような形の複炭化物を形成し，低温ではフェライト相中に分散する．

斜方晶型炭化物

多くの場合この種の炭化物は結合力が弱く，Fe-C, Ni-C, Co-Cのように炭素と金属の間で直接平衡関係を保つ場合と，Fe_3C, Ni_3C, Co_3Cのような擬安定な炭化物を形成してα相と平衡を保つ場合もある．この炭化物は他の合金元素を固溶することができる．

このように，形成される炭化物は4族において最も安定であり，8族において最も不安定である．7族のMnは中間的な性格を示し，低Mn側ではMn_3Cが安定化合物として形成され，高Mn側では$Mn_{23}C_6$, Mn_7C_3のように$Cr_{23}C_6$, Cr_7C_3類似の炭化物を形成する．一般に低Mnのときは，γ-Fe-α-Fe-(Fe-Mn-C)化合物の3相が平衡するものと考えられる．

このように複雑な組成の特殊鋼の性質を考える場合は，熱処理によって変態を起す母相固溶体と同時に，炭化物の挙動に注意を向ける必要がある．

3・3 鉄を主成分とする侵入型合金

鋼の最も基本的なFe-C系はもちろんこの合金型の代表的なものである．鉄に侵入型で合金する元素はH, He, B, C, N, Oなどの小さな原子が考えられる．この中でBについては，その鉄中への固溶度はきわめて小さく，侵入位置に入るか置換位置に入るかは現在のところあまり正確に解明されていない．

水素原子は最も小さく，鉄格子の侵入位置の大きさはこれを充分許容するだけの広さがある．γ-Fe中ではおそらく四面体位置に入っている可能性が強い．

ボロンの原子の大きさは侵入し得るには大きすぎ，置換するには小さすぎる．その固溶度はきわめて小さい．

炭素と窒素は，その原子の大きさは鉄原子の大きさと比較するとそれぞれその0.61～0.59倍であって，γ-Feの八面体侵入位置に入るにはやや大きすぎる程度である．

両者とも同程度γ-Fe中に固溶し，固溶によるγ-Fe格子の膨張の程度も大体同様である．

酸素の共有結合半径はほとんど窒素の値と等しいのであるが，固溶体を形成するよりはむ

しろ安定な化合物を作る．その固溶度の小さいのはむしろ化学的特性によるものであろう．

図2・44に3d遷移元素に対するC, N, B, O, Hの固溶度を示した．その傾向としては原子番号が若いほどその固溶度が大きい．またfccとbccで比較した場合，前者に対する固溶度の方が一般に大きい．これは侵入位置の空間が前者の方が大きいためであろう．

次に各系についてやや詳しく述べる．

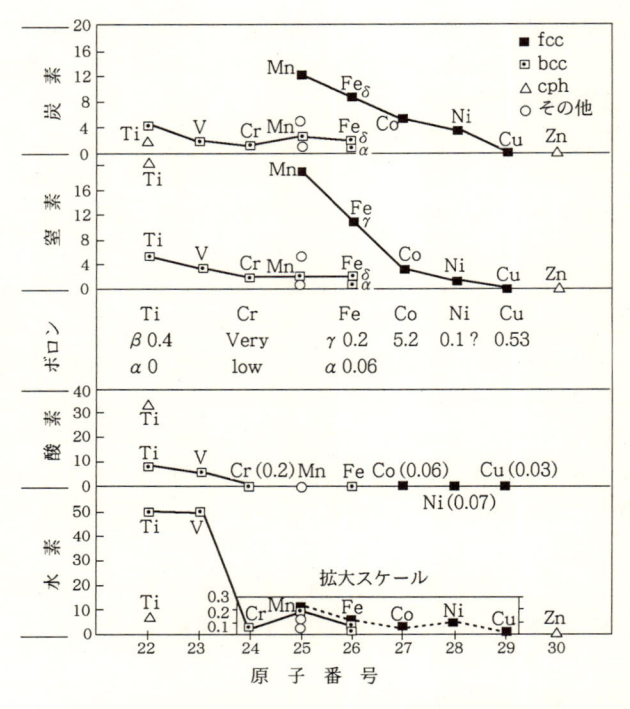

図2・44 遷移元素中への侵入元素の最大固溶度(at%)

3・3・1 Fe-C系

平衡状態ではα-, γ-, δ-Feの固溶体と純黒鉛の4相のみであるが，準安定状態ではFe_3Cの化学式を持つセメンタイトをはじめとして，いくつかの炭化物が存在する．室温付近では安定性の高いこのセメンタイトを考えるのが一般的であるが，炭素鋼の焼もどし過程ではいくつかの不安定な炭化物の形成がある．

セメンタイト (cementite)

化学式はFe_3Cで斜方晶（orthorhombic）に属し，格子定数は，$a = 4.523$ Å, $b = 5.090$ Å, $c = 6.747$ Åである．Fe原子はややゆがんだhcpの位置にあり，侵入C原子はゆがんだ三角柱を形成する6個のFe原子でとりかこまれている．図2・45[5]および図2・46[6]にこれを示した．

Marion[7]によると，非常に純度の高いFe-C系のマルテンサイトを150～400℃で焼もどすと，最初炭素位置が若干空席になった$Fe_3(C_{1-x}\square_x)$（□はCの空席）のようなセメンタイトが形成され，これを550℃に加熱すると$Fe_3C + Fe$の形に分解するとされている．

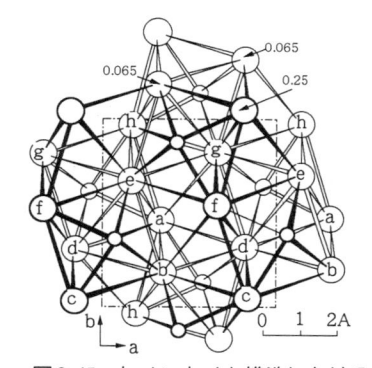

図3・45 セメンタイト構造における
Fe原子の位置（K. H. Jack）

原子gとdはそれぞれ原子h・e・fおよびa・b・c
によってほぼ六方晶の位置で囲まれている

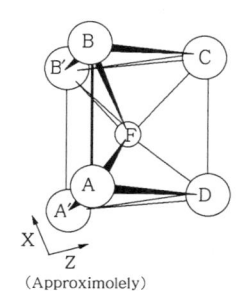

図3・46 Fe$_3$C中の原子Fを囲むFe原子
位置（Herbstein and Smuts）

C-Fe距離
F-A ≃ F··A' = 2.06 Å
F-B ≃ F··B' = 2.04 Å
F-C   = 1.97 Å
F-D   = 2.01 Å

Fe-Fe距離
A-B A'-B' = 2.64 Å
A-A' B-B'   = 2.52 Å
A-D A'-D   = 2.61 Å
B-C B'-C   = 2.79 Å
C-D   = 2.71 Å

これに対し普通純度の炭素鋼ではいわゆるε-炭化物が形成される．

Fe$_3$Cのキュリー点は213℃であり，これより高温では常磁性，低温では強磁性となる．このキュリー点はFeと置換する金属原子の種類および量によって変化し，実用鋼ではセメンタイトのキュリー点は一つ以上の複数値を示すこともある．

ε-炭化物

Fe原子がhcpの位置を占め，その侵入位置にC原子が固溶している．組成はFe$_2$C～Fe$_3$Cの間に含まれる．この化合物は加熱した鉄の表面でCOとH$_2$の反応によって形成するか，マルテンサイトの焼もどし過程中の中間生成物として現れ，FeとCの直接の反応では現れない．これが容易にFe$_3$Cに転移することは，セメンタイト中のFe原子位置がゆがんだhcp型であったことより理解できる．そのキュリー点は400～450℃と推定されている．

Fe$_2$C

鉄超炭化物（iron percarbide）ともよばれる．

この炭化物は1934年Häggにより発見されたものである．その後Jackにより，組成はFe$_{20}$C$_9$あるいはFe$_{20}$C$_8$とも示されている．キュリー点は約247℃とされている．

その他の炭化物

Pinskerら[8]によれば，薄い鉄の膜上でCOを400～480℃で反応させるか，アセチレンを650～700℃で反応させるとFe$_4$Cという炭化物が形成されると報告している．バルクの鉄で形成可能かどうか不明である．また高温高圧下で人造ダイヤモンドを作る場合，鉄を炭素の溶媒として使用するとFe$_7$C$_3$という炭化物も報告されている．また準安定相マルテンサイトについては2・2・2参照．

3・3・2 Fe-N系

Nの共有結合半径は0.74ÅでCよりわずかに小さいのでその固溶度はCよりわずかに大きい.

安定平衡関係はガス状N_2とα-, γ-, δ-Feとの固溶体のみであるが, 擬安定化合物が多くその状態図は複雑である.

1気圧下での鉄の同素体中への固溶度と温度の関係は図2・47に示した. γ-Fe中への固溶度は, α-Feおよびδ-Fe中への固溶度に比較して圧倒的に高いが, この場合は温度の上昇とともに固溶度が低下する.

一定温度下ではその固溶度は$\sqrt{p}$ (pは窒素分圧) に比例する一般的傾向 (Sievertの法則) を示す. これはNイオンとして鉄中に侵入することを物語っている. 高圧にすれば上の関係より窒素固溶量は増加するはずであるが, この単原子Nの状態はなかなか作りにくい. 一般に窒素を固溶させる場合は, NH_3と高温の鉄を接触させ, 発生機のNを作って侵入させる方法をとっている.

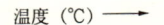

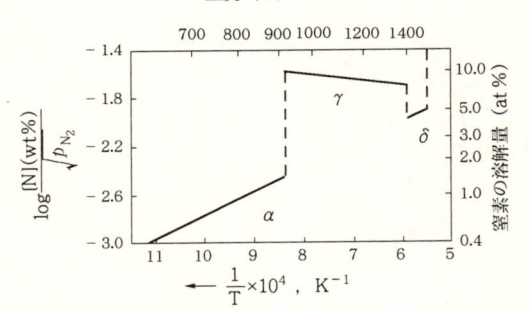

図2・47 一気圧下のα, γおよびδ鉄中への窒素の溶解度

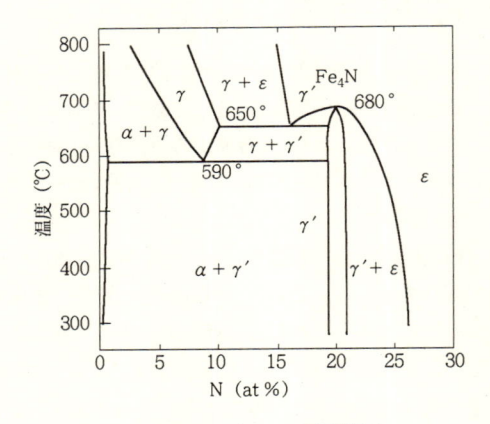

図2・48 Fe-N系状態図

Darken[9]によればこの場合次の三つの反応が考えられる.

$$2NH_3(gas) = N_2(gas) + 3H_2(gas)$$

$$2NH_3(gas) = 2N(in\alpha\text{-Fe}) + 3H_2(gas)$$

$$2NH_3(gas) = N_2(gas) + 6H(in\alpha\text{-Fe})$$

2番目の反応より, 鉄中への固溶度は$(p_{NH_3}^2/p_{H_2}^3)^{1/2}$に比例することがわかる.

図2・48は一般に認められているFe-N系状態図である. これは一定圧力下の2成分系状態図ではない. 正確にいえば, 鉄とアンモニアガスの反応で現れる相境界を示したものにす

ぎない．

　γ-Fe中への固溶限は約10at％Nで，Cの場合よりやや多い．

　Fe-N系オーステナイトは590℃で共析分解を起し，αとγ′相に分解する．γ′相は図2・49に示したような結晶構造であって，考え方によればFe-N系オーステナイト相の規則化した状態とも考えられるが，そうだとすれば20at％Nであるべきである．ところがオーステナイト相は高々10at％Nにすぎないところが理想的な規則格子とは異なるところである．

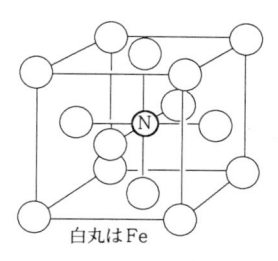

図2・49　Fe_4N(γ′相)の単位格子
白丸はFe

　Fe-N系ではε相が広い組織範囲で存在するのが特徴的である．この構造はhcpの鉄の結晶中で，その八面体間隙にNが位置し，N原子相互はできるだけ遠く離れて存在する．この規則構造には$ε-Fe_3N$，$ε-FeN$などがある．

　さらに高窒素側にはζ-窒化物（Fe_2N）という規則格子がある．その構造はhcpの少しゆがんだ斜方晶である．

　元来hcpの鉄は高圧－低温で現れるものと考えられているが，Nが固溶するとなぜ室温，常圧下で安定になるのか，その理由は不明である．

　この系のオーステナイトを高温より焼入れると，炭素の場合と同様にマルテンサイトが形成される．このマルテンサイトを焼もどすとFe_8Nという化学式を持ったα″相が得られる．これはマルテンサイト構造を持つ規則格子であるが，低窒素濃度のため完全な規則化はむずかしい．この相はJack[10]により報告されたものであるが，Pitsch[11]の研究では200〜250℃の焼もどしで得られるものであって，高温焼もどしではγ′-窒化物が現れると考えられている．

　フェライト中への窒素の固溶度に関する研究結果は，研究者によって大きく異なる．Fe-C系で考えられた真の平衡関係と擬安定平衡関係が，このFeと窒素間にも当然考えられる．

　FeとN_2ガスの平衡関係では，N_2ガスの安定性が大きく原子状に解離しにくいので，その溶解度はきわめて小さい．

3・3・3　Fe-B系

　Bの鉄中への固溶度はきわめて小さく，共存する微量不純物の影響なども大きく，正確な情報はまだ得られていない．その状態図は一応図2・50のように示されている．Fe_2BとFeBの2種の化合物が存在する．Fe_2Bは体心正方格子であって，B原子は体心位置にあるもの

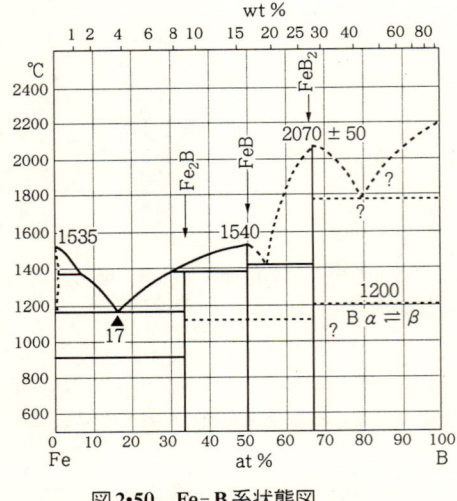

図2・50　Fe-B系状態図
（金属データブックより）

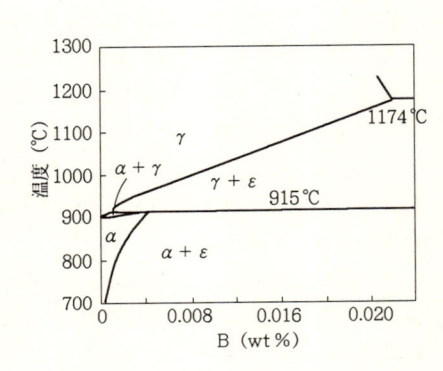

図2・51　A_3点近傍のFe-B系
部分状態図（推定）

と，8個の隅に位置するものに分けられ，前者は1.47Åの距離にある4個のFe原子でかこまれ，後者は1.75Åの距離にある4個のFe原子でかこまれている．

Bの鉄中への固溶のされ方については不明の点が多い．α-Fe中では置換型であり，γ-Fe中では侵入型であるという説もある．低温では固溶度はきわめて小さく，大部分のB原子は粒界，転位，その他の欠陥に偏析している可能性が強い．

A_3点付近の状態図の部分図を図2・51[12]に示した．この図は図2・50とは異なっているが，$\gamma + \varepsilon \rightarrow \alpha$の包析反応が915℃に存在する．Bの固溶度はこの温度付近でα-Feの方がγ-Feより大きく一般の侵入原子の場合とは異なる．

3・3・4　Fe-H系

水素の鉄中への固溶度の決定も困難であって，研究者によって多くの値が示されている．
Gellerらは図2・52[13]のような結果を示した．

従来H_2ガス圧と溶解度の関係は，一定温度ではH_2ガス分圧をPとすると，$\sqrt{P}$に比例することが示されている．このことは水素は単原子状に解離し，イオン化して鉄中に入ることを暗示している．そのためH_2ガス中では鉄中に固溶させ難いが，電解などで発生する発生機のHは容易に鉄中に侵入する．

1気圧下での状態図を図2・53に示した．

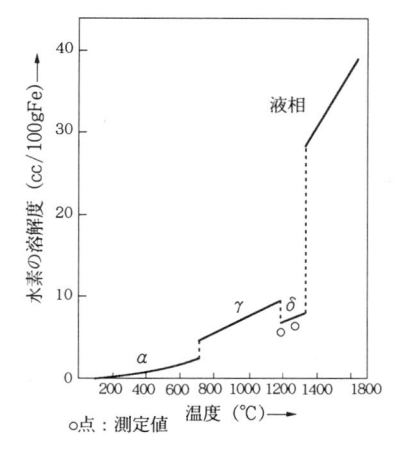

図 2・52　1 気圧下における鉄中水素の溶解度変化

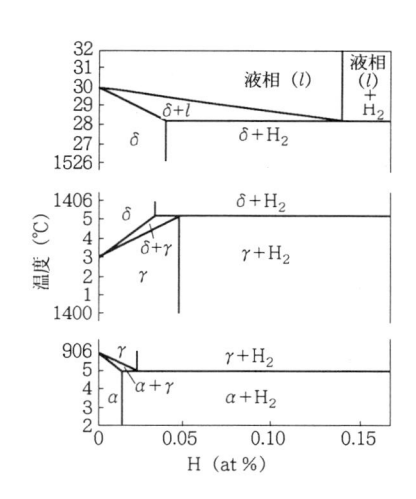

図 2・53　Fe-H 系状態図（予想図，1 気圧）

　鉄中への水素の吸収反応は吸熱反応であり，安定化合物形成の可能性は少ない．状態図としては γ 拡大型であるが，水素が鉄格子のどのような位置に侵入しているかは確定していない．これは原子の大きさと侵入位置の空間的大きさの概念のみでは律しきれぬ多くの問題を含んでいることを物語っている．

　非常に高純で欠陥の少ない鉄中への水素の溶解については，次のような報告がある．

　Besnard[14]らによれば，電解による水素富化処理で，冷間加工したアームコ鉄の焼もどしたものでは 40cc/100g の水素を吸収するが，ポリゴニゼーションを起した状態では 10cc/100g に減少する．

　これに対して帯溶融精製した純鉄では 5cc/100g，これを 3% 冷間加工後 870℃ で 48 時間加熱しポリゴニゼーションを起した状態では 3cc/100g となる．以上の結果から鉄が高純で欠陥が少ないほど水素の吸収量は減少するものと考えられる．この結果は一般的傾向としては正しいが，不純物の量はその吸収速度には影響しても，吸収量に関係するかどうかは不明である．X 線回折による回折線のぼけ方でどのような位置に入ったかを確認しようとする研究もあるが，結果はあまり明瞭でない．塑性加工による回折線のぼけ方と，水素富化によるぼけ方が非常に似ているところから，電解による水素富化で結晶に塑性変形が発生したとする研究もある．また空孔に捕捉された水素原子は，その場所で H_2 分子を作り，その結果ボイド内に H_2 ガスが偏析するようになるとする考え方もある．従来から水素脆化の説明として，微小亀裂，ボイド，転位上への水素の偏析によるとするものが多い．鉄中の水素

は完全に H^+ のプロトン的なものかどうかという基本的なことも不明である[15]．

3・3・5　Fe-O系

FeとOは反応して発熱し，安定な化合物FeO (wustite) や Fe_3O_4 (magnetite) を形成する．

Fe-O系の状態図は図2・54に示した．FeOの組成範囲は50at％Oよりやや高濃度側に拡がっている．FeOは560℃で共析分解を起して Fe_3O_4 とフェライトに分かれる．この反応は非常に起りにくく，徐冷してもまた低温で焼なましてもFeOが残っていることが多い．

酸素の固体の鉄中への固溶量はまだ解決されていない問題であり，多くの議論の集中しているところである．その量は共存不純物に左右されることも多い．

帯溶融精製した高純度鉄の場合，850℃で0.001～0.002at％O（0.0003～0.0006wt％）という報告[16]がある．不純な鉄ほどその値は大きくなる傾向を示している．フェライト中の酸素の固溶量は無視できるほど小さいもので，大部分不純物，欠陥，粒界などに偏析したものであろう．溶融鉄には多少の溶解量があって，偏晶反応温度1523℃では0.56～0.59at％O（0.16～0.17wt％）溶解する．

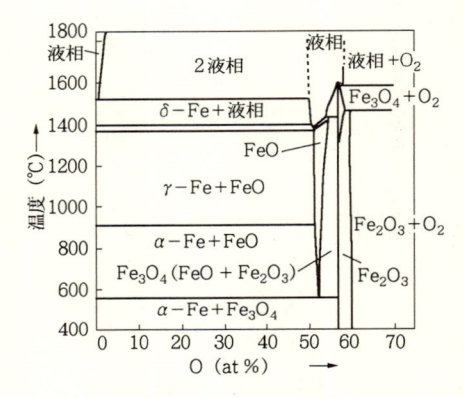

図2・54　Fe-O系状態図

第4章　実用特殊鋼各論

　実用化されている特殊鋼の種類はきわめて多い．これを理解しやすい形で分類するのは非常に困難であるが，一応用途面より，構造用，耐摩耗用，耐環境用，工具用，電磁気用の5分野に分けて説明する．

4・1　構造用特殊鋼

4・1・1　高張力鋼 (high tensile steel)

　一般に"ハイテン"とよばれている低炭素低合金鋼のことである．一般構造物に多量に使用されている．19世紀の後半頃からはこの目的に軟鋼が使用されていた．軟鋼はその引張強さが約 $45\,kgf/mm^2$ 以下であって，強度を必要とする構造物に使用する場合には，その断面積をきわめて大きくとる必要があり大型で重量物となる．そこでさらに強度を高めた低い価格の鋼種の開発によって軽量化を計ることが長年の懸案になっていた．19～20世紀にかけては，強化の目的で一般的で添加しやすい Si, Mn, Ni, Cr, Cu などが低炭素鋼に少量添加される方向で研究が進められてきた．その後 1930 年代に溶接技術が一般的に導入され，一般構造用鋼としては溶接性のよいことが重要な特性の一つとなった．この安価，強力，溶接性のよい低炭素低合金鋼の開発が各国で進められ，高張力鋼とよばれる非熱処理型の鋼種が実用化された．

　したがってこの鋼種の特性を要約すると，引張強さが $60\,kgf/mm^2$ 前後，降伏比（yield ratio）すなわち降伏強さ/引張強さの値の高い，塑性加工が容易，できることならば圧延のままで使用できる，自然環境に対する耐候性が良好，安価な溶接構造用ということである．

　この種のもので比較的初期に開発されたものでよく知られているのは，ドイツの St 52 や英国の D 鋼 (Ducol steel) である．St 52 は Si-Mn 系であり，D 鋼は St 52 の Mn の一部分を少量の Ni, Cr, Mo, V で置きかえたものである．いずれも非調質型であって，橋梁，艦船に広く使用された．

　これらはいずれも軟鋼より Mn を少し高くしているのが特徴であって，溶接性が良好で切欠き靱性がとくによい．切欠き靱性 (notched toughness) としては低温の場合，$-20\,°C$ で $3.5\,kgf\text{-}m/cm^2$ 以上のシャルピー値が要求されている．

　その後 1950 年頃アメリカ合衆国の US スティール社が調質状態で使用する T-1 鋼を開発

し，高張力鋼の強さは80kgf/mm^{2}のレベルにまで上昇した．これに続いてNbやVの窒化物による析出硬化と，結晶粒の微細化を狙った調質型の高張力鋼が各国で開発されている．日本においてもCK High Ten，NK-HI TEN，WEL-TENなどが開発されている．これら代表的な高張力鋼を年代順に表2・10に示した．

石油，天然ガスなどのエネルギー資源がアラスカ，シベリア，北海などの酷寒の地で開発されるようになり，これらのエネルギー源を低温で長距離にわたって輸送するための大口径パイプラインが必要となってきた．この目的で日本で高張力鋼の研究が一段と進んだ．その研究の方向は炭素量を低め，NbやVなどの添加で組織の微細化と析出硬化をはかり，加工法の改良，加工熱処理(thermo-mechanical treatment)効果の応用を考えた制御圧延(controlled rolling)などの積極的な利用である．この結果としてアラスカ縦断石油パイプライン用の大口径溶接管が日本の手で開発され利用されている．

このほか圧延のままで使用できる70～80kgf/mm^{2}級の高張力鋼の研究も進んでいる．この鋼種は主にベイナイト組織を利用した強度と靭性に富んだものであり，今後土木機械，建設機械，車両，送電鉄塔などへの応用が考えられている．

表2・10 高張力鋼(ハイテン)の開発史

年代	鋼種	強度	備考
19世紀末	0.25～0.35％炭素鋼 (欧)	44～58kgf/mm^2	橋梁用
1915～1920	Mn鋼，Cr-Cu鋼 (日本)	≥ 50 〃	橋梁用，艦艇用
1930	St52 (独)	≥ 50 〃	
1930	Cor-Ten (米)	≥ 50 〃	耐候性
1950	WEL-TEN50 (日)	≥ 50 〃	溶接構造用
1952	T-1鋼 (米)	≥ 80 〃	焼入焼きもどし
1954	HT60共同研究 (日)	≥ 60 〃	Mn-V-Ti系
1955	2H鋼，WEL-TEN60 (日)	≥ 60 〃	焼入焼きもどし
1960	WEL-TEN60 (日)	≥ 80 〃	焼入焼きもどし
1960	YND33 (日)	≥ 47 〃	焼入焼きもどし低温用鋼材
1961	TAW-TEN50 (日)	≥ 50 〃	耐候性 (Cu-P-Ti系)
1963	WEL-TEN80C (日)	≥ 80 〃	焼入焼きもどし，耐応力腐食
1963	WEL-TEN100N (日)	≥ 97 〃	焼入焼きもどし
1963	YES36, 40 (日)	降伏点 ≥ 36, ≥ 40	Nb添加鋼，土木，建築用
1964	WEL-TEN60H (日)	≥ 60 〃	熱間加工用

(アグネ 「金属」より)

4·1·2　特殊強靭鋼（低合金強靭鋼）

　従来より強力な構造用鋼として広く利用されているが，ハイテンの出現以後その名称がややまぎらわしくなってきた．この鋼種の最も著しい特徴は，0.3～0.4wt％Cの中炭素鋼であり，これにNi，Cr，Mn，Moなどの強化元素を添加し，焼入れと焼もどしの熱処理を施して使用されることである．その焼もどしは高温焼もどしであって，組織は微細なソルバイト組織が好ましい．
　次に主要合金元素の添加の効果をまとめる．

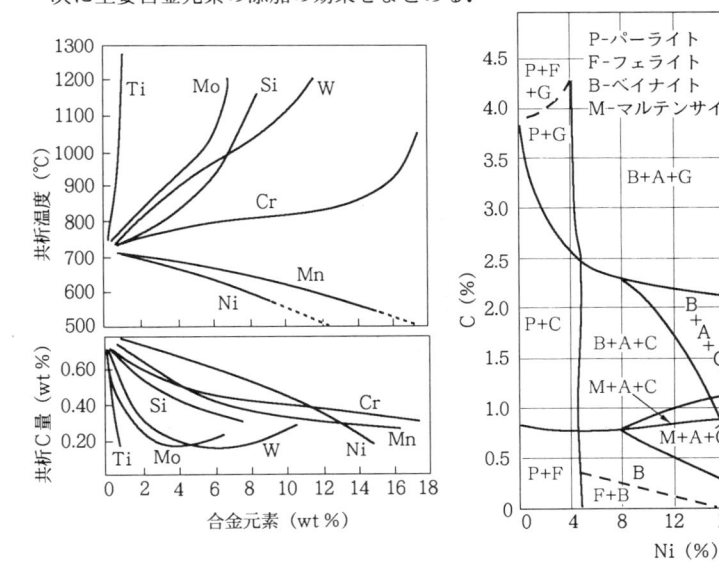

図2·55　合金元素添加に伴うFe-Fe₃C系A₁変態点の変化

図2·56　Fe-C-Ni系の徐冷組織範囲

　Ni：ニッケルは図2·55に示したように，その添加によってFe-Fe₃C系の共析変態点の温度を下げ，そのC濃度を低濃度側に移行させる．大部分鉄の母相中に固溶し，安定な炭化物を形成することはない．非常に有力なγ安定化元素であって，図2·56にも示したように，徐冷してもNi約30wt％以上になるとγ相が現れる．ニッケルの添加によってパーライトおよびベイナイト反応は遅滞化し，M_s点は低下し，そのT-T-T曲線は図2·57に示したように変化する．焼ならし状態で完全にマルテンサイトになり硬化する自己硬化鋼（self-hardening steel）が得られる．またパーライト形成温度が低くなるのでそのラメラー間隔も狭く微細化する．鋼材としては一般に靭性が向上し，耐食性もよくなる．
　Cr：Crはγ-ループを形成するα安定型の合金元素である．Cr量とともにA₁点は上昇

し，低C濃度側に移行する．またCとの親和力が強く，$(Fe, Cr)_3C$, $(Cr, Fe)_7C_3$の形の安定な炭化物を形成する．Crの添加によって鋼材の結晶は大いに微細化し，硬さ，降伏点，引張強さは増大するが，伸び率，衝撃値は低下する．熱処理効果は大きくなり，非常に焼きが入りやすくなる．また耐摩耗性，耐熱性は増大する．熱伝導性は低下するので急熱急冷でき裂を発生しやすいから注意が必要である．この種実用鋼の中で主要なものを次に示す．

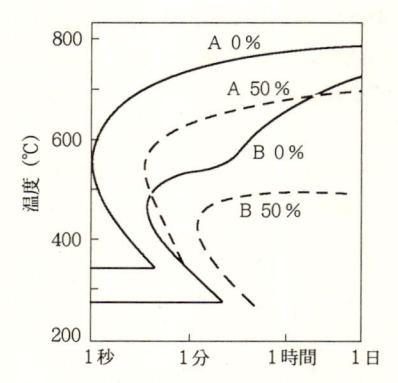

A: Fe-0.34%C-1.06%Mn-0.75%Ni
B: Fe-0.4%C-0.62%Mn-3.45%Ni

図2・57　Ni鋼のT-T-T曲線

ニッケル鋼：0.3〜0.4wt%C，1〜5wt%Ni
　往時は最も優れた構造用特殊鋼と考えられたものである．焼入れ後550〜650℃で焼もどしを行い，ソルバイト組織にして使用する．

500℃付近の高温焼もどし脆性の起らないのが長所である．欠点としては鋳造時に樹枝状晶を形成しやすく，溶入水素が原因と考えられている白点あるいは毛割れ（hair crack）とよばれる微小き裂が発生しやすいことである．

クロム鋼：0.3〜0.5wt%C，0.8〜2wt%Cr
　その性質はニッケル鋼に匹敵する．硬く耐摩耗性があるが靭性がやや落ちる．高温焼もどし脆性と低温焼もどし脆性の両方が起りやすい欠点がある．ニッケル鋼よりは安価である．

ニッケル・クロム鋼：0.27〜0.4wt%C，1〜3.5wt%Ni，0.5〜1.0wt%Cr
　Niは固溶化して靭性を与え，Crは炭化物を形成して硬さを増し，結晶粒の微細化を行う．
　高温焼もどし脆性や白点の発生も考えられる．高温焼もどし脆性はMoの添加で防止できるものと考えられている．

クロム・モリブデン鋼：0.27〜0.48wt%C，0.9〜1.2wt%Cr，0.15〜0.35wt%Mo，0.3〜0.85wt%Mn
　Niを含まない最も優れた強靭鋼の一つである．焼もどし脆性はなく，溶接性は他の鋼種より良好とされている．

ニッケル・クロム・モリブデン鋼：0.27〜0.5wt%C，0.15〜0.35wt%Si，0.35〜0.9wt%Mn，0.4〜3.5wt%Ni，0.4〜3.5wt%Cr，0.15〜0.7wt%Mo
　焼もどし脆性もなく，最もすぐれた特殊強靭鋼である．その引張強さは熱処理状態で大体100kgf/mm^{2}である．

この他にマンガン・クロム鋼などもある．この特殊強靭鋼は低炭素の高張力鋼の導入により，また溶接構造の普及化とともに，その用途はきわめて少なくなってきている．

4・1・3 超高張力鋼

この種合金鋼は超強靭鋼とよんでもよい．構造用鋼は軟鋼の $40 \mathrm{kgf/mm^2}$ のレベルより出発して，高張力鋼の $60 \sim 80 \mathrm{kgf/mm^2}$ ，中炭素低合金鋼の特殊強靭鋼の $100 \mathrm{kgf/mm^2}$ とその強度レベルを分類することができる．最近航空機，ロケットなどの発達に伴って構造の軽量化が益々重要性を増し，さらに強度レベルの高い構造用鋼の要求が強くなって開発されたのがこの鋼種である．最近は海洋開発，原子力関係にもその応用分野を拡げる方向にある．

従来の超高張力鋼は，中炭素低合金鋼を改良して低温焼もどし状態で使用するものと，Ni, Mo, Coなどの合金元素を増したものがあり，約 $200 \mathrm{kgf/mm^2}$ の強度レベルである．表 2・11にその代表鋼種の組成と機械的性質を示した．ごく最近は無炭素のマルテンサイト中に，時効によって析出を起させたマルエージング鋼（maraging steel）とよばれる鋼種が開発されている．

表 2・11 従来の超高張力鋼

タイプ	名 称	C (wt%)	Si (wt%)	Mn (wt%)	Ni (wt%)	Cr (wt%)	Mo (wt%)	V (wt%)	その他	機械的性質		
										耐 力 $(\mathrm{kgf/mm^2})$	引張強さ $(\mathrm{kgf/mm^2})$	伸び (%)
低合金マルテ ンサイト鋼	AISI 4340	0.40	0.3	0.7	1.85	0.8	0.25	—		150	180	8
	300M	0.43	1.6	0.8	1.8	0.8	0.4	0.0		170	200	10
熱間工具 鋼	H-11(SKD-6)	0.35	1.0	0.3	—	5.0	1.5	0.4		155	200	10
	Vasco Jet 1000	0.4	0.9	0.3	—	5.0	1.3	0.7		165	200	8
析出硬化 型ステンレス鋼	17-7PH	0.07	0.4	0.6	7	17	—	—	Al:1.1	135	155	8
	AM-355	0.13	0.3	0.95	4.4	15.5	2.75	—	N:0.10	140	160	8

その標準の合金系は，Fe-18, -20, -25wt％Ni合金を基本とした3種の鋼で，INCO社により開発されたものである．25％および20％Niの場合は硬化元素としてTi, Al, Nbを添加し，18％Niの場合はCo, Mo, Ti, Alを添加している．25％および20％の場合は深冷処理により初めて完全なマルテンサイト化が得られ，また靭性がやや劣るなどの欠点がある．したがって18％Ni系が実用化の主役となった．表2・12にこれら基本系の化学組成および機械的性質を示した．18％Ni系ではTiの添加量によって，その強度のレベルを0.2％

表2・12　マルエージング鋼の基本系

(a) 成分表（%）

名称		C	Si	Mn	Ni	Cr	Co	Mo	Ti	Al	Zr	B	その他
基本鋼種	25Ni250ksi	≤0.03	≤0.12	≤0.12	25～26	—	—	—	1.3～1.6	0.05～0.35	0.02	0.003	Ca:0.05
	20Ni250ksi	≤0.03	≤0.12	≤0.12	18～20	—	—	—	1.3～1.6	0.15～0.35	0.02	0.003	Ca:0.05
	18Ni 200ksi	≤0.03	≤0.12	≤0.12	17～19	—	8～9	3～3.5	0.15～0.25	0.05～0.15	0.02	0.003	Ca:0.05
	18Ni 250ksi	≤0.03	≤0.12	≤0.12	17～19	—	7～8.5	4.6～5.1	0.3～0.5	0.05～0.15	0.02	0.003	Ca:0.05 Nb:0.3～0.5
	18Ni 300ksi	≤0.03	≤0.12	≤0.12	18～19	—	8～9.5	4.6～5.2	0.5～0.8	0.05～0.15	0.02	0.003	Ca:0.05 Nb:0.3～0.5

(b) 機械的性質

名称		熱処理	耐力 (kgf/mm²)	引張強さ (kgf/mm²)	伸び (%)	シャルピー衝撃値 (kg・m)	破壊靭性 K_{1C} (kg/mm$^{-3/2}$)
基本鋼種	25Ni250ksi	820℃×1h 空冷 700℃×4h 空冷 −73℃深冷 505℃×1h 時効	164	178	14		
	20Ni250ksi	820℃×1h 空冷	—	190	4	1.0	—
	18Ni 200ksi	820℃×1h 空冷 480℃×3h 時効	145	150	13	4.6	500
	18Ni 250ksi	820℃×1h 空冷 480℃×3h 時効	175	180	13	2.5	400
	18Ni 300ksi	820℃×1h 空冷 480℃×3h 時効	195	200	11	2.1	300

耐力で140kgf/mm², 175kgf/mm², 210kgf/mm²の3段階に分けている．

その熱処理は図2・58に示してあるように，820℃の溶体化加熱後空冷するとHR_C約30の軟かいマルテンサイトが得られる．必要に応じてこの段階で冷間加工を施し，480℃で3時間ほど時効処理を行い，その後空冷するとHR_C約52程度の硬いマルテンサイトが得られ，高い強度の良好な靭性が確保できる．この合金のもう一つの長所は，良好な溶接性にあり，熱影

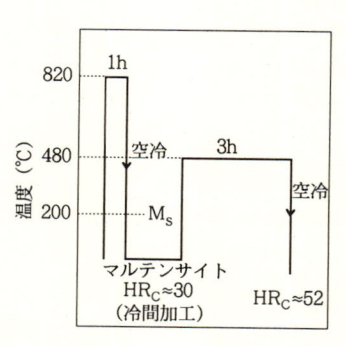

図2・58　マルエージング鋼の標準熱処理

響部の焼入硬化がなく，溶接施工前後の熱処理を必要としない．きわめて信頼度の高い継手部が得られることである．

このほかの長所としては，軟かく靭性に富んだマルテンサイトであるので焼割れの心配がない．加工硬化しにくいので強い冷間加工を加えることができる，疲れ強度が高く，水素による遅れ破壊の心配も少ないなどである．現在精力的な研究が進められ，その製造条件の検討，安価な材料の開発，マルエージング・ステンレス鋼の開発などの方向で各種の鋼種が提唱されている．

4・2 耐摩耗鋼，軸受鋼，ゲージ鋼

ここでいう耐摩耗性は硬さと同時に靭性を必要とするもので，工具鋼とは使用目的の異なるものである．

4・2・1 高マンガン鋼

Mnは鋼材中には最も広く添加される合金元素であって，いわゆる炭素鋼として実用化されている鋼の中でも，有害不純物Sの悪い影響を緩和する目的で少量は添加されている．このような意味で添加されるMn量はせいぜい0.8％程度までであり，これより多量のMnが添加された場合は，フェライト中にも固溶し，いわゆる特殊鋼としての効果を示し始める．

Fe-Mn系の平衡状態図を図2・59に示した．γ安定型であって，Mn量の増加とととも図2・55でも示したようにFe-C-Mn系ではそのA_1変態点は低下し，低C濃度側に移行する．空冷でも焼きが入るほど焼入れ性がよくなる．さらにMnが増加すると焼入れによりオーステナイトが室温で安定となる．

1890年頃英国のHadfieldが1.2wt

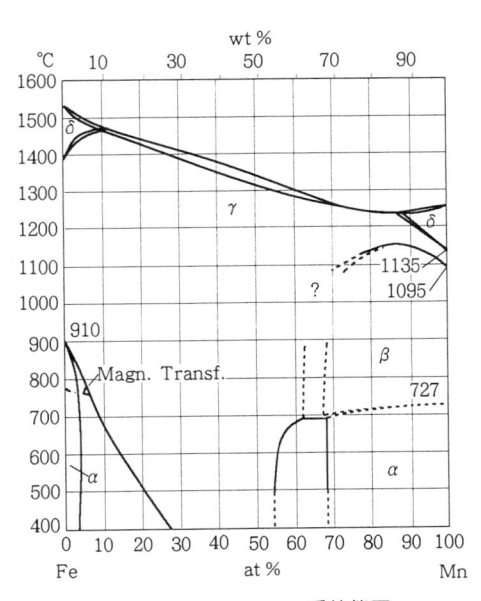

図2・59 Fe-Mn系状態図
（金属データブックより）

%C，13wt％Mnのオーステナイト鋼を開発した．

図2・60にFe-C-Mn3元状態図の13wt％Mnの垂直断面を示した．図よりわかるようにオーステナイト領域は約590℃より上のかなり高温領域にあり，オーステナイト鋼として利用する場合はオーステナイト領域より急冷する必要がある．冷却速度が小さいと（Fe，Mn）$_3$Cのような炭化物を形成し，材質を非常に脆くする．

高マンガン鋼は1000～1200℃の高温より水冷すると均一なオーステナイト組織となり，

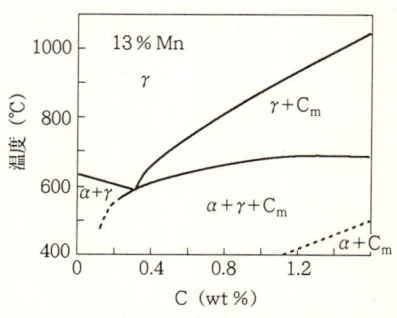

C_m：セメンタイト，(Fe，Mn)$_3$C

図2・60　Fe-Mn-C系状態図の13％Mn断面図

靭性に富み，きわめて加工硬化性が強く耐摩耗性を示す．この熱処理は水靭法（water toughening）とよばれている．その強い加工硬化性は，MnとCの高いオーステナイト中では積層欠陥エネルギーの低下が起り，そのために転位の拡張が大きく移動が困難となる．その結果高転位密度の状態が得られて硬化すると説明されている[17]．その加工硬化性の大きいことを他の鋼種との比較で表2・13に示す．

水靭状態では切削加工も困難であるので，多くは鋳物として使用される．この材料は電気および熱伝導性が悪い．したがって大型鋳物の熱処理には急熱をできるだけ避け，割れの発生に注意する必要がある．

表2・13　高マンガン鋼の加工硬化例

鋼　　　種	鎚打ち前の硬さ (HB)	鎚打ち後の硬さ (HB)
ハッドフィールド鋼	～200	520～600
中　炭　素　鋼	174	202
高　炭　素　鋼	244	283
ク　ロ　ム　鋼	250	280

用途はクラッシャーの歯板，キャタピラー，ロール，レールの曲線部などである．用途に応じ，また脱炭などによるマルテンサイトの形成を防ぐ目的でNi，Cr，Mo，Cu，V，Nなどを添加したものもある．

最近高マンガン鋼はオーステナイト鋼特有の非磁性を利用する方面で注目されている．エレクトロニクスや低温での強磁場を利用する超電導工学方面では，その構造材料として磁力線の乱れ，磁界による発熱，鉄粉などの付着を起さないものを要求している．たとえばブラウン管の電極材としては$\mu \leq 1.005$のものが指定されている．一般には$\mu \leq 1.5$の鋼を総称して非磁性鋼とよんでいるが，このような鋼種としては高Mn-Cr系が有望である．

一般には高Mn鋼は加工硬化性が大きく靭性が高いが耐力が低い，切削加工が困難である，溶接しにくいなどの欠点がある．この欠点を克服して低温でも安定なオーステナイト組織を得る方向に研究が向けられている．合金組成としてはハッドフィールド鋼よりややMn量の多い14％Mn，18％Mn，25％Mnの高Mn-Cr系がある．実用合金鋼としては，0.7％C-15％Mn-1％Ni，0.5％C-18％Mn-2％Cr-1％Ni，0.15％C-25％Mn-5％Cr-1％Niなどをあげることができる．

4・2・2 軸受鋼

軸受はその破損が重大な事故につながることが多く，機械のきわめて重要な部分である．ボールベアリングは，その正確な形状を長期にわたって維持することが要求されるものであって，耐摩耗性がその特性の重要部分を占めている．しかも衝撃に対する靭性も要求される．この目的に使用される鋼材は従来約1wt％C，約1.5wt％Crの高炭素高クロム鋼である．その使用目的から製造時の熱処理はきわめて厳密である．

熱処理により得られる組織は，できるだけ微細で球状化された炭化物がβ-マルテンサイトの母相中に分散しているのが理想的である．その加工熱処理の要点を次に述べる．

鋼塊の均質化：1100〜1150℃で均質化してから600℃まで炉中冷却を行い，後空冷する．

焼準（焼ならし）：鍛造圧延を行い，890〜940℃に徐熱してから空冷する．

球状化：焼ならしたものを760〜800℃に徐熱し，600℃まで徐冷してセメンタイトの球状化を行う．

焼入れ：切削加工するが，冷間引抜→低温なまし→冷間加工→低温なましを行ってから，550〜600℃付近を徐熱して740〜840℃に加熱し，これを油冷あるいは水冷する．

深冷処理：−70〜−80℃に冷却して残留オーステナイトをマルテンサイト化し，150〜180℃で低温焼もどしを行う．

枯らし (seasoning)：100〜120℃で24時間ほど加熱し安定化処理をする．

以上の処理を経過してから最後の研磨加工を行い製品とする．

4・2・3 ゲージ鋼

ゲージ鋼（gauge steel）はゲージブロックなど工作上の寸法の規準に使用される．

表面硬質，耐摩耗性，耐食性，できるだけ熱膨張係数の小さい，焼入れひずみその他の組織変化に伴う経年変化の少ない材質が要求される．比較的低廉なものは工具用高炭素鋼が使用されるが，浸炭鋼，窒化鋼などに表面硬化処理を施して使用することもある．高級なものはFe-Ni系のインバー（Invar）のような熱膨張係数の非常に小さい合金鋼を使用する．

高炭素系のゲージ鋼は，焼入れ，焼もどしを行って使用するが，材質の安定化のためにサ

ブゼロ処理，100℃付近の加熱の繰り返しによる残留応力の除去を目的にした枯らしを行う．

4・3 工具用特殊鋼

工具用炭素鋼は0.60～1.50wt％Cの高炭素鋼であるが，これに種々の添加元素を加えたり，さらに特殊合金元素量を増した鋼材で，主として切削工具，各種刃物，金属加工用ダイスなどに使用されるものについて述べる．特殊工具鋼はこれを大別すると，比較的炭素量を低くして靭性，耐衝撃性を主に考えたもの，高炭素で硬さが高く耐摩耗性を主に考えたもの，W，V，Moなどを多量に含み耐熱性を主としたものに分類できる．

4・3・1 低合金工具鋼

高炭素鋼に少量のCr，W，Mo，V，Mn，Si，Niなどを添加したものであって，合金元素の添加総量はせいぜい5％程度のものである．

切削用： 0.85～1.5wt％Cと炭素量を多くし，これにCr，W，Mo，Vを添加したものである．硬さと耐摩耗性を与えて刃物としての切れ味を増す．用途としてはバイト，冷間引抜きダイス，タップ，ドリル，フライス，鋸，刃やすりなどである．

耐衝撃用： 0.45～1.1wt％Cと炭素量をやや低くし，これにCr，W，Vなどを添加したものが多い．表面は硬度高く，内部は靭性を必要とする．シャーブレード，たがね，ポンチ，スナップなどに使用される．

耐摩不変形用： 高炭素鋼にCr，Moを添加して焼入れ性を改善すると同時に，特殊炭化物の析出で硬化をはかり，Vを添加して結晶粒を微細化したもの．摩擦熱で温度が上昇しても硬さが低下しないように，約500℃の高温焼もどしを行う．Crを約12％程度まで高めたものもある．抜型，ゲージ，タップダイス，線引ダイスなどに使用される．

熱間加工用： 炭素量は0.25～0.8wt％Cと工具鋼としては低くし，約600℃までの高温においても耐摩耗性を失わず，高温酸化に耐え，しかも熱疲労によく耐えるように，Cr5％，Mo1％，V0.5％程度と合金元素量がかなり高い．プレス型，ダイカスト用ダイスなどに使用される．

4・3・2 高速度鋼 (high speed steel)

通称"ハイス"とも呼ばれ，高速切削用工具鋼として歴史も古く，最も著名な合金の一つである．高速切削で発生する摩擦熱で約600℃の赤熱状態になっても高温硬度を保ち，切れ味の低下を示さないのがこの鋼種の最も大きい特性である．

1860年頃英国のMushetが高炭素のW-Cr-Mn鋼を開発したが，その後20世紀に入って多くの研究が行われ，高速度鋼としては標準組成の中炭素-18％W-4％Cr-1％Vの18-4-1型高速度鋼が開発された．その後1920年頃，アメリカ合衆国ではタングステンと類似の効果を持つモリブデン資源が豊かであるところから，Wの一部をMoで置きかえた6％W-5％Mo-2％V系の高速度鋼が開発された．以上の2種類の高速度鋼が代表的なものとして利用されている．

0.8～0.9wt％C-18wt％W-4wt％Cr-1wt％V型高速度鋼を中心として，熱処理および組織変化，性質の要点を次に述べる．

図2・61にFe-W-Cr-C系状態図の18％W-4％Crにおける垂直断面[18]を示した．この高速度鋼の焼入温度1260～1290℃における組織は$\gamma + M_6C$の2相共存である．M_6Cは$(Fe, W, Cr, V)_6C$のような複炭化物である．Moが存在するときはこの炭化物中に固溶するものと考えられる．またVはVC炭化物の形で存在する方が圧倒的に多い．このほかに$Cr_{23}C_6$を主体にした$M_{23}C_6$型の炭化物が存在する．

その熱処理プロセスの概略を図2・62に示した．高速度鋼は高合金鋼であるため熱伝導性が悪いので熱処理の際の急熱はできるだけ避ける．約900℃までは徐々に昇温し，それ以後1260～1290℃の焼入温度までは急熱してもよい．焼入温度で炭化物のオーステナイト中への固溶化を充分行うと同時に，時間が長すぎて結晶粒や残存炭化物の粗大化を引き起こさぬように保持時間を適当に選び，焼入

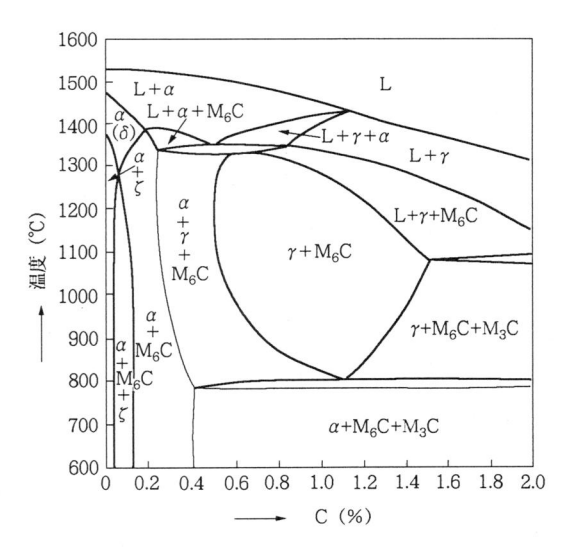

図2・61 Fe-W-Cr-C系の18％W-4％Crにおける垂直切断面

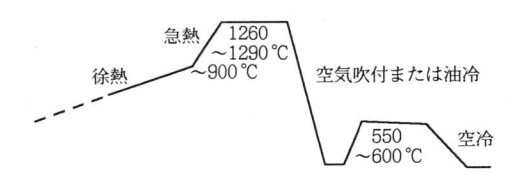

図2・62 高速度鋼の熱処理プロセス

れは空気吹付けまたは油冷でよい．焼入れ状態ではマルテンサイトと残留オーステナイトの地にかなり多量のM_6C型炭化物が分散している．

つぎに550～600℃で焼もどしを行うと主として$M_{23}C_6$型炭化物が析出して硬化する．これを2次硬化（secondary hardening）とよんでいる．残留オーステナイトは焼もどし後の空冷でマルテンサイトになる．最終的にはマルテンサイト地に微細な炭化物の析出した状態が得られる．

その他の高速切削用刃先材料としては，鋼ではないが次のようなものがある．

ステライト(Stellite)：Co基合金であって，その組成の一例としては，2～3wt％C，12～20wt％W，25～35wt％Cr，40～55wt％Co，5～10wt％Fe．

700℃でも硬さの低下が現れないので，高速切削に使用してきわめて寿命が長い．脆いので衝撃はさける必要がある．

焼結炭化物工具：炭化タングステン（WC）の粉末をCoを結合材として焼結したものである．また炭化物としてTiCを混合したものもある．ドイツで商品化された名称はウィディア（Widia）であり，ダイヤモンドのように硬く，高温硬さも高い．これも脆いのが欠点である．わが国では東芝のタンガロイ，住友のイゲタロイなどが市販されている．

このほか最近では，ダイヤモンド工具，サーメット工具，セラミック工具などの開発実用化も進められている．参考のために各種工具材料の高温硬さの比較を図2・63に示した．

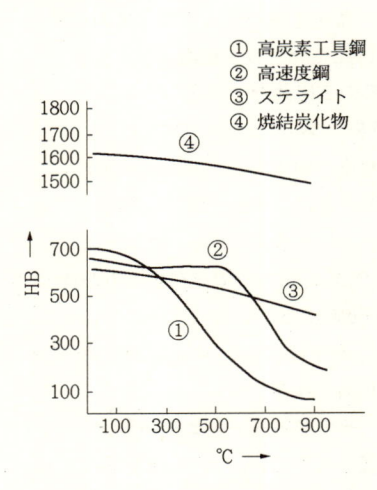

① 高炭素工具鋼
② 高速度鋼
③ ステライト
④ 焼結炭化物

図2・63 各種高速工具材料の高温硬さの比較

4・4　耐環境用特殊鋼

耐環境用という言葉はかなり広い意味を持っているが，特殊な腐食雰囲気，高温雰囲気，低温などの条件下，および大気，淡水，海水などの自然環境下でよくもちこたえるという意味である．

構造用材料に対する要求はますます多様化しているが，その中でも材料の腐食による損耗の問題は，構造物の安全性，耐久性，資源の節約など多方面より重大性を増している．とくに鉱石を還元して作られた金属は自然環境下ではそのもとの姿に戻ろうとする傾向があり，

一般にセラミックスやプラスチックスに比較して耐食性の面で劣っている．これに対する種々の対策が必要である．以下耐食性特殊鋼，耐熱性特殊鋼および耐寒性特殊鋼に分けて説明する．

4・4・1　耐食性特殊鋼

普通鋼材は自然環境下では全面腐食を受けて赤さびだらけになるのに対し，ステンレス鋼はピカピカ光ったままである．同じように鉄を母体とした材料とは考え難いほどの相異がある．耐食性鋼材の代表は何といってもステンレス鋼（stainless steel）であろう．

高CrのFe-Cr合金の研究は遠く約150年前の英国のFaradayにさかのぼることができるが，その後この系については見るべき発展がなかった．ところが1912年英国のBrealeyはFe-Cr合金の金属組織を観察しようとしてエッチングを行ったが，その表面は多くの試薬に非常におかされにくくエッチングの困難であることを発見した．この研究上の小さな発見がこの優れた金属材料開発の糸口となったのである．彼はFe-13wt％Cr合金でさびない刃物を作ったが，この13％Crステンレス鋼は現在でもステンレス鋼の重要な鋼種の一つとなっている．他方ほぼこの頃ドイツのMaurerとStraussはNiを添加した18Cr-8Niステンレス鋼を発見している．

日本におけるステンレスの使用の歴史は浅く，1934年頃からである．その後生産量は急増し，1976年の統計によると熱間圧延鋼材として165万トンに達し，世界屈指のステンレス生産国となった．

ステンレス鋼を成分的に分類すると，クロム系，クロム-ニッケル系，析出硬化性を与えた析出硬化系になる．クロム系はそのCr，Cの量によってフェライト系とマルテンサイト系に分かれる．

クロム系ステンレス鋼

この系の組成範囲は0.1～0.5wt％C，10～30wt％Crであり，13％クロム，16％クロム，18％クロム，20～30％クロムが代表的なものである．さらに実用合金には，Al，Zr，Ti，Se，N，Cuなどを少量加えたものもある．

フェライト型：この種の代表的なものは低炭素（0.1％以下），10～18wt％Cr合金であり，組織は炭化物を含むフェライト相である．焼入れによる硬化性はなく，焼なまし状態でその柔軟な加工性と耐食，耐熱性がもっぱら利用される．フェライトであるから強磁性である．

さらにCr量が増加して18～25wt％Crとなると，炭素量が0.1％よりやや多くなってもオーステナイトは現れず，フェライトが安定である．Crの増加とともに耐酸性，耐熱性はますます増加するが，高温で長時間加熱すると475℃を中心とする温度範囲で硬化を起し脆

くなる．この脆化現象を「475℃脆性」とよんでいる．この脆化の機構については現在でもまだ定説はない．さらに650℃以上でも脆化が認められるが，これはσ相（Fe：Cr＝1：1の体心正方格子）の析出によるものである．図2・64に示したFe-Cr系状態図からもわかるように，このσ相は約815℃以下で現れるものである．また図2・65[19)]に25%Cr鋼の475℃脆性を示した．

この型のステンレス鋼は機械的性質，溶接性のあまりきびしくない自動車部品，化学工業用部品などに多量に使用される．

マルテンサイト型：高炭素で低クロムの組成範囲にあり，高温でオーステナイトとなり，焼入れて硬質のマルテンサイト組織で使用する．図2・64からも理解されるように，Cr量とともにA_3点は一度低下してCr7wt%で830℃となるが，さらにCrが増加すると急激に上昇している．この系のCr量はこのA_3点の急上昇範囲にあり，焼入れ温度も950〜1020℃とかなり高温である．しかしあまり高温にしすぎるとδフェライトが現われ，オーステナイトが減少するから注意が肝要である．一般にマルテンサイトはC濃度とともにその硬さを増すが，反面Cが多いとクロム炭化物が形成され，母相中のCr濃度の低下とともに耐食性は低下する．この種のものは刃物などに用途が広い．

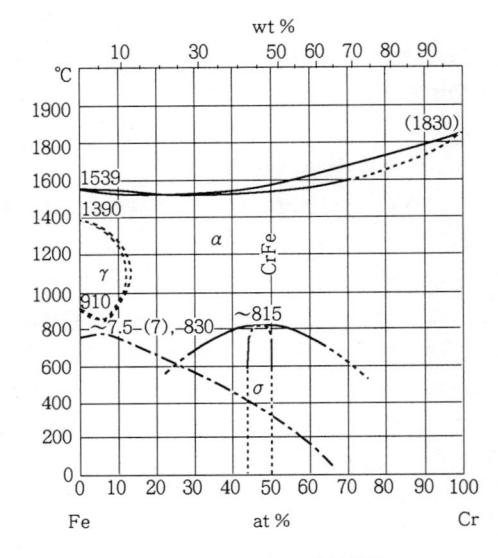

図2・64　Fe-Cr系状態図（金属データブックより）

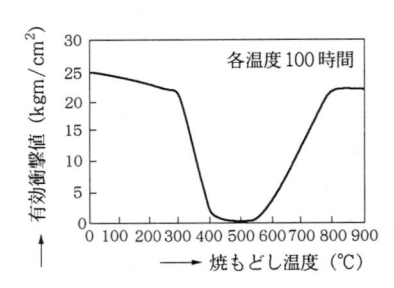

図2・65　25%Cr鋼の加熱による衝撃値の変化（Hochmann）

クロム-ニッケル系ステンレス鋼

この系は1050〜1100℃から急冷した場合，準安定オーステナイトが得られる13〜30wt%Cr，6〜20wt%Niの組成範囲のステンレス鋼である．18Cr-8Niステンレス鋼がその代

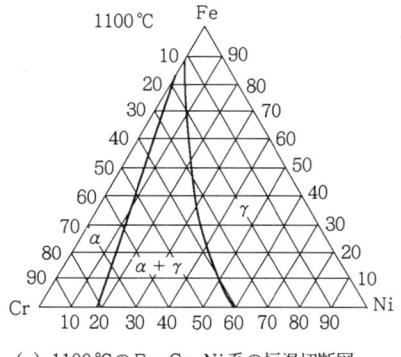

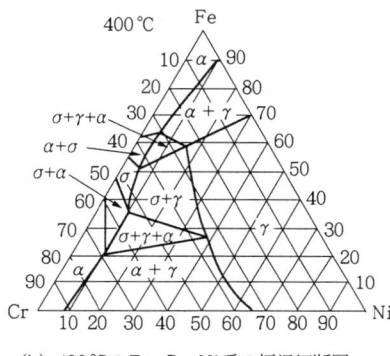

(a) 1100℃のFe-Cr-Ni系の恒温切断図　　(b) 400℃のFe-Cr-Ni系の恒温切断図

図2・66　Fe-Cr-Ni鋼の恒温断面(Pugh and Nisbet)

表的なものである．オーステナイトであるから，フェライト型やマルテンサイト型とは異なり常磁性である．その耐食性はステンレス鋼中で最も優れている．

一般に硬さは低く，粘くて靭性に富み，熱処理では硬化しないが冷間加工によって強化され，200kgf/mm^{2}程度の引張強さを示すようになる．その他の特性としては，熱膨張係数が普通の鋼材（フェライト系）に比して大きく，その約1.5倍に近い．高合金濃度であるので熱および電気伝導性が悪く，普通鋼の約1/4である．また被切削性が悪いので，微量のS，Se，Pbなどを添加してその被切削性の改善を計っている．

この系は焼入れ状態でオーステナイト単相であることが理想であるが，Ni％が低くCr％が高くなると，フェライトやσ相が現われやすくなる．図2・66[20]のFe-Cr-Ni系の1100℃および400℃恒温断面でそのことが理解できる．

実用合金では種々の微量合金元素，不純物が共存するから，組成上の配慮が必要である．Ni，Mn，Cu，C，Nなどはオーステナイト安定化元素であるが，Cr，Mo，Si，Nb，Ti，Alなどはフェライト安定化元素であって，後者のグループが添加されているときはフェライトが現れやすいと考えなければならない．市販の18-8ステンレス鋼中には微量のC，Nが含まれていて，それによってオーステナイトは安定化されているが，これはNおよびCを抜いて行くとその組織の一部はフェライト化し，強磁性を示すという報告[21,22]がある．

オーステナイト単相にするためのNi％を鍛造材で求めた実験式[23]として次のようなものが考えられている．

$$\text{Ni}\% = (\%\text{Cr} + 1.5 \times \%\text{Mo} - 20)^2/12 - \%\text{Mn}/2 - 35 \times \%\text{C} + 15$$

鍛造材は比較的均一組成となっているが，鋳造材などでは偏析のためにさらにフェライト

が現れやすくなるので，Ni％を高くする必要がある．

　オーステナイトの室温での安定性を考える場合，そのM_s点に対する配慮も重要である．一般にNi％が高いほどM_s点は低く，同一のNi％ではCr％が高いほどM_s点が低くなる．

　この種の鋼は一般に1100℃付近より空冷あるいは水焼入れで室温に下げてオーステナイト単相とし，さらに内部の残留応力の除去の目的で200～400℃に加熱して使用する．これを加工すると，加工硬化と同時にオーステナイトの一部マルテンサイト化が進行してきわめて高い硬さが得られる．この加工状態は耐食性がやや劣る．耐食性を回復するには再度1000℃以上に加熱後急冷する必要がある．18-8ステンレス鋼のこの加工誘起マルテンサイト化の温度はM_d点として約100℃とされている．

　18-8ステンレス鋼を高温より急冷後400～800℃で長時間加熱すると，炭化物$(Cr, Fe)_{23}C_6$を粒界に析出し粒界腐食（intergranular corrosion）が発生しやすくなる．この状態になることを鋭敏化（sensitize）とよんでいる．このような状態は溶接部などに発生しやすい．この現象は炭化物の析出によって，その粒界近傍のCr濃度が粒内より低下することによって起るとされている．

　このオーステナイト型ステンレス鋼の鋭敏化現象（sensitization）を防止するためには，粒界でのクロム炭化物の析出を抑える必要がある．その対策としては，溶体化と急冷を丹念に行う，含有C量をできるだけ切り下げる，Crより炭化物形成傾向の強い合金元素を少量添加して母相中に固溶させ，含有炭素をその炭化物として粒内に分散させるなどの方法が考えられる．この最後の方法として工業的に実際添加される合金元素はTi，Nb，Laなどである．その添加量は含まれるC濃度とともに増加する．このように炭素をTiC，NbC，LaCなどの安定炭化物として母相中に分散させたステンレス鋼を安定化（stabilized）された状態とよぶ．固溶窒素も炭素と同様の振る舞いをするが，これらの添加元素が存在する場合は，安定窒化物として母相中に分散する．

　しかしこれらの安定炭化物および窒化物も鋼の焼入れ温度が不必要に高くなるとオーステナイト中に固溶し，600～800℃の短時間加熱で$(Cr, Fe)_{23}C_6$や$(Cr, Fe)_2N$として粒界に析出して粒界腐食の傾向を示すようになる．このような心配のある場合は850～900℃で一度加熱を行い，あらかじめ安定元素の炭化物あるいは窒化物として母相中に析出させておく必要がある．これを安定化焼なまし（stabilizing annealing）とよんでいる．

　安定化処理したオーステナイト型ステンレス鋼は，安定化しないものより高温での耐クリープ性が高く，また低温でも靱性を失わない．

　NbやTiの添加は往々にして硬くて脆いσ相を形成させやすい傾向をもっている．σ相はフェライト相から形成されるものであるから，粒界腐食に対する安定化と同時に，オーステナイトの安定化にも充分注意を払う必要がある．

オーステナイト型ステンレス鋼は冷間加工で強化することを述べた．その強化の一部は加工誘起マルテンの形成によって説明されているが，低Ni合金の場合はM_d点が高く，室温付近の加工硬化で加工の目的は充分達成される．しかし高Ni合金になるとM_d点が低下するため，マルテンサイト形成のためには室温より低温での加工が必要となる．このようなサブゼロ温度での加工による強化は応用面も考えられるが，耐塩酸性が劣化するといわれている．

析出硬化型ステンレス鋼

PHステンレス鋼（precipitation hardening stainless steel）とも呼ばれるもので，その本格的な開発は戦後ジェット機やロケットの発達とともに開始されたものである．耐食材料とともに耐熱材料としての用途も広い．

一般にマルテンサイト型ステンレス鋼は硬さは高いが，靭性と耐食性の点で不足している．耐食性，強度，靭性を高温度においても兼備した材料として，Al，Cu，Ti，Nb，P，Nなどを適量添加して析出硬化性を与えたのがこのPHステンレスである．大きく分けるとその析出の起る母相が，マルテンサイト，オーステナイト，フェライトの三つの型に分けることができる．

そのなかではマルテンサイト型PHステンレスが一般的であり，硬化元素としてはCuやAlあるいはTiを加えた系列である．Armco社の17-4PHはCuを添加したものであり，Cuに富んだ相は硬化と同時に耐候性を与える．また同社の17-7PHは硬化元素としてAlを添加しているが，時効によってNi_3Al（γ'相）を析出して硬化する．Tiを含む場合はNi_3Ti（η相）の析出硬化がある．この17-4PHや17-7PHはJISにも採用されている．これらの熱処理は次のように行われる．

約1000℃で溶体化を行いオーステナイト単相とする．これを水冷，油冷あるいは空冷の適当な方法で焼入れてマルテンサイトにする．残留オーステナイトが存在する時は，これをさらに冷間加工するかあるいは深冷処理を施して完全にマルテンサイト単相にする．次に500〜550℃で時効し析出を起こさせる．その引張強さは130〜150kgf/mm^{2}であるが衝撃値がやや低い．

このPHステンレス鋼はマルテンサイトを時効硬化させる点では超高張力鋼に含まれるマルエージング鋼によく似たところがあるが，ステンレス鋼はFe-Cr-Niが主体であるのに対しマルエージング鋼ではFe-Niが主体であるところが相異している．特性としては前者はどこまでも耐食と耐熱が中心であるが，後者では高強度と靭性が特性である．

耐候性鋼 (anti-corrosion steel)

特別な腐食環境でなく自然環境下で使用される一般構造用鋼の防食対策は，その使用量の莫大なことから考え，省資源の面からも重要になってきている．従来鉄はさびるものとして

放置された感があったが，この耐候鋼の出現によって考え直されている．

従来から鋼材にCuを添加すると，自然環境下での腐食が緩和されることが知られていた．1930年頃アメリカ合衆国のUSスチール社が，Cu, P, Cr, Ni, Siを少量ずつ含む低炭素高張力鋼で耐候性に富むCor-Tenを開発した．その後わが国でも研究が進み，耐候性に有効なのはCu, Cr, Pであること，またNi, Mo, Al, Ti, Zrなどもその効果を助けることがわかってきた．ただしPは溶接性を低下させるのでその点を考慮する必要のあることもわかった．

現在この鋼種は鉄道車両に最も多く使用され，今後自動車，船舶，橋梁への応用も考えられる．

その耐候性は表面に形成されるち密な酸化保護被膜によるものとされている．塗料などの密着性もよく，空気中ばかりでなく淡水中，海水中でも耐食性にすぐれている．機械的性質，靭性，溶接性なども一般の高張力鋼と変りがない．とくに海水に対する耐候性を考慮してUSスチール社では，Cu-P-Ni系の耐候鋼が開発され，船舶に応用されている．

4・4・2 耐熱性特殊鋼

最近特殊な使用環境としては原子力関係，ジェットエンジン部品など高温雰囲気で強度的にも化学的にも安定性の要求の強いところがますます多くなっている．

金属材料の耐熱性とは，高温での耐クリープ性があることとその雰囲気の化学作用によく耐えることの二つに要約できる．後者の特性では耐食性と同一側面より考えられる共通点を多く持っているが，高温での強さは合金の微細構造との関連において，耐食性とは別の側面である．

高温における強さの表現方法としては，一般に高温で長時間の負荷状態にある場合の耐変形力という意味で，クリープ強さ（creep strength）あるいはクリープ破断強さ（creep rupture strength）という言葉が使用されている．前者は一定温度下である一定のクリープ速度を与える応力値の大小をいう．後者は一定温度および一定荷重下で破断するまでの時間の長短をいう．工業的にはある温度で1000時間もちこたえる強さで比較することが多い．

金属全般についていえば，融点の高い金属ほど高温強さは高い．各種金属材料の耐熱性の比較を図2・67に示した．鋼材がどの温度範囲を占めているかが理解できる．しかし複雑な析出粒子の分散した組織を持つ合金や複合材料になると，その高温強さの判別はそれほど簡単ではない．

単純な固溶化により鉄のクリープ強さがどの程度改良されるかを示したのが図2・68である．これよりMo, Crは最も耐クリープ性によい合金元素であることがわかる．NiやCoは

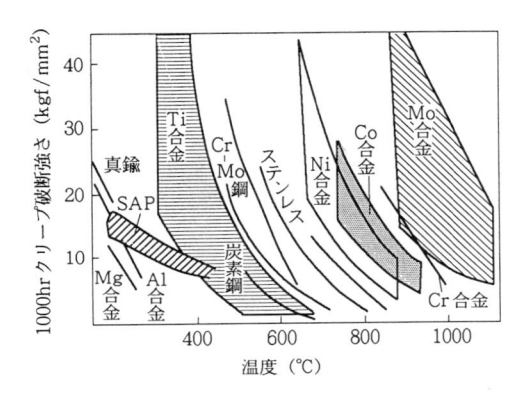

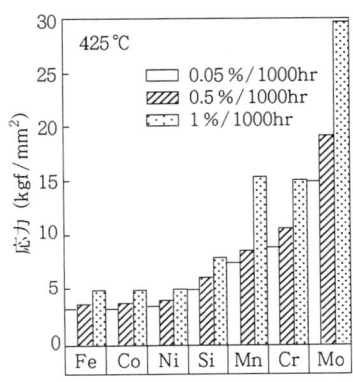

図 2・67　各種金属材料の耐熱性の比較

図 2・68　鉄の耐クリープ性に及ぼす各種添加元素の比較(添加量各1%)

影響が小さい.

　鋼材をフェライト系とオーステナイト系に大別してその耐熱性を比較すると,室温付近ではフェライト系の強度が高く,高温になるとオーステナイト系が優れている.したがって600℃付近まではフェライト系がよいが,それより高温で約800℃まではオーステナイト系がよい.

　一般に耐熱鋼とよばれるものをみると,Niをやや多くしてオーステナイト系にし,これにさらに合金元素としてMo,Crを添加して耐熱性を確保したものが多い.なかにはさらに高温で安定な析出相を分散させ耐クリープ性を強化しているものも多い.PHステンレス鋼はこのような観点からしても優れた耐熱鋼であることがわかる.

　高温における化学的安定性とは,高温雰囲気中で酸化,硫化,脱炭などの反応が表面から起るが,これに対して抵抗力のあるということである.耐酸化性の面では,鉄より酸化されやすく,優先酸化によって表面にち密な保護被膜を形成する添加元素を考えればよい.このような添加元素としてはAl,Ti,Si,Zr,Cr,V,W,Moなどが考えられる.

　このほか高温の場合の熱膨張によって機械の変形やくいちがいの発生,温度や負荷変動による疲れ,表面の高温酸化による疲れ破壊など数多くの苛酷な使用条件に耐える必要がある.

　実用耐熱鋼は大別すると600℃級のフェライト系と800℃級のオーステナイト系になる.さらに高温の900℃級の要求に対してはニッケル基やコバルト基の耐熱合金を考慮する必要がある.各種の耐熱鋼と他の特殊鋼の耐熱性との比較の概略を図2・69に示した.

以上述べたように金属を主体にした従来の耐熱材料では約900℃が使用限界であり，それ以上の高温に対する要求には，各種複合材料の開発を待たねばならない．特殊な混合技術を用いた粉末冶金材料（サーメット（Cermet）など），一方向凝固法を利用した繊維強化合金などがある．耐熱合金材料の代表的な用途としてジェットエンジン部品があるが，最近のアメリカ合衆国の動向としては，コンバスターやタービン動翼などの高温部分はニッケル基合金，比較的安全性の高い低温のファン部分は鋼材である．参考のためファン，コンプレッサー，コンバスター，タービンに使用される材料の使用率の大略の動向を図2・70に示した．

わが国では原子力製鉄が大型プロジェクトとして取り上げられている．これに使用する高温ヘリウムガスを通す熱交換器用耐熱材料の開発目標は，1000℃で10万時間のラプチャー強度が1kgf/mm^{2}というところにおかれている．

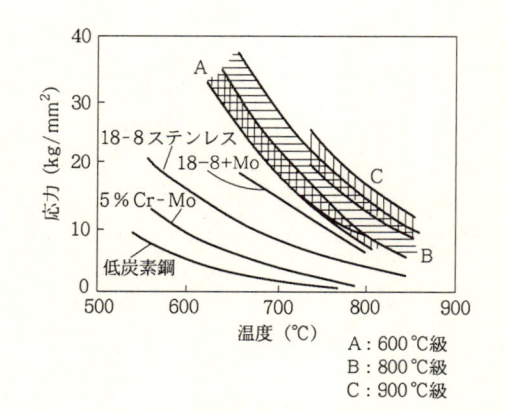

図2・69 各種耐熱鋼の1000時間のクリープ破断強度

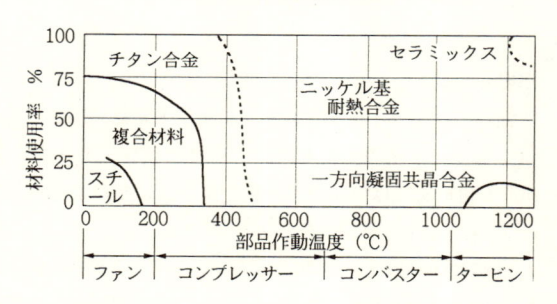

A：600℃級
B：800℃級
C：900℃級

図2・70 ジェットエンジンに使用される材料とその使用温度範囲（アグネ，「金属」より）

4・4・3 低温用特殊鋼

一般に高融点の体心立方金属は低温になると急激に粘さを失って脆くなることが多い．これは一種の低温脆性であって，急激に脆化する温度を延性-脆性遷移温度あるいは単に遷移温度とよんでいる．したがって炭素鋼で代表されるフェライト系の鋼材は，寒いところでしばしば破断事故を起し問題になっている．この低温脆性を示す温度は侵入型固溶原子の種類や量，結晶粒度，その他種々の介在物によって微妙に影響を受ける．最密六方晶の金属

にも低温脆性を示すものがあるが，これは炭素鋼とは別の原因によるものであって，この結晶型自体に低温でのすべり系が少なく，変形しにくい性質があるからである．ところがアルミニウム，銅，ニッケルおよびオーステナイト鋼のような面心立方系の金属では脆化は起らない．したがって低温で鋼材を使用する場合は，18-8ステンレス鋼のようなオーステナイト鋼を選べば心配ないわけであるが，高価でありどうしても低廉なフェライト系鋼材を使用しなければならないことが実際に起ってくる．

材料の破壊のしかたには延性破壊（ductile fracture）と脆性破壊（brittle fracture）の二つの形式があり，前者は充分な塑性変形を起してから破壊が始まるものであり，材料の降伏強さよりはるかに低い場合に起る．後者は降伏強さが上昇して破壊強さにきわめて接近している場合に現れる．

一般に鋼材の破壊応力は温度によってそれほど大きい影響を受けないが，降伏応力は $\sigma_y \propto e^{1/T}$ または $\sigma_y \propto 1/T$ で近似されるように温度の低下とともに上昇する．したがって低温になると破壊応力と降伏応力が接近するため，いかなる場合も脆性破壊に移行する可能性を含んでいるわけであるが，鋼材の脆性破壊はさらに複雑な因子によって左右される．主として経験的事実より知られている脆化の諸因子を参考のため次にまとめる．

(1) 試験片の寸法が大きいほど遷移温度は高く現れる．
(2) 切欠きが鋭いほど高くなる．
(3) 変形速度が大きいほど高くなる．
(4) 単純引張応力より多軸応力下の方が高くなる．
(5) C，Nなど侵入原子は降伏応力を高め遷移温度を高くする．
(6) P，Sも有害な介在物として存在し，き裂の発生源となり遷移温度を高める．Siは脱酸剤として遷移温度を低める効果があるが，反面フェライトに固溶すると降伏応力を高め遷移温度を高くする．Mnは脱酸，脱硫の面より遷移温度を下げる効果がある．
(7) Al，Ti，Zrなどの脱酸剤は強い沈静効果（killing effect）があり，有害なNを安定な窒化物として固定するので遷移温度を下げる．
(8) 結晶粒が微細であると，Hall-Petchの式より降伏応力が上昇するが，反面材料の靭性が大きく向上するので遷移温度を下げる効果がある．Al，Tiで強制脱酸したキルド鋼は，結晶粒微細でリムド鋼より遷移温度が低い．
(9) フェライトが遊離して存在する組織より，焼入-焼もどしによるソルバイトのような微細な組織にした方が遷移温度が低い．

最近低温の沸点をもつ各種のガスを液化して貯蔵あるいは輸送する必要が高まってきている．その容器に使用する鋼材は低温でも粘い性質を持っている必要があり，図2・71に示したような形式で利用されている．比較的高温側は炭素鋼であるが，一般にはニッケル鋼お

よびオーステナイト系ステンレス鋼である．

炭素鋼とあるのはSi-Mn系高張力鋼および低合金高張力鋼である．低温用Si-Mn系高張力鋼は0.10～0.15％Cの低炭素鋼に，Mn/C>10範囲で適量のMnを添加し，AlでNをAlNの形で固定化すると同時に結晶粒の微細化をはかった材料であって，－50℃位までならばきわめて経済的な鋼種である．その降伏応力は29～37kgf/mm^{2}である．その他溶接構造用高張力鋼は－50℃付近までの低温用にその靱性を活用されている．

従来Niを鉄に添加するとその靱性が大いに改善されることはよく知られている．2.25％Ni鋼，3.5％Ni鋼が従来より－60～－80℃の低温用に使用されていた．1946年頃INCO社で開発した9％Ni鋼はフェライト系ではあるが，－196℃まで優れた靱性を示す．

この鋼は学問的にも興味深い組織を示し，焼入れ後の焼もどしによって微小なオーステナイトの島状組織が現れ，これによって靱性が向上すると考えられている．オーステナイト系ステンレス鋼に代る経済性の高い鋼種である．液化天然ガス（LNG）の沸点は－161.5℃であるが，その輸送および貯蔵用タンク材として重要性を増した．しかしこの鋼種でもNi量が高く，競合材料であるアルミニウム合金に比してそれほど有利とは考えられないので，5.5％Ni鋼（N-TUFCR-196）が開発された．これはNi量を減らし，Mnを増し，CrとMoを少量添加した鋼である．

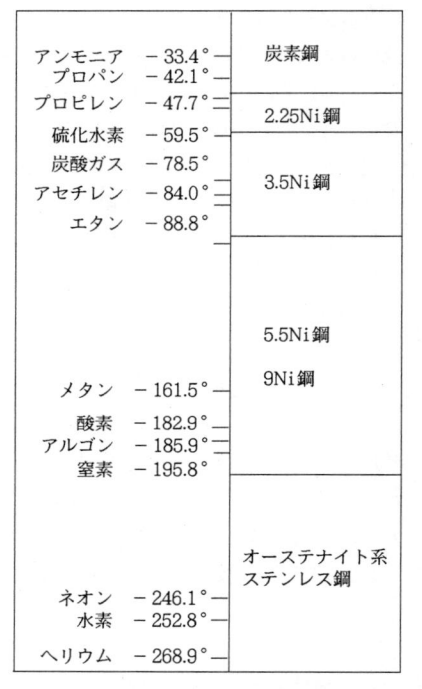

ガス	液化温度	低温用鋼材
アンモニア	－33.4°	炭素鋼
プロパン	－42.1°	
プロピレン	－47.7°	2.25Ni鋼
硫化水素	－59.5°	
炭酸ガス	－78.5°	3.5Ni鋼
アセチレン	－84.0°	
エタン	－88.8°	
メタン	－161.5°	5.5Ni鋼
酸素	－182.9°	9Ni鋼
アルゴン	－185.9°	
窒素	－195.8°	
ネオン	－246.1°	オーステナイト系ステンレス鋼
水素	－252.8°	
ヘリウム	－268.9°	

図2・71 各種ガスの液化温度と低温用鋼材の使用温度

さらに極低温としてヘリウム温度4K付近で超伝導現象を利用した機械に使用する材料として，アルミニウム，銅などの合金とともにオーステナイト系ステンレスも低温材料として重要性を増してきた．

4・5 電磁気用特殊鋼

いわゆる強磁性を示す金属は3d遷移金属のFe，Co，Niと希土類のGdより始まる数種の

金属にすぎない．したがって鉄は数少ない強磁性金属のひとつとしてその利用価値は古くからきわめて高い．ここでは発熱体に利用される鋼材はのぞき，主として有効な電磁石材料および永久磁石材料に利用されるものについて述べる．

3d 遷移金属の中で鉄およびその合金はきわめて高い原子磁気モーメントを持っている．図 2・72 に 3d 遷移金属をベースにした合金の原子磁気モーメントを示したが，鉄合金は最も大きい値を示している．したがって鉄および鉄合金は飽和磁束密度の高い性能のよい磁性材料として用途が広い．

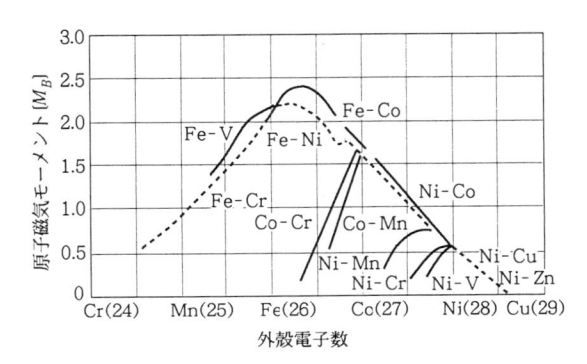

図 2・72　3d 遷移元素基合金の原子磁気モーメント

4・5・1　軟質磁性特殊鋼

初導磁率 μ_0，最大導磁率 μ_{max} がともに大きく，磁気履歴損失のできるだけ小さいことが要求される．換言すれば磁化される際に起る磁壁移動が容易であることが望ましい．このためには不純物原子，介在物，格子欠陥，内部応力，結晶粒界などのできるだけ少ない状態がこの目的に合致している．したがってその製造方法も真空溶解などによってできるだけ純度の高い材料を溶製し，熱処理によって μ の低下に結びつく因子をできるだけ除去する．

純鉄

工業の炭素のできるだけ少ないいわゆる電磁軟鋼 (magnetic soft steel) は，Fe-Co 合金についで飽和磁束密度 B_s の大きい材料である．保磁力 H_c は低い利点もあるが，電気比抵抗が小さいので渦電流損が大きい欠点がある．主として高磁束密度を必要とする直流用磁心，磁極などに使用される．

炭素含有量と電磁気的性質の関係を図 2・73

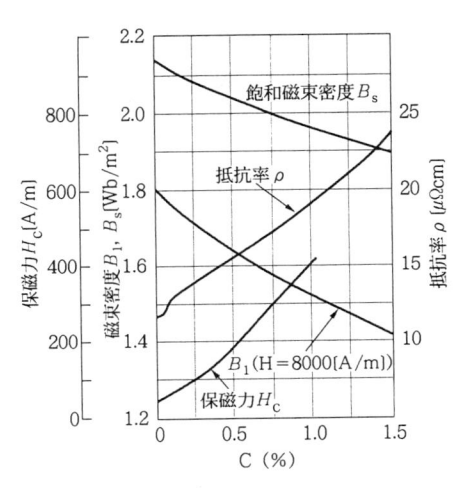

図 2・73　鉄の炭素含有量と電磁気的性質

に示した．

純鉄の磁性は不純物の影響を敏感に受ける．従来純鉄とよばれているものの磁性の比較例は表2・4にも示してある通りである．

回転機の磁極などにC 0.2wt％，高速度の回転磁極などにC 0.5wt％，車両用電動機器などにC 0.15～0.22wt％の鋳鋼が使用されることがある．価格の安いのが有利である．

けい素鋼

Fe-Si合金（Si1～3wt％）が板材として変圧器の鉄心材料として広く利用されている．

鉄にSiを添加するとその磁性の改良されることはかなり昔から知られていた．Siは脱酸作用があり，磁気ひずみの減少，電気比抵抗の増大の効果がある．抵抗の増大は渦電流を減少させ，ジュール熱の形での鉄損を減少させる．一般に供給電気エネルギーの約0.4％が鉄損として失われるから，鉄心の性能改善は大きい電気エネルギーの節約につながる．

Fe-Si合金の磁気特性に及ぼす不純物元素の影響例を図2・74に示した．その履歴損失に及ぼす影響の最も大きいのは侵入元素のCであるようである．これよりFe-Si合金中のCの量はできるだけ少なくする必要のあることがわかる．

けい素鋼の性能改善には結晶粒の粗大化，その方位の調整，酸化被膜などの除去が重要とされている．

結晶粒径でいえば約3％程度の冷間加工と900℃の加熱でその粒径を約10mm程度に異常成長させると，その履歴損失は半減するといわれている．

鉄の容易磁化方向は〈100〉で磁化困難な方向は〈111〉とされている．Fe-Si合金も同様である．したがってこの〈100〉方向に結晶粒の方向をそろえ，それが磁化方向と一致させるようにすれば非常によい性能の得られることが考えられる．ところがFe-Si合金圧延板の優先方位は一般に，{001}面が圧延面に平行になり，〈110〉方向が圧延方向にそろう傾向を持っている．

Gossは研究の結果，圧延温度を常に100℃以下に保持し，冷間圧延と焼なましを交互に繰り返すことにより，{011}面が圧延面に平行になり，〈100〉方向が圧延方向に一致する集合組織を作り出すのに成功した．これをGoss方位（Goss texture）とよぶ．

このGoss方位では圧延方向と直角な方向が〈110〉方向となり，その方向ではやや磁化が困難となる欠点を持っている．そこで1957年頃Assmusらは冷間圧延と焼なましの適当な組合せによって，圧延面に

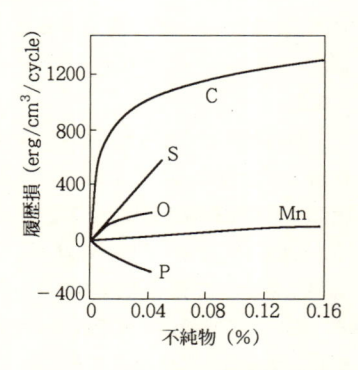

図2・74　Fe-Si合金の履歴損に及ぼす不純物の影響

{100}面が平行になり，圧延方向に〈100〉方向が平行になった，いわゆる立方体方位（cubic texture）を持った板の製造に成功しGoss方位の欠点を解決した．その結果現在は無方向性，一方向性，二方向性の3種のけい素鋼板が作れるようになっている．

この種の板はコイルに巻いて使用するときわめて優秀な変圧器用鉄心が得られる．アメリカ合衆国ではハイパーシル（Hipersil），スパイラルコーン（Spiralkone），ドイツではハイパーム（Hyperm）という商品名で市販されている．日本では新日鉄のオリエントコア（Orientcore）などの商品名がある．

酸化被膜の除去もその性能向上には有効であって，一般に70℃前後の10％以下の硫酸中で洗うとよい．

その性能はJIS規格にも示されているが，たとえば，オリエントコアZ11では，
50サイクル，最大磁束密度15kGの鉄損1.15W/kg

保磁力 H_c 0.09 Oe

最大透磁率 μ_m 56500

最近日本では6.5％Siの高いけい素鋼板が開発されている．Si量とともに圧延も困難になるが，圧延技術の改良によってこれを克服した．

また低Si鋼板に化学気相蒸着法（Chemical Vapour Deposition）でSiを富化し，6.5％Siにする技術もある．

Si量の増大によって，固有抵抗Pの増大，ヒステリシス損失および渦流損失の低下，磁気歪がほとんどゼロに近くなる．高周波トランスや高速モーターへの応用が期待されている．また3％Si鋼板のように方向性を必要としない．日本鋼管より「SUPER E-CORE」として市販されている．

Fe-Al合金

Al10％以上の合金は，その熱処理によって高い透磁率を示す．とくに16％Al合金は最高の透磁性を示し，電気抵抗も大きいので交流用の鉄心材料に適している．これは日本で研究された合金であって，アルパーム（Alperm）と名付けられている．圧延加工も容易であるので種々の鉄心材料に使用される．

また最近低Al鋼板の開発も行われている．先にも述べたようにFeは原子磁気モーメントの最も高い金属であるから，純鉄は飽和磁束密度が最大である．合金化によってその値は濃度とともに低下するのが一般的傾向である．

Fe-Al合金のγ-ループの最大Al量は1wt％よりやや低いところにある．従って実用的にはα型のFe-Al合金の最低Al量は約1wt％ということになる．

この結晶粒をできるだけ大きくした材料は，地磁気レベル（0.3～0.5Oe）での磁束密度が純鉄の10倍以上，パーマロイB（Ni40～50％）と比較しても遜色がないとされている．

磁気遮蔽材料として「FERROPERM」の名称で呼ばれている.

Fe-Si-Al合金

この合金もFe-Al合金と同様日本で開発されたものでセンダスト (Sendust) とよばれている. 5～11%Si, 3～8%Alの組成範囲で高透磁性が現れる. 9.5%Si-5.5%Alの組成合金で結晶磁気異方性定数 $K_1 \fallingdotseq 0$, 磁歪定数 $\lambda_s \fallingdotseq 0$ となり最高の透磁率が得られる. 一般に磁壁移動に対しては $\mu_0 \propto I_s^2/\lambda_s \sigma$, 磁区回転に対しては $\mu_0 \propto I_s^2/K_1$ の関係がある. ただし I_s は飽和磁化, σ は内部応力である. したがって K_1, λ_s の小さいことは μ_0 を大きくするのに有利である. しかしこの合金は非常に硬くて脆いので鍛造, 圧延加工はできない. 従来は粉末, あるいは鋳物として磁気シールドや磁心に使用された.

最近は磁気テープに高い保磁力の磁性粉が使用されるようになり, ヘッド材料として高い飽和磁束密度を有する磁心合金が必要となった. このような流れの中でセンダストが種々注目を集め, 液体急冷法などで直接薄板の作製などが試みられ実用化されている.

Fe-Cr合金

この合金系は耐食性が良好で電気抵抗も大きい. 11～20%Cr合金にAl, Siなどを添加して高抵抗, 高透磁率合金が開発されている.

Ni-Fe合金は古くよりパーマロイ (Permalloy) として優れた高透磁率合金として知られている. Niは35～90%の広い範囲で使用されているが, ニッケル合金のところで詳細に考えたい.

表2・14に鉄基高透磁率合金の代表的なものの組成と性能を示す.

表2・14 鉄基高透磁率合金

材料名	成分 (wt%)	μ_0 ($\times 10^3$)	μ_m ($\times 10^3$)	B_{10} (kG)	H_c (Oe)	ρ ($\mu\Omega\cdot$cm)	T_c (℃)	d (g/cm^3)	主用途
純鉄		0.3	8	17.0 (B_{25})	0.8	11	770	7.86	継電器
1%珪素鋼	1%Si	0.4	10	16.5 (B_{25})	0.4	25	770	7.80	継電器
3%方向性珪素鋼	3%Si	4.0	70	16.5	0.1	48	750	7.67	リアクトル, トランス
アルパーム (Alperm)	16%Al	6.0	60	8.0	0.025	140	400	6.5	ヘッド
センダスト (Sendust)	9.5%Si, 5.5%Al	30.0	120	10.0	0.02	80	500	6.8	ヘッド, 磁気シールド
K-M合金	18%Cr, 2%Si	—	6	10.5	0.4	—	—	—	電磁弁, 磁気シールド

4・5・2 硬質磁性特殊鋼

永久磁石に適した特殊鋼であるが，磁気的特性からいえば保磁力 H_c および残留磁束密度 B_r の大きい材料である．その特性はヒステリシス曲線の第2象限部分である消磁曲線（demagnetization curve）で示される．

図2・75にこの消磁曲線を示した．磁石としては最大エネルギー積 $(BH)_{max}$ が H_c および B_r とともに大きいことが望ましい．このためにはヒステリシス曲線が角形に太っていることである．

次にこのような特性を得るための方法を合金構造の面より考察したい．

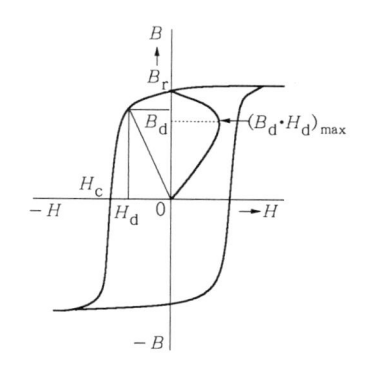

図2・75 消磁曲線とエネルギー積

高透磁性材料は磁壁移動の容易な，構造に各種の欠陥の少ない状態が望ましいものであったのに対し，高くてしかも安定な静的磁場形成用の永久磁石材料の構造は，磁壁移動の起りにくい格子欠陥，微細整合析出物，粒界などの多い複雑な構造が望ましい．鉄をベースにした永久磁石材料発展の歴史をたどってもその間の事情が理解される．

永久磁石鋼としては焼入れマルテンサイト状態の炭素鋼が歴史的に最も古い．このマルテンサイト構造は非常に硬質で，多数の転位などの格子欠陥と内部応力を内蔵していることは周知の通りである．これが磁石として利用され始めたのは19世紀の初頭であったが，その後19世紀の末頃よりW，Cr，Al，Coなどの添加による性能向上の研究が始まった．このマルテンサイト型永久磁石鋼として最も著名なものは，高木-本多の発明になるKS鋼をあげることができる．

この従来の古い磁石に対して，析出によって磁気的特性の改善を最初に実用化したのは1931年ドイツのKösterである．この方法により従来のマルテンサイト型永久磁石よりはるかに性能のよい材料が次々に開発されるようになった．

Kösterの研究による磁石材料としてFe-12％Co-17％Mo（あるいはW）の組成をもつレマロイ（Remalloy）がよく知られている．

この合金は急冷後の時効によって体心立方晶でない非強磁性の析出相が微細に分散する．この分散相が磁壁移動を妨げ保磁力を高める作用を行っていると考えられている．これに対しFe-Ni-Al系磁石材料としてMK鋼，アルニコ（Alnico）などが開発されたが，同様に析出型ではあるがその高保磁力形成の機構はレマロイとは異なっている．

その保磁力は，適当な時効処理によって形成される強磁性析出物の形状異方性にもとづく磁気異方性によるものと考えられている．析出相は単磁区構造を持ち，長楕円体の析出相は

その長軸と短軸の方向で著しく消磁特性が異なる．

1938年Oliberらは，900℃よりの冷却過程で1200Oe以上の磁界を印加すると，その印加磁場方向に優れた消磁特性を示す異方性アルニコ合金の開発に成功した．この異方性アルニコは等方性のものに比較してB_rが増大し，消磁曲線も角型を増し，$(BH)_{max}$が増大する．

また1953年Ebelingらは，凝固の際の柱状晶を一方向にそろえると，$(BH)_{max}$の増大することを発見した．その結果柱状晶のそろった材料をその方向に磁場をかけて冷却すると，

表2・15 焼入れ硬化型材料の減磁特性

名称	成分〔%〕(残部Fe)	残留磁束密度B_r(Wb/m²)	保磁力H_c〔10³A/m〕	〔Oe〕	最大エネルギー積$(BH)_{max}$〔10³J/m³〕	〔10⁵G・Oe〕
W鋼	0.07C, 0.3Cr, 6W	1.00	5.6	70	2.47	0.31
Cr鋼	0.9C, 0.35Cr	0.98	4.8	60	2.15	0.27
KS鋼	0.9C, 3Cr, 4W, 35Co	0.90	19.9	250	7.96	1.0
MT鋼	2.0C, 8Al	0.60	16.0	200	2.59	0.45

表2・16 析出硬化型材料の減磁特性

名称	成分〔%〕(残部Fe)	残留磁束密度B_r(Wb/m²)	保磁力H_c〔10³A/m〕	〔Oe〕	最大エネルギー積$(BH)_{max}$〔10³J/m³〕	〔10⁶G・Oe〕
Remalloy I	12Co, 17Mo	1.00	18.31	230	7.96	1.0
MK鋼	12Al, 30Ni	0.5	47.76	515	9.55	1.2
等方性 Alnico IV	12Al, 26Ni, 9Co, 2Cu	0.6	62.80	790	13.1	1.65
異方性 Alnico V (非柱状晶)	8Al, 13Ni, 24Co, 3Cu	1.30	46.00	580	39.7	5.0
異方性 Alnico V (柱状晶)	8Al, 14Ni, 24Co, 3Cu	1.35	57.80	725	59.5	7.5
Cunife I	20Ni, 60Cu	0.6	46.96	590	14.73	1.85
Cunico I	29Co, 50Cu, 21Ni	0.34	56.52	710	6.77	0.85

性能がさらに改善されることを見出し，応用されている．
　この他に析出型の磁石材料としてはFe-Ni-Ti系（新KS鋼，チコナール（Ticonal），Fe-Ni-Cu系（キュニフェ（Cunife）），などがある．
　鉄粉より適当な方法で高保磁性の材料が得られる．鉄塩類の低温分解還元法や水銀を電極とする電解法でそれぞれ球状粒子および細長い粒子が得られる．とくに後者は細長く粒径 0.1μ m以下の単磁区構造をもっている．これを表面酸化によって絶縁し，圧縮成形したものをESD磁石（Elongated Single Domain magnet）とよんでいる．
　Fe-Co粒子による磁石も開発されている．
　表2・15と表2・16に焼入れ硬化型の磁石鋼と析出硬化型の磁石鋼の代表的なものを示した．
　後者の保磁力 H_c および $(BH)_{max}$ のすぐれていることが明らかである．

表2・17　微粉末型材料の減磁特性

	成分 [%]（残部Fe）	残留磁束密度 B_r (Wb/m^2)	保磁力 H_c		最大エネルギー積 $(BH)_{max}$	
			[10^3A/m]	[Oe]	[10^3J/m^3]	[10^6G・Oe]
球状 Fe powder	100Fe	0.7	26.0	330	8.0	1.0
ESD Fe powder	100Fe	0.9	56.0	700	27.9	3.5
球状 Fe-Co powder	55Fe, 45Co	0.9	28.0	350	11.9	1.5
ESD Fe-Co powder	55Fe, 45Co	0.9	86.0	1025	40.1	5.0
OP磁石*	3CoFeO$_4$+Fe$_3$O$_4$	0.8	47.5	600	7.95	1.0
等方性 Ba ferrite	BaO・6Fe$_2$O$_3$	0.2	135.0	1700	7.55	0.95
異方性 Ba ferrite	BaO・6Fe$_2$O$_3$	0.38	143.0	1800	25.4	3.2
MnBi	20Mn, 80Bi	0.48	291.0	3650	42.2	5.3

* OP磁石：フェライト磁石の一種

表2・18　単磁区粒子の臨界直径と推定保磁力

種別	臨界直径 [μ]	結晶異方性定数 [10^4J/m^3]	飽和磁化 (Wb/m^2)	結晶異方性による保磁力		形状異方性による保磁力	
				[10^3A/m]	[Oe]	[10^3A/m]	[Oe]
Fe	0.028	4.2	2.15	39	490	850	10700
Co	0.24	43	1.75	490	6100	720	9000
BaO・6Fe$_2$O$_3$	0.8	32	0.48	1350	17000	180	2300
MnBi	1.0	120	0.78	3070	38000	310	3900

また微粉材料の減磁特性と単磁区粒子の推定保磁力をそれぞれ表2・17および2・18に示した．

4・5・3 半硬質磁性特殊鋼[24]

最近高透磁率材料と高保磁力材料の中間性能をもった磁性材料が電子回路面で巧みに利用されるようになってきた．この半硬質磁性材料（semi-hard mgnetic materials）の消磁特性をH_cで示した場合，この値がどの範囲の材料であるかを図2・76に示した．

大別すると永久磁石は大略10^4～6×10^2Oe，磁気記録材料は10^3～4×10^2Oe，半硬質は2×10^2～2×10 Oe，磁気記憶材料 5～2 Oe，高透磁率材料は1～10^{-3} Oeである．

半硬質磁性材料は硬質磁性材料としての機能を持ち，その全履歴曲線範囲にわたって動作するような磁性材料ということができる．用途によって要求される性質は多面的であるが，一般に高いB_rとある程度の大きさのH_cを持ち，履歴曲線は角形であることが望ましい．

その用途は主としてヒステリシスモーター，ラッチングリレー，リマネントリードスイッチなどである．

ヒステリシスモーターは補助起動装置なしに大きな起動トルクを生ずる同期電動機である．その回転子を半硬質で作ると，そのヒステリシスのためにトルクを生ずる．その最大トルクTは

$$T = k \cdot f \cdot V \cdot W_h$$

で示される．

kは定数，fは周波数，Vは回転子の体積，W_hは単位体積あたりの1サイクルのヒステリシス損である．

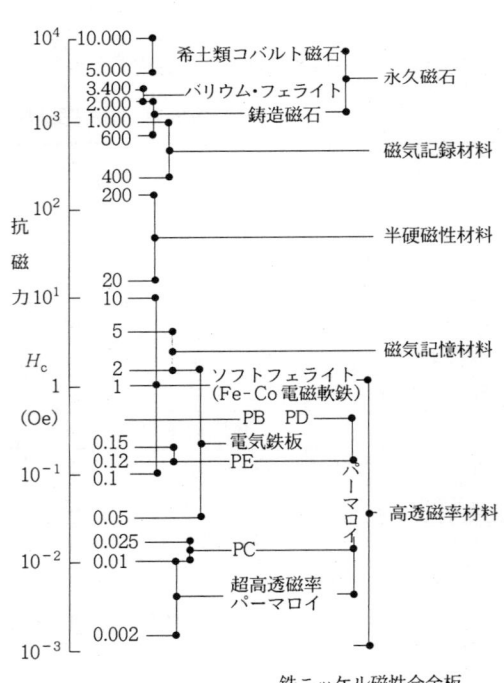

図 2・76 抗磁力による磁性材料の分類

表2·19 主要な半硬質磁性材料

種類	組成（wt%）	B_r(T)	H_c(kA/m)
Cr鋼	0.8C-0.3Mn-3.0Cr-Fe	1.2	2.8
P6	45Co-6Ni-4V-Fe	1.1～1.4	3.2～5.6
Fe-Mn-Ti	11～12Mn-2～3Ti-1～2Cu-Fe	1.3～1.4	8.0
Fe-Ni-Cu	16Ni-6Cu-Fe	1.4～1.7	1.6～3.6
アルニコ	17Ni-8Al-Fe	0.97	7.2
析出硬化型α-Fe系	16Co-10Mo-Fe	1.56	4.0
Fe-Cu系	18.3Cu-1.7Mn-Fe	1.55	4.4
高Co-Fe系	85Co-3Nb-Fe	1.45	1.6

ラッチングリレーは自己保磁型継電器で，半硬質で磁心を作り，電流が流れると閉じ，磁心の残留磁束でこの閉じた状態が保たれ，開放電流を流して初めてリレーが開く．

2本の対向する軟質磁性の短冊状小片（reed）をガラス管内に不活性ガスとともに封入した接点はリードスイッチとよばれているが，このリード片を半硬質にしたのがリマネントリードスイッチあるいはリムリード（remreed）とよばれるものである．リードスイッチは高信頼性，高速，低電力駆動のスイッチとして評価が高いが，リムリードになると接続と同時に信号の選択機能をかねそなえるようになる．

このほか硬質と半硬質を同軸にした複合鉄心で通話路スイッチの小型軽量化のために開発された多接点封止型スイッチがある．また導線に軸に対して45°傾けてMoパーマロイテープで覆い，さらにらせん状に半硬質テープをまいた複合材料の半固定記憶素子がある．パーマロイは情報検出機能を果し，半硬質はその蓄積機能をもっている．

これらの目的に使用される半硬質材料の代表的なものを表2・19に示す．

Cr鋼は焼入れ，400～500℃で焼もどして使用する．P6，Fe-Mn-TiおよびFe-Ni-Cuはα-γの変態を利用した熱処理および冷間加工を施す．アルニコ，析出硬化α-Fe系，Fe-Cu系およびMo-Fe系は時効析出処理を施す．

この方面の材料は素子の多様化とともに今後多種類のものが開発される可能性があり，記憶または記録素子用への発展の可能性も多い．

第5章　鋼材の表面硬化法

　鋼材はその使用目的によって，表面だけを硬質で耐摩耗性のある状態にして中心部分は充分柔軟性と靭性に富む状態を保ちたいことが多い．刃物や歯車などはその典型的な用途であろう．

　このような表面硬化法には従来から浸炭，窒化，高周波焼入れ，火炎焼入れなどがある．その中には表面だけ組成を変えてこれに硬化熱処理を施す方法と，たんに表面だけの熱処理で硬化させる方法がある．また最近開発されつつある新しい方法などの紹介を行う．

5・1　浸炭および浸炭窒化法

　表面に主としてCを拡散侵入させ，表面だけを共析鋼の約0.8wt%C程度の高炭素鋼とし，これを高温より焼入れてマルテンサイト層を形成させるものである．大別すると固体浸炭法（pack carburizing），液体浸炭法，ガス浸炭法の三つである．

浸炭鋼（肌焼鋼）

　0.12～0.23％C程度の構造用キルド鋼を使用する．一般に肌焼鋼と呼ばれる．リムド鋼では浸炭層中に異常組織が現れやすい．低炭素鋼では浸炭の際の高温加熱で結晶粒の粗大化を起しやすいので，少量のNi，Cr，Moなどを添加する．Ni 0.4～5.0，Cr 0.5～1.5％であるが，Niは中心部の靭性を高め，Crは浸炭層の硬さの増加に役立つ．Niの多いものは焼入れ後残留オーステナイトの増加する傾向があるので注意が必要である．また一般にその使用目的から考えて，焼入れ後は表面が圧縮残留応力の状態にあることが好ましい．Ni-Cr，Ni-Cr-Mo系は大型部品，強力歯車用，一般にはCr-Mo系が多い．また結晶の微細化で0.025％以下のAlを添加したものが多い．

固体浸炭法

　肌焼鋼部品を固体浸炭剤の中に埋めて，これをA_3点以上に加熱するとCが表面より拡散侵入する．

　浸炭剤は木炭，コークス，骨灰，黒鉛などの粉末に促進剤として炭酸塩を添加したものである．促進剤はNa_2CO_3，$BaCO_3$，$SrCO_3$，K_2CO_3，Li_2CO_3などがあり，$CaCO_3$はあまり効果がないとされている．

　浸炭機構はCが直接侵入するのではなく，CとOの反応が先行し，

$$C + CO_2 = 2CO$$

$$2CO = C + CO_2 \rightarrow 2CO + Fe = [Fe-C] + CO_2$$

の反応で新たに形成された活性に富むC (active carbon) あるいは発生機の炭素 (nascent carbon) が鋼中に入る．促進剤は上記反応の単なる促進作用のみである．

実際の操作は，浸炭剤の中に部品を埋めて浸炭箱 (carburizing box) 中に入れ，850～950℃に加熱する．浸炭層の深さは $\sqrt{t}$ (t：加熱時間) に比例して増加する．加熱後炉冷あるいは箱に入れたまま空冷する．次いで焼入れと焼もどしを施す．焼もどしはもちろん150～200℃の低温焼もどしである．いわゆる過剰浸炭を行うとCが0.8％を越して，Fe_3C が網目状にオーステナイト結晶粒界に形成されるので好ましくない．

液体浸炭法（浸炭窒化）

青化ソーダ (NaCN) を主成分とした塩浴中に鋼材を入れて加熱すると，CとNが同時に侵入する．

浴は空気中の酸素ガスと反応し，

$$2NaCN + O_2 = 2NaCNO$$

$$4NaCNO = 2NaCN + Na_2CO_3 + CO + 2N$$

この発生したCOから生じたCとNが鋼材中に侵入する．高温では浸炭が優先し，低温では窒化が優先する．浴は NaCN, Na_2CO_3, $BaCl_2$, NaCl, KCl の混合浴であるが，有毒ガスHCNが発生するので危険が多い．

ガス浸炭法

これは浸炭性ガス中で加熱する方法である．固体浸炭法に比較して浸炭濃度の調節が自由で，浸炭が均一，熱効率がよく，連続操作が行えるなどの長所がある．アメリカ合衆国では天然ガスを利用しているが，CO，CH_4，C_2H_6，C_3H_8，油蒸気，アルコールなども使用できる．一般に CH_4 分が高すぎると，分解によって煤が生じやすく部品の浸炭が均一に行われない．CH_4 としては1％程度が好ましい．またガス中の CO_2 や H_2O は浸炭能力を減少させるから少ない方がよい．一般に使用されているガス組成の一例を示せば，CO25％，$H_2$35％，$CH_4$1％，$CO_2 < 1$％，$H_2O < 1$％，残部 N_2 のようなもので，これをわずかに正圧の状態で使用する．ガスは高温の鋼材にふれると分解を起して発生機のCを遊離し浸炭を行う．

$$2CO \rightarrow [C] + CO_2$$

$$CO + H_2 \rightarrow [C] + H_2O$$

$$CH_4 \rightarrow [C] + 2H_2$$

$$C_2H_6 \rightarrow [C] + CH_4 + H_2$$

ガス浸炭窒化法

NH₃ガスを含む浸炭ガス中で，650〜850℃の一般の浸炭温度よりやや低温で15分〜4時間加熱する．次にこれを焼入れて硬化させる．

その特徴は一般の浸炭法より短時間で低温であるので，部品の変形も少ない．焼入れの際の冷却速度は小さく，焼割れの心配なども少ない．有害ガスの発生がなく，表面は光輝面が得られる．反面H₂ガス発生による爆発の危険性があり，また硬化層には窒化に由来するε相が現れやすく，脆化の危険性がある．最高硬さとしてはHVで800程度のものが得られる．

浸炭処理に伴う一般的注意事項

熱処理に際しては脱炭，変形，割れの発生に対する充分な配慮が必要である．

基本的な熱処理プロセスは図2・77に示した．

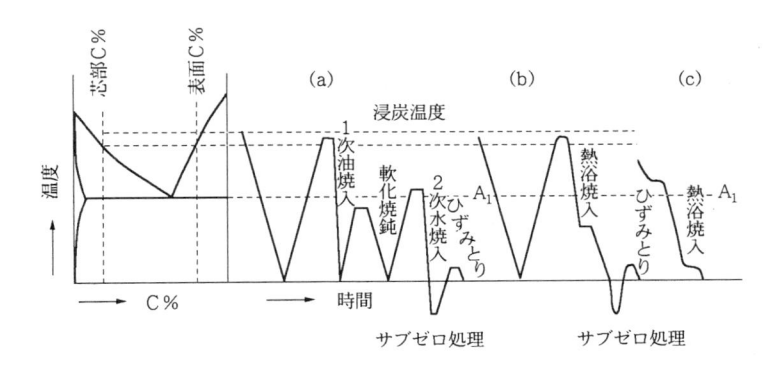

図2・77 浸炭後の熱処理，(b)と(c)は特に浸炭窒化後の低合金鋼に適す

1次焼入れは鋼材をA$_{c3}$点直上まで加熱して油焼入れを行うものであり，長時間にわたる高温加熱で粗大化した鋼材部品の中心部のオーステナイトを微細化し，浸炭層に網目状セメンタイトの出現するのを防止するのが目的である．この1次焼入れで残留オーステナイトが多くなりすぎ充分の硬化が望めないことが多い．そこでA$_{c1}$点より高温に加熱し水中あるいは油中に焼入れる．これを2次焼入れという．もし寸法精度上機械加工を必要とする場合は，この1次と2次の焼入れの中間にA₁点直下の焼なましを行い軟化させた状態で加工する．一般にはこの加工を行う必要のない浸炭層の寸法を調節しておく．残留オーステナイトの除去でサブゼロ処理を行うこともある．最後に内部の残留応力の除去のため150〜200℃の低温加熱を行う．すでに変形を起しているものは適当に矯正する必要がある．部分的な浸炭には適当な防炭剤の塗布が必要である．

5・2 窒化処理

この表面硬化法は1923年にクルップ社のFryによって開発されたものである．

アンモニアガス気流中で480～560℃，20～100時間加熱後徐冷するだけの処理であり焼入れを必要としない．

鉄はN_2ガスを吸収しにくいが，高温のアンモニアガスが金属表面に接触すると

$$NH_3 \rightarrow N + 3H$$

のような分解反応によって発生した発生機のNがイオン化して拡散侵入する．

図2・47に示してあるように，共析温度590℃以下の温度で窒化処理を行うと，表面より内部に向って

$$\varepsilon \rightarrow \varepsilon + \gamma'(Fe_4N) \rightarrow \gamma' + \alpha \rightarrow \alpha$$

で示される4層の組織がならぶ．この窒化層そのものはそれほど硬質でなく，Fe_4NでHV250程度にすぎない．ところが安定窒化物形成元素であるAl，Cr，Ti，V，Mn，Siなど，とくにAlとCrが共存している場合は，$Fe_xAl_yN_z$または$Fe_pCr_qN_r$のような特殊窒化物が形成される．これらの特殊窒化物の硬さはHV1000～1150となり，浸炭層の硬さHV800～850よりはるかに硬質となる．焼入れを必要としないので部品の焼割れや変形の心配も少なく，耐食性も優れている．ただ処理時間の長いのが欠点である．

表2・20に窒化用の鋼材の組成を示した．各添加元素の役割を要約すると，Cは多くなると窒化されにくくなるが，反面窒化層の脆弱化を防ぐ作用がある．AlとCrは表面硬さを高め，Crは主として窒化層を深くする作用があり，Alは表面硬化の主役となっている．しか

表2・20 窒化鋼の組成

種類	組成 (wt%)					
	C	Cr	Ni	Al	Mo	V
A	—*	1.4～1.8	—	0.8～1.3	0.2～0.5	—
B	0.3～0.5	1.2～1.7	—	0.25～0.35	0.25～0.35	—
C	—*	2.2～1.5	—	—	—	0.1～0.2
D	0.1～0.4	1.0～1.5	2～3	0.8～1.2	0.15～0.35	—
SACM645 (JIS)	0.45	1.5	—	1.0	0.25	—

* C%は一定していない

しAl＋Cr＞3％になると窒化層内での体積膨張が大きくなり，層が崩壊するようになる．Niを多く含みγ相が多くなると窒化はほとんど進行しない．MoはAlに似た効果がある．従来ニトロイ（Nitralloy）とよばれているのは表中Aで示したものである．

窒化層の厚さは一般に0.2～0.5mmであるが，この厚さで0.015～0.020mm程度の寸法増加を伴うから，部品の寸法はこれを見越して，表面をできるだけきれいに仕上げておく必要がある．

また浸炭の場合と同様に，窒化をさける必要のある部分は，防窒化剤として銅めっき，ニッケルめっき，スズめっき，水ガラスや石綿のようなものを表面にかぶせる必要がある．

部品とNH_3ガスを入れる箱は外気より遮断する必要があり，発生するNのうち窒化に利用されるのはわずかに2～3％にすぎず，大部分はN_2ガスとして流出する．このN_2ガスは窒化作用はないから，絶えず有効に新鮮なNH_3ガスを供給し，その解離度をコントロールする必要がある．

窒化処理は先に示した窒化鋼に限定されるが，オーステナイト組織を持つステンレス鋼や耐熱鋼にも適用できる．50％の塩酸中で洗い，その薄い表面の不働態化膜を除き，500～550℃で約90時間窒化処理を行うとHV1000にもおよぶ薄い硬化層が得られる．しかしこの処理でステンレス鋼の耐食性は大きく劣化する．流水中で数日で発錆があるともいわれている．

その他の窒化処理としては，ガス軟窒化，塩浴による窒化および軟窒化，イオン窒化などの方法がある．

アンモニアガスによる従来の窒化法は，Nと硬質の化合物を形成しやすい合金元素の添加によって硬化層を得る方法であるが，軟窒化とは比較的短時間の処理でフェライト中に過飽和のNを固溶させ，耐摩，耐疲れ性の表面層を得る方法であって，窒化と同時に浸炭も進行する．この方法にガスを使用するものと塩浴中で行うものとがある．

ガス軟窒化法は，浸炭性雰囲気にNH_3ガスを添加したものと，尿素の分解による浸炭浸窒性ガスを使用するものとがある．処理温度は約570℃である．

塩浴法はシアン化アルカリ塩浴中で行う方法であり，チタン製のポットを使用し空気を吹き込みながら約570℃で処理する．

イオン窒化は$N_2＋H_2$ガスあるいはNH_3ガスを封入した容器中で，被窒化部品を陰極としてグロー放電を行う．この方法では加熱の必要もなく，有毒塩化物を取り扱う必要もないというメリットが考えられる．

窒化はあまり激しい衝撃を伴わない高速回転の歯車の表面，曲軸の軸受部，カム軸のカム部，ゲージブロック，航空機エンジンの気筒内面，吸排気弁の軸部など重要な部分に使用される．

5・3 その他の鋼の表面硬化法

従来から浸炭と窒化は鋼の表面硬化法の主流をなすものであるが，この他にも種々の硬化法がある．最近は環境および省エネルギーの観点より，新しい方法の開発も行われている．

高周波焼入法 (induction hardening)

高周波電流の表層電流効果を利用して，部品のきわめて表層部分のみを短時間高温に加熱し，これを急冷して表面のみを硬化させる方法である．アメリカ合衆国ではTOCCO法 (The Ohio Crankshaft Co.の略) ともよばれる．

高周波電流はその周波数が高いほど表層を流れる性質が強く，その層の深さを δ (cm) とすると，

$$\delta = \frac{1}{2\pi\sqrt{10^{-9} \cdot \mu_r \cdot \sigma \cdot f}} \fallingdotseq 5.03 \times 10^3 \sqrt{\rho/(\mu_r \cdot f)}$$

で示される．

σ は導体の導電率 ($(\Omega \cdot cm)^{-1}$)，f は周波数 (Hz)，μ_r は実効導磁率である．$\rho = 1/\sigma$ ($\Omega \cdot cm$) で比抵抗である．

室温で α 鉄は $\mu_r \leq 100$，キュリー点以上および γ 鉄では $\mu_r = 1$ であり，$\rho = 10 \sim 100$ $\mu\Omega \cdot cm$ の範囲を室温から焼入温度まで変化する．

また表面および表面より x cm 入ったところの電流をそれぞれ i_0 および i_x とすれば，

$$|i_x| = |i_0| \cdot e^{-x/\delta}$$

で示される．

鋼材部品の焼入れ個所の要求に応じて，外面焼入れコイル，内面焼入れコイル，平面焼入れコイルと種々の高周波コイルを用意する．このコイルは通常鋼製パイプを曲げて作るものであり，パイプの焼入面に接する部分に多数の小孔をあけ，焼入れの際その孔から水を噴出させる．

きわめて短時間加熱で15～60秒程度のものであるから，ときとしてオーステナイト化が不十分であることがある．その目安を与える目的で時間-温度-オーステナイト化曲線 (T-T-A curve) が求められている．

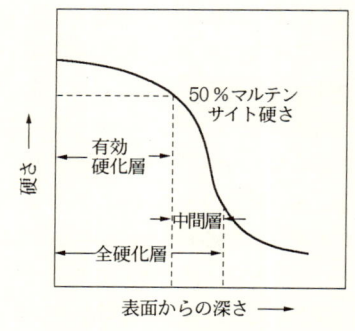

図2・78 硬化層深さ表示法

焼入れ後は残留応力除去の目的で高周波焼もどしを行う．

この処理に適しているのは従来中炭素鋼，低マンガン鋼，ニッケル・クロム・モリブデン鋼などのいわゆる強靭鋼であるが，最近はステンレス鋼，鋳鉄などへも応用されている．

一般に工業的には硬化層深さ表示は図2・78に示したように行われている．

火炎焼入れ法 (flame hardening)

燃料ガスと酸素の混合ガスを吹管（torch）に導き，火口で燃焼させた高温の炎で部品の表面層を急速に加熱して焼入れる表面硬化法である．操作も簡単で費用も安い．

燃料ガスは従来はアセチレン（C_2H_2）が主であったが，最近はプロピレン（C_3H_6），プロパン（C_3H_8），ブタン（C_4H_{10}），都市ガスなども利用されている．

吹管と焼入れ用の水管が相前後して並んで移動できる形式になったものや，部品を回転させながら吹管で加熱し焼入れ槽に送り込む形式のものもある．

従来は炎の不安定性などのため，量産に不向きとされていたが，最近はアメリカ合衆国などではガスの適切な予備配合装置と，目的に合致したバーナーの設計によってこれらの欠点も克服され応用されている．

ショットピーニング (shot peening)

この方法は熱処理ではなく表面加工による硬化法でやや異質の表面処理法であるが，従来より応用されているので簡単に紹介しておく．

shot は散弾の意味，peening は軽く鎚打つことで，熱処理の鋼材部品の表面に硬い小球を噴射して冷間加工を施す．この方法では表面硬さの上昇はごくわずかであるが，疲れ限が著しく高くなる効果がある．これは表面加工で表面層に圧縮応力が発生し，表面より発生しやすい疲れき裂の防止効果が大きいためである．

ピーニング効果は捩りや曲げの力を受けるところに有効であるが，250℃程度に加熱されるとその効果は消失する．バネ，クランク軸，連接棒，各種歯車，レール継目の孔の周辺などに応用すると効果がある．表面効果熱処理の仕上げプロセスの一つと考えてもよい．

浸硫による表面硬化法

これは1952年頃フランスで開発された表面硬化法である．

イオウ化合物を添加した中性塩あるいは還元性塩中で鋼材表面にSを侵入させる方法である．

この処理によって鋼材表面は摩擦係数の小さい耐摩耗性に富む，疲れ強度の高い状態となる．処理は600℃以下の低い温度で行われ，一般にこれを単独で行うことは少なく，焼入れや焼もどしの処理と合せて行われることが多い．

Sはフェライト中で，0.02％，オーステナイト中で0.07％の固溶限を持ち，これ以上多いとFeSの形で現れる．

処理浴はBaCl$_2$, NaCl, CaCl$_2$などの中性塩を主成分とし，これに還元塩としてNaCN，硫黄化合物としてNa$_2$SやNa$_2$SO$_4$を加えたものである．低温浴はNaOHにSまたは硫黄化合物，H$_2$S＋H$_2$ガスなどを使用する．塩浴が酸化性では活性に富んだSが生じないので浸硫できない．

各種金属浸透による表面硬化法

軟鋼などの表面に種々の金属あるいは非金属を拡散浸透させることを広くセメンテーション (cementation) と呼んでいる．これによってその表面は硬化するばかりではなく，耐食性，耐摩耗性が与えられる．

Bを侵入させる方法はボロン化 (boronizing)[25, 26]，Siを侵入させる方法をけい素化 (siliconizing)，Crを浸透させる方法をクロマイジング (chromizing)，Alを浸透させる方法をカロライジング (calorizing) とよぶ．

ボロン化，けい素化は厚さがせいぜい0.5mm以下であるが，きわめて硬質で耐摩耗性の面が得られる．

けい素化は2～6％NH$_4$Clを促進剤として添加したけい素粉末中に部品を埋め込み，水素気流中または密封製容器中で1000℃で数時間加熱する．

クロマイジングは耐食性賦与が主目的であるが，硬化の意味も含まれている．1000℃でCrCl$_2$ガスを鋼材表面に触れさせると，

$$CrCl_2 + Fe \rightarrow Cr + FeCl_2$$

の反応で金属クロムが表面に析出浸透する．

カロライジングは主として高温耐酸化性が目的であるが，耐食性もある．

めっき (plating) および表面溶着 (facing)

これは硬質クロムめっきや硬質金属の溶着法 (hard facing) で表面硬化をはかる方法である．

ブロックゲージ，ダイス，各種工具の表面を保護する目的で硬質クロムめっきが利用されることが多い．低摩擦係数，耐摩耗性，耐食性を兼ねそなえている．一般のめっきでは下地にニッケルめっきなどを施すのが普通であるが，この場合は直接高電流密度で7～25μm程度の厚膜をつける．表面硬さはHV600～1100となる．めっきの場合は脆化の原因となる水素を約200℃のベーキング (baking) で追い出す．

ハードフェイシングは古くはガス溶接で行われたが，最近はアークあるいは不活性ガス溶接法などで行われる．一般に単純な炭素鋼の表面に高炭素低合金鋼（一般土砂削砕用），高炭素高クロム鋼（たとえば1％C-13％Cr-0.5％Mo鋼），高マンガン鋼（たとえば1.1％C-13％Mn鋼），Co-Cr-W合金（ステライト系，たとえば40％Co-30～35％Cr-20～

25％W-0.6～2.6％C-（Mo, Si, Nb）など），各種硬質炭化物（タングステン，クロム，タンタル，チタン，ボロンなどの炭化物）などを溶着する．炭化タングステンではHV1800～1900である．

最近の表面硬化法の動向

最近は公害，省エネルギー，省資源などの観点より鋼材のような汎用材料においてもその機能的用途開発の研究が多い．この表面硬化もその一つとして研究が盛んである．

表面硬化法はすでに述べたように，空気中での加熱法，雰囲気中での加熱法，特殊表面処理法に大別できる種々の方法がある．その最近の動向としての新技術のいくつかを要点だけ紹介する．

鍛造焼入れ：型打ち熱間鍛造終了後その余熱を利用して部品の焼入れ-焼もどしを行う方法．これは表面だけでなく内部までの硬化を含む．

レーザー焼入れ：レーザービームによる部分焼入れ，炭酸ガスレーザーを用いた高精度部分焼入れ法がアメリカなどで開発されている．

衝撃焼入れ：大電流の直接通電，あるいは超高周波による小物部品，表面層などの瞬間的な加熱-冷却による硬化．

真空熱処理，迅速浸炭焼入れ法（真空浸炭法，イオン浸炭法）ガス軟窒化法（塩浴軟窒化の無公害化）などが報告されている．

第6章 鋳鉄

6・1 鋳鉄一般

　製鉄の歴史より見て鋳鉄が利用され始めたのは高炉製鉄法により高炭素の銑鉄が製造されてからのことである．Fe-C系状態図よりわかるように，鋼は低炭素になるほど融点が高くなり，鋳物として使用するためには1500℃付近まで温度を上げる必要がある．この溶解を行うにはそれに耐える耐火物と鋳型材料を必要とし，なかなか困難である．高炭素になると，約4.3％Cではその融点は共晶点の1150℃付近まで低下するので鋳物として利用しやすくなる．

　炭素鋼のところでも述べたように，鋳鉄とは炭素量が約2～4％の範囲のFe-C系合金であるが，銑鉄を主原料とする関係上，必然的に多量の不純物を含有している．主な不純物は約3％まで含まれるSi，0.3～1.0％Mn，0.1～0.8％P，0.01～0.13％Sなどである．従ってその不純物量より見て，実用鋳鉄はFe-C-Si系と考えるべきであろう．このほか特殊な用途の鋳鉄にはNi，Cr，Cu，Mgなどの合金元素を少量添加したものもある．

　鋼材は一般に鍛造，熱処理などによってよく練りきたえ調質してあるものが多く，その性質は強靭なものが多い．しかし鋳鉄は古くから銑鉄を溶銑炉（cupola）で再溶解し，わずかの精錬操作の後鋳型に注入凝固させたものにすぎないので，種々の欠陥も多く脆弱なものとされてきた．とくに曲げや引張りには弱く，かつてはその引張強さがせいぜい10～15kgf/mm^{2}程度に過ぎなかった．ところが第一次世界大戦以後種々の改良が加えられて30～40kgf/mm^{2}の高級鋳鉄が生まれ，最近は球状黒鉛鋳鉄（nodular cast iron）の開発によりその強さも60～80kgf/mm^{2}まで向上し，しかもかなりの柔軟性まで期待できるようになった．その結果最近では鋼材と鋳鉄の性質上のへだたりは次第に縮まり，昔のような差がなくなりつつあるのが現状である．この鋳鉄の改良の歴史は金属材料の改良の歴史の中でも特に興味深いものの一つである．

6・2 鋳鉄の組織

　炭素の存在形式：鋳鉄の組織はその組成，鋳造条件などによって非常に複雑に変化する．しかし考え方の基本をなすものはCがどのような相として存在するか，またその形状はどう

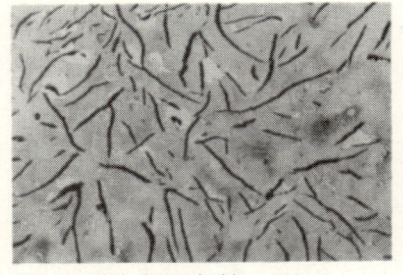

(a) 灰鋳鉄 (FC25相当) ×100 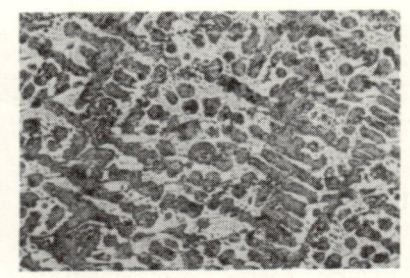　　(b) 白鋳鉄 (C 2.95%, Si 0.80) ×100
(本書での縮小率：53%)

図2·79 鋳鉄の組織（埼玉県鋳物機械工業試験所渡辺始氏提供）

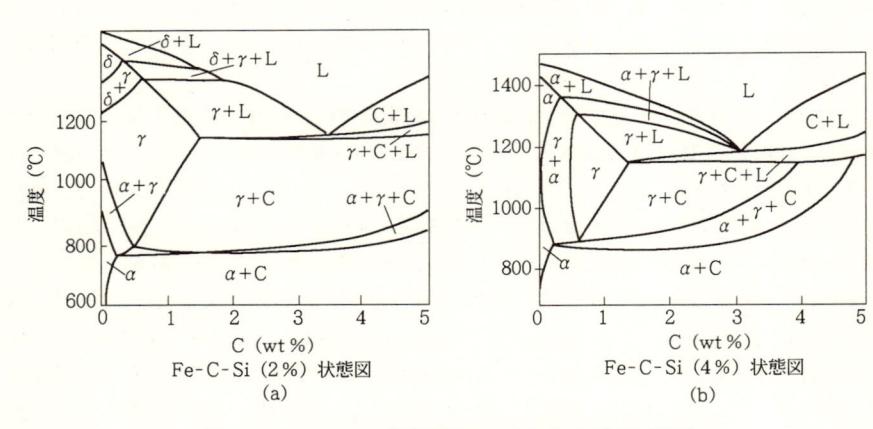

Fe-C-Si (2%) 状態図
(a)

Fe-C-Si (4%) 状態図
(b)

図2·80 Fe-C-Si系状態図のSi 2%および4%断面

かということである．

　Fe-C系状態図の説明においても言及したように，低炭素の鋼材ではCはFe_3Cあるいはそれに近い組成の炭化物として分散することが多く，遊離したC (free carbon) の形で存在するものはあまりない．ところが高炭素の鋳鉄では炭化物のほかに黒鉛 (graphite) として存在することが多い．また炭化物も加熱で黒鉛化することが多い．鋳鉄の性質はこの炭素の存在のしかた，その形，大きさ，分散のしかたによって広範囲に変化する．

　一般にFe_3Cの形で存在する時は，鋳鉄の破面は白色を帯び，非常に硬くて脆くなる．この状態の鋳鉄を白鋳鉄 (white cast iron) とよぶ．黒鉛の形で存在する時は破面は灰色を帯び，灰鋳鉄 (grey cast iron) あるいはねずみ鋳鉄とよばれる．ねずみ鋳鉄と白鋳鉄の組織写真を図2·79の(a)，(b)に示した．(a)の黒く見えるのは片状黒鉛，母相はパー

ライトである．(b)の白い部分はγ-Fe + Fe_3Cの共晶組織レーデブライト (ledeburite) 中のセメンタイト，その間の黒い部分は初晶オーステナイトが分解したパーライトである．ねずみ鋳鉄は白鋳鉄ほどかたくなく，一般使用に便利であるので，普通の鋳鉄はこの状態で使用することが多い．

鋳鉄の組織に影響を及ぼす主要な原因をまとめて考えたい．

組成：鋳鉄の組織はSiの量によって大きく変化する．Siの多い時は黒鉛が形成されやすく，少ないと炭化物が形成

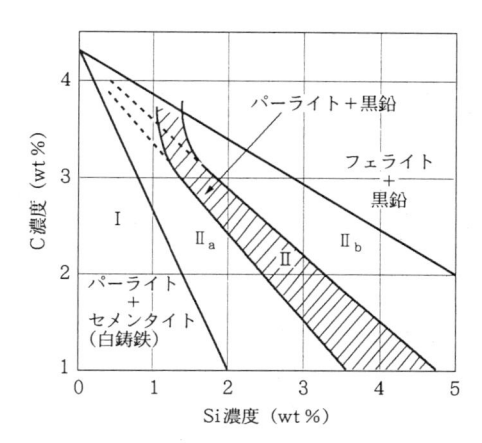

図2・81 Maurerの組織図

されやすい．すなわちSiが多いと灰鋳鉄となり少ないと白鋳鉄になる．またSiが多いと共晶点は低炭素側に移行し，A_4変態点は下降し，A_3変態点は上昇する．Fe-C-Si系3元状態図の2％Siおよび4％Siの断面を図2・80に示した．実用鋳鉄の基本系であるFe-C-Si 3元系の組織図として，Maurerが提案した図2・81がある．これは75mm ϕの乾燥砂型に1250℃の溶湯を鋳込んだ場合の組成と組織の関係を示したものである．斜線のIIの範囲が図2・79の(a)のねずみ鋳鉄の組織を示すところである．II_aはねずみ鋳鉄と白鋳鉄の混合したまだら鋳鉄 (mottled cast iron) となる範囲である．II_bはパーライト＋フェライト＋黒鉛の混合組織範囲となる．Iは完全な白鋳鉄範囲である．

Si％と共晶点のC％の関係は，実験式として次の式で与えられる．

$$\text{共晶}C\% = 4.32 - Si\%/3.2$$

炭素飽和度S_C (saturated carbon) という用語が使用されているが，それは次式で示される．

$$S_C = C\%/\text{共晶}C\% = C\%/(4.32 - Si\%/3.2)$$

$S_C = 1$ならば共晶，$S_C < 1$ならば亜共晶，$S_C > 1$ならば超共晶である．

Pが多いと$Fe_3P + Fe_3C + \alpha$の3元共晶が結晶の粒界に網目上に現れやすい．この3元共晶組織はステダイト (steadite) とよばれ，硬くて鋳鉄に耐摩耗性を与える．しかし一般に凝固収縮量が増え，欠陥の原因となりやすいので少ない方がよい．

SはMnが多く共存すればMnSの形になっているが，少ないとFeSとなり，白鋳化を促

し硬点（hard spot）を生じやすい．Sが多いと湯流れが悪くなる．またSはFe_3Cの形成を促すので，チルドロール（chilled roll）用の鋳物にはSを加えてチル効果をきかし，耐摩耗性の増加に利用されることもある．

Mnは一般に0.3～1.0％含まれているが，Siの量が充分多ければ組織には大きい影響はない．Sと結合して湯の表面に浮かぶか，緑灰色の介在物として残存するが，MnSの介在により鋳鉄の性質はあまり劣化しない．α相に固溶したり，Fe_3Cに溶けて複炭化物を形成し，炭化物の安定度を増す．1％以下ではあまり影響は大きくない．パーライトの微細化に有効である．

CuはSiと同様黒鉛化の傾向がある．

CrはMn以上に強力な炭化物安定化の傾向がある．普通鋳鉄では0.3％以上になると必ずレーデブライトが現れるから注意が必要である．反面炭化物の安定化により耐熱性を与える利点もある．

Niは大体Cuと同様．

Alは少量でSiと同様に黒鉛化作用が強く，流動性を悪くする．

以上成分元素の影響をまとめると，白鋳化元素としてはCr, V, Mo, Te, Mg, Ce, Oなどがあり，灰鋳化元素としてはAl, Si, Cu, Ni, Ti, Zrなどが考えられる．

冷却条件：鋳鉄の組織に及ぼす冷却速度の影響は大きい．一般に急冷すれば白鋳化し徐冷すれば灰鋳化しやすい．

黒鉛の形：鋳鉄の性質はCが炭化物か黒鉛かによって大きく変化するが，黒鉛の場合その形状によっても大きく左右される．黒鉛そのものは鋳鉄中の組織としては脆弱な非金属介在物であるから，その大きさ，形，分布は鋳鉄の機械的性質を大きく変化させる．その球状化による性質の改善はこの辺に由来するものである．

6・3 鋳鉄の一般的諸性質

物理的性質：鋳鉄は，複雑な合金であるから，その代表的な性質はまとめにくいが，表2・21に物理的性質をまとめて示した．

一般に使用されている灰鋳鉄に比較して，白鋳鉄の方が密度が高く，熱伝導性は低く，電気伝導性は逆に高い．金属材料では熱伝導性と電気伝導性は比例しているのが一般的であるが，複雑な鋳鉄ではそうではない．また白鋳鉄→灰鋳鉄の変化でかなりの膨張の起ることがわかる．

化学的性質：一般に実用されている灰鋳鉄は約400℃までは強さの低下も少ないが，これより高温になると成長（growth）を起し，高温酸化などによって材質が低下する．

成長とは A_1 点付近で加熱と冷却をくりかえすと膨張を起し，変形やき裂の発生のあることである．その原因は，パーライト中の Fe_3C が黒鉛化して膨張，熱疲れによるき裂の発生，き裂内部の Fe，Si などの酸化による膨張などが数えられる．

表2・21　鋳鉄の物理的性質

密度	ねずみ鋳鉄	$6.8 \sim 7.45$
	白鋳鉄	$7.6 \sim 7.8$
比熱 (cal/g・℃)	ねずみ鋳鉄	$0.12 \sim 0.13$ （$0 \sim 200$℃）
	白鋳鉄	0.13 （$0 \sim 100$℃）
線膨張係数	ねずみ鋳鉄	$11.5 \sim 12.0 \times 10^{-6}$ （$0 \sim 200$℃）
	白鋳鉄	$10 \sim 11 \times 10^{-6}$ （$0 \sim 200$℃）
熱伝導率 (cal/cm・s)	ねずみ鋳鉄	$0.14 \sim 0.10$
	白鋳鉄	$0.04 \sim 0.07$
比抵抗 ($\mu\Omega$・cm)	ねずみ鋳鉄	$105 \sim 50$
	白鋳鉄	$15 \sim 20$

灰鋳鉄の耐食性は悪く，とくに酸に弱い．硫酸に対しては例外で，65％以上の濃硫酸では表面に硫化鉄が形成されよく耐える．アルカリに対しては耐食性がある．

水に対する耐食性は鋼材よりすぐれており，水道管や導水弁に利用されるのはこのためである．

機械的性質：鋳鉄の機械的性質は，組成，炭素の状態，黒鉛の形状によって広範囲に変化する．そのごく一般的傾向を次に示す．

図2.82に（C＋Si）％とブリネル硬さの関係を示した．灰鋳鉄の場合その HB 値はほぼ直線的に（C＋Si）％とともに低下する．また図2・83のように，その衝撃値は（C＋Si）％とともに急激に低下する．

鋳鉄の引張強さは先に述べた炭素飽和度 S_C 値に左右されることが多い．実験式として

$$\sigma_{tn} = 102 - 82.5 S_C$$

σ_{tn} は基準引張強さとよばれるものであり，直径30mmの標準試験片の鋳放し状態の値である．

引張強さの実際の値を σ_t とした場合

$$RG = \sigma_t / \sigma_{tn} = \sigma_t / (102 - 82.5 S_C)$$

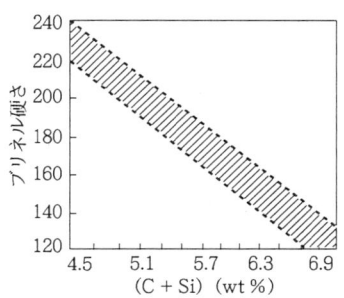

図2・82　ねずみ鋳鉄のかたさと (C+Si)% の関係

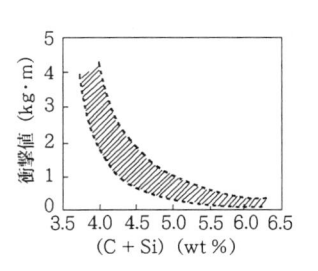

図2・83　ねずみ鋳鉄の衝撃値と (C+Si)% の関係

RG は成熟度（Reifegrad）とよばれるものであって，$RG > 1$ のものが良質の鋳鉄ということになる．

鋳鉄は一般に曲げに弱いものであって，曲げ強さの実験式は

$$\sigma_{bn} = 1.2\ (\sigma_{tn} + 14)$$

$$\therefore\ \sigma_{bn} = 139.2 - 99S_C$$

σ_{bn} は基準曲げ強さとよばれるものである．

また直径30mm，支点間距離450mmの抗折荷重は

$$W_n = 3280 - 2330S_C$$

W_n を基準抗折荷重とよぶ．

硬さと引張強さの関係式は

$$HB = 100 + 4.3\sigma_{tn}$$

HBを規準ブリネル硬さとよぶ．

基準値より低い硬さの鋳鉄が良質ということになる．

耐摩耗性：灰鋳鉄は一般に耐摩耗性が良好である．適当な硬さと黒鉛の潤滑性および良好な熱伝導性により，軸受，歯車，シリンダー，ピストンリング，ブレーキシューなどに適している．

減衰能：外部からの振動エネルギーをよく吸収し，減衰させる特性がある．粗大な黒鉛の晶出している組織ほどこの性質がすぐれている．外部より機械的な振動が伝わりやすい部分に使用すると，振動防止に有効である．

6・4　各種実用鋳鉄

普通鋳鉄

その組成は，C 3.2～3.8％，Si 1.4～2.5％，Mn 0.4～1.0％，P 0.4～0.8％，S < 0.08％程度の灰鋳鉄である．鋳造性は良好であり，その鋳物は切削加工が容易である．その引張強さは14kgf/mm^{2}以上程度とあまり高くない．

一般に鋳物の肉厚に応じてSi量を調節し，肉厚の薄いものはSi量を増し，肉厚のあるものではSi量を減らして急冷による白鋳化を防いでいる．その写真は図2・84に示したが，母相はパーライトで，片状黒鉛の周辺にはフェライトが存在している．これはもちろん平衡状態図からは説明できない非平衡状態である．

高級鋳鉄

組成は種類によって多少の相異はあるが，C 2.5～3.3％，Si 1.0～1.6％，Mn 0.8～1.6％，P＜0.3％，S＜0.1％が一般的である．普通鋳鉄よりはSi量が少なく，やや低炭素である．その組織はパーライトあるいはソルバイト地に黒鉛が微細に分散したようなパーライト鋳鉄と考えてよい．一般にその原料は銑鉄のほかに鋼材スクラップを添加し，炭素量を低下させる．普通鋳鉄よりはるかに強力であって，引張強さ26～42kgf/mm^2，HB220～280程度のものが多い．

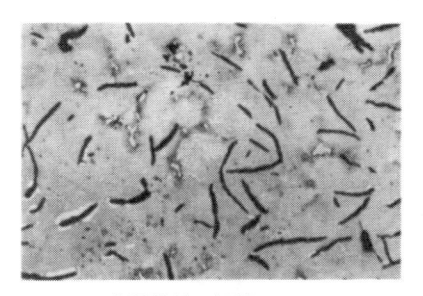

図2・84　普通鋳鉄の組織×100
（本書での縮小率は53％）
（埼玉県鋳物機械工業試験所渡辺始氏提供）

その製造法によって，Lanz法，Thyssen-Enmel法，Corsalli法，Piowarski法，Meehan法などがある．

Meehan法で製造された鋳鉄はミーハナイト鋳鉄（Meehanite cast iron）とよばれているが，32～42kgf/mm^{2}の強さを示す．この方法では，取鍋中の溶湯にCaSiを微量に添加し，黒鉛化を促す．この操作は接種（inoculation）とよんでいる．

球状黒鉛鋳鉄 (spheroidal graphite cast iron)

ノジュラー鋳鉄（nodular cast iron），ダクタイル鋳鉄（ductile cast iron）ともよばれている．

第二次世界大戦後アメリカ合衆国や英国で研究され，1948年頃発明されたものである．鋳鉄に微量のMg[27]あるいはCe[28]を添加すると黒鉛が球状化されることが発見された．合衆国では約0.04％Mg，英国では約0.02％Ceの添加でこの現象の起ることが発見された．

原料銑の選定を行い，とくにSやOなどの少ないものを使用するようにする．処理後の組成は，C 3.3～3.9％，Si 2.0～3.0％，Mn 0.2～0.6％，P 0.02～0.15％，S 0.005～0.015％である．

Cはやや高目にし，Siは薄肉鋳物ほどやや多くし，Mnは普通鋳鉄より低目，Sはできるだけ低く抑える．

組織はフェライト型，フェライト＋パーライト型，パーライト型の3種がある．これを図2・85で示した．

フェライト型はSiが多く，Mnが少なくなると現れる．パーライト型はSiが低く，高Mnに現れる．この共通点は黒鉛の形がすべて球状であることである．

フェライト型は40～55kgf/mm^{2}の引張強さであるが，伸び率は鋳物としては非常に大きく，10～25％である．

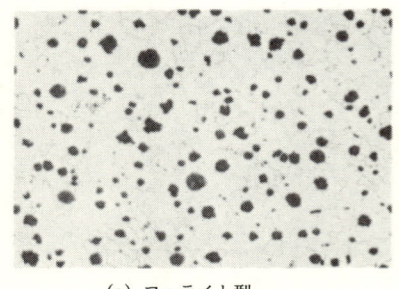

(a) フェライト型

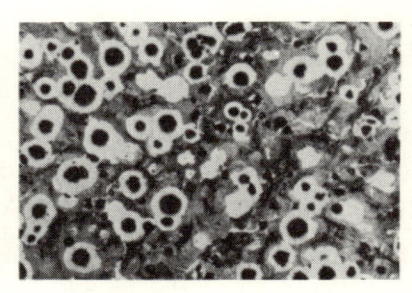

(b) フェライト＋パーライト型

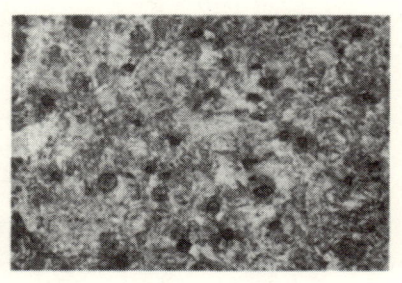

(c) パーライト型

図2・85　各種の球状黒鉛鋳鉄の組織
×100(本書での縮小率は53％)
(埼玉県鋳物機械工業試験所渡辺始氏提供)

　パーライト型は55～85kgf/mm^{2}の強さ，伸び率は2～10％である．鋳鉄の従来からのイメージを破り，鋼に近い性質を示す画期的な材料革命の一つともいうことができる．
　このような微量のMgやCeの添加で何故黒鉛が球状化するかについてはよくわからない．一説によれば黒鉛とその周囲の溶湯の間の界面エネルギーが，Mgによる脱硫によって増加し，その形状が球状化するとの考えもある．また最近の研究によると，球状化には溶湯中に気泡の存在が必要であるとする考えがある．この気泡は直接ガスの導入でもよく，Mgのように蒸気圧の高い元素の添加，Ceのように水素を吸収しやすい元素を添加し，その水素ガスの放出による気泡の形成という形でもよいと考えられている[29]．
　機械的性質に対してはこの黒鉛の形状が鍵となるが，さらに学問的に興味深いことは，この球状黒鉛が図2・86に示したような構造を持っていることである．この球状黒鉛は単結晶ではなく，中心から放射状に成

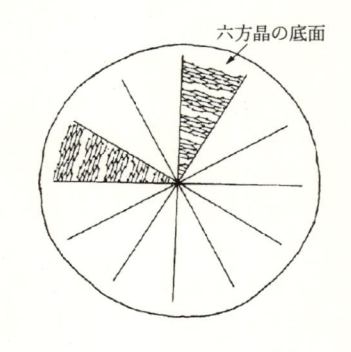

図2・86　球状黒鉛鋳鉄の結晶スケッチ

長した多数の黒鉛結晶より構成され，その結晶の底面はすべて成長軸に対し垂直になっている．有機高分子材料の結晶化過程で現れる球晶（spherulite）によく似ている．またそのＣ軸の大きさは純黒鉛のそれより大きくなっている．

これは不純物原子（たとえばSi）が侵入型に入りＣ軸を伸ばしているとの説もある．

可鍛鋳鉄 (malleable cast iron)

白鋳鉄を高温で加熱処理して可鍛性を与えた鋳鉄である．その処理方法により白心（white heart）と黒心（black heart）の2種がある．

白心可鍛鋳鉄は，白鋳鉄を褐鉄鉱（主成分はFe_2O_3）の粉でつつみ，900～1000℃の高温に加熱脱炭させたものである．表面層は大部分フェライトであるが，中心部はパーライトであって，これに少量の微細な分解黒鉛を含む．破面の中心部は白色であって，炭素量が共析組成の0.7～0.8％であるのが理想的である．引張強さは30～46kgf/mm^2，伸び率2～6％である．

黒心可鍛鋳鉄は白鋳鉄を軟鋼板で作った焼鈍箱の中に入れ，Fe_2O_3粉をつめて密封する．これを最初950℃程度に加熱し，遊離セメンタイトを分解して黒鉛化し，次にA_{r1}点直下まで冷却してきて，そこでパーライト中のセメンタイトを分解させて黒鉛化する．表面はフェライト，中心部はフェライト＋分解黒鉛の組織を示し，破面は中心部で黒色を示す．わが国では大部分がこの黒心である．

特殊鋳鉄 (special cast iron)

鋳鉄に合金元素を添加して特殊な性質を与えたものの総称である．

高力鋳鉄とはNi，Cr，Mo，Cu，Al，Ti，Vなどを添加して強靭性を与えた鋳鉄である．Niは主として強靭性の改良，Crは耐摩耗性，Moは耐摩耗性と耐食性を改良する．

耐摩耗鋳鉄とは，白鋳化と同時に鋳造条件によってオーステナイトをマルテンサイトになるようにし，非常に硬質のチルド鋳物にしたものである．この目的にはCr，Niなどを添加し，さらにP，Sなどを添加する．硬さはHB 600～700でありロール用などに使用される．

耐熱鋳鉄はCr，Niを添加する．Niを多く添加するとオーステナイト鋳鉄となる．Crを約0.8％添加すると加熱に伴う成長現象が普通鋳鉄の約1/5以下に減少する．SiおよびAlを多く添加しても耐熱性を増す．

耐酸鋳鉄は14～18％Siの添加で耐酸性を改善したものである．アルカリに対してはNi約5％の添加がよい．

電気用鋳鉄とは，Siを多くして化合物炭素を少なくし，μが大きく履歴損失を小さくしたものである．またNi 9～12％，Mn約6％添加するとオーステナイトが安定化し，鋳鉄で常磁性のものが得られる．

第 II 部の文献

1) 例えば 材料開発ジャーナル・バウンダリー, 5, No8, No9, 1989
2) L.Beck : Die Geschichte Des Eisens, 鉄の歴史, 中沢護人訳, たたら書房
3) 中沢護人 : 鋼の時代, 岩波新書 (青版)511, 岩波書店
4) G.L.Kehl : Principles of Metallographic Laboratory Practice, McGraw-Hill, 1949, P.270~P.293
5) H. Lipson and N. J. Petch : J. Iron Steel Inst., 142, 1940, 95
6) F.H.Herbstein and J. Smuts : Acta Cryst., 17, 1964, 1331
7) F. Marion and R. Faivre : Rev. Met., 55, 1958, 459
8) E. G. Pinsker and S. V. Kavarin : Kristallografiya., 1, 1956, 66
9) L. S. Darken and R. W. Garry : Physical Chemistry of Metals, Mc Graw-Hill, N. Y., 1953
10) K. H. Jack : Acta. Cryst., 3, 1950, 5;Proc. Roy. Soc., A. 208, 1951, 216
11) W. Pisch : Arch. Eisenhüttnew., 7, 1961, 493
12) M. E. Nicholson : J. Metals, 5, 1953, 1462
13) W. Geller and Tak-Ho-Sun : Arch. Eisenhüttnew., 11-12, 1950, 243
14) S. Besnard and J. Talbot : Compt. Rend., 244, 1957, 1193
15) P. Cotterill : The Hydrogen Embrittlement of Metals, Prog. in Mat. Sci., 9, 1961, Hydrogen in steel, Iron and Steel Inst. Special Rept. No. 73
16) R. Sifferlen : Compt. Rend., 244, 1957, 1192
17) C. H. White and R. W. K. Honeycombe : J. Iron and Steel Inst., 200, 1962, 457
18) K. Kuo : J. Iron and Steel Inst., 181, 1955, 128
19) Hochmann : Rev. Met., 48, 1951, 734
20) J. W. Pugh and J. D. Nisbet : J. Mwtals, 2, 1950, 268
21) F. Adock : J. Iron and Steel Inst., 11, 1926, 117
22) H. H. Uhling : Trans. A. S. M., 30, 1942, 947
23) C. B. Post and W. S. Eberly : Trans. A. S. M., 39, 1947, 868
24) 木村康夫 : 日本金属学会会報, 9, 1970, 703 ;
　　　機能材料入門上巻2.8, 半硬質磁性材料, p. 88
25) M. C. Smith : Am. Machinist. 79, 1935, 548
26) T. P. Campbell and H. Fray : Ind. Eng. Chem., 16, 1924, 719
27) H. Morrogh and W. Williams : J. Iron Steel Inst., 155, 1947;ibid. 158, 1948, 306
28) A. P. Gagnebin, K. D. Mills and N. B. Pilling : Iron Age, 163, 1949, 76
29) 張　博, 明智清明, 塙　健三共編 : 球状黒鉛鋳鉄, アグネ, 1983

第 II 部の参考書

1) 岡本正三:鉄鋼材料,標準金属工学講座 Vpl.3, コロナ社, 1978
2) 日本熱処理技術協会/日本金属熱処理工業会編:熱処理入門,大河出版, 1980
3) 日本鉄鋼協会編:鉄鋼便覧,丸善, 1979
4) 鉄鋼統計委員会,日本鉄鋼連盟:鉄鋼統計便覧, 1982
5) 日本鉄鋼協会編:鋼の熱処理,丸善, 1969
6) クルジュモフ・ウテフスキー・エンテイン著,西山善次監修,江南和幸訳:
   鉄鋼の相変態-マルテンサイト変態を中心として-,アグネ技術センター, 1983
7) 日本規格協会:JIS ハンドブック,鉄鋼, 1983

第Ⅲ部　非鉄金属材料
その他

1900年の初頭より1980年にかけての世界における主要資源の動向をグラフで示したのが図3・1である．1960年代の高度成長を引き金として鉄鉱石，石油などを始めとしてもろもろの非鉄金属の消費量も恐しい程の急激な増加を示している．1980年代は従来の予想に反して経済の低調期に入り，各種鉱業生産は低下しているが，1971年度における日本の通産省による世界の主要資源需要予測によれば，1969年の実績に対して1980年は，伸び率の小さい鉛でも1.44倍，大きいアルミニウムやニッケルで2.22倍となっている．またエネルギー資源としてのウランは実に6.08倍，石油で1.79倍である．このような急激な資源の需要増加に対応することはとても可能とは考えられず，ここに至って世界の資源問題は大きくクローズアップされてきている．このような世界情勢に対して日本の現状を考えてみると，1976年度における世界の主要金属生産量の中では粗鋼，アルミニウム，銅，ニッケルは世

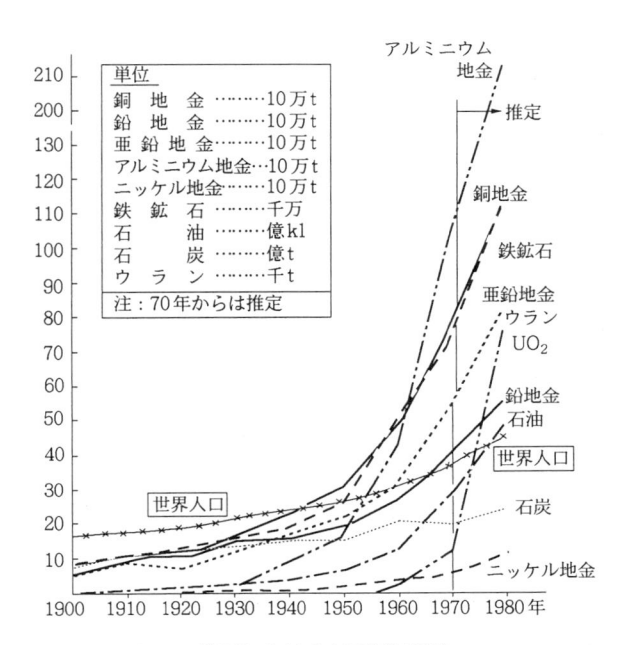

図3・1　世界における主要資源推移

表 3.1 主要実用金属の日本消費比率

	日本消費量 (MT)	世界生産量 (MT)	$\dfrac{\text{日本消費量}}{\text{世界生産量}} \times 100$ (%)	備考
粗鋼	8.7×10^7	6.9×10^8	12.5	1973
Al	1.3×10^6	1.1×10^7	11.9	1972
Cu	1.0×10^5	7.9×10^6	12.6	1972
Zn	7.4×10^5	5.4×10^6	13.7	1972 (自由世界)
Pb	2.4×10^5	4.0×10^6	6.0	1972
Ni	2.8×10^4	5.9×10^5	4.7	1972
Mg	1.9×10^4	2.3×10^5	8.0	1972
Ti	4.4×10^3	2.6×10^4	16.9	1970 (自由世界)
Cd	1.8×10^3	1.6×10^4	10.8	1972
Bi	4.0×10^2	3.8×10^3	10.5	1972

鉱業便覧,鉄鋼統計要覧(1974)より
MT:メトリックトン(1t = 1000kg)

界第3位,マグネシウムは第4位,亜鉛は世界第2位,鉛は第5位となっている.

　日本の工業規模の概略を知る意味で,表3・1に示した1970年代の世界における主要金属消費比率を調査した資料(鉱業便覧,鉄鋼統計要覧)をみると,日本の消費は全体の大体10%前後であり,多いものでは15%以上にもなっている.ところが上記金属資源の海外依存度の調査によれば,少ないものでも50%,多いもので100%のものが鉄鉱石,アルミニウム,ニッケルなどと数えられるほどの資源小国が日本の実態である.

　このように世界の資源状態と石油を主体にしたエネルギー源の動向と日本の置かれている立場を考えれば,今後金属材料の有効利用にどれほど努力を集中しても集中しすぎることは永久にあるまいと考えられる.とくにその量の限られた非鉄金属材料の特性の活用を強調したい.

　本書においては非鉄金属材料を,軽金属材料,低融点重金属材料,高融点重金属材料に大きく分類して,各グループの特性を中心としてその工業的利用価値の高い点を述べることにする.また最後に将来の金属材料について現在の研究動向をもとにして多少の予測を試みた.

第1章　軽金属材料

　元来金属はその結晶構造がいわゆる最密充填型であるため，他の一般の化合物材料に比較すると密度の高いのが一般的傾向である．

　その金属の中にも比較的軽い金属グループがあり，いま仮にこのグループの金属群を軽金属（light metals）とよぶことにする．この軽金属という言葉にはあまり厳密な学問的根拠はない．工業的にはアルミニウムやマグネシウムを指しているが，日本の軽金属学会では密度4.5のチタンより軽い金属すべてを含めている．その密度がチタン以下の金属を表3・2に示した．最も軽いのは密度約0.5のリチウムであり，水に浮く金属としてはこのほかにカリウム，ナトリウムなどがある．周期表の中から最も密度の高い金属を求めるとイリジウム（22.5）やオスミウム（22.57）であるが，これらはチタンの約5倍，リチウムの約42倍である．

　工業的には構造用材料として利用されているアルミニウム，マグネシウム，チタンなどではその比強度の大きいことが重要な特性のひとつである．比強度とは，引張強さ／密度の値であり，構造物の軽量化を考える場合には重要なパラメーターとなる．その他の共通点としては比熱が大きい．この場合の比熱はその金属1グラム当りのものである．一般に固体の金属の1モルあたりの室温付近の比熱はデューロン・プティ（Dulong-Petit）の法則より約$3R ≒ 6cal/mol・deg$でほぼ一定である．したがって原子量の小さい軽金属の比熱は大きい．またチタンのような例外もあるが，アルミニウムを筆頭として一般に電気および熱伝導性が高く，化学的には活性に富んだものが多い．以上の諸点は，軽金属を利用する場合にその共

表3・2　軽金属の密度

金属	元素記号	密度 (g/cm^3)	金属	元素記号	密度 (g/cm^3)
リチウム	Li	0.53	セシウム	Cs	1.90 (0℃)
カリウム	K	0.86	スカンジウム	Sc	2.5
ナトリウム	Na	0.97	ストロンチウム	Sr	2.60
ルビジウム	Rb	1.53	アルミニウム	Al	2.70
カルシウム	Ca	1.55	バリウム	Ba	3.5
マグネシウム	Mg	1.74	チタン	Ti	4.51
ベリリウム	Be	1.85			

通性として考慮すべき要点である．

1・1 アルミニウムおよびその合金

1・1・1 アルミニウム一般

元素としてはAlはそのクラーク数は約8％であり，O，Siに次いで3番目に多い．地球上にきわめて豊富にしかも広く分布している点では鉄以上である．しかしその鉱物の主成分であるAl_2O_3はきわめて安定な酸化物であって，それを還元して金属アルミニウムを作り出す製錬技術の困難さから，その金属としての利用の歴史は浅くまだ約100年程度に過ぎない．次にその化合物をも含めて人類による利用の歴史を簡単にたどってみよう．

アルミニウムの歴史の概略[1,2]

BC5300年メソポタミアに人類最古の文化が生れたとされているが，この頃すでに金，銅，スズなどの製錬法が発見されており，この時代の特色のひとつである彩色土器はアルミ粘土で作られた．

古代エジプトは染色，皮のなめし，医薬用に多量の明ばん（$M_2Al_2(SO_4)_4 \cdot 2H_2O$）（MはⅠ価の金属元素）を使用した．またアルミニウム酸化物にはサファイアー，ルビー，エメラルドなどの宝石として珍重されるものが多い．

明ばん石中に未知の金属酸化物の存在を予見したのはフランスのLavoisier（1782年）であるが，ばん土（alumina）からアマルガム法で新しい金属の抽出の研究を始めたのはイギリスのDavyであり，純アルミニウム金属の抽出には成功しなかったが，仮想の金属をアルミウム（alumium）と名付けた（1807〜1812年）．

粘土からアルミナを精製し，これを塩化物としてカリウムアマルガムで徐熱しながら還元を行い，水銀を蒸発させたあとに小さなアルミニウム金属塊を得たのはデンマークの化学者Oerstedである（1825年）．これに続いて，塩化アルミニウムの金属カリウムによる還元で金属アルミニウムをドイツのWöhlerが作り出している（1827〜1845年）．

塩化アルミニウムの金属ナトリウム還元法でアルミニウムの半工業的量産に成功し，1855年のパリ万国博にアルミニウム塊を出品したのはフランスのDevilleである．そのアルミニウム金属の純度は96〜97％とされていて，1855年から1890年の35年間に約200トンのアルミニウムが生産された．これはナポレオン三世時代のことであるが，この当時アルミニウムの価格は1ポンドあたり実に545ドルであったという．

その頃ドイツのBunsenが溶融塩電解法によるアルミニウム製錬の研究を行っていたが，この方法を現在の形で工業化に導いたのはアメリカのHallとフランスのHéroultであった（1888年）．

この方法は融点の高いアルミナに氷晶石（$AlF_3 \cdot 3NaF$）を加え，その融点を1000℃以下に下げて黒鉛ルツボ中で直流電解するものである．この方法を工業化するためには，高品位のアルミナと大容量の直流電源が必要であることがわかる．

1866年Siemensによって直流発電機が発明され，1888年Bayerによって強アルカリによるボーキサイトから高純アルミナの工業的精製法が開発された．これによって溶融塩電解法によるアルミニウムの製錬工業が出発するお膳立てがすべて整ったことになる．これは実に約100年程前に過ぎないことを考えると，現在のアルミニウム工業の発展はただ驚くほかはない．

このようにしてアルミニウムの製錬の工業化は緒についたが，この軽い金属を工業材料としていかに利用するかという点に関してはしばらく低迷期が続いた．

1907年頃ドイツでは従来黄銅板で作っていた薬きょうの軽量化という目的でアルミニウムの利用の研究を進めていたが，その研究者の一人にWilmがいた．彼はCu約4％を含むアルミニウム合金を研究していたが，これを高温から焼入れて室温に放置すると次第に硬化する現象を，きわめて偶然の機会に発見した．これがジュラルミン（Duralumin）とよばれる強力アルミニウム合金開発のきっかけであり，純アルミニウムでは焼鈍状態で約$6kgf/mm^2$，冷間加工状態でも約$15kgf/mm^2$の引張り強さで，構造用材料としてはやや力不足であったが，この強力合金の導入により一挙に$40kgf/mm^2$以上のアルミニウム合金が現れ，アルミニウムの工業材料としての地位は不動のものとなった．この合金の工業化研究はドイツのDürenで行われたもので「硬い」というラテン語のDurとかけてDuraluminという名前が付けられたという．これでツェッペリン飛行船を作りロンドン空襲を行ったのが第一次大戦の頃であった．以上がアルミニウムという金属の工業化の歴史の大略である．

アルミニウム製錬法の概略

現在利用されている鉱石はボーキサイト（bauxite）であり，フランスのル・ボー（Les Baux）というところで1821年に発見された．この鉱石は元来粘土質のものであるが，温度と雨の作用でこの形に風化されたものであるといわれている．

ボーキサイトの産地は南仏地中海沿岸，アフリカ中部，インド，シンガポール，南洋群島，オーストラリア，北米南部，南米北部など赤道を中心にした熱帯および亜熱帯地方に集中している．

その化学式は$Al_2O_3 \cdot xH_2O \cdot (Fe_2O_3 \cdot SiO_2)$のようなものであって，$Al_2O_3$分約50％，Feの化合物約20％，$SiO_2$約8％，Tiの化合物その他という割合の組成である．

ボーキサイトより高純アルミナの精製はバイヤー法で行う．濃い苛性ソーダでボーキサイトを処理するとAl_2O_3はアルミン酸ソーダ（Na_3AlO_3）として溶解し，鉄化合物とSiO_2は沈澱として分離される．この沈澱物は赤泥（red matte）とよばれ，その再生利用法は

現在も未解決の問題として残されれている．溶液のアルミン酸ソーダより高純のAl_2O_3が得られる．

このAl_2O_3の融点は2000℃以上であるが，融点約1000℃の氷晶石（$AlF_3・3NaF$）に添加すると融点は1000℃以下に低下する．現在使用されている電解浴組成の一例を示せば，氷晶石＋AlF_3（5～10％）＋CaF_2（4～7％）＋Al_2O_3（2.5～6％）である．時にはこれにLiF（～3％），MgF_2（～2％）が添加される場合もある．これで電解浴の液相線は約945℃になるが，電解は960℃付近で行われている．電解浴はフッ素を含んでいるので他の物質を非常に侵しやすい．そこで電解槽は侵されにくい炭素で内張りしてこれを陰極とし，非常に純度の高い炭素粒とピッチを成形したものを陽極として使用する．

陽極ではCがCO_2およびCOになる反応が進み，陰極に溶融したアルミニウムがたまる．その密度は電解浴よりわずかに大きいので炉底に沈下する．炉電圧は約4Vであるが大電力を必要とする．電力は電解浴の融解と炉保温のための熱源および電解そのものに使用される．

現在の操業で1トンのアルミニウム地金を生産するのに，

　　約0.5トン炭素陽極
　　2トン焼成アルミナ
　　（4トンボーキサイト）
　　13000～14000kWh電力

を必要とする．製錬にはきわめて大きい電力を必要とすることがわかる．これが豊富で安価な電力の供給地でないとアルミニウム製錬企業の成立しない理由である．近代的なアル

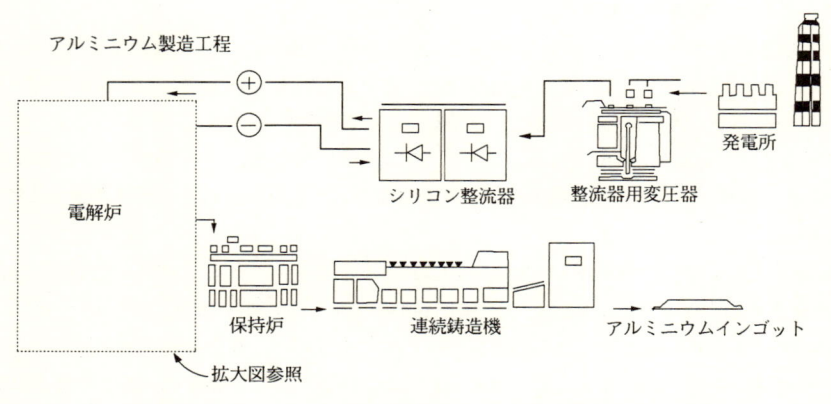

図3・2　アルミニウム製錬工程フローシート（昭和軽金属より）

ミニウム製錬工程の一例を図3・2および図3・3に示した．

アルミニウムの生産統計

世界および日本におけるアルミニウム新地金の生産の歴史を表3・3に示した．その生産量は航空機の発達と密接な関係を示し，戦争に必要な軍用機の生産量とともに大きく変動する歴史を示したが，最近は一般建材その他への用途面の拡大によってもっぱら社会の景気変動によって変化を示している．最近はいわゆるオイルショック以後火力発電に負うところの多い日本のアルミニウム製錬は，その電力費の異常な高騰によって1977年の1188.2×10^3トンをピークに，1990年現在では，日本軽金属の35×10^3トンを残すのみで，製錬部門より全面的に撤退した．必要なアルミニウム地金は大部分輸入でまかない，加工業のみであるが，その需要量は1次地金で約2400×10^3トンに達している．

現在日本では航空機の生産はほとんど行われていないという特殊事情にあるため，アルミニウムの内需はその30％以上が土木建築用として使用されている．その次が約20％の自動車その他の車両への利用である．製

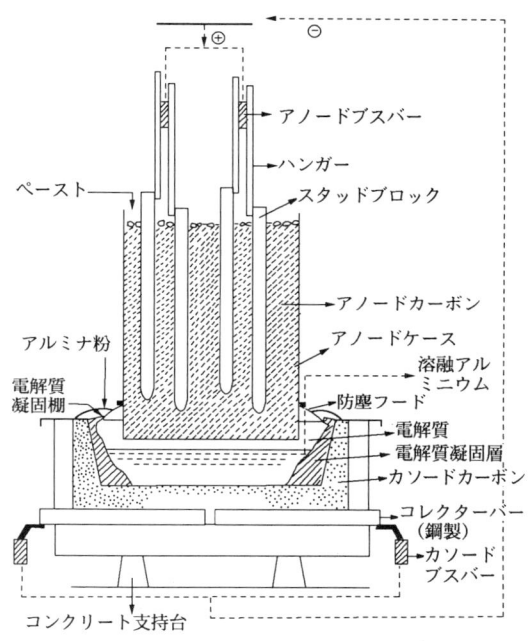

図3・3 電解炉拡大図（ゼーダーベルグ型）

表3・3 アルミニウム新地金生産量（MT）

年　代	世界生産量	日本生産量
1881～1890	35	0
1891～1900	2,681	0
1901～1910	17,600	0
1911～1920	94.2×10^3	0
1934（昭和 9）		588
1944（〃 19）		109.5×10^3
1947（〃 22）		3.3×10^3
1950（〃 25）	1506.9×10^3	24.6×10^3
1955（〃 30）	3104.7×10^3	57.3×10^3
1960（〃 35）	4547.9×10^3	131.2×10^3
1965（〃 40）	6474.7×10^3	292.1×10^3
1970（〃 45）	10323.9×10^3	732.8×10^3
1975（〃 50）	1217.4×10^3	1013.3×10^3
1980（〃 55）	1657.2×10^3	1091.5×10^3
1990（平成 2）		35×10^3

品別に見ると，圧延品が最も多く60％以上を占め，その次が鋳造品の約20％（ダイカストを含む），電線の約5％となっている．

1・1・2　純アルミニウム

アルミニウムの電解されたままの地金の純度は一般に99.9〜99.0％である．不純物の主体はFe，Siであるが，この他にTi，Cu，Znなども微量含まれる．このほかガス不純物としてH，O，Nなども場合によっては考慮する必要がある．工業的に最も重要な不純物はFeとSiで，両者はほぼ等量含まれていることが多い．

再電解地金は99.99％程度であって，ラフィナール（Raffinal）とよばれる．特殊な研究目的には帯溶融精製で99.999％程度のものも市販されている．

一般に純アルミニウムとして板などの形で市販されているものは平均99.5％程度のものであり，電線などに使用されるものは99.8％と考えてよい．

物理的性質

重要な物理的性質を章末の表3・27に示した．

その要点をまとめると，密度は2.7で軽く，面心立方晶で加工性に富み，電気伝導性は金属中で銀，銅，金に次いで第4位と高く（65％IACS），熱膨張係数は金属としては比較的大きい．熱中性子吸収断面積は小さく，原子炉の炉心部の構造材，カプセルなどに適している．凝固収縮は6.6％で大きい．

化学的性質

アルミニウムは元素の周期律表の位置から見ても金属元素と非金属元素との境界付近に位置していることから両性金属であることが理解できる．各種の酸と反応するときは3価の陽イオンとして反応して塩を作る．またアルカリにはアルミン酸塩を作って溶解する．Al_2O_3 も両性酸化物として作用する．

アルミニウムはきわめて酸化されやすい特性を持っているが，その酸化被膜はち密でけんろうである．したがって下地の金属を保護する作用が強く，いわゆる不働態（passive state）化しやすいので自然条件下では金属光沢を失いにくく耐食性に富む．自然状態で形成される酸化被膜はきわめて薄く（〜100 Å以下），光に対して透明である．アルミニウムの酸化被膜の特性を利用したのがアルマイト処理である．

アルミニウムは純度が高いほど健全な酸化被膜が形成され耐食性が高い．不純物としてCu，Feなどはこの被膜を不健全にするので耐食性を低下させる．Siはそれほど耐食性を害さない．Znも0.4％程度ならば影響が少い．

自然水中では（または中性塩水溶液中）酸化被膜の欠陥を通して孔食（pitting corrosion）を起す．Al_2O_3 は一般にアルカリに溶解しやすいので，アルミニウムを建材などに使用し

た場合はモルタルなどに冒されやすい．

機械的性質

アルミニウムのヤング率は約7000kgf/mm^{2}であり，軟鋼の約22000kgf/mm^{2}に比較するとその約1/3でいわゆる剛性の低い材料である．その引張り強さは焼なまし状態で4〜8kgf/mm^2，冷間加工硬化状態でもせいぜい約15kgf/mm^{2}にすぎない．

航空機や車両ではその軽量化はあらゆる点で有利である．この場合問題になるのは強さの絶対量よりは比強度である．この点アルミニウムは非常に有利であるといえる．いま参考のため純鉄の引張強さ（20kgf/mm^2）を1とした場合の他のいくつかの工業材料の強さ，および純鉄の比強度（2.52kgf/mm^2/g/cm^3）を1とした場合の他の材料の比強度を表3・4に示した．純アルミニウムは引張強さでは純鉄の1/3にすぎないが比強度ではほぼ同程度となる．鉛などはその逆できわめて不利であることがわかる．

純アルミニウムは焼なまし状態では軟かすぎるので，冷間加工で硬質にして使用する．アルミニウムを室温で加工した場合の硬化曲線を図3・4に示した．

アルミニウムは比較的融点の低い金属であるから，室温を中心としてその機械的性質はや

表3・4　材料の引張強さと比強度の比較

材　料	引張強さ	比強度
アルミニウム	0.31	0.91
鉄	1.00（20kgf/mm^2）	1.00（2.52kgf/mm^2/g/cm^3）
鉛	0.07	0.047
ガラス	0.35	1.11
グラファイト	0.65	1.94
ナイロン−66	0.35	2.54
低密ポリエチレン	0.07	0.59
ゴム	0.07	0.59

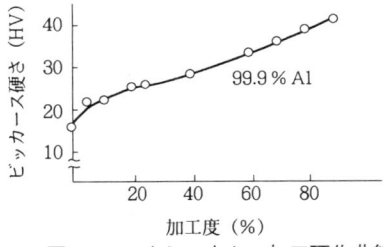

図3・4　アルミニウムの加工硬化曲線

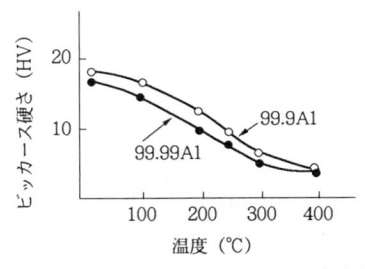

図3・5　アルミニウムの硬さの温度変化

や大きい温度依存性を示す．その硬さと温度の関係を図3・5に示した．その硬さは300〜400℃で室温の1/3〜1/5となる．極低温では急激に強さが増大し，たとえば−253℃での破断真応力は約160kg/mm^{2}ときわめて高い値を示す．反面鋼材などとは異なり伸び率は減少しないので低温靭性が大きい．

高温での純アルミニウムのクリープ特性は，たとえば99.98％アルミニウムにおいて250℃では約15％，350℃では数％のひずみまで定常クリープを示す．それ以上では3次クリープ領域に入り急激に歪速度を増して伸び120〜160％で破断する．

純アルミニウムの耐疲れ性は低く，強力な時効性アルミニウム合金では静的な引張強さに対しその1/3〜1/4である．

　用途

純アルミニウムは構造用材料としては強さの点でやや不満足なものであるが，あまり強さを必要としない建築部材としてルーフィング，サッシなどに広く利用されている．銅の約60％の電気伝導性を持っていて，銅に次ぐ高伝導材料である．最近の電力事情により電線のアルミ化が進んで鋼心アルミ電線ACSR (Aluminium Conductor Steel Reinforced), Zrを微量添加した耐熱アルミ電線などの形で利用されているが，アルミ電線については1・1・3・8で詳述する．

人体に無害な金属であり，耐食性とくに有機酸に対して強く，食料品に不快な味を残さないので食品工業方面への利用が拡がっている．加工性に富んでいるので，箔（はく）や粉にしやすい．箔は煙草，菓子類の包装用，反射率が高いので各種断熱保温用に使用される．粉はアルミニウムペイントなどに利用される．

1・1・3　アルミニウム合金
1・1・3・1　アルミニウム合金一般

純アルミニウムには固有の長所もあるが，構造用材料としては強さが不足している．軽くて強い材料というのはアルミニウム合金研究の中心課題であった．1907年頃ドイツのWilmによってジュラルミンのような強力な材料が発見されて以来，アルミニウム合金の研究の主力は，時効硬化現象の解明に集中されていた期間が長い．

鉄にはδ-Fe $\rightleftarrows$ γ-Fe $\rightleftarrows$ α-Feのような同素変態があり，その二元合金状態図は鉄側においてきわめて複雑であり，その複雑な変態を利用した熱処理によってその機械的性質もきわめて広い範囲で変化させることができる．

アルミニウムは全温度範囲を通じて面心立方晶で同素変態はなく，その二元合金状態図も図3・6に示したように，アルミニウム側はきわめて単純でAlベースの固溶体しか存在しない．したがってアルミニウム合金の熱処理といえば，この固溶体の濃度の温度変化を利用す

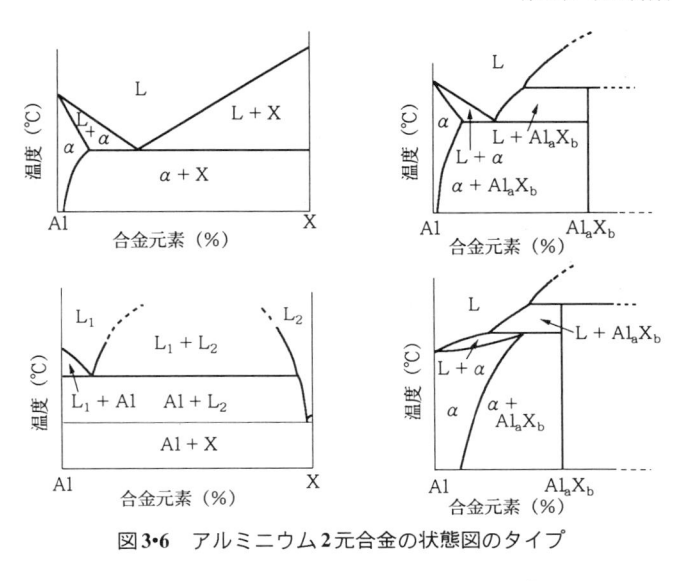

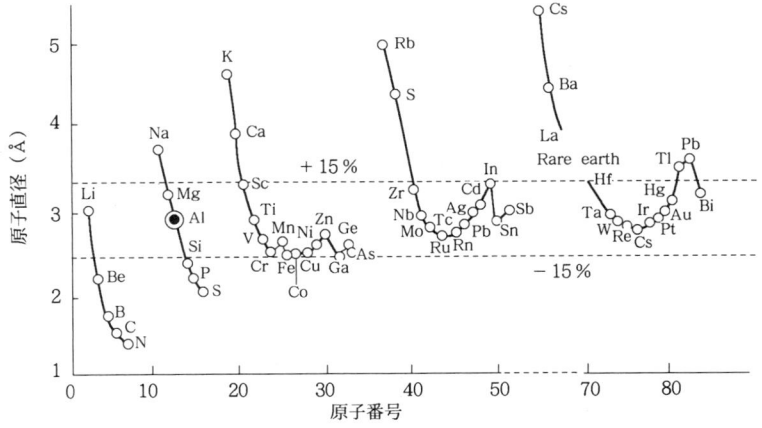

図3・6 アルミニウム2元合金の状態図のタイプ

図3・7 アルミニウムに対する合金元素の **15% size factor**

る方法しか考えられない.

アルミニウム合金の性質は,合金元素がアルミニウムにどのような固溶性を示すか,固溶度の温度変化はどうなっているかによって左右される.

ゴールドシュミット原子径と原子番号の関係を図3・7に示す.図中点線はアルミニウムの原子直径と15％の差を示す境界である.Hume-Rotheryによればこの範囲内に含まれ

表 3・5　アルミニウムに対する各種合金元素の固溶度　　wt %, ( ) = at %

元素	共晶温度 (℃)	共晶における固溶度 (wt %)	各温度における固溶度								
			650	600	550	500	450	400	350	300	250	200
Ag	566	55.6 (23.8)	1.9 (0.48)	17.6 (5.07)	52.7 (21.8)	28.7 (9.15)	15.7 (4.45)	8.1 (2.16)	5.05 (1.31)	3.15 (0.81)	1.87 (0.47)	1.03 (0.26)
Be	645	0.063 (0.188)	~0.040 (0.120)	0.024 (0.072)	0.014 (0.042)	0.009 (0.027)	0.006 (0.018)	0.005 (0.015)				
Cd	649	0.47 (0.11)	~0.45 (~0.11)	0.25 (0.06)	0.16 (0.04)	0.12 (0.03)						
Cr	661(P)	0.77 (0.40)	0.71 (0.37)	0.47 (0.24)	0.27 (0.14)	0.15 (0.08)	0.10 (0.05)	0.07 (0.04)				
Cu	548	5.65 (2.48)	0.50 (0.21)	2.97 (1.28)	5.55 (2.43)	4.05 (1.76)	2.55 (1.10)	1.50 (0.64)	0.85 (0.36)	0.45 (0.19)	0.20 (0.085)	
Fe	655	0.052 (0.025)	0.049 (0.024)	0.025 (0.012)	0.013 (0.006)	0.006 (0.003)						
Ga	26.6	~20 (8.8)	1 (0.4)	6 (2.4)	11 (4.6)	13 (5.5)	~15 (6.4)	~16 (6.8)	~17 (7.3)	~18 (7.8)	~18.5 (8.1)	~19 (8.3)
In	639(M)	0.17 (0.040)	0.10 (0.023)	0.13 (0.030)	0.08 (0.019)							
Li	600	4.0 (13.9)	~0.7 (~2.7)	4.0 (13.9)	3.4 (12.0)	3.0 (10.7)	2.6 (9.4)	2.4 (8.7)	2.2 (8.0)	2.0 (7.4)	1.8 (6.6)	1.6 (6.0)
Mg	450	14.9 (16.3)	0.6 (0.65)	3.6 (4.0)	7.0 (7.7)	10.6 (11.6)	14.9 (16.3)	11.5 (12.6)	8.7 (9.6)	6.3 (6.9)	4.5 (5.0)	2.9 (3.2)
Mn	658.5	1.82 (0.90)	1.67 (0.85)	1.03 (0.51)	0.65 (0.32)	0.35 (0.17)						
Ni	640	0.05 (0.023)	~0.025 (~0.011)	0.028 (0.013)	0.013 (0.006)	0.005 (0.002)						
Si	577	1.65 (1.59)	0.12 (0.11)	1.00 (0.96)	1.30 (1.25)	0.80 (0.77)	0.48 (0.47)	0.29 (0.28)	0.17 (0.16)	0.10 (0.096)	0.07 (0.067)	0.05 (0.048)
Sn	228.3	<0.01 (<0.002)	0.06 (0.014)	0.10 (0.023)		0.06 (0.014)		0.04 (0.009)		0.03 (0.007)		<0.01 (<0.002)
Zn	382	82.8 (66.4)	2.4 (1.0)	14.6 (6.6)	27.4 (13.5)	40.7 (22.1)	64.4 (42.7)	81.3 (64.1)	81.5 (64.4)	79.0 (60.8)	22.4 (10.6)	12.4 (5.5)
Zr	660.5(P)	0.28 (0.085)	0.25 (0.076)	0.15 (0.045)	0.08 (0.024)	0.05 (0.015)						

(P):包晶　(M):偏晶　　　　　　　　　　　　　　　　　　　　（アルミニウム加工技術便覧より）

る金属はアルミニウムに固溶しやすいことになるが，実際はあまりこの経験則はアルミニウムにはあてはまらない．

表3・5にアルミニウムに対する各種合金元素の固溶度をまとめた．この表と図3・7を比較すると，Zn，Ag，Mg，Li，Ga，Ge，Cu，Siは高い固溶性を示し，いずれも点線領域内にありHume-Rotheryの経験則との一致を示しているが，遷移元素系列はこの領域内にありながらきわめて固溶しにくい．上記8元素はZnを筆頭としてアルミニウムの合金元素として固溶体を形成しやすい重要なものである．実用合金としてはAl-Zn，Al-Mg，Al-Cu，Al-Siは重要な2元系として利用されている．固溶度の点では上の8元素より小さいが，遷移元素のMnは実用合金には多少は必ず添加されている重要な合金元素のひとつである．

表3・6　アルミニウム展伸材用合金 AA Number

AA記号	主要合金元素	備考
1×××	純アルミ	99.0％以上の純アルミニウム
2×××	Cu	強力アルミニウム合金，時効硬化性，耐食性劣る
3×××	Mn	1〜2％Mn，純アルミニウムより約20％強力，加工性，耐食性良好，汎用
4×××	Si	最高12％，鋳造性良好，溶接芯線，建築用，鋳物
5×××	Mg	0.3〜5.0％，Mg，耐食性良好，溶接しやすい
6×××	Mg + Si	時効硬化性，加工性，耐食性，溶接性良好
7×××	Zn	3〜8％Zn，少量のMg添加，時効硬化性，強力，溶接，押出性良好
8×××	その他	その他微量元素の添加 Bi，Pbは被切削性の改良，Beは溶接，鋳造時の酸化防止，Bは電気伝導性の向上，Tiは結晶微細化，Zrは耐熱性など

* 1桁目の数字は主合金元素
　2桁目は改良合金，純アルミでは純度
　3桁，4桁目は旧アルコア記号

　アルミニウム合金の名称は商品名，規格名などが雑然としていて，その統一は困難である．従来我が国ではアメリカ合衆国のアルコア（ALCOA）規格名などがよく使用されていた．アルコアは Aluminium Company of America 社の頭文字を取ったものである．最近はアメリカのＡＡ Number（Aluminium Association Number）を日本でも使用する場合が多い．この分類はアルミニウム合金を主要合金元素別に整理したものであって，主として展伸用合金に使用されている．鋳物用合金はまだ世界的な整理は行われていない．表3・6にＡＡ Numberを示した．この4桁の数字より合金組成の内容を判別する方法を参考のために説明しておく．

　最初の有効数字は表に明記したように1は99.0％以上の純アルミニウムで，2より8まで順次その主要合金元素がCu, Mn, Si, Mg, Mg + Si, Zn, その他となっている．2番目の有効数字は純アルミニウムではその純度，合金系では基本系に改良を加えた場合の印である．3，4番目は旧ALCOA規格のS記号をとったものである．たとえばALCOA 24 SはCuを主要合金元素とするいわゆるジュラルミン系の合金であったが，これのＡＡ NumberはＡＡ 2024である．またALCOA 3 SはMnを主要合金元素とするものであったが，これはＡＡ 3003となっている．ALCOAの"S"は展伸用を意味する．アルミニウム合金も冷間加工で強度を上げるものと，いわゆる時効硬化（age hardening）で強化するものがある．

表3・7 アルミニウムおよびその合金の熱処理質別記号と内容

質別記号	内容
F	製造のまま
O	焼鈍・完全再結晶状態（伸展材のみ使用）
H2	加工硬化後不完全焼鈍状態
H3	加工硬化後安定化熱処理
W	溶体化処理したもの（不安定状態）
T1	高温加工状態より冷却自然時効
T2	焼鈍（鋳物材のみ使用）
T3	溶体化処理後冷間加工
T4	溶体化処理後常温時効
T5	高温加工状態より冷却後高温時効
T6	溶体化処理後高温時効
T7	溶体化処理後安定化熱処理
T8	溶体化処理後，冷間加工，高温時効
T9	溶体化処理後，高温時効，冷間加工
T10	高温加工状態より冷間，高温時効後冷間加工
Tx*51	溶体化処理後引張り加工による応力除去
Tx52	溶体化処理後圧縮加工による応力除去
Tx53	特殊な熱処理による応力除去
Tx510	溶体化処理後引張り加工による応力除去，引張り加工後は矯正工程が入ってはならない
Tx511	溶体化処理後引張り加工による応力除去，引張り加工後，多少の矯正工程が入ってもよい

* xのところには，規定された熱処理記号を入れる．たとえばT451は溶体化処理後引張り加工による応力除去後常温時効を行うもの．高温時効を行えばT651となる．

後者を熱処理型合金とよび前者を非熱処理型合金として分類することもある．アルミニウム合金の製造状態を区別する記号を表3・7にまとめ，その内容に簡単な説明を加えた．この中でTのあるものは時効処理に関係したものであって，Tは英語のTemperの頭文字である．この中でO，H，T4，T6などは最も多く使用される状態である．

1・1・3・2　Al-Cu系合金

Cuは先にも示したようにアルミニウムに対しては7番目に固溶しやすく，アルミニウムを強化する合金元素として歴史的にも有名である．Al-Cu合金平衡状態図のアルミニウム側を図3・8に示した．なおAl側の拡大図は第Ⅰ部の図1・144にも示されている．

図からわかる重要な点は，Cuの固溶度はその共晶温度548℃で最大5.65wt％（2.48at％）であり，これ以上のCuはすべてAl_2Cu金属間化合物（θ相）の形で存在している．さらにこの固溶度は温度の低下とともに急激に減少し，250℃では0.2wt％（0.085at％）に低下する．これは析出傾向の強い合金系であることを示している．またその液相線と固相線の濃度差（あるいは温度差）が比較的大きい．このことはその凝固過程でミクロな偏析の起

りやすいことを暗示している．

Al-Cu合金の時効現象についての研究はきわめて多く，時効に伴う析出過程については多くのことが知られている．時効性アルミニウム合金の代表として，その析出過程について先に第Ⅰ部の3・9・3においても引用したがその要点を少し詳細に述べよう．

実用合金として重要な4wt％Cu合金の場合を中心にして考えたい．

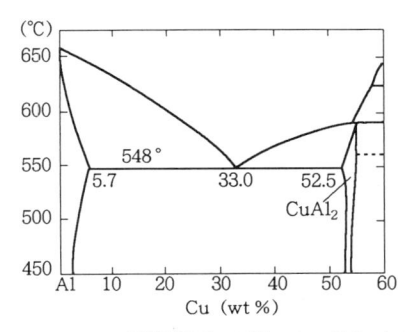

図3・8　Al-Cu系状態図(Al側，Cu～60％まで)

熱処理は合金をまず均一な過飽和固溶体の状態にするための均一固溶体領域での高温加熱と，その状態を室温にまでもちこすための焼入れ操作から始まる．この高温加熱と焼入れを含めて溶体化処理（solution treatment）とよぶ．この溶体化処理によってCu原子はアルミニウム格子内で均一分布をとり，高温度で存在した原子空孔が凍結された過剰空孔として室温にもちきたされることを理想としている．しかし高温度でもCu原子の分布にはある程度のゆらぎがあり，急冷中にもある程度のCu原子の集合傾向が起る．他方過剰空孔の移動消滅が部分的に進行することによって複雑な2次欠陥が形成されることなどがあり，実際には理想的な均一状態からのずれが存在している．これらのことが以後の析出過程に微妙な影響を及ぼす結果となり重要であるが，まだその実体は完全には把握されていない．溶体化温度（solution temperature）は一般には共晶温度よりわずかに低いところが選ばれる．4％Cu合金の場合ならば約500℃付近である．これが高くなって共晶温度を越すと，Cu原子のミクロ偏析で最大固溶度を越した部分は溶解することがある．このような理由で溶体化処理により結晶粒界などで局部的溶解を起すことがあり，これをバーニング（burning）と呼んでいる．バーニングを起した粒界は材料の欠陥となり，以後の熱処理では回復不能であるから注意が必要である．

つぎに溶体化処理した合金を時効処理することによって析出を促す．室温放置の時効は常温あるいは室温時効（room temperature aging），また自然時効（natural aging）ともよぶ．場合によっては室温よりやや高い温度に加熱することがある．これを焼もどし時効（temper aging）または人工時効時効（artificial aging）とよぶ．4wt％Cu合金ならば約150℃付近である．学術的には低温時効と高温時効で区別することがある．工業的な室温時効および人工時効とはその意味するところが多少異なっている．つぎに説明するG-Pゾーンのような，再加熱によって溶入消失する，すなわち復元（reversion）を示す析出物を形成する時効を低温時効とよび，復元を示さない析出物を形成する時効を高温時効とよ

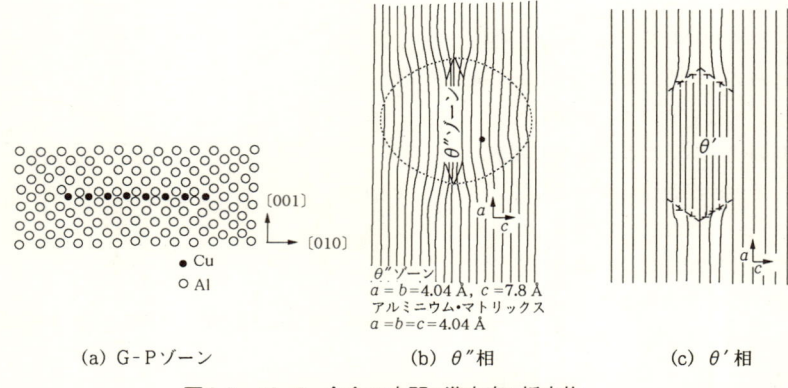

(a) G-Pゾーン　　　　　　(b) θ''相　　　　　　(c) θ'相

図3・9　Al-Cu合金の中間(準安定)析出物

θ''ゾーン
$a=b=4.04$ Å, $c=7.8$ Å
アルミニウム・マトリックス
$a=b=c=4.04$ Å

● Cu
○ Al

んでいる．低温時効では多くの場合，初期に電気抵抗の増加を示すが，高温時効では抵抗の減少を示すのが一般的である[3,4,5,6]．

　Cu原子は時効の進行とともにに析出の方向へと拡散を起し，ほぼ均一だったCu原子の濃度ゆらぎが次第に増幅される．この場合新しい結晶構造を持った相は現れず，きわめて微細なCu原子濃度の高い部分と低い部分に分かれている．これは濃度波という表現をとってもよいし，またCu原子集合体（cluster）という粒子的表現をとってもよい．Guinier-Preston zoneもこのようなある状態に相当する．Al-Cu合金の場合は，従来からCu原子のほぼ単原子層からなる大きさ数10Åの板上に近いものとされている．これがさらに時効が進行すると，Cu原子層の厚さの方向に変化が起り，Cu原子層の積み重なり方にある規則性を持つようになった状態になる．この状態のものをG-P〔Ⅱ〕（あるいはθ''）とよび，初期の単原子層のものをG-P〔Ⅰ〕として区別する．さらに時効の進行とともに，安定相Al_2Cu（θ相）と同一組成ではあるが，母相との部分的な結びつきの関係でその格子が多少ゆがんでいる中間相θ'が形成されるようになる．

　図3・9の(a)にG-PゾーンのCu単原子層を示した．板面は母相の〈100〉に垂直な方向である．G-Pゾーンと母相は完全に格子面がつながり整合状態（coherent）であるが，板面に垂直方向のひずみが大きい．(b)にG-Pゾーン〔Ⅱ〕あるいはθ''とよばれる析出状態を示した．析出相中のCu原子層は多層でその並び方に規則性を持つ，この状態も完全に整合性が保たれている．(c)はθ'相で母相との整合性は部分的に失われる．図3・10にG-Pゾーン〔Ⅰ〕→θ''への変化過程を示した．図3・11にAl母格子とθ相格子およびその結びつきの方位関係を示した．安定相θは普通の時効条件ではきわめて現れにくく，一般

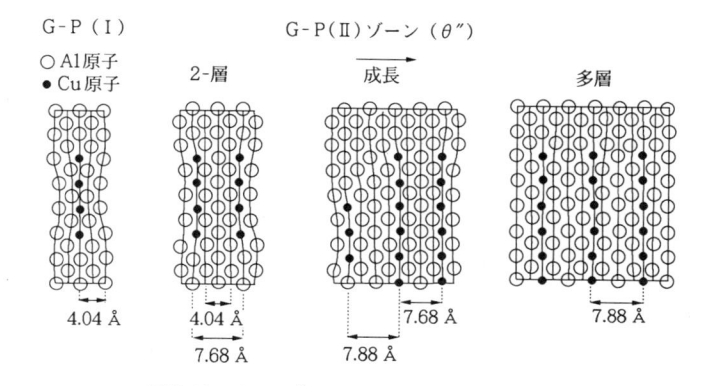

図3・10 G-Pゾーンのθ″相への移行模型

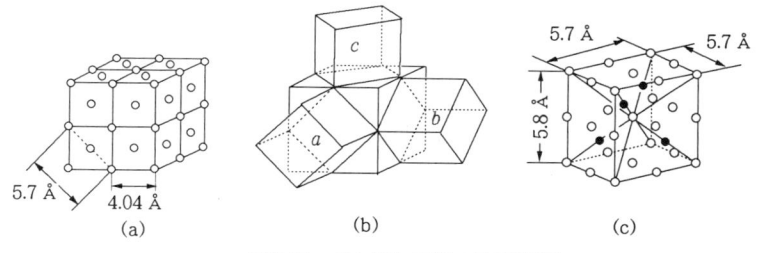

図3・11 θ′相と母相の位置関係

に極端な過時効（over-aging）状態で形成される．このように時効の温度と時間によって析出状態は変化するが，それに伴って合金の物理的，化学的および機械的性質にも大きな変化が現れてくる．時効に伴う硬さの変化は第Ⅰ部3・9・3の図1・145および図1・146に示した．Al-4wt%Cu合金の時効に伴う硬さの変化は，上に述べたような複雑な析出段階を反映して，単純な単調増加ではない．第1段階の硬さのピークはG-Pゾーン［Ⅰ］の形成により，第2段階の硬化はG-Pゾーン［Ⅱ］とθ′相によるものと考えられている．また第2段階の硬化のピーク後には軟化を示すが，これはθ′相の粗大化によるもので，さらに後期には安定相θの析出も起り，過時効軟化過程に移行する．

　この析出過程は合金濃度によっても変化し，一般に高濃度合金ほどG-Pゾーンの形成がさかんに起る．またこのG-Pゾーン形成段階が材料としては最も強力な状態であるので，アルミニウム合金の熱処理による強化はこのような状態を目的として処理条件が設定されることが多い．

　Al-Cu2元合金は室温での時効速度が遅く，実用合金としてはMg 0.5wt%程度加えたジ

ジュラルミンとして高力アルミニウム合金に利用されることが多い.

単純な2元系は展伸材として利用されることは少なく，主として自動車用鋳物としてアメリカなどで広く使われていた．12％CuのようにCu量が多いものはピストン材料などに使用されたことがある．現在も4〜5wt％Cu合金が鋳物用として使用されている．凝固収縮による亀裂が発生しやすいのでSiなどの添加を行う．また結晶微細化の目的で少量のTiの添加も行われている．熱処理はおもにT6処理である．4〜5wt％Cu合金鋳物でT6処理をほどこせば約25kgf/mm^{2}の強さが得られる．

我が国ではJISアルミニウム合金鋳物第1種に含まれている．

Al-Cu-Mg合金

Al-Cu合金は少量のMgを添加した状態で展伸材として最も広く実用化されている．この系はWilmにより開発されたジュラルミンで代表されるものであって，強度を目的とした展伸用アルミニウム合金の大部分がこの系に属している．

Al-Cu系にMgを添加すると，その室温における時効挙動は大いに促進される．大体の傾向として，添加Mg量が少ない時はAl-Cu2元系のG-Pゾーン，θ''，θ'の形成に従うが，Mg量が増加してくると，主要な安定析出物はAl$_2$CuMgの組成をもつ3元化合物S相に変り，その中間の準安定析出相もG-Pゾーン，S''，S'になる．この場合のG-PゾーンはG-PBゾーン［Ⅰ］，S''はG-PBゾーン［Ⅱ］ともよばれる．

G-PBゾーン［Ⅰ］については不明な点も多く，Silcock[7]は針状ゾーンを考え，Gerold[8]等は{100}$_{Al}$に平行なMg原子とCu原子面よりなる規則化した球状G-Pゾーンを考えている．

Mgの中間添加量ではAl-Cu2元系とAl-Cu-Mg3元系の両方の析出挙動が混在する．

実用Al-Cu-Mg系合金の範囲は，

Cu：2.0〜4.9wt％，Mg：0.2〜1.8wt％,

Si：0.2〜0.8wt％，Mn：0.2〜1.1wt％,

である．

Al-Cu-Mg系が主体であるが，Mn，Siを少量含むことが多い．Mnはたいていのアルミニウム合金にはこの程度添加されているが，この場合もインゴット組織の微細化，溶体化処理時の結晶粒の粗大化の防止などの効果が期待される．SiはMg$_2$Si化合物の析出効果，不純物Feの害の減少などの意味を持っている．

実用合金の熱処理は，480〜505℃で溶体化処理を行い，水冷後室温時効する．この系に属している代表的な合金は，標準組成がAl-4wt％Cu-0.5wt％Mg-0.5wt％Mnのジュラルミン（AA2017，旧JIS高力アルミニウム合金第2種）とAl-4wt％Cu-1.5wt％Mg-0.5wt％Mnの超ジュラルミン（Super Duralumin, SD）（AA 2024，旧JIS高力アルミ

ニウム合金第4種)の二つが有名である.前者では室温時効により約40kgf/mm^2,後者では約50kgf/mm^{2}の引張強度が得られる.

この他にジュラルミン系のSi量を約0.8wt％に増加し,約175℃の人工時効でMg$_2$Si系の析出効果を考慮したAA 2014(旧JIS高力アルミニウム合金第1種)がある.

この種の合金は強力であるが耐食性に劣る.純アルミニウムなどの耐食性に富む板を表面にクラッドした複合材として使用されることもある.

太平洋戦争中日本は資源不足のため,航空機用アルミニウムの欠乏に苦しんだが,その時地金の不純化でFe, Siが増加した.ジュラルミンにおけるFe, Si許容量についての研究の結果,Cu約4.4wt％,Mg約0.9％,Mn約0.8％,Fe<0.8wt％,Si約2wt％,Zn<1wt％のND合金(Nippon Duralumin)が開発されたこともある.その強度は約44kg/mm^{2}程度であった.

Al‐Cu‐Mg‐Ni合金

この合金の標準組成は,Al-4wt％Cu-1.5wt％Mg-2wt％Niである.AA 2024の超ジュラルミンにNiを添加した形式である.イギリスのRosenhainの発明になる合金であり,通常Y合金とよばれている.JISではAC 5として耐熱性合金鋳物に含められ,主として鋳物として使用されてきたが,熱間加工も比較的容易であるので鍛造用合金としても広く利用されている.

合金元素はCu, Mg, Niであるが,このほか不純物としてSi, Feなども含まれている多元系合金で複雑な組織を示し不明の点が多い.かつては析出硬化要素としてθ相(CuAl$_2$),S相(Al-Cu-Mg系),Y相(Al-Cu-Ni系),その他Si不純物に由来するMg$_2$Siなどが考えられ,Y合金の名称はこのY相から始まっている.しかしその後の研究でNiに関係した相としてAl$_3$Niとτ相が見出されている.不明な点が残されているが硬化の主役はS相の析

表3・8 耐熱性アルミニウム合金鋳物

合金名	状　態	試験温度 (℃)	引張強さ (kgf/mm^2)	耐力 (kgf/mm^2)	伸び率 (％)
Y合金	金型鋳物 T5 (溶体化なく170℃時効)	25	28.0	23.9	1.0
		316	6.3	3.5	30.0
	鍛造材 T6 (510℃溶体化,水焼入れ,170℃時効)	25	42.3	33.0	17
		316	4.2	2.8	55
RR59	金型鋳物 T6 (530℃溶体化,湯水焼入れ,170℃時効)	20	41	30	7.5
		250	20	18	21.2

出であろう．Niは耐熱性の向上という点で考慮されている．室温での自然時効で充分の強度が得られるが，高温使用時の安定性などの考えから約200℃での人工時効を行うこともある．その機械的性質は表3・8に示した．

その主要な利用分野は軽量と耐熱性の要求のある自動車，航空機などのピストン，シリンダーヘッドなどである．

Y合金にFeおよびTiを添加してさらにその高温強度を向上させたものにイギリスRolls Royce社のRR合金とよばれるものがある．Tiの添加は鋳物の組織を微細化し，再結晶温度を高くする傾向がある．Feは微細析出による耐クリープ性の向上効果が考えられる．性能の最もよいRR59合金の標準組成は，Al-2.1wt％Cu-1.5wt％Mg-1.0wt％Ni-0.9wt％Fe-0.2wt％Tiである．530℃付近より温水中に焼入れ，170℃×20時間の人工時効を行って使用する．その機械的性質は表3・8に示した．

このほかコビタリウム（Kobitalium，神戸製鋼所）という合金はY合金＋Ti 0.2wt％＋Cr 0.2wt％の標準組成を持っている．

1・1・3・3　Al-Mn系合金

アルミニウムの展伸材の組成を検討すると，大部分の合金には約0.5wt％程度のMnが添加されていることがわかる．これは図3・12に示したAl-Mn系状態図からもわかるように，Mnはアルミニウムに固溶しにくい遷移元素の中でも，比較的よく固溶してアルミニウムの固溶強化作用があり，耐食性には悪いとされているFeの悪影響を緩和するからである．Al-Mn合金はJISで耐食性アルミニウム合金に分類されている．

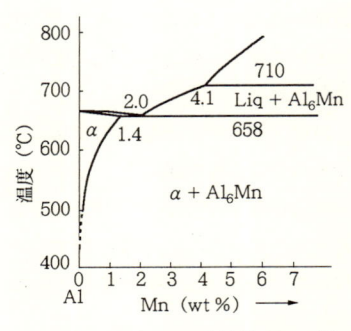

図3・12　Al－Mn系状態図(Al側)

図3・12を見ると，658℃に共晶があり，共晶組成はMn約2.0wt％，共晶温度における固溶限は約1.4wt％である．この合金は高温より凝固の際強制固溶体を形成しやすく，$\alpha + Al_6Mn$の共晶形成が阻止されやすい．この状態の方が性質がよく，Al_6Mnの析出状態の方が性質がよくない．Fe，Siなどが共存するとAl_6Mnの析出が促進される傾向があるといわれている．

実用合金の組成範囲は0.8〜1.5wt％Mnであって，加工性，耐食性に富み，強さは純アルミニウムより約20％ほど高い．

AA3003（AlCOA3S，JIS耐食アルミニウム合金第3種）はMn1.0〜1.5wt％を含む非熱処理型耐食性アルミニウム合金であって，従来より純アルミニウムと同様な用途に広く利

表3·9　AA 3003（JIS耐食アルミニウム合金第3種）の機械的性質

状態	引張強さ (kgf/mm²)	0.2％耐力 (kgf/mm²)	伸び率 (％)	硬さ (HB)
なまし材	10～14	4～8	20～35	25～35
冷間加工材	16～25	13～21	3～7	40～60

用されている．台所用品，建材などに使用されることが多い．その機械的性質の一例を表3・9に示した．

1・1・3・4　Al-Si系合金

Siはアルミニウムの地金中の主要な不純物としてFeとともに実用合金には必ず含まれている．このごく微量のSiは大部分アルミニウム中に固溶するか，Al-Si-Fe系の化合物として析出している．

Al-Si系状態図を図3・13に示した．単純共晶系であって，AlとSiの間には金属間化合物は存在しない．共晶温度は577℃，共晶組成は11.7wt％Si，共晶温度におけるAl中の固溶度は1.65wt％（1.59at％）である．原子％で比較するとAl中への固溶量は第8番目でCuの次に位置する．その固溶量は温度の低下とともに大きく減少し時効によるSiの析出現象は起るが，機械的性質に対する寄与は小さい．

実用Al-Si合金の代表は共晶組成付近のSi量を含むシルミン（Silumin）である．この合金名は1921年頃，フランスのPaczによって付けられた．

Paczはこの合金を溶解し，その鋳造直前に溶剤としてNaFを少量添加すると，共晶中のSiが微細化され組織が非常にち密になることを発見した．これをシルミンの改良処理（modification）とよび，その後この合金では広く応用されている．溶剤の代りに0.05～0.1wt％程度の金属Naでもよい．急冷あるいは改良処理によって共晶過冷現象が起りやすく，共晶温度は約15℃低くなり，共晶組成も

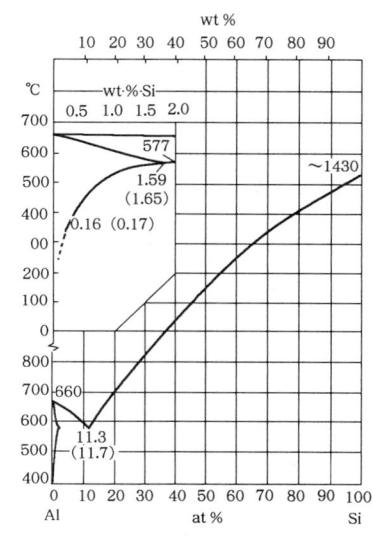

図3·13　Al-Si系状態図
（金属データブックより）

約14wt％Siに移行する．したがって過共晶組成合金でもアルミニウムのαの初晶が現れることがある．

この合金は湯流れがよく，複雑な形状の鋳物，その他耐圧鋳物にも適しているので，代表的な鋳物用合金として用途が広い．合金元素量の多い割合には，耐食性も良好，電気および熱伝導性もよい．またアルミニウム合金としては熱膨張係数も小さい方である．

シルミンに少量の合金元素を添加してその強化をはかった合金の研究が昔から行われている．CuやMgを少量含むものが知られているが，前者は含銅シルミン，後者ではシルミンγあるいはシルミンβなどの名称で実用化されている．シルミンγはシルミン＋0.3wt％Mn＋0.5wt％Mg合金でT6（510〜520℃溶体化，水冷，150〜165℃時効）状態のものを，シルミンβはT5状態のものをいう．

シルミンは高温における強度の低下が少なく，熱膨張係数が小さいという特徴がある．この高温特性をさらに強調するためCu，Ni，Feなどを加えたピストン材料がある．

ローエックス（Lo-Ex）合金はAl-12wt％Si＋0.8〜0.9wt％Cu＋1.0wt％Mg＋2〜2.5wt％Ni-1wt％Feの組成をもったこの種のピストン用合金で，Lo-Exはlow expansionの略であり，鍛造材としてピストン用の耐熱合金として使用されている．

過共晶シルミン（hyper eutectic Silumin）では大きいケイ素の初晶が現れる．これを何らかの方法で微細化する必要があるが，ナトリウム化合物の溶剤としての添加はこの目的にあまり有効でない．この目的にはPの添加が有効とされている．Pはリン銅の形かPCl_5で添加する．

アルミニウムの構造物の溶接には溶接棒としてAl-約5％Si合金が使用されることが多い．

Al-Si-Cu合金

この合金はAl-12wt％Si合金のSi量の一部分をかなり多量のCuで置き換えた組成範囲をもっている．JISではAl-Cu鋳物用合金をAC1とし，この系をAC2としているので，Al-Cu系に多量のSiを加えその鋳造性を改良した鋳物用合金として分類している．通称ラウタル（Lautal）とよばれ，4〜7wt％Si，3〜4wt％Cuの組成範囲である．鋳造性に富み，強度が高い．Cuを含むので耐食性はよくない．ダイカスト鋳物として自動車部品，機械部品に多量に使用される．JIS規格のAC2AはAl-3wt％Si-4wt％Cu，AC2BはAl-6wt％Si-3wt％Cuの組成であり，この2種類が代表的なラウタルである．前者は鋳造のままで14kgf/mm²以上，T6処理で22kgf/mm²以上の性質を持っている．後者も大体同様である．

1・1・3・5　Al-Mg系合金

MgはZn，Agに次いでアルミニウム中には固溶しやすい合金元素である．したがってAl-Mg合金はかなり広い組成範囲で実用化されている．図3・14にAl-Mg系平衡状態図を

示した．

450℃に共晶があり，その温度における固溶度は17.4wt％，約100℃でも約1.9wt％のMgが固溶する．α相と平衡するβ相はAl$_3$Mg$_2$の組成を中心としたある程度の組成範囲をもった金属間化合物である．

Al側の液相線と固相線がかなり大きく離れているので，その鋳造組織には偏析が起りやすく，低Mg合金でもβ相を含むことがある．β相を含むと耐食性なども低下するので，その実用組成範囲はせいぜい10wt％程度までである．

従来Mgを比較的多く含む合金はヒドロナリウム（Hydronalium）とよばれ，純アルミニウムより耐海水性に富むといわれている．その優れた耐食性

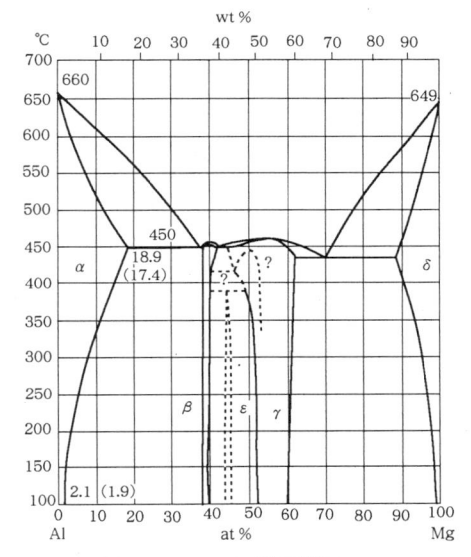

図3・14 Al-Mg系状態図
（金属データブックより）

も地金純度が低下して不純物のCu，Feなどが増加すると急激に低下する．したがってこの合金系の純度はできるだけ高いことが望ましい．

その状態図を見ると固溶度の温度変化を大きく示しているから，当然時効による熱処理効果が期待できそうであるが，実際はβ相の析出段階であまり硬化を示さない．中性子小角散乱では比較的大きいG-Pゾーンの存在が認められ，また中間相β′も考えられている．したがってこの系の展伸材は非熱処理型としてもっぱら加工硬化による強化法をとっている．

また一般にMg量の多いアルミニウム合金では，その溶解の際Mgの燃焼による損失が大きい．また鋳型内でも付着している湿気や空気などと反応を起す．その溶解にはMgCl$_2$を主体にした溶剤が添加されたが，最近は合金中に微量のBe（0.004wt％程度）を添加することによってMgの燃焼を防止できるようになった．

展伸材はMgがせいぜい5wt％までであるが，Mg量と加工材の性質を表3・10に示した．

Al-4.5wt％Mg合金の焼なまし材は最近その低温特性が評価され，LNG用タンクなどの低温用溶接構造物などに賞用されている．

鋳物用合金としてはMg5wt％，10wt％合金が使用されている．これらの高Mg合金では使用中室温よりやや高い温度で長時間保たれるとβ相の粒界析出などが起り，応力腐食割

表3・10 Al-Mg合金加工材の機械的性質

Mg (%)		引張強さ (kgf/mm^2)	0.2%耐力 (kgf/mm^2)	伸び (%)	硬さ (HB)
1	軟	10〜15	4〜8	18〜32	30〜40
	硬	16〜26	14〜24	3〜10	50〜70
2	軟	15〜20	6〜10	17〜30	40〜55
	硬	21〜28	16〜25	3〜 8	60〜70
3	軟	18〜23	8〜12	15〜27	45〜55
	硬	26〜34	18〜30	3〜 8	75〜85
5	軟	24〜30	11〜16	15〜25	55〜65
	硬	32〜40	24〜36	3〜 9	90〜95

れを起しやすいので注意が必要である．架線金具，舷窓，タンクカバー，光学機械フレーム，ケースなどに使用されている．

Al-Mg-Mn合金

Al-Mg系にMnを少量添加すると，Feなどの不純物の害を緩和することができるといわれている．Mnの添加量は0.5〜1.5wt%程度である．AA 5454，5083，5086などがある．また古くから知られている合金でK. S. Seewasser合金（Mg 1.0〜2.0wt%，Mn 1.0〜2.0wt%，Si 0.3〜1.0wt%，Sb＜1.0wt%）とよばれるものがある．Sbの微量添加は耐海水性を増すといわれている．

1・1・3・6 Al-Mg-Si系合金

アルミニウム展伸材ではMgとSiが同時添加されることが多い．MgもSiもアルミニウムによく固溶するが，共存する時はMg$_2$Siという化合物を形成しやすい．Al-Mg$_2$Si系は擬2元系を形成し，そのAl側の状態図を図3・15に示したが，共晶温度は595℃，その温度における固溶度は1.8wt%Mg$_2$Siである．室温付近では0.1wt%以下に減少する．したがってAl-Mg-Si合金は時効硬化性を示す．

この合金の析出過程には，針状のG-Pゾーン，規則化したG-Pゾーン，β'中間相，β相（Mg$_2$Si）などの準安定相および安定相が見出されている．中間相β'は棒状，安定相βは板状である．

この合金のMgとSi量の関係がMg$_2$Siの組成比よりMg量が多いと，Mgの固溶によってMg$_2$Siの固溶量は減少しその時効硬化性も減退する．Siが過剰の場合はそのような影響は少なく，かえってSiの析出相がMg$_2$Siの析出のための核的作用を行い，析出がかえって促進されるといわれている．

この合金は溶体化処理後の室温放置時間が長いと，焼もどし時効における硬化量が減少す

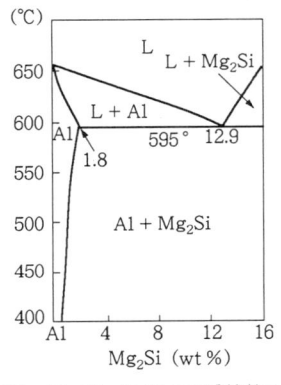

図3・15　Al-Mg₂Si擬2元系状態図(Al側)

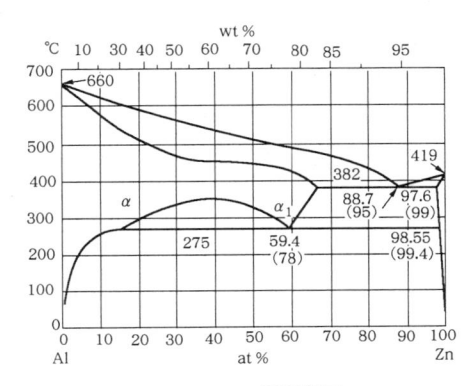

図3・16　Al-Zn系状態図
（金属データブックより）

るという興味深い時効挙動を示す。この2段時効（split aging）特性は，学問的および実際的な両面から研究の対象となった。このような溶体化後の時効処理のヒストリーが最終的な時効に影響を残すことは当然の結果ではあるが，種々の準安定相間の析出関係を考えるときの貴重な情報を提供するので興味深い。

Al-Mg-Si系の時効は室温付近でも進行するのであるが，その飽和値に達するのにきわめて長時間を必要とする。そこで一般には人工時効を行う。そのT6処理のプロセスは，520〜550℃で溶体化を行い，水中急冷後160〜230℃で人工時効を行うのが一般的である。アルミニウム合金としては中程度の強さを有し，Cuを含まないので耐食性はよく，電気伝導性も高い。アルドライ（Aldrey）とよばれる合金はかなり以前より強力アルミ電線として使用され，その標準組成はAl-0.4wt%Mg-0.6wt%Siである。AA6061はMg0.8〜1.2wt%，Si0.4〜0.8wt%，Cr0.04〜0.35wt%の組成を持ち，そのT6材は30kgf/mm^{2}以上の強度を示す。建材などに広く利用されている。

1・1・3・7　Al-Zn系合金

ZnはアルミニウムIに対する固溶度の最も大きい合金元素である。Al-Zn系平衡状態図を図3・16に示した。382℃に共晶があり，その温度におけるZnの固溶度は82.2wt%，275℃に偏析反応があり，この場合のα相の組成は31.6wt%Znである。またα相の組成は100℃付近で4.0wt%Znに低下する。この合金はきわめて時効硬化性が大きい。Al-Zn2元合金としてはあまり利用されていないが，Al-Zn-Mg系合金のいわゆる3元合金，Al-Zn-Mg-Cu系の超々ジュラルミン（ESD, Extra Super Duralumin）がよく知られている。

Al-Zn合金

Al-Zn系は上述したように過飽和固溶体の分解初期過程の研究対象として従来より多くの研究報告がある．G-Pゾーンはほぼ球状でその形成過程はスピノーダル的であると考えられる．X線小角散乱法（small angle X-ray scattering）を用いた研究が多いが，その一例を図3・17[9]に示した．各時効温度における小角散乱の積分強度Q_0とギニエー半径R_gの時間的変化を示したものである．Q_0はG-Pゾーンあるいはスピノーダル分解量を示し，R_gはそのG-Pゾーンの大きさあるいは濃度ゆらぎの振幅を示すものと考えられる．

Al-Zn合金は古くからドイツ，イギリスなどヨーロッパ諸国で実用されている．わが国ではあまり使用されていない．この2成分系にCuを添加したものがドイツ，イギリスで実用化されている．

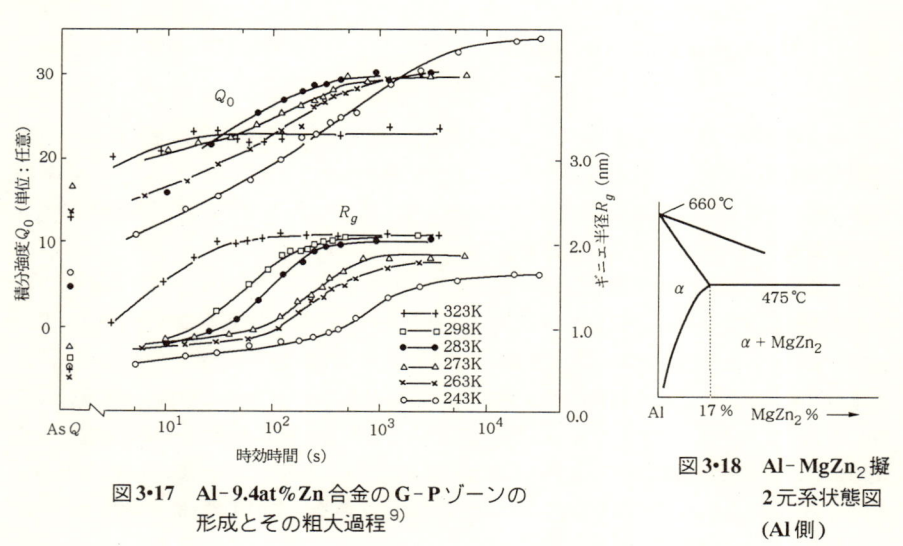

図3・17 Al-9.4at%Zn合金のG-Pゾーンの形成とその粗大過程[9]

図3・18 Al-MgZn$_2$擬2元系状態図（Al側）

Al-Zn-Mg合金

Al-Zn-Mg 3元系にはAl-MgZn$_2$の擬2元系が成立する．その擬2元系を図3・18に示したが，かなり大きい固溶度変化をもっている．古くからこの系合金の時効硬化性についてはよく知られていたが，主として応力腐食割れ（stress corrosion cracking）が著しいので実用化が遅れていた．その後Mn，Crなどの微量添加でこの欠点が克服され3元合金として展伸材および鋳物の両面で実用化段階に入った．

この合金の析出過程は大体次のように考えられている．そのG-Pゾーンは大体球形に近く，さらに規則化したG-Pゾーン，中間相η'，安定相η（MgZn$_2$）などが析出する．約450

℃で溶体化後，これを水中に急冷しても，空中放冷しても，同様に室温時効が進行するという特徴を持っている．つまりこの合金は焼入れ速度にはきわめて鈍感である．一般に時効性合金は，溶接部の劣化のために溶接構造には不向きとされているが，この3元合金は空冷でも焼きが入るので溶接構造に使用される．その加工性は良好で，特に押出し加工性がよいので量産に適している．耐食性はAl-Mg-Si系よりは劣るが，Al-Cu-Mg系よりはよい．AA 7N01はZn 4.0〜5.0wt％，Mg 1.0〜2.0wt％，Mn 0.2〜0.7wt％，Cr 0.3wt％以下という組成であるが，溶接構造用材料として広く利用されている．Crの代りにZrの添加も応力腐食割れ防止に非常に有効である．

Al-Zn-Mg-Cu合金

この合金は日本では超々ジュラルミンの名称で知られていて，アルミニウム合金中では最強の材料である．日本では1940年頃初めて実用化に成功したが，それほど広くは使用されなかった．アメリカで開発されたAA 7075はこれとほとんど等しい組成のものである．その組成はAl-5.5wt％Zn-2.5wt％Mg-1.5wt％Cu-0.3wt％Cr-0.2wt％Mnである．450〜470℃で溶体化を行い，120〜140℃で時効すると60kgf/mm^{2}の強さを得る．

Al-Zn-Mg-Cu系の時効現象はその組成によって複雑である．Znが多いときはη相（$MgZn_2$），あるいはω相（$Al_2Mg_3Zn_3$）のような化合物の析出を行うが，Cuが多いとθ相（Al_2Cu）あるいはS相（Al_2CuMg）などの析出がおこる．

この合金は耐食性が悪く，応力腐食を起しやすいので，一般にクラッド材として使用される．表面にかぶせる板はAl-1〜3wt％Zn合金である．

日本では第二次世界大戦中にCuを節約し，押出し性の向上を目的としてHD合金が開発されたことがある．委員会の長であった本多光太郎にちなんでHonda Duraluminと名づけられたのでこの名称が残っている．この合金の組成は，Cu＜0.8wt％，Mg 1.5〜2.5wt％，Zn 5.0〜5.8wt％，Mn 0.3〜0.8wt％，Cr 0.1〜0.4wt％，Fe＜0.6wt％，Si＜0.5wt％であった．この合金も400〜440℃溶体化，110〜130℃時効で50kgf/mm^{2}以上の強度を示した．

1・1・3・8　Al-Li合金[10]

Liは先に示したように，アルミニウム中への固溶度はMgに次いで4番目に多い合金元素である．従来はLiという金属の特殊性のために実用的観点からの研究は少ない．その状態図を図3・19[11]に示した．

約600℃において最大固溶度は4wt％（13.9at％）であり，200℃付近では1.6wt％（6.0at％）に低下する．α相より析出する安定相δはAlLiの組成を示すが，準安定析出相としてδ'相（Al_3Li）の存在が図中には示されている．δ'相は$L1_2$型の規則構造を持つものと考えられている．δ'相の析出によって硬化はするが，非常にもろくなる傾向がある．

AlへのLiの添加は軽量化と剛性の向上には有望であるので，Al-Li2成分系としてよりも，従来の高力アルミニウム合金への添加によって，その比強度と比弾性率の一層の向上をねらった応用面が考えられている．

　航空機用構造材料としては，従来はアルミニウム合金がその主流を占めてきたが，新しい複合材料で徐々に置き替えられつつあるのが現状である．現在アルミニウム合金のこの方面での占有率は80％台を保っているが，1990年代では10％台に落ち込むという予測がある．これは主として比強度および比弾性面で，アルミニウム合金の優位性が問題になってきたのが原因である．そこでLiによる軽量化が考えられているのが現状であって，さらに靭性改良の目的でZrの微量添加が同時に研究されている．そのいくつかの例を表3・11に示した．

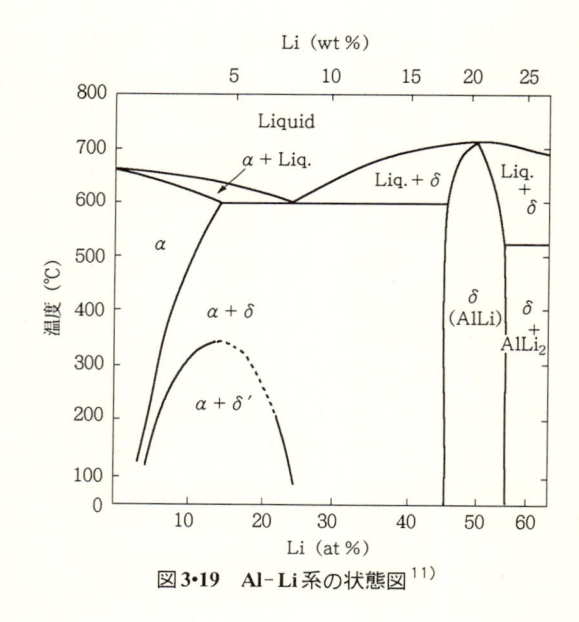

図3・19　Al-Li系の状態図[11]

1・1・3・9　その他のアルミニウム合金

導電用アルミニウム合金

　純アルミニウムは純銅の64％の電気伝導性を示し，工業用金属材料としては有望な電気の導体である．したがってアルミニウム地金の高純化が進むにつれて，アメリカ合衆国のAlcoa社が大量にAAC (all aluminium conductor) 送電線を使用し始めたのが1898年頃である．その後1908年頃ACSR (aluminium conductor steel reinforced) 線が導入されてより，銅線に代りアルミニウムの送電線への使用は飛躍的に増大した．ACSRはアルミニウムと鋼線の複合撚線であるが，アルミニウム合金のみで強度を持たせるという観点よりヨーロッパではAl-Mg-Si系の時効硬化性合金を主体とした数種の合金が研究され，1920年頃よりアルドライ（Aldrey）がスイスで，アルメレック（Almelec）がフランスなどで実用化され始めた．これがAAAC (all aluminium alloy conductor) 線の歴史であるが，いずれもAl-0.4％Mg-0.6％Siに近い組成である．その性質は硬アルミ線の引張強さ17〜19kgf/mm^2，導電率約61％IACSに対して，31.5kgf/mm^{2}以上，52％IACS以

表 3·11 開発の進められている代表的な Al-Li 系合金の材料特性[10]

＊ 押出し材：E

合金	組成 (wt %)	製法	形態*	質別	引張特性 引張強さ (kgf/mm^2)	引張特性 耐力 (kgf/mm^2)	引張特性 伸び (%)	靭性 K_{IC} $mm^{-3/2}$	密度 ρ g/cm^3	ヤング率 E (kgf/mm^2)
米空軍 A	3.3Li, 1.4Cu, 1.0Mg, 0.2Zr	P/M	E	T6	50.0	42.0	7.4	—	2.54	—
〃 B	1.6Li, 3.0Cu, 0.8Mg, 0.2Zr	P/M	〃	T8	63.5	56.6	10.6	—	2.64	7,850
Alcoa A (8090 A)	2.4Li, 1.4Cu, 1.2Mg, 0.11Zr	I/M	〃	—	48.5	40.8	9	147	2.55	8,020
〃 B (2090)	2.2Li, 2.7Cu, 0.11Zr	〃	〃	T8	58.0	54.0	7.9	137	2.59	8,010
〃 C (8192)	2.6Li, 0.5Cu, 1.1Mg, 0.11Zr	〃	〃	T6	45.1	31.9	5	—	2.52	8,330
〃 D (8092)	2.4Li, 0.6Cu, 1.1Mg, 0.11Zr	〃	〃	—	49.7	41.4	7.5	146	2.55	8,020
Alcan A (8090)	2.4Li, 1.3Cu, 0.9Mg, 0.10Zr	〃	〃	T6	50.5	45.9	6	119	2.54	8,060
〃 B (8091)	2.6Li, 1.9Cu, 0.8Mg, 0.12Zr	〃	〃	T6	57.6	54.0	5	77	2.55	8,160
〃 C (8090)	2.4Li, 1.3Cu, 0.9Mg, 0.10Zr	〃	〃	T3	47.9	40.3	6	129	2.54	8,060
Pechiney, CP 271 (8090)	2.4Li, 1.3Cu, 0.9Mg, 0.10Zr	〃	〃	T8	51.0	46.4	7	106	2.54	8,260
〃 CP 274 (2091)	2.0Li, 2.1Cu, 1.5Mg, 0.10Zr	〃	〃	T8	46.4	34.6	11	125	2.58	7,960
〃 CP 276	2.2Li, 2.9Cu, 0.6Mg, 0.10Zr	〃	〃	T8	61.7	60.7	7	—	2.73	8,160
01420	5.5Mg, 2.1Li, 0.6Mn, 0.18Zr, 0.18Cr	—	—	—	47.6	33.5	9	—	2.47	7,530
2020	4.5Cu, 1.2Li, 0.5Mn, 0.2Cd	I/M	—	T6 TMT	59.1 57.1	54.2 51.5	3 13	—	2.73 —	7,880 —
2014	4.5Cu, 0.6Mg, 0.9Si, 0.8Mn	〃	—	T651	49.2	42.0	10	81	2.80	7,450
2024	4.4Cu, 1.6Mg, 0.6Mn	〃	—	T351 T851	49.5 49.5	35.2 45.9	18 7	142 78	2.77 2.77	7,460 7,460
7075	5.6Zn, 2.5Mg, 1.6Cu, 0.23Cr	〃	—	T6 T76 T73	58.3 54.8 51.3	51.3 47.8 44.3	11 12 13	89 102 106	2.89 2.80 2.80	7,320 7,320 7,320

表3・12 JIS，JECおよび電事連に規格化されたアルミニウムおよびアルミニウム合金線

種　類*	性　質		
	引張強さ (kgf/mm^2)	導電率 (IACS%)	耐熱性
硬アルミ線 (HAl)	17〜19	61以上	
イ号アルミニウム合金線 (IAl)	31.5以上	52以上	
耐熱アルミニウム合金線 (TAl)	硬アルミ線に同じ	58以上 (58TAl) 60以上 (60TAl)	230℃×1hr加熱後の引張強さ残存率 90%以上
高力アルミニウム合金線 (KAl)	23〜26	58以上	

* HAlは冷間加工アルミ線，IAlはAl-0.4%Mg-0.6%Si合金，TAlはAl-0.05%Zr，KAlはAl-0.8%Mg合金（AA 5005）

上である．（%IACSについては3・1・2参照）

　その後各国の送電事情の相違により，国々で微妙な差異はあるが，日本では電力需要の急激な増加に伴い，大容量高圧化が進み，それに対応するため高耐熱アルミ電線をACSRの形で使用する方向に研究が進んだ．高耐熱アルミ線の材料としてはZrを少量含んだAl-Zr合金が主流を占めている．したがって今後は送電事情の多様化に伴い，耐熱，高アルミ線を使用したACAR (aluminium conductor alloy reinforced) あるいはAAAC線が都市近郊では使用する傾向が強くなってきている．

　表3・12に現在使用実績のあるアルミニウム電線材料を一括して示した．表中高力アルミニウム合金線（KAl）とは最初アメリカ合衆国で開発された5005合金（Al-0.8%Mg）であって，引張強さ25kgf/mm^2，導電率55%の性能を出発点として，Al-FeあるいはAl-Mg合金をベースとしてこれに少量の元素を添加したものである．大部分は非熱処理型の固溶強化および分散強化合金である．また耐熱アルミ合金線（TAl）は大略0.04%Zrを含むアルミ電線である．

　最近はますますオーム損（ohmic loss）を切下げるための導電率の向上，耐熱性向上による電流容量の増加，さらに高力といった材料的にはきわめて困難な要求が増大している．この方面での高伝導，高耐熱，高力電線としては表3・13に示すようなものが研究開発中である．また鋼線強化の代りにインバー合金の使用も考えられている．電線は夏期高温にさらされ膨張してたるむ．このたるみが種々問題になるので，インバー線による強化が考えられたのである．

表3・13 耐熱性アルミニウム合金線

種類*	引張強さ (kgf/mm^2)	導電率 (IACS%)	耐熱性
高力アルミニウム合金線（KTAl）	KAlと同程度	55％以上	180℃×1,000hr加工後の引張強さ残存率90％以上
超耐熱アルミニウム合金線（UTAl）	HAl, TAlと同程度	57％以上	連続使用最高温度200℃, 短時間最高230℃
60超耐熱アルミニウム合金線（60UTAl）	HAl, TAlと同程度	60％以上	同 上
超々耐熱アルミニウム合金線（UUTAl）	HAl, TAlと同程度	58％以上	連続使用最高温度230℃ 短時間最高温度310℃

＊ 主としてZrの添加量を増加させたもの

表3・14 SAPの機械的性質とAl$_2$O$_3$量の関係

Al$_2$O$_3$含有量 (％)	引張強さ (kgf/mm^2)	降伏点 (kgf/mm^2)	伸び率 (％)
0.5～1.0	15.8	12.3	22
1～3	19.2	12.0	15
6～8	25.1	17.2	16
10～14	36.2	18.9	7
15～17	38.8	25.1	4

SAP

アルミニウムをボールミル中で粉末にすると鱗片粉になる．その表面を適当に酸化してAl$_2$O$_3$として10～15wt％ほど含ませる．つぎにこれを室温で加圧し，500～600℃で加圧焼結を行い，この焼結体を普通の加工法で各種の成形加工を行う．以上のような方法で1946年頃スイスのIrmannによってアルミニウムの粉末焼結体が開発されたが，これをSAP (Sintered Aluminium Powder) とよぶ．一般に酸化被膜をかぶった粉末は，そのままでは圧着し難いのであるが，加圧プロセス中にこの被膜が局部的に破壊され下地のアルミニウムが圧着する．この材料は一種の粒子分散によって強化されたものであって，約500℃付近までの高温における機械的性質が優れ，その他の点では純アルミニウムとほとんど差がない．その室温における機械的性質とAl$_2$O$_3$の含有量の関係を表3・14に示した．Al$_2$O$_3$量とともに強度は上昇するが伸び率の低下が著しい．Al$_2$O$_3$の分散によってその再結晶温度がきわめて高く優れた耐熱性を示す．この材料は開発当時非常に注目されたが，その靭性の低いことと溶接構造に不向きであることのために，その応用面はそれほど拡大されていない．溶接部分は局部的に融解するので，粉末焼結体としての構造が失われ，普通の純アルミニウムと変らない性質にもどってしまう．用途としてはジェット機の耐熱部分，原子炉材料

などへの応用が考えられている.

1·1·4 アルミニウムの表面処理

アルミニウムは金属中でもその金属光沢が失われにくい材料であるが,種々の機械的あるいは化学的表面処理によってさらにそのその商品価値が高められている.その中で最もユニークなものは一般にアルマイト(Alumite)とよばれている陽極酸化被膜処理である.

その原理を簡単に述べると,処理しようとするアルミニウム部品を陽極とし,炭素あるいは鉛のような耐食性の不溶性陰極を使用して,酸化性のある酸(硫酸,しゅう酸,クロム酸など)水溶液中で直流あるいは直流+交流を通して電解すると,陽極のアルミニウム部品の表面に酸化被膜が形成される.この酸化被膜は Al_2O_3 で多孔性である.この多孔性被膜を高圧蒸気あるいは熱湯処理すると, $Al_2O_3 + H_2O \longrightarrow Al_2O_3 \cdot H_2O$ の反応で結晶水を持ったベーマイト(boemite)に変化し孔はふさがれる.この被膜はきわめて耐食性および耐摩耗性に富み,その色調は装飾的である.また多孔状態では,各種の染料をその孔を通して染色することもできる.

この陽極酸化処理法は大きく分けると三つに分類できる.10〜20% H_2SO_4 水溶液を使用する硫酸法,2〜5%のしゅう酸($(COOH)_2 \cdot 2H_2O$)水溶液を使用するしゅう酸法,2〜3% CrO_3 水溶液を使用するクロム酸法である.硫酸法は主としてアメリカ合衆国で発達した方法であって,商品名はアルミライト(Alumilite)法などとよばれた.しゅう酸法は日本で発達した方法であって,アルマイト法とよばれている.クロム酸法は主としてイギリスを中心にしたヨーロッパで発達したものであって,Bengough-Stuart 法などとよばれるものである.ドイツではしゅう酸法をエロキザール(Eloxal)法などとよぶ.

この表面処理法は日本では最初家庭器物用に使用されていたが,アルミニウムがビル建築材料などにも使用されるようになって,ビル装飾用にも利用されている.

またこの被膜は整流作用があり,電解コンデンサーなどにも使用される.また電気的絶縁,耐摩耗用などの目的にも応用される.

最近日本では価格などの点で大部分硫酸法のアルマイトであるが,種々の発色法が考えられ多彩な表面の色調を与え得るようになっている.

1·2 チタンおよびその合金

1·2·1 チタン一般

チタンはクラーク数 0.63% であり,マグネシウムに次いで第9番目に多い地殻構成金属元素である.その人類との歴史をたどってみると,1791年英国の牧師 Gregor が元素とし

て発見，1795年ドイツの化学者Klaprothがその元素にTitaniumという名前を付けた．不純ではあるがチタン金属の製造に初めて成功したのはBerzeliusで1825年，ヨウ化物の熱分解法で塑性加工可能な高純チタン（99.9％）の製造に成功したのが1925年 van Arkelとde Boerである．1940年になってアメリカ合衆国のKrollが，不活性ガス中で$TiCl_4$をMgで還元する方法でチタンを製造し，1948年にその多量生産方式を作りあげた．以上がチタンの歴史であって，近代的なMgによる還元法が成立してからまだ50年程しかたっていない．

現在鉱石として使用されているのは，ルチル（rutile）TiO_2（91〜99％ TiO_2）かイルメナイト（ilumenite）$FeTiO_3$（44〜63％ TiO_2）である．イルメナイトは砂鉄中に多く含まれている．

世界における原料の生産統計（1973年）によればイルメナイトで2660×10^3トン（主要産出国はアメリカ合衆国，ノルウェー，オーストラリア，マレーシア，フィンランドなど），ルチルで334×10^3トン（オーストラリア等），チタンスラッグで862×10^3トン（カナダ等）となっている．日本はイルメナイトで2.2×10^3トン，チタンスラッグで4.3×10^3トンである．スポンジチタンの生産実績は，1982年の統計で日本は14.38×10^3トン，アメリカは推定18.40×10^3トン，イギリスは推定2.60×10^3トン，ソ連は推定で42.00×10^3トンである．

チタンの製錬法はTiO_2の直接還元は困難であるので，チタンのハロゲン化物を作りこれを還元している．$TiCl_4$のMg還元法，NaまたはCa還元法，TiI_4の熱分解法などが知られているが，現在工業化されているのは主としてMg還元によるクロール（Kroll）法で，Na還元法（Hunter法ともいう）も一部で使用されている．クロール法とNa還元法の製造工程を図3・20および3・21に示した．

最初に得られる金属チタンは海綿状をしているのでスポンジチタン（sponge titanium）とよばれている．これは再溶解して塑性加工を加えないと実用材料にはならない．スポンジチタンの品位はJISで第1種から第4種まで4段階に定められている．純度は99.6％以上から99.2％以上までである．チタンの機械的性質はガス不純物に左右されるので，N，H，Oが規定され，またCの規定もきびしい．このほかFe，Cl，Mn，Mg，Siなども規定されている．最近における世界のスポンジチタンの生産能力を表3・15に示した．

スポンジチタンは空気中では溶解できない．一般に真空中または不活性ガス中でアーク溶解する．るつぼは水冷式の銅るつぼである．その溶解法は2通りに分類できるが，そのひとつは非消耗電極式（non-consumable electrode type）であり他は消耗電極式（consumable electrode type）である．前者はタングステンあるいは黒鉛電極を使用するが，電極からの不純物が入りやすく，工業的には後者が利用されている．後者はスポンジ

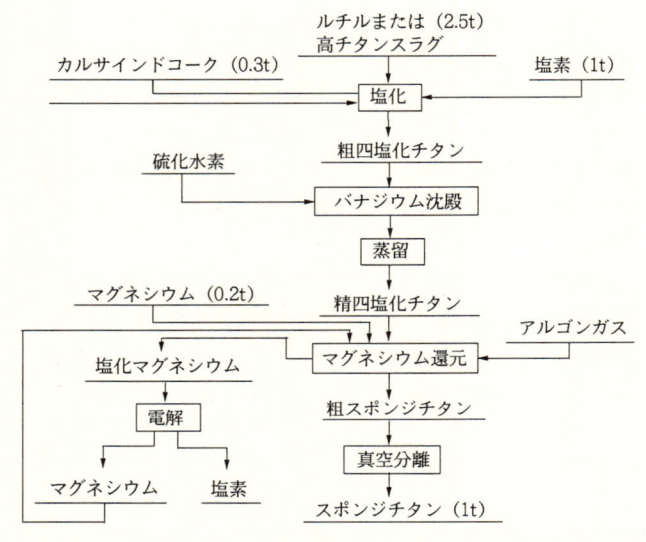

374　第Ⅲ部　非鉄金属材料その他

図3・20　クロール法によるスポンジチタンの製造工程図

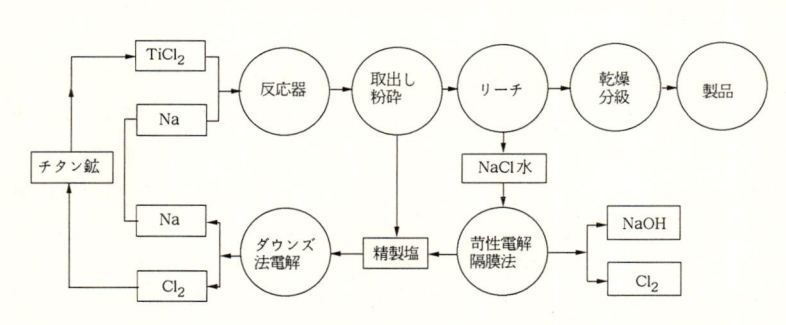

(フロー図: ルチルまたは高チタンスラグ (2.5t) + カルサインドコーク (0.3t) + 塩素 (1t) → 塩化 → 粗四塩化チタン → バナジウム沈殿 (硫化水素) → 蒸留 → 精四塩化チタン → マグネシウム還元 (マグネシウム 0.2t, アルゴンガス) → 粗スポンジチタン → 真空分離 → スポンジチタン (1t); 塩化マグネシウム → 電解 → マグネシウム + 塩素)

図3・21　ナトリウム還元法によるスポンジチタンの製造工程図

(フロー図: チタン鉱 → TiCl₂, Na → 反応器 → 取出し粉砕 → リーチ → 乾燥分級 → 製品; NaCl水 → 精製塩 → 苛性電解隔膜法 → NaOH, Cl₂; Na, Cl₂ → ダウンズ法電解)

表3・15　世界のスポンジチタンの生産能力　　　(MT)

国　名	1975～1978年	1980～1981年	1983～1985年
日　　本	11,400	27,200	34,200＋?
アメリカ	20,800	26,800	
イギリス	3,000	3,000	5,000＋?
ソ連（旧）	35,000	45,000	?
中　　国	1,000～2,000	2,000	?

(工業レアメタル78)

チタンを圧縮成型してこれを電極に使用し溶解する．健全な鋳塊が得られない時は，これをさらに電極として2次溶解を行う．

最近は電子ビーム溶解法が採用されつつある情勢に向っている．

インゴットの高温加工や焼鈍操作の際も，空気中のO，Nなどとの反応をできるだけ避けるような方法を考える必要がある．

1・2・2 純チタン

1・2・1においても述べたようにチタンの純度はその製法によって異なり，現在最も純度の高いものはヨウ化物の熱分解で得られたもので約99.99％程度である．工業的のものは平均99.5％程度である．最も重要な不純物はN，C，H，Oなどの非金属不純物である．

チタンの物理的性質は章末の表3・28に一括表示した．その密度は4.5で銅の約1/2である．チタンは882℃に同素変態を持ち，その変態の形式は高温相β（体心立方晶）が低温相α（最密六方晶）に転移するものであって，急冷によっても阻止できないマルテンサイト的なものである．変態に伴って約0.1％の体積変化が起る．

チタンの物理的特性として，第I部の表1・21および表1・23にも示したように，汎用金属材料としては最も熱伝導性および電気伝導性の低いことである．熱伝導率は銅の5.5％，電気伝導率は3.1％IACSに過ぎない．

チタンは室温において安定であり，その耐食性はステンレス鋼，タンタル，白金などと並ぶ優れたものである．高温になるとガスとの反応が起りやすい．酸素とは150℃付近より反応を始め，温度の上昇とともに被膜の保護作用が低下し，800℃付近になると急激に酸化被膜を通して酸素が内部に拡散し始める．窒素も酸素とほぼ同様であるが，酸素よりはやや反応がゆるやかである．水素は300℃以上になると容易に固溶し始める．高温ではH_2Oと反応してTiO_2を形成すると同時に水素が侵入する．アンモニアも高温で反応し窒化物の形成および水素の侵入が起る．また炭化物の形成傾向もかなり強い．

チタンは室温では最密六方晶であるが，塑性変形に際して活動するすべり系が多い．底面すべりおよび柱面すべりのほかに$\{10\bar{1}1\}$がすべる．このほかに$(10\bar{1}2)$，$(11\bar{2}1)$，$(11\bar{2}2)$，$(11\bar{2}3)$，$(11\bar{2}4)$面の双晶変形も認められている．このようにすべり要素が多く，Cd，Zn，Mgなどの最密六方金属よりはるかに変形しやすい．

その加工集合組織は

　圧延組織：(0001)面が圧延面に約30°傾斜，$[10\bar{1}0]$が圧延方向に平行

　引抜組織：$[10\bar{1}0]$が引抜き方向にそろう

　圧延最結晶組織：$[11\bar{2}0]$が圧延方向に平行

純チタンの機械的性質はその純度にきわめて敏感である．とくにその侵入型不純物元素，

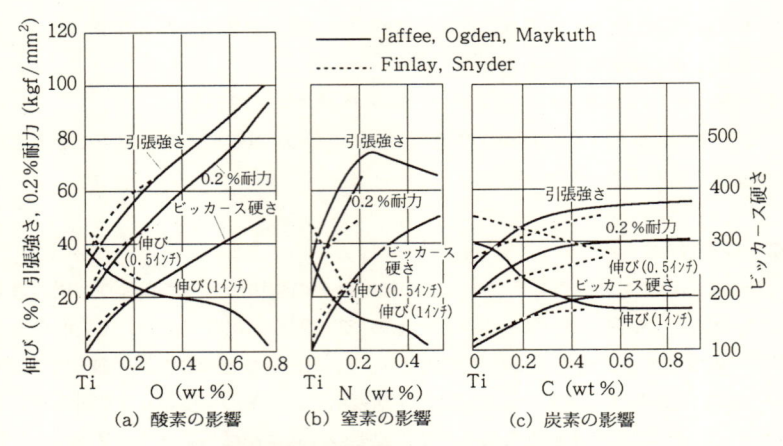

376　第Ⅲ部　非鉄金属材料その他

図3・22　チタンの機械的性質に及ぼすO，N，Cの影響

N，O，H，Cなどの量によって大きく左右されているが，大体常識的な値としては，引張強さ35〜70kgf/mm^2，0.2％耐力22〜65kgf/mm^2，伸び率4〜40％，断面収縮率20〜70％，硬さHV120〜250とかなり広い範囲を示す．その性質は侵入型固溶元素の増加とともに硬化し，可塑性の低下が著しい．図3・22にO，N，Cの影響を示した．また侵入型不純物元素量とチタンの切欠衝撃値の低下傾向の関係を図3・23に示した．水素も0.005％程度含まれるとその衝撃値の低下は大きい．

現在の工業用チタンは，軽くて強く，その比強度は金属材料の中で最高であり，耐食性と耐熱性に優れているという構造用材料として要求を満しているので，今後ますますその用途は拡大するものと考えられる．

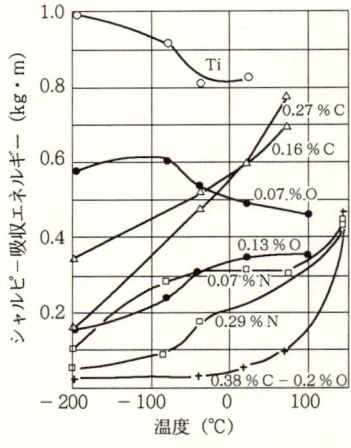

図3・23　チタンの衝撃値に及ぼす侵入型不純物の影響

1968年頃ではアメリカ合衆国でのチタンの需要は，その90〜95％が航空，宇宙，ミサイル関係であった．その後超音速ジェット機SSTの開発が進み，その機体重量の90％以上にチタンが使用されるようになった．超音速（たとえば時速マッハ3程度）になると機体は外

気との摩擦熱で315～340℃になると報告されている。これではもちろんアルミニウムは使用できない。また薄肉管なども製造されるようになり、復水器管用として発電、海水の淡水化方面での純チタン管の需要も増加を示している。

1・2・3 チタン合金

まずチタン合金の実際を述べる前に、その2元合金状態図の分類を考えてみよう。

その状態図はチタンの持つ882℃における$\alpha \rightleftarrows \beta$の同素変態に対し、合金元素がどのように影響するかという点に着目して考えると便利である。

合金元素量とともに変態点が上昇し、α-Tiの安定な温度範囲が広くなるα-Ti安定型と、変態点が下降してβ-Tiの安定な温度範囲が拡大するβ-Ti安定型に大別できる。

またβ安定型の中には共析変態を含む系と含まぬ系がある。Ti側の状態図を上の分類に従って示したのが図3・24である。

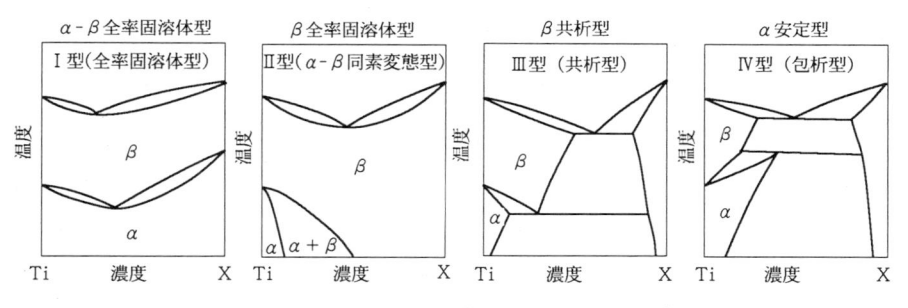

図3・24 チタン2元合金の状態図のタイプ

α安定型合金

α安定型の合金の一般的性質として、熱処理性が少なく、もっぱら合金の強度は合金元素の固溶体強化にまつものである。またα-Tiはその結晶型は最密六方晶であるから、α安定型は体心立方晶のβ安定型より水素脆性などを起しにくい。実用合金の中でこの分類に入る合金元素として重要なものはAl、Snなどである。侵入型不純物元素の中でC、N、Oはこのα安定型である。α相が高温まで安定な系は溶接性が良好である。

β安定型合金

β安定型は熱処理が可能であり、Fe-C系の共析変態に関係した熱処理と同様に、焼入れ、焼もどし操作によって種々の性質を与えることができる。

チタン合金のβ相は焼入れによってマルテンサイト変態を起す。このマルテンサイトを

α' (alpha prime) とよぶ．また合金添加量が多く，M_s 点が低いときは β 相がそのまま室温にもちきたされ残留 β 相となることもある．この残留 β 相は外部応力によって応力誘起マルテンサイト変態を起す．

焼入れによって α' および残留 β が現れるが，このほかに ω_q 相（焼入れにより生じた ω 相）が生じることがある．この ω_q 相もマルテンサイト的に形成される．

残留 β 相を焼もどすと直接安定相に変化する場合と，準安定相を経て安定相になる場合とが考えられる．この準安定相を ω_a（焼もどしによる ω 相）とよぶ．$c/a = 0.613$ の六方晶であるとされている．したがって残留 β 相の分解過程は次のように示される．

(1) $\beta_r \to \alpha + \beta_x \to \alpha + \beta_e$
(2) $\beta_r \to \omega_a + \beta_x \to \omega_a + \alpha + \beta_x \to \alpha + \beta_e$

ただし，β_r：残留 β，ω_a：焼もどし ω，β_x：β_r より高濃度の β，β_e：平衡濃度の β
高温においては (1) の過程，低温では (2) の過程を取りやすい．

β 安定型の合金元素としては遷移元素が多く，Mn がその代表的なものである．

次に上の分類に従って実用合金の代表例についてその特徴を述べる．

実用 α 型合金

α 相に多く固溶する Al, Sn, Zr などを添加して固溶強化を行ったものであり，$\beta \rightleftarrows \alpha$ の変態速度が大きく室温では α 単相の組織を示す．合金元素量が多すぎると Ti_3Al（α_2 規則相）が形成され，もろくなるといわれている．この系の合金では，主要合金元素 Al の添加量が約 6wt% 以下となっているのはそのためである．高温強度が高く，耐酸化性，耐クリープ性にすぐれている．六方晶であるため室温での加工性は β 相に比してやや劣るが，Zr, V, Mo などの添加でその改善を行っている．

Ti-5wt% Al-2.5wt% Sn の合金の機械的性質は，引張強さ 88kgf/mm^2，0.2%耐力 84kgf/mm^2，伸び率 18%，耐クリープ性 27kgf/mm^2（400℃で 1000 時間あたり 1% のクリープ速度を与える応力）である．

実用 α + β 型合金

α 安定化元素と β 安定化元素の両方を加えたものであり，室温で $\alpha + \beta$ の 2 相よりなっている．実用合金としてはこの型式のものが最も多い．その特性はもちろん高強度，高耐熱性にある．また最近の研究としては，$\alpha + \beta$ 中の α 相の微細化により，その機械的性質の向上を計ったり，超塑性を与えて加工性の改善を行うものがある．この型式の合金として Ti-6wt% Al-4wt% V 合金が最も代表的なものである．チタン合金の使用実績はアメリカ合衆国が最も豊かであるので，同国の統計によると，Ti-6wt% Al-4wt% V 合金は全体の 50% 以上を占めている．一般に実用合金としては，その利用価値は製造から使用までできるだけ多くの面でバランスのとれていることできまるが，この合金はその点で最も満足している

表3・16　Ti-6Al-4Vの機械的性質(代表値)

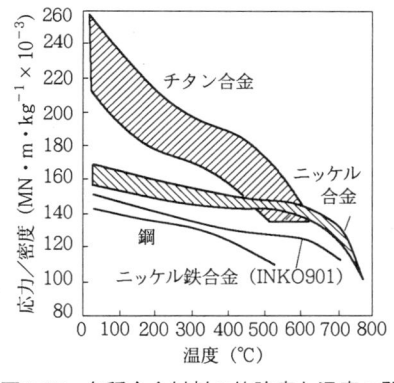

		焼鈍材	時効材
引張強さ	kgf/mm^2	98	116
0.2％耐力	kgf/mm^2	91	105
伸び	％	13	8
絞り	％	52	50
シャルピー値	kgm/cm^2	4	3
硬さ	HV	330	380

図3・25　各種合金材料の比強度と温度の関係

図3・26　超音速ジェット機の機体表面温度と各種材料の比強度の比較

ようである．その代表的な機械的性質を表3・16に示した．

　一般にチタン合金はその比強度の点で他の金属材料に対して優位に立っている．とくに室温より高い温度での比強度がすぐれているが，その大体の傾向を図3・25に示した．約500℃付近まででではチタン合金が最も優れている．さらに超音速ジェット機などに使用した場合の比強度と温度の関係を，代表的な析出型ステンレス，および高力アルミニウム合金との対比で示したのが図3・26である．

1・2・4　チタンおよびチタン合金の問題点

　チタンは新しく優れた金属材料としてその将来性は約束されているが，現在いくつかの点で問題となっている．元来は化学的に活性に富んでいるので，その使用環境との間で問題が発生するが，その中で応力腐食割れと水素脆化について触れておく．

　応力腐食割れ

　一般にチタンおよびその合金で応力腐食が問題となっている環境は，発煙硝酸，N_2O_4，アルコール系有機溶媒，熱塩割れ（hot salt cracking）とよばれる現象を引き起す高温塩

化物，塩化物水溶液，塩酸などである．

発煙硝酸では応力腐食割れにとどまらず，爆発が起こった例も報告されている．不働態化を促進するH_2Oの添加でかなり防止できるとされている．

N_2O_4はロケット燃料として重要であり，また有機合成ではニトロ化剤に使用される．Ti-6Al-4V，Ti-5Al-2.5Snの合金製のN_2O_4用タンクが割れたという報告がある．その原因はN_2O_4中に含まれるHNO_3による水素脆化説，Oによる酸化説などがあるが，現在では後者の考え方が正しいとされている．

ハロゲンあるいはハロゲン化物を含むアルコール溶液中で応力腐食割れが発見されている．合金系としてはAlを含むものほど起りやすい．この場合も溶液中に含まれるH_2Oの量が重要な役割を果たしていて，不純物のH_2Oが多いほど発生しにくい．対策としては500℃以上でのひずみとり焼なましが有効とされている．

熱塩割れは最初航空機関係で問題となった．Ti-6Al-4V合金の高温クリープテスト中に，指紋のある部分で簡単に割れが発生した．超音速ジェット機（機体温度290℃以上），海に近い空港などで起りやすい．一般に純チタンには少なく，合金系に多いとされている．チタンと塩および空気中の水分との反応でHClが発生し，このHClによって割れが発生すると考えられる．塩としてはLiCl-KCl，LiCl，NaCl，AgCl，NaBr，NaI，KClなどで起りやすい．対策としては亜鉛メッキ，応力除去加熱，純チタンのクラッド，ショットピーニングなどがあげられる．

Alを含む合金では海水などで割れが発生する．この場合試料には鋭い切欠きの存在を必要とする．Ti-Al合金ではTi_3Al相の析出が関係し，$\alpha+\beta$型合金ではα相に沿って割れが進行する．合金の種類によりこの割れ感受性が異なり，Al，Sn，Mn，Co，Oはこの感受性を高め，Mo，Nb，Vなどは低下させるといわれている．

水素脆化

チタンは一般に侵入型元素によって脆化するが，水素もその脆化元素のひとつである．Hはチタン中で侵入型に固溶もするが，TiH_2のような化合物を形成しやすく，これが粒界やチタンの$(10\bar{1}0)$面にそって析出し，脆化の原因となる．水素量と工業用純チタンの機械的性質の関係を図3・27に示した．

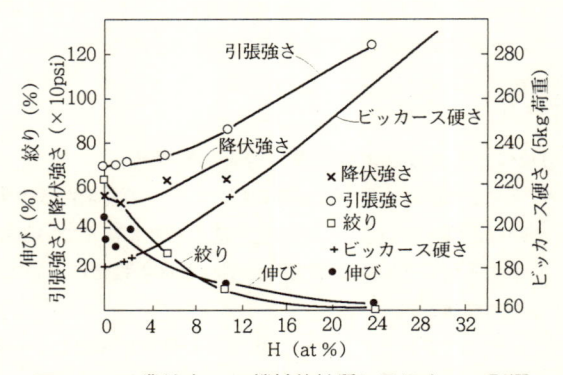

図3・27　工業純度Tiの機械的性質に及ぼすHの影響

化学プラントなどでは種々の環境下で水素を吸収し脆化するので注意が肝要である．チタンが水素を多量に吸収するという欠点は，反面水素吸蔵合金としての応用，また水素処理による組織の微細化により耐疲れ性の改善などというメリットも考えられる．

1・2・5 チタンおよびその合金の加工法

他の一般金属材料と加工法で異なることが多いので，その必要事項をまとめておく．

溶解，鋳造

高温で化学的に活性に富む金属であるから，溶解中の雰囲気，るつぼからの不純物の混入汚染を極力避ける必要がある．かつてはアルゴンガス中で水冷銅鋳型に入れたスポンジをアーク放電で溶解するボタン溶解法（button melting）であったが，現在は消耗電極式真空アークスカル溶解法か，電子衝撃式スカル溶解法である．スカル溶解（scale melting）とは水冷銅鋳型でその溶湯の薄い凝固膜を作り，この膜内で高融点金属を溶解する方法をいう．この方法によれば高融点耐火物製るつぼを必要とせず，また不純物の混入もない．

前者の場合は，原料はスポンジパウダーを成型した消耗電極，熱源は真空中アーク放電，真空度は $5 \times 10^{-2} \sim 5 \times 10^{-3}$ torr，るつぼは水冷銅スカルるつぼを使用する．

後者は，原料はスポンジパウダースクラップ，熱源は真空中の電子ビーム，真空度は 10^{-4} torr，水冷銅スカルるつぼという形式であって，不純物の混入は少ないが合金元素のコントロールがやや困難である．

鋳造は黒鉛鋳型が使用されていたが，現在はラム鋳型（rammed mold）とインベストメント鋳型（investment mold）である．前者は黒鉛粉末を骨材として，炭素系あるいは樹脂系のパウダーで成形乾燥後焼成したものである．後者にはタングステン粉末被覆鋳型と称されるスラリーにタングステンを使用して金属質のバインダーを用いたもの，酸化物鋳型といわれる酸化物系のスラリーに酸化物のバインダーを組合せたもの，あるいは黒鉛系スラリーに炭素を含むバインダーを使用して固めた黒鉛鋳型などがる．

切削加工

市販純チタンは焼なましたオーステナイト系ステンレスと同様に被切削性はあまりよくない．同一工具寿命における切削量の相対値（machinability rating）は，硫黄快削鋼を100とした場合，アルミニウムの300，Ni基あるいはCo基耐熱合金の6～10に対して，市販純チタンで40，焼なましたチタン合金で20～30，熱処理硬質状態で12～18である．問題点は熱伝導率の低いことおよび弾性係数の比較的低いことであって，低切削速度で冷却をきかすことが大切である．

塑性加工

室温では伸びが小さいので成形限界が低く，弾性係数が低く降伏点が高いのでスプリング

バックを生じやすい．すべり要素が多く変形しやすいはずであるが，実際は表面の摩擦抵抗が大きい難点がある．したがって潤滑剤が必要となる．黒鉛や二硫化モリブデンなどの固体潤滑剤を使用する．また表面雰囲気ガスとの反応を防ぐ目的で純銅のような変形しやすい金属をかぶせて加工する．高温での延性の増加，クリープによる塑性流動を利用して成形性および精度の向上をはかる．現在は常温予備成形→ホットサイジング（hot sizing）が主流となっている．ホットサイジングはクリープを利用しているため時間のかかるのが難点である．hot draw forming, hot vacuum forming, hot section roll forming などの研究が進んでいる．最近は超塑性を利用した加工法なども研究が進められている．

溶接

酸化などに対する対策はもちろん必要であるが，アルミニウムに比してあまりコスト高にはならない．低熱伝導性がこの場合有利に働いている．電子ビーム溶接，拡散接合にも適している．

ろう付け

銀ろうを使用し，アルカリの塩化物を主体にしたフラックスを使用する．加熱は酸素－アセチレン炎，電気抵抗加熱，アルゴン雰囲気炉などで行う．はんだ付けはPb-Sn系はんだを使用し，フラックスはAg，Cu，Snなどの塩化物あるいはごく一般的なものを使用することもある．

表面処理

めっきは表面に脆い金属間化合物を形成することが多いのであまり有利ではない．窒化処理により表面に硬質で黄金色を呈するTiNの被膜が形成される．これを利用しての応用研究および実用化が進んでいる．

またチタンは表面に酸化被膜を形成しやすい．膜の厚さにより黄金色から緑色までの種々の色調を示す．これを利用したチタンの着色法が進んでいる．酸化法としては加熱法と陽極酸化法があるが，前者は色むらが発生しやすいので，陽極酸化法が一般的である．

1・3　マグネシウムおよびその合金

1・3・1　マグネシウム一般

Mgは地殻構成金属元素としては多い方で，そのクラーク数はKに次ぎ2.09％で第8番に位置している．岩塩や海水中には豊富に含まれている．資源に恵まれない日本も，四方が海であるので，この金属だけは資源的に心配はない．

金属元素としてのマグネシウムの歴史をたどると，1808年にDavyがアマルガムの電解で少量のマグネシウム金属を得ているのが最初である．1852年Bunsenが$MgCl_2$の電解を

始め，今日の製錬法の基礎を固めた．

今日の電解法を工業的に成立させたのは，HamelingenにあるMagnesium Fabrikであるが，この事業をChemischen Fabrik Griesheim Elektron社が受けついだ．ヨーロッパでマグネシウム合金のことをエレクトロンメタル（Elektron metall）と広くよぶのは，この社名から来ている．

その後ドイツのI.G.社（I.G.Farbenindustrie A.G.）がBitterfeldにマグネシウム工場を完成している．

1939年頃アメリカ合衆国で海水よりMgOを製造する方法が開発され，このMgOをCで還元する方法がSwanseaのMagnesium Metal Corporationで始まり，この方法はHansgirgといわれる．

主要原料は$MgCO_3$（マグネサイト），$MgCl_2 \cdot 6H_2O$（海水中の苦汁），$MgCl_2 \cdot KCl \cdot 6H_2O$（カーナリット）である．ドイツでは岩塩中のカーナリットを使用し，アメリカ合衆国では苦汁を利用している．

これらの原料より無水$MgCl_2$を作るのが一般的方法であるが，その方法の一例は，

$$MgCl_2 \cdot 6H_2O \xrightarrow{\text{焼く}} MgO \xrightarrow[C+Cl_2]{\text{塩素化}} MgCl_2 + CO \text{ or } (CO_2)$$

電解法の代表例を図3・28のフローシートに示した．これはアメリカ合衆国のDow Chemical社で開発された海水を原料とする方法である．その原理は黒鉛を陽極とし，鋳鉄鍋を陰極として$MgCl_2$を電解すると，金属マグネシウムは電解浴の表面に浮かぶ．

電解操作条件の一例は，

浴温：740℃，電圧：7V（浴電圧），電流密度：$0.35 \sim 0.5 A/cm^2$，電流効率：90％，電力消費量：$17.6 \sim 19.8 kWh/kg Mg$

世界の生産統計を追うと，1900年で10トンであったのが1943年で230000トンに達し，その後一時減少を示し，1973年で約235500トンと復調している．日本では1932年ではまだ0であったが，1933年に33トンになり，1944年ではピークの2903トンに達した．その後一度0にもどったが，1973年で

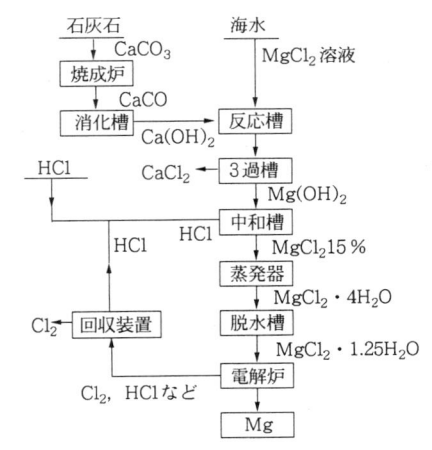

図3・28 ダウ（Dow）法によるマグネシウム電解工程図

表 3・17　世界のマグネシウム地金生産量　　　　　　　(10^3 MT)

国名	1969年	1970年	1975年	1980年	1981年
アメリカ	90.6	101.6	109.0	154.1	129.6
カナダ	9.7	9.4	3.8	9.3	8.8
フランス	4.4	4.6	7.5	9.3	7.3
イタリア	6.4	7.6	7.5	9.7	10.8
ノルウェー	31.1	35.3	38.3	44.4	47.6
日本	9.4	10.3	8.7	9.3	5.7
ソ連	45.4	49.9	70.0	75.0	76.0
その他	3.9	3.8	4.0	10.0	11.8
世界総計	200.9	222.5	248.8	321.1	297.6

表 3・18　日本におけるマグネシウムの需給実績　　　　(MT)

供給	1978年	1979年	1980年	1981年
新地金生産	11,161	11,368	9,252	5,667
輸入	8,821	12,222	12,476	10,952
計	19,982	23,590	21,728	16,619
需要				
アルミ合金	15,032	14,355	13,328	13,518
ノジュラー鋳鉄	1,960	2,092	2,031	1,572
ジルコニウム・チタン製錬	713	829	932	2,909
粉末	982	1,206	1,129	1,054
防食	129	116	97	100
その他	1,483	1,910	1,685	1,803
内需計	20,299	20,508	19,202	20,956
輸出	292	81	90	42
合計	20,591	20,589	19,292	20,998

は約11800トンに増加している．マグネシウム地金の各国生産量を表3・17に示した．これを見るとマグネシウムの世界生産量の約半分はアメリカ合衆国から出ていることがわかる．それに次ぐのがソ連，ノルウェーの順となっている．日本では1956（昭和31）年頃よりドロマイト（$MgCO_3 \cdot CaCO_3$）焼成粉末とケイ素鉄粉末とを混合し，真空高温還元するピジョン法（Pidgeon process）が工業化されている．参考までに日本におけるマグネシウムの需要実績を表3・18に示しておく．生産は古河マグネと宇部興産が大きい．

1・3・2　純マグネシウム

　純マグネシウムの物理定数を章末の表3・28に示した．実用軽金属材料としては最も軽く，

軽量化の要求が強い用途面では最も有望な材料である。結晶構造は軸比 c/a が理想値1.63に近い最密六方晶であり，塑性変形しにくく室温での加

表3・19　市販マグネシウム(99.8%)の機械的性質

	引張強さ (kgf/mm^2)	伸び (%)	硬さ (HB)
鋳造のまま	8〜12	4〜6	30
押 出 材	17〜20	7〜9	35
圧 延 材	16〜18	5〜6	40

工性にやや難点がある。300℃付近に加熱すれば圧延も可能であり，350〜400℃では押出しもできる。その線膨張係数は亜鉛や鉛よりやや小さく，アルミニウムよりやや大きい程度である。その電気伝導性および熱伝導性は，実用金属材料としてはアルミニウムに次いで良好である。%IACSではアルミニウムの65%に対し約40%である。

化学的性質は活性に富み，耐食性の低いのが最大の欠点のひとつである。とくに海水などにおかされやすい。アルミニウムの場合のように強固な酸化被膜で保護されにくいためである。また加熱すると燃焼しやすい。

その機械的性質は，弾性限が低く，製造状態によってかなり広く変化する。たとえば砂型鋳物では約0.35kgf/mm^2，押出材で約0.7kgf/mm^2，圧延材で1.76kgf/mm^2，圧延後焼なまし材で約1.4kgf/mm^{2}である。この点構造材料としては不利である。その機械的性質を表3.19に示した。

マグネシウムの純度は，真空中で精製した特殊なものは99.999%にもなっているが，一般工業用のものは99.00〜99.96%である。

次にマグネシウムの性質に及ぼす不純物の影響を述べる。

Alは実用マグネシウム合金の主要な合金元素であって，有害な不純物とは考えられない。Feのマグネシウム中への溶解を極端に低下させる効果がある。

Cuはマグネシウム中へ溶解度は小さいが，その耐食性を低下させる。

Feは元来マグネシウムとは反応しにくいので，マグネシウムの溶解用るつぼに鉄製るつぼを使用するほどである。Mg-Fe系の状態図は求められていないので明瞭ではないが，マグネシウムの融点650℃付近で約0.03wt%のFeが溶解すると考えられている。したがってその固溶度は極端に小さく，Feは大部分微粒子としてマグネシウム中に分散しているものと考えられる。加工性，機械的性質にはあまり影響はないが，耐食性の低下はきわめて著しい。とくにFeの混入を嫌う時は，MnやZrなどの添加でFeの合金化を防ぐ必要がある。

Mnはマグネシウム中にはやや固溶する。Mg-Mn系の包晶温度652℃では約1.55wt%，300℃では約0.04wt%となっている。MnはFeと結合してマグネシウム中より分離する傾向があり，その耐食性を向上する働きがあるとされている。実用マグネシウム合金には少量のMnを含むものが多い。

Niもマグネシウムには固溶しにくく，耐食性によくない．

Siも耐食性によくない．0.3wt％以上になると伸び率，靭性が低下すると考えられている．

1・3・3　マグネシウム合金

マグネシウム合金を最初に利用し始めたのはドイツであるが，ヨーロッパではマグネシウム合金を総称してエレクトロンメンタルとよんでいることは先にも述べた通りである．アメリカ合衆国ではマグネシウム製錬で主導的立場をとったDow Chemical Co.の名をとってダウメタル（Dow metal）とよんでいる．これらの最初に開発されたマグネシウム合金は，Mg-Mn，Mg-Al，Mg-Zn，Mg-Al-Zn系が主要な合金系であった．最近は結晶粒の微細化などによる機械的性質の改良を目的としてMg-Zr，Mg-希土類，Mg-Li系の新しい合金が実用化されている．元来は鋳物用合金が多かったが，最近は展伸用にもかなり利用されるようになってきた．

Mg-Al合金

Alはマグネシウムによく固溶し，最高約12wt％の固溶度をもっている．この状態図は図3・14に示した．この系は状態図から予想されるように，β相の析出による時効硬化性を示す．β相は結晶内に均一析出すると同時に粒界にもラメラー状に不連続析出する．Alの添加はマグネシウムの機械的性質を向上するが，耐食性はあまりよいとはいえない．大部分の実用合金はMg-Al-Zn-Mnの4成分系で使用される場合が多い．Alは6〜11wt％，Znは0.5〜3wt％，Mnは0.1〜0.5wt％の範囲である．鋳物用が多いが展伸材としても利用される．

Mg-Zn合金

Mg-Zn系の状態図を図3・29に示した．Znは最高8.4wt％までマグネシウムに固溶する．時効硬化性があり，高橋ら[12]の研究によればG-Pゾーンおよび中間相が見出されており，母相と整合な析出中間相によって硬化する．

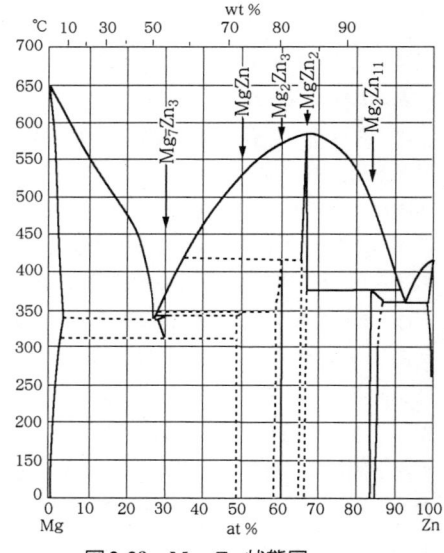

図3・29　Mg-Zn状態図
（金属データブックより）

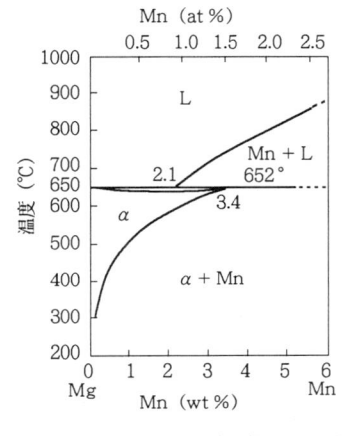

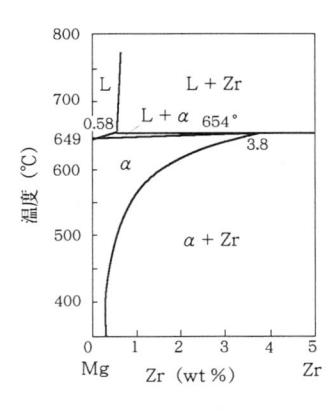

図 3・30　Mg-Mn 系状態図(Mg 側)　　　図 3・31　Mg-Zr 系状態図(Mg 側)

Mg-Mn 合金

　Mg-Mn 系の Mg 側状態図を図 3・30 に示した．Mn は包晶温度 652℃で最高 3.4wt％まで固溶する．析出現象は認められるが，硬化はほとんど起らない．

　Mn は溶融状態で有害な Fe を除去するのに役立つといわれている．したがって Mn の添加はマグネシウムの耐食性を向上し，Mn が 1.5wt％で最も耐食的であるとされている．実用合金としては Mn1～2wt％を含むエレクトロンメタルがあるが，主として展伸材に使用される．加工性に富み，溶接性もよい．

Mg-Zr 合金

　Zr は図 3・31 に示したように，包晶温度 654℃で最高 3.8wt％まで固溶する．Zr 添加によりマグネシウムの結晶粒は非常に微細となる．Zr の添加作業は非常に困難である．イギリスでは ZrF_4 ＋アルカリ塩（あるいはアルカリ土類塩），アメリカ合衆国では $ZrCl_4$ の液体 Mg による還元で製造した Mg-30wt％Zr 母合金，日本では $ZrCl_4$ ＋ KCl ＋ NaCl によって添加している．

　Zr の結晶微細化作用は Al が共存すると消失するとされている．したがって Mg-Zn-Zr 系で使用される場合が多い．実用組成は Zn2～6wt％，Zr0.5～1.0wt％である．

Mg-Ce 合金

　希土類は Ce を主成分としたミッシュメタルである．Mg-Ce 系の状態図を図 3・32 に示したが，590℃の共晶温度で約 1.6wt％まで固溶する．その溶解度は温度の低下とともに急激に減少し，ある程度の時効硬化性を示す．母相に整合な中間相の析出が報告されている．Ce の添加はマグネシウムの高温強さを高める作用がある．実用的には Zr との共存状態で効

図3・32 Mg-Ce系状態図

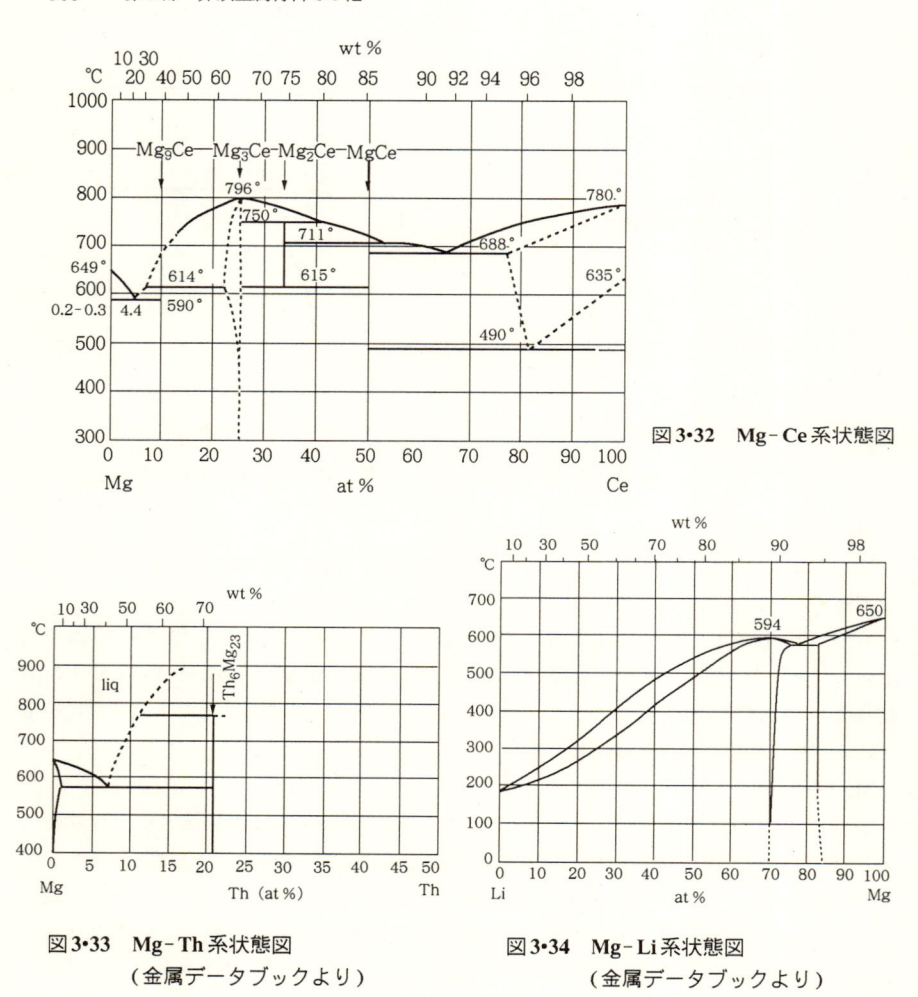

図3・33 Mg-Th系状態図
（金属データブックより）

図3・34 Mg-Li系状態図
（金属データブックより）

果をあげている．Zrの添加の際は塩化物系フラックスや塩素ガスを使用すると希土類の損失が多いとされている．

Mg-Th合金

図3・33に示すようにThはMgに最高4.5wt％固溶し，析出硬化現象を示すものと考えられている．高融点であるからZrの場合と同様に適当な母合金を使用する必要がある．Zrと共存状態で結晶粒を微細化し，高温特性を改善する．実用上はMg-Zn-Zr-Thあるいは

Mg-Zr-Th系として使用される．

Mg-Li合金

図3・34に示した状態図のようにLi 11wt％以上になるとマグネシウムの結晶は体心立方晶に変化し，室温での加工性がよくなる．実用化はされていないが，Mg-Li 11wt％合金，Mg-Cd 15wt％-Ag 5wt％-Li 11.5wt％合金などが提示されている．Mg-Li 2元合金の耐食性は良好である．

以上Mgをベースにした重要な2元合金をあげてその特性を述べたが表3・20に代表的な実用合金の組成をまとめて示した．

表3・20 代表的な実用マグネシウム合金

	記号		標準化学成分（％）			供給状態
	イギリス	ASTM	Zn	Zr	Mg	
(a) Mg-Zn-Zr系合金	Z5Z	ZK 51 A	4.5	0.7	残部	T5鋳物
	Z6Z	ZK 61 A	6.0	0.8	残部	T6鋳物
	ZW 1		1.3	0.6	残部	展伸材
	ZW 3	ZK 21 A	3.0	0.6	残部	展伸材
	ZW 6	ZK 60 A	5.5	0.6	残部	展伸材

	記号		標準化学成分（％）				供給状態
	イギリス	ASTM	Zn	RE	Zr	Mg	
(b) Mg-Zn-RE-Zr合金	RZ 5	ZE 41	4.3	1.2	0.7	残部	熱処理
	ZRE 1	EZ 33	2.2	2.7	0.7	残部	F

	記号		標準化学成分（％）				供給状態
	イギリス	ASTM	Zn	Zr	Th	Mg	
(c) Mg-Th-Zn-Zr合金	TZ 6	ZH 62	5.5	0.7	1.8	残部	T6鋳物
	ZT 1	HZ 32	2.2	0.7	3.0	残部	T6鋳物
	ZTY	—	0.5	0.6	0.75	残部	展伸材

	記号		標準化学成分（％）				供給状態
	イギリス	ASTM	Zr	RE	Ag	Mg	
(d) Mg-Ag-RE-Zr合金	MSR-A	QE 22	0.6	1.7	2.5	残部	T6鋳物
	MSR-B		0.6	2.5	2.5	残部	T6鋳物

（注）T5：溶体化処理をはぶき焼もどしのみ
　　　T6：焼入れ後焼もどし処理
　　　F ：製造のままで機械的性質を規定していないもの

マグノックス合金

マグノックス（Magnox）はイギリスのCalder Hallの発電用原子炉の燃料ウランの被覆材として開発された合金である．"Magnesium no oxidation"の略称である．この原

表3・21　マグノックス合金

合金名	Al (%)	Be (%)	Ca (%)	最高温使用温度℃
Magnox E	1	0.05	0.1	—
Magnox C	1	0.04	少量	408
Magnox Al 80	0.8	0.01	—	454

子炉では冷却材にCO_2ガスを使用するが，かなり高温になる．普通の純マグネシウムでは400℃付近になると発火燃焼の危険性がある．この高温酸化防止の目的で微量のBeを添加したMg-Al合金である．表3・21に示したような合金がある．

1・3・4　マグネシウムおよびその合金の加工法

溶解，鋳造

溶解用るつぼは鉄製であり，もちろん鉄の混入を防ぐために適当な耐火物のライニングが必要である．合金学的には鉄との反応はきわめて少ない．従来溶解に際しては空気との反応によって酸化物，窒化物を形成して燃焼しやすいのでフラックスを使用する．フラックスは混合塩（$MgCl_2$ + KCl + NaCl + etc）を精製用として使用し，表面に形成された酸化物等を取り除く．一般に空気との接触を断つ目的だけに使用される被覆用フラックス（covering flux）と精製用フラックス（refining flux）に大別される．

鋳造直前に湯の温度を5～10分間850～900℃に加熱することがある．Alを含む合金の場合に多いが，この操作によって鋳物の結晶粒が微細化される．脱ガス（主として水素）の目的で塩素ガスでバブリング（bubbling）を行うこともある．

鋳造は760～780℃で行い，表面保護の目的でSO_2ガスあるいはS粉末を使用する．砂型の場合は鋳型および中子にはマグネシウムの反応を抑える目的で3～5％のSと1～2％の硼酸を添加する．最近は微量のBe（0.0003～0.001％）の溶湯中への添加がその燃焼防止に卓効のあることが知られている．Beの添加量が多すぎると，結晶粒が非常に粗大化し鋳物の機械的性質が低下する．マグネシウムは凝固収縮が大きく（〜4.4％），また凝固後の熱収縮も大きい（1.2～1.6％）．軽いので押湯を大きくとることが必要である．

熱処理

400℃付近になると空気中では酸化が進むので炉内は0.7～1.0％のSO_2ガス雰囲気にするとよい．これ以下のガス濃度では燃焼の危険性があり，これより高濃度になるとクロメル-アルメル熱電対を脆化させる．最近はCO_2ガス雰囲気も試みられている．

溶体化は温度制御装置のある熱風循還式の電気炉かソルト浴中で行う．塩浴組成は，$Na_2Cr_2O_7$(3) + CrO_3(1) + Na_2CrO_4(1～3％)のようなものであり，アルミ合金に使用さ

れている $NaNO_3(50)+KNO_3(50)$ は爆発の危険性があるので使用しない.

塑性加工

最密六方晶のマグネシウムは,室温では底面すべりのみが起り,双晶変形を起しにくいのでその塑性加工は難しい. 225℃以上になるとすべり系が増加し変形しやすくなる. 合金ではとくに Al を含むものが加工が困難である.

表面処理

化学的な処理としてはクロム酸処理が最も有効で経済的である. 処理液の組成は,$K_2Cr_2O_7(15\%)+$ 濃 $HNO_3(20\%)+$ 水であり,黄銅色の膜が形成される.

1·4 ベリリウムおよびその他の軽金属

1·4·1 ベリリウム

ベリリウムはクラーク数はわずかに0.0006％であり,地球上にはきわめて少ない元素のひとつである. この金属元素は1797年 Vauquelin が緑柱石の中で見出し,1828年 Wöhler が塩化ベリリウムの K 還元で金属 Be を初めて得た. この元素はギリシャ語の甘い($\gamma\lambda\upsilon\kappa\acute{\upsilon}\varsigma$) にちなんで glucinum または glucinium（Gl）とよばれたこともあるが,現在は使用されない. 利用できる鉱石は緑柱石（beryl）であって,BeO として約14％含んでいる. 主要な産地はブラジル,南アフリカ,アルゼンチン,インド,オーストラリア,アメリカ,モロッコ,ポルトガルなどである.

製錬法

BeO は安定な酸化物であるので,直接還元法はとらずハロゲン化物の還元あるいは溶融塩電解法で製錬を行う. 純ベリリウムは BeF_2 の Mg 還元法あるいは $BeCl_2$ の溶融塩電解法で製造される. また BeO と炭素の混合粉に銅粉を加え,2200～2400℃で密閉式電弧炉で還元と同時に合金化を行うと Cu-5～5.5wt％ Be 合金が得られる.

生産統計

1943年頃のアメリカ合衆国の統計によると,その当時は全金属ベリリウムの消費量中約90％はベリリウム銅などの合金添加元素,約9％が BeO の形でセラミック材料へ,わずかに1％が純金属および化合物として利用されるといった状態であった. 最近は原子力産業の発達,ミサイルの開発に伴って,この方面に使用される金属ベリリウムおよび BeO の量は急激に増加している. 1955年頃ではアメリカ合衆国が世界の全生産量の約87％を占めていた. 1955年で BeO の世界生産量は約1200トン程度であった. 現在も鉱石から BeO の抽出はアメリカの Brush Wellman 社が集中的に行っているが,日本における原材料の輸入状況,および電子工業用バネ材料としてのベリリウム銅の出荷量を表3・22および表3・23に

表3・22 ベリリウム原材料の輸入 (MT)

	1978年	1979年	1980年	1981年
BeO	32,534	75,481	84,774	90,758
Cu-Be合金	30,000	94,000	104,000	30,000
金属Be	340	735	1,373	824
屑金属Be	1,334	1,462	238	1,144

表3・23 電子材料用バネ材料ベリリウム銅の出荷量 (MT)

	1978年	1979年	1980年	1981年
国　　産	540	610	640	680
輸　　入	30	48	40	40
合　　計	570	658	680	720

示す.

純ベリリウム

現在生産されているベリリウム金属の純度はマグネシウム還元および塩化物電解ともに98.7～98.8％程度である.主要な不純物はAl, C, Cl, Mg, BeOなどである.

金属ベリリウムの主要な物理的性質は章末の表3・29に示した.構造用金属材料としてはマグネシウムに次いで軽い.その融点はアルカリ土類金属としてはきわめて高い.したがってその熱膨張係数は鉄と同程度で小さい.その電気伝導性はアルミニウムに次いで良好であり，％IACSで約40, 熱伝導率もマグネシウム, タングステンに次いで第7位である.熱中性子の吸収断面積のきわめて小さい軽い核をもつ元素であることも重要な特性のひとつである.

最近ベリリウムには1250～1284℃の間にβ相の存在することが確認された.β相は体心立方晶である.

ベリリウムは人体にきわめて有害な金属であり，吸うと呼吸器を強く刺激する.空気中に微細な金属粉あるいは酸化物粉の形で存在するのは危険である.1γ(10^{-6}g)程度でも慢性障害を引き起す.空気中では700℃以下ならばあまり強く酸化されないが，800℃以上になると急激に酸化されやすくなる.

機械的性質はその製法, 不純物量に強く左右され，一定値が求めにくい.圧延板で引張強さ49kgf/mm^2, 耐力35kgf/mm^2, 伸び率5％程度である.加工性は室温付近で非常に悪い.室温～1100℃では($0\,0\,0\,1$), ($1\,0\,\bar{1}\,0$)面が〔$11\,\bar{2}\,0$〕方向にすべる.双晶変形は-190～850℃において($1\,0\,\bar{1}\,2$)面で起るとされている.

溶解, 鋳造は真空あるいは不活性ガス中で行う.るつぼはBeO製を使用する.鋳物の結

晶は非常に粗大化しやすく，粗大結晶は塑性加工が困難である．粉末冶金法で加工することもある．50 μm程度の粉状ベリリウムを冷間でプレス成形し，これを1100℃付近で焼結して熱間プレスを行い，以後冷間で加工できる．

ベリリウムは比強度および耐熱性の点でアルミニウムよりはるかに優れている．1962年にアメリカ合衆国のグレン人工衛星に熱シールド板として使用され脚光をあびた．

原子炉には減速材および熱中性子反射体として使用されている．減速材とは高速中性子を減速して熱中性子に変化させる役目をするものであって，一般に軽い核をもつ軽水，重水，ベリリウム，BeO，黒鉛などが使用されている．反射体とは熱中性子を吸収せず，反射させる材料である．高密度の熱中性子束を得るのに必要とされる材料であって，ベリリウムおよびベリリウム化合物が最適とされている．

軽元素であるのでX線をよく透過する．この点を利用してX線装置の窓として使用される．合金元素としては銅あるいはニッケルに添加し，その強い時効硬化性を利用して強力なばね材料となっている．鉄にはよく合金し，アンバーおよびエリンバー特性の得られることが知られている．Al-Mg合金あるいはマグネシウム合金の酸化防止に有効である．

1・4・2 カルシウム，ストロンチウム，バリウム
1・4・2・1 カルシウムおよびその合金

カルシウムはクラーク数が3.4％であり，アルミニウム，鉄に次いで第5位に地上に多い元素である．その名称は石灰のラテン語calxに由来する．1808年 $CaCl_2$ の溶解塩電解でDavyによって金属として得られた．

その製法として工業的に重要なものは，(a) $CaCl_2$ あるいは $CaCl_2$ を含む溶融塩の電解法，(b) CaOのAlによる還元法などがある．

(a)の電解条件の一例は，浴温：800〜820℃，浴電圧：20〜25V，所要電力：50〜60kWh/kg Ca，電流効率：40〜50％．

電解のままのメタルは純度約98.5％，これを蒸留すればさらに純度がよくなる．さらに純度の高いカルシウムを電解したいときは，無水の $CaCl_2$ を溶融した銅を電極として電解する．得られたCu-Ca合金を真空蒸留すると約99.9％程度のものが得られる．

(b)ではCaO＋Alブリケットを，1200℃のニクロム合金製レトルトに入れて低圧にすると98〜99％のカルシウムが得られる．

金属カルシウムの主要な物理的性質を章末の表3・29に示した．

カルシウムは構造用材料ではないが，その機械的性質は，軟質状態で引張強さ4.9 kgf/mm^2，耐力1.4 kgf/mm^2，伸び率51％であり，圧延のままの硬質のもので，それぞれ12kgf/mm^2，8.5 kgf/mm^2，7％と示されている．またそのヤング率 E は2000〜2500kgf/mm^2

である．

その用途は最近ウラン，トリウムなどの製造の場合の還元剤として増加している．そのほかPb-Ca合金としてMF（Maintenance Free）バッテリー用のグリッド，希ガス中の不純物窒素の除去，特殊鋼などの脱酸および脱硫剤，溶融鉛中よりBiの除去などに使用される．

1・4・2・2 ストロンチウムおよびその合金

ストロンチウムは，同じアルカリ土類のカルシウムのクラーク数3.39％，バリウムの0.023％に比し，0.015％と少ない金属である．鉱石も種類は少なくセレスタイト鉱（$SrSO_4$として約60％），ストロンチアナイト鉱（$SrCO_3$が主成分）などである．1787年，Hopeが最初に鉱石を発見したスコットランドのStrontianにちなんで名付けられた．金属単体としては1808年Davyが水銀陰極による電解で初めて得ている．

主要産出国はメキシコ，トルコ，スペイン，イギリス，イラン，カナダ，中国などである．日本にはこの鉱石は全く無く現在は大部分スペインから輸入している．1980年の輸入量は約30000トンと推定されている．

表3・24に各国よりの輸入実績を示した．

現在ストロンチウムの用途はカラーテレビのブラウン管およびフェライト磁石に使用される部分が圧倒的に多い．表3・25にその需要推移を示した．

純ストロンチウムの物理的性質は章末の表3・29にまとめた．

表3・24 日本のストロンチウム鉱輸入統計　(MT)

輸入国	1977年	1978年	1979年	1980年
スペイン	20,000	20,000	30,000	30,000
トルコ	4,000	—	—	—
イラン	—	—	—	—
その他	—	—	—	—
合計	24,000	20,000	30,000	30,000

(レアーメタルニュース)

表3・25 日本のストロンチウム需要状況　(MT)

用途	1977年	1978年	1979年	1980年
カラーテレビ	13,700	14,400	16,800	18,300
フェライト磁石	3,300	3,500	4,400	5,100
その他	1,850	1,900	2,100	2,150
合計	18,850	19,800	23,300	25,550

^{90}Srは28年の半減期をもつ核分裂物質中に含まれる放射性同位元素であるが,体内でカルシウムに伴って挙動をするので,その人体に及ぼす影響が注目されている.

金属Srはアルミニウムで還元蒸留して得られるのが純度約99.9％である.

化学的には空気中で不安定であり,酸化されて灰白色となり,加熱とともに酸化物および窒化物を形成する.

水とも激しく反応し,水素ガスを発生して水酸化物となる.C,Si,N,Sなどとも高温で直接反応する.

金属としてはゲッター,脱酸剤,あるいは微量の添加元素としての用途しかない.

カラーテレビ用のブラウン管に炭酸塩の形で添加され,放射線の防除用に使用されるものが最も多い.

従来のフェライト磁石の中心だった$BaO \cdot Fe_2O_3$よりも,$SrO \cdot Fe_2O_3$の方が最大エネルギー積が大きく,温度特性,異方性の磁気性能などがよい.モーターなど回転機器,音響機器などを中心としてその需要が伸びている.

$SrCO_3$は亜鉛精錬の際の鉛抜き用の添加物,花火,上薬,半導体コンデンサーなどにも使用されている

$Sr(NO_3)_2$は発煙筒,花火,光学ガラス,テレビのブラウン管用ガラスなどに使用される.

1・4・2・3　バリウムおよびその合金

クラーク数は0.023％で第19位に位置する元素である.鉱石は重晶石(baryte)および毒重石(witherite)として産出する.前者は硫酸塩が主成分であり,後者は炭酸塩が主成分である.

アメリカ,西独,中国,ルーマニア,チリなどに産出する.

一般にアルミニウムを還元剤として真空蒸留法(1200℃,10^{-3} torr)で製錬されている.その他カルシウムと同様ないくつかの製錬法がある.元素としての名称はギリシア語の$βαρύs$(重い)から由来している.すなわち,重晶石の名に関係がある.1901年Guntzが水素化バリウムの分解法で初めて純粋な単体Baを得ている.

その物理的性質は章末の表3・29に示した.

銀白色で軟らかい金属である.

化学的にはカルシウムやストロンチウムに似た性質を示す.

単体の金属として使用されることは少ない.Ba-Al,Ba-Mgの合金の形でゲッター,Ni-Baの形で自動車の発火せん,Pb-Ca-Ba合金は時効硬化を示し,軸受合金として使用されることがある.

化合物としては炭酸バリウムが最も多く,硫酸バリウム,塩化バリウム,硝酸バリウムの順に使用量が続いている.

表3・26 BaCO$_3$の用途別需要状況 (MT)

用　途	1980年	1981年
熱処理剤	126	105
電球，光学ガラス	12,132	13,077
窯業	605	476
苛性ソーダ	332	71
コンデンサ・フェライト	3,830	4,021
その他	8,153	7,232
内需計	25,178	25,002
輸出	1,845	201
合　　計	27,023	25,203

　BaCO$_3$の用途は特殊光学ガラス，ブラウン管ガラス，フェライト磁石，コンデンサー，陶器などに使用されている．

　BaCO$_3$の用途別需要状況を表3・26に参考として示す．

1・4・3　リチウム

　そのクラーク数は0.006％程度であって，同じアルカリ金属であるナトリウム，カリウムやアルカリ土類のカルシウムなどに比較すると桁違いに少ないが，地球上の元素としてはそれほど少ない方ではない．大体銅などに近い値である．ただあまり局所的に高濃度で産出せず希薄に広く分布している．名称は石を意味するギリシャ語$\lambda i \theta o s$に由来し，1855年BunsenとMathiessenが溶融塩電解法で初めて多量に得ている．

　主要鉱石は複雑なケイ酸塩，リン酸塩の形で産出する．産地はカナダ，アメリカ合衆国，アフリカなどである．

　その製錬法は，まず浮遊選鉱や沈降法で選鉱し，化学処理でLi$_2$CO$_3$かLi(OH)の形にしてこれを原料とする．つぎにLiCl-KClの共晶組成の混合塩の溶融塩電解で金属リチウムが得られる．主要な不純物はNaで約0.3％ほど含まれるが，これを真空蒸留すれば0.002％程度まで下げることができる．今後のリチウムの需要は種々の可能性を含んでいるので世界の消費（推定）量を表3・27に示す．そのうち50％近くはアメリカで使用されている．

　リチウム金属の物理定数を章末の表3・30に示した．金属元素としてはその密度が最も小さく，水の約半分である．その熱膨張係数はアルカリ金属の一般的特性として大きいが，アルカリ金属の中で最も小さい．熱伝導性および電気伝導性はほかのアルカリ金属よりは低く，鉄などと大差がない．

　その反応性は強く，空気中で200℃以上に加熱すると燃焼する．比較的低温ではOより

表3・27 世界におけるリチウム(金属, 化合物)の消費推定 (Li_2CO_3換算, 1000lb)

国　名	1978年	1979年	1980年	1981年
北　　　　米	25,000	25,000	25,000	27,350
西ヨーロッパ	9,000	11,000	12,000	13,000
日　　　　本	4,100	4,700	5,500	6,250
南　　　　米	3,000	3,800	5,000	5,500
そ　の　他	6,000	6,000	6,500	6,000
合　　　計	47,100 (21,383トン)	50,500 (22,927トン)	54,500 (24,743トン)	58,100 (26,377トン)
ソ　　　連	8,000	8,000	8,000 〜12,000	8,000 〜12,000

Nに対する親和力が大きく,空気中で黒色の窒化物Li_3Nを形成する.やや高温ではLi_2Oを形成し,またLiHのような安定な化合物も形成される.溶融状態では酸化物あるいはケイ酸質のるつぼ材料と強く反応する.鉄およびクロム以外の金属とも反応する.同位元素は^7Liと^6Liであり,$^7Li:^6Li ≒ 12.7$である.この両者の分離は重金属のウランのように非常に困難ではないが目下研究段階である.

純リチウムは強力な脱酸,脱硫,脱ガス剤として冶金学的用途がある.欧米ではアルミニウム製錬の電解浴にかなり多量に添加されている.とくに銅およびその合金に添加して有効である.高伝導性のリチウム脱酸銅には0.01％以下の量で添加されるが,これより多くなるとLiHの形で銅に入り有害となる.

銀ろうに1％Liを添加すると,強力な還元剤として作用し,フラックスなしのろう付けができる.希ガスの不純物除去用などにも使用される.

原子力関係での用途もある.トリチウムの製造(水爆用),原子炉の冷却剤として^7Liは有効である.しかし容器との反応および^6Liの分離の点で難点がある.^7Liは高速中性子吸収面積が大きく,^6Liは熱中性子吸収断面積が大きい.今後核融合発電への発展を考えた場合両者の分離が望ましい.

合金元素としては鉛の硬化に使用されたこともあり,あまり実用化はされていないが,Mg-Li(10〜20wt％)合金は興味深い長所をもっている.また最近は,アルミニウム合金の性能改善に添加する研究が行われている.

LiH, LiD, Li(AlH$_4$), Li(BH$_4$), Li(NH$_2$), Li-B-Hなどの水素化合物はロケット燃料として研究対象となった.

最近高エネルギー密度電池として,リチウム電池が注目をあびている.リチウム電池は,正極活物質は日本ではフッ化黒鉛,二酸化マンガンなどが工業的に使用されている.負極は

リチウムである．電解液が問題で水溶液は使用できない．有機溶媒を使用する．溶媒としてはプロピレンカーボネート，γ-ブチルラクトンがよいとされている．これに溶解させる塩類としては $LiClO_3$, $LiAlCl_3$, $LiCl$ などが考えられている．

1・4・4　ナトリウム，カリウム

ナトリウムのクラーク数は2.85％，カリウムは2.60％であり，地球上にはきわめて豊富な金属元素である．ナトリウムの名称は鉱物性アルカリを意味するラテン語 nitrom solida に由来し，炭酸ナトリウムの古い名 natron solida にもとづいている．1807年Davyが NaOH の溶融塩電解で初めて金属 Na を得ている．Castnerが溶融塩電解法で金属 Na の工業的生産に成功している．

カリウムの名称は灰を意味するアラビア語 qāli および植物性アルカリを意味する英語の pot-ash に由来する．カリウム（kalium）とよばれるよりポタシウム（potassium）とよばれる方が多い．1807年溶融塩電解法で Davy が金属 K を得ている．

ナトリウムは最純の NaCl の溶融塩電解によって得られる．カリウムは KF を CaC あるいは Si で還元して製造される．また水酸化カリウムを主成分とする電解浴か，ハロゲン化カリウムと K_2CO_3 を主成分とする電解浴を使用し，溶融塩電解によって工業的に生産されている．

その物理的性質は章末の表3・30に対比して示した．いずれも熱伝導性のよい金属である．融点が低く液体になりやすい．

化学的には非常によく似た金属であり，いずれも水と激しく反応して水素を発生し，爆発の危険性があるので，鉱物油などの中に貯蔵する．その価格はナトリウムの方が安いので一般にカリウムを使用することは少ない．

ナトリウムと合金しやすい金属は，Ag, As, Au, Bi, Cd, Cs, Hg, K, Co, Mn, Pb, Rb, Sb, Sn, Th, Tl など．

カリウムと合金しやすい金属は Au, Bi, Cs, Hg, Na, Rb, Sb など．

ナトリウムと合金しない金属は Al, B, Be, C, Cr, Fe, Mo, Ni, Si, Ta, Ti, U, W など．

カリウムと合金しない金属は，Al, Fe, Li, Mg など．

熱伝導性が良好であり比熱が大きいので，ナトリウムは内燃機関の排気バルブ付近の冷却剤（航空機，大型自動車）に使用される．

K-Na合金はNaが23wt％のところに共晶点をもち，共晶温度は－12.6℃である．水銀などと同様に室温で液体の合金であり，ナック（NaK）とよばれ原子炉の冷却剤に使用されている．

1・4・5 ルビジウムおよびセシウム

1・4・5・1 ルビジウム

クラーク数は0.031%でそれほど少ない方の元素ではなく,少量に広く分布している.この金属は1861年BunsenとKirchhoffにより発見されたものであり,スペクトル線の暗赤色のラテン語rubidusに由来して名付けられた.単体金属としてはBunsenにより溶融塩電解によって得られた.

製法としてはクロム酸ルビジウムまたは重クロム酸ルビジウムの真空中加熱によって得られるが,工業的にはカーナリットからKを製造する時の副産物としても得られる.

その物理的性質は章末の表3・30に示した.銀白色の軟らかい金属である.

化学的にはKに似ていて活性に富み,水と反応し,水素化物やハロゲン化物を作りやすい.液体アンモニアとも反応してアミドとなる.Na,K,Csと固溶体を作りやすく,またアマルガムを形成しやすい.

合金学的にはほとんど利用されていないが,光電池に少量使用されたこともある.

^{87}Rbは放射性アイソトープで半減期が5.0×10^{16}年で非常に長いので,岩石生成年代の決定に用いられることがある.

1・4・5・2 セシウム

そのクラーク数は7×10^{-4}%で非常に少ない金属である.その発見は1860年Bunsenによるもので,その発光スペクトルが青空色であるのでラテン語のcesiusに由来して名付けられた.金属としては1881年Setterbergによりシアン化セシウムの溶融塩電解で得られている.

最近はクロム酸セシウムのSiあるいはAl還元で作られている.

その物理的性質は章末の表3・30に示した.銀白色の軟らかい金属で,反応性は強い.

^{137}Csは原子炉中の核分裂によって生成され,核燃料再処理の副産物として得られる.半減期27年でβ線を放出して^{137m}Baに崩壊し,^{137m}Baは半減期2.6分でγ線を出して安定な^{137}Baになる.体内に吸収された^{137}Csはその人体に及ぼす影響の点で注目されている.あまり用途はないが近赤外線ストロボ光源などに利用される.

表 3・28 Al, Ti, Mg の物理的性質

元素名 (英名)		Al (Aluminium)	Ti (Titanium)	Mg (Magnesium)
原子番号		13	22	12
原子量		26.98154	47.88±3	24.305
密度	g/cm³	2.70	4.50	1.74
結晶構造		立方 A1	α:六方 A3 β:(>882) 立方 A2	六方 A3
変態点 (℃)				
格子定数	Å	$a=4.0496$	$\alpha:a=2.951, c=4.6843$ $\beta:a=3.307^{(900℃)}$	$a=3.2094$ $c=5.2105$
融(解)点 (m.p.)	℃ (K)	660.37 (933.52)**	1660	648.8
融解熱	10^{-3} J/mol	8.40	18.7	8.96
沸(騰)点 (b.p.)	℃	2470	3300	1090
蒸発熱	10^{-3} J/mol	294	397	129
線膨張率	10^{-4}/K	$0.237^{(0～100℃)}$	$0.089^{(0～100℃)}$	∥c軸:0.271 ⊥c軸:0.243
体積収縮率 (凝固時)	%	6.6		
比熱容量 (比熱)	J/mol·K	24.4	25.0 (α)	24.6
熱伝導率	W/m·K	237	21.9	156
抵抗率 (比抵抗)	10^{-6} Ω·cm	2.65	42.0	4.45
抵抗率温度係数	10^{-3}/K	4.29		
ホール係数	cm³/coulomb	-0.30×10^{-4}		-0.94×10^{-4}
磁化率	10^{-6} cm³/g	0.61	3.19	0.26
ヤング率 (縦弾性率)	GPa	70.6	120.2	44.7
剛性率	GPa	26.2	45.6	17.3
ポアソン比		0.345	0.361	0.291
表面張力 (m.p.直上)	mN/m	914	1650	559
粘性率 (m.p.直上)	mN·s/m²	1.30	5.2	1.25
熱中性子(0.0253eV)吸収断面積	barns	0.230	5.8	0.063

( )*一次定点になっているもの. 融点の右で( )表示してあるものは凝固点を示す. 物性値で特に温度表示のないものは室温での値を示す. 草木にまとめた表は同様である. これらの表の作成にあたっては, 化学便覧 (1984) 丸善; 金属データブック (1984) 丸善; American Institute of Pysics Handbook (3rd), Mcgraw-Hill; Smithells: Metals Reference Book (6th), Butterworths, などを参考にした. 物理定数としてのデータ以外は, 測定方法, 試料の純度, 結晶状態などによりその数値はばらばらになっているので, 詳しいデータを必要とされる方は原典を参照されたい.

表3·29 Be, Ca, Sr, Ba の物理的性質

元素名（英名）		Be (Beryllium)	Ca (Calcium)	Sr (Strontium)	Ba (Barium)
原子番号		4	20	38	56
原子量		9.01218	40.08	87.62	137.33
密　度	g/cm³	1.85	1.55	2.54	3.5
結晶構造		α：六方 A3	α：立方 A1	α：立方 A1, $\beta(>225)$六方 A3	立方 A2
変態点（℃）			$\gamma(>464)$ 立方 A2	$\gamma(>570)$ 立方 A2	
格子定数	Å	$\alpha: a=2.286$	$\alpha: a=5.5884$	$\alpha: a=6.085$	$a=5.013$
		$c=3.584$	$\gamma: a=4.85^{(467℃)}$	$\beta: a=4.32 \quad c=7.064^{(248℃)}$	
				$\gamma: a=4.85^{(614℃)}$	
融(解)点 (m.p.)	℃	1280	839	769	725
融解熱	10^{-3}J/mol	15.8	8.7	10.0	7.7
沸(騰)点 (b.p.)	℃	2970	1480	1380	1640
蒸発熱	10^{-3}J/mol	295	150	139	151
線膨張率	10^{-4}/K	0.15	$0.22^{(0\sim100℃)}$	$1.00^{(0\sim100℃)}$	$0.18^{(0\sim100℃)}$
比熱容量（比熱）	J/mol・K	16.44	$\alpha: 27.4$	25.15	26.36
熱伝導率	W/m・K	200	$125^{(0\sim100℃)}$		
抵抗率（比抵抗）	10^{-6}Ω・cm	4.0	$3.91^{(0℃)}$	23.0	$60^{(0℃)}$
抵抗率温度係数	10^{-3}/K	25	$4.16^{(0℃)}$		
ホール係数	cm³/coulomb	$+2.44\times10^{-4}$			
磁化率	10^{-6}cm³/g	-1.0	1.1	1.05	0.150
ヤング率（縦弾性率）	GPa	318	19.6	15.7	12.8
剛性率	GPa	156	7.9	6.03	4.86
ポアソン比		0.02	0.31	0.28	0.28
表面張力 (m.p.直上)	mN/m	1390	361	303	224
粘性率 (m.p.直上)	mN・s/m²		1.22		
熱中性子 (0.0253eV) 吸収断面積	barns	0.01	0.44		

表3.30 Li, Na, K, Rb, Cs の物理的性質

元素名 (英名)		Li (Lithium)	Na (Sodium)	K (Potassium)	Rb (Rubidim)	Cs (Cesium)
原子番号		3	11	19	37	55
原子量		6.941 ± 3	22.98977	39.0983	85.4678 ± 3	132.9054
密度	g/cm^3	0.534	0.971	0.862	1.532	1.873
結晶構造		α:六方 A3 $\beta(>\sim 72K)$:立方 A2	α:六方 A3 $\beta(>\sim 36K)$:立方 A2	立方 A2	立方 A2	立方 A2
変態点 (℃)						
格子定数	Å	α(78K): $a=3.111$ $c=5.093$ $\beta(25℃): a=3.5100$	α(5K): $a=3.767$ $c=6.154$ $\beta(20℃): a=4.2906$	$a=5.321$	$a=5.70$	$a=6.141$
融(解)点 (m.p.)	℃	180.54	97.81	63.65	38.89	28.40
融解熱	10^{-3}J/mol	3.00	2.6	2.3	2.2	2.1
沸(騰)点 (b.p.)	℃	1350	882.9	774	688	678.4
蒸発熱	10^{-3}J/mol	159	107	88	72	56
線膨張率	10^{-4}/K	0.56$^{(0\sim 95℃)}$	0.71$^{(0\sim 100℃)}$	0.83$^{0\sim 50℃)}$	3.39$^{(40\sim 140℃)}$ (体膨張)	0.97
比熱容量 (比熱)	J/mol・K	24.65	28.20	29.96	30.44	32.20
熱伝導率	W/m・K	76.8	132	102	58.2	35.9
抵抗率 (比抵抗)	10^{-6}Ω・cm	8.55$^{(0℃)}$	4.2$^{(0℃)}$	6.15$^{(0℃)}$	12.5	20
ホール係数	cm^3/coulomb	-1.7×10^{-4}	-2.5×10^{-4}	-4.2×10^{-4}		-7.8×10^{-4}
磁化率	10^{-6}cm^3/g	4.9	0.664	0.532	0.228	0.226
ヤング率 (縦弾性率)	GPa	4.91	6.80		2.35	1.7
剛性率	GPa	4.24	2.53		0.91	0.65
ポアソン比		0.36	0.34		0.30	0.295
表面張力 (m.p.直上)	mN/m	395	195	111.0	83	69
粘性率 (m.p.直上)	mN・s/m^2	0.57	0.68	0.51	0.67	0.68
熱中性子 (0.0253eV) 吸収断面積	barns		0.505	2.07		

第2章 低融点重金属材料

2・1 低融点重金属材料一般

　融点が低く，重い金属グループの範囲は，先に述べた軽金属材料という言葉と同様にそれほど学問的に厳密な概念ではない．ただ非鉄金属材料の中のひとつの分類のしかたとして便利であるので使用したにすぎない．

　元素の周期律表の中でいわゆるb族に属している重い金属でこのグループに含まれるものが多い．

　まず低融点金属グループを表3・31に示した．この表より明らかなように低融点金属には，低融点軽金属と低融点重金属とが明瞭に区別できる．前者はアルカリ金属であり，後者は2b族のZn, Cd, Hg, 3b族のGa, In, Tl, 4b族のSn, Pb, 5b族のSb, Biである．さらにやや非金属性が強く融点の高いものもあるが，Ge, Si, As, Se, Teの一般的なことを簡単

表3・31　低融点金属の物性値の比較

金属名	元素記号	原子量	比重	融点 (℃)	沸点 (℃)	比熱 (0〜100℃)	線膨張係数 (×10^{-6}) (20〜100℃)	凝固収縮 (%)
リチウム	Li	6.94	0.53	196	1380	0.9600	56	1.65
ナトリウム	Na	22.997	0.97	97.8	892	0.295	71	2.5
カリウム	K	39.096	0.86	63.7	760	0.1728	83	2.55
ルビジウム	Rb	85.48	1.53	39.0	688	0.0802	90	2.5
セシウム	Cs	132.91	1.87	28.4	690	0.052	97	2.6
亜鉛	Zn	65.38	7.13	419.5	906	0.0915	29	4.2
カドミウム	Cd	112.41	8.64	321	765	0.055	30	4.7
水銀	Hg	200.61	13.55	−38.9	357	0.0331	$60.7 = \frac{1}{3} \times 182$*	3.7
ガリウム	Ga	69.72	5.91	29.8	2237	0.079	18	−3.2
インジウム	In	114.76	7.31	156.4	2000	0.057	33	—
タリウム	Tl	204.39	11.85	303	1457	0.0326	28	3.1〜4.3
スズ	Sn	118.70	7.29	232	2270	0.0559	23	2.8
鉛	Pb	207.21	11.34	327	1725	0.0308	29.3	3.5
アンチモン	Sb	121.76	6.62	630.5	1380	0.049	9.6	−0.95
ビスマス	Bi	209.00	9.80	271	1560	0.030	13.3	−3.35

＊体膨張係数の1/3として計算

表3・32　1970年代の主要低融点重金属の世界生産量　　　　(10^3MT)

	1970年	1979年
亜鉛	5,091.6	6,436.7
鉛	3,990.2	5,561.4*
スズ	234.9	244.1
カドミウム	16.33	19.66
ビスマス	3.68	4.06
水銀	10.04	5.80

*　2次アンチモン鉛を含む

表3・33　1970年代の日本の主要低融点重金属の生産量および需要量　　　(10^3MT)

	1973年		1977年	
	生産	需要	生産	需要
亜鉛	844.0	814.9	778.4	667.2
鉛	228.0	267.3	221.4	245.7
スズ	0.8	38.3	0.6	29.7
カドミウム	3.17	1.475	2.844	0.771
ビスマス	0.679*	0.619*	0.671	0.252

*　1974年

に付記した．これらはいずれも金属と非金属との境界に位置するものが多く，いわゆる半金属（metalloid, semimetal）とよばれるものが含まれている．Bi, Sbがそれである．またこれらの金属は非鉄金属材料の中では銅，鉛，亜鉛などの製錬の際の副産物として得られるものが多く，その利用の歴史の古いものが多い．

　低融点という共通性から利用されやすいが，一般に弾性率が低く，熱膨張係数が大きく，比熱が小さい．Ga, Sb, Bi, Ge, Siなどは半金属として一般の金属とは異なった特殊な性質を示す．たとえば凝固の際に膨張する性質などその一例であろう．

　この種の金属の1970年代における世界総生産量を表3・32に示した．世界的な工業規模の増大とともに亜鉛，鉛は漸増の傾向を示しているが，スズ，カドミウム，ビスマス，水銀などは大体生産量はその資源の関係上ほぼ一定している．

　つぎに日本における生産量と需要量の関係を表3・33に示した．高度成長期から低成長期への移行にともなって，いずれも生産，需要ともに徐々に減少の方向をたどっている．亜鉛および鉛は少量の輸入により需給のバランスが保たれているが，スズはほとんど全面的に輸入にまち，カドミウムやビスマスは逆にかなり多量に輸出されている．このほかアンチモンなども全面的に中国からの輸入でまかなっている．

2・2 亜鉛および亜鉛合金

2・2・1 亜鉛一般

クラーク数からみると鉛よりやや多く，0.004％で約30番目に多い金属元素である．この亜鉛が歴史の最も古い七金（金，銀，銅，鉛，スズ，鉄，水銀）の中に含まれていない理由は，主として亜鉛を含む鉱石の製錬の際，その沸点900℃が示すように蒸気圧が高く大部分蒸発して消失するためであろう．しかし古代の銅器類の中などには合金元素として少量含まれていることが認められている．ローマのカラミン・ブラス（calamine brass）とよばれる貨幣には12～28％ものZnが含まれている．このカラミン・ブラスはカラミン（異極鉱）とよばれる亜鉛鉱石を粉末にし，木炭粉と適量の銅を加え，るつぼ中で加熱還元して作られた．18世紀にいたり金属銅と金属亜鉛から黄銅が合金として作られるようになってからも，カラミン・ブラスは装飾品，武具などにも使用されていた．古代中国では黄銅を鍮石（ちゅうしゃく）とよび，青銅よりはややその使用は年代的に新しく，ペルシャから伝えられたものとされている．

中国の明の時代（1637年）に編さんされた「天工開物」という書物には，16～17世紀に亜鉛の製錬技術があったことが記されている．しかしその金属の名称は「倭鉛」となっている．

ヨーロッパで最初に金属亜鉛の製錬を試みたのは英国のChampion兄弟とされ，その特許が1738年に認められている．この方法の発展改良されたのがイギリスにおける蒸留亜鉛製錬法で1850年頃である．

日本では鍮石あるいは中尺という言葉は天平時代（747年）に寺の香炉の材料として記録されており，それが文禄2（1593）年頃の滋賀県にある庚申山広徳寺の記録によると真鍮という名称になっている．同記録中には銅にトタンをまじえて吹子で吹き沸かして作るとされている．トタンは亜鉛のことを指している．すなわち16世紀の終り頃に日本では黄銅の中国名であった鍮石が真鍮に変り，亜鉛の中国名である倭鉛がトタンとなって現れてきている．倭鉛をポルトガルではツタンナガ（Tutanaga）といい，トタンの語源とされている．日本で亜鉛という言葉が最初に記録されているのは，正徳3（1713）年寺島良安が編集した「倭漢三才図会」中においてである．

日本における金属亜鉛製錬は明治22（1889）年頃黒鉱（kuroko）処理の目的で始められた．蒸留亜鉛が商業ベースで生産され始めたのは明治43（1910）年頃であり，電気亜鉛製錬が神岡鉱山で開始されたのも同じ頃である．この方法は収率が悪いので中止され，大牟田で日本最初の大規模な蒸留亜鉛工場が建設され，98.2～99.5％程度の亜鉛の生産に成功

したのは大正2(1913)年である．いずれにせよ日本で近代的な亜鉛製錬がスタートしたのは明治40年代ということになる．

鉱石は大部分が閃亜鉛鉱（zincblend）で主成分はZnSである．たいていの場合鉛鉱石を随伴する．ドイツ，ポーランド，イタリア，スペイン，ユーゴスラビア，スウェーデンなどが主要な産地である．日本では黒鉱とよばれる複雑な鉱石として産出する．

鉱石は浮遊選鉱法により精鉱とされ次のプロセスで製錬される．

$$精鉱（ZnS）\xrightarrow{酸化焙焼} ZnO \begin{matrix} \nearrow 乾式製錬 \\ \searrow 湿式製錬 \end{matrix}$$

乾式製錬法の原理は次の反応式で示され，工業的には3種の方法がある．

$$ZnO + C \rightleftarrows Zn + CO$$

(1) 竪型蒸留法

この方法は18世紀英国で始まり，1929年アメリカ合衆国のNew Jersey Zinc社で大きく工業化された．本法はSiC製レトルトで亜鉛蒸気を液化捕集するものである．（三井三池）

(2) 電熱蒸留法

この方法は焼結鉱とコークス粒の混合物に直接電流を通す内熱式の円筒電気炉を使用する．亜鉛の生産能力が大きく，熱効率もよいが，大量の電力（3000kWh/ton Zn）とコークス（500kg/ton Zn）を必要とする．亜鉛蒸気はコンデンサー内に導かれ液化する．（日鉱三日市）

(3) ISP（溶鉱炉製錬法）

鉄，銅，鉛の製錬は従来溶鉱炉法で効率よく行われてきたが，亜鉛の場合は蒸気状態となり，その蒸気は酸化されやすいのでこの方法では困難とされてきた．英国のImperial Smelting社は低濃度の亜鉛蒸気を鉛のシャワーに吸収させるというユニークな方法で亜鉛の溶鉱炉製錬法を可能とした．本法は亜鉛と同時に鉛も製錬できるメリットをもっている．約1050℃で亜鉛蒸気は鉛シャ

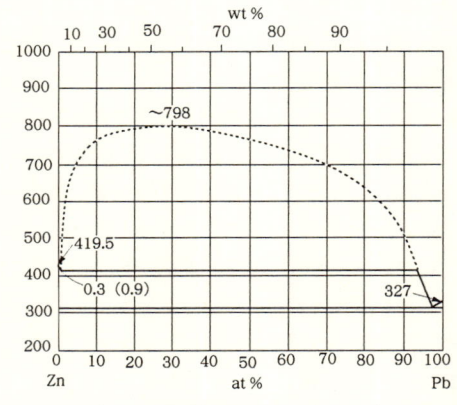

図3・35 Zn-Pb系状態図（金属データブックより）

ワーコンデンサーに入り，560℃の鉛の中を通って吸収され，約4.6％まで液状鉛中に溶入する．これを取り出し440℃まで冷却すると溶解度は2.1％に低下するので余分の亜鉛はほ

表3・34　1970年代の世界の亜鉛の生産と需要

	1973年		1977年	
	産出量	需要量	産出量	需要量
西　　　　独	395.0	341.6	341.6	329.5
英　　　　国	83.8	305.4	81.5	244.8
フ ラ ン ス	259.4	290.4	238.3	257.7
ヨーロッパ合計	1,568.8	1,812.9	1,666.4	1,551.7
アフリカ合計	174.5	87.1	187.2	100.7
日　　　　本	844.0	814.9	778.4	667.2
ア ジ ア 合 計	881.8	1,051.0	866.9	1,008.3
アメリカ合衆国	604.8	1,363.9	454.3	998.2
南北アメリカ合計	1,327.3	1,757.0	1,263.1	1,384.0
オーストラリア	306.4	121.0	255.5	80.2
ソ　　　　連	940.0	840.0	1,020.0	945.0
共産圏（旧）合計	1,558.6	1,416.1	1,706.2	1,626.2
世　界　合　計	5,817.4	6,267.1	5,945.3	5,773.5

とんど純粋な溶融亜鉛状態で浮上する．参考のためZn-Pb系状態図を図3・35に示した．液態でPb-richとZn-richの2液相に分離し，固相ではほとんど固溶度がない．ISP法はこの2液相分離を利用したものである．

　湿式法はZnOをH_2SO_4中に溶解し，電解により金属亜鉛を得る方法であって，アメリカのAnaconda社とカナダのTrail社で工業化に成功したものである．現在では金属亜鉛の70％まではこの方法により生産されている．品位は高く99.995％程度である．この方法では酸による浸出工程中に同時に溶出する不純物をいかにして除くかがポイントとなる．

　つぎに世界における主要亜鉛産出国の1970年代における産出量と需要量を表3・34に示した．日本の1977年における亜鉛の年間需要量は世界の11％強である．

2・2・2　純亜鉛

　亜鉛の物理定数表は章末の表3・67にまとめて示した．

　亜鉛地金の純度は蒸留亜鉛はやや低く98.0～98.5％であるが，電気亜鉛では99.99％以上のものが多い．

　亜鉛は最密六方晶であるので，その単結晶は異方性を示す．電気比抵抗（20℃）はc軸方向にやや大きく，熱膨張係数（0～100℃）もc軸方向ではその直角方向の約4倍ほどの値を示す．

表3・35 純亜鉛の集合組織

鋳　　造	線 引 き	圧　　　延		再 結 晶 後	
柱状晶の軸に平行	線の軸に平　行	圧延面に平　行	圧延方向に平　行	圧延面に平　行	圧延方向に平　行
〈0001〉	{0001}	{0001}	〈11$\bar{2}$0〉	{0001}	〈11$\bar{2}$0〉

　亜鉛の塑性変形は，室温付近での1次すべり要素は(0001)面〈11$\bar{2}$0〉方向の底面すべりであり，双晶変形は{10$\bar{1}$2}面群で起り，へき開面は(0001)の底面である．
　一般に鋳造のままでは加工が困難であり，その機械的性質も異方性のため状態によって種々の値を示す．
　硬さは鋳造のままでHB＝42〜48，鍛造材では90〜200，ヤング率も鋳物で7750kgf/mm^2，圧延材で8450kgf/mm^{2}と変化する．引張強さも鋳物では2.4（砂型）〜14（ダイカスト）kgf/mm^2，伸び率は0に近い．鍛造材では引張強さ11〜38kgf/mm^2，伸び率は30〜50％となる．亜鉛は鋳造のままではハンマーで砕くことさえできるが，これを一度100〜150℃で圧延して鋳造組織を破壊して再結晶組織にすると針金のようにひきのばすことさえできる．
　純亜鉛は鉛などと同様に再結晶温度が低いので，室温付近での静的機械試験には，この点を十分考慮しないと値がばらつき不正確となりやすい．
　亜鉛の加工および再結晶集合組織を表3・35に示した．
　亜鉛は電極電位ではかなり卑な方にあるので希薄な酸におかされ溶解しやすい．中国で倭人のように激しい鉛ということで倭鉛とよばれたのもこの化学的な性質によるものである．自然環境下では純度が高くありさえすれば，乾燥状態ではほとんど酸化されず耐食的である．温度とCO_2ガスの共存下では表面に塩基性炭酸塩の膜を生じ内部を保護する．
　鉄鋼に対してはアノードとなり発錆を防ぐ効果が大きい．亜鉛めっき鋼板（zinc plated steel sheet）は別名トタンの名で知られている．溶融亜鉛めっき法，電解めっき法などにより，亜鉛被膜による鋼材の防食が広く行われている．亜鉛の用途としてはこの防食用のものが量的に最も多い．

亜鉛めっき法
(1) 溶融亜鉛めっき（どぶづけ，hot dipping）
　この方法は19世紀の中頃にフランスおよびイギリスで始められた．防食性が優れているので，その応用は急速に拡大したものである．この方法はあらゆる形状の鋼材に適用することができ，大気中，水中，土中またはコンクリート中で非常に優れた耐食性を示す．被膜は鉄と亜鉛の合金相を境界面として亜鉛層が密着し剥離なども起りにくい．

その作業工程は次のようなものである．

塩酸あるいは硫酸による酸洗い洗浄──→$ZnCl_2$水溶液中に入れて乾燥し，表面に$ZnCl_2$膜を形成──→溶融亜鉛浴中をくぐらせる．

フラックスの$ZnCl_2$は潮解性があるので，一般には$ZnCl_2 \cdot 3NH_4Cl$の形で使用する．亜鉛浴の温度は一般に440～470℃であり，Zn-Fe化合物相の余分な成長を抑え，その強化の目的で0.2％程度までのAlを添加する．最近はAlの微量添加から積極的にZn-Al合金のめっき法が開発されている．Alの多いものではジンカリウム（Zincalium）という商品名でAl 50％のものまで考えられている．

このほかにZn-Al合金の共晶組成Al 15wt％付近の浴組成も多く利用されている．

一般にZn-Al合金の溶融めっき法では，これを連続化した場合に純亜鉛めっきの場合より種々技術的に困難な問題が多い．Alの添加によりFe-Znの金属間化合物層の成長は抑えられるが，めっきむらが発生しやすい．これを克服するため，一度薄い純亜鉛めっきを施し，その上にZn-Al合金めっきを行うなど種々方法が考えられている．現在耐食性の点で自動車用にはZn-Al合金めっきの方が主流となりつつある．

このほかに溶融亜鉛の被覆法としては溶射法なども実用化されている．長期にわたる耐食性は，Alの多いものの方が優れているようである．

(2) 電気亜鉛めっき（electrolytic zinc plating, galvanizing）

電気亜鉛めっきは1920年代に安価な帯鋼の供給が可能になってから急激に発展した．日本では電気亜鉛めっき鋼板として初めて市販されたのは1953年の新日鉄の「ボンデ鋼板」である．常温で短時間に一様で付着量制御の厳密な被膜が得られるのが特徴である．一般にリン酸塩系の表面処理を施して使用することが多く，塗装したカラー鋼板（coloured zinc plated steel sheet）として広く利用されている．

電解浴には大別して酸性浴とアルカリ性浴の2種がある．前者は硫酸塩，塩化物，ホウフッ化塩浴が主であり，後者はシアン，ピロリン酸塩浴で代表される．めっきのつきまわりは後者が良好とされているが，前者は高速で低コストである．最近はシアンが環境で問題となるので，シアン化合物を含まない方向に変化してきている．

2・2・3　亜鉛合金

亜鉛は銅やアルミニウムなどの他の金属には一般によく固溶するが，亜鉛に固溶する合金元素はきわめて少ない．やや固溶量の多いのはAg, Au, Cu, Al, Hg, Cdなどである．この中で実用合金との関連において最も重要な合金系はZn-Al系である．

実用亜鉛合金としてはダイカスト用合金が主体である．元来融点が低いので形状の複雑

表3·36 亜鉛合金ダイカストJIS規格

種類	記号	化学成分（%）							
		Al	Cu	Mg	Zn	不純物			
						Pb	Fe	Cd	Sn
亜鉛合金ダイカスト 1種	ZDC 1	3.5〜4.3	0.75〜1.25	0.03〜0.08	残部	<0.007	<0.10	<0.005	<0.005
亜鉛合金ダイカスト 2種	ZDC 2	3.5〜4.3	<0.25	0.020〜0.06	残部	<0.005	<0.10	<0.004	<0.003

な，寸法精度の高い鋳物ができる．また多量生産にも適している．

表3・36に亜鉛合金ダイカストのJIS成分表を示した．

1種はZn-Al-Cu系であり2種はZn-Al系であり，この他にダイス用として硬質のZn-4%Al-3%Cu合金がある．各合金元素および不純物の影響を示す．

- Al： 合金の強さ，硬さを増加させるとともに湯の流動性を改善する．また溶解設備，金型の溶融亜鉛による侵食を減少させる作用もある．Zn-Al系としては，JIS合金の添加量でその機械的性質は最高を示す．
- Cu： 強度と硬さと耐食性の改善に有効である．多くなると経年変化による寸法の狂いなどを生じやすい．
- Mg： 不純物の多い亜鉛，とくにZn-Al合金では湿った大気中で粒界腐食が進行しやすい．これを防止するには適量のMgの添加が必要とされている．Mg量が多くなると湯流れが悪くなり，熱間脆性など機械的性質が低下する．
- Pb, Sn, Cd： Alを含む亜鉛合金ではこれらの不純物はきわめて少量でも有害であって，粒界腐食の原因となる．したがってダイカスト用亜鉛合金はきわめて純度の高い亜鉛地金を使用すべきであり，Mgの添加量も不純物量によって適量をえらぶ必要がある．

図3・36にPb量とそれに対応して添加すべきMg量の関係を示した．

粒界腐食は高純亜鉛の場合は発生せず，Znより標準単極電位の低いアノーディックな元素であるAlを含み，しかも湿気を含む環境で発生しやすいところから，明らかに電気化学的なものであろうが，微量のPb, Sn, Cdがこの腐食をどのような機構で加速するのかは不明である．

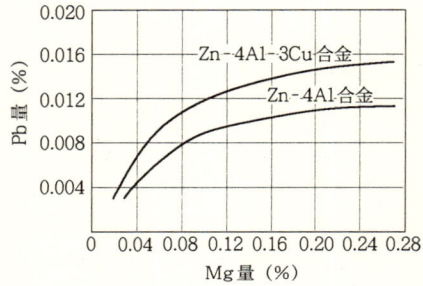

図3·36 Pbを不純物として含む亜鉛合金の粒間腐食抑制に必要なMg添加量

表3・37　亜鉛ダイカストの室温時効に伴う機械的性質および寸法変化

室温放置期間	ZDC 1				ZDC 2			
	引張強さ (kgf/mm^2)	伸び (%)	衝撃値 (kgf/mm^2)	ブリネル硬さ	引張強さ (kgf/mm^2)	伸び (%)	衝撃値 (kgf/mm^2)	ブリネル硬さ
直後	34.2	9	14.7	92	29.2	15	14.4	83
12カ月後	32.7	12	14.4	74	27.0	25	15.1	67
8年後	29.9	14	14.1	74	25.3	20	15.1	65
	収縮量（%）				収縮量（%）			
15日後	0.019				0.026			
50日後	0.039				0.040			
1年	0.108				0.078			
5年	0.123				0.104			

（亜鉛ハンドブックより）

表3・38　ILZRO合金の化学組成と機械的性質

	Al	Cu	Mg	Ti	Cr	Ti + Cr	Zn
ILZRO 12	11.0～13.0	0.5～1.25	0.01～0.03	—	—	—	残部
ILZRO 14	0.01～0.03	1.0～1.5	—	0.25～0.30	—	—	残部
ILZRO 16	0.01～0.04	1.0～1.5	—	0.15～0.25	0.10～0.20	0.30～0.40	残部

	密度	ヤング率 (kgf/mm^2)	引張強さ (kgf/mm^2)	耐力(0.2%) (kgf/mm^2)	伸び (%)	ブリネル硬さ	その他
ILZRO 12	6.0	8,400～9,100	35～37	21～22	5～7	95～113	軽量
ILZRO 14	7.14	9,840	23.2～23.9	14～15	5～6	71～77	耐クリープ性
ILZRO 16	7.14	9,840	23.2～23.9	14～15	5～6	75～77	耐クリープ性

（亜鉛ハンドブックより）

Fe：　合金の機械的性質にはそれほど影響はないが，多くなると融点の高いFe-Al化合物を形成し，ハードスポットとなり切削加工に悪影響を及ぼす．

亜鉛ダイカストは多少経年変化を示す傾向があり，この時効現象に伴って，強さおよび硬さはやや低下し，寸法が多少収縮する．表3・37にJIS ZDC 1および2の室温時効に伴う機械的性質および寸法変化例を示した．

この経年変化をある程度予防するには，鋳造直後100℃で3～6時間，70℃で10～20時間程度の安定化処理を施しておくとよい．

亜鉛ダイカスト部品は，従来自動車部品などに多く使われているが，自動車の軽量化とプラスチックめっき部品の開発によって，その薄肉化の要求が強くなった．この時代の要求に対応するため新しいダイカスト合金の開発も行われている．

ILZRO合金

この合金はILZRO (International Lead Zinc Research Organization) が研究機関に委託して開発した亜鉛ダイカスト合金の総称である．JIS合金固有の長所に加えて，優れ

たクリープ強さと鋳造性を兼ね備えた合金である．その代表的なものを表3・38に示した．

プラスチックと亜鉛ダイカストを比較した場合，多くの熱可塑性樹脂は密度は亜鉛ダイカストの6.6～6.7に比して約1で非常に軽いが，寸法精度の点で劣っている．また経年変化についてもプラスチックは未知の点が多い．

表3・39　ZA合金の組成

合金名	組成（wt%）		
	Al	Cu	Mg
ZA-8	8.0～8.8	0.3～1.3	0.015～0.03
ZA-12	10.5～11.5	0.5～1.25	0.015～0.03
ZA-27	25.0～28.0	2.0～2.5	0.01～0.02

（注）不純物の限度は，Pb 0.004，Cd 0.003，Sn 0.002，ZA-12に対しては，Fe 0.075，ZA-8とZA-27に対しては，Fe 0.10である．

第Ⅰ部の3・8・2でも述べたように，最近SPZ（super plastic zinc）とよばれるZn-22wt％Alを標準組成とした合金の研究が多い．22wt％Al合金では，270℃で1500％の伸びを示す．代表的な超塑性材料としてその応用が各方面で研究されている．Zn-22wt％Al合金は，この2成分系の共析組成（正確には偏析：monotectoid）であって，その微細な分解組織が超塑性の原因と考えられる．その精密加工性を利用して，鋼板の打抜きダイスに応用されている[12]．

ILZRO合金としては，最近さらに高Alのダイカスト合金の開発応用が発表されている．それを表3・39にまとめた．これは高い機械的性質，すぐれた軸受性能，他の材料に比して仕上加工が軽減されているのが長所として示されている．

2・3　鉛および鉛合金

2・3・1　鉛一般

そのクラーク数は～0.002％で亜鉛よりやや少ない金属元素ではあるが，融点の低いことと柔軟さのため，すなわち容易に使用できる点で古くより我々人類には親しみ深い金属である．鉱石の還元により金属鉛が人類によって製造され始めたのは西暦前4000～3000年とされている．自然銅の採取利用が西暦前6000～5000年とされているから，それよりは2000～3000年後のことと考えられる．エジプトやメソポタミアの古い歴史の中に金属鉛が見出されている．また含銀方鉛鉱の処理により銀を含んだ鉛が製錬されるが，この鉛から銀を分離する灰吹法（cupelation）の技術も西暦前3000年にすでに存在していたようである．このような事情であるから，西暦前1000年頃には，エジプトを除いたエーゲ海方面の近東全域で，鉛と銀は一般的な金属として交易の対象となっていた．

ギリシャでは西暦前600年頃，ラウレイオン鉱山が銀および鉛鉱山として広く知られてい

表3・40　世界における鉛の歴史

年代（西暦）	歴史的重要事件
西暦前 1400	BCにはギリシャのLaurion鉱山で含銀鉛が多量製錬されていた．
1200	ゴチック建築のステンドグラスに多量の鉛が使用され始めた．
1400	ライフル銃が発明され多量の鉛が弾丸に使用され始めた．
1450	Johannes Gutenbergが活字合金を発明した．
1675	英国で鉛ガラスが発明された．
1746	英国で硫酸製造により鉛室法が採用された．これより先にドイツの化学者J. R. Glauberにより鉛の優れた耐硫酸性が発見されている．
1800	ドイツのKarl Zeiss社で光学用の鉛ガラスの開発が行われた．
1909	ドイツで初めて鉱夫の労働条件に関する法案の実施が行われた．
1910	第一次世界大戦後世界の鉛生産量は150万トンに達し，鉛電池，ケーブル用鉛被の開発でその需要が急増した．
1960	この頃より，アンチノック剤として，テトラアルキル鉛が使用され始めた．しかし鉛化合物の大気中への拡散による人体への影響が問題になった．
1969	人間の月面歩行に鉛が使用された．

た．

　ローマ時代には，近東ギリシャの採鉱冶金技術がローマ帝国に受けつがれ，ローマ建築およびその土木工事で水道，建築，おしろい（白粉）などに鉛が盛んに利用された．ビザンチンでは大理石建築物の柱などに，地震に対する配慮からパッキング材として鉛が使用されている．またローマ人は羊皮紙に鉛で線を引いたが，これが鉛筆（lead pencil）の名称の起源となっている．

　鉛に関する歴史上重要な世界的事件を列挙すると，表3・40のようなものとなる．

　また日本における鉛の使用の歴史も古く，弥生時代に鉛ガラスの出土があり，鉛ガラスの「まがたま」が多い．玉虫厨子，正倉院御物に密陀僧（lithage, PbO）の使用がある．「青丹（あおに）よし奈良の都…」の丹は光明丹あるいは鉛丹（minium, red lead, Pb_3O_4）である．

　つぎに鉛製錬の概略を述べる．

　鉱石は硫化物が最も多く，中でも方鉛鉱（PbS）が多い．単独で産出することは少なく，常に亜鉛，銅，硫化鉄鉱とともに産出する．

　その製錬のプロセスは，

　　　鉱石→精鉱→焙焼（硫化物を酸化物にする）
　　　→焼結→高炉（炭素による還元）→粗鉛〈乾式精錬／湿式精錬

が2段法（焙焼＋還元）として最も一般的であったが，最近は選鉱法の進歩とともに高品位精鉱となり，エネルギー的にも有利な直接製錬法（$PbS + O_2 \rightarrow Pb + SO_2$）が提唱されている．粗鉛中には不純物が2～5％含まれ，その主要なものはAs, Sb, Sn, Cu, Au, Ag, Biなどである．これらを除いて精製する必要がある．その精製法には乾式法と湿式法の2つがある．外国は乾式法が多く，日本では湿式法が主流となっている．乾式ではBiの分離が困難であるので，Biの高い粗鉛は湿式法で精製する．

湿式（電解）精製法 (Bett's process)

電解液にケイフッ化水素（H_2SiF_6）を使用し，陽極に粗鉛，陰極に電解鉛を使用して電解を行う．99.99％以上の高純鉛が得られ，鉛より貴なAs, Sb, Bi, Cu, Ag, Auは陽極上にスポンジ状として，またはスライム（slime）として沈下する．Pbはケイフッ化鉛として溶出し，陰極にPbとして電着する．Snの分離が困難であるので，電解前に分離しておく必要がある．さらに微量の不純物を除くため再溶解し，苛性ソーダによる仕上げ精製を行う．陽極に残るスライム中には高価な有価金属が含まれるので，これを分別精製する．

乾式精製法

粗鉛を溶解し，溶融状態で脱銅→柔鉛→脱銀→脱亜鉛→脱ビスマス→仕上げ精製→鋳造の順に行われるのが一般的である．

脱銅は，金属銅およびその硫化物は鉛の融点付近で鉛中には溶解しないで分離するという性質を利用して行う．粗鉛を溶解し，約350℃付近まで冷却すると金属銅は表面にドロス状に浮上分離する．さらにSを加えて撹拌するとCuはCuSとなり黒色粉末状ドロスとして分離する．鉛中のCuは0.05～0.005％まで除去できる．

柔鉛とはSn, Sb, Asを除去する操作である．これらの不純物はいずれもPbより酸化されやすいので，700～800℃で圧縮空気を吹き込むと，はじめにSn，次にSbが酸化浮上し，Asは両者とともに酸化される．このほかにハリス法（Harris process）がある．これは鉄鍋中で鉛を500℃付近に加熱し，苛性ソーダを加えて強く撹拌する．このときSnはNa_2SnO_3，Sbは$NaSbO_3$，AsはNa_3AsO_4となって浮上分離する．

脱金銀は，Ag, AuとZnの金属間化合物は形成されやすく，その融点は鉛の融点よりはるかに高く，また軽いので鉛の湯の表面に浮上しやすく，他方PbとZnはきわめて合金を作りにくいという性質を利用して行われる．450～520℃に保った鉛の中にZnを投入し撹拌してから340℃付近に冷却すると，Au-ZnあるいはAg-Zn化合物は浮上するか鍋の壁面に付着する．Pb中のAgは0.0001％位まで低下させることができる．この方法はパークス法（Park's process）とよばれ，鉛の乾式精製法の中で最も重要な方法のひとつと考えられている．従来乾式鉛は別名パークス鉛とよばれるのはこの脱銀プロセスがあるからである．

表3・41　連続精製工程地金分析値

	溶鉱炉粗鉛	脱銅地金	柔鉛地金	脱銀地金	精製鉛
Cu (%)	1.1	0.004	0.004	0.0005	0.0004
As (%)	0.25	0.14	0.001	0.001	0.0001
Sb (%)	0.93	0.90	0.025	0.02	0.0037
Ag (g/t)	1290	1290	1350	1.4	1.96
Au (%)	1.12	1.12	1.12	—	—
Zn (%)	—	—	—	0.56	0.0002
Bi (%)	0.002	0.002	0.002	0.002	0.002

鉱山読本（技術書院）より

　脱亜鉛は，脱金銀プロセスで約0.5％程度のZnが鉛中に残留するので行う．これは空気，水蒸気等で酸化するか，塩化物にしたり減圧法で蒸気として除去する．最後はハリス法を用い苛性ソーダで仕上げる．

　脱Biは，Mg，Caなどを添加してBiとの間で金属化合物を作り除去する．Mgはマグネシウム棒，CaはPb-Ca合金によって添加する．BiはCaMg$_2$Bi$_2$として除去される．これでBiは約0.002％まで低下できる．Biの多い粗鉛は電解法の方がよい．

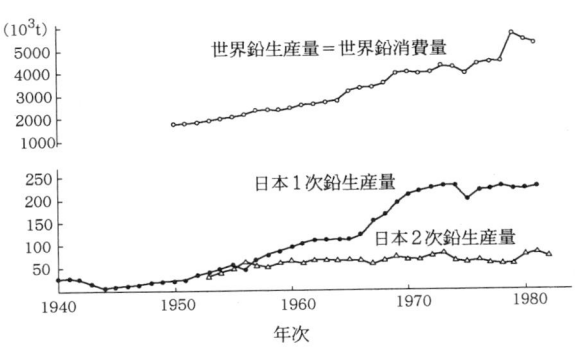

図3・37　世界および日本の鉛の生産と消費動向

　以上の乾式精製法は歴史的に重要性があり種々興味深い反応を利用したものであるが，その精製プロセスを分析値で示したのが表3・41である．この表よりこの精製プロセスでどのような不純物がどの工程で除去されるか数値的に明瞭であろう．現在日本では乾式鉛はほとんど生産されていないが，鉛のスクラップを精製する2次地金メーカーで応用されている．

　図3・37に世界および日本における鉛の1930年以降における生産量の増加傾向を示した．表3・40で示したように鉛の生産量は第1次世界大戦以後に150万トンと急増したのであるが，1977年では世界の総生産は422.5万トンに達し，日本の生産量（電気鉛）も約22万トンである．世界の消費量は生産量とほぼ等しく443.5万トンであり，日本のそれは再生鉛を加えて30～35万トンであり，日本で世界の鉛の約7％程度を使用している．

鉛の用途も時代とともにかなり大きい変動を示している．たとえば1960年では，最もその使用量の多い分野から列記すると，電纜鉛被，蓄電池，鉛管板，無機薬品，軸受およびはんだの順になっていたのが，1973年では蓄電池，無機薬品，鉛管板，軸受およびはんだ，電纜鉛被となっている．日本では現在全需要量の約50％の鉛が蓄電池に使用されている．

2・3・2 純鉛

鉛の物理的性質は章末の表3・67に示した．この表中に示されていない鉛の重要な物性を付記すると，① 放射線の吸収能が大きく，照射によっても損傷を受けにくく安定，② 超伝導遷移温度 T_c がNbに次いで高く7.19K，③ 金属鉛中の原子半径と Pb^{4+} のイオン半径の差がきわめて大きく，面心立方の最密構造ではあるがすき間の大きい結晶であることなどを挙げることができる．

鉛の化学的性質としては，その耐食性と人間の健康に及ぼす影響の両面より考えられる．鉛の自然環境下における耐食性は一般にすぐれたものであるが，その安定性は表面に形成される被膜に左右される．

空気中ではその保護被膜は鉛の組成に左右され，湿気の共存下では炭酸と反応して塩基性炭酸鉛となる．水に溶解しにくいクロム酸被膜やリン酸被膜が耐食性に有効である．

一般の自然水中では耐食性に優れているが，軟質で O_2 を多く溶解した水にはおかされやすく，また炭酸を多く含んだ水にもおかされ，高純水（脱イオン水）にも腐食を受けやすい．海水中ではよく耐え孔食を発生することも少ない．その腐食度は0.001〜0.005 mm/yearであるとされ，いずれにしてもあまり問題にはならない．合金となりSbの多い硬鉛でも純鉛と大差ない．高速の海水ではエロージョンを起し，80℃以上になると海水でもおかされるようになる．

土中では，鉛の純度よりもその周囲の土質環境にその耐食性は左右される．土質中の腐食物質は NO_3^-，Cl^-，アルカリおよび有機酸である．ローム層，石灰質土，湿った炭酸の多い土，腐葉土，コークス，スラッグなどは悪い．ケイ酸塩，硫酸塩，炭酸塩は鉛を保護する作用がある．

迷走電流（stray current）による腐食が土中で発生することがある．普通の土中腐食では炭酸鉛の発生が主体であるが，迷走電流の場合は硝酸塩，硫酸塩，PbO_2 などの発生を伴うことが，特徴であるので見分けられる．

硫酸中での鉛の耐食性には特筆すべきものがある．硫酸に対する耐食性はGlauber（1604〜1670）によって発見され，1746年イギリスで初めて鉛室法の硫酸製造が採用された．

この耐食性は，H_2SO_4 によって硫酸に非常に溶解しにくい $PbSO_4$ が鉛の表面に形成され，これが下地の鉛を保護するからであると考えられている．表3・42に硫酸中に溶解する鉛量

表 3・42　鉛の硫酸に対する耐食性 (mg $PbSO_4$ / l H_2SO_4 水溶液)

H_2SO_4 %	0.005	0.01	0.1	1.0	10.0	30.0	60.0	70.0	75.0	80.0
0 ℃	8.0	7.0	4.6	1.8	1.2	0.4	0.4	1.2	2.8	6.5
25 ℃	10.0	8.0	5.2	2.2	1.6	1.2	1.2	1.8	3.0	11.5
50 ℃	24.0	21.0	13.0	11.3	9.6	4.6	2.8	3.0	6.6	42.0

表 3・43　成人 1 日の鉛の摂取量および体内への吸収量

鉛源	摂取量 (μg)	吸収量 (μg)	全体に対する割合（吸収）(%)
食物	140	14	66.7
水	20	2	9.5
空気	15	5	23.8
合計	175	21	100

ただし，1) 成人 1 日に飲む水の量は 2 l，水道水中の鉛量 10 $\mu g/l$ = 0.1ppm
　　　　2) 空気中の鉛濃度 1 $\mu g/m^3$
　　　　3) 腸からの吸収率 10 %，肺中残存率 33 %
　　　　4) WHO の許容摂取量 ~430 μg/day
　　　　5) 日本の水道法による水道水中の鉛の許容量は 0.1ppm，
　　　　　 ヨーロッパは 0.1ppm，USA は 0.05ppm，WHO は 0.1ppm．
(WHO Working Party Meeting, Hazard in Drinking Water, London, 26~30, Sept. 1977)

($mgPbSO_4/l$) と硫酸の濃度の関係を示した．80％以上の高濃度の硫酸になると複雑なイオン形成によって溶融量が急増する．温度は最高 130 ℃ までならばよい．

高温の硫酸になると高純鉛の耐食性がすぐれている．Bi が耐食性に有害とされている．Cu (~0.05 %)，Ni (~0.02 %)，Te (~0.05 %) は耐硫酸性に有効である．少量でも硝酸が混在すると非常におかされる．一般に鉛のおかされやすい物質は，高濃度のアルカリ (10~15 %)，新しいモルタル，セメント，コンクリート，有機酸類などである．

最近鉛の毒性に関しては，新しい環境問題として各方面で調査が行われている．従来の研究では Pb は Cd と同様人体には有害無益のミネラルと考えられている．したがって人間の生活環境の中には含まれない方がよいのではあるが，空気中，水中，食物中にはわずかではあるがその混入が認められている．これらの混入経路の中でエアロゾルの形で自動車や航空機の廃ガス中でアンチノック剤として使用されている 4 エチル鉛に由来する鉛が最近問題にされている．また都市の水道の水質の低下とともに鉛管からの鉛の溶出も問題のひとつになっている．これらの問題は地域差が大きく，その上人体への鉛の許容量も個人差が大きく，多くの調査にもかかわらず不明確な段階である．参考のため人体への鉛の摂取および吸収量について行われたひとつの試算を表 3・43 に示した．

鉛はきわめて柔軟で融点も低いので，その室温付近における機械的性質は，微量の不純物，試験条件に左右されやすく標準値を示しにくい．

引張強さは変形速度，温度，結晶粒度などによって大きく変動する．一例として図3・38に純鉛の引張強さおよび伸びと温度の関係を示した[13]．当然の結果ではあるが，引張強さは変形速度が大きいほど，温度が低いほど，結晶粒が微細であるほど高くなる．

押込み硬さはクリープを考えて，測定条件を正確にきめる必要がある．10mmϕの鋼球圧子，荷重時間30秒，圧痕径が圧子径の0.2～0.7になるよう荷重を考える．時間

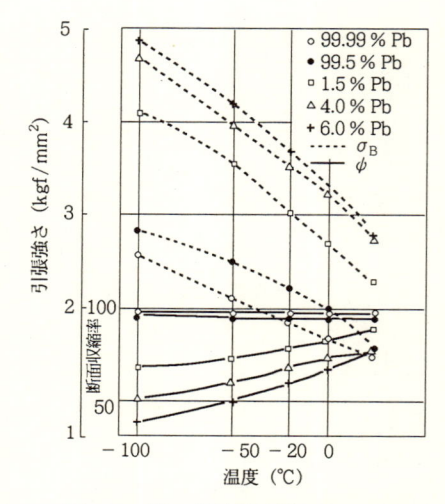

図3・38 鉛の機械的性質と温度の関係

の影響は結晶粒が微細であるほど大きい．これは他の鋼材，銅合金，アルミニウム合金などでは考えられないことであって，粒界クリープの起りやすい低融点金属特有の現象である．

市販純度の鉛の室温付近のHBは2.5～3, 温度補正値は0.5%/1℃程度である．

荷重時間が短かく1秒以内ではHB値は高くなり，最高で8に達する．液体窒素温度では時間に関係なくHBは約8となる．

鉛にとっては室温は再結晶温度より高いので，その使用に際しては静的な機械的性質よりもむしろ疲れとかクリープが問題となる．

そのクリープは低融点金属特有の粒界すべりによるクリープ変形が主体であるので，クリープは結晶粒度が小さいほど起りやすい．

その疲れ現象に関しては従来研究も多く，興味深い結果が示されている．

1921年頃，市販純度の鉛で製造されたケーブルシースに粒界き裂の発生が発見された．このような柔軟な材料にき裂が発生するのは，当時としては奇異な現象であり，その究明に精力的な研究が行われた．この現象は鉄道や橋の付近，空中にかかるケーブル，船や鉄道によって長期間運搬される場合に発生しやすいことが判明した．これからその原因は振動のような繰り返し現象によるものであろうと考えられた．また研究の結果，鉛の疲れに対しては，空気の存在が重要な役割りを果たしていることも早くから発見された．図3・39に空気中と真空中での鉛のS-N曲線を示した[14]．空気中ではその疲れが大きく促進されていることがわかる．

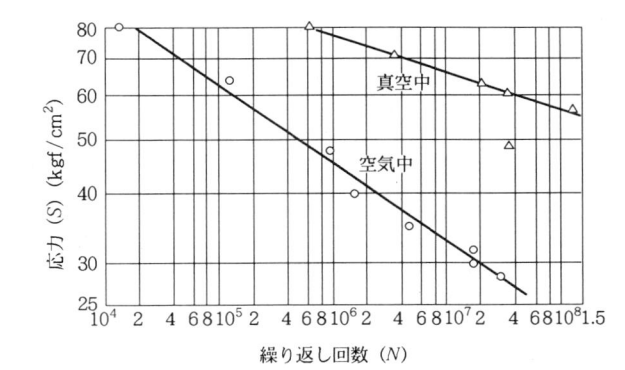

図3·39 鉛のS-N曲線

表3·44 鉛および鉛合金の疲れ抵抗に及ぼす環境および表面被膜の影響

	環境または保護被膜	1/2×応力振幅 ($\pm$ kgf/mm^2)	繰返し回数×10^6
鉛	空気中	0.055	1.5
	酢酸水溶液中	0.055	8.5（破断せず）
	種油中	0.055	7.9
	ワセリン	0.063	9.8（破断せず）
Pb-1.5%Sn-0.25%Cd	空気中	0.103	1.6
	石油ピッチ	0.126	9.3（破断せず）
Pb-0.5%Sb-0.25%Cd	空気中	0.126	1.3
	種油中	0.142	9.6
	ワセリン	0.142	6.4

また空気中では粒界割れが起るのに対し，真空中では応力軸に対して最大せん断応力の45°の方向であることががわかった．以上のことより粒界にそっての酸素の侵入が疲れを促進すると結論された．

これに関連して鉛および鉛合金の疲れ抵抗に及ぼす環境および表面皮膜の影響を表3·44に示した[15]．

他の金属の疲れとは多少異なる点があるのでその特徴を要約すると，

1) 破断は粒界型であり，他の金属材料ではこれはあまり一般的ではない．
2) 疲れ強さ（10^7回）がクリープ強さ（降伏点）より大きい．高融点材料では室温付近でこの逆になっている．
3) fcc金属の一般的傾向としてS-N曲線に水平部がない．10^8回でも水平部は現れない．
4) 振動の周波数に対する依存性が大きい．その寿命は繰返し数で示せば周波数とともに増大するが，時間で示せば周波数の増大とともに減少する．

表3・45　ASTM鉛地金(Pig Lead)* 規格

元素 (%)	Corroding Lead	Chemical Lead	Acid-Copper Lead	Common Desilvered Lead
Ag (max)	0.0015	0.020	0.002	0.002
Ag (min)	—	0.002	—	—
Cu (max)	0.0015	0.080	0.080	0.0025
Cu (min)	—	0.040	0.040	—
Ag + Cu (max)	0.0025	—	—	—
Ag + Sb + Sn (max)	0.002	0.002	0.002	0.005
Zn (max)	0.001	0.001	0.001	0.002
Fe (max)	0.002	0.002	0.002	0.002
Bi (max)	0.050	0.005	0.025	0.150
Pb残 (min)	99.94	99.90	99.90	99.85

注：Corroding Lead；高純度に精製された鉛の市場名
　Chemical Lead；South Eastern Missouri鉱より製錬された銀を含む鉛の市場名
　Acid-Copper Lead；純鉛に銅を添加した鉛
　Common Desilverd Lead；十分精製，脱銀された鉛
　＊：鋳床に鋳型を並べたところが子豚の乳を飲む姿に似ているところから由来した鉛地金の通称

5) 室温付近でのわずかな温度変化に左右される．一般に温度の上昇とともに疲れ強さは減少する．

表3・45に鉛地金のASTM規格を示した．日本では電気鉛を主体にした高純地金が多いのに対して，アメリカでは乾式鉛から出発した地金規格になっているのが特徴である．

2・3・3　鉛合金

鉛は柔軟であることによって，金属パッキング，防音，防震などの固有の用途面を有しているが，構造用材料としてはもう少し硬くしてその応用面を開発する必要がある．硬化させるには，再結晶温度が低いため冷間加工による硬化はできないので，合金化，分散強化，繊維強化などによらなければならない．

合金元素として，その硬化率の大きいのはSbおよびアルカリ，アルカリ土類金属があるが，実用的にはSbが最も一般的である．昔からPb-Sb合金は別名硬鉛（hard lead）とよばれている．

2・3・3・1　Pb-Sb合金

Pb-Sb合金は図3・40の平衡状態図に示したように，単純な共晶系でありPb側にかなりの固溶体範囲がある．Sb側にわずかな固溶範囲が存在しているようであるが，明瞭でない．Pb中にSbは共晶温度で約3.45wt％だけ固溶し，その固溶度は温度の低下とともに急激に減少する．したがってPb-Sb合金は時効処理によって，Pbを微量含んだSbの析出により

硬化する．その析出相については準安定な中間相は報告されていない．Sbの析出は板状で次に示す方位関係をもっている．

$(111)_{Pb}\,/\!/\,(001)_{Sb}$, $[\bar{1}10]_{Pb}\,/\!/\,[100]_{Sb}$

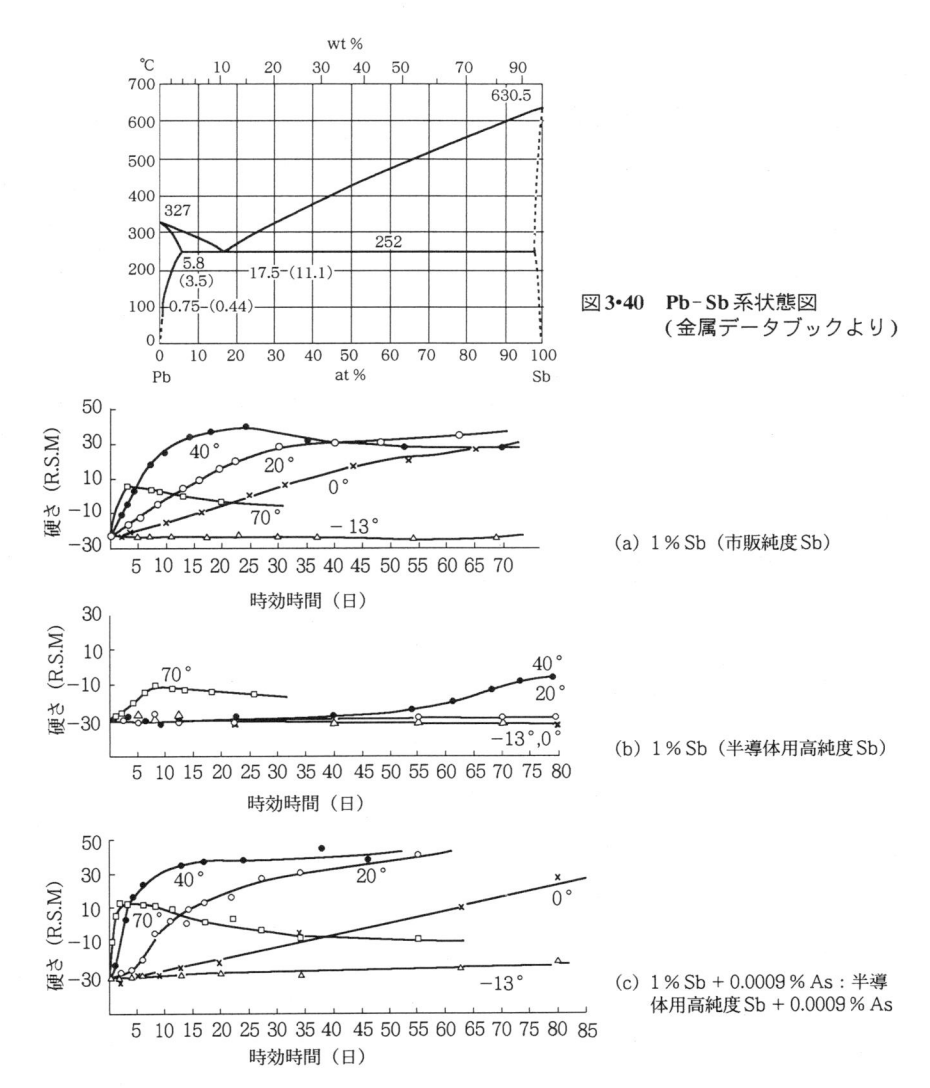

図3・40　Pb-Sb系状態図（金属データブックより）

(a) 1％Sb（市販純度Sb）

(b) 1％Sb（半導体用高純度Sb）

(c) 1％Sb + 0.0009％As：半導体用高純度Sb + 0.0009％As

図3・41　Pb-1％Sb合金の時効硬化　R.S.M：Rockwell soft metal スケール

室温時効で硬化するが，その硬化傾向は微量の As（0.001～0.01wt％）の共存によって大きく促進される．この微量の As は析出硬化速度を大きくするとともに析出物の大きさを微細にし，その分布密度を高くする作用がある．

Sb 量とともにその時効硬化量は増大するが，その最大固溶度 3wt％ 付近で最も硬くなる．それをすぎるとかえって硬化量は減退する．Pb-1wt％Sb 合金の時効硬化曲線の一例を図 3・41 に示した[16]．

Sb 約 1wt％ 以下の低濃度合金はケーブルシース，水道鉛管などに使用される．4～6wt％Sb 合金は圧延板，押出しパイプ材などに使用される．

～9wt％ 合金は蓄電池用グリッドメタルに使用される．

水道用鉛管

水は我々にとって生活の根源であるが，その水道に鉛管が使用された歴史はローマ時代から続いている．日本では約 100 年の歴史を持っている．鉛管の地下埋没管としてのメリットは，非常に使いやすく柔軟性に富む，自然環境下で抜群の耐久性を示す，水への溶出量がきわめて少ない，減衰能が大きく地震などに対して安定，回収率がきわめて大きく省資源的であること等をあげることができる．デメリットは，鉛のイメージを最も悪くしたその毒性である．金属の毒性については，意外な金属，たとえばアルミニウムとアルツハイマー病，ニッケルの毒性など，他にも多くの問題があり，時代とともにつきるところがない．

従来は肉厚の純鉛管，やや薄肉の合金鉛管（Pb-0.2～0.3％Sb 合金）などが主体であった．最近は Pb-Te（～0.02％）合金が導入され，鉛の溶出に対しては，内面に高分子膜（たとえばポリエチレン）のライニングを施す等が考えられている．世界的に見て飲料水用の導管材としてまだ決定的なものがない現状においては，評価されてよい前進と考えてよい．現在 JIS で決められている水道用鉛管材の化学的組成を表 3・46 に示した．

鉛蓄電池

電極は鉛合金のグリッドにペースト状の活物質（active material）を塗りこんだものを

表 3・46 鉛管およびライニング鉛管素材の化学成分（JIS-H・4312）

種類	記号	化学成分									
		Pb	Te	Sb	Sn	Cu	Ag	As	Zn	Fe	Bi
＊特種	PbTW S	残	0.015～0.025		合計 0.02 以下						
1種	PbTW 1	残	—		合計 0.10 以下						
2種	PbTW 2	残	—	0.10～0.25	合計 0.25 以下						
3種	PbTW 3	残	—	0.15～0.35	0.05～0.15						

＊ 可とう性がよく，耐クリープ性，耐疲れ性，耐水撃性に富み，高圧・給水に適す．

使用する．陽極の活物質は過酸化鉛（PbO_2），陰極の活物質は微粒鉛（Pb）である．電解液は比重約 1.215～1.280（20℃）の硫酸濃度にし約 28～37％ の希硫酸を使用する．その構造は両極の電気的絶縁，耐震等を考慮して適当なセパレーターを挿入する．

放電の際の化学反応は

$$PbO_2 + 2H_2SO_4 + Pb \rightarrow PbSO_4 + 2H_2O + PbSO_4$$
$$(+) \qquad\qquad (-) \qquad (+) \qquad\qquad (-)$$

上記電気化学的反応を両極に分けて示すと，

陽極反応：

$$PbO_2 + H_2SO_4 + 2H^+ \rightarrow PbSO_4 + 2H_2O - 2e^-$$

陰極反応：

$$Pb + SO_4^{2-} \rightarrow PbSO_4 + 2e^-$$

電池の起電力は次式で示される．

$$E_{25℃} = 2.0184 + 0.05915 \log (a_{H_2SO_4}/a_{H_2O}) \quad (a：活量)$$

起電力は硫酸濃度とともに増加し，通常の硫酸濃度では温度の上昇とともに高くなる．

充電の場合は外部電源によって放電の場合とは逆方向に電流を流し（陰極→陽極）もとの状態にもどす．すなわち電気エネルギーが化学エネルギーの形で蓄積される．

活物質はできるだけ高純度の鉛から作られるが，その性能は活物質を構成する微粒子の大きさ，形状，添加ドープ剤に左右され，現在でも研究が続けられている．

格子体は機械的強度と陽極酸化されるときの耐食性が問題となる．また細い骨組の複雑な構造であるため，合金の鋳造性の良好なことが要求される．

Pb-Sb 合金のグリットには通常 Sn，As，Ag が少量添加される．Sn（～0.1％）の添加は鋳造性を改良，As（＜0.3％）は機械的性質の改善と陽極酸化による腐食の減少，Ag（～0.1％）は耐食性の向上に役立つ．

自己放電や水素ガスの発生を抑える目的で，鉛より電気化学的に卑で水素過電圧の高い Pb-Ca（～0.1％）-Sn（～1％）合金が，とくにアメリカ合衆国で MF バッテリー（maintenance free battery）として使用されるようになってきた．Ca の添加は時効硬化によって鉛を強化する作用がある．また Ca の使用は資源の少な

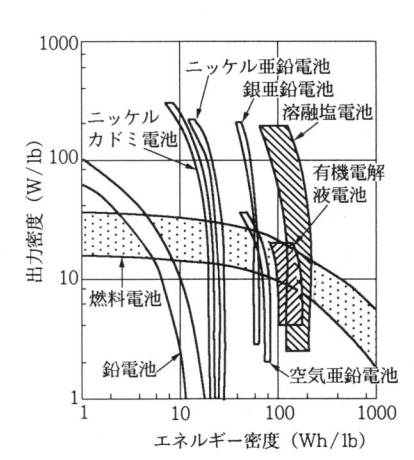

図3・42　各種電池の出力密度エネルギー密度の比較

いSbの節約にも役立つ．ヨーロッパでは低Sb系合金（Sb2〜3％）使用によって，MFバッテリーの方向をとっている．

最近エネルギー問題から出発して各種の電池の研究がさかんである．その中で鉛蓄電池は安価，安定性の点で従来通り最も多く使用されている．図3・42にエネルギー密度（電池単位重量あたりの取り出し得るエネルギー）と出力密度（電池単位重量あたりの出し得る出力）の関係において各種電池の性能および特性の比較を示した．

2・3・3・2 鉛基軸受合金

鉛合金は軟質で潤滑性があるので軸受材料に適している．軟質金属ではスズが最も良質の軸受材料であるが，高価であり軟質すぎるので鉛基合金を使用することが多い．この際強度などの点でSbを添加したものが多く，Pb-Sb-Sn合金が最も一般的であり，ホワイトメタル（white metals）とよばれている．

Pb-アルカリあるいはアルカリ土類系の合金は時効硬化を示す．その一例を図3・43に示した[17]．軸受材料としては日本であまり利用されてはいないが，外国ではドイツなどでバーンメタル（Bahn metal）などの名称で車両軸受として実用化された実績がある．この種の合金は合金元素が活性で酸化されやすいのが難点であるが，他の鉛基軸受より高温硬さの高い特徴がある．図3・44にその一例を示した[17]．

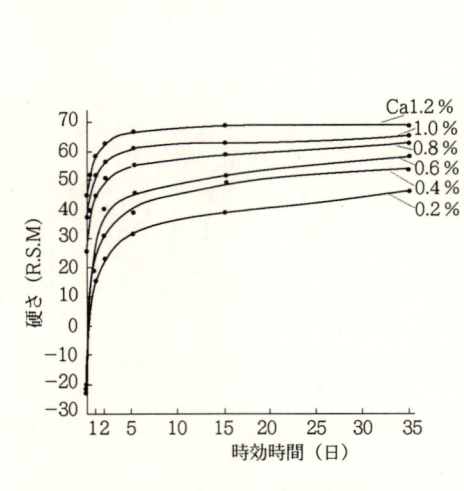

① Pb-1.6％Ca-1.0％Ba 5日時効
② Pb-0.7％Ca-0.4％Ba 5日時効
①' ①の未時効
②' ②の未時効
ⓐ Sn(89)-Sb(7.3)-Cu(3.7)
　（バビットメタル）
ⓑ Pb(42)-Sn(42)-Sb(16)
　（ホワイトメタル）

図3・43　鋳放しのままのPb-Ca合金の室温時効硬化

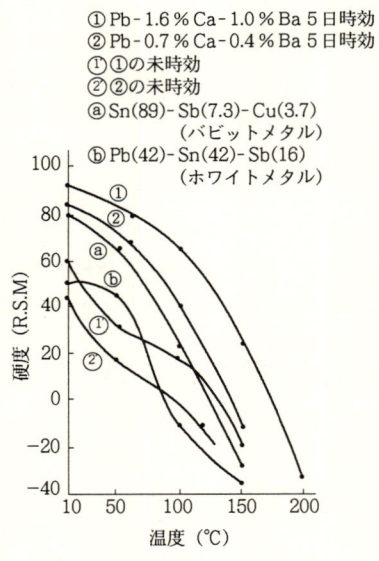

図3・44　Pb-Ca-Ba合金，バビットメタル，ホワイトメタルの高温硬さ

2・3・3・3 活字合金

活字合金（type metal）としては，溶解鋳造が簡単，形を正確に再現するため凝固収縮ができるだけ小さく，湯流れのよいこと，適当な硬さと耐食性などが要求される．また再生がよい合金であることも望ましい．

1450年頃にドイツのJohannes Gutenbergによって現在の活字合金の原形は発明されたわけであるが，当時その合金組成は秘密にされていた．Pb-Sb-Sn合金は上記の活字合金としての性質を備えていることが合金学的に理解される．Pb-Sb-Sn3元系はPb-4wt%Sn-11wt%Sbの3元共晶（融点239℃）を持っている．この組成を中心としたところに活字合金が存在している．活字にも一字で使用するものと新聞の輪転機などに使用するものがある．前者では硬さを高くする必要があり，そのためにはSb量を多くし，後者は硬さよりも鋳造性を主体に考えてSnを多くする．活字文明は実に550年余の長期にわたってこのPb-Sb-Sn合金によって支えられてきたわけであって，ある意味では現在のマスコミュニケーションに歴史に残る貢献をなした材料ということができる．しかし最近はコンピュターシステムを取入れた出版技術の開発によって，長年にわたるこの鉛活版からの完全離脱を行った新聞社も出てきているような時代となった．

表3・47 ケーブル鉛被の疲れ強さ *

合金名	添加元素	疲れ強さ (kgf/mm²)	lb/in²	備考
純鉛		0.28	400	
Alloy A	2%Sn	0.69	985	B. S. 801
Alloy B	0.85%Sb	0.94	1,340	〃
Alloy C	0.4%Sn, 0.15%Cd	0.56	785	〃
Alloy 1/2	0.2%Sn, 0.075%Cd	0.43	605	
Alloy D	0.5%Sn, 0.25%Cd	1.16	1,660	B. S. 801
Alloy E	0.4%Sn, 0.25%Sb	0.65	920	〃
B. N. F. Alloy No.2	1.5%Sn, 0.25%Cd	0.90	1,280	
	0.1%Sn	0.28	400	
Cu-Alloy	0.06%Cu	0.33	470	
Sn-Alloy	1%Sn	0.97	1,390	
Ca-Alloy	0.03～0.04%Ca	1.26	1,790	
Kb-Pb. Te 0.04	0.06%Cu, 0.04%Te	0.85	1,210	DIN. 17640
Kb-Pb. Sb 0.5	0.5%Sb, 0.04%Cu	0.77	1,100	〃
Kb-Pb. Sn 2.5	2.5%Sn	0.71	1,030	〃
スウェーデン合金	0.02%Ag	0.36	515	

* 実験室での押出し，10×10^6 サイクル，2,000サイクル/min

2・3・3・4 ケーブルシース用鉛合金

鉛および鉛合金がケーブルシース（cable sheath）用に利用され始めたのは第一次世界大戦以後のことであり，少なくとも1929年以前に純鉛シースが使用されている．鉛はシースとして押出しやすく，ケーブルに充分な可撓性を与えるところから当然考えられる応用面である．最近はプラスチックの利用およびアルミニウムの加工技術の進歩により，この二つの材料の利用が急激に進み，鉛被の使用は減少した．

最初は純鉛がもっぱら利用されたが，耐クリープ性，耐疲れ性，などの点で難点があるので，純鉛に少量の合金元素を添加した鉛合金シースが開発された．

初期の合金としてはSn，Sbなどを固溶させた材料が多かったが，その後結晶粒微細化の目的などからCu，Teなどの微量添加も行われるようになった．

表3・47に各種ケーブル鉛被材料の化学成分とその疲れ強さを示した．我が国では英国規格 Alloy E系の Pb-Sb-Sn 合金が広く利用された．この合金は Hansson Robertson 式の連続被鉛機に最も適していると考えられているが，経年変化によって粒界が弱くなる傾向があるので，Sb量を減らす方向で改良が加えられた．

2・3・3・5 その他の応用

ターンシート

Pb-10～25wt％Sn 合金をターンメタル（terne metal）とよんでいるが，これを鋼板にめっきしたものをターンシートという．"terne" はフランス語で「艶（つや）のない曇った」という意味であるが，重厚で鈍い光沢から由来している．純鉛では鋼材にめっきできないのでSnの添加によって密着性を与えた鉛被膜と考えてよい．これを用いてガソリンタンクを作れば，発錆も少ないので高級自動車などのタンク材に利用されている．

放射線遮蔽用鉛

一般にX線や放射性同位元素からのγ線，原子炉から発生する中性子線など人体に有害な強力放射線の遮蔽材には鉛が最も有効である．ブロック，鉛毛などの形で使用されている．鉛は放射線の吸収力が大きく，それによって損傷を受けにくい金属である．一般に純鉛に近い状態で利用されている．

防音防振用鉛

ビザンチンの大理石建築物の柱などに，地震に対する配慮からパッキング材として鉛が使用されたという歴史がある．また現代の都市ビルの土台に，地下鉄の騒音を防ぐ目的で鉛が部分的に使用されたり，最近は航空機騒音に対する空港周辺の防音工事に板や鉛毛の形で使用され始めている．鉛は高密度で，しかも剛性が小さく共振現象を起さないので理想的な遮音材料である．

2·4 スズおよびスズ合金

2·4·1 スズ一般

スズはそのクラーク数が~10^{-4}%であって,亜鉛や鉛よりさらに少ない金属である.しかしその人類との関係は古く,西暦前3500~3200年のメソポタミアの遺物中でスズ青銅が発見されている.金属スズは少なくとも西暦前2000年には知られていたらしい.最古の青銅はCuとSnの人為的な合金か,自然合金であったかは現在も明瞭でない.

鉱石はスズ石(SnO_2が主成分)が全鉱石の3/4を占めている.

製錬法の大略は,鉱石を重力選鉱法で精鉱にし,共存する有用なタングステン鉱,モリブデン鉱,タンタル鉱,チタン鉱,ニオブ鉱などは磁気的に分離する.精鉱は70~75%Snである.この精鉱は還元しやすく,精鉱に無煙炭,石灰,石英を適当な割合で混合し,これを高炉,反射炉,電気炉などで1200~1300°Cに加熱溶解する.スラッグ中にも10~25%のSnを含むのでこれを再処理にかける.約97%の粗スズが得られるが,これを精製して約99.75%の地金を得る.これを"standard tin"とよんでいる.

1970年代のスズ地金の生産統計を表3·48に示した.アジアが最も生産量が多く,世界の半分を占め,マレーシアが1977年で66.3×10^3トンであるからアジアの約50%,世界の約30%生産している.日本では三菱金属および三井金属鉱業で総額1.15×10^3トン生産しているが大分部輸入である.このようにスズ鉱石はきわめて局在して産出する.

表3·48 1970年代のスズの生産統計(10^3MIT)

産 出 圏	産出量	
	1970年	1977年
ヨーロッパ(西方圏)	40.4	29.6
アジア(自由圏)	119.2	114.7
東方圏諸国	50.2	37.9
その他	25.1	40.0
合 計	234.9	222.2

2·4·2 純スズ

Snは4b族であり,きわめて半金属に近い性格をもっている.その主要な物性値は章末の表3·67に示した.

スズは13.2°Cで高温で安定なβ-Sn(白色スズ)から低温で安定なα-Sn(灰色スズ)に同素変態を起す.白色スズ(white tin)は正方晶の金属的性格を示すが,灰色スズ(grey tin)はダイヤモンド構造となり,硬くもろく半金属となる.表中に示されているようにこのβ→αの変態に伴って体積が膨張する.この変態は一般には微量のBi,Sb,Pbなどの共存によってその進行は抑えられているが,シベリアなどの極寒地方で自然に進行することがある.β-Sn中にα-Snのコロニーが発生し,局部的な応力によってもろいα-Snの部分

から崩壊する．この現象をスズペスト（tin pest）とよぶ．

白スズは柔軟で加工しやすい．曲げると音を発するが，これをチンクライ（tin cry）とよぶ．これは塑性変形に伴うエネルギーの放出現象（acoustic emission）の一種である．

白スズの機械的性質の大略は，引張強さ：約 $1.48\,\mathrm{kgf/mm^2}$，伸び率：約60％，硬さ：HB 4，ヤング率：約 $4240\,\mathrm{kgf/mm^2}$ である．室温で再結晶軟化するので正確な値は求めにくい．

室温では空気，水分に対して安定であり，長く放置すると酸化被膜が薄く形成され内部を保護する．

硝酸以外の有機酸，無機酸には低温で安定である．高温では濃い酸におかされる．強いアルカリにもおかされる．自然環境下では耐食性があり，人体にも無害であるので，食品を扱う器具などに広く利用されている．

応用面としてはスズ鋼板（tin plated steel sheet）は別名ブリキとして古くから知られている．スズはFeに対して電気化学的には貴であるので，鉄面を完全に覆うときは保護作用を示すが，膜が欠損するとそこから鉄の腐食は進行する．この点Znとは全く異なった性格の保護めっきである．

2・4・3　スズ合金

スズはその価格が高く，きわめて低融点，軟質であるので，構造用材料としてはほとんど考えられない．最も重要な合金ははんだに使用されるSn-Pb合金と軸受に使用されるバビットメタル（Babbit metal）とよばれるSn-Sb-Cu合金であろう．

2・4・3・1　Sn-Pb合金

Sn-Pb2元合金の平衡状態図を図3・45に示した．単純共晶系であり金属間化合物は存在していない．共晶温度は低く183℃であり，共晶点は61.9wt％Snのところに存在している．Pb側のSnの固溶度は大きく，共晶温度で19.2wt％もあるが，Sn側のPbの固溶度は小さく，共晶温度で2.5wt％Pbにすぎない．

一般にSnは各種の実用金属，とくに鋼材や銅などと合金しやすく，接着性がよいので接着材として有利である．このSn-Pb合金中のSnも同様であるので，はんだ（solder, soft solder）として広

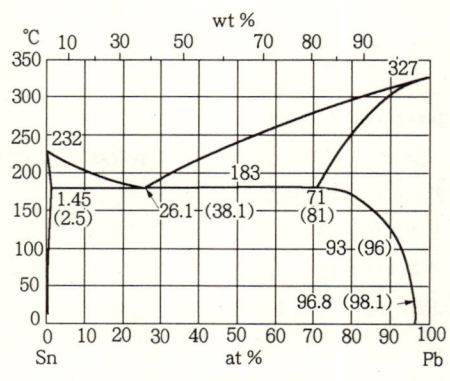

図3・45　Sn-Pb系状態図
（金属データブックより）

く利用されている．

　普通にはんだといえばSn-5〜98wt%Pb合金の広い組成範囲をもったろう付け用合金の総称である．はんだ中のSnはもっぱら接合母材と合金相を形成して強い密着性を与え，Pbは融点を下げるとともにその機械的強度の上昇をもたらし，価格の切下げの効果がある．

　金属の接着にはんだ付けとろう付けということばが使用されている．

　一般にろう付け（soldering）とは接合しようとする母材を溶融せず，溶融したろう材（solder）を接合間隙に充填させて接合する技術であるが，その内ではんだ付けは軟ろう付け（soft soldering）ともいって，ろう材の融点が約450℃以下の場合に使用する．それより高温の方を硬ろう付け（hard soldering）ともいう．図3・46に各種ろう材およびはんだの融点の比較を示した．

　軟ろうはPb-Snが主体であり，硬ろうは銅合金，銀合金などが多い．はんだはJISに規定されているが，その広い組成範囲を特別に区分してつぎに示す．

　約90%Snの高Snはんだは接着性が良好，Pbが少ないので毒性の心配が少ないなどの性質があり，主として食料品に接する部分，特殊電子工業部品の接合に使用される．

　約60%Snはんだは共晶組成に近く，融点が低くて凝固区間が狭い．流れがよいので狭いすき間のはんだ付けに適している．電子部品用精密はんだである．

　約50%Snは50：50とよばれ工業的に最も広く利用されている．

　約30%Snは凝固区間が最も広いのが特徴である．

　約10%Snは日常のブリキ細工用の安価なはんだである．

　はんだを実際使用する場合，その作業の能率をきめるものは，はんだの使用量と所要時間である．両者とも一般にSn分の多いはんだほど減少し高能率となるが高価である．

　接合部分は充分酸化被膜を除き清浄化する必要がある．この目的のため各種のフラックス（flux）を使用する．はんだ用フラックスとしては従来塩化亜鉛，塩化アンモン，松やになどが多い．線状のやに入りはんだなども市販されている．フラックスの使用は接合部の清浄化のほかに溶融はんだの表面張力を変化し，はんだのひろがりを調節する作用もある．

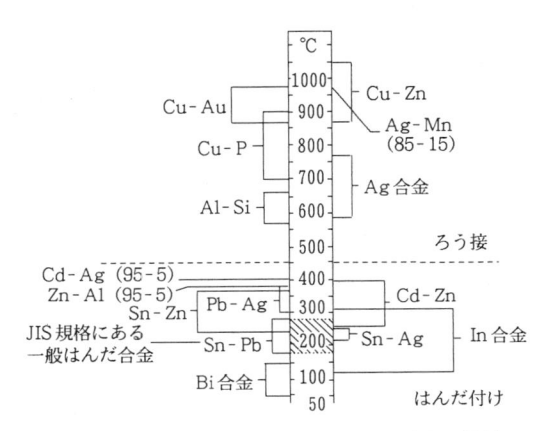

図3・46　各種ろう材およびはんだの融点の比較

表3・49 はんだのブリネル硬さ

Sn (%)	Pb (%)	ブリネル硬さ			
		19℃	65℃	115℃	140℃
100	0	4.5	3.3	1.5	1.0
97	3	7.8	4.6	2.7	1.7
87.6	12.4	7.3	4.3	2.4	1.7
80.4	19.6	6.0	3.7	1.6	1.3
76	24	4.9	2.2	1.0	—
72.4	27.6	5.0	2.3	0.9	0.6
59.4	40.6	5.1	2.5	1.2	0.8
43	57	4.9	2.6	1.2	—
9	91	7.0	4.9	2.9	2.3
0	100	2.6	2.1	1.1	0.7

表3・50 高温でのはんだの強度

試験温度(℃)	40％Pb，60％Sn		60％Pb，40％Sn	
	引張強さ(kgf/mm^2)	伸び(％)	引張強さ(kgf/mm^2)	伸び(％)
20	5.75	60	5.35	55
50	4.73	80	4.41	72
75	4.25	90	3.94	80
100	3.15	110	2.52	98
125	1.97	180	1.58	200
150	1.26	180	1.18	200

図3・51 低温でのはんだの強度

はんだ成分(％)		引張強さ (kgf/mm^2)		
Sn	Pb	＋70℃	－196℃	－253℃
100	—	3.6	7.1	7.3
90	10	5.4	11.0	14.0
60	40	5.6	12.0	15.0
50	50	5.6	13.0	16.0
25	75	5.2	13.0	17.0
—	100	2.8	4.5	7.1

表3・52 各種材料のはんだ付継手引張強さ(温度別)

はんだ成分(％)		各種材料のはんだ付継手引張強さ (kgf/mm^2)								
		銅			黄銅			鋼		
Pb	Sn	＋20℃	－70℃	＋100℃	＋20℃	－70℃	＋100℃	＋20℃	－70℃	＋100℃
70	30	3.8～5.1	5.9～7	1～2.3	3.3～3.9	3.8～4.6	1.6～2.3	3.2～4.5	6～7.6	1.2～2
60	40	3.8～6	6.5～7.2	0.9～2	3.6～4.3	4.2～5.0	1.2～1.9	3.1～5.1	6.8～8.2	1.3～2.4

はんだの高温および低温での硬さ，引張強さ等を表3・49，3・50，3・51に示した．

実際に接合部での強さははんだ自体の強さと異なってくるのは当然である．継手部の強さははんだの組成のほか接合される材料の種類，継手部の設計方法などによって変化する．表3・52に接合される材料の種別との関係を示した．銅と黄銅で低温でかなりの差が現れている．接合部のせん断強さはその継手部の間隙の大きさに強い影響を受ける．図3・47にその一例を示した．間隙設計が適当であれば，はんだ自体よりはるかに強力な継手の得られることが示されている．

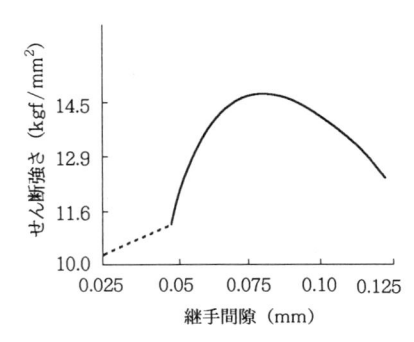

図3・47 継手間隙とはんだ部のせん断強さの関係

純スズに低温で発生するスズペストは微量の添加元素で抑えることができる．普通のはんだには発生しないと考えてよい．

Snを主成分とするこのほかのはんだを示す．

Sn-Sb (5wt%)：凝固温度区間は232℃〜240℃であり，Sn-Pbはんだよりやや高温（〜150℃）まで使用できる．

アルミニウム用はんだ：アルミニウムは表面がち密な酸化被膜で覆われているので，一般にはんだ付けの困難な材料である．この被膜を機械的にこすって破り，その上にはんだをのせる必要がある．この目的にSn系とZn系のはんだが使用されている．Sn系には合金元素としてZn，Alなどを添加し，Zn系にはSn，Al，Cdなどを添加する．後者の方がよくつく

表3・53 代表的アルミニウム用軟ろうの成分および性質

組　　成	種　　類	溶融温度（℃）	密度	wettability	溶　剤
Sn 50 - Pb 50	低　温　用	182〜217	8.8	不可	有機系
Pb 63 - Sn 34 - Zn 3	同　　　上	170〜255	9.5	不可	同　　上
Sn 91 - Zn 9	同　　　上	199	7.2	可	同　　上
Sn 70 - Zn 30	中　温　用	199〜392	7.2	良	無機系
Zn 60 - Cd 40	同　　　上	265〜335	7.6	優	同　　上
Zn 70 - Sn 30	同　　　上	199〜375	7.2	優	同　　上
Zn 90 - Cd 10	同　　　上	265〜399	7.2	優	同　　上
Zn 95 - Al 5	やや高温用	382	6.6	優	同　　上
Zn 100	同　　　上	419	7.1	良	同　　上

が，接合部の安定性，耐酸性などに欠けている．表3・53に代表的なアルミニウム用はんだを示した．

2・4・3・2 軸受用スズ合金

スズは軸受性能のよい金属であるが強度的に不足しているので，これを強化する適当な合金元素を添加して軸受に使用される．この目的に使用される代表的な合金はバビットメタル（Babbit metal）である．

その標準組成はSn-7.4wt％Sb-3.7wt％Cuである．高速高荷重用の軸受として古くから使用されている．現在は広い組成範囲のSn-Sb-PbあるいはPb-Sb-Sn系のホワイトメタルが使用されることが多い．従来Sn-Sb-Cu系合金はブリタニア・メタル（Britannia metal）あるいはホワイトメタル（white metal）ともよばれ，バビットメタル，ホワイトメタル，ブリタニアメタルの名称は混用されることが多い．その他のスズ合金にはピューター（pewter）とよばれるSn-Sb系を主体にした食器用あるいは装飾用の合金がある．この合金名も古くから使用されたものであって，かならずしもSn-Sb系にはかぎらず，Sn-30wt％Pb合金をRoman pewterなどとよぶ場合もあるから広く混用されている．

2・5 ビスマスおよびその他の低融点重金属

2・5・1 ビスマスおよびその合金

2・5・1・1 ビスマス一般

ビスマスはソウエン（蒼鉛）ともいわれる．そのクラーク数約10^{-6}％で産出の少ない金属（半金属）である．15世紀頃からすでに記述されているが，鉛，スズ，アンチモンなどと混同されていた．その化学的性質は18世紀頃より明らかにされてきた．自然には純粋状態，酸化物あるいは硫化物として産出する．

自然Biは95～99％であって，ドイツ，イギリス，スカンジナビア，ボリビアなどで産出する．酸化物（Bi_2O_3）や硫化物（Bi_2S_3）はドイツ，ペルー，ボリビア，オーストラリアなどで産出する．しかしその大部分は鉛，銅，スズ，金銀などの製錬の際の副産物として供給されている．

1977年での世界の年産は約3950トンであり，アメリカ，ペルー，メキシコなどが主要な産出国である．日本では非鉄金属製錬の際の副産物として約700トン生産している．

鉱石からの製錬で得られる粗ビスマスは90～95％，乾式精製では99.0～99.8％，湿式精製では99.9～99.99％，帯溶融精製すれば99.999％以上のものが得られる．

2・5・1・2 純ビスマス

純ビスマスの物性値は章末の表3・68に示した．金属光沢をもった非常にもろい半金属で

ある．半金属として一般の金属とはかなり異なった特性を示す．たとえば，凝固に伴って3.35％ほど膨張を示し，亜鉛，カドミウム，鉛より融点が低いのにその固体の熱膨張係数はそれらより小さく，電気および熱伝導率は実用金属中最低の部類に属し，液体ビスマスは固体の結晶ビスマスより電気伝導性がよいなどである．また金属中で最も反磁性が強く，ホール効果によって最も大きい抵抗増加を示す．そのほか非常に大きい熱起電力を示すなど，種々の点で興味深い特性をもっている．

2・5・1・3　ビスマス合金

　ビスマスを主成分とした合金は，易融合金あるいは可融合金（fusible alloys）とよばれる低融点合金が重要である．これはBiに主としてSn，Pb，Cd，Inなどを合金元素として添加し，3元あるいは4元の共晶組成を中心としたものが多い．低融点合金として鉛より融点の低い2元共晶合金を参考のため表3・54，Bi基多元共晶合金を表3・55，非共晶組成の

表3・54　低融点金属を主成分とする2元共晶合金

主成分	合金元素（重量%）		融点（℃）	主成分	合金元素（重量%）		融点（℃）
Pb		0	327	Sn	Cd	32.3	177
Pb	Sb	11.1	252	Sn	Tl	43.5	170
Pb	Cd	17.4	248	In		0	156.4
Pb	Au	15	215	In	Zn	2.8	143.5
Cd		0	321	In	Cd	26	123
Cd	Sb	7	290	In	Sn	48	117
Cd	Zn	17.4	266	In	Bi	34	72
Tl	0	0	303	Na		0	97.8
Tl	Na	6.3	238	Na	Au	22.5	82
Tl	As	8	220	K		0	63.7
Tl	Li	0.6	211	K	Na	23.3	-12.5
Tl	Cd	17.1	203.5	Rb		0	39
Tl	Mg		203	Rb	Na	8	-5
Tl	Sb	20	195	Ga		0	29.8
Tl	Bi	47.5	188	Ga	Ag	約4.5	25
Tl	K	3.5	173	Ga	Zn	5	25
Tl	Au	27	131	Ga	Sn	約8	約20
Bi		0	271	Ga	In	24.5	15.7
Bi	Na	3	218	Cs		0	28.4
Bi	Tl	23.5	198	Cs	Rb	39.1	9
Bi	Cd	40	144	Cs	Na	5.5	-29
Bi	Sn	43	139	Hg		0	-38.9
Bi	Pb	43.5	125	Hg	Zn	0.56	-41.6
Sn		0	232	Hg	Rb	<4	-46
Sn	Pb	38.1	183	Hg	Tl	8.7	-59

表3・55 ビスマスを主成分とする3成分以上の多元共晶合金

融点	成　　分　（重量％）						備　　考
(℃)	Bi	Pb	Sn	Cd	In	Zn	
130	56.00	—	40.00	—	—	4.00	
102.5	53.90	—	25.90	20.20	—	—	
95	52.00	32.00	16.00	—	—	—	ニュートン合金
91.5	51.65	40.20	—	8.15	—	—	
78.8	57.50	—	17.30	—	25.20	—	
70.0	50.00	26.70	13.30	10.00	—	—	ウッド合金
58.0	49.40	18.00	11.60	—	21.00	—	
46.7	44.70	22.60	8.30	5.30	19.10	—	

表3・56 非共晶組成 Bi 基多元低融点合金

合　金　名	Bi (%)	Pb (%)	Sn (%)	Cd (%)	In (%)	Hg (%)	Sb (%)	凝固区間 (K)
＊セロマトリックス (Cerromatrix)	48.0	28.5	14.5	—	—	—	9.0	376〜500
マロット合金 (Malotte)	46.1	19.7	34.2	—	—	—	—	369〜396
ローズ合金 (Rose)	50	28	22	—	—	—	—	369〜383
オニオン合金 (Onion)	50	30	20	—	—	—	—	369〜373
ダルセ合金 (D´Arget)	50	25	25	—	—	—	—	369〜371
ニュートン合金 (Newton)	50	31.25	18.75	—	—	—	—	369〜370
＊セロセーフ (Cerrosafe)	40	40	11.5	8.5	—	—	—	343〜363
リポウィッツ合金 (Lipowitz)	50	27	13	10	—	—	—	343〜346
ウッド合金 (Wood)	50	24	14	12	—	—	—	343〜345
＊セロロー147 (Cerrolow)	48.0	25.63	12.77	9.6	4.0	—	—	334〜338
＊セロロー105 (Cerrolow)	42.91	21.70	7.97	5.09	18.33	4.00	—	311〜316

＊ Cerro de Pasco Corporation, NY および Mining & Chemical Products Ltd. London の登録商標合金名

Bi 基低融点合金として知名度の高いものを表3・56に示した．

Bi 基合金で凝固膨張が明瞭となるのは Bi 量約55％以上を含む場合であって，48〜55％では凝固に伴う体積変化はほとんど0に近く，48％以下では収縮を示す．

その機械的強さは組成によって広く異なるが，室温付近では硬さ HB 5〜22, 引張強さ 0.2〜9kgf/mm^2, 伸び率0〜300％である．

使用中経年変化によって多少の成長現象を示す．

火災警報，高温高圧の安全プラッグ，自動スイッチなどの主要エレメントとして使用されるのはその低融点の応用である．また薄肉パイプの曲げ加工用のフィラーメタル（filler metals）も低融点と柔軟性の応用面である．

凝固膨張と固化してからの熱膨張係数の小さい半金属の特性は精密鋳型，電鋳用中子の製作に利用されている．

ビスマスは原子炉の冷却用の液体金属（liquid metals）のひとつとしても利用されている．

2・5・2 アンチモンおよびその合金

アンチモン（antimony）はアンチモニーともよばれている．古代からその硫化物鉱は医薬，化粧用に使用された．その名前はこの鉱物のギリシャ名 $\sigma\tau\iota\mu\mu\iota$（ラテン名 stibium）から来ている．有史以前より合金元素として青銅中にも添加された．15世紀頃より活字合金の成分として広く応用され始めたのはよく知られたことである．純粋な金属として製造されたのは，1615年 Valentinus による．

クラーク数は 5×10^{-5} と小さいが，鉱石としては集中して産出するので採取しやすい．

主要な鉱石は Sb_2S_3 を主成分とするキアン（輝安）鉱であり，その他鉛，銅，銀，ヒ素などの鉱石中にも含まれる．

その製錬法は高品位鉱の場合はキアン鉱と鉄屑を混ぜ，加熱してFeで硫化鉱を還元して金属Sbが得られる．低品位鉱の時は酸化焙焼してこれを炭素で還元する．

このようにして得られた低品位のSbを電解，帯溶融法などにより高品位化する．普通純度の地金は99.8～99.5％であり，主要な不純物はAs，S，Pbなどである．

主要な産地はボリビア，南アフリカ，中国，カナダ，メキシコなどである．

1976年の統計によれば，世界の総生産量は約 70×10^3 トンであり，日本の生産量は約1400トン，輸入量は約1300トンとなっている．大部分中国より輸入されている．

その需要統計より工業材料としてどのような分野に使用されているかを，1977年の日本のデータで示したのが表3・57である．

Sb金属の物性値を章末の表3・68に示した．

表3・57 アンチモンの日本における需要(1977年)　(MT)

用　途	
蓄 電 池	1,172.305
減磨合金	117.085
硬鉛鋳物	131.284
活字合金	22.166
鉛 管 板	20.412
メ ッ キ	9.982
そ の 他	394.942
合　計	1,868.176

多分に共有結合的性格を持った半金属であることが，その複雑な結晶型，電気比抵抗値および凝固膨張に現れている．凝固時にも過冷現象を起しやすい．

金属光沢を示し，非常にもろく破砕されやすい．硬さは HB 30～58，引張強さ，約 $1.1 kgf/mm^2$，伸びはほとんど0である．

空気中室温ではほとんど変化せず，熱すると青色の炎を出して燃える．ハロゲンガス中では特に燃えやすく，ハロゲン化物を作る．

純アンチモンはめっきとしての用途があるが，大部分，鉛合金として使用されているのは表3・57の示す通りである．化合物は昔から医薬に使用されている．最近は Sb_2O_3 の形でプラスチックの難燃剤として添加されるものが多く，半導体としては InSb は発光ダイオード，レーザーダイオードとしては AlGaAsSb, Sb_2S_3 は光導電材料として撮像管ターゲットにと電子工業方面での応用もある．

2・5・3 カドミウムおよびカドミウム合金
2・5・3・1 カドミウム一般

クラーク数は約 10^{-5} % で少ない金属である．1817年 Stromeyer により亜鉛華の中から発見された．亜鉛華はギリシャ語で $\chi\alpha\delta\mu\varepsilon\iota\alpha$ とよばれることにちなんで名付けられた．鉱石は大部分亜鉛鉱中に含有されている．硫化物 (greenockite)，炭酸塩 (otavite) として産出するものもある．製錬はこの金属だけを目的としたものではなく，主として亜鉛製錬の副産物として得られる．製錬したままのものは純度が99.95%程度であり，主要な不純物は Zn と Pb である．

1977年の世界生産は 17×10^3 トンであり，そのうち日本では約 2.78×10^3 トンとなっている．その生産量は上にも述べたように亜鉛の生産量と密接な関係にある．日本では神通川流域でのイタイイタイ病の原因と考えられ，重金属中でもその使用制限の最も厳しいもののひとつである．日本で生産される地金の大部分は海外に輸出され製品として輸入されるという形になっている．

2・5・3・2 純カドミウム

純カドミウムの物性値は章末の表3・68に示した．

空気中では亜鉛より耐食性に富む．海水に対しても亜鉛よりよい．有機酸にはおかされやすい．加熱すると蒸発しやすいが，この蒸気は体内に吸収すると非常に有毒である．

室温において非常に展延性に富み，柔軟である．圧延は室温～60℃，線引きは100～160℃で行うとよい．

カドミウムの約60%は従来カドミウムめっきに使用されている．日本では最近カドミウムめっきは禁止されているが，亜鉛めっきよりは水素脆性も起りにくく，海外では使用されている．めっき法には，真空中で溶融カドミウム中に品物を入れてめっきする乾式法と，シアン化物中に有機物を添加して純カドミウムを陽極として行う湿式法とがある．

湿式の場合の吸蔵水素は，約200℃でベーキング (baking) を行うと追い出すことができる．

2・5・3・3 カドミウム合金その他

合金としては,軸受材料,低融点材料,電気導線,はんだ,ろう材などに使用されている.

軸受用としてはCd-約1wt％Ni,Cd-Ag,Cd-Ag-Cu(98:1:1)合金が高温高速度で作動する自動車,航空機,船舶用エンジンの軸受に使用されている.

カドミウム銅線(0.6～1wt％Cd)は強力な導電材料として新幹線の荷線に使用されたこともある.Cd-Zn(40:60)合金,Cd-Zn-Al(40:56:4)合金などははんだとしてアルミニウムの接合に利用される.Ag(11～51)-Cu(52～19)-Zn(30～10)-Cd(3～23)合金は銀ろうとして用途がある.

電池にはNi-Cdアルカリ電池の陰極物質として粉末状で使用される.Cd-Hg電池は起電力検定用の標準電池として使用された.

また原子力関係では熱中性子の吸収断面積が大きいので(^{113}Cdは20000barn),Ag-In-Cd(75:25:5)合金の形で制御および遮蔽材に使用される.

2・5・4 水銀およびその合金

2・5・4・1 水銀一般

そのクラーク数は約3×10^{-6}％で非常に少ない金属であるが,人類との歴史は古く,金,銀,銅,鉛,スズ,鉄とともに水銀は重要な七つの金属のひとつとなっている.

アリストテレスが水銀のことについて述べているほか,Plinius(50B.C.)がその製法について記述を行い,Agricolaがその有名な著書"De Re Metallica"に水銀の製法を述べている.

重要な産地はスペイン,イタリア,アメリカ合衆国,カナダ,メキシコなどである.1975年の統計では8.7×10^3トンの産出量である.その産出量は年によってあまり変動がない.

鉱石は元来貧鉱が多くアマルガム,HgS,HgClの形で産出するもの,亜鉛鉱石中に含まれることもある.

その製錬の工程は,

手選鉱→浮遊選鉱→精鉱→水銀化合物の分解→水銀蒸気の凝縮→粗水銀→精製のプロセスである.水銀化合物を炉中で加熱すると,次に示すような反応で分解する.

$$HgS + O_2 \xrightarrow{500～600℃} Hg + SO_2$$

$$2HgO \longrightarrow 2Hg + O_2$$

CaO,Feなどを添加すると,

$$HgS + CaO \longrightarrow Hg + CaS + CaSO_4$$

HgS + Fe ⟶ Hg + FeS

水銀蒸気の凝縮したものを"stupp"とよび，鉱石の種類によってその組成も異なる．これをプレスでしぼれば約99.995％以上の水銀が得られる．

たいていの目的には粗水銀で間に合うが，これをさらに精製するには，機械的な混合物は濾紙や革でこし，その中に溶解しているものは硝酸洗浄と真空蒸留とで除去する．過塩素酸中で電解を行うこともある．

現在最高純度の水銀の容器としてはポリエチレン製のものがJIS規格で指示されている．水銀の純度は，スペイン産のもので99.995％，アルジェリア産のもので99.994％，国内産で99.995％程度とされている．化合物は殺虫剤に使用されたが，環境問題との関係でその使用量は減少している．

日本の水銀需要の統計を参考のため表3・58に示した．

輸出はアメリカ，オランダ，韓国などが主であり，輸入はアルジェリア，メキシコ，中国などからが主なものである．

表3・58 日本における水銀の需要統計 (kg)

	1979年	1980年	1981年
（供給）			
期初在庫	1,216,630	1,006,893	853,923
生産	—	—	—
回収	91,056	5,606	16,676
輸入	116,902	65,562	69,448
供給計	1,424,588	1,078061	937,047
（国内需要）			
〔国内消費〕			
苛性ソーダ	1,735	1,577	1,529
アマルガム	17,217	26,842	30,508
無機薬品	122,587	173,134	146,377
電気機器	6,011	6,464	6,448
計量器	32,793	38,877	41,572
その他	86,378	76,683	72,969
国内需要計	266,721	323,577	299,403
〔輸出〕	571,223	288,171	238,448
期末在庫	1,000,893	850,923	764,950

2・5・4・2 純水銀

水銀は室温付近で常に液体である唯一の金属である．その物性値は章末の表3・68に示した．

化学的性質としてはその蒸気は生物に有害であり，環境問題を引き起しがちな金属である．周知のように，温度計，気圧計，恒温槽，水銀電極，ポーラログラフィー，スイッチ，接点，けい光灯，水銀ランプ，水銀整流器，高真空用真空ポンプ，高圧コンプレッサー，水銀蒸気タービン，発電機など各種の用途があったが，この中にはもちろん歴史的で現用されないものもある．

2・5・4・3 アマルガム

他の金属とアマルガムを形成するが，そのアマルガム形成の難易性を分類すると次のよう

である.
    Pb, Sn, Zn, Cd ：非常に形成しやすい
    Au, Ag, Cu   ：徐々に反応する
    Ni, Pt   ：反応がさらに遅い
    Fe, Mn, W   ：実用上合金形成がない
Hg-Cu, Hg-Ag-Sn系は歯科用アマルガム, Hg-Cd, Hg-Pb, Hg-Sn-Pbなどは有機合成用触媒などに使用される.

2・5・5 インジウムおよびその合金

インジウムはかなり広く分布している金属元素であるが，その量はきわめて微量である．1863年ReichとRichterにより濃いアイ色 (indigo) の炎色を与える元素として閃亜鉛鉱中に発見された．主として亜鉛鉱石や亜鉛製錬炉のダスト中にかなり存在している．したがって亜鉛や鉛製錬の副産物として回収されている．

最近は従来副産物的存在であったこのインジウム金属も，その用途面の開発とともに世界の生産量もかなりのものになっている．表3・59に世界の生産統計，用途別需要，日本の需要の様子を示した．やや過剰気味となり価格も1977年で10万円/kgであったものが1983年では3.5万円/kg程度に安くなっている．

インジウムの物理的性質は章末の表3・68に示した．非常に柔軟であって，手で押しつけるだけで圧着させることができる．簡単に線や板に加工することができる．

室温では安定であるが，加熱すると紫の焔を出して燃え，In_2O_3 となる．物理的にも化学的にもその性質はスズによく似ている．スズと同様に曲げると音を発する．

従来大きい工業的用途はないが，摩擦

表3・59 インジウムの生産需給統計 (MT)

世界の生産量			
	1979	1980	1981
U.S.A	11	11	7〜8
カナダ	5	5	2〜3
ベルギー	6	6	10〜12
日本	9	15	15
その他	12	13	7〜8
計	43	50	40〜45
用途別需要			
合金		7	5〜6
ベアリング		13	10〜11
接点		8	6〜7
歯科		5	4〜5
新規開発		5	6〜9
その他		5	5〜6
計		43	36〜44
日本の需給			
生産	9	15	15
輸入	7	3	0.3
計	16	18	15.3
需要	9	9	10
過剰	7	9	5

(工業レアメタル78より)

係数が小さく軟質であるので，軸受内面のめっきや金属-金属間あるいはガラス-ガラス間のパッキング材などに使用されている．低融点であるので低融点合金への合金元素としての利用もある．また歯科合金，銀ろう，接点，接点への応用も考えられている．Geトランジスターやダイオードなど半導体材料への応用がある．また最近は液晶膜への応用も拡大されている．その用途はかなり多面的であるので，表3・60にまとめて示した．

表3・60 インジウムの用途

応用面		状態	用途
半導体・電子工業	Geトランジスタ（合金タイプのコレクター，エミッター）	Ge トランジスタ・ダイオード用ソルダー In 5〜100% Sn 37.5〜70% 　球状，板 Pb 15.0〜92.5%	ステレオ，トランシーバ，カラーテレビ
	金属間化合物およびヘッドコアー添加剤	In-Sb/In-P/In-As, In_2O_5, In 99.999% up	
	液晶セル電極用 透用電導性フィルムの導電塗料 集熱用選択透過膜	In_2O_5, SnO_2, SnO_3 蒸着あるいはスプレー散布	電卓，時計，電子レンジ，薄型テレビ
	撮影管（ビディコン）コールドシール	Inディスク	
合金関係	防食亜鉛，アルミ添加	Zn, Al + In (0.3%〜)	船体，ボイラー，地下配管
	歯科合金（鋳造用銀合金）	Ag + Zn, Cd, In	カドミレス健康保険用合金の黒変防止
	銀ロウ，接点	Ag + Zn, Sn, Cu, N, In In + Ag (82 − 96%)	カドミレス銀ロウとしてコールドチェーン関係機器，空調関係，アルミテープ接合用ボンド
	ハンダ，低融点合金 軸受合金	In (17〜50%) + Sn, Pb, Zn In (19.1〜25.1% 　　　+ Bi, Sn, Pb, Cd In (4.0%) + Bi, Sn, Pb, Cd	航空機用スリーブ軸受， 安全フィコーズ，， フィラーメタル， 電鋳用中子，低温ハンダ
	原子炉用制御棒	In + Ag, Cd	

（工業レアメタル No.66, 1978より）

2・5・6 ガリウムおよびその合金

元素としては1871年Mendeleevによりエカアルミニウムの名前で存在が予言され，1875年フランスのLecoq de Boisbodranによりピレネー山中の閃亜鉛鉱中より発見された．
ガリウムは銅製錬，ボーキサイト精製過程，亜鉛および鉛製錬など副産物として得られる．石炭などの燃焼煤からもゲルマニウムとともに回収可能である．地球上には微量では

あるが広く分布している．1980年における世界の生産推定量は15～20トンと考えられている．日本においては1979年で生産量は約1トン，年間需要は6～7トンとされている．

その物理的性質を章末の表3・68にまとめて示した．融点は30℃より低く，凝固膨張を示すなどの特異性がある．沸点はきわめて高いので蒸発しにくい．新しい金属表面は銀白色であるが，空気中ではすぐ光沢を失う．

金属その他の非金属物質に作用しやすく，高温ではとくにこの傾向が強いので，石英，黒鉛，アルミナなどの耐火物，タンタル，タングステンなどの高融点金属などの容器に入れる必要がある．

蒸気圧が低く，液体の温度範囲が広いので，液体金属として有効な熱交換媒体に利用できそうであるが，腐食性の強いのが問題である．石英寒暖計，ガラス実験器具のシール，歯科合金として水銀の代りに使用されている例はある．

Ga基の低融点合金が多い．たとえばGa(82)-Sn(12)-Zn(6)合金は融点が17℃である．またGa(76)-In(24)合金は融点が15.7℃である．また化合物半導体方面への応用も注目されている．

化合物は主としてGaP，GaAs，GaInなどの金属間化合物として，発光素子，ミリ波およびマイクロ波の発振素子に使用される．GaAsは電卓およびデジタル腕時計に応用される．またG.G.G.とよばれるGa_2O_3とGd_2O_3との結晶$Gd_3Ga_5O_{12}$は磁気バブルメモリ用基材に使用され，電子工業材料としての重要性を増した．

2・5・7 タリウムおよびその合金

元素としては1861年Crookesによって硫酸工場の鉛室泥中より，分光分析で発見された．スペクトル線が若芽の燃えるような緑色であるので，ギリシャ語 $θαλλός$（若芽）にちなんで付けられた名称である．

タリウムは主として硫化鉱を焙焼する炉から出る煙煤中より回収される．

その物理的性質は章末の表3・68にまとめて示した．鉛より柔軟で簡単にナイフで切断することができる．空気中では非常に酸化されやすいので，流動パラフィンやグリセリン中で貯蔵する．非常に毒性の強い金属であるから，その取扱いには注意が必要である．殺鼠剤に利用されたこともある．合金としての実用例はほとんどないが，その性質には次のようなことが知られている．

Hg-Tl(8.5%)合金はその融点が－60℃で水銀より20℃低い．Pb(72)-Sb(15)-Sn(5)-Tl(8)合金はSn基軸受より優れた性質を示すといわれている．Pb-Tl系は各成分金属より融点が高くなる特異な合金系であるので，特殊なフューズへの応用も考えられる．Pb-Tl(20～65%)合金は耐食性が非常によい．Pb-Sn(20)-Tl(10)合金は，硝酸や塩酸を

含む硫酸銅液中より銅を電着するときの陽極板に使用すると,純鉛より耐食性がよいとされている.銀に10〜22％Tlを添加すると黒変がなくなる.

その化合物は特殊な感光性があるので,赤外感光用に重視されている.その他光学ガラスの屈折率の増加,光電管の長波長部分の感度増加が考えられている.^{204}Tlの放射能の工業的応用もその利用面のひとつである.

2・5・8　セレンおよびテルル

セレンおよびテルルは,低融点重金属の範囲に含めることには,やや異論も考えられるが,一応カドミウム,ビスマス,インジウムなどとともに非鉄金属製錬の副産物としての有価元素グループであるので,その大略を考えることにしよう.

2・5・8・1　セレン

地球上には広く分布するが,量は少なくクラーク数約10^{-7}％で約70位の存在量である.硫黄中にかなり多く含まれる.セレンの名は月を意味するギリシャ語σελήνηに由来する.1817年Berzeliusにより鉛室泥中より発見された.

自由世界でのセレンの生産は,銅製錬の副産物およびスクラップからの回収によるものが大半を占めている.日本,アメリカ合衆国,カナダの3国の生産が世界の80〜90％を占めている.

表3・61　日本のセレンの使用状況　（MT）

年次 項目	1974	1975	1976	1977
整流器,複写機	38	15	46	63
ガラス	71	18	42	47
顔料	34	12	44	21
化学薬品その他	56	22	47	32
内需合計	199	67	179	163
輸出	110	268	349	286
総計	309	335	528	449

（日本鉱業協会）

自由世界の1977年の総生産は1270トン,消費は1100トン程度である.その後生産は1980年の1349トン,1981年の1391トンとなっている.日本は全世界の約37％を生産している.

セレンの物理的性質を章末の表3・69に示した.

非晶質,単斜晶（赤色）,六方晶の金属セレン（灰色）と種々の状態で得られる.市販のものは99.5％程度であるが,整流器用は99.5〜99.99％である.導電性が照度とともに変化し,とくにオレンジ色,赤色に敏感であるという特性は光電池に利用されている.多くの金属元素あるいは非金属元素と結合してセレン化物を作る.

ガラスは鉄の酸化物が入ると緑色を呈するが,これにSeを0.0018〜0.007％添加すると脱色効果がある.カドミウムと結合してセレナイドを作り,ガラスに深紅色を与える.半導体としては整流器に使用され,18Vで最大電流密度50mA/cm^{2}までの容量があり,85℃

までならば使用できる．入射角68°で赤外線をあてると，反射光はほとんど完全な直線偏光となるので赤外線偏光子に利用される．金属材料では快削性を与えるのに鋼材へ微量添加されることもある．従来は鋼材の快削性を向上するための使用が全体の50％を占めていたが，最近アメリカで化学用の需要が急増している．1977年で価格は99.9％のもので約13500円/kgである．

日本における使用状況を表3・61に示した．

2・5・8・2 テルル

テルルの名称は地球を意味するラテン語の tellus に由来する．1782年 Müller によりビスマスの鉱物から遊離採取されたのが最初である．

工業的には主として銅の電解の際のアノードスライム中から回収される．

世界のテルル生産推移と日本のテルル生産を表3・62および3・63に示した．1980年代もあまり大きい変化はなく日本は世界の約27％程度を生産している．

テルルの物理的性質を章末の表3・69に示した．市販純度は一般に99.0％以上である．非晶質テルルと金属テルルがある．導電率は温度により異なり，約50℃で極小値を示す．種々の点で半導体的特性を示す．

低温での整流効率はあまりよくないが，300℃以上まで使用できる．ガラス，陶磁器などの赤，青，褐色の着色剤に使用される．

合金元素としては鉛に添加して，その耐硫酸性および耐疲れ性を向上し，種々の金属の被削性の向上にも添加される．人体には有毒で空気中の許容量は$0.01～0.1mg/m^3$とされている．

表3・62 世界のテルルの生産統計 (MT)

年次 産出国	1974	1975	1976	1977
アメリカ	88	60	48	53*
カナダ	15	36	57	45
ペルー	40	32	34	27
日本	26	31	30	65
合計	164	159	169	190*
旧ソ連・東欧	41	41	41	40*
世界総計	205	200	210	230*

（日本鉱業協会，E & MJ．*は推定）

表3・63 日本のテルルの生産統計 (MT)

年次 生産企業	1974	1975	1976	1977
三菱金属	12.1	7.2	9.8	29.3
日本鉱業	6.2	9.1	5.6	8.7
三井金属鉱業	7.2	14.2	13.3	15.6
東邦亜鉛	0.4	—	—	—
住友金属鉱山	—	—	—	11.5
合計	25.9	30.5	30.4	65.1

2・6 その他の半金属

2・6・1 ゲルマニウムおよびその合金

そのクラーク数は6.5×10^{-4}%であるが, 地球上には割合広く分布している半金属である.

歴史的には, MendeleevによりSi4b族のSiの下の元素とし, その存在と性質はエカけい素の名称で予言されていたが, 1885年Winklerによりアージロド鉱 (argyrodite, 銀とゲルマニウムの硫化物) 中より発見された.

この元素は親銅性もあり, 閃亜鉛鉱, シメン銅鉱, リュウヒ銅鉱などの中にも含まれる. 石炭中にも含まれていることが多く, その煙灰中, 乾留の際のガス液中にも含まれる.

表3・64 日本の酸化ゲルマニウムの生産および輸入量 (kg)

年度	生産	輸入
1976	21,412	8,998
1977	16,215	8,185
1978	16,759	12,238
1979	14,284	14,474
1980	16,246	18,525

(通産省資源統計)

その製錬法は, 上記硫化鉱処理あるいは煙灰中よりまず蒸発しやすい$GeCl_4$の形で濃縮され, つぎに純粋なGeO_2の形にする. これを水素還元によってGe塊を作り, 帯溶融法によって純度の高い単結晶にする. その純度は "ten nine" 以上とされている.

世界の主要な生産国は, ザイール産鉱石を使用するベルギー, 亜鉛などの副産物として生産するアメリカ合衆国, 西独, ソ連などである. また半導体素子に製造する場合, その約50%はスクラップとなるので, これも重要な原料となっている.

参考までに日本の酸化ゲルマニウムの生産および輸入量を表3・64に示した.

その主要な輸入先は1980年度ではベルギー, 西独, ソ連である.

最初は半導体として注目されたが, 最近は高純度シリコンで置きかえられ, 急激な需要増加の見通しは少ない.

Geの物理的性質を章末の表3・70に示した.

融点は936℃で低融点ではない. やや青味がかった灰白色の硬い金属である. 金属というよりSiに似た半導体であり, 電気比抵抗の大きさも金属的ではない.

化学的にはSiと同様にきわめて安定である.

半導体素子としては, 現在全面的にSiに置きかえられているので, 注目すべきものではない. その炭酸塩は赤色けい光物質であり, またGe薄片は赤外線を通す性質がある.

2・6・2 シリコン

わが国ではけい素と呼んでいたが, 最近は工業的にもシリコンの方が一般的となった.

周知のようにそのクラーク数は25.8％であって，酸素についで2番目に多い元素であり，岩石圏の主要構成成分である．単体の元素として得られたのは，1823年Berzeliusによってフッ化けい素のカリウム還元で得られたのが最初である．

その化合物，とくに酸化物は石器時代から人類に利用されてきたものであり，セメント工業，ガラス工業，各種の陶磁器製造に利用されている．金属工業でもフェロシリコンをはじめとする各種脱酸剤，合金元素として広く応用され，無機工業材料としては金属材料と対比できる材料分野を構成している．とくにニューメディアの担い手としての光ファイバーは，通信部門の最先端材料としてクローズアップされている．

ここでとくに記述したいのはその金属シリコン（metallic silicon）の側面である．

工業用金属シリコンは一般にSiO_2を主成分とするケイ石を原料として製造される．高品位のケイ石はペグマタイト（pegmatite）鉱床と石英脈鉱床に限られ，代表的な産地はブラジル，マダガスカルである．日本では阿武隈山系にペグマタイト鉱床がある．

工業用金属シリコンは，その用途に応じて次のような等級に分けられている．

電子級とよばれるものは，水晶発振子，プリズム，透明石英ガラスなどに使用される最高純のシリコンである．光学級は主として光学ガラス，グラスファイバー用であり，特級は単結晶シリコン，研削剤としてのSiCなどの製造用で約98％以上のものである．これ以下の純度のものは主としてフェロシリコンに使用される．

高純度金属シリコンは工業金属シリコン（約98％以上）を原料として精製される．その最近の工業的な精製法は，シラン（silane）とよばれる水素化けい素（一般式はSi_nH_{2n+2}）の水素還元法か，その熱分解法である．主流は前者であって，工業用金属シリコン→粗トリクロロシラン（$SiHCl_3$）→精製→水素還元→棒状高純度シリコンのプロセスである．

この棒状高純度シリコンは多結晶体であるが，電子工業の集積回路用シリコンウェハはこの多結晶体を引上げ法（Czochralski zone melting process, CZ process），または浮遊帯溶融法（floating zone melting process, FZ process）で単結晶にしたものより切断される．

世界の需要の傾向は，アルミニウム合金添加用5％，けい素樹脂や半導体用シリコンで14～15％の年間増加率を示し，1990年代には100万トンに近い需要が見込まれている．

また太陽光発電に使用されるアモルファスシリコンの需要が今後これに加わるものとすれば，近い将来大変な量となるものと考えられる．

日本の現状を見ると，この金属シリコン工業は高電力消費型であるため，石油ショック以後国産品はアルミニウムなどと同様に，価格の点で競争力を失った．そのため1978年以降は80％を越える海外依存率になっている．

日本での主要な用途を表3・65に示した．

表3・65 日本における金属シリコンの用途

用　　途	需要比率（％）
アルミ合金	75
けい素鋼板，鋳物脱酸剤	3～5
けい素樹脂（シリコーン）	15～20
高純度シリコン（シリコンウエハ，太陽電池）	5～7

表3・66　日本の金属シリコン輸入推移　　　　（MT）

年　次	1976	1977	1978	1979	1980
輸入量	19,017	20,729	52,983	58,174	59,662

（大蔵省輸入通関統計）

　主として鋳物用アルミニウム合金のシルミンに添加されるものが圧倒的に多いのが現状である．
　また日本の金属シリコン輸入の推移を表3・66に示した．
　金属シリコンの物理的性質を章末の表3・70に示した．
　典型的な半導体であり，結晶質のものと非晶質のものとが存在する．結晶質の金属シリコンは暗青黒色を呈し，硬くてもろい．
　空気中では室温で安定であるが，400℃以上になるとO_2，1000℃以上になるとN_2ガスと反応する．一般にハロゲンとは反応しやすくハロゲン化物を作る．高温ではCやBとも直接化合する．
　その用途の大略は上に述べたが，半導体用シリコンの需要も増加の方向にあり，それに加えてアモルファスシリコンが太陽光発電に使用される段階になると，世界的な金属シリコンの不足も予想されている．
　統計によれば世界の多結晶シリコンの需要は1977年で1128トン，1982年で3056トン，1985年では4220トンが予想され，それに対する生産能力は1985年で3245トンと予想されている．当然，現状の進行状態では不足となる．日本で現在進められているサンシャイン計画では，1990年に300万kWhの太陽光発電を達成しようとすると，これだけで単結晶シリコンは5500トン必要と試算されている．
　現在稼働中の多結晶シリコンの生産会社の主要なものの年間生産能力は，西独のワッカーケミカル社が875トン，アメリカ合衆国のヘムロック-ダウ社が950トンで圧倒的に多く，全自由世界の57％を占めている．日本の合計は約300トンである．シリコンはフェロシリコンをはじめとして合金元素として広く利用されている．けい素鋼，シルミンをはじめとする各種アルミニウム合金，シルジン青銅などその代表的なものである．

第2章　低融点重金属材料

表3·67　Zn, Pb, Sn の物理的性質

元素名（英名）		Zn (Zinc)	Pb (Lead)	Sn (Tin)
原子番号		30	82	50
原子量		65.38	207.2	118.69 ± 3
密度	g/cm^3	7.13	11.35	α : 5.80　β : 7.28
結晶構造		立方　A3	立方　A1	α 立方 A4
変態点 (℃)				β (>～13) 正方 A5
格子定数	Å	$a = 2.665$	$a = 4.9502$	α : $a = 6.489$
		$c = 4.9468$		β : $a = 5.832, c = 3.181$
融(解)点 (m.p.)	℃ (K)	419.58	327.502	293.9681
		$(692.73)^*$	$(600.652)^{**}$	$(505.1181)^*$
融解熱	10^{-3} J/mol	7.1	4.9	7.0
沸(騰)点 (b.p.)	℃	907	1740	2270
蒸発熱	10^{-3} J/mol	113	179	291
線膨張率	10^{-4}/K	$\parallel c$ 軸 $0.530^{(20～250℃)}$	$0.290^{(0～100℃)}$	0.228
		$\perp c$ 軸 0.150		
体積収縮率（凝固時）	%	4.9	3.6	3.0
比熱容量（比熱）	J/mol・K	25.40	26.44	26.36
熱伝導率	W/m・K	121	35.2	66.6
抵抗率（比抵抗）	10^{-6} Ω・cm	5.92	20.65	$11.0^{(0℃)}$
抵抗率温度係数	10^{-3}/K	$4.19^{(0～100℃)}$	$3.36^{(20～40℃)}$	$4.7^{(0～100℃)}$
ホール係数	cm^3/coulomb	$+0.33 \times 10^{-4}$	$+0.09 \times 10^{-4}$	-0.04×10^{-4}
磁化率		-0.174	-0.111	α : -0.25
ヤング率（縦弾性率）	GPa	104.5	16.1	49.9
剛性率	GPa	41.9	5.59	18.4
ポアソン比		0.249	0.44	0.357
表面張力 (m.p.直上)	mN/m	782	468	544
粘性率 (m.p.直上)	mN s/m^2	3.85	2.65	1.85
熱中性子 (0.0253eV) 吸収断面積	barns	1.10	0.170	0.625

( )* 一次定点になっているもの。（ ）** 二次定点になっているもの。融点の項で（ ）表示してあるものは凝固点を示す。

表3・68 Bi, Sb, Cd, Hg, In, Ga, Tl の物理的性質 (1)

元素名 (英名)		Bi (Bismuth)	Sb (Antimony)	Cd (Cadmium)	Hg (Mercury)
原子番号		83	51	48	80
原子量		208.9804	121.75±3	112.41	200.59±3
密度	g/cm³	9.75	6.69	8.65	13.55 (固) 14.19$^{(-38.87℃)}$
結晶構造 変態点 (℃)		菱面体 A7	菱面体 A7	六方 A3	菱面体 A10
格子定数	Å	$a = 4.736$	$a = 4.507$	$a = 2.9788$ $c = 5.6167$	$a = 3.005^{(227K)}$
融(解)点 (m.p.)	℃ (K)	271.3 (544.592)**	630.74 (903.89)**	320.9 (594.258)**	−38.842 (234.288)**
融解熱	10⁻³J/mol	11.3	19.7	6.3	2.3
沸(騰)点 (b.p.)	℃	1560	1750	765	356.58 (629.81)**
蒸発熱	10⁻³J/mol	152	68	100	61
線膨張率†	10⁻⁴K	∥c軸 0.162 ⊥c軸 0.120$^{(20〜240℃)}$	∥c軸 0.1717 ⊥c軸 0.080$^{(20〜100℃)}$	∥c軸 0.526 ⊥c軸 0.214$^{(20〜100℃)}$	∥c軸 0.496 ⊥c軸 0.375$^{(-120℃)}$
体積収縮率 (凝固時)	%	−1.34	−0.8	4.7	3.6
比熱容量 (比熱)	J/mol・K	25.52	25.2	26.32	27.98 (液)
熱伝導率	W/m・K	⊥c軸 9.15	24.3	96.8	8.34 (液)
抵抗率 (比抵抗)	10⁻⁶Ω・cm	106.8$^{(0℃)}$	39.0$^{(0℃)}$	6.83$^{(0℃)}$	98.4$^{(450℃)}$
抵抗率温度係数	10⁻³/K			4.2$^{(0℃)}$	
ホール係数	cm³/coulomb			$+0.60 \times 10^{-4}$	
磁化率	10⁻⁶cm³/g	−1.34	−0.8	−0.175	−0.167
ヤング率 (縦弾性率)	GPa	34.0	54.7	62.6	
剛性率	GPa	12.8	20.7	24.0	
ポアソン比		0.33	0.25〜0.33	0.30	
表面張力 (m.p.直上)	mN/m	378	367	570	498
粘性率 (m.p.直上)	mN・s/m²	1.80	1.22	2.28	2.10
熱中性子(0.0253eV)吸収断面積	barns	0.034	5.7	2450	380

( )** 二次定点になっているもの. 融点の項で ( ) 表示してあるものは凝固点を示す. † Bi, Sb, Hg では結晶型六方表示のc軸についてのもの

第2章　低融点重金属材料

表3·68　Bi, Sb, Cd, Hg, In, Ga, Tlの物理的性質(2)

元素名（英名）		In (Indium)	Ga (Gallium)	Tl (Thallium)
原子番号		49	31	81
原子量		114.82	69.72	204.383
密度	g/cm^3	7.31	5.91 (液) 6.10$^{(30℃)}$	118.5
結晶構造		正方 A 6	斜方 A 11	α：正方 3 α：正方 A 2
変態点（℃）				β (＞～230) ：立方 A 2
格子定数	Å	$a=4.5979$ $c=4.9467$	$a=4.523$ $b=7.661$ $c=4.524$	$\alpha：a=3.457$ $c=5.5248$ $\beta：a=3.882^{(262℃)}$
融(解)点 (m.p.)	℃ (K)	156.61 (429.784)**	29.78	303.5
融解熱	10^{-3}J/mol	3.3	5.6	4.3
沸(騰)点 (b.p.)	℃	2080	2400	1457
蒸発熱	10^{-3}J/mol	226	250	170
線膨張率	10^{-4}K	0.56$^{(0～100℃)}$	0.53$^{(-73.3～18℃)}$ // a軸	0.294$^{(0～100℃)}$
比熱容量（比熱）	J/mol·K	26.7	26.07	$\alpha：26.32$
熱伝導率	W/m·K	81.7	40.6	46.1
抵抗率（比抵抗）	10^{-6}Ω·cm	8.37	17.4	18.0$^{(0℃)}$
ホール係数	cm^3/coulomb	$-0.07×10^{-4}$		$+0.24×10^{-4}$
磁化率	10^{-6}cm^3/g	-0.11	-0.31	-0.25
ヤング率（縦弾性率）	GPa	10.6	9.81	7.90
剛性率	GPa	3.68	6.67	2.71
ポアソン比		0.45	0.47	0.45
表面張力 (m.p.直上)	mN/m	556	718	464
粘性率 (m.p.直上)	mN·s/m^2	1.89	2.04	2.64
熱中性子(0.0253eV)吸収断面積	barns	196		

( )＊＊二次定点になっているもの．融点の項で( )表示してあるものは凝固点を示す．

図3·69　Se, Teの物理的性質

元素名（英名）		Se (Selenium)	Te (Tellurium)
原子番号		34	52
原子量		78.96 ± 3	127.60 ± 3
密度	g/cm^3	4.79	6.24
結晶構造		六方 A8	六方 A8
格子定数	Å	a = 4.366	a = 4.457
		c = 4.959	c = 5.9268
融（解）点 (m.p.)	℃	217	499.5
融解熱	10^{-3} J/mol	5.3	17.5
沸（騰）点 (b.p.)	℃	684.9	989.8
蒸発熱	10^{-3} J/mol	14	
線膨張率	10^{-4}/K	0.37$^{(0\sim100℃)}$	∥c軸　−0.016
			⊥c軸　0.272
比熱容量（比熱）	J/mol·K	26.76$^{(0\sim100℃)}$	25.7
熱伝導率	W/m·K	∥c軸　4.52	∥c軸　3.96
抵抗率（比抵抗）	10^{-6} Ω·cm		4.36×10^5
磁化率	10^{-6} cm^3/g	−0.290	−0.310
ヤング率（縦弾性率）	GPa	58	47.1
剛性率	GPa	結晶：$10^{6(0℃)}$	16.7
ポアソン比		0.447	0.16〜0.3
表面張力 (m.p.直上)	mN/m	106	180
粘性率 (m.p.直上)	mN·s/m^2	24.8	〜2.14

図3·70　Ge, Siの物理的性質

元素名（英名）		Ge (Germanium)	Si (Silicon)
原子番号		32	14
原子量		72.59 ± 3	28.0855 ± 3
密度	g/cm^3	5.32	2.33
結晶構造		立方 A4	立方 A4
格子定数	Å	a = 5.6575	a = 5.431
融（解）点 (m.p.)	℃	937.4	1410
融解熱	10^{-3} J/mol	34.7	50.2
沸（騰）点 (b.p.)	℃	2830	2360
蒸発熱	10^{-3} J/mol	333	
線膨張率	10^{-4}/K	0.077$^{(0\sim100℃)}$	0.0415$^{(0\sim100℃)}$
比熱容量（比熱）	J/mol·K	23.4	20.0
熱伝導率	W/m·K	59.9	148
抵抗率（比抵抗）	10^{-6} Ω·cm	46×10^6	3〜4$^{(0℃)}$
磁化率	10^{-6} cm^3/g	−0.106	−0.111
ヤング率（縦弾性率）	GPa	79.9	113
剛性率	GPa	29.6	39.7
ポアソン比		0.32	0.42
表面張力 (m.p.直上)	mN/m	621	865
粘性率 (m.p.直上)	mN·s/m^2	0.73	0.94
熱中性子(0.0253eV)吸収断面積	barns		0.16

第3章　高融点重金属材料

　チタン以下の密度の小さい金属材料を軽金属材料，アンチモン，亜鉛などを含めた比較的融点の低いb族金属類を低融点重金属材料と分類したので，鉄以外の比較的融点の高い非鉄金属材料を全部含めて高融点重金属材料とした．したがってこの中には1価の貴金属グループの銅，銀，金，鉄とチタンを除いた3d遷移金属のV，Cr，Mn，Co，Ni，第2長周期のZr，Nb，Mo，Tc，Ru，Rh，Pd，第3長周期のHf，Ta，W，Re，Os，Ir，Ptなどがある．

　とくに融点の高いものはリフラクトリーメタルグループとし，金，銀，白金族は貴金属グループに入れてまとめた．また希土類系のなかには，高融点重金属とは考えにくい金属もあるが，これも一つのグループとして加えた．

　銅は軽金属のアルミニウムがこれほど利用される以前は，非鉄金属中その需要量は最も多く，歴史的にも企業規模から見ても最も重要な金属材料であった．現在でも電気部門では周知の通り最も多く使用されている．ニッケル，コバルト，マンガン，クロム等は鋼材の主要合金元素であると同時に，耐熱，耐食，磁性等の重要な特性面でますますその重要性を増している．

　融点の高いタンタル，タングステン，モリブデンなどはリフラクトリーメタルとして超高温工業用構造材料として研究が進められている．

　貴金属類も従来の装飾的用途とは別に，電子工業，化学反応の触媒方面で多面的に活用されている．

　これらの金属類は高融点である特性より，原子間結合力の強い最密構造を持つことが考えられる．その意味では最も金属らしい金属グループと考えてよい．

　融点は銀が最低で962℃であり，最高はタングステンの3410℃である．

3·1　銅および銅合金

3·1·1　銅一般

　Cuのクラーク数は約0.01％にすぎず，Niよりも少ない金属である．銅は自然銅の形で産出するほどであるから，製錬技術の幼稚な時代から人間に利用され，石器時代に次いで青銅時代（bronze age）があることからもその辺の事情が理解できよう．鉄とどちらが古いか

は確証はないが，鉄より高貴な金属として一般に利用されるとともに，王侯の富のシンボルともなっていたものである．

最も一般的な鉱石は硫化物の黄銅鉱であるが，日本では黄銅鉱と共存した含銅硫化鉄鉱 ($Cu_2S \cdot Fe_2S_3$) の形で産出することが多い．この鉱石はパイライト (pyrite) とよばれる．これにさらに種々の化合物が混合した複雑な鉱石として，亜鉛のところでも述べた黒鉱 (kuroko) とよばれるものが日本では多く産出する．

鉱石は銅含有量のきわめて低い貧鉱が多いので，その製錬は鉱石の粉砕，選鉱による富鉱化より始まる．その従来からのプロセスは，

鉱石 → 粉砕 → 選鉱 → 焙焼 → 製錬 → 精錬 → 粗銅 → 電解 → 電気銅

が主流となっている．

選鉱は浮遊選鉱法 (floatation process) による．

焙焼 (roasting) の段階において，精鉱粉を融点直下まで加熱し，As, Sb などの蒸発しやすい酸化物を形成させて不純物の一部を除き，含有 S 量の約 4 分の 3 を燃焼除去し，4 分の 1 を以後のプロセスにおける燃料として残して各種不純物をできるだけ酸化物の形にする．

製錬は高炉法あるいは反射炉法のいずれかである．日本は高炉法が大勢を占め，三菱（日比製錬所）のみが反射炉であった．

焙焼した精鉱に造滓剤を加えて高炉内で還元を行い，かわ (matte) とからみ (slag) に分離する．この際 Fe_2O_3 は還元されて FeO となり，$FeO + SiO_2 + CaO$ の形でからみとなり浮上除去される．残ったかわには Fe は FeS の形で Cu_2S と共存する．

精錬は吹精 (bessemerizing) 法によってかわを酸化する形式で行う．炉はビール樽を横にねかせたような形をした転炉であって，その中にかわを入れ，ななめ横上方より空気を吹き込む．この際残留した S は熱源として利用される．

主要な反応は，

$$S + O_2 \longrightarrow SO_2$$

$$Fe + \frac{1}{2}O_2 \rightarrow FeO$$
$$+ SiO_2 \longrightarrow 転炉からみ$$

$$2Cu_2S + 3O_2 \longrightarrow 2Cu_2O + 2SO_2$$
$$2Cu_2O + Cu_2S \longrightarrow 6Cu + SO_2$$
$$\downarrow$$
$$粗銅$$

上の反応で形成された粗銅 (blister copper) は電解精錬 (electrolytic refining) で

高純化される．

電解精錬は粗銅を再溶解して鋳造した板を陽極とし，硫酸銅溶液中で純銅板を陰極として電着して行う．粗銅中の不純物は電解槽の底に陽極泥（anode slime）としてたまる．この中に Au，Ag，Pt などの貴金属や，Bi，Sb，In，Se，Te などが含まれ，貴重な副産物として回収される．

従来の銅製錬法にも高度成長以後種々の変動が起っている．銅の需要の急増に対応するため，海外資源の開発確保も進み，新しい方式も導入されている．従来の溶鉱炉法のネックは多量生産方式の点で充分でなかったことである．これを解決するのがひとつの課題となっていたが，酸素富化した高温送風（約 1000 ℃）を行い，従来のシャフト炉を密封式の自溶炉に変えた結果，鉱石の処理量の増大と燃料の節約の点で大きい進歩があった．この方法を日本で

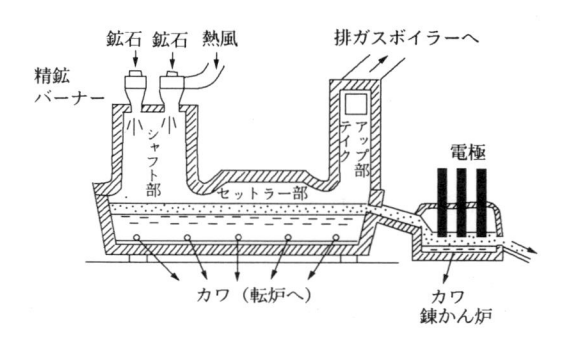

図3・48　銅溶鉱炉略図（日本鉱業）

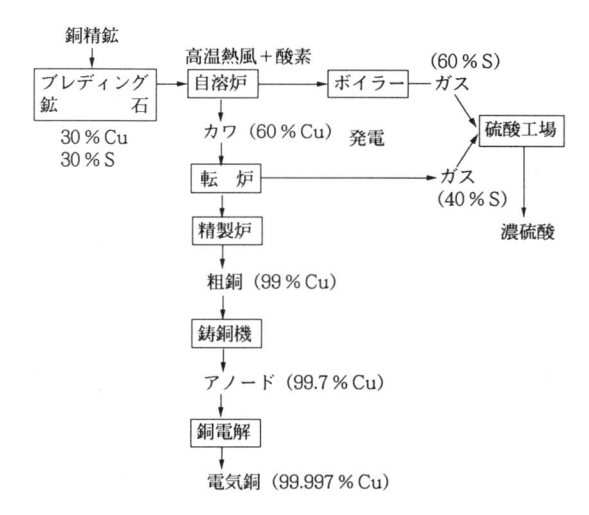

図3・49　銅製錬工程フローシート（日本鉱業）

最初に採用したのは古河鉱業で，日本鉱業と三井金属がそれに続いた．自溶炉（flash smelting furnace）はフィンランドで開発されたものであり，炉頂部のバーナーから乾燥した銅精鉱粉と熱風を吹き込み瞬間的に酸化反応を起させ，鉱石自身の反応熱で銅分約60％のかわと酸化鉄および不純物からなるからみに溶融分離させるものである．日本鉱業自溶炉の断面略図を図3・48に示した．また銅製錬一貫作業のフローシートを図3・49に示した．他方反射炉は溶鉱炉に比較して容量は大きいが，それに続く転炉操業がバッチ方式であることがネックであった．これを解決する方向で三菱の連続製錬法が開発された．これは

反射炉と転炉の間に電極を挿入したスラッグ精製炉を入れ，かわはこの三つの炉を連続的に流れて転炉から粗銅となって出てくるいずれの方法でも1トンの銅に対して3トンの硫酸が製造され，このSの利用と公害対策が今後ともに大きい問題である．

1970年代の生産統計を表3・71に示した．

日本はその鉱石の大部分をチリ，アフリカなどから精鉱として輸入している．しかもその鉱石の価格は，その鉱石より得られる有価金属の価格から製錬費を差引いたものが世界の共通の価格であり，有価金属価格はロンドンの国際相場に左右されるという仕組みとなっている．したがって銅製錬は海外依存度のきわめて強い金属製錬分野である．

表3・71　1970年代の銅の生産量　(10^3MT)

年次	世界生産量	日本生産量
1970	7535.9	711.2
1973	8521.5	950.8
1974	8903.1	996.0
1975	8384.5	818.9
1976	8831.1	864.4
1977	9102.5	933.7
1979	9347.0	983.7

3・1・2　純銅

純銅の特性は，実用金属材料として銀についで電気伝導性の高いことである．また数少ない有色金属のひとつでもある．その物性値を章末の表3・121に示した．

銅地金はJISで4種類の純度に分類されている．主要な不純物としてはAs，Sb，Bi，Pb，S，Feなどが指定されているが，このほか電気銅中にはH，その他酸化物としてのOも考慮する必要がある．

電解精錬で得られた電気銅（electroytic copper）はそのままでは使用できない．これを再溶解して使用する．

従来銅の加工は電気銅を反射炉で溶解し，不純物を酸化除去することから始まる．このため酸素過剰となるので，鋳造直前に生木でポーリング（poling）を行い，生木中の有機物で還元して酸素量の調節をする．酸素は主としてCu_2Oの形で残留し，約0.02～0.05％が適当とされている．

銅中のOとHの量は外部の水蒸気分圧に左右されて増減するが，その関係を簡単に次に示す．まず銅表面では

$$H_2 + \frac{1}{2}O_2 \rightleftarrows H_2O$$

平衡恒数をK_1とすれば

$$P_{H_2} = \frac{P_{H_2O}}{K_1 \cdot P_{O_2}^{1/2}}$$

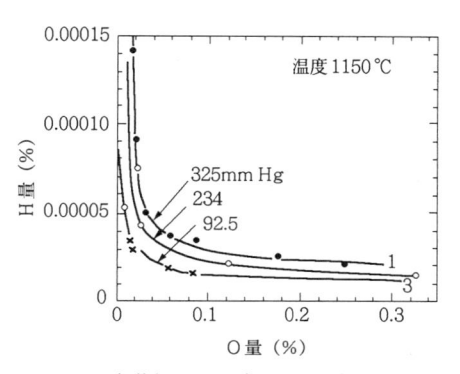

図3・50　水蒸気圧と銅中OおよびH量の関係 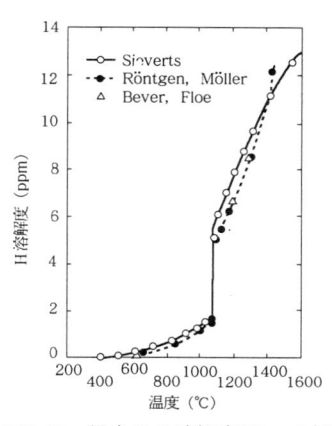　　図3・51　銅中Hの溶解度(P_{H_2}=1気圧)

O_2, H_2が銅中に溶解する反応では

$H_2 \rightleftarrows 2H$（Cu中の固溶水素）$H(wt\%) = K_2^{1/2} P_{H_2}^{1/2}$

$O_2 \rightleftarrows 2O$（Cu中の酸素）$O(wt\%) = K_3^{1/2} P_{O_2}^{1/2}$

上の3つの平衡関係より

$$H(wt\%) = A\left(\frac{P_{H_2O}}{O(wt\%)}\right)^{1/2}$$

ただしAはK_1, K_2, K_3の値で示される定数

したがって溶銅中のHはOが増加すると減少し、Oが減少すると増加する。

溶銅が凝固する場合過剰の水素が存在すると粒界などに析出して銅を脆化させ、また過剰の酸素はCu_2OとなってCu-Cu_2Oの共晶を形成する。Cu-Cu_2Oの共晶点はCu_2O 3.5％，約1063℃である。

参考のため水蒸気圧と銅中のOおよびH量の関係を図3・50に示した。また銅中へのHの溶解度と温度の関係を図3・51に示した。

ポーリングを行った銅をタフピッチ銅（tough pitch copper）とよび、棹銅（wire bar）に鋳造して線材などの加工用に使用する。最近は棹銅に鋳造せず、連続鋳造－圧延を組合せたベルト車輪方式のSCR法（Southwire Continuous Rod System）や双ベルト方式（Conti Rod System）などが採用されているところもある。

このほかにGeneral Electric社で開発されたディップフォーミング法（dip forming

process）で線材などの加工を行うところも多い[18]．

この方法は，電気銅を多少還元性雰囲気中で溶解し，この溶銅中を電気銅母線を通してその表面に溶銅を凝着させ，水冷しつつ熱間加工により径9mmφの荒引き線を作るものである．酸素のきわめて少ない高純度銅線が得られる．

電子関係やガラスの封入部などに使用されるものはOが少ない方がよい．このような無酸素銅にはその製造方法によってつぎのようなものがある．

脱酸銅 (deoxidized copper)：タフピッチ銅に脱酸剤を少量添加してOを除くことがある．脱酸剤としてはLi, P, Siなどを使用する．この場合微量の脱酸剤が残留して電気伝導性をそこなう危険性がある．

OFHC銅：COガスで還元溶解を行う方法であり，アメリカで開発されたものである．これはoxygen free high conductivity copperの略称である．

真空溶解銅 (vacuum melted copper)：高真空中で溶解すると酸化物が蒸発除去され，酸素の少ない銅が得られる．たとえば1200℃ではCu_2Oの蒸気圧は10^{-3}torrであるから，高真空中ではCu_2Oも分解除去されることになり，99.99％程度の銅が得られる．

金属の高純化はある意味では永遠のテーマであるが，最近エレクトロニクス方面で高精度の要求などが強く，材料の高純化に一段と拍車がかかっている．最近6Nineの高純銅がある程度の工業規模で生産されている．

6N高純銅と従来の無酸素銅（OFC）の分析例を表3・72に示した．6NはC，O，N，Hを除いた値である．

銅の電気伝導性をそこなう不純物としては，P，Asなどがあるが，とくにPは脱酸剤に使用するから，その残留量を充分考慮して使用すべきである．図3・52に各種の微量合金元素による銅の電気比抵抗の変化を示した．最も電気比抵抗の増加の大きいのはP，Fe，Si，As

表3・72 高純銅の分析例

種別	分析値 (ppm)										
	Ag	S	Fe	Na	Mg	K	Ca	Al	Cr	Ni	Pb	Si	As
6N	0.25	<0.05	<0.05	<0.02	<0.02	<0.02	<0.04	<0.05	<0.05	<0.07	<0.05	<0.05	<0.01
OFC	15.0	6.0	0.9	0.04	<0.02	0.05	0.2	0.05	0.1	1.0	0.3	0.3	0.62
	Sb	Bi	Sn	*B	*P	*Cd	*Mn	*Co	C	**O	**N	**H
6N	<0.05	<0.005	<0.02	ND	ND	ND	0.008	ND	<1	<10	<10	<1
OFC	0.3	0.045	0.06	<0.0006	ND	ND	0.7	ND	<1	<10	<10	<1

分析：無印：化学分析　　　　　　　　　　　　　　　　　　　　　　　（日本鉱業）
　　　　 *：スパークソースマス分析法
　　　 **：赤外吸収法

などであり，小さいのは Ag, Pb, Ni などである．銅は冷間加工によっても 2～4％ IACS 程度の伝導率の低下がある．

%IACS：金属材料の電気伝導性を示す実用単位であり，1913年の国際電気委員会が，焼なました純銅の 20℃ における電気比抵抗を 1.7241 $\mu\Omega\cdot cm$ と定め，この導電率を 100％ とした値であり，International Annealed Copper Standard の略称である．現在の高純銅の値は 100％ よりやや大きい値を示している．純銅の機械的性質は，たとえば板材の焼なまし状態で引張強さ約 25 kgf/mm^2，伸び率約 50％，硬さは HB で約 10 程度である．冷間加工でで約 40 kgf/mm^2，伸び率約 10％ 以下，HB 約 20 となる．再結晶は材料の状態で異なるが 200～300℃ である．

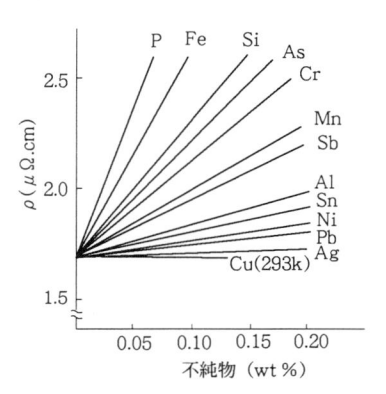

図 3・52 銅の電気比抵抗に及ぼす微量元素の影響

純銅の耐食性は優れていて，屋根などに使用された場合特有な緑青（patina）を示す．電線の場合，裸線ではあまり問題はなかったが，ビニール被覆線などでは最近になって断線を示す事故が見出された．破断面は伸び切れではなく，Cu_2O の黒色被膜をもった鋭い断面の割れである．ある種の応力腐食割れであると考えられるが，ターニッシング（tarnishing）とよばれている．被覆内にたまった水の腐食と応力による一種の疲れ破壊現象と考えられている．また温水ダクト用の銅管にも各種のトラブルが指摘され，最近その対策が急がれている．

純銅は電線としての用途が最も多いが，そのほか食器，装飾品，建築部品などにも広く利用されている．

また 20 μm 程度の銅はく，微銅粉などの従来とはやや異なった形状で電子工業その他に利用されるものも増加している．

3・1・3 銅合金

3・1・3・1 銅合金一般

石器時代に次ぐ青銅時代の名が示すように，銅合金の歴史は古い．また最も実用的な 1 価の貴金属元素としてその合金理論の基礎も確立されている．銅，銀，金などの 1 価の貴金属をベースにした合金についての種々の半経験則には Hume-Rothery などの研究が広く知られている．

ある金属に合金元素を添加した場合，どのような相がどのような濃度で現れるかは合金に

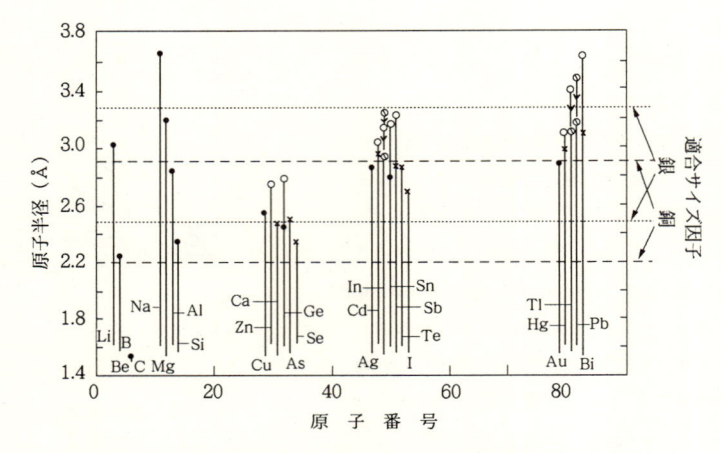

図3・53　銅および銀に対する合金元素の15% size factor

関する相律とともに最も興味深いところである．そのような合金一般に関する研究が1価の貴金属をベースにして，主としてb族の合金元素について行われてきた．Hume-Rotheryの15% size factorとかrelative valency effectなどとして知られている．

15% size factor：銅や銀の原子直径をその結晶格子の最近接原子間距離に等しいと考えた場合，それと原子直径の差が15％以内に入る合金元素は広い固溶体範囲を持つという考え方である．この範囲に入る合金元素を"favourable"，その範囲外のものを"unfavourable"な合金元素とした．置換型固溶体の場合，原子の大きさの差が固溶の難易性を測る尺度のひとつになることは考えられ得ることである．図3・53に銅および銀をベースにした場合のその関係を示した．銅に固溶しやすい合金元素はBe，Zn，Al，Ga，Si，Ge，Sn，Asなどであるが，この中で実用合金としてもBe，Zn，Al，Si，Snは特に重要である．鉄族遷移元素も多くこの"favourable"な範囲に入るが，実際固溶しやすいのはNi，Mn，Tiぐらいで，他のFe，Cr，Coなどは固溶量は小さい．一般に遷移元素にはこの法則の適用できないものが多い．

relative valency effect：これは価電子数と原子数の比（electron/atom ratio）の値があるところになると特定の相が現れるという考え方である．この半経験則は理論的にも裏付けされている．

このelectron/atomの値が3/2になるとβ-brass構造とよばれるbcc構造が現れ，21/13でγ-brassとよばれる複雑な立方晶が現れ，7/4になるとε-brass構造とよばれるhcp構造となることは電子論的に認められている．

第3章 高融点重金属材料　459

(a) 銅合金α固溶体の固溶限

(b) 銀合金α固溶体の固溶限

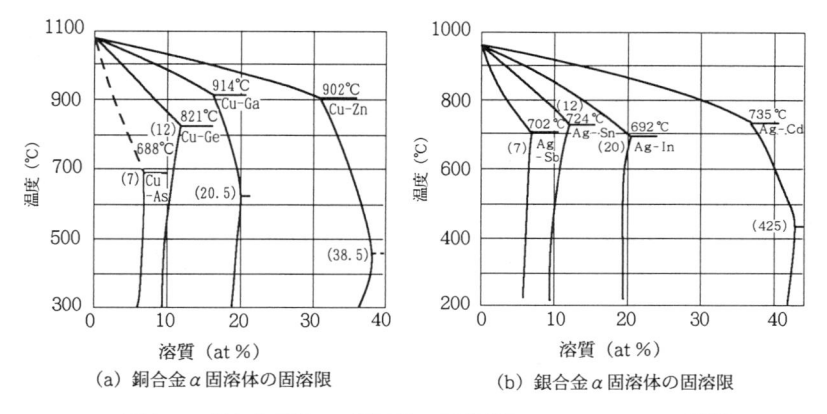

図3・54　銅および銀のα固溶体の固溶限とelectron/atomの関係

たとえば図3・54に銅および銀をベースにしたb族合金元素の固溶限を示した．その最大固溶量におけるelectron/atomの値を求めるといずれも約1.3のところに一致する．この値はbcc β-brass相の現れる3/2の値にきわめて近いものである．この辺の議論は第Ⅰ部第2章の合金相のところも参照されたい．

3・1・3・2　Cu-Zn合金

Cu-Zn合金は日本では古くから真鍮（しんちゅう）として親しまれ，現在では黄銅（brass）として我々の日常生活にも密着した歴史の古い合金である．ブラスバンドという言葉が使用されていることからも，楽器がいかに多くの黄銅を使用しているかをうかがい知ることができる．

図3・55にCu-Zn2元合金平衡状態図を示した．Znの最大固溶量は約450℃付近の39wt％であるが，これより高温でも低温でもやや固溶量は減少する．このα相領域は250℃付近で約35wt％Znとなっているが，これより低温部分は正確でない．Zn量が多くな

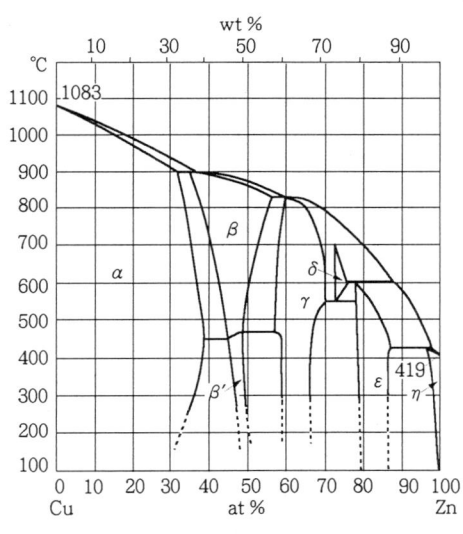

図3・55　Cu-Zn系状態図
（金属データブックより）

るとbccのβ相が現れる．β相は高温では不規則固溶体であるが，低温では規則化し，β′となる．さらにこれよりZn量が増して約49wt％となると脆いγ相が現れ始める．したがって黄銅としての実用組成は約40wt％までである．

銅はいわゆる銅赤色であるがZnの添加とともに黄色に変化する．一般に有色金属の色は価電子の可視部における吸収スペクトルによるものであるが，1価の銅に2価の亜鉛を添加することによる電子数の増加によって，吸収部分が黄色を示す方に移動するためであると考えられている．

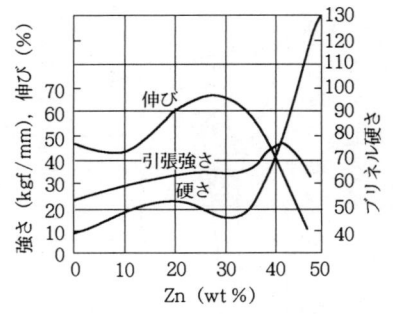

図3・56　黄銅の機械的性質とZn量の関係

α相は銅と同様に柔軟性に富み，加工しやすい．Zn約30％付近が最も加工性に富んでいる．β相になるとやや加工性は低下するが，とくに低温で規則化したβ′相は加工しにくいので，熱間加工を行う．実用黄銅はα相のみよりなるα黄銅か，α＋βの混合相で使用されることが多い．

黄銅の機械的性質とZn量の関係を板材について図3・56に示した．また黄銅の各種外来名とその組成および日本名の関係を表3・73に示す．

Zn量の少ないものは金粉代用品や，丹銅とよばれ復水管などに利用される．

Cu-Zn系で伸び率の最も大きいのは，図3・56に示されているようにZn約30wt％付近であるが，このZn量の黄銅は七三黄銅（70/30黄銅）と古くからよばれ，深しぼり加工用の板材などに使用されている．弾丸の薬きょうもこの黄銅を深しぼりして製造する．

表3・73　各種黄銅の名称

外　国　名　称	標準組成（％）		日本での名称
	Cu	Zn	
gilding metal	95	5	金粉代用
commercial bronz	90	10	⎫ Tombac, 丹銅
red brass	85	15	⎬
low brass	80	20	⎭ 復水管などに利用
spring brass	75	25	
cartridge brass	70	30	70/30黄銅
deep drawing brass	68	32	
commercial high brass	66	34	65/35黄銅
brass rod	64	36	
Muntz metal	60	40	60/40黄銅

Znが40wt％になると強度は高くなるが，伸び率が低下する．熱間鍛造か鋳物にされるものが多い．

黄銅は実に使用しやすい一般的な材料であるが，二つほど使用する場合の注意事項が考えられる．

時期割れ (season cracking)：これは置き割れともよばれ，冷間加工された黄銅を長期にわたって貯蔵しておいたり，それを使用している時に自然にき裂を発生する現象をいう．この現象は黄銅の経年変化とも関係あるが，とくに窒素化合物から誘導されたアンモニアが雰囲気中に含まれる場合に起りやすいとされている．これは結晶粒界腐食と冷間加工による残留応力によって起る一種の応力腐食割れである．

この現象は水銀あるいは水銀塩と黄銅が接触している場合にも起りやすい．この現象を防ぐ方法としては，冷間加工後に200〜300℃で加熱して残留応力を除くいわゆる低温焼なましが最も有効であると考えられている．この回復温度領域での加熱によって不均一な内部応力が除かれると同時に，α相領域の銅合金では多くの場合多少の硬化現象が起る．これを低温焼なまし硬化とよぶ．この現象はアルミ合金などでも観察される．その原因としてコットレル雰囲気の形成，積層欠陥上への偏析など提唱されているが，冷間加工により導入された転位の安定再配列化であるサブグレインの形成からポリゴニゼーションへの過程と関係が深い．このような安定化処理は，スプリング剤などでとくに重要である．

脱亜鉛現象 (dezincification)：Znは蒸気圧が高い金属であるため，高温に加熱しても表面から蒸発する．この現象は高真空中で黄銅を加熱すると起りやすい．海水中などでも表面からZnが優先的に溶出しやすい．これらの現象を指すものであるが，とくに後者の場合は一種の電気化学的な腐食現象である．α相よりもβ相からの脱亜鉛が大きい．黄銅の自然環境下での劣化現象のひとつとして注意する必要がある．

特殊黄銅 (special brass)：従来から黄銅の性質向上のために種々の第3添加元素が加えられている．

第3添加元素が黄銅の組織をどのように変化させるかという目安として，従来から亜鉛当量（zinc equivalent）という言葉が使用されていた．この言葉はGuilletによって使用されたものである．これは第3元素の単位添加量がCu–Zn系のZn量に換算するとどの程度変化させたことになるかということを示す量である．たとえば$\alpha+\beta$の領域で考えた場合，Si 1wt％の添加はZnを10wt％増加させたα相：β相の比率になり，AlならばZn 6wt％，SnならばZn 2wt％の増加に相当する．したがってこれらの亜鉛当量はそれぞれ10，6，2ということになる．

普通黄銅の機械的性質，耐食性，被切削性などの改良の目的で次に示すような合金元素が添加される．

表3・74 各種黄銅加工材の組成および諸性質

種類	JIS相当	化学組成 %			導電率 IACS %	引張強さ kgf/mm²		降伏点 kgf/mm²		伸び %	
		Cu	Zn	Pb		硬質	軟質	硬質	軟質	硬質	軟質
丹 銅	C 2200	90	10		44	43	26	38	7	5	45
〃	C 2300	85	15		37	49	28	40	8	5	47
〃	C 2400	80	20		32	52	31	42	10	7	50
70/30 黄銅	C 2600	70	30		28	53	33	44	11	8	62
65/35 黄銅	C 2680	65	35		27	52	33	42	11	8	62
60/40 黄銅	C 2801	60	40		28	49	38	35	15	10	45
鉛入黄銅	C 3710	60	39	1	27	56	38	42	14	6	40
鉛入黄銅	C 3560	61.5	35.5	3	26	41	34	32	13	25	30
火延黄銅	C 3561	60	38	2	27		37		14		45
ネーバル黄銅	C 4261	60	39.25	Sn 0.75	26	62	41	46	18	18	46
アルミニウム黄銅	C 6870	76	22	Al 2	23		42		19		55

Pb: 鉛黄銅とよばれ被切削性の向上が目的．

Sn: スズ黄銅とよばれ耐海水性の向上が目的である．
60/40黄銅＋Sn約1wt％はネーバル黄銅，70/30黄銅＋Sn約1wt％はアドミラルチー黄銅とよばれる．

Fe: 鉄黄銅とよばれ機械的性質とくに高温強さの向上が目的である．Cu55％-Zn43％-Fe1％-(Pb, Mn, Al)少量でデルタメタルとよばれる合金である．

Mn: マンガン黄銅とよばれ耐海水性の向上が目的である．

Al: アルミ黄銅とよばれ海水に対する耐食性が特にすぐれている．
アルブラックとよばれる合金は，Cu 76〜80％-Zn残部-Al 1.6〜3.0％-Si, As少量．アルミブラスとよばれる合金は，Cu 77〜80％-Zn残部-Al 1.8〜2.5％-Ni, Cr少量
などの特許合金がある．

各種黄銅加工材の組成および性質を表3・74に示した．

最近形状記憶合金としてCu-Zn系のβ相が着目されているが，たとえばCu-39.8wt％Zn合金は室温で体心立方の規則格子であるが，-120℃で熱弾性型のマルテンサイト変態を起すことが知られている．このほかCu-27.5wt％Zn-4.5％Al，Cu-13.5wt％Zn-8wt％Al合金β相も同様の挙動を示すので注目されている．

3・1・3・3 Cu-Sn合金

青銅あるいはスズ青銅とよばれる合金系である．銅合金では黄銅以外の銅合金をすべて

「…青銅」とよぶ古い習慣があるほど一般的な名称である．その状態図は図3・57に示すように，Snは約15.8wt%まで銅に固溶するが，その固溶量は高温でも低温でもこれより減少する．α領域を超した合金においては，586℃，520℃，約350℃に3種類の共析変態があり，冷却速度によってきわめて複雑な組織となる．また固相線と液相線が大きくはなれているので，その凝固組織には偏析が起りやすい．上記の理由で実用組成範囲はSn約10wt%までである．低Sn側は展伸材に使用されるが，高Sn側は主として鋳物として使用される．

従来の用途と組成範囲の対応を表3・75に示した．

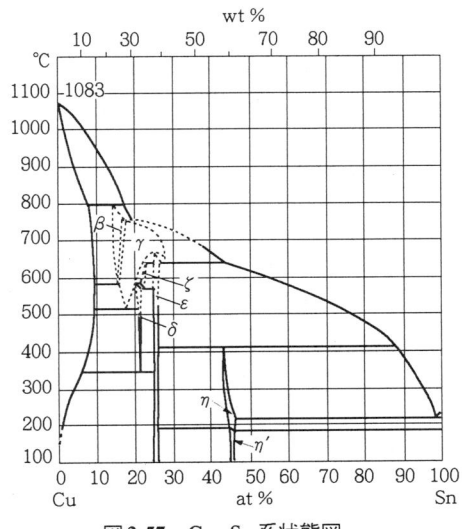

図3・57 Cu-Sn系状態図
（金属データブックより）

一般にCu-Sn合金は溶解するとSnO_2が発生し，これが湯との分離が困難で湯流れが悪い．ZnやPなどを少量加え脱酸すると湯流れが改良される．昔鋳鉄がなかった時代，大砲の鋳造にSn9〜11%合金が使用されたが，砲金（gun metal）はこの用途に由来するものである．

古青銅は多くの遺跡より発見されるものであるが，その数例を表3・76に示す．

古くは鏡青銅（mirror bronze）として鏡に使用されたが，20〜30wt%Snの高スズ青銅が多い．また鐘用に古くから青銅が使用されているが，この鐘青銅（bell bronze）の大部分は15〜25wt%Snの合金で，Zn, Fe, Ni, Ag, Auなどを含むものもある．その用途から衝撃に耐え，音色をえらぶので脆いδ相を含まないα＋β相が適当とされている．

特殊青銅（special bronze）としてはCu-Sn系に少量のZn, Pb, Pを加えたものがある．

表3・75 青銅の組成と用途

Sn%	用途
4〜10	コイン，メダル
9〜11	砲金（gun metal）
10〜25	工芸美術用
20〜25	鏡青銅（mirror bronze），鐘青銅（bell bronze）

表3·76 各種古青銅

名称	組成（%） Cu	Sn	Pb	Fe	Ni	Zn	その他	使用目的
有史前ヨーロッパ古青銅	88.5	10.5	0.27		0.47			手斧
エジプトおよびアッシリア青銅	97.1	0.24		0.4			As 2.3	小刀
ギリシャ青銅	89.6	6.1	4.9					像
ローマ青銅	90	10						剣
ゲルマン青銅	83.3	16.7						手斧
ロシア青銅	99.6	0.24					S 0.15	腕環
中国青銅	74.5	10.8		3.0	3.7		Sb 8.0	やじり
中国古銭	65.6	14.6	14.0	0.41				
日本青銅	83.5	7.7	8.2	0.13	0.14	0.10	Sb 0.15	銅鐸
〃　〃	84.2	8.4		0.98			Ag 0.14	古銭

表3·77 黄銅以外の各種合金加工材の組成および諸性質

種類	JIS相当	化学組成（%） Cu	その他	導電率 IACS（%）	引張強さ (kgf/mm²) 硬質	軟質	降伏点 (kgf/mm²) 硬質	軟質	伸び (%) 硬質	軟質
りん青銅 5%	C 5101	95	Sn 5, P 0.03～0.35	18	57	33	53	13	10	64
りん青銅 8%	C 5212	92	Sn 8, P 0.03～0.35	13	65	39	51	15	10	70
洋白 65-18	C 7521	65	Zn 17, Ni 18	6.0	60	41	52	18	3	40
洋白 55-18	C 7701 B	55	Zn 27, Ni 18	5.5	70	42	60	19	3	40
洋白 65-15	C 7541	65	Zn 20, Ni 15	7.0	60	39	53	13	3	42
洋白 65-10	C 7451	65	Zn 25, Ni 10	9.0	60	36	53	13	4	46
白銅	C 7150	70	Ni 30	4.6	53	39	49	14	15	45
けい素青銅	C 6561	94.8	Si 3	7.0	66	41	41	15	8	60
アルミニウム青銅		95	Al 5	12～15	74	39	46	14	8～15	60
アルミニウム青銅	C 6280	82.5	Al 10, Ni 5, Fe 2.5		74	63	42		12	12～25
ベリリウム銅	C 1720	97	Be 2, Co 0.25	22	135	50	90	18	2～4	50

　亜鉛を加えた青銅としては，砲金＋1～3wt％Znの組成をもったアドミラルチー砲金（Admiralty gun metal），種々の組成をもったCu-Sn-Zn系合金で赤色鋳物（Rotguss）とよばれるものがある．後者は種々の機械部品の鋳造に使用された．

　Pbを含んだ青銅は被切削性の向上を目的としたものである．

　Pを含んだ青銅はかなり広く使用されている．Pは青銅の脱酸剤として少量添加されるが，余分に残留する程度に添加するとその機械的性質が向上する．とくにばね性，耐摩耗性，耐食性が向上する．SnおよびPが多いとCu_3Pが析出して硬化する．実用りん青銅は展伸用と鋳物用に大別できる．

鋳物用りん青銅：Sn 9〜13wt％，P 0.3〜1.5wt％の組成であって，大型歯車，軸受，弁座などに使用される硬質合金である．

展伸用りん青銅：Sn 2〜9wt％，P＜0.2wt％の低Sn系の組成であり，ばね，スイッチなどに利用される．

表3・77に黄銅以外の各種銅合金展伸材の化学組成および性質を示したが，その中のりん青銅を参照されたい．

Cu-Sn（25wt％）合金もCu-Zn系β相と同様に形式記憶効果を示すので注目されている．

3・1・3・4　Cu-Al合金

Cu-Al 2元系平衡状態図を図3・58に示した．この合金はアルミニウム青銅（aluminium bronze）ともよばれるが，Cu-Sn合金にAlを添加した青銅という意味と混同しやすいので注意する必要がある．これは従来黄銅以外をすべて「…青銅」とよんだ習慣の名残であることは3・1・3・3でも述べた．

Cu-Zn，Cu-Sn系などの歴史の古い合金とは異なって比較的新しく開発された種類の銅合金である．Alは約9.4wt％までα領域を形成する．この組成の合金は美麗な黄金色を呈し，加工性に富んでいる．模造金（imitation gold）として利用されるものもある．

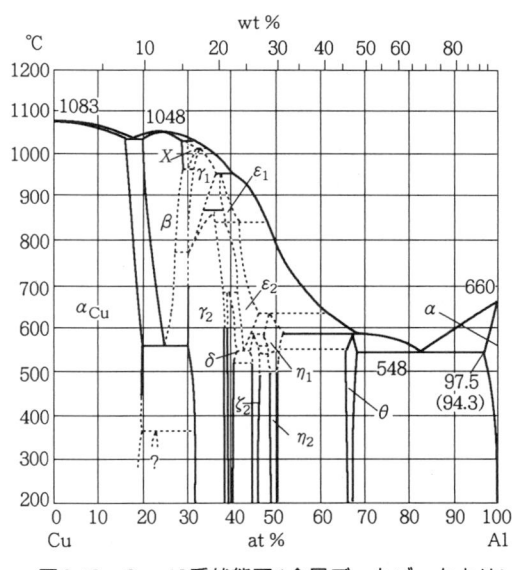

図3・58　Cu-Al系状態図（金属データブックより）

さらにAl量が増加するとbccのβ相となるが，この相は共析分解を起す．

$$\beta \underset{}{\overset{565℃}{\rightleftarrows}} \alpha + \gamma_2$$

この反応は鋼のA_1変態のように，冷却速度に敏感であって，急冷する時はマルテンサイト変態を起しβ'となる．またその途中でbcc規則格子のβ_1になることもある．この変態に関しては大日方[19]，Wassermann[20]などの研究がある．

徐冷の際β相が共析分解してもろいγ_2相を形成すると，その性質は劣化する．

実用合金では急冷したり，第3元素としてNi，Mn，Feなどを少量添加してこの分解を抑えている．この合金の徐冷によってβ相が共析分解を起すことを自己焼鈍（self annealing）とよぶ．砂型鋳物などでは起りやすい．銅合金の中では強力であり，とくに耐海水性に富んでいるので，大きい船のスクリューなどに利用されている．

実用合金はハイアルブロンズ (Highal Bronze)，ダイナモブロンズ (Dynamo Bronze)，アームスブロンズ (Arms Bronze) などの名称で知られている．だいたい鋳物状態で60〜70kgf/mm^{2}の強さであるが，最高100kgf/mm^{2}を示すものもある．

Cu-Alのβ相は先にも述べたように

$$\beta \to \beta_1 \text{（規則格子）} \to \beta' \text{（マルテンサイト）}$$

の変態を示す．この熱弾性型マルテンサイト変態を利用して，Cu-14.5wt％Al-4.4wt％Ni合金が形状記憶合金として研究されている．Niの添加は$\beta \to \alpha + \gamma_2$の共析分解を抑え上記$\beta \to \beta_1 \to \beta'$の変態を促進する傾向がある．

Cu-Al系のβ相との関連の深い合金にCu-Al-Mn系のホイスラー合金 (Heusler alloy) がある．この合金は1901年頃Heuslerによって発表された合金であり，その代表的な組成範囲はAl 10〜25％，Mn 18〜26％である．Alの代りにBi，Sb，B，As，Snなどを添加したものもあり，Cuの代りにAgをベースにした銀ホイスラー合金も知られている．その特徴は強磁性でない合金元素の組合せによって，強磁性が現れる点にある．組成としてはCu_2AlMnが最も磁性が強く，焼入れ-焼もどし処理により磁性が強化される．規則格子の形成および3d帯と強磁性の関連で学問的には興味深いがあまり実用化されていない．

3・1・3・5　Cu-Ni合金

CuとNiは図3・59に示してあるように全率固溶体を形成し，銅へのNiの添加は，実用合金材料として種々のよい特性を与える．

Cu-Ni 2元系として実用に供されているものも多いが，これにAl，Mn，Fe，Zn，Siなどを添加して，その強靱性，耐食性の改良を行ったものも多い．つぎにその代表的な合金を述べよう．

キュプロニッケル (cupro nickel)：Ni 10〜20wt％を含み，優れた耐食性をもった合金である．Cu-Zn系のような置き割れも脱亜鉛現象もないので，良質のコンデンサーチューブなどに使用される．

コンスタンタン (Constantan)：銅に約45wt％Niを添加した合金である．CuにNiを添加した場合の電気抵抗，その温度係数，純銅に対する熱起電力の変化を図3・60に示した．電気抵抗は約50wt％で最高値を示し，その温度係数は最も小さくなる．また純銅に対する熱起電力も約40％付近で最大値を示す．したがってこの合金は精密抵抗線材料，抵抗線ひずみ計，熱電対などに利用されている．フェリー，アドバンス，コーペル，ユーリカ，アイ

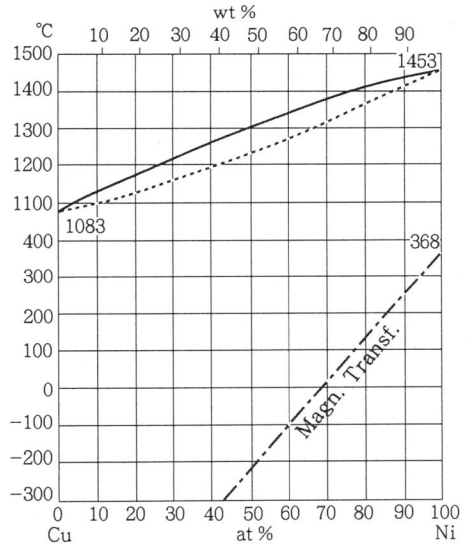

図3・59 Cu-Ni系状態図（金属データブックより）

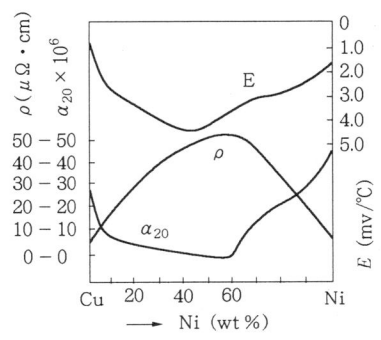

図3・60 Cu-Ni合金の電気比抵抗とその温度係数および熱起電力

ρ：電気抵抗
α_{20}：20℃の電気比抵抗の温度係数
E：純銅に対する熱起電力

デアルなどの名称をもつ合金は皆この合金のことである．

Cu-Ni-Al合金：Cu-Ni合金にAlを添加すると時効硬化性を示す．Ni-Alの金属間化合物の析出による硬化とされている．Ni:Al＝4:1の組成比のところで最大の硬化を示す．飯高メタル，ニッケル青銅などの名で知られている．

Cu-Ni-Si合金：この合金系はコルソン合金（Corson alloy）あるいはC合金とよばれるものである．Cu-Ni_2Si擬2元系として時効硬化性を示す．Ni:Si＝4:1の量比のところで最高の時効性を示す．溶体化は850℃，350～500℃の時効でかなりの強度を示す．また電気伝導性も銅合金としては高いので，強力導電材料にも使用される．

Cu-Ni-Si合金にAlを添加した合金はCA合金とよばれている．この種合金の性質を表3・78に示した．

表3・78　Cu-Ni-Si合金の性質

Ni_2Si %	引張強さ（kgf/mm^2）	伸び（%）	導電率（%IACS）
5	88～105	0.5～1.0	35～45
4	80～90	1.0～6.0	40～50
3	70～83	1.5～6.0	45～55
2	70～83	1.5～6.0	55～62

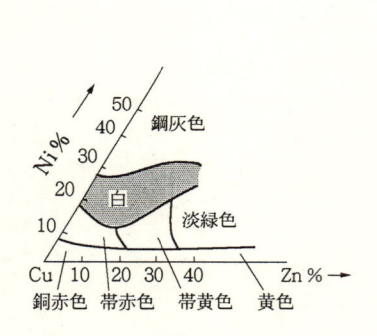

図3・61　Cu-Ni-Zn合金の色調と組成

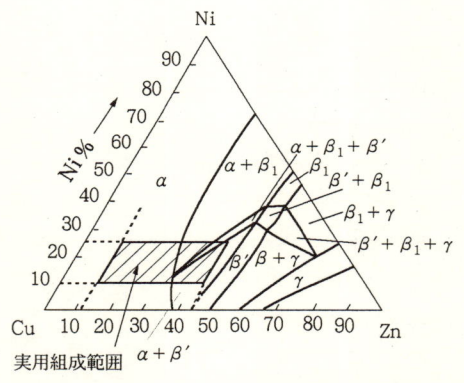

図3・62　Cu-Ni-Zn合金の実用組成範囲

Cu-Ni-Zn合金：銅にNiを10〜25％程度含む合金にZnを添加したCu-Ni-Zn 3元合金は古くから洋銀（german silver）とよばれ，模造銀などとして世界各国で使用されてきた．日本では現在この系統の合金を洋白とよんでいる．

その色調は銅赤色からNi，Zn量に応じて変化するが，銀白色の領域は図3・61に示した部分である．

元来色調を好まれた合金であるが，種々優れた特性を持っている．その機械的性質，耐食性，耐熱性などがそれである．とくにばね特性は非鉄ばね材料中でも最も優れたもののひとつである．また電気抵抗は銅合金としては高い方で，その温度係数は小さい．

装飾品，食器などに古くから利用されるほか，ばね，高級抵抗体，電気コンタクト部品，バイメタルなどに広く使用されている．

実用組成範囲はCu 45〜67wt％，Ni 10〜25％，Zn 12〜45％の広範なものである．図3・62の状態図中にこれを示した．

Cu分の多いものは加工性が良好である．Ni分の多いものは強靭で耐食性に富む．Zn分の多いものは鋳造性がよく価格が安い．

ばね材料として使用する場合は，安定化処理として約350℃の低温焼鈍（やきなまし）を施すことが望ましい．

3・1・3・6　Cu-Be合金

ベリリウム銅（beryllium copper）あるいはベリリウム青銅（beryllium bronze）とよばれている．

図3・63にCu-Be 2元状態図を示したが，α領域は16.4at％Be（2.7wt％Be）までであるが，その固溶度は300℃で1.35at％Be（0.2wt％Be）に低下する．

ジュラルミンとともに非鉄材料中代表的な時効硬化性合金である．実用合金は0.5～4.5wt％Beの範囲で使用されている．

この合金は一般にCu-3.8～4.5wt％Be合金を母合金として溶製される．

この母合金は，純銅と純Beを溶し合せる方法，溶融銅を陰極としてBeF_2を電解して作る方法，1800～2400℃の高温で溶解した銅の存在下でBeOを炭素還元する方法などで製造される．

適量のBeを含む合金はきわめて著しい時効硬化を示し，その強さも非鉄材料としては最高級の約140kgf/mm²を示す．

たとえば1.8wt％Be合金では下記の処理でこの強度レベルに強化することができる．

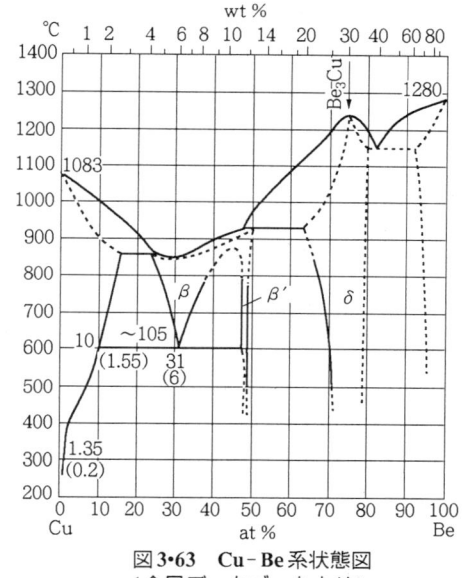

図3·63 Cu-Be系状態図（金属データブックより）

冷間加工→溶体化処理（810℃）→冷間加工（約70kgf/mm²）→時効（315℃×2～3時間）

実用Cu-Be合金は多くの場合少量のCoを含有する．少量のCoの添加は溶体化処理における高温加熱時での結晶粒の粗大化を抑え，時効硬化時における粒界反応による過時効を防ぐ効果があるとされている．

低濃度合金は高伝導材料，中濃度合金は強力ばね材料など展伸用に使用される．高濃度合金は鋳物用である．実用合金例を表3·79に示した．

表3·79 実用ベリリウム銅

合金種	Be	Co	その他	用　　途
伝導性合金				スイッチ，回路遮断器，スイッチギヤのバネ部分，溶接棒などの電極
10C合金	0.45～0.75	2.35～2.70		
50C合金	0.30～0.55	1.40～1.70	Ag 1.00～1.15	
強力合金				各種高級バネ，ダイヤフラム，ベローバルブ
25C合金	1.90～2.15	0.25～0.35		
165C合金	1.60～1.80	0.25～0.35		
鋳造用合金				ブッシュ，軸受，ダイス，カム，ギヤ，ポンプ部品，衝撃で火花の出ないnon-sparking tool
20C合金	1.90～2.15	0.35～0.65		
275C合金	2.50～2.75	0.35～0.65		

高Beの鋳物用合金は衝撃で火花の出ない特性があるので，爆発性気体を含む現場などでは，火花の出ない工具材料（non-sparking tool）として賞用される．

最近はBeの毒性を理由に銅合金にBeを添加する傾向が次第に弱まる方向に進んでいる．母合金はほとんど輸入によってまかなわれている．

3・1・3・7　Cu-Pb合金

CuとPbは合金になりにくい系である．その平衡状態図は図3・64に示した．

この系には偏晶反応が含まれ，2液相に分離する傾向がある．また固相領域では純銅と純鉛の共晶組織が存在するのみである．

銅にPbを添加するとその機械的性質は低下するが，鋳造性や被切削性が改善されるので実用合金には少量添加したものが多い．この系としては軸受に使用されるPb24～45wt％を含む高鉛合金が注目に値する．図3・64よりこの組成は36wt％Pbの偏晶組成を中心としたものである．商品名でケルメット（Kelmet）とよばれるものであって，非常に性能のよい高速高荷重用の軸受材料として使用される．4種ほどJISで規格化されているが，負荷の増大とともにPb量を少なくする．

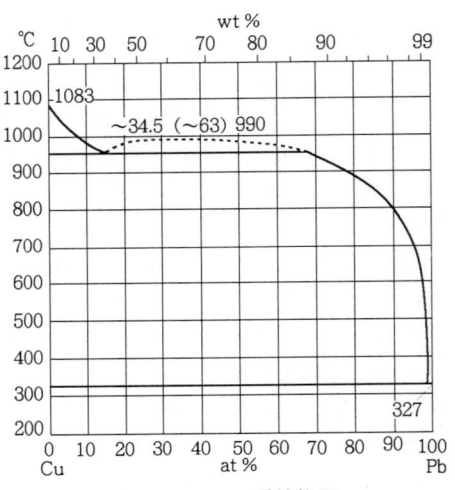

図3・64　Cu-Pb系状態図
（金属データブックより）

この合金は通常スズめっきを施した軟鋼の裏金内面に遠心鋳造などの方法で鋳付けて使用する．この場合銅は柱状晶として裏金壁面より成長し，その間を柔軟な鉛が埋めるような組織となる．この柱状の銅結晶は軸受の強度と摩擦熱の伝導の役目を果たし，鉛は車軸との間の潤滑作用をするという軸受としては理想的な構造を持っている．

3・1・3・8　Cu-Mn合金

銅合金ではMnは脱酸剤などの目的で添加されることが多い．

Cu-Mn系の平衡状態図は図3・65に示したが，銅中へのMnの固溶度は大きく，α固溶体はγ-Mnに連続している．従来Cu-Mn2元系合金として使用されているものは少ない．

Mn15wt％までは高温圧延，常温引抜きができる．高温強度が高いので高温用機械部品に使用できる．電気抵抗が高く，その温度係数が小さいので，精密級メータの抵抗線，標準抵抗などに使用される．マンガニン，ノボコンスタン，レジスチンなどの商品名で使用され

ている.

マンガニン(Manganin)はよく知られ,Cu 80〜88wt％,Mn 10〜15wt％,Ni 2〜5wt％,Fe約1wt％の組織をもち,電気比抵抗 ρ ＝約42 $\mu\Omega$cm,温度係数〜0.2×10^{-4}/℃である.

最近防振材料が工業的に要求されている.この目的には従来合金としては鋳鉄が使用されてきた.もっと剛性の要求の強い機械の外板,巨大船舶用スクリュー,起重機などの荷重支持部分などにはさらに高性能の高減衰能合金(high damping capacity alloys)が要求される.Cu-Mn合金はこの特性をそなえた材料として注目されるようになった.この合金の振動エネル

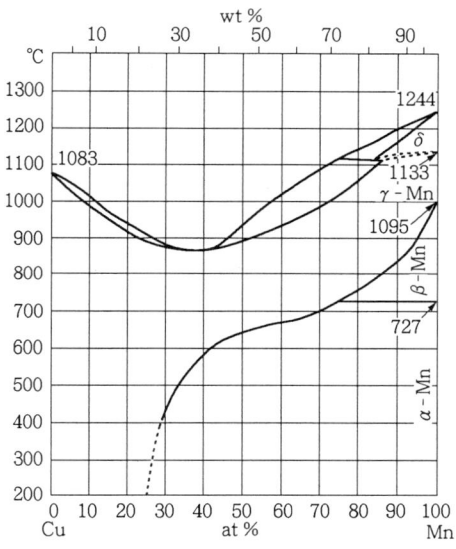

図3·65 Cu-Mn系状態図
(金属データブックより)

ギー吸収の機構は,熱処理により形成される準安定相のマルテンサイト境界の移動によって起るタイプのものであると考えられている.

Cu-65wt％Mn合金は,適当な熱処理を施すことによって高い減衰能を示すことが知られた.しかしこの合金は高Mnであるので溶解,鋳造が困難であり,耐食性が劣る.工業的にはCu-Mn-Al合金が開発されている.その一例はCu-40wt％Mn-2〜3.5wt％Al合金である.歯車などに応用され良好な結果を与えている.

このほかにCu-Si-Zn合金系のシルジン青銅(silicon bronze)なども鋳物としてかなり使用され,JISにも規格化されている.

3·1·3·9　各種高力高電導銅合金

銅に少量の合金元素を添加して,その高電導性をあまり低下させることなく機械的性質,屈曲性,耐熱性などを改良したものが多い.

カドミウム銅:0.5〜1.0wt％Cdを含む銅合金は,低温焼鈍と冷間加工の繰り返しで60kgf/mm^{2}以上の引張強さと80％IACSの導電性を示す.新幹線の荷線用にも使用されたが,カドミウムの環境規制とともにあまり使用されなくなった.

クロム銅:0.5〜0.8％Crを含む.適当な加工と熱処理によって,約50kgf/mm^{2}の強さと90％IACSの導電性を示す.しかも再結晶温度は約500℃にもなり,耐熱性に富む.電

極などに使用される．

ジルコニウム銅： 0.2〜0.3wt％Zrを含む．再結晶温度高く550〜600℃まで軟化せず，高電導性である．Cu-0.03％Zr-0.03％Mg合金，Cu-0.10％Zr-0.25％Cr-0.04％Mg合金などがあり，いずれも90〜80％IACS，約650℃までの耐熱性を示す．

Cu-Mg-P-Ag合金： "Super Silver Alloy" ともよばれ，Cu＞99.6wt％，Mg 0.10〜0.12wt％，P 0.04〜0.08wt％，Ag＞0.04wt％の組成をもつ新しい合金である．

最低40％以上の冷間加工を施し，370〜540℃の析出処理を行った後さらに90％の冷間加工を施すと，強さは70kgf/mm^2，85％IACSの特性を示す．

このほか少量のFe，Tiなどを加工した銅線なども開発されている．その主要な用途は，純銅の高電導性と，ロボットなどのように激しい屈曲運動を繰り返す装置に取付ける場合の耐屈曲性を兼備したようなところである．またIC回路のリードフレーム材としての用途の増加傾向が現れている．

3・2 ニッケルおよびニッケル合金

3・2・1 ニッケル一般

ニッケルのクラーク数は約0.02％で銅よりやや多く約20番目に多い地殻構成金属元素である．その産出状態は非常に局在していて日本などは皆無といっても過言ではない．

金属元素として発見されたのは1751年Cronstedtによるものであるが，ニッケルが人類に利用され始めたのはかなり古く，隕石を古代人が刃物に利用したが，この隕石中にはかなり多量のNiを含むことが多い．また古代の中国でPackfongとよばれる合金が使用されているが，これはCu-Ni-Zn系の洋白の一種である．

近代工業材料として多量生産され始めたのは，1875年ニューカレドニア鉱山の発見，1886年北米の五大湖地方でSudbury鉱山，Ontario鉱山が発見されてからのことである．

鉱石

硫化物鉱の含ニッケル磁硫鉱（pyrrohotie）や黄銅鉱（chalcopyrite）は主としてカナダ，ノルウェー，酸化物鉱（ケイ酸塩型のガーニーライト）はニューカレドニア，砒素化合物はオンタリオ，コロラド，ニューメキシコなどである．低品位鉱ではあるが西インド諸島やフィリピンのラテライト（laterite）は，Ni，Alを含む製錬困難な鉄鉱石であるが，利用法が開発されれば量的にも有望なフェロニッケル資源である．

製錬法

純ニッケルの製錬法は従来三つほど考えられる．

（a）オーフォード法（Orford process）

鉱石→粉砕→焙焼→反射炉製錬（大部分のSを除く）→転炉（ケイ酸塩質スラッグ中にFe分を入れて除く）→Ni-Cuベッセマーマット→高炉（アルカリ性硫化物フラックス下で製錬）→高炉マット（上層はCu_2S，下層はNi_3S_2）

高炉マットの上層部（Cu_2S）→塩基性転炉→粗銅．高炉マットの下層部（Ni_3S_2）→反射炉溶解→陽極ニッケル→電錬（$NiSO_4$中で電解）→電気ニッケル．電気ニッケルの純度は99.95％NiでCoを0.3〜0.5％含む．他に微量のCu，Fe，C，S，Siを含む．

(b) モンド法（Mond process）

ニッケルマット（Ni_3S_2）→粉砕→か焼（calcining）してSを除去→COガスと反応→ニッケルカーボニル（$Ni(CO)_4$）→高温（180℃）カーボニルをニッケルペレットに通す→カーボニルは分解しニッケルはペレット上に沈着する．非常に高純のニッケルが球状で得られる．

(c) ニューカレドニア法

ケイ酸質のニッケル鉱石を製錬してマットにする．この際Sを石膏あるいは硫化アルカリの形で添加する．このマットを転炉で吹き，これを焙焼してSを追い出し，酸化物をキューブ状に成型し還元する．キューブニッケルとよばれ市販された．

ニッケルの生産は現在カナダのInco社，フランスのLe Nickel（SLN）社，カナダのFalconbridge Nickel社の3社でほとんど独占されている．

1970年代の世界のニッケル生産および消費統計を，表3・80にまとめて示した．

この内容をもう少し細部にわたって検討すると，たとえば1970年のアジアにおける生産量$88×10^3$トンの100％，消費$95×10^3$トンのうち約97％は日本である．アメリカ諸国の生産量$259.0×10^3$トンのうち79％はカナダであり，その消費量$160.5×10^3$トンの90％はアメリカ合衆国である．日本の生産はInco社などとの提携によるものや，輸入された

表3・80　1970年代の世界のニッケルの生産と消費　　　　(10^3MT)

生産・消費圏	1970		1973		1975		1977	
	生産*	消費	生産*	消費	生産*	消費	生産*	消費
ヨーロッパ	99.4	171.5	109.6	182.5	106.6	153.6	91.2	184.4
アジア	88.0	95.0	87.7	115.7	87.4	89.0	120.7	1.6.2
アフリカ	14.0	5.0	25.0	5.0	23.0	6.0	30.2	5.2
アメリカ	259.0	160.5	236.3	197.5	248.7	151.9	235.1	160.7
オセアニア	28.0	3.0	55.8	5.0	85.7	2.0	65.7	4.3
共産圏（旧）	117.0	130.0	139.5	143.7	155.6	167.0	168.6	182.4
合　　計	605.4	565.5	653.9	649.4	707.0	569.5	711.5	643.2

＊　フェロニッケル，酸化ニッケルを含む

フェロニッケル鉱の製錬によるものである．

3・2・2 純ニッケル

純ニッケルの物理的性質は章末の表3・117にまとめた．主として実用面での特性を次に述べる．

化学的性質

電溶圧からすれば鉄より貴で銅より卑である．非酸化性の酸の中ではきわめて徐々に水素を発生して溶解するが，酸化状態では強く腐食される．還元性ではあまりおかされない．アルカリの水溶液，溶融塩にはきわめて耐久性がある．不働態化しやすい．

機械的性質

加工性に富み，強靭である．fccの結晶型であるので，とくに低温での脆化はない．その展伸材の機械的性質の一例を表3・81に示した．

表3・81 純ニッケルの機械的性質

状　　態	引張強さ (kgf/mm^2)	耐力 (kgf/mm^2)	伸び (%)	HB
焼鈍状態	約45	約15	約45	約90
50％冷間加工	約75	約72	約3	約185
700℃	12	5	82	

ニッケル中の不純物

Coを少量含んでいるが，これは工業的には有効成分として地金の純度の中に加えられている．99.9％NiといえばNi＋Coが99.9％であることを示している．多くの不純物はNi中に固溶しあまり有害ではないが，CとSは注意する必要がある．

CはNiとの間で1500℃以上にNi$_3$Cを形成する．NiとNi$_3$Cの間で1318℃に共晶反応がある．共晶温度で0.6wt％まで固溶するが，室温では0.03％まで固溶量が減少する．室温ではNi$_3$Cは不安定でありNiとCに分解する．したがってCはNiの融点を下げ，その耐熱性に有害であり，300℃以上の高温強さを低下させる．

Sは室温付近では0.005％しか固溶せず，微量のSもNi$_3$S$_2$の形で粒界に析出し，Ni–Ni$_3$S$_2$の共晶は645℃と低くその強度および耐食性を損なうことが著しい．300℃以上でNiを多量に含む材料を取り扱うときは，その雰囲気中のSをできるだけ取り除く必要がある．重油，石炭などの燃料ガスに接する部分のニッケルを含む材料はSでおかされて脆化しやすい．

ニッケルの加工法

溶解は高周波誘導炉，溶接はアークあるいはアルゴンアーク溶接，ろう付けは銀ろうあるいは黄銅ろう，はんだ付けはPb–Snはんだで行う．

ニッケルめっき，真空管など電気部品，化学装置，貨幣，化学反応用触媒などに使用される．熱電対に使用するアルメルもAlを少量含むが純ニッケルに近い．

3・2・3 ニッケル合金

ニッケル合金はその強靭性，耐熱性，耐食性およびその強磁性等の応用面で広く利用されている．主要なニッケル基2元合金を中心にしてその特性を述べる．

3・2・3・1 Ni-Fe合金

Ni-Fe系の平衡状態図は図3・66に示したように，全率固溶系であり，実用面でも広い組成範囲で利用されている．その代表的な応用面は磁性合金およびインバー（Invar）系の低膨脹合金，定弾性のエリンバー（Elinvar）などである．

磁性合金

第Ⅰ部の3・6や第Ⅱ部の4・5・1においても言及したように，Ni-Fe合金はNi80～30％の広範囲にわたって軟質磁性材料として，1921年アメリカ合衆国ベル研究所のArnoldとElmenによって開発され，Western Electric社から市販されてパーマロイ（Permalloy）と名付けられた．

この合金はNi_3Feの規則-不規則変態（図3・66参照）と熱処理の組合せによってその磁性を広範に変化させることができる．この変態については茅の研究が知られている[21]．

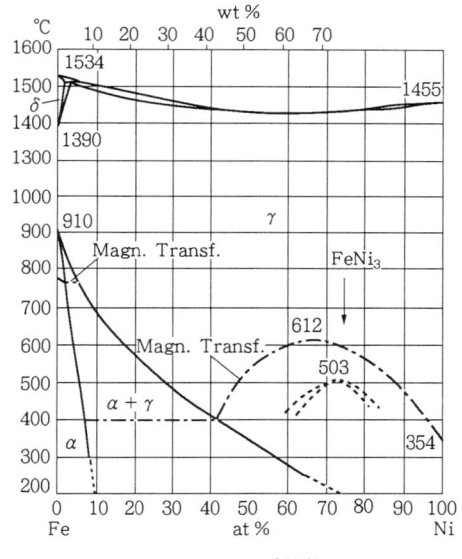

図3・66 Ni-Fe系状態図
（金属データブックより）

Ni-Fe系の50～85％Ni合金には規則格子Ni_3Feが存在し，規則-不規則変態点より高温から急冷すると規則化が阻止され，Ni約70～85％のところで透磁率の鋭い極大を示す．その磁性はNi％とともに大きく変動するので，使用目的によって適当なものを選ぶ必要がある．

熱処理としては約600℃より銅板上への急冷，外部磁場中での徐冷，水素処理による不純物の還元除去などが磁性の改善に役立つという．この合金の磁性は規則化の阻止だけでなく，磁区の形状，大きさにも左右される．

Ni 70~80％合金は弱磁場中で優れた特性を示す．μ_0，μ_{max}が大きく，H_cが小さいことが優れた特性であるが，反面飽和磁束密度B_sおよび電気比抵抗ρが小さいことは用途によっては欠点とも考えられる．

Ni 45~50％合金は強磁場中で優れている．B_sが大きい．

Ni 35~40％合金はμの方は中程度であるが，ρが大きく渦流損失が小さい．

一般に軟質磁性材料ではその磁化曲線の形状で特殊な用途が考えられる．

角型履歴曲線を示す場合は，鉄心として磁気増幅器に使用した場合電流の波形がひずまないというメリットがある．また機械的整流器において電流ができるだけ0に近いところで遮断できる．この特性を与えるにはその結晶の容易磁化方向がそろえばよい．そのためにはケイ素鋼で利用したような加工と熱処理を施すか，磁場中冷却で磁区の方向を一方向に固定すればよい．Fe-50％Ni合金ではこの特性が利用されている．

またμの値が初導磁率範囲の磁場内で一定という恒透磁性が要求されることがある．弱電関係で自己誘導コイルの磁心に使用する場合，μが変化すると波形がひずむ．そのためμ一定の材料が要求される．このμ一定の性質を与えるためには，磁壁をなんらかの方法で固定し，帯磁はもっぱら磁区の回転のみで進行するようにしてやればよい．この目的で析出，規則格子の形成，磁区をそろえるための再結晶集合組織の形成などの方法が考えられる．

以上の特性を活用するための種々のNi-Fe系磁性合金が実用化されている．

Ni(79)-Mo(5)-Mn(0.5)-Fe(15.5)合金はスーパーマロイ（Supermalloy）とよばれ，

$\mu_0 = 120 \times 10^3$, $\mu_{max} = 1,500 \times 10^3$

最大磁束密度5000Gで

$W_h = 5$, $\rho = 65 \mu\Omega \cdot cm$

Ni(50)-Fe(50)合金はデルタマックス（Deltamax）とよばれ，

$\mu_0 = 0.5 \times 10^3$, $\mu_{max} = 200 \times 10^3$

$H_c = 0.1$ Oe, $\rho = 40 \mu\Omega \cdot cm$

の性能をもち角型の磁化曲線を示す．

Ni(45)-Co(25)-Fe(30)合金，Ni(70)-Co(7)-Fe(23)合金はパーミンバー（Perminvar）とよばれ，約3Oeまでμ_0＝一定である．またイソパーム（Isoperm）とよばれる合金は，Ni(30~50)-Cu(6~11)-Feの組成をもち，数10Oeまでμが一定である．

低膨張合金

NiおよびFeの熱膨張係数は20~200℃の温度範囲でそれぞれ約130×10^{-7}および120×10^{-7}であるが，Ni約35wt％のFe-Ni合金はその値がほとんど0に近い（約13×10^{-7}）．

この合金はインバー（Invar）とよばれている．またCoを含む系はコバール（Kovar）ともよばれている．この合金は約230℃付近に磁気変態点を持っているが，室温によりこの

表3・82 Ni-Fe系インバー合金

合金組成	熱膨張係数	用途
	(20〜100℃平均値)	
Fe-36wt%Ni	13×10^{-7}	バイメタル用
	(20〜400℃平均値)	
Fe-28wt%Ni-18wt%Co	48×10^{-7}	硬質ガラス封入用
Fe-28wt%Ni-23wt%Co	74×10^{-7}	耐火物との接合用
Fe-42wt%Ni-6wt%Cr	101×10^{-7}	軟質ガラス（鉛ガラス）封入用
Fe-49wt%Ni-1wt%Cr	89×10^{-7}	軟質ガラス（アルカリガラス）封入用

キュリー点に接近するにつれて磁気歪の発生により収縮する．この磁気的収縮が通常の熱膨張の大きさを小さくしているために異常に低い熱膨脹を示すものとされている．キュリー点を越して高温になると常磁性となり通常の大きい熱膨脹にもどる．バイメタルの低膨脹側の材料に利用されたり，ガラスの熱膨張係数に近いのでガラス封入用合金などに応用される．各種実用インバー系合金を表3・82に示した．IC回路のパッケージ用のリードフレーム材にかなり多量のインバー系合金が使用されている．しかし最近はコストの切下げや熱伝導性の点で銅合金への移行の傾向がある．

定弾性合金

Fe-Ni-Cr系合金にはエリンバー（Elinvar）とよばれる合金がある．

この合金は室温付近でその弾性定数が温度変化によってほとんど変わらないという特性を持っている．したがって時計などの精密ばねには適している．Fe-36%Ni-12%Crが標準組成であるが，実用材料では36〜43%Ni-5〜12%Cr-(MnあるいはMo)-Feの組成範囲を示す．

この特性は強磁性と弾性の温度変化が互いに相殺する結果生ずる現象であって，一般にエリンバー特性とよばれ，Co-Fe系その他の合金にも現れる．

3・2・3・2 Ni-Mo合金

図3・67にNi-Mo2元系の状態図を示した．Ni側にはかなり広い固溶領域が存在している．ニッケルにMoを添加すると，一般に耐食性，耐熱性が向上す

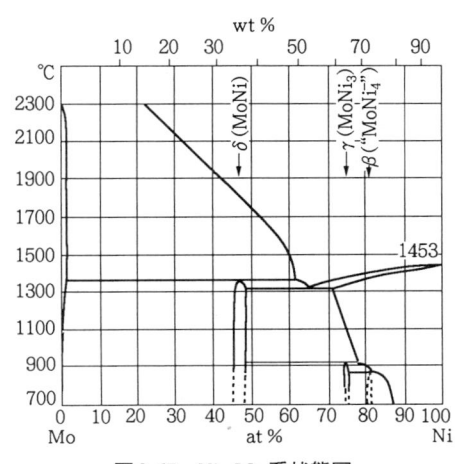

図3・67 Ni-Mo系状態図
（金属データブックより）

る．また μ_0 および μ_{max} の大きい軟質磁性が得られる．

耐食性合金

ハステロイ (Hastelloy) などがよく知られている．その一例を表3・83に示した．高温より焼入れた状態で優れた耐食性を示す．

表3・83　ハステロイ (Hastelloy) 合金例

合金名	化学組成（％）				
	Ni	Mo	Fe	Si	Mn
ハステロイA	53	22	22	1	2
ハステロイB	65	28	5	1	1

耐熱性合金

耐熱性合金は大部分はかなりの量のCrを添加することが多く，Ni 45wt％-Mo 9wt％-Cr 22wt％-Mn 1wt％-Fe残部の組成をもつ合金は，1000℃以上で溶体化処理を行い，650～900℃で析出処理を行うと，耐クリープ性が非常に高い．

軟質磁性合金

Ni 74wt％-Mo 3wt％-Cu 5～18wt％-Mn 0.5wt％-Fe残部の組成をもつ合金は，900～1300℃の高温還元性雰囲気中で加熱し，400～600℃に空冷すると高い μ_0，μ_{max} を示す．

3・2・3・3　Ni-Cr合金

Ni-Cr系の状態図を図3・68に示した．

ニッケルにCrを添加すると，その耐酸性，強靱性，および耐食性が大いに向上する．電気抵抗は大きく増加するが，その温度係数が比較的小さい．また純ニッケルに対する熱起電力がきわめて大きくなる．

図3・69（a）にNi-Cr合金の電気抵抗とCr％の関係を示した．また図3・69（b）に純Niに対する熱起電力とCr％の関係を示した．その熱起電力はCr約10wt％で最高となる．

酸化性の強い硝酸に対する耐食性もCr 10wt％までは純Niより悪いが，14～15wt％になるときわめて優秀となる．

高温における酸化傾向もCrが約9wt％以上になると強く阻止される．Ni-Cr合金の強い耐酸化性および耐食性は表面に形成されるち密な Cr_2O_3 被膜の保護作用のためである．

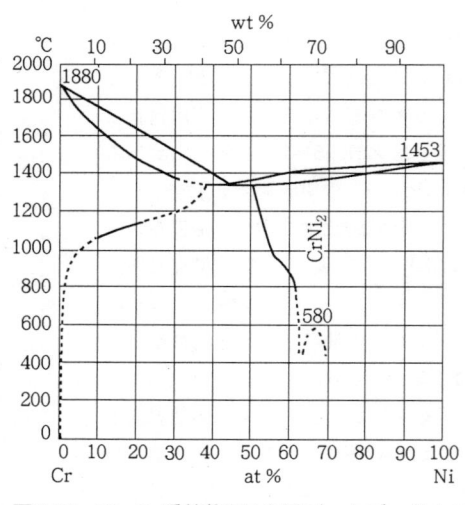

図3・68　Ni-Cr系状態図（金属データブックより）

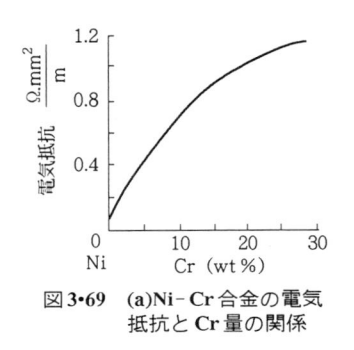

図3·69 (a) Ni-Cr合金の電気抵抗とCr量の関係

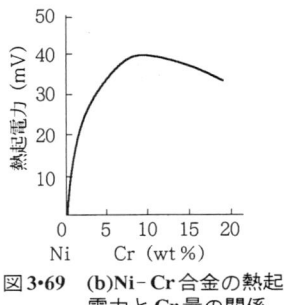

図3·69 (b) Ni-Cr合金の熱起電力とCr量の関係

表3·84 実用ニクロム線

化学組成（wt%）			電気比抵抗	最高使用温度
Ni	Cr	Fe	($\mu\Omega \cdot$ cm)	(℃)
80	20	—	109	1150
60	15	残	111	1075

電熱線用合金

ニクロム線と一般によばれ広く使用されている．表3·84に示した．

耐熱合金

Niベースの耐熱合金は一般に耐酸化性の観点より15～25wt%Crを含む．さらに高温での機械的強度，すなわち耐クリープ性を与える目的でTi, Al, Moを添加する．Moの代りにW, Nbを加えることもある．またCoを多量に添加したものもある．TiおよびAlの添加は，Ni_3TiおよびNi_3Alあるいは$Ni_3(Ti, Al)$のようなγ'相ともよばれる金属間化合物の析出による耐クリープ性を狙ったものである．

表3·85にNi-Crベースの耐熱合金例を示した．またその耐熱性について図3·70に概

表3·85 Ni-Cr系耐熱合金*

記号	化学組成（wt%）							備　考
	Ni	Cr	Ti	Al	Co	Mo	Fe	
①	76	15	—	—	—	—	～9	インコネル（Inconel）（焼なまし）
②	75	15	2.5	0.6	—	—	～7	インコネルW（析出硬化）
③	76	20	2.3	1.0	—	—	—	ナイモニック80A（Nimonic 80A（〃）
④	58	20	2.5	1.5	18	—	—	ナイモニック90（Nimonic 90（〃）
⑤	54	14	1.5	5.25	20	5	—	ナイモニック100（Nimonic 100（〃）

* 大部分の合金は微量のBを含む

$\sigma_B/1000$：各温度で1000hr耐える応力

図3・70　Ni-Cr系耐熱合金の耐熱性

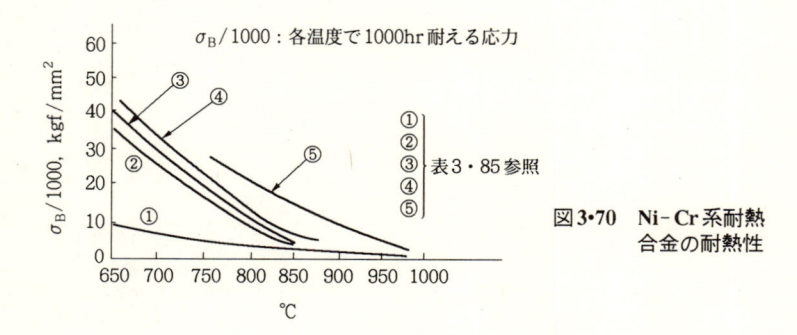

①②③④⑤ 表3・85参照

略を示した．Ni-Cr系の耐熱合金ではインコネル（Inconel）が従来より比較的よく知られている．その標準組成はNi(76)-Cr(16)-Fe(8)であるが，これに主としてTi，Alを加えた析出硬化型，さらにCo，W，Nbなどを加えて耐熱性を改善したものなど多数の合金が開発されている．最近のジェットエンジンの高温部分は大部分Ni基の超合金（super alloys）であるが，図3・71にその改良の推移を示した．これを見ると金属材料ではNi基の合金で大体頭打ち状態になり，以後粉末冶金材料，繊維強化材料，セラミックスへの移行が示されている．

耐食性合金

耐食性合金にはNi(80)-Cr(20)，Ni(60)-Cr(15)系にW，Moなどを添加したものが多い．その実用合金例を表3・86に示した．

表3・86　Ni-Cr系耐食合金

化学組成（wt％）						備　考
Ni	Cr	Fe	Mo	W	その他	
76	15.5	7.5	—	—	—	インコネル（Inconel）
51	17	6	19	5	Si 1, Mn 1	ハステロイ C（Hastelloy C）
45.5	22	22	6.5	—	(Nb + Ta) 2	ハステロイ F（Hastelloy F）
50	28	16	8.5	—	Cu 5.5	イリウム B（Illium B）
63	15	15	7	—	—	コントラシッド B7M（Contracid B7M）

熱電対用合金

Cr 9～10wt％，少量のMn（＜2wt％），Si（＜1wt％）を含む合金を⊕側素子クロメル，純ニッケルに少量のAl，Si，Mnを添加した合金を⊖側素子アルメルとして使用するクロメル-アルメル熱電対がある．この合金名はアメリカのHoskins社の商品名がかなり一般化したものである．

第3章 高融点重金属材料　*481*

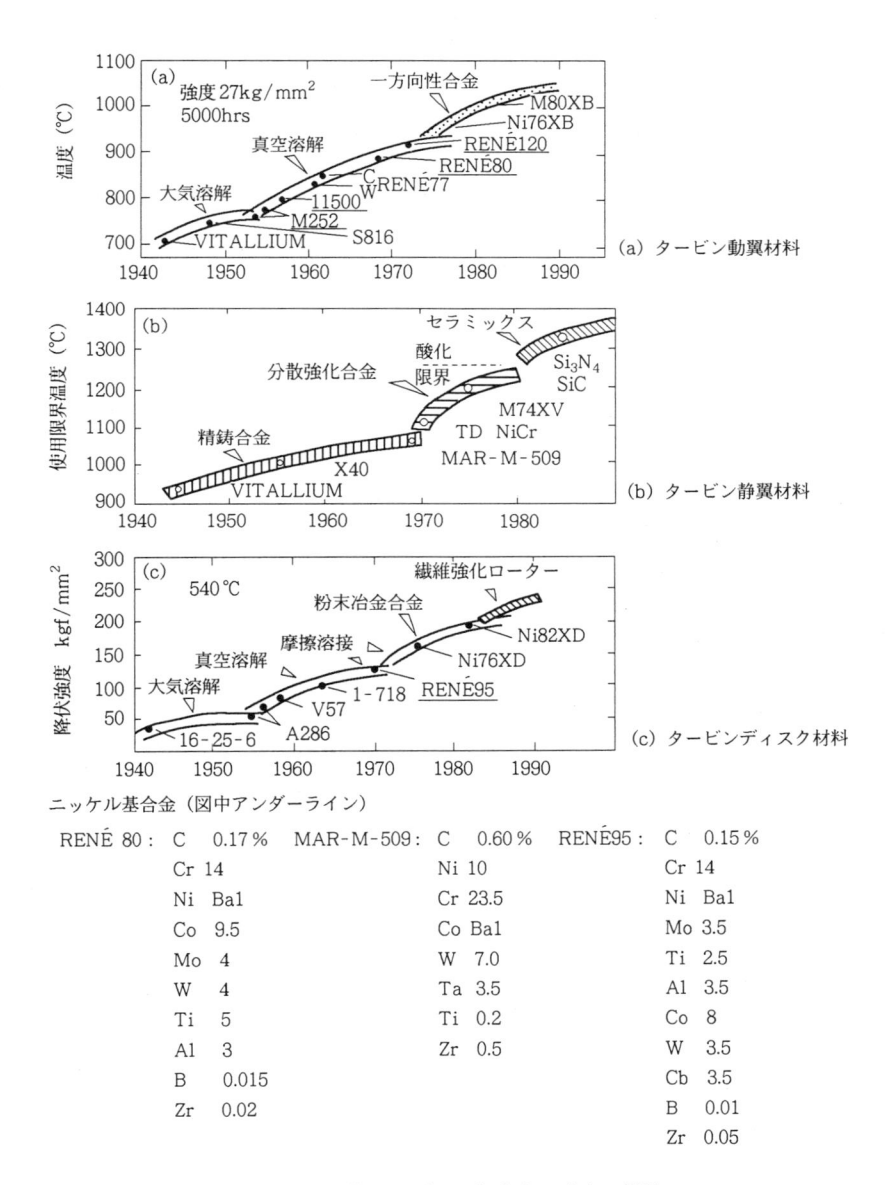

図3·71　ジェット機タービン用超合金の改良の推移

(a) タービン動翼材料
(b) タービン静翼材料
(c) タービンディスク材料

ニッケル基合金（図中アンダーライン）

RENÉ 80：　C　0.17％
　　　　　　Cr　14
　　　　　　Ni　Bal
　　　　　　Co　9.5
　　　　　　Mo　4
　　　　　　W　4
　　　　　　Ti　5
　　　　　　Al　3
　　　　　　B　0.015
　　　　　　Zr　0.02

MAR-M-509：　C　0.60％
　　　　　　　Ni　10
　　　　　　　Cr　23.5
　　　　　　　Co　Bal
　　　　　　　W　7.0
　　　　　　　Ta　3.5
　　　　　　　Ti　0.2
　　　　　　　Zr　0.5

RENÉ 95：　C　0.15％
　　　　　　Cr　14
　　　　　　Ni　Bal
　　　　　　Mo　3.5
　　　　　　Ti　2.5
　　　　　　Al　3.5
　　　　　　Co　8
　　　　　　W　3.5
　　　　　　Cb　3.5
　　　　　　B　0.01
　　　　　　Zr　0.05

標準組成：クロメル Ni(90)-Cr(10)
アルメル Ni(94)-Al(2)-Mn(3)-Si(1)

0℃と1000℃の間で41.31mVの熱起電力があり，その間で温度-起電力関係の直線性がよく，きわめて耐熱，耐酸化性であるので1200℃までの熱電対として広く使用されている．

3・2・3・4　Ni-Cu合金

Ni-Cu系は銅合金（図3・59）に示したように全率固溶系であるが，高Ni側でよく知られている合金にモネルメタル（Monel metal）がある．これはInco社のMonelにより開発された合金であり，ニッケル製錬所では同時に銅も生産されるので，当然の結果として考えられた合金である．Ni 60 wt%以上含むこの合金は，きわめて強靭であり，耐食性および耐熱性に富む．JISでもニッケル銅合金管として採用されている．

各種モネルメタルを表3・87に示した．引張強さは150kgf/mm^2，耐力120kgf/mm^{2}にも達する強力な合金で，耐食性に富んでいる．

表3・87　各種モネルメタル

合金名	化学組成(%)						
	Ni	Cu	Fe	Mn	Si	Al	C	S
モネルメタル	67	30	1.4	1.0	0.1	—	0.05	0.01
"K"モネル	66	29	0.9	0.75	0.5	2.75	0.15	0.01
"H"モネル	65	31	2.0	0.9	2.75	—	0.15	0.01
"S"モネル	63	30	2.0	0.9	3.75	—	0.1	0.01

3・2・3・5　Ni-Be合金

Ni-Be系の状態図を図3・72に示したが，この合金はCu-Be合金と同様に時効硬化性の強い合金である．強力な高温用（300〜350℃）ばね材料としてヨーロッパで使用された実績がある．時効後の引張強さは130〜185kgf/mm^2，伸び12〜6%である．ばね材料としてはBeはその固溶限2.7wt%よりやや低い2wt%位が使用される．

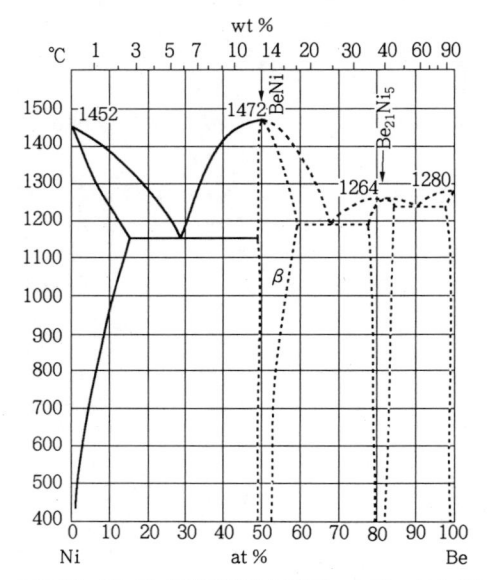

図3・72　Ni-Be系状態図（金属データブックより）

3•3 コバルトおよびコバルト合金

3•3•1 コバルト一般

Coはそのクラーク数が約0.001％であって，Niの0.02％に比較してもはるかに少ない金属元素である．元素名は山神のギリシャ名Kobolosにちなんで付けられた．これはコバルト鉱の製錬が非常に困難であったためである．元素としての発見は1735年Brandtによる．銅，ニッケル，鉄などとともに硫化物，ヒ素化合物，酸化物の形で産出する．現在は銅鉱中から出るものが最も多い．

産地は中央アフリカのザイール，南アフリカ共和国およびジンバブウェ（旧ローデシア）などの南アフリカ諸国，カナダ，モロッコなどである．

その製錬法は銅鉱石中の酸化コバルトを精鉱にし，電気炉中で還元してCoを多量に含む合金（Co(43)-Cu(15)-Fe(39)-SiO_2(1.6〜2)）を作り，これを精製する方法，またCuに富む鉱石とCoに富む鉱石に分離し，Coに富む鉱石を硫酸焙焼後Co分を抽出分離して電解する方法などがある．Coは磁石，超耐熱合金，焼結超硬合金，各種鋼材などには不可決の合金元素としてますますその重要性を増している．

世界の先進諸国は上記産地より鉱石を輸入してCo金属を生産しているが，海底資源として注目を集めているマンガン団塊（manganese nodule）中に約0.3％含まれている．Mnと同様にCoの有望な長期資源と考えられ調査が進められている．とくにアメリカ合衆国を中心とした企業グループの開発が進んでいる．参考のためマンガン団塊中の有価金属量を表3•88に示した．

1980年を例にとると年間の総生産量約28×10^3トンの中でその約52％である約14.5×10^3トンはザイールで生産されている．日本も先進諸国の中では多い方で2867トンである．

表3•88 マンガン団塊の平均品位例

有価金属元素	Mn	Ni	Cu	Co
含有量（％）	29	1.5	1.0	0.3

1978〜1979年はCoの不足から非常に高値となり，世界的なコバルト離れが始まり，それに不況が加わってやや生産は低下の傾向にあった．

消費は1979年で約25×10^3トンであったのが，1982年では23×10^3トンに減少している．最大消費国はアメリカで全体の約33％であるが，日本はその約1/3である．

3•3•2 純コバルト

コバルトの物理的性質を章末の表3•121に示した．

Coには5種類の同位元素があり，自然のものは^{59}Coが最も多い。放射性同位元素に^{60}Coがあり，γ線源として医療，工業面で利用されている。これは普通の天然コバルトを原子炉中で中性子照射して得られる。その半減期は5.3年である。

化学的性質はNiと非常に似ている。

99.9％Coの機械的性質はヤング率2.1×10^4 kgf/mm^2，焼なまし状態で引張強さ26.8kgf/mm^2，0.2％耐力24kgf/mm^2，伸び0～8％，硬さHB 121～131である。

3・3・3　コバルト合金

わが国ではCoを年間3000トン（1976年）ほど使用しているが，その主要な用途は磁石（50％），超耐熱合金（13％），工具用の焼結超硬合金（10％），各種合金（7％），その他（20％）となっている。ところが種々の国際的事情よりCo価格は1976年のポンドあたり10ドル以下だったものが，1979年では50ドル近くにまで高騰したため，その用途面でも他の金属などへの切換えが進められた。

Coベースの合金としては，従来金属材料としては最も耐熱性の高い900℃級の超合金がある。アメリカ合衆国では原子力，ガスタービン，ジェットエンジン用の超合金にそのCo消費の30％を向けていて，Coの最も高い消費分野である。最近はCoの高騰のためNiベースの超合金への切換えが行われている。

表3・89にCoベースの超合金およびクリープ破断強度を示した。

表3・89　Co基超耐熱合金の組成とクリープ破断強度(1000hr)

合金名	化学組成（％）					1000時間クリープ破断強さ (kgf/mm^2)			
	C	Cr	Ni	Co	その他	700℃	800℃	900℃	950℃
HS 21	0.3	25～30	2.5	Co残	Mo 5.5, Fe 2	21	8.4	7.5	6.3
HS 23	0.4	23～29	1.5max	65	W 5.5, Fe < 2	22	17	8	6.3
X 40	0.5	25	10	54	W 7.5	28	17	11	9.2
HS 36	0.4	18.5	10	57	W 14.5, B 0.01～0.05		16	11.5	9
HE 1049	0.4	26	10	45	W 15, Fe 4, B 0.4	42	23	15	12
V 36	0.25	25	20	44	Mo 2.0, Nb 2.0, V 2.8	21	13	6.5	4.5

3・4　クロムおよびクロム合金

3・4・1　クロム一般

Crはクラーク数約0.037％の元素であり，金属元素としては10番目位に多い。1797年

Vauquelinがシベリアのベニエン鉱中より未知金属の酸化物として見出し，この新金属が塩類として種々の色彩を示すことから，ギリシャ語の"色" $\chi\rho\tilde{\omega}\mu\alpha$ にちなんで名付けられた．1854年Bunsenが塩化クロム（2価）の水溶液電解で初めて金属Crを得た．1892年Moissanが酸化クロム（3価）の炭素還元でやや不純なクロムを製錬，1899年Goldschmidtがテルミット法で純度のよいクロムの生産に成功した．鉱石としては$FeO・Cr_2O_3$の形をしたものが多い．

製錬法は鉱石から純粋なCr_2O_3を精製し，これをAlあるいはSiで還元して金属クロムを得る乾式法が考えられる．この方法で得られたCrは98～99％の純度であるが，工業的にはそれほど重要な意味をもっていない．

湿式法で電解クロムを得る方法がある．この方法は鉱石からフェロクロムを作り，鋼板を陰極として不溶解性の陽極を使用し，硫酸クロム＋遊離硫酸＋硫酸アンモンの電解質で電解する．電解クロムは硬質で脆く，約$500 cm^3/100 g$ Cr もの水素を吸蔵しているといわれている．空気を遮断して加熱すれば，これを微量まで減少させることができる．

電解クロムおよびスポンジクロムはそのままでは使用できない．これを板などに加工できるダクタイルクロムにする必要がある．

電解クロムをボールミル中で粉砕し，これを次のプロセスで板や線にすることができる．

1200～1100℃のH_2ガス中で還元→約1300℃で高温プレスと脱ガス→1600～1700℃のアルゴン中で焼結→1200℃の溶融塩中で加工→非消耗型のアルゴンアーク炉中で溶解→インゴット→950～500℃の高温プレスを行うか圧延→1200℃のH_2ガス中で焼なまし→加工→板，線

現在クロムは純金属としてよりも，超合金，ステンレス鋼，その他の特殊鋼，各種クロムめっきなどとして広く利用されている．1970年代の統計によると，航空機産業を持つアメリカ合衆国などでは航空機エンジン用の超合金に約50％使用されて最もその需要量は多いが，日本ではステンレス鋼用のCrが最も多い．

世界的に見てクロム鉱の主要産地は南アフリカである．1978年の統計によると，日本でもアメリカ合衆国でもその輸入鉱の50％以上は南アフリカからである．

1981年度現在で世界の金属クロム生産能力を国別にみると，日本は4300トン，アメリカは3600トン，イギリスは2000～2500トン，西ドイツは500～700トン，フランスは1000トン，合計世界で11,400～12,100トンと考えられている．ソ連は湿式法であるが生産能力は不明である．

その需要面は1977～1981年で超合金用が最も多く50～67％を占めている．次が非鉄合金，溶接棒の順になっている．

3・4・2 純クロムおよびその合金

純クロムの物理的性質は章末の表3・121に示した．用途面で重要なのはその化学的特性である．クロムは酸化性雰囲気中ではきわめてち密な酸化被膜を形成し，不働態化によって内部の保護作用が強い．めっきとしてあるいは合金元素として耐食性の目的で使用されることが多い．また硬質であるので耐摩耗性を与え，高温における耐酸化性，耐クリープ性を与えるので超合金などにも添加される．

クロムめっき法には次のような方法がある．

(1) 電気クロムめっき

その用途により光輝クロムめっきと硬質クロムめっきに大別することができる．

前者は耐食および装飾的用途を目的としたものであって，下地はニッケルめっきであり，クロムめっき層の厚さは0.25～1 μm程度と薄い．浴組成は 1リットル中に250g Cr_2O_3 + 2～3g H_2SO_4 + 5～10g H_3BO_3 を含み，温度は50℃，電流密度50A/dm^2，陽極は鉛の不溶解陽極である．

後者は下地めっきなしで50～500 μmの厚いものである．浴組成は前者の場合よりH_2SO_4を多くし，Cr_2O_3を少なくする．浴温も電流密度も高い．主として耐摩耗性を必要とする面に応用される．

(2) 拡散クロムめっき

固体のクロム粉と高融点耐火物粉との混合粉中に品物を入れ，水素気流中で1300℃に加熱すると，4時間程度で約 120 μmのクロム層が形成される．このほかにたとえば，30％ $CrCl_2$ + 49％ $BaCl_2$ + 21％ $NaCl$ の溶融塩中で900～1200℃に加熱する方法もある．

(3) 気相によるクロムめっき

気相の塩化クロム中に品物を入れてめっきする方法がある．BDS法（Becker-Daeves-Steinberg process），DAL法（Diffusion Alloy Ltd process）などがある．また最近蒸着法，スパッターリング法などによる薄膜をつける技術も進んでいる．最近はジュース缶などにスズめっき鋼板でなく，クロムめっきしたティンフリースチール（TFS）が広く使用されている．

合金元素としてはフェロクロム，クロム強靭鋼，ステンレス鋼など特殊鋼材には欠かすことのできないものである．Ni基およびCo基耐熱超合金にも必ず添加される．銅に少量のCrを添加した耐熱性導電材料もよく利用される．耐火物としてはクロムれんがの用途もある．最近は半導体製造用金属薄膜の分野で高純度クロムの需要が急増の傾向にあるとのことである．

3・5 マンガンおよびマンガン合金

3・5・1 マンガン金属一般

　Mnのクラーク数は約0.1％であり，金属としては8番目に多い．酸化マンガン（4価）を主体にする鉱石を褐石とよぶが，これは磁鉄鉱の変種と考えられていた．ガラスの脱色に用いられるところからギリシャ語の"きれいにする"$\mu\alpha\nu\gamma\alpha\nu\epsilon\varsigma$とよばれた．1774年Scheeleがその間違いを指摘し，また同年Gahnが元素として分離した．最初manganesiumと名付けられたが，その後発見されたマグネシウムとの混同をさけmanganeseとなった．鉱石は軟マンガン鉱が多い．産地はソ連，インド，南アフリカ，オーストラリアなどである．日本のフェロマンガン鉱はインド，南アフリカから大部分輸入され，マンガン鉱は南アフリカ，オーストラリアなどのものが多い．表3・88に示したマンガンノジュールはMnを約30％も含む有望な資源である．この海底資源の開発には現在各国が競って調査研究を進めている．

　金属マンガンの製法には種々のものが考えられてきた．
(1) アルミニウムによる還元法（Goldschmidt法）
　　軟マンガン鉱＋アルミ粉＋石灰でテルミット反応を起させる．純度は96～98％でFe，Si，Alなどの不純物を含む．
(2) Siによる還元法
　　電気炉中でSiを用いMn鉱石を還元する．純度は90～95％．
(3) 真空蒸留法
　　(1)，(2)のMnを真空中で蒸留し精製する．
(4) 電解法
　　飽和$MnSO_4$＋H_2SO_4＋$(NH_4)_2SO_4$溶液を電解液として，陽極は不溶解性のAg入り鉛板，陰極はNi-Cr鋼板で電解する．99.5～99.7％のマンガン金属が得られる．電着直後はダクタイルなγ-Mnとして得られるが，これが徐々にβ-Mnからα-Mnに移行し脆化する．

　世界のマンガンの1981年における生産能力は，南アメリカが44000トン，アメリカ合衆国が31000トン，日本は9600トン，フランスは8500トンで合計93000トンとされている．ソ連，チェコスロバキア，中国で生産されているが能力は不明である．

3・5・2 純マンガンおよび合金

　純マンガンの物理的性質を章末の表3・121に示した．マンガンは四つの同素体をもち，

学問的には興味深い金属であるが，まだこれを主成分とした合金材料はあまり実用化されていない．MnBi金属間化合物は抗磁力のきわめて高い磁性材料として知られている．その微粉末を磁場中で加圧成形すると，B_rが4300 gauss，H_cは3400 Oeの強力な磁性を示すといわれている．大気中で変質しやすいのであまり実用化されていない．

最近Cu-Mn合金がダンピング材として開発されている．他は従来鉄鋼における脱酸脱硫剤，高Mn耐摩耗鋼，アルミ合金，銅合金，マグネシウム合金の合金元素としての使用がある．酸化マンガンは乾電池などに使用される．

3・6　ジルコニウムおよびその合金

3・6・1　ジルコニウム一般

Zr（zirconium）はクラーク数約0.026％であり，ほぼ19番目に多い金属元素である．ジルコンは（Zircon, $ZrSiO_4$）古代より宝石として知られていたが，元素として確認されたのは1789年Klaprothがセイロン産のジルコンから酸にもアルカリにもおかされない新しい酸化物を取り出しZirkonerdeと名付けたのに始まる．金属元素としては1824年Berzeliusはこの酸化物から初めて金属を取り出した．工業的に重要な鉱石はジルコンサンド（$ZrO_2 \cdot SiO_2$）であり，産地は北南米（ブラジル），ノルウェー，インドなどである．ジルコニウムの鉱石はチタンを含んだイルメナイトと共存する場合が多い．

製錬法は鉱石より純粋なZrO_2，$ZrCl_4$，ZrI_4，ZrCなどの化合物を作り，これから金属ジルコニウムを得る．

ZrO_2の場合ならば，酸あるいはアルカリで処理して不純物を分離し，その抽出液を加水分解して$ZrO_2 \cdot xH_2O$にし，これを加熱してZrO_2を得る．従来法を分類すると，

(1) 苛性ソーダによるジルコンサンドの溶解法は，HfのないZrを得る方法として工業的に重要である．

(2) ZrO_2＋Cを加熱し，塩素化して$ZrCl_4$を得る．この$ZrCl_4$をMgで還元する．この方法はクロール法（Kroll process）とよばれる．

(3) ZrO_2を金属Na，Ca，Mg等で還元する方法．

(4) van ArkelのZrI_4の熱分解法．

$ZrCl_4$のMg還元法で得られたジルコニウムをスポンジジルコニウムとよび，これをアーク溶解してインゴットッを得る．その純度は99.7～99.8％程度である．

日本では日本鉱業がスポンジジルコニウムの生産を行っているが，アミン抽出法でジルコニウムよりHfを分離することに成功を収めている．1978年の統計ではアメリカが約4500トン，フランスが約1000トン，日本では約300トンのスポンジを生産している．

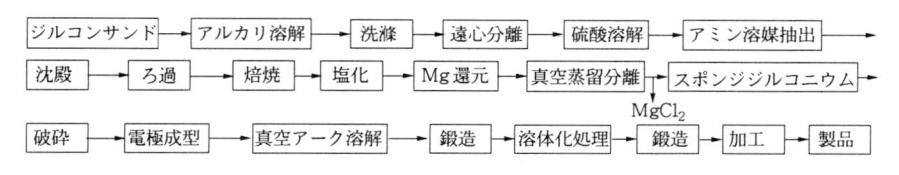

ジルコンサンド → アルカリ溶解 → 洗滌 → 遠心分離 → 硫酸溶解 → アミン溶媒抽出 →
沈殿 → ろ過 → 焙焼 → 塩化 → Mg還元 → 真空蒸留分離 → スポンジジルコニウム
→ MgCl₂
破砕 → 電極成型 → 真空アーク溶解 → 鍛造 → 溶体化処理 → 鍛造 → 加工 → 製品

図3・73　ジルコニウムの製錬－加工一貫作業工程

　ジルコンサンドよりジルコニウム合金製品までの一貫工程を日本鉱業におけるフローシートを参考に図3・73に示した．日本の原子炉用ジルコニウムの需要見込みは1981年は310トン，1985年では570トンとされている．

3・6・2　純ジルコニウム

　純ジルコニウムの物理的性質を章末の表3・121に示した．
　現在工業的に生産されているジルコニウムスポンジは大体99.6％以上のものであるが，主な不純物は表3.90に示した．Hfの熱中性子吸収断面積はZrの0.18に対して105もあるので，原子炉用にはHfのできるだけ少ないものが使用される．実用材料としてはこのほかC，N，Oなどが問題となる．

表3・90　ジルコニウムスポンジの不純物

スポンジの種類	不純物成分（ppm）																			
	Al	B	Cd	C	Cl	Cr	Co	Cu	Hf	Fe	Mg	Mn	N	Ni	O	Pb	Si	Ti	V	W	U
原子炉用 ASTM(B349〜67)	75	0.5	0.5	250	1300	200	20	30	150	1500	—	50	50	70	1400	—	120	50	—	50	3.0
原子炉用 （日本鉱業）	75	0.5	0.5	250	1300	200	20	30	100	1500	600	50	50	70	1400	100	100	50	50	50	3.0
一般工業用	100			250	1300	200			3％	1500	600		50				50				

　室温付近では非常に耐食性に富んでいるが，高温になると酸素，窒素，水素などのガスと反応して酸化物，窒化物，水素化物を形成しやすく脆化する．
　ジルコニウムの機械的性質はその純度に大きく左右されるが，焼なまし状態で大体その引張強さは$35\sim49 \mathrm{kgf/mm^2}$，降伏強さ（0.2％耐力）$20\sim40 \mathrm{kgf/mm^2}$，ヤング率$9.1\times10^3$ $\mathrm{kgf/mm^2}$，剛性率$3.4\times10^3\mathrm{kgf/mm^2}$，伸び率20〜35％である．室温では最密六方晶であるが，チタンと同様に比較的すべり系が多いので塑性加工は容易である．加工材の優先方位および再結晶集合組織はチタンの場合に等しく，圧延材では〔10$\bar{1}$0〕が圧延方向に平行，（0001）面が圧延面に約30°傾いた方位をとる．再結晶すると〔11$\bar{2}$0〕が圧延方向に平

行になる．引き抜き材は〔10$\bar{1}$0〕が引き抜き方向に平行となる．

軽くて優れた耐食性をもつチタンが存在しているので，純ジルコニウムの一般工業的用途開発はそれほど進んでないのが現状である．その中で閃光電球に従来のマグネシウムに代って使用されたり，医療器材などへの用途が考えられている．

3・6・3　ジルコニウム合金

合金として現在軽水動力炉の沸騰水型原子炉（BWR）や加圧水型原子炉（PWR）などの燃料被覆材に使用されているジルカロイ（Zircaloy）とよばれるものが最も広く知られている．これは高温高圧水蒸気中での耐酸化性を向上させる目的でSnが少量添加された合金であり，アメリカ合衆国で開発されたものである．

表3・91　ジルカロイの組成 (ASTM)

合金名	合金元素 (%)				主として使用される原子炉
	Sn	Fe	Ni	Cr	
ジルカロイ-2 (Zircaloy-2)	1.20~1.70	0.07~0.20	0.03~0.08	0.05~0.15	BWR
		全量　0.18~0.38			
ジルカロイ-4 (Zircaloy-4)	1.20~1.70	0.18~0.24	—	0.07~0.13	PWR
		全量　0.28~0.37			

原子炉用ジルコニウムの耐食性は，Nの含有が非常に有害とされているが，この40~50ppm程度のNの害を抑える目的でSnが添加されたものである．表3・91にジルカロイの化学組成を示した．表中に示したのは現在主として使用されているもののみである．

Sn以外にFe，Ni，Crが合金元素として指定されているが，これらの元素は低温でジルコニウムにほとんど固溶せず，析出分散する第2相として存在する可能性が強い．

Snは本来Nを含まぬ高純Zrの耐食性を低下させることは図3・74の実験結果に示されている．ところがKroll法で製造された50~60ppmのNを含有するジルコニウムに添加した場合は図3・75のようにSnの微量添加でその耐食性は大きく改善される．この理由はそれほど明瞭ではないが，ZrO_2被膜中でN^{3-}が増加するとO位置の空孔が増加してO^{2-}の拡散が促進されて被膜の成長が進むが，Snが入るとこのO^{2-}の拡散を阻止するからであるという説明がある．またFe，Ni，Cr添加の意味は明瞭ではないが，同一Sn量でもこれらが添加されると許容できるN量が多くなるともいわれている．これら遷移元素は多くの報告によると，固溶あるいは微細析出状態が耐食性にはよく，大きい析出粒状態は悪いものと考えられている．機械的性質および結晶粒の微細化には有効なものと考えられる．

図3・74および3・75の腐食増量は大部分酸化物形成によるものであるが，この中には水

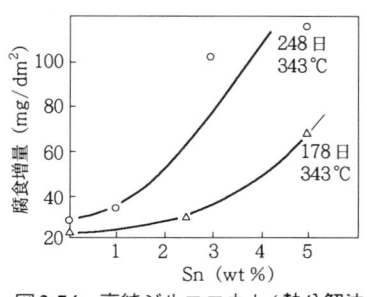

図3・74 高純ジルコニウム(熱分解法)の耐食性に及ぼすSn量の影響

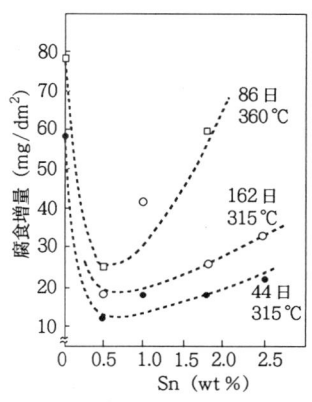

図3・75 Kroll法ジルコニウム(60 ppm N)の耐食性に及ぼすSn量の影響

素の金属中への侵入量も含まれている．とくに高温高圧水蒸気による腐食の場合は$Zr + H_2O \rightarrow 4H + ZrO_2$の反応で形成されたHが，酸化膜の成長に優先して金属中に拡散し，固溶および水素化物の形成を行うことは，ジルコニウムのこの種の耐食性を考える場合，非常に重要なポイントとなるであろう．

このほかジルコニウムはフェロジルコニウムとして脱酸，脱窒剤に使用され，銅，アルミニウム，その他マグネシウムなどに少量添加されてその耐熱性の向上に有効である．Nb-Zr合金は超電導材料として研究されている．（第Ⅰ部参照）

3・7 バナジウムおよびバナジウム合金

3・7・1 バナジウム金属一般

Vはクラーク数が約0.018％で，元素としては22番目，金属としては14番目に多い．1805年Sefströmがスウェーデンの鉄鉱石から新金属を発見，スカンジナビアの愛と美の神の名Vanadisにちなんで Vanadiumと名付けた．マグネタイト系の鉄鉱石やボーキサイトなどの中に比較的多く含まれている．ペルー，アフリカなどから多く産出する．

その製法はつぎのようなものがある．
(1) V_2O_5を高圧ボンベ中で，アルゴン気流中に$CaCl_2$とCa金属の共存下で還元する．
(2) 高圧ボンベ中で，$V_2O_5 + Ca + I$を高周波加熱するとダクタイルなバナジウム(99.8〜99.9％)を得る．
(3) VI_3をタングステンフィラメント上で熱解離させるvan Arkel法．

4) VCl_3 を水素ガスで還元し高純なバナジウム粉末を得る方法．
5) VCl_3 を Mg で還元してスポンジバナジウムを得る Kroll 法．

　世界の生産量は明瞭でないが1950年においては約500トン程度である．1982年当時の統計によると自由世界の V_2O_5 の消費量は1979年が史上最高で 4.54×10^4 トンであり，1980年では 4.08×10^4 トンとやや減少を示している． V_2O_5 の日本の輸入量は1978年では2655トン，1979年は4632トン，1981年では3943トンまでやや低下している．従来は大部分特殊鋼の合金元素やチタン合金などに使用される程度であったが，最近はイギリスで高速中性子炉の燃料被覆管に使用されるほか，その工業的利用の研究も進んでいる．

3・7・2 純バナジウムおよびその合金

　純バナジウムの物理的性質は章末の表3・121に示した．

　高温では酸化されやすいので，高温処理は空気との接触を避け不活性ガス中で行う必要がある．

　機械的性質もその純度によって変化するが，大体の値としては表3・92に示したようなものである．

　加工法はアーク溶解法と粉末加工法の二つがある．ヨード法のバナジウムは高純であるので焼結も容易である．

　バナジウムはベリリウムに似た障害を人体に引き起こすといわれているので注意が必要である．

　純バナジウムの用途例は少なく，イギリスで高速中性子炉材として燃料の被覆管に使用された実例がある程度である．X線のフィルターなどにも使用される．

　合金元素としては，鋼材に添加されて脱酸，脱窒，炭化物形成元素としての役目をしている．高速度鋼には1～3％添加され，VCの形成によって高温軟化を防ぎ，窒化鋼にも0.15～0.3％添加される．

　最近は石油および天然ガス用のパイプラインに使用される鋼材に添加されるVの量も，

表3・92　バナジウムの機械的性質

	引張強さ (kgf/mm^2)	0.2％耐力 (kgf/mm^2)	伸び率（％）	高温強さ (kgf/mm^2)
焼なまし状態	40～50	30～45	38～26	—
冷 間 加 工	50～80	—	—	—
600℃	—	—	—	28
1000℃	—	—	—	5

第3章　高融点重金属材料　493

微量ながらかなりの量を占めるようになった．

またジェット飛行機のエンジン部分に使用されるTi-6％Al-4％V合金へのVの使用量も見逃せない量である．

3・8　リフラクトリーメタル

3・8・1　リフラクトリーメタル一般

リフラクトメトリーメタル（refratory metals）とはその融点が約2200K（1927℃）以上の遷移金属のことで，難融金属ともよばれているものである．図3・76に示した元素の中でV，Crあたりが境界で，これより融点の高いHf，Ta，Nb，W，Mo，Re，Tc，Os，Ru，Irなどである．この融点の境界値も人によりかなり任意性がある．

地殻構成元素としての％の値は表3・93に示した．

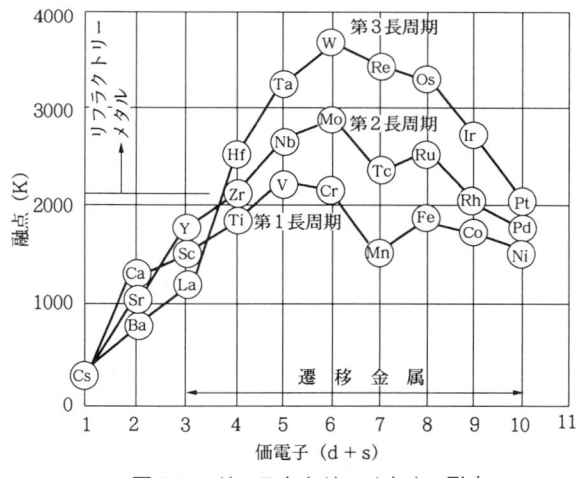

図3・76　リフラクトリーメタルの融点

V，Cr，Nbなどは比較的多い方であるが，それ以外は10^{-4}％～10^{-7}％と少ない．またTcは人工元素である．

リフラクトリーメタルの物理的性質を章末の表3・122にまとめて示した．

これらの中でNb（あるいはCb），Mo，Ta，Wはかなり一般的な高融点金属として使用されている．これらの金属について従来知られていることをまず各論的に述べ，これらの一般的な高温特性についてその特徴を比較したい．

表3・93　リフラクトリーメタルのクラーク数

	V, Cr	Nb	Mo, Hf	W	Ta	Os	Ru	Rh, Re, Ir	Tc
％	0.02	10^{-3}	3×10^{-4}	10^{-4}	8×10^{-5}	5×10^{-6}	5×10^{-7}	10^{-7}	$< 10^{-7}$

3・8・2　モリブデンおよびその合金
3・8・2・1　モリブデン金属一般

　鉱石はMoS_2や$PbMoO_4$のような硫化物および酸化物の形で産出する．産地はアメリカ合衆国コロラド地方，ノルウェー，北アフリカ，カナダ，チリなどである．銅製錬の副産物として出ることが多い．

　製錬法はつぎに示すプロセスでMoO_3を作るのが第一段階である．

　　　鉱石の粉砕→選鉱→90％MoS_2の精鉱→焙焼→（650～700℃）——→MoO_3

　金属Moは，このMoO_3を精製して純粋なモリブデン酸アンモンを作り，これを分解して金属Moを得る．現在は工業的にはMoO_3の水素還元によって金属Moを製造している．このようにして得られたモリブデンの純度は99.7～99.9％である．

　モリブデン金属粉は粉末冶金技術により線，板，管などに加工することができる．しかし粉末冶金により得られる製品は小物にかぎられ，大型のものはできない．粉末焼結体を電極としてアルゴンアーク溶解あるいは電子ビーム溶解によりかなり大型のインゴットが得られる．一般に溶解鋳造したモリブデンインゴットは結晶粒が粗大で，粒界が割れやすいので加工は困難である．大型モリブデン鋳塊の加工法については，現在添加元素，加熱温度，不純物の影響面より検討が進んでいる．

　モリブデンは体心立方金属の通性として，ガス不純物の影響によってその機械的性質が大きく変動する．酸素の影響が最も大きいと考えられている．

　1981年では自由圏の総生産は純Moで97610トンに達し，その約70％がアメリカである．現在やや生産過剰気味の傾向である．

3・8・2・2　純モリブデンおよびその合金

　その物理的性質は表3・122に示した．高融点で蒸気圧の低い安定な金属である．高温で空気に接すると酸化されるが，酸化物は蒸発しやすく，とくに真空炉中では飛びやすい．一見金属光沢を失わないように見えるが，酸化によって痩せるから高温では不活性ガス中あるいは水素ガス中で使用すべきである．高温での表面保護被膜が考えられ，シリコナイジングあるいはAl-Cr-Si合金膜などがある．アメリカ合衆国ではクロムの拡散層なども考えられている．

　化学的には硝酸以外の酸，アルカリ水溶液，その他液体金属（Na，Li，Zn，Hg，Bi）などにもよく耐える．

　機械的性質は，焼なまし材で引張強さ～$100kgf/mm^2$，伸び率～30％であるが，冷間加工材ではそれぞれ～$180kgf/mm^2$と～5％である．

　電気抵抗線（Mo-W合金），内熱式真空炉の熱反射板，電極棒，真空管のグリッド，電球フィラメントの支持棒，接点（Mo-Ag合金）などに使用される．W-25％Mo合金はWと

熱電対を作り，約3000℃までの温度測定に使用できる．ただし，不活性雰囲気での使用が必要である．モリブデンの使用量は鋼材への添加元素としてのものが最も多い．

3・8・3　タングステンおよび合金
3・8・3・1　タングステン金属一般
　wolframという名称は原鉱wolframiteに由来する．tungustenはスウェーデン語の重い石tungstenに由来する．鉱石は（Fe・Mn）O・WO_3のwolframiteあるいはCaO・WO_3のsheeliteとよばれるものが多く，前者は中国，スペイン，ポルトガル，ボリビア，朝鮮半島，アメリカ合衆国などに多い．後者はマレー，ビルマなどに産出する．

　製錬は鉱石を精鉱にし，焼結で大部分のSやAsを除き，金属タングステンは純粋なタングステン酸（WO_3）やパラタングステン酸アンモン（$(NH_4)_{10}[W_{12}O_{46}H_{10}]$，あるいは5$(NH_4)_2O \cdot 12WO_3 \cdot 11H_2O$）の還元で得られる．炉中水素雰囲気で900～1000℃で還元する．

　工業的に得られるタングステン粉は90～98％であり，主な不純物はC，Feなどである．

　世界における1978年の全生産量は約27.5×10^3トン，1980年は28.6×10^3トン，同推定消費量はそれぞれ27.4×10^3トンおよび29.2×10^3トンである．また各国における消費量の世界全消費量に対する比率は，アメリカが約30％，西ヨーロッパ全体で約35％，日本は約10％弱である．

3・8・3・2　純タングステンおよびその合金
　純タングステンの物理的性質は表3・122に示した．金属中最も融点が高く，蒸気圧も小さく高温できわめて安定な金属である．電気抵抗値はリフラクトリーメタル中でもとくに低く，全金属中でも約10番目であり，32％IACSである．

　その機械的性質の一例を示せば，冷間引抜きを行った線材で引張強さ420kgf/mm^2を示し，焼なまし板材で100～120kgfmm^2である．

　一般にこの金属の加工法は粉末冶金技術により行われ，900～1200℃で仮焼結を行い，次に水素気流中3000～3250℃で直流通電により完全焼結を行う．完全焼結材はその再結晶温度以下で加工できる．中間焼なましは900～1000℃，水素あるいはアンモニア中で行う．

　広く実用されているが，大別すると鉄鋼材料の合金元素用とタングステン金属用に分けられる．日本では1980年代前半の統計によると，前者は全体の約43～33％でやや減少傾向にあり，後者は57～67％とやや増加傾向を示している．金属タングステンとしては，電子工業方面では白熱電球フィラメント，真空管，接点，X線対陰極，電気炉の発熱体などに使用される．溶接用電極，アーク炉の電極などにも使用される．

　焼結超硬合金ではWCの形で使用され，またステライト（Co-Cr合金）系にも5～23％

添加される．

Ni基のNi-(Cr, Co, Mo)系の耐熱材料に5％Wが添加され，Co基のCo-(Cr, Mo, N)系耐熱材料にも15％のWが添加される．

各種鋼材の合金元素として添加され，少量ならばフェライト中に固溶するが，多くなるとWC，W_2Cの形の炭化物として析出する．

3・8・4　タンタルおよびニオブとその合金
3・8・4・1　タンタル
タンタル一般

この金属は1802年Ekebergにより発見され，その酸化物が酸におかされないところからギリシャ神話の $Tαντalos$ にちなんで名付けられた．タンタルはニオブと共存状態で産出することが多い．たとえばタンタライト（tantalite）は（Fe, Mn）O・Ta_2O_5であり，コロンバイト（columbiteあるいはniobite）は（Fe, Mn）O・Nb_2O_5で共存することが多い．

産出国は西部オーストラリア，ザイール，南アフリカ，ブラジル，カナダ，タイなどである．

製錬法は精鉱（40～60％Nb_2O_5＋Ta_2O_5）を化学操作でフッ化物，酸化物の形に精製し，これを使用する．フェロタンタルやフェロニオブの形にしたり，炭化物にして利用することもある．

タンタルおよびニオブの酸化物あるいはハロゲン化物を得るには，精鉱を苛性ソーダに溶解して上澄液を分解し，塩酸処理でFe，Mnの分離を行い，フッ化水素酸とK_2CO_3を加えて分別結晶法で溶解度の小さいK_2TaF_7を溶解度の大きいK_2NbOF_5より分離する．この分別結晶法を何回も繰り返してできるだけ完全に分離し，最後にニオブは塩基性ニオブ酸ナトリウムあるいはニオブ酸カリウムの形で得る．つぎにこれらのフッ化物をNaで真空ボンベ中で還元する．得られた金属粉を粉末冶金法で焼結する．このほかにフッ化タンタル酸カリウムの溶融塩電解法，$TaCl_5$の白熱フィラメント上での熱解離法などがある．

タンタルの生産統計は正確ではないが，1957年の統計では精鉱の状態で年間$5～6×10^3$トン程度であるが，1977年ではTa_2O_5として年間1150トン，1980年で1500トンと最高を記録している．それに対して需要は1979年で1220トン，1980年で1500トンとやや不足気味であったが，1981年以降は景気の低迷でやや過剰気味となっている．

1970（昭和45）年で日本でもタンタルの総需要量は100トンに達している．日本では最初ザイール，ナイジェリアなどのTa_2O_5約60％のタンタライトが主体であったが，最近はフッ化タンタル酸カリの形の中間化合物をアメリカ合衆国や西ドイツから輸入している．鉱石は炭化物や酸化物用のみに輸入している．またマレーシアからスズ滓（約3％のTa_2O_5

含有）を輸入して，フッ化タンタル酸カリの製造を行うところも出てきた．

純タンタルおよびその合金と化合物

タンタルの物理的性質は表3・122に示した．耐食性がきわめて優れ，とくに耐酸性が大である．フッ化水素酸以外の酸および低温のハロゲンガスにも強い．高温ではN_2, O_2, H_2などのガスとの反応が起る．ガス不純物によってその機械的性質も大きく劣化するが，その平均的な値を示せば表3・94のようなものがある．

金属タンタルの約70％はタンタル電解コンデンサー用であるのが日本の現状である．粉末は焼結型コンデンサー，はくははく型コンデンサー，線はそれらのリード線に使用される．タンタルコンデンサーは小型で信頼性が高いので，電子部品のトランジスタ化およびIC化に伴って，その用途は急激に増大した．

タンタル薄膜IC（薄膜抵抗，薄膜コンデンサー）の生産が増加し，スパッター用ターゲット板としてタンタル板が使用されている．

電子管材料としてはテレビカメラ用の映像管，特殊電子管のカソード，アノード，グリッド，電子ビーム溶接用電子銃の電極などに使用されている．

高温耐熱用としてはヒーター，反射板，試料皿，1600℃以上の真空炉材として一般に使用される．

また各種真空蒸着用ボート，化学工業用耐食材料，医療用材料，その他各種の用途が今後に期待されている．

炭化タンタルは焼結超硬合金の性能改善用として添加され，酸化タンタルは高級カメラのレンズなど高屈折，低分散の光学レンズに使用されることが多い．

表3・94 タンタルの機械的性質

状　態	引張強さ（kgf/mm^2）	伸び率（％）
板　焼なまし	35	40
板　冷間加工	77	120
線　焼なまし	70	11
線　冷間加工	136	1.5

3・8・4・2 ニオブおよびその合金

ニオブ一般

ニオブ（niobium）は先に述べたようにコロンビウム（columbium）ともよばれ，タンタルと共存して鉱石は産出する．1801年イギリスの化学者Hatchettはアメリカのコルンブ石中より新元素と思われる金属を発見しcolumbiumと名付けた．しかしあまりにタンタルとよく似ているので長く信用されなかったが，1865年DevilleとTroostにより確認された．ギリシャ神話のTantalasの娘の名Niobeにちなんでniobiumと名付けられたという歴史がある．主たる産出国もタンタルと同様である．

各鉱石の精鉱およびスズ製錬スラッグより大体工業用品位のフェロニオブ，工業純度の

Nb_2O_5 および高純度の Nb_2O_5 の3種が製造され,前の2種は鉄鋼への添加用あるいはニオブ基リフラクトリー合金,超硬工具炭化物などに使用される.後の高純度 Nb_2O_5 は主として光学ガラス,強誘電体,その他種々の化合物の製造に使用されている.

世界最大のメーカーはブラジルのCBMM (Cia Brasileira de Metalurgia e Mineracao) であるが世界のニオブ生産の約70％以上を占め,それに次ぐのがカナダの20％である.1980年の純Nbの世界生産量は22705トンである.

消費は航空機,ミサイルの工業規模の大きいアメリカ合衆国が最大であり,1980〜1981年で約3000トンの年需要がある.日本はこの種の工業規模も小さくその1/10程度と考えてよい.

純ニオブおよびその合金,化合物

純ニオブ金属の物理的性質は表3・122に示した.この他にその超伝導遷移温度が9.5Kで元素の中では最も高いことも重要な物性のひとつである.

金属としては超耐熱合金や各種の特殊鋼に合金元素として添加されるものが最も多く,アメリカなどでは全ニオブ需要の80％が鉄鋼材料への添加元素として使用されている.日本では0.1％以下の微量添加した低合金高張力鋼への使用量が最高の比率を占めている.

Nb基合金としてNb-Ti合金,Nb-Hf合金などは航空機,ミサイル用耐熱材料として使用される.またNb-48％Ti合金は超伝導材料として,$T_c = 9.5K$,4.2Kにおける磁場 $H_{c2} = 122kOe$ とよい特性を示し市販されている.なおこの他いろいろな組成のものが開発されている(表1・26参照).

めっきヒータとして化学プラント用耐食耐熱材料,ナトリウムランプ用として電子工業用に使用される.

ニオブ炭化物は超硬工具分野でタンタル炭化物の代りに使用されることもある.

ニオブ酸化物はタンタル酸化物の代りとして光学レンズに添加される.

3・8・5　リフラクトリーメタルの一般特性

これらの金属は構造用材料として高温強さの特性を利用される場合が多い.

その高温での耐クリープ性を改善する目的で各種の方法が講じられているが,その方法をまとめると,析出強化,置換型固溶強化,結晶粒の微細化,再結晶温度の上昇,侵入型固溶強化,繊維強化などをあげることができる.これらの目的で添加される合金元素を大きくまとめて母金属元素ごとに示すと表3・95のようになる.

置換型は単なる固溶強化を狙って添加されるものであり,化合物を作り析出する元素とは比較的活性に富み,侵入型原子などと優先的に化合物を形成して析出分散するものである.侵入型元素としては,C,Nが多く考えられているが,活性に富む第3添加元素と結合して

表3·95 リフラクトリーメタルの高温特性改善用添加元素の分類

母金属	置換型合金元素	化合物を作り析出する元素	侵入型元素
V	Cr, Nb, Ta, Mo, Fe	Zr, Ti	C, N
Nb	W, Mo, Ta	Zr, Hf	C, N
Ta	W, Re, Mo	Zr, Hf	C, N
Cr	W, Mo, Nb, Ta	Ta, Nb, Ti, Zr, Hf	C
Mo	W, Re	Ti, Zr, Nb	C, N
W	Re, Hf, Nb, Ta	Hf	C

強化相として分散する.

Sherbyによれば高温クリープ変形速度を次のような式で示している.

$$\dot{\varepsilon} = s\left(\frac{\sigma}{E}\right)^n \cdot D$$

ただし $\dot{\varepsilon}$：定常クリープ速度
　　　D：自己拡散係数
　　　E：ヤング率
　　　σ：応力
　　　s：材料の構造（結晶粒，転位密度とその分布など）に関係した因子

したがって $\log \dot{\varepsilon}/D$ と $\log \sigma/E$ のプロットより n が評価できる．その結果をリフラクトリーメタル系について示したのが図3·77である．

多くのクリープ実験データ，E および D の値を用いて求められた結果であるが，$n=5$ の直線上にのっている．この結果は純金属のクリープ挙動と自己拡散係数および弾性定数の間の密接な関係を物語っているものと考えられる．

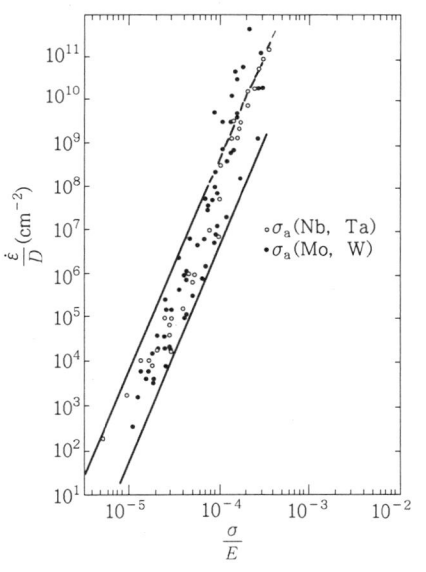

図3·77 リフラクトリーメタルのSherbyプロット
R. T. Begley, B. L. Harrod and R. E. Gold "High Temperature Creep and Fracture Behavior of The Refractory Metals" Westinghouse Astronuclear Labo. より

3·9　貴金属

貴重な財宝として扱われる金属を貴金属（noble metals）とよぶ．金，銀，白金で代表

されるものと考えてよい．貴重な財宝としての資格は，見事な外観を保っていることと同時に，不変のものであるということであり，自然環境できわめて安定な性質を持つということになる．これはとりも直さず各方面で高度利用が可能であるということであり，事実貴金属は工業的にも意外に多方面で利用されている．

3・9・1 金および金合金
3・9・1・1 金一般

金は化合物を作らず自然金の状態で発見されるものと，銀，テルル，鉛などと合金を形成した状態で他の鉱石と共存するものとがあり，人類がこれを発見したのは西暦前5000～6000年といわれている．クラーク数は0.005ppmであり，海水中には0.000004～0.000008ppm含まれる．通常の鉱石は5～15ppmとされている．アメリカ鉱山局の資料による1492年もアメリカ大陸発見より1929年までの推算量と，それ以後1962年までの産出量を加算すると62000×10^3kgとなる．そのうちの3/4は1900年以降とされている．またそのうちの60％は世界各国で公的に保有し，25％は私的に保有され，残り15％は消耗されたとされている．

産金の歴史は3期に分けられ，コロンブスのアメリカ大陸発見より1800年代初期が第1期，1800年代中期にカリフォルニアおよびオーストラリアに大金鉱が発見されてから第2期に入り，1886年南アフリカのトランスバール州に大金鉱が発見された頃より第3期に入り現在に至っている．

この金は自然金を原料として，アマルガムにして鉱石から抽出する混こう法（amalgam process, amalgamation），青化法，電解法で製錬される．現在は銅や鉛などの製錬の際に副産物として得られるものが多い．

最初不変のものとして貨幣の基準に考えられた金も，最近は電子工業方面への利用が急激に増加した．とくに金めっきへの需要が増加した．アメリカ合衆国だけでめっき用の金需要は1990年代に1200×10^3kgに達し，自由世界の現在の産金量を突破するだろうといわれている．1982年の統計によると金の生産量は，自由世界で1012.8トン，共産圏で310～410トン（推定）である．日本では1982年の生産は45.0トンである．

3・9・1・2 純金

電解で得られる最純金は99.99％以上の品位であるが，一般市販の純金は99.5％程度である．その主な不純物はAg, Cu, Fe, Hg, S, As, 白金属元素, Pb, Sbなどである．

その物理的性質は章末の表3・123にまとめて示した．銀と銅に次ぐ電気の良導体であり，またその黄金色で代表されるように特異な光学的性質を示す．金の反射率は紫外域から可視域の短波長側できわめて低く，可視域中央の0.55μmより急激に高く0.60μmで92％に

達する．遠赤外域では98％にも達する．最近高温熱源からの輻射熱の防禦，赤外線の反射体などへの利用が著しく増加している．

金の引張り強さは11～22kgf/mm^2，ビッカース硬さは60～20であり，きわめて加工性のある柔軟な金属である．線としては直径7μm程度の細線に引くことができ，1gの純金は2000mの長さにすることができる．また箔にすると0.07μmの厚さにすることが可能で，箔をすかして見ると緑色に見える．金の細線は半導体のリード線やドープ材に多く利用されている．

化学的には最も安定な金属で，その単極電位は25℃でAu-Au^{3+}で＋1.7V，Au-Au$^+$で1.42Vで最高である．すなわち最も貴な金属であるということになる．金がAu$_2$O$_3$になる場合は吸熱反応であるため金属状態より不安定となる．したがって空気中で酸化することは絶対にない．

すべての強酸も単独では金をおかすことはない．塩酸と硝酸の混合液である王水には溶解する．酸化剤の共存下で金が溶解する時はすべて塩化金酸の形で溶解する．

微粉状の金が青化アルカリの希薄溶液に溶解して金青化アルカリを生ずるが，この場合にも空気中の酸素の共存が必要である．この反応は青化法としてすべての金鉱山で利用されている．

金の化合物中KAu(CN)$_2$は金めっき液の原料，H・AuCl$_4$・3H$_2$O（塩化第2金酸）は金試薬として最も重要なものである．

3・9・1・3　金合金

純金は柔軟すぎるので各種の装飾品や歯科材料に使用する場合は，硬さと強さを増加させて使用することが多い．合金の金分を表わすのによくカラット（karat）のKtを使用することが習慣になっている．英国ではcaratでCtである．

カラットとは合金の重量24の中に含まれるAuの量である．もちろん百分率（％）および千分率（‰）で示すこともある．

元来カラットはイギリスの金衡（トロイユニット）の1単位であり，常衡1オンスは28.35グラムであるが，金衡1オンスは31.1035グラムで24カラットに相当する．銀や白金の場合はカラットを使用しないが，すべての貴金属はその目方をトロイオンスで示すことになっている．

金に合金元素として使用されるのはAg，Cuが最も多く，この他にZn，Ni，Pdなどの白金族がある．

Au-Cu合金

Au-Cu合金の状態図は図3・78に示した．その液相線と固相線とは889℃，56.5at％Au（80wt％Au）のところで下に凹の調和融解点をもつ全率固溶体系である．

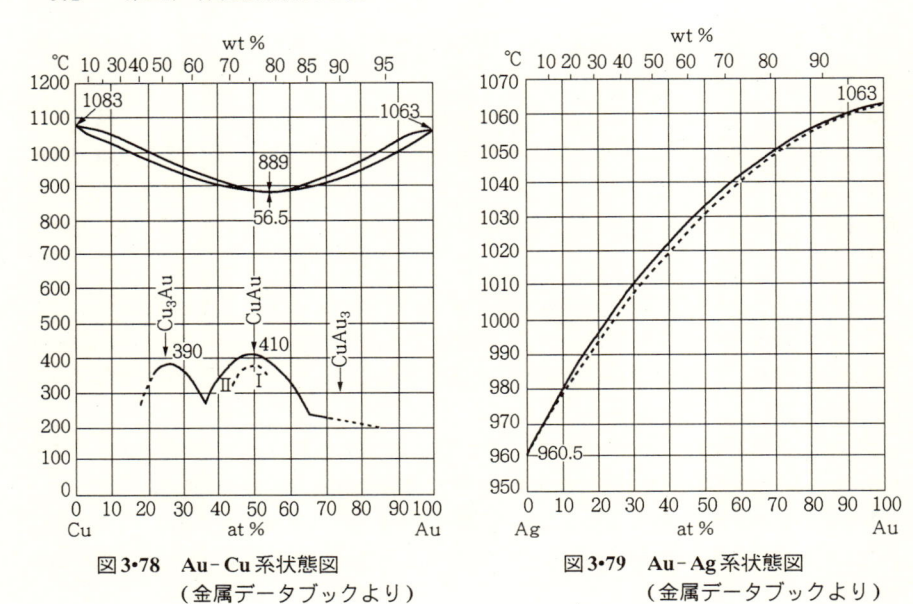

図 3・78　Au-Cu 系状態図
（金属データブックより）

図 3・79　Au-Ag 系状態図
（金属データブックより）

　Cu_3Au の組成合金は 390℃に規則-不規則変態点を示す．また CuAu 組成合金は 410℃に規則-不規則変態点を示し，規則相は CuAu II の斜方晶系であるが，約 385℃で CuAu I の正方晶系となる．またさらに金側に $CuAu_3$ 組成の規則-不規則相がある．

　CuAu 組成は重量％で Au75％，Cu25％であるが，この付近の組成合金は 500～600℃付近より急冷すると高温の不規則状態が凍結され，柔軟で加工性に富むが，徐冷したり，急冷しても 300～350℃付近で加熱すると規則状態になり硬化して脆くなる．この性質変化は Au-Cu-Ag 合金でも存在しているので，実用上この種の合金に応用されている．

　Au に Cu を添加すると赤味を増すので赤金（red gold）とよばれることもある．

Au-Ag 合金

　Au-Ag 系の状態図は図 3・79 に示したように単純な全率固溶体である．しかも液相線と固相線がきわめて接近しているので固相線は正確には求まっていない．研究者によっては AuAg 組成付近に規則化の傾向を示している．

　金に銀が添加されるとその色は緑色を帯びてくるので青金（green gold）とよばれることがある．

Au-Cu-Ag 合金

　実用合金としては Au-Cu-Ag の 3 成分系で使用されることが多い．種々の硬さと色調の

表3・96 純金とK18合金の性質の比較

組成（％）			焼なまし材*			強加工材			色調
Au	Ag	Cu	引張強さ (kgf/mm²)	硬さ (ブリネル)	伸び (%)	引張強さ (kgf/mm²)	硬さ (ブリネル)	伸び (%)	
100	0	0	12	5	35	22.4	58	4.2	黄色
75	25	0	19.2	32	36	34.9	93	2.6	緑色
75	21	4	34.5	65	39	56.1	138	3.0	淡緑
75	17	8	46.9	97	42	76.8	176	3.2	黄
75	13	12	49.1	105	45	86.4	182	3.3	黄
75	8	17	49.3	123	47	92.5	197	2.6	濃緑
75	4	21	49.4	125	42	90.4	205	1.5	濃黄
75	0	25	53.3	109	41	90.5	202	1.4	赤

* 強加工材を700℃に加熱後水中に急冷したもの

合金が得られるが，K18程度の金含有量のものが最も一般的である．

表3・96に純金とK18の各種の合金の性質を比較した．また徐冷した場合と急冷した場合のK18合金の硬さの相異を表3・97に示した．

K14（Au58.5％）合金もK18よりは色調は劣るが，弾性に富むので万年筆の金ペンなどに使用される．実用K14にはZnを添加したものがある．この添加によってAg量を減らすことになるが，色調が改善される効果がある．

ホワイトゴールド（white gold）

白金代用であってニッケルを添加した系統とパラジウムを添加した系統がある．

Au-Ni系は図3・80に示したように950℃，Ni約42at％（～17.5

表3・97 K18の徐冷と急冷の場合の硬さ

組成（％）			徐冷の場合の硬さ (ブリネル)	急冷の場合の硬さ (ブリネル)
Au	Ag	Cu		
75	25	0	54	54
75	17	8	135	128
75	8	17	161	156
75	3	22	186	167
75	0	25	330	176

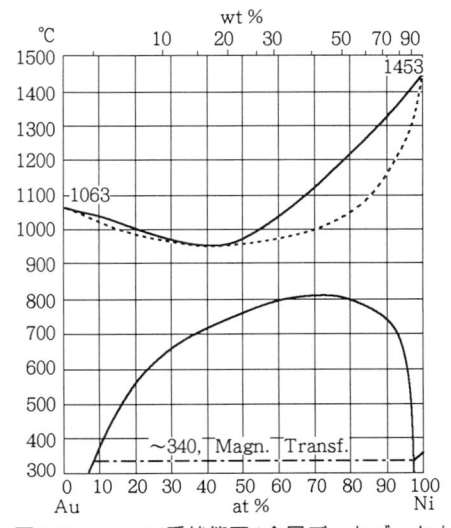

図3・80 Au-Ni系状態図（金属データブックより）

wt%)に極小を示す調和融解点を持つ全率固溶系であるが，812℃以下ではAu-richの固溶体とNi-richの固溶体に分れる2相分離曲線を持っている．

金にNiを添加すると黄金色は失われ硬さを増す．また高温より急冷したものは単相であるが，徐冷すると2相分離が起り性質は悪くなる．

たとえばAu25%Ni合金ならば780～800℃より油あるいは水中に焼入れるとブリネル硬さ300と硬質であるが，石綿のうえで空中放冷すると260位に軟らかく

表3·98 ホワイトゴールドの組成と性質

	組 成（%）				伸び (%)*	引張強さ (kgf/mm²)*
	Au	Ni	Zn	Cu		
K18	75.0	16.5	5.6	3.5	45	72.5
K14	58.3	17.6	6.0	18.0	50	68.5
K12	50.0	20.0	10.0	20.0	42	73.6
K10	41.7	17.3	14.0	27.0	35	—
K9	37.5	17.5	17.4	27.6	35	71.0

* 750℃より空冷

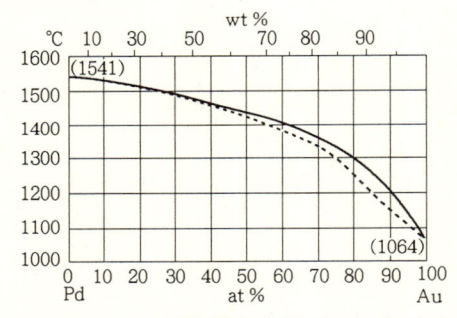

図3·81 Au-Pd系状態図（金属データブックより）

なる．しかも伸びが大きく40%程度となり加工性に富み色調もよい．さらに徐冷すると完全な2相分離が起り，硬さは340程度となり脆くて加工できない状態となる．この高温よりの冷却速度の選び方がこの合金の加工では最も重要である．

この合金の標準組成と性質を表3·98に示した．この合金は加工硬化傾向が強い．硬化すれば750℃に加熱後石綿上で空冷すると軟化する．この合金は250℃以上に加熱すると割れを起しやすい傾向がある．Znを減らすとその傾向は減少するが色が黄色を帯びる．

最近はロジウムめっきを施すのが一般的となったので，Ni量を減らし，Cu量を増して加工性のよいものに移行している．

Au-Pd系は図3・81に示したように単純な全率固溶系である．

この系のホワイトゴールドはK18程度のAu75%-Pd16～20%-Ag9～5%の組成のものであったが，一般のK18より高価であまり使用されなかった．性質はNi系のホワイトゴールドより柔軟で加工性に富む．その後日本では歯科用合金のAg-Pd合金にAuを加えて金パラとよばれる合金が使用されるようになってからこの系のホワイトゴールドが賞用されるようになった．その組成はAu5%-Pd25%-Ag70%程度のものである．

装飾品用合金としてピンクゴールド（pink gold）とよばれるものがある．K14～K10の

表3・99 工業用金ろう(航空機ミサイル，半導体，電子管等)

組成(％)							凝固温度	特性，用途
Au	Pd	Ag	Cu	Ni	Cr	その他	(℃)	
80	—	—	20	—	—	—	910	
75	—	5	20	—	—	—	905〜914	
72	—	—	—	22	6	—	975〜1001	耐酸性大，ミサイル，ジェットエンジン，航空機用
82	—	—	—	18	—	—	950〜960	強度大，流れがよい，耐食性大
35	—	—	35	—	—	Mo 30		グラファイトにろう着，溶融フッ化物に耐える
60	—	—	10	—	—	Ta 30		
73	—	—	—	—	—	In 27	451	
97	—	—	—	—	—	Si 3	363	
88	—	—	—	—	—	Ge 12	356	低融点共晶ろう，半導体関係
80	—	—	—	—	—	Sn 20	280	Au-Ga，Au-Inはp型用
75	—	—	—	—	—	Sb 25	360	Au-Bi，Au-Sbはn型用
18	—	—	—	—	—	Bi 82	241	
84.6	—	—	—	—	—	Ga 15.4	341	
75	25	—	—	—	—	—	1380〜1410	Mo, W
92	8	—	—	—	—	—	1190〜1240	Mo, W, ステンレス
100	—	—	—	—	—	—	1064	Cu, Mo
30	—	—	70	—	—	—	1015〜1035	Cu, Fe, コバール, Ni 〕電子管用
35	—	—	62	3	—	—	975〜1030	Cu, コバール, Mo, モネル, Ni
82	—	—	18	—	—	—	950	Cu, コバール, Mo, Ni, W ステンレス, インコネル

Au-Ag-Cu-Ni-Zn合金である．

金ろう

接合用に使用される金ろうは装飾用としてはAu(33.3〜66.7％)-Ag(31〜15％)-Cu(28〜15％)-Zn(1.5〜11.7％)の組成である．

最近工業用として金ろうの用途は航空機，ミサイル，エレクトロニクス方面で重要性を増しているが，その中で主要なものを表3・99に示した．最近，金ろうとしてAu-Si，Au-Ge，Au-Snなどの共晶合金がエレクトロニクス関係で利用される傾向にあるが，各系の状態図を図3・82に一括して示した．Auの融点は急激に低下していることがわかる．これらの系は冷却条件によって非晶質に近い純安定状態が得られるが，室温放置で変質しやすい．

接点用合金

金を含む接点材料は表3・100に示した2種である．Ptのような白金系を多く含むと接点表面に吸着された有機ガスとの反応で褐色のブラウンパウダー(brown powder)を発生して接触不良を起す傾向があるが，金，銀系はこの欠点が少ない．耐アーク性などでは白金

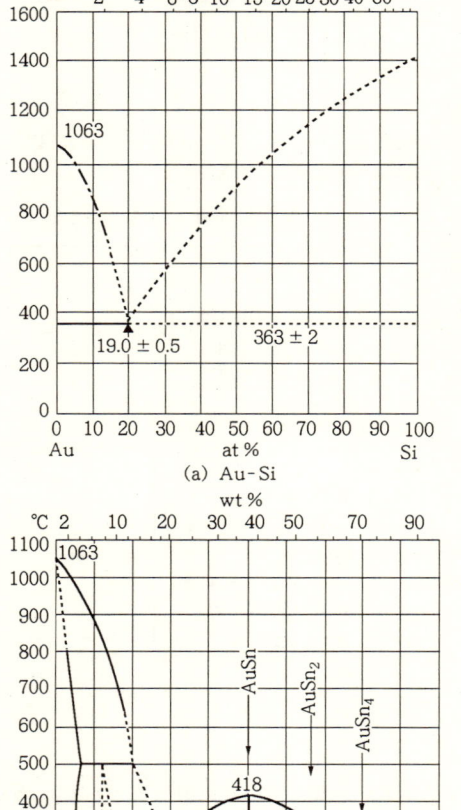

図3·82 Auと4b族元素の2元系状態図
（金属データブックより）

表3·100 金接点材料

組　成（%）			特性および用途
Pt	Au	Ag	
6	69	25	電話交換機用リレー，電子顕微鏡用接点
—	10	90	自動交換機用リレー，電圧調整器，その他一般用

表3·101 金薄膜の光学的性質

金の膜厚 (Å)	透過光の色	最高透過率を示す光の 波長と透過率		赤外線		
				反射率 (％)	吸収率 (％)	透過率 (％)
15	ルビーパープル色					
20	藍　色					
27	青　色					
32	緑　色					
40	黄緑色					
40以上	黄金色					
60		0.5 μm*	67％	30	30	40
70		0.55	65	50	12	32
80		0.55	63	60	8	25
140		0.53	49	85	2	10
200		0.52	38			
400		0.50	12			

* 0.55 μm付近の波長を人間の眼は最もよく感じる．

系に劣る．

金めっき

金めっきは古くはアマルガム法，クラッド法などもあるが，1840年頃より現在の青化アルカリ浴あるいは黄血塩浴に変った．昔はもっぱら装飾が目的であったが，現在は工業的応用面，とくに電子工業面での需要が急激に増加した．他の貴金属に比較して金の安定性が賞用されている．厚さ20 μm以上から0.01 μm以下のものまで自由に変化させることができる．コネクター接点関係，半導体関係，IC関係，その他の電子工業で広く利用されている．

金の薄膜

スパッターあるいは蒸着によりきわめて薄い金の膜が得られ，これが光学的に特異な性質を示すところからその応用面は今後拡大の傾向にある．その厚さと反射，吸収，透過性を表3·101にまとめた．たとえば140Å程度の膜では可視光線の約50％を透過し，外部よりの熱線の吸収，内部よりの熱線の放散を85％も防ぐ役目をすることがわかる．

熱電対用金合金

金合金を使用したいくつかの熱電対が使用されている．

高温用としては表3·102に示したようなものがある．高温用と低温用に分けて示したが，高温用のプラチネルIIはクロメル：アルメルによく似た特性を示す．金合金熱電対は磁気の影響を受けず，大気中でよく酸化に耐える．低温用としてはAu-Co(2.1at％)：Ag-Au (0.37at％)対およびCu：コンスタンタンなどが4Kまでの低温で使用できる．さらに4K

表3・102 金合金熱電対 *

熱電対（高温用）	熱起電力（mV）												
	（℃）												
（＋）　　　　（－）	100	200	300	400	500	600	700	800	900	1000	1100	1200	1300
Pd(83)-Pt(14)-Au(3)： Au(65)-Pd(35)（プラチネルⅠ）	3.60	7.60	12.10	16.30	20.80	25.20	29.40	33.60	37.50	41.20	44.60	48.00	51.10
Pd(55)-Pt(31)-Au(14)： Au(65)-Pd(35)（プラチネルⅡ）	3.31	7.15	11.32	15.70	20.20	24.70	29.15	33.50	37.61	41.65	45.40	49.00	52.30
クロメル：アルメル	4.10	8.13	12.21	16.40	20.65	24.91	29.14	33.30	37.36	41.31	45.16	48.89	52.46

熱電対（低温用）	熱起電力（mV）										
	（℃）										
（＋）　　　（－）	10	20	30	50	80	100	120	140	180	200	250	300
Cu：Au-Co (2.1at%)	48.93	179.6	372.5	893.9	1883	2622	3402	4211	5880	6730	8875	11025
Cu：コンスタンタン	15.88	60.40	130.3	335.6	773.0	1133	1546	2009	3083	3688	5388	7330

＊　（＋）：（－）

表3・103　歯科用合金の組成，性質，用途

合金名	組成（%）							融点 （℃）	引張強さ (kgf/mm²)	伸び （%）	硬さ (HB)	用途
	Au	Ag	Cu	Pt	Pd	Sn	Zn	その他					
鋳造用合金 タイプⅠ	83	10	17	—	—	—	—	—	980	25	34	49	インレー
鋳造用合金 タイプⅡ	76	8	14	—	2	—	—	—	927	33	30.5	76	力の加わるイン レークラウン
鋳造用合金 タイプⅢ	75	7	15	—	3	—	—	—	940	74.2 （硬化）	10.5 （硬化）	243 （硬化）	タイプⅡより更に 力のかかる部分
鋳造用合金 タイプⅣ	70	10	14	3	3	—	—	—	945	82.8 （硬化）	7 （硬化）	270 （硬化）	バー，クラスブブ リッジ，部分床
加工用白金 合金	63.0	10.5	12.0	7.0	5.0	—	0.5	Ni 2		78.4 115.0 （硬化）	13.4 6.0 （硬化）		クラスプ
陶材焼付 用合金	87.0	1.0	—	4.0	8.0	—	—	—	1200			HV 170	メタルボンド
ホワイト ゴールド	35	40	10	1	11	—	—	Ni 3	970	84 （硬化）	31 8 （硬化）	213 （硬化）	インレー クラスプ
鋳造用金銀 パラジウム	12	47	18	—	20	—	—	Ni 3	930	51 82 （硬化）	27.8 3 （硬化）		インレー クラスプ

以下0Kまでの極低温ではさらに希薄な金合金，たとえばAu-Mn(0.2at%)：Au-Fe(0.2at%)対などである．

歯科用金合金

歯科用金合金には，鋳造用，充填用（インレー），床用，鉤（こう）用（クラスプ），冠用（クラウン），ろう付用などがある．

鋳造用合金はK14が一般的である．先にも述べたように，800℃付近より急冷したものは軟質であり，約450℃より空冷したものは硬質である．Au-Ag-Cu系が主体で，これに少量のPtを加えて硬化したものである．鋳造床用はAu-Ag-Cuに少量のNi，Zn，Pd，Ptなどを加えて硬化する．一般にK18が多い．鉤は鋳造と加工の両法で作る．鋳造用はK16～K14にPt，Pdを加えて強化する．冠用はK21～K22が多い．引張り強さ30～40kgf/mm^2，伸び30％以上がよい．冠用，床用として金と白金が75％以上で耐食性，ばね性のすぐれた白金加金が多く使用されるようになった．歯科用金合金を表3・103に示した．

水金

水金（金液，liquid bright gold）とは，陶磁器の上絵具として金色の装飾を施すために使用されてきたものである．

主成分の金化合物は金硫化テルペンの錯化合物の金バルサムか金メルカプチドである．これに金膜の密着性，耐熱性を増すためRh，Bi，Cr等をバルサムまたは樹脂酸塩として加えたものである．溶剤でうすめ，毛筆で陶磁器面に描き，乾燥後700～800℃で焼成する．

金バルサムは天然香油，たとえばラベンダー油に硫黄を180～200℃で作用させて硫化バルサムを作り，これに塩化金を加えて作る．金メルカプチドは，第3級アミルメルカブタンに塩化金のアセトン溶液を加え190～195℃で反応させて作る．

最近は陶磁器ばかりでなく，電子工業等への用途も開発されている．

3・9・2 銀および銀合金

3・9・2・1 銀一般

銀は比較的広く分布する金属元素であり，そのクラーク数は0.1ppm，海水中にも0.00015～0.0003ppm含まれている．自然銀として見出されることもあるが，多くは硫化物として銅，鉛，亜鉛などとともに産出する．古くから貴金属として利用されているものであるが，工業的利用度も高い．

新しい銀はその83％は鉛，亜鉛，銅，ニッケルなどの製錬の際の副産物として供給されている．

世界の銀地金の産出統計は1982年の生産を表3・104に示した．また日本の1982年の生産は1,422トンである．

表3・104　1982年における世界の銀の生産量

国　名	1982年の生産量 (MT)
メキシコ	1,711
ペルー	1,493
カナダ	1,275
アメリカ	1,120
その他自由圏	3,173
共産圏	2,550
合　　計	11,322

表3・105　日本の工業用銀消費(1982年)

用　　途	消費量（MT）	比率（%）
写真感光用硝酸銀	1,174	58.4
その他硝酸銀	181	9.0
展伸材	97	4.8
銀ろう	102	5.1
接点	196	9.7
その他	259	13.0
計	2,009	100.0

その部門別銀消費量を表3・105に示す．

3・9・2・2　純銀

純銀の物理的性質は章末の表3・123に示した．

天然の銀は安定同位元素^{107}Agと^{108}Agの混合物で両者の比率は51.82％：48.18％である．人工的には13種の放射性同位元素が知られている．

銀の熱伝導性は金属中最高で銅より33％もすぐれている．電気伝導性も最高で銅より約8％すぐれている．

光に対する特性は，可視光線の反射率は金属中最高で90％，赤外線反射率も金に次いで高く98％に達する．銀の紫外線に対する反射率はきわめて低く，3200Åで10％以下に落ちる．銀の表面より電子を飛び出させる仕事関数はきわめて小さいこともその特性の一つであろう．

純銀は，装飾用および工業用として一般に柔軟すぎるので，通常合金の状態で硬くして使用されることが多い．

3・9・2・3　銀合金

装飾用および工業用合金

Ag-Cu合金が最も一般的であるが，Ag-Cu系の平衡状態図を図3・83に示した．両側に固溶体をもつ単純共晶系であり，共晶点はCu 28.1wt％(39.9at％)，779℃である．両側の固溶限はAg側は8.8wt％(14.1at％)Cuであり，Cu側は8.0wt％(4.9at％)Agである

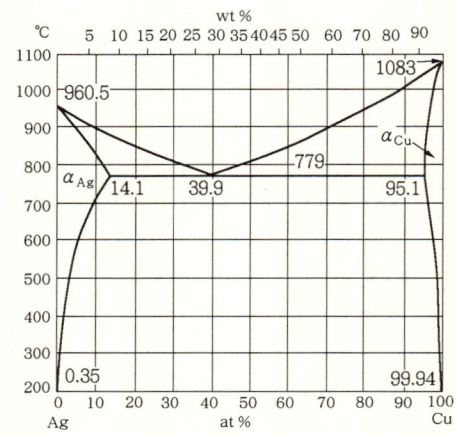

図83　Ag-Cu系状態図(金属データブックより)

表3・106 Ag-Cu合金の性質

組成		融点（℃）	電気比抵抗 （$\mu\Omega\cdot cm$） （20℃）	引張強さ （kgf/mm^2）	伸び （％）	硬さ （HB）
Ag	Cu					
100	0	961.9	1.59	20.9	62	35
95	5	930-900	1.72	28.0	42	46
92.5	7.5	915-870	1.79	32.8	37	51
90	10	900-779	1.80	35.0	33	56
80	20	850-779	1.82	40.0	28	71
71.5	29.5	779	1.85	42.9	27	79
50	50	825-779	1.92	43.7	26	78
20	80	950-779	2.00	41.9	27	77
10	90	1005-779	2.02	37.6	32	69
0	100	1083	1.67	30.4	55	32

る．その固溶度は温度の低下とともに急激に減少する．

Ag-Cu合金の一般的性質を表3・106に示した．表中の諸性質は750℃で溶体化後急冷した時のものである．溶体化のままでは共晶付近の合金が最も硬質である．

スターリング（sterling）とイギリスでよばれる銀合金はAg（92.5wt％）-Cu合金である．装飾用，貨幣用として発達したものであるが，工業的にもろう用にも多く使用されている．そのCu量はAg側の固溶限に近く，これを高温より焼入れ200～300℃で時効させると，Cu-richの固溶体の析出により硬化する．ブリネル硬さで焼入れ直後51の値が300℃の時効で130程度に硬化する．

Ag（90wt％）-Cu合金はcoin silverともよばれる．各国の銀貨がこの組成であることが多い．スターリングほどではないが，時効硬化性がある．750℃焼入れ直後ブリネル硬さが56であるが，280℃×2.5時間の時効で99程度になる．

Ag（80）-Cu（20）合金はアメリカ合衆国の銀貨用トリメタルの表裏面に使用されている．ヨーロッパでは銀器用に多く使用される．

共晶合金（71.9wt％Ag）は強さ，硬さ，電気抵抗などの性質のバランスがよくとれているのでスプリング接点などに用いられることが多い．

純銀およびAg-Cu合金は空気中で変色する．この変色の起らない不変色銀の研究が昔から多く行われてきた．多くの添加元素の中で，貴金属以外では，Zn，Cd，Sn，Sbが多少これを防止する効果のあることが知られている．貴金属としてはAu，Ptおよび白金族元素を，原子％で等量以上加えると防止できる．この中でよく知られているのはパラジウム合金である．またInの添加が効果的であることも最近知られている．

電気接点用銀合金

電気用として銀の高伝導性は最も利用価値の高いものである．その中で接点としての応用が重要である．

接点材料は，消耗が少ないこと，接触抵抗が低く安定していること，耐アーク性にすぐれていること，溶着しにくいこと，適度の機械的性質を有することが要求される．

銀はこの電気接点材料として，軽および中負荷用として広く利用されている．接点用としては次のような合金が利用されている．

Ag-Cu合金はCu 3.0～40％の広い範囲で使用される．純銀より接触圧が高くとれる利点がある．

Ag-CdO合金は銀素地にCdOを分散させたもので中負荷用として最も多く使用されている．CdOの含有量は12～13％の場合に，最も高い耐溶着性，耐消耗性，耐アーク性が得られる．CdOが熱により揮発し，接触面が常に清浄に保たれるのでよいとされている．

Ag-Au合金は硬さ，耐消耗性，耐食性が改善されている．したがって接触信頼性が高い．Ag(90)-Au(10)合金は通信機など低接触圧下の信頼性の要求の強いところに使用される．この他にAg(30)-Au(70)合金，Ag(25)-Au(69)-Pt(6)合金なども使用される．

Ag-Pd合金は耐食性，強度，接触信頼性の向上により，白金系接点の代用として多用されている．Ag10％，40％，60％合金が多い．

Ag-Ni合金は両元素は固溶しないので粉末冶金法で製造される．耐硫化性，耐消耗性，耐溶着性にすぐれている．Ni10～15％のものが多い．

Ag-C合金も粉末冶金法で製造される．消耗量は多いが，溶着しない．面が平滑である鉄道信号機，大型電圧調整機，モーターのしゅう動部分などに用いられる．C 0.5～20％のものが多いが，5％以上になると脆くなる．

Ag-W合金は粉末より作られる．耐アーク性，耐溶着性，高温硬さが優れ，重負荷用として最も優秀な性能を示す．Ag20～90％のものが使用される．

この他にAg-WC合金，Ag-Mo合金なども使用されている．

銀ろう

銀ろうは銀部品のみでなく，鉄非鉄を問わず広範に利用されている．電気機器関係，自動車関係，身近な装飾関係などに使用され，最近は原子力および電子機器関係の用途が増大している．銀ろうJIS規格を表3・107に示した．

最近はMn, P, Li, Pd, Inなどを加えた銀ろうの使用が次第に増加している．これら特殊銀ろうの組成例を表3・108に示した．

一般にAg-Cu系銀ろうはAg量の増加とともに鉄，コバルト，ニッケル合金などのぬれ性は悪くなる．このぬれ性の改善には融点を下げるZn, Cd, Snを添加するか，Li, Inなどの添加が有効である．Mo, Wなどを多量に含有する耐熱金属などにはMn, Niなどを添

表3·107 銀ろうJIS規格

JIS記号	化学組成（％）							ろう付温度 (℃)
	Ag	Cu	Zn	Cd	Ni	Sn	Pb + Fe	
BAg-1	44～46	14～16	14～18	23～25	—	—	<0.15	620～760
BAg-1a	49～51	14.5～16.5	14.5～18.5	17～19	—	—	<0.15	635～760
BAg-2	34～36	25～27	19～23	17～19	—	—	<0.15	700～845
BAg-3	49～51	14.5～16.5	13.5～17.5	15～17	2.5～3.5	—	<0.15	690～815
BAg-4	39～41	29～31	26～30	—	1.5～2.5	—	<0.15	780～900
BAg-5	44～46	29～31	23～27	—	—	—	<0.15	745～845
BAg-6	49～51	33～35	14～18	—	—	—	<0.15	775～870
BAg-7	55～57	21～23	15～19	—	—	4.5～5.5	<0.15	650～760
BAg-8	71～73	29～29	—	—	—	—	<0.15	780～900

表3·108 特種銀ろう

化学組成（％）		固相線 (℃)	液相線 (℃)	用　　途
Ag	その他			
85	Mn 15	964	971	耐熱性
80	Au 20	970	985	400℃までの使用に耐える耐熱材料用
95	Al 5	840	870	チタンおよびチタン合金
60	Cu 30 - Sn 10	600	720	炉内ろう付け用
65	Cu 28 - Mn 5 - Ni 2	752	783	耐熱金属，ステライト用
71～73	Li 0.15～0.3 - Cu残			ステンレス

加してぬれ性を改善する．

　銀ろうのフラックスにはホウ酸，ホウ砂，フッ化カリ，塩化リチウムなどを成分としたものが多い．

　その他特殊用途用銀材料

　電子管関係ではろう材の他に光電子放出用として，Ag-Cs合金は近赤外線に感度がよいので暗視管に，Ag-Bi-Cs合金は可視域の二次電子増倍管に使用される．光電子倍増管にあるダイノード（dynode）とよばれる電極にはAg-(1～3%)Mg合金が使用され，加速された電子があたると光電流が増幅される．

　半導体用にははんだ用として，光導電性半導体CdS，ZnSにはp型添加物としてAgが使用される．

　銀は軸受材料としてその熱伝導性，耐圧強度の点で従来のホワイトメタル系材料より優れている．航空機のエンジン用ベアリングには銅-鉛合金のケルメットが使用されていたが，エンジンのパワーの増大とともにその疲れ強度の点で問題となり，新しく銀ベアリングが開発された．

表3・109 各種軸受の性能比較

	銀ベアリング	Sn基合金ベアリング	Pb基合金ベアリング	銅合金ベアリング
引張強さ (kgf/mm^2)	16.2	7.7	7.0	5.6
ブリネル硬さ	25	25	17	25
弾性係数 ($10^3 kgf/mm^2$)	19.5	13.0	6.4	11.5
最高許容温度 (℃)	260	150	150	180

その使用法は，軟鋼パイプ内面に下地めっきとして銅かニッケルめっきを施し，その上に銀めっきを行う．最後に銀めっき表面にSn-Pb合金かPb-In合金をかぶせて使用する．銀層の厚さは0.5～0.75mm，表面層は0.01～0.07mmである．参考のため各種軸受の特性の比較を表3・109に示した．

エネルギーを求めて新しい型式の各種電池の研究が進められているが，その中に銀電池がある．充-放電のリサイクル可能な電池としてAgO/KOH/ZnおよびAgO/KOH/Cd系が各方面で使用され始めた．

たとえばAgO-Zn電池の概略を紹介するとつぎのような構造と極反応になっている．

⊕極板は厚さ0.25～1.25mmの薄いもので，銀網や線で作られる．これに銀粉をつけて370～480℃に熱して固着させ，電気化学的にAgOにしておく．

⊖極は亜鉛活物質（銀極の重さの約半分）のペーストを銀の網につけ，その表面をKOHで電気化学的に還元する．

電極液は約40％KOH液を使用し，両極間には適当なセパレーターを置く．ターミナルは銀めっきかニッケルめっきを施す．

放-充電時の極反応は次の通りである．

⊕極では

$$2AgO + H_2O + 2e^- \underset{充電}{\overset{放電}{\rightleftarrows}} Ag_2O + 2OH^-$$

$$Ag_2O + H_2O + 2e^- \underset{充電}{\overset{放電}{\rightleftarrows}} 2Ag + 2OH^-$$

⊖極では

$$Zn + 2OH^- \underset{充電}{\overset{放電}{\rightleftarrows}} Zn(OH)_2 + 2e^-$$

$$Zn(OH)_2 \underset{充電}{\overset{放電}{\rightleftarrows}} ZnO + H_2O$$

各種の蓄電池の性能の比較を表3・110に示した．Ag-Zn系はエネルギー密度および容

表3・110　各種蓄電池の性能比較

蓄電池の種別	エネルギー密度 (W. h/lb)	エネルギー容量 (W. h/in^3)	寿命 (年)	価格比
鉛蓄電池（工業型）	10	1.2	7	1
Ni-Fe	11	0.7	11	1.7
Ni-Cd	14	1.3	10	3
Ad-Zn	40	3.2	1.5	5
Ag-Cd	27	2.3	2.5	5.5

量の点で優れているが，寿命は短く高価であるのが欠点である．この他銀電池には100〜200mAhのミニアチュア電源用として，ボタン形で使用されるものもある．

3・9・3　白金族金属およびその合金

3・9・3・1　白金族金属一般

白金は天然金属状態で産出するにもかかわらず，一般的に知られたのは意外に遅く，1492年のコロンブスによるアメリカ大陸発見以後である．自然白金はコロンビアのチョコ河流域の砂金鉱床で金とともに見出された．プラチナという言葉は原語では小粒の銀という意味であるという．

18世紀の終りから19世紀のはじめにかけて，英国のWallastoneは海綿白金を固め，灼熱と鎚打ちを繰り返して白金塊を溶解法によらないで作ることに成功した．この方法の主旨は現在でも世界各国の白金工場で採用されている．この白金は柔軟できわめて加工しやすいものである．またWallastoneは白金溶液よりパラジウムの分離に成功し，当時発見された遊星パラスの名をとってパラジウムと命名した．彼はまたロジウムの発見者でもあり，その化合物がバラ色をしているところよりロジウムと名付けたといわれている．

オスミウムはTennantにより1804年頃発見されている．その酸化物が臭気を発するところから，臭気のギリシャ語(osme)より名付けた．

ルテニウムは1844年ロシアのKlausによって初めて純粋状態に分離されたが，その名前は1828年Osannが小ロシアの古い名前Ruthenenにちなんで名付けたといわれている．

昔は白金の価格は非常に安く銀と同程度であり，主として理化学用に使用された．工業用としては硫酸濃縮用のボイラー，食酢加熱用の管などに使用された例がある．

1920年イギリスのMatthey社が，高周波溶解炉で最初に白金の溶解に成功した．

世界の白金族金属の産地は現在，ソ連，南アフリカ，カナダの3地区でほとんど独占されている形である．ソ連はウラル山脈のPerm地区，南アフリカはルステンブルグ(Rustenburg)およびインパラ(Impala)両地区，カナダはInco社がニッケル鉱から採取している．

白金族の鉱物は白金族の天然合金粒の形か硫化物あるいはヒ化物である．

前者に属する代表的な鉱石であるウラル白金鉱は，Pt(88.55～51.24％)，Ir(1.81～0.52％)，Pd(1.19～0.22％)，Rh(1.4～0.25％)Os＋Ir(17.59～0.48％)，Fe(11.33～6.83％)，Cu(1.83～0.36％)，Ni(0.64～0％)，Au(0.25～0％)，Ag(2.9～0％)の組成である．イリドスミン(Iridosmin)とよばれる天然合金があるが，ウラルイリドスミン鉱は，Pt(7.4～1.1％)，Ir(55.0～24.5％)，Ru(18.3～4.2％)，Os(46.0～31.3％)，Rh(2.8～0％)，Fe(8.5～2.6％)，Au(1.8～0.45％)である．

カナダではサドバリー(Sudbury)のニッケル鉱石中に含まれるもので硫化物およびヒ化物である．

上に述べた3主要産地で鉱石中の白金含有量は約30g/tonであるが，南アフリカでは白金が主鉱で銅およびニッケルは副産物であるが，カナダおよびソ連ではその反対であるのが特徴である．

電解銅およびニッケル採取の際の副産物として得られる陽極泥(anode slime)より白金族を精製する過程を簡単に紹介したい．

まずスライムを湿式抽出法で処理しCu，Fe，Niを除く．

次に王水処理で溶液と不溶残渣に分ける．溶液には主にPt，Auを含み，残渣には他の白金族を含む．

溶液を蒸発乾固し，温水を加えると液中には主としてPt，残渣中にはAuを含む．

溶液に塩素ガスを吹きこみ濾過すると，溶液中にはPt，沈澱中には他の白金族を含む．この溶液を煮沸すると他の白金族はさらに沈澱物となり分離される．

最後の溶液に塩化アンモンを加えると黄色の塩化白金酸アンモンの沈澱が得られる．

この沈澱を800～900℃に加熱すると粗白金が得られ，これを海綿白金とよぶ．

他の白金族の精製法は省略するが，各段階の沈澱物を処理してPd，Ir，Rh，Ru，Osが分離される．

高純白金は，上記スライム処理の王水処理以降のプロセスの繰り返しによって約99.999％以上に純度を上げることができる．

参考のため世界の白金年間需給量の大略を表3・111に示した．

表3・111　世界の白金年間需給量　　　　(MT)

	1976年	1977年	1978年	1979年	1980年
鉱山からの生産量	59	64	61	65	70
総供給量	82	90	73	81	90
総需要量	77	74	89	88	79

(米鉱山局統計)

また日本における白金，パラジウムの消費実績をみると，1980年で，白金の33％以上，パラジウムの65％以上は，化学，自動車，電子工業に使用されている．今後この傾向はますます強くなるであろう．

3・9・3・2　純白金および白金族

物理的性質

白金および白金族の物理的性質は章末の表3・124に一括表示した．

まためっき膜による光の反射率の大略を図3・84に示した．反射率はめっき条件により異なるものであるが，大体の傾向として紫外領域では低く，赤外領域で反射率は大である．全領域を通じてロジウムめっきの反射率が最大である．

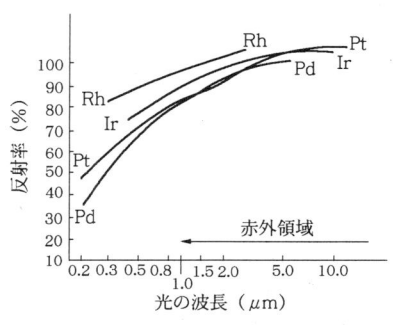

図3・84　白金族薄膜の光の反射率

化学的性質

白金は空気中で熱しても酸化しないが，他の白金族は酸化する．オスミウムは粉末状態ならば室温で塩素に似た臭気を出し，400℃に加熱すると激しく酸化してOsO_4となる．ルテニウムはこれに次いで酸化されやすい．

その他の白金族も空気中で加熱すると薄い酸化膜を作り，さらに高温に加熱するとこの酸化膜は蒸発してふたたび美しい金属光沢を示す傾向がある．1300℃×15時間の加熱による蒸発減量の割合はRh：Pt：Pd：Ir＝1：2：6：60とされている．

王水に対しては白金およびパラジウムは容易に溶解する．いずれもH_2PtCl_6およびH_2PdCl_6となる．ロジウムは王水におかされない．ルテニウムおよびイリジウムも王水におかされない．オスミウムはおかされてOsO_4を発生する．

機械的性質

機械的性質は，一般にfccの白金，パラジウムはきわめて柔軟で加工しやすく，ロジウムとイリジウムは室温では加工がかなり困難であるが高温では容易となる．cphのルテニウムとオスミウムは室温および高温でも加工は困難である．

表3・112　白金族の機械的性質

	引張強さ (kgf/mm^2)	伸び (％)	硬さ (ビッカース)	弾性率 ($10^3 kgf/mm^2$)
Ru	—	—	240	42.19
Rh	70.90	5	100	32.34
Pd	14.12	40	40	11.96
Os	—	—	350	56.95
Ir	11.00	—	220	52.73
Pt	12.60	40	40	17.50

これら白金族の機械的性質の一例を表3・112に示した．

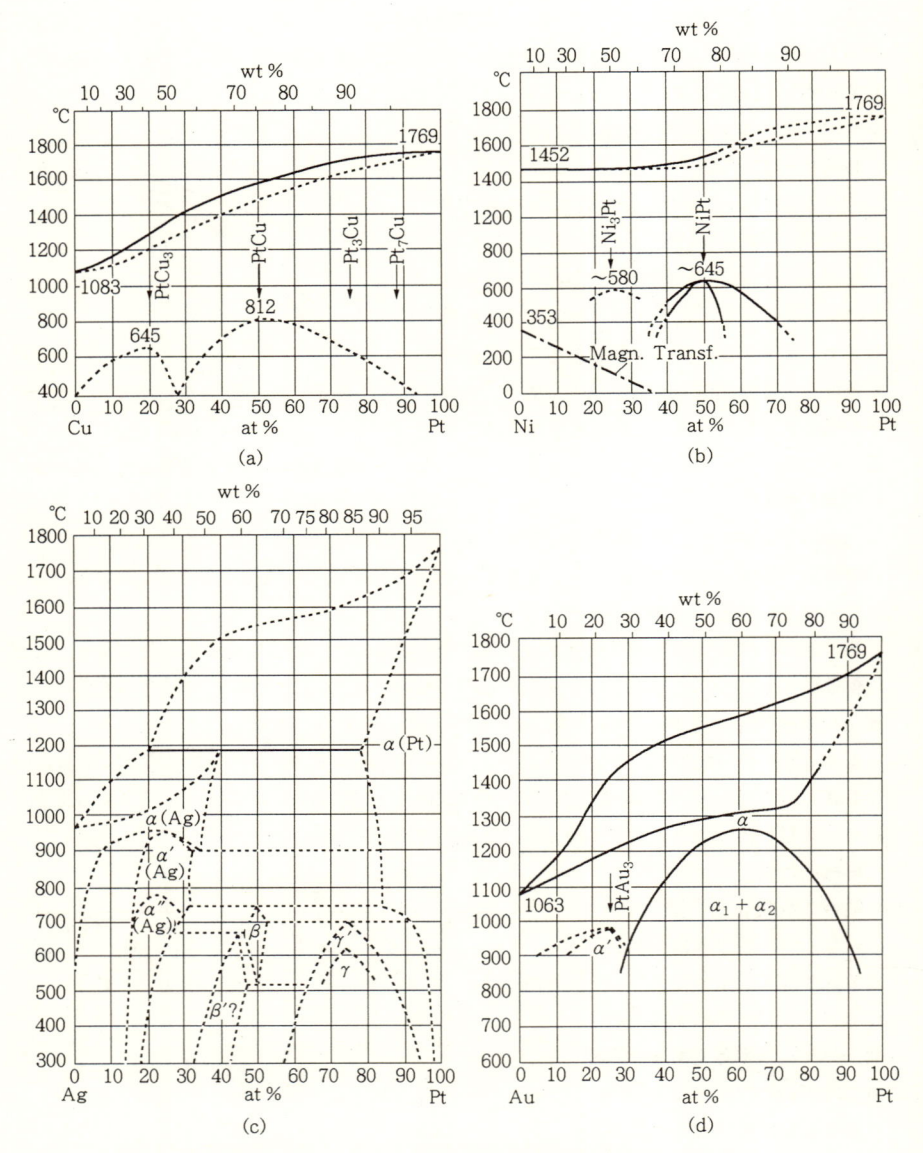

図3・85　白金とCu, Ag, Ni, Auの2元系状態図(金属データブックより)

3·9·3·3 白金族合金

金および銀とは異なり白金および白金族は貨幣として使用される例はきわめて稀である．1826年から1846年にかけてロシアで使用されたことがあるが，これも1872年頃Matthey社が買いとって大部分は潰して使用された．多くは理化学用，歯科医療用，装飾用である．次にこれらの合金類で代表的なものを述べる．

白金合金

純白金は非常に柔軟であるので，その使用目的に適した硬化方法が必要である．

硬化用の合金元素として白金族以外の金属元素としてはCu，Ag，Ni，Auなどが考えられる．参考のためPt-Cu，Pt-Ag，Pt-NiおよびPt-Au系状態図を図3・85に示した．

Pt-Ag系は複雑で未知のことが多いが，他はいずれも全率固溶体を形成する．その固溶体には規則-不規則変態を示すものが多い．

これらを添加した場合，焼なまされた純白金のブリネル硬さがどのように増加するかの一例を表3・113に示した．

いずれもかなりの硬化を示すが，一般にはCu 3.5％程度のものが装飾用などとして利用されている．図3・85(d)からもわかるようように，Ptに多量のAuを添加すると，液相線と固相線が大きく離れているため偏析が大きく，また固相領域で2相分離を行い硬化が激しい．したがって白金中には金が約15％以下，金中には白金が約25％以下の組成範囲で使用されるものが多かった．中間組成でも1000℃付近より急冷すると軟化し，加工も容易となる．500～600℃の中間温度に加熱するとふたたび時効硬化を示す．Pt-Au合金は耐食性に優れ高温強度が高い．

合金には白金族も白金元素として使用されている．白金硬化用としては昔からイリジウムが使用されることが多い．

白金に他の白金族を添加した場合の硬化例を表3・114に示した．

次に白金合金をその用途別に分類する．

表3·113 白金合金の硬さ(焼なまし材)

添加量	ブリネル硬さ			
(％)	Cu	Ag	Ni	Au
5	100	88	130	98
10	132	120	200	162

表3·114 白金に他の白金族を添加した場合の硬化例

添加量	ブリネル硬さ				
(％)	Ir	Rh	Pd	Ru	Os
5	110	80	75	105	115
10	150	90	85	190	180
15	190	100	90	250	—
20	230	107	95	—	—
25	270	115	100	—	—
50	—	138	90	—	—

熱電対として使用される白金合金は表3・115に示したようなものがある.

Pt(90)-Rh(10):Pt熱電対は広く使用され,ルシャテリエ熱電対ともいい,その温度と起電力の直線性は1500℃位まできわめてよく,国際実用温度目盛りに指定されている.

表3・115　白金熱電対例

種類と組成（％）		最高使用温度
＋　線	－　線	（℃）
Pt 90-Rh 10	Pt	1600
Pt 87-Rh 13	Pt	1600
Pt 90-Ir 10	Au 40-Pd 60	1100

Pt(87)-Rh(13):Pt熱電対はJIS規格のPR熱電対に指定されている.Rhを添加すると一般に高温使用時の耐久性が増加する.

白金熱電対は還元性雰囲気中で劣化しやすい.とくにCOガス中では注意が必要である.また高温接点でRhが白金側に拡散することもある.このような場合はその接点付近を数mm切断して使用した方がよい.

また中性子線でも白金熱電対は放射損傷を受けて劣化する.Pt中にはAu,Hgなどが生じ,Pt-Rh中のRhはPd,Hg,Au,Irなどに変化する.Ruが最も安定である.

発熱体として白金合金は空気中で1800℃位まで昇温できる.高価ではあるが他の高温用の発熱体に比して酸化されず,結晶粗大化による脆化も少ない等の利点がある.

白金-白金族の2元状態図を図3・86にまとめて示した.

Pt-Rh,Pt-Ir系は一応全率固溶系として示されているが,Pt-Ru,Pt-Os,Pt-Pd系は未定である.しかしRuは約70at％まで白金中に固溶し,Pt-Pd系は全率固溶,Osは白金中に約25wt％以下の固溶限のあることが示されている.

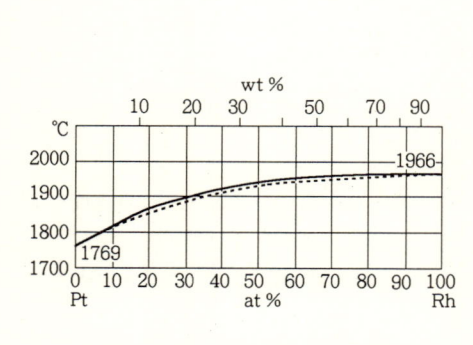

図3・86　白金-白金族2元系状態図
（金属データブックより）

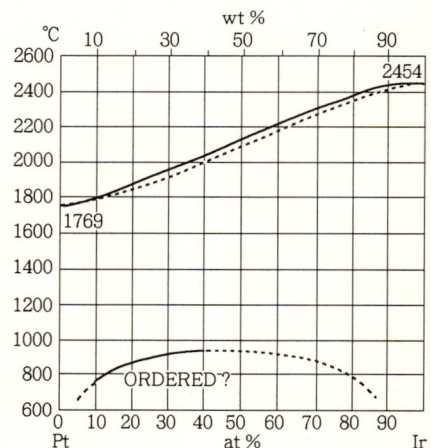

図 3・87　Pt-Rh 合金の電気抵抗とその温度係数

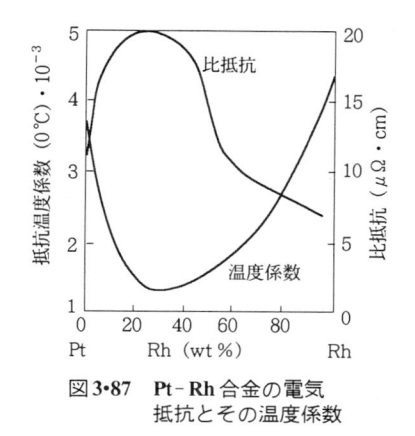

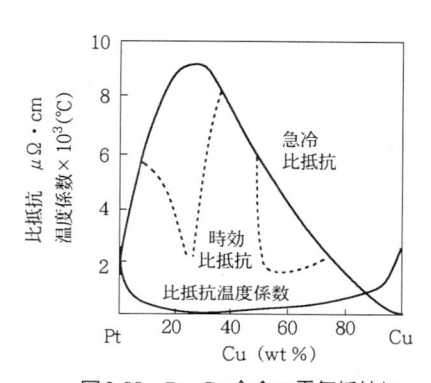

図 3・88　Pt-Cu 合金の電気抵抗に及ぼす熱処理の影響

表 3・116　標準抵抗線用白金合金例

合金	比抵抗 ($\mu\Omega\cdot$cm)	温度係数 (0〜100℃)	引張強さ (kgf/mm^2)		銅に対する起電力 (mV, 100℃)
			鈍し材	強加工材	
Pt-10 Rh	19	0.0017	47	117	-0.10
Pt-10 Ir	24.5	0.0013	55	125	+0.55
Pt-5 Au-10 Rh	26	0.0011	63	142	-0.38
Pt-5 Ru-15 Rh	31	0.0007	101	173	+0.03
Pt-10 Ru	42	0.00047	79	140	+0.14

　発熱体用の合金としては Pt-Rh 系が種々の理由から最もよいとされている．

　Os, Ru は高温で合金中より酸化揮発しやすい．Pd は白金の融点を下げる．Ir も Rh よりは揮発しやすい．以上の種々の理由より Rh が合金元素として一般的である．

　Pt-Rh 合金の電気比抵抗とその温度係数の概略を図 3・87 に示した．

　標準抵抗線として白金合金が使用されることが多い．表 3・116 に白金ベースのこの目的に使用される材料の特性をまとめた．

　図 3・85 (a) に Pt-Cu 系の状態図を示したが，PtCu 組成合金は規則-不規則変態を示し，約 1000℃付近より急冷すると軟質ではあるが高い比抵抗値を示し，200〜300℃近くで時効を行うと規則格子の形成により比抵抗値は急激に低下する．図 3・88 にその概略を示した．

　Pt-Co 系の永久磁石合金は 1936 年頃開発されたものであるが，現在知られている磁石材料の中で保磁力，エネルギー積，耐食性および加工性の点で最も優れたもののひとつである．

Pt-Co系状態図は図3・89に示した.

高温では不規則な面心立方の全率固溶体を形成するが，CoPtおよびCoPt$_3$組成合金はそれぞれ825℃および約760℃に規則-不規則変態点をもっている．CoPtの規則格子は面心正方晶である．この規則-不規則変態点で適当な熱処理を施すと最良の磁性が得られる．その性能は，

残留磁束密度B_r = 7,000ガウス，最大エネルギー積$(B \cdot H)_{max}$ = 12 × 10^6 ガウス・エルステッド，保磁力H_c = 4,800エルステッドとなっている．このほかに昇温による磁気減少率は小さく，等方性であり，耐食性，加工性，強度にすぐれている．

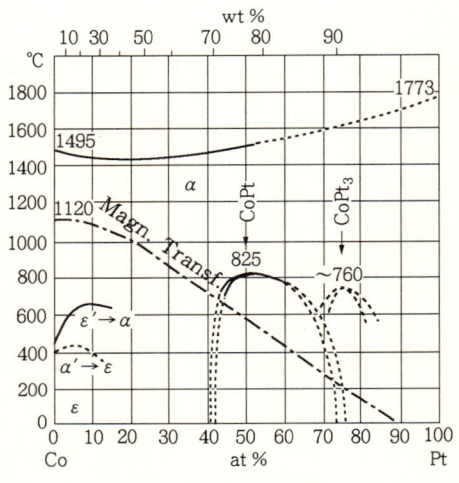

図3・89 Pt-Co系状態図
（金属データブックより）

その他白金族の合金

白金以外ではパラジウムが各方面で合金として使用される場合が多い．

パラジウムは白金より産額が多く，白金族の中では柔軟で加工しやすいのは白金とパラジウムのみである．価格は白金の1/4以下，密度は白金の1/2以下である．最近装飾品は白金もその他のものもロジウムメッキを施す場合が多いから，その外観も白金に対して少しも遜色が感じられない．

Au-Pd合金は金のところでも述べたように，柔軟なホワイトゴールドの代表である．

Pd 10％で金はほとんど白くなり，15％になると完全に白色化する．Au-20％Pd合金はパロー（Palau）またはロタニウム（Rhotanium）という名前で市販された．

またAg-Pd合金も歯科用合金として従来多量に使用されたが，これにAu 5％程度加えたAg-Pd-Au合金は金パラと称して使用されている．Ag-Pd-Au系は接点材料にも向いている．

欧米ではPd-Ru(4.5％)，Pd-Ru(1～4％)-Rh(1～2％)合金が装飾用として使用されている．パラジウムは耐熱材料のろう接用合金として有望である．耐熱材料はNi-Crベースのものが多いが，この種の構造物のろう付けにPdを含んだものは種々のメリットがある．とくに銀ろう，金ろうに添加すると改良効果がある．各種パラジウムろう合金の組成を表3・117に示した．

またPd 60-Ni 35-Cr 5合金ろうを使用して金属とグラファイトのろう付けに成功したこ

表3・117 各種パラジウムろう接用合金

名称	Pd	Au	Ag	Cu	Ni	Mn	融点 (℃)	凝固点 (℃)	ろう付け温度 (℃)
SCP 1	5	—	68.4	26.6	—	—	810	807	815
3	15	—	65	20	—	—	900	850	905
5	5	—	95	—	—	—	1010	970	1015
6	18	—	—	82	—	—	1090	1080	1095
SPM 1	20	—	75	—	—	5	1120	1000	1120
NPM 1	21	—	—	—	48	31	1120	1120	1125
PN 1	60	—	—	—	40	—	1236	1237	1250
CPN 1	35	—	—	50	15	—	1171	1163	1175
GCP 1	5	70	—	25	—	—	967	940	980

とが原子力方面で報告されている．

パラジウムはとくに水素を多く吸収する．室温で体積比にして400〜800倍の水素を固溶する．水素はパラジウム中で原子状態で溶解し，非常に活性化されている．

また300℃以上に加熱すると水素はパラジウム中をよく透過するが，重水素を除く他のガスは透過しない．パラジウム膜を使用すると水素の高純化が行える．

水素を吸蔵したパラジウムは結晶構造は変化しないが格子常数のより大きいβ-Pdになり脆化する傾向があるが，Ag 20％，Au 5％添加すると，この脆化を防ぐことができる．

白金族触媒

白金および白金族は従来から各種の化学反応の触媒に利用されてきたことは周知の事実である．

白金触媒の利用は1875年接触硫酸の工業化に始まる．この方面ではその後1930年頃酸化バナジウムが安価で白金触媒は使用されなくなった．

1901年ドイツではアンモニアの酸化により硝酸を作るようになったが，その時に白金触媒が使用された．今日では鉛室法で硝酸をアンモニアの酸化で製造する場合の白金触媒はPt-10％Rh合金に変っている．

この方面では窒素と酸素とをルテニウム触媒で直接硝酸に変える研究が進んでいるといわれている．

Pt-Rh合金網はまた石油化学の基礎材料である青酸製造用触媒に利用されている．天然ガス，アンモニア，空気の混合ガスを触媒網上で約1000℃以上の高温に加熱するものである．パラジウム触媒がエチレンまたはプロピレンの直接酸化によるアセトアルデヒドやアセトン製造に使用されている．塩化パラジウムに多量の塩化銅を加えて希塩酸に溶解した

ものを使用する．

石油ナフサから高オクタンガソリン製造に接触改質（plat forming）とよばれる方法がある．これに白金アルミナ触媒が使用されている．

各種の水素化反応に最近はニッケル触媒に代って白金触媒やパラジウム触媒が使用されるようになった．その他アセチレン，ジエンの選択水素添加，過酸化水素の製造などにもパラジウム触媒が使用される．

ガス精製用触媒として白金族が使用されることが多い．

デオキソという商品名のパラジウム・アルミナ触媒はPdを0.3～0.7％含有し，室温でO_2とH_2を化合させてO_2ガスを1ppm以下に減少させる作用がある．水素，窒素，アルゴン，炭酸ガス，一酸化炭素等の精製に使用されている．発生するH_2Oはモレキュラーシーブで脱湿する．H_2ガスが共存しない時は等量のH_2を加えてO_2ガスを除く．

硝酸を取扱う金属工業ではNO_xが公害上重要な問題になっている．微量の白金を含有する多孔性陶器管に通したり，またアルミナ，シリカ担体に白金またはパラジウムを吸着させたものも使用される．

自動車の排ガス中には不燃焼炭化水素，一酸化炭素，酸化窒素，鉛含有有機化合物などが含まれ，その清浄化が重大な環境問題となっている．白金酸化触媒がこの方面で使用されつつある．アルミナ担体に白金を0.1～0.5％吸着させた触媒を，浄化用マフラーに入れエンジンのうしろに取付ける方法である．

3・10 希土類金属 (rare earth metals)

希土類金属はたんにレア・アース（Rare Earth, RE）ともよばれる．従来は構造用材料としてはほとんど注目されなかった金属系列であるが，その一つの原因として，化学的挙動が非常によく似ているので分離が困難であったことが考えられる．最近は分離技術も進み，その特性を先端技術に応用しようとする気運が高まっている．

3・10・1 希土類金属一般

原子番号21のスカンジウム（Sc），39のイットリウム（Y），原子番号57のランタン（La）から始まり71のルテチウム（Lu）に終る15種の金属元素の総称である．これらのうちLa以下15元素をランタン系列（lanthanum series），セリウム（Ce）以下14元素をランタンによく似た元素としてランタニド（lanthanides）とよぶ．この中でプロメチウム（Pm）のみは放射性同位元素のみで安定同位体はない．また，La→Gdを軽希土類，Tb→Luを重希土類とよぶことがある．

これらの金属元素の発見は1794年のイットリウムから始まり1905年のルテチウムまで約100年の歳月を要している．いずれも最初はイットリア，セリアなどの酸化物の形で得られたもので，セリウム酸化物をセリアと名付けたのは1803年，Berzeliusである．その名は希土類であるがCe，Y，Nd，Laはクラーク数 10^{-3} 以上でCo，Sn，Pbと同程度であり，その他のものでも原子番号が奇数の一部のものを除いては 10^{-4} 程度であり，Hg，Agなどより多い．

鉱石として古くからモナズ石（monazite）がよく知られているが，このほかにバストネサイト（bastnasite），ゼノタイム（xenotime）が知られている．現在は産出量としてはバストネサイトが最も多い．主として米国で産出する．

モナザイトは海岸や川の砂の中にルチルやイルメナイトなどと共存し，インド，ブラジル，オーストラリア，マレーシアなどで産出する．約6%程度の ThO_2 を含んでいるので，原子力関係の法律でインド，ブラジルでは産出のままの原鉱石輸出は禁止され，トリウムを抽出分離した塩化物の形で輸出されている．サマリウム（Sm）を多く含む．

ゼノタイムはイットリウムの原料として重要であり，マレーシア，タイ，中国で多く産出する．表3・118に各鉱石の組成例を示した．

モナザイトは ThO_2 が多いが，他の2種は少ない．全希土中の各希土類元素の割合をみる

表3・118 希土類鉱石の組成例 (wt%)

鉱石	バストネサイト	モナザイト	ゼノタイム
産出地	カリフォルニア	オーストラリア	マレーシア
*全希土 (Re_2O_3)	68〜72	62.8	54.1
ThO_2	<0.1	6.6	0.8
U_3O_8	—	0.3	0.3
BaO	1.2	—	—
SrO	0.7	—	—
F	4.7	—	—
CO_2	20.0	—	—
CaO	0.2	0.2	—
SiO_2	2.4	1.1	—
Fe_2O_3	<0.5	1.6	—
P_2O_5	<0.5	26.3	26.2
全希土(*)中の% La_2O_3	32.0	23.0	0.5
CeO_2	49.0	45.5	5.0
Pr_6O_{11}	4.4	5.0	0.7
Nd_2O_3	13.5	18.0	2.2
Sm_2O_3	0.5	3.5	1.9
Eu_2O_3	0.1	0.1	0.2
Gd_2O_3	0.3	1.8	4.1
Tb_4O_7			1.0
Dy_2O_3			8.7
Ho_2O_3			2.1
Er_2O_3	0.1	1.0	5.4
Tm_2O_3			0.9
Yb_2O_3			6.2
Lu_2O_3			0.4
Y_2O_3	0.1	2.1	60.8

米国鉱山局 Mineral Fact and Problems, 1980

と，バストネサイトとモナザイトはCe，LaおよびNdが多いが，ゼノタイムはYが圧倒的に多いのが特徴である．

その工業的利用は1885年頃ドイツでセリアをガスマントル灯に使用し始めたのが最初とされているが，その後1900年代に入ってからCeのライター石，ガラスの脱色あるいは着色剤など光学関係への利用が始まり，最近はカラーテレビのブラウン管，石油精製用触媒，磁性材料などいわゆる先端技術産業への応用が急激に増加している．

その製錬法は鉱石の種類によっても多少異なるが，モナザイトでは，

硫酸塩抽出→Thの分離→希土類塩化物→溶融塩電解

のプロセスで金属を得る．この場合希土類塩化物を全部そのまま電解するとミッシュメタル（misch metal）が得られる．塩化セリウムだけを分離し，これを電解すれば金属セリウムが得られる．塩化セリウムを分離した残りのものはジジム（didymium）とよぶ．このほかに，

アルカリ抽出→Thの分離→希土類酸化物→酸化物電解→金属

といった方法がわが国などでは行われ，低コストで良質の金属が得られている．

バストネサイトでは，

焙焼→塩酸抽出→セリウムコンセントレートの分離→粗ランタン酸化物＋粗ジジム酸化物＋粗ユウロピウム酸化物→精製酸化物

のプロセスでセリウム精鉱および希土類酸化物が分離されている．

高純度の希土類金属の分離は，高温で金属還元剤で還元するのが一般的である．希土類フッ化物を高純金属カルシウムとともにレトルトに入れ，900〜1100℃に加熱還元し，残留カルシウムは真空蒸留で取り除く．イットリウムは融点が高いのでY-Mg合金として取り出し，マグネシウムを蒸留分離する．またサマリウムはその酸化物と粉末ミッシュメタルをレトルトに入れ，真空中で1300〜1400℃で還元蒸気を得てこれを冷却蒸着する．

世界の主要な希土類金属メーカーは米国のMolycorp社，フランスのRhone Poulenc社

表3・119　レア・アース原料の出荷量　(REO ST)

年	1973	1974	1975	1976	1977	1978	1979
バストネサイト	16,800	18,350	11,500	12,200	14,900	14,500	15,300
モナザイト	4,200	4,200	3,800	3,600	5,100	6,500	7,500
塩化希土	2,100	2,000	1,500	1,100	2,300	3,300	3,700
GSA備蓄放出*	740	1,760	1,050	55	2,600	2,900	2,270
REO合計	23,840	26,310	17,850	16,955	24,900	27,200	28,770

* （米合衆国一般調達庁）　　　　　　　　　　　　　　（レア・アース増補改訂版）
REO：RE oxide，ST：ショート・トン（1t＝907kg）

が有力であるが，オーストリアのTheibcher社はライター石，ミッシュメタルでは最も歴史が古く，わが国では三徳金属工業，信越化学工業などがある．

表3・119に1970年代の希土類金属原料の出荷状況を示した．

3・10・2 希土類金属の性質および用途

希土類金属の物理，化学的性質を章末の表3・125にまとめて示した．

一般に銀白色あるいは灰色の金属であって，空気中では徐々に酸化し，加熱すれば燃える．酸および熱水には溶解するが，アルカリには解けにくい．Scを除く16元素の化学的な類似性はきわめて強く，ランタン系列の原子はその化合物中で$4f^n5S^26P^6$ ($n=0 \sim 14$)の電子配置をもった3価の陽イオン，スカンジウムは$3S^23P^6$，イットリウムは$4S^24P^6$の電子配置の3価の陽イオンになりやすい．

Gd, Tb, Dy, Ho, Er, Tm の6金属は強磁性を示す．

ランタニドあるいはアクチニド元素は，f電子の遷移によって発光する．赤外りん光体の増感剤にSm^{3+}，Eu^{2+}などが多く使用されるのはこのためである．

つぎに最近でのこれら希土類金属の用途面を分類して示そう．

電子産業面

(1) けい光体

カラーテレビ画面の赤，緑，青の三原色のうちで，赤色けい光体には$(Y_2O_3:Eu^{3+})$または$(Y_2O_2S:Eu^{3+})$が使用される．微量のTbをけい光体母体中にドープすると発光強度を強める効果がある．緑色けい光体としては$(Gd_2O_2S:Tb)$が有望とされている．

太陽光に近いけい光ランプには，青色けい光体としては$(Ba, Eu)Mg_2Al_{16}O_{27}$，緑色けい光体としては$(Ce, Tb)MgAl_{11}O_{19}$，赤色けい光体としては$(Y, Eu)_2O_3$が用いられている．

X線像を青色または緑色に変換し，フィルムに記録するX線増感紙が使用されているが，被曝X線量を減少させるためレア・アースけい光体として，$(Gd_2O_2S:Tb)$，$(LaOBr:Tb)$，$(BaFBr:Eu^{2+})$が使用される．

(2) 強力永久磁石

Pt-Co磁石よりもRE-Co磁石が普及してきた．最初は$SmCo_5$合金が主流であったが，Smを節約するためSm_2Co_{17}合金，ミッシュメタル-Co_5合金，$SmPrCo_5$合金，$(Sm, Ce)_2Co_{17}$合金などが考えられている．

(3 磁気バブルメモリ材料

最初$RMFeO_3$形のオルソフェライト系が考えられたが，バブル径が大きすぎて素子の集積化が困難であったので，あまり実用にはなっていない．その後$(RM)_3Fe_5O_{12}$の希土類

鉄ガーネット系が主流となった。$Y_3Fe_5O_{12}$ などが代表的なものである。以上は単結晶で使用するが、Gd-Coアモルファス膜も研究された。アモルファス膜はその熱的安定性に欠けているところから実用化されていない。

(4) 固体レーザー材料

この材料としてはルビー（Cr^{3+} をドープした Al_2O_3 結晶）、Nd^{3+}:YAG（Nd^{3+} をドープした $Y_3Al_5O_{12}$ ガーネット）および Nd^{3+}:ガラスが使用されている。

エネルギー産業

(1) MHD (Magneto Hydro Dynamics) 発電とよばれる磁気流体発電用の電極材料に酸化イットリウムと酸化ガドリニウムが安定剤として添加される。

(2) 燃料電池用電解マトリックス

電池の主要部分である電解マトリックスは5～15％の酸化イットリウムを加えたジルコニウムである。

(3) 水素吸蔵合金

$LaNi_5$ 金属間化合物は水素吸蔵能力が非常に大きい。固体の水素コンテナやヒートポンプとして有望である。価格の点でミッシュメタル・Ni_5 金属間化合物を基本にした数種の合金が実用化への研究対象になっている。

(4) 原子力関係

Sm, Eu, Gd, Dyなどの化合物が原子炉の制御材、遮蔽材、構造材に研究されている。またイットリウム金属も原子炉構造材用に研究中である。

化学工業方面

(1) FCC触媒

石油の流動床接触分解 (fluid contact catalyser, FCC) 用に、ゼオライトを3～4価の希土類カチオンでイオン交換した触媒が利用されている。触媒性能がよく、熱的にも安定であり、分解収率、オクタン価の増加に有効である。現在ゼオライト-(Sb)-混合希土（ランタン、セリウム、ネオジウム、プラセオジウムなど）系が広く使用されている。

(2) 自動車排気ガス処理触媒

CO, hydrocarbon (HC) の酸化と NO_x の還元を単一触媒で同時に行うことが研究されている。(Pt-Rh-Pd-Ce-Al_2O_3 系触媒、La(Y)-Rh-Ni(Fe)-Co-Pd-Ru-Oペロブスカイト系複合酸化物触媒が利用され始めた。

中間素材

(1) 光学レンズ

高屈折、低分散レンズとしてLa, Y, Gdなどが加えられる。

(2) セラミックコンデンサー

表3・120 世界と日本のレア・アースの部門別消費量 (%)

年度 部門	1975 世界	1975 日本	1976 世界	1976 日本	1977 世界	1977 日本	1978 世界	1978 日本	1979 世界	1979 日本
金 属	45	29	32	20	34	25	32	25	43	22
触媒・化学	36	—	38	—	39	—	32	—	26	—
ガラス・セラミックス	17	61	28	69	26	64	35	64	31	70
けい光体・電子工業	2	6	2	7	1	6	1	6	<1	5
その他	—	4	—	4	—	5	—	5	—	3

(レア・アース増補改訂版)

レア・アースを酸化チタンや酸化スズとの化合物で使用したり,酸化チタンやチタン酸バリウムの高誘電体の特性改善にLa, Nd, Smなどが添加される.

(3) 自動車の排気ガスセンサー

Yで安定化したZrO_2が有望視されている.

その他の利用としては鉄鋼材料への添加がミッシュメタルで行われている.また耐熱アルミ電線などへの添加も考えられている.

その価格動向をみると,1976年から1980年までの間で価格が急上昇しているのは酸化セリウム,酸化ユーロピウム,酸化イットリウムなどであり,それぞれ5ドル/lbから9ドル,500ドルから850ドル,30ドル強から45ドルと上昇している.単位量あたり価格の高いのはユーロピウム,ガドリニウム,イットリウム,サマリウム,プラセオジウム,セリウム,ランタンの順である.

表3・120に世界と日本におけるレア・アースの部門別消費の傾向を示しておく.

世界的には金属,触媒・化学,ガラス・セラミックスの順に消費量が多いが,日本ではガラス・セラミックスの部門が圧倒的に多く,金属,けい光体・電子工業の順になっている.日本では石油精製触媒にはほとんど利用していないようである.

表3・121　Cu, Ni, Co, Cr, Mn, Zr, Vの物理的性質 (1)

元素名 (英名)		Cu (Copper)	Ni (Nickel)	Co (Cobalt)	Cr (Chromium)
原子番号		29	28	27	24
原子量		63.546±3	58.69	58.9332	51.996
密度	g/cm³	8.96	8.90	8.9	7.19
結晶構造		立方 A1	立方 A1	α: 六方 A3 $\beta(>\sim 450)$: 立方 A1	立方 A2
変態点 (℃)					
格子定数	Å	$a=3.6147$	$a=3.5238$	$\alpha: a=2.507, c=4.070$ $\beta: a=3.544$	$a=2.884_6$
融(解)点 (m.p.)	℃ (K)	1083.4 (1357.6)**	1450 (1728)**	1490 (1767)**	1860
融解熱	10^{-3} J/mol	13.1	17.5	17.2	13.8
沸(騰)点 (b.p.)	℃	2570	2730	2870	2670
蒸発熱	10^{-3} J/mol	306	372	382	349
線膨張率	10^{-4}/K	$0.162^{(0\sim 101℃)}$	$0.125^{(0\sim 100℃)}$	$0.126^{(20\sim 100℃)}$	$0.084^{(0\sim 100℃)}$
体積収縮率 (凝固時)	%	4.5	7.1		
比熱容量 (比熱)	J/mol・K	24.45	α 25.77	24.81	23.22
熱伝導率	W/m・K	398	90.5	99.2	90.3
抵抗率 (比抵抗)	10^{-6} Ω・cm	1.6730	6.84	6.24	$12.9^{(0℃)}$
抵抗率温度係数	10^{-3}/K	6.8	$6.9^{(0\sim 100℃)}$	$6.04^{(0\sim 100℃)}$	$3^{(0℃)}$
ホール係数	cm³/coulomb	-0.55×10^{-4}	-0.611×10^{-4}	-1.33×10^{-4}	
磁化率	10^{-6}cm³/g	-0.0860	$(\sigma=55.07)^{1)}$	$(\sigma=161.85)^{1)}$	3.500
ヤング率 (縦弾性率)	GPa	129.8	199.5	211	279
剛性率	GPa	48.3	76.0	82	115.3
ポアソン比		0.343	0.312	0.32	0.21
表面張力 (m.p.直上)	mN/m	1285	1778	1873	1700
粘性率 (m.p.直上)	mN・s/m²	4.0	4.90	4.18	
熱中性子(0.0253eV)吸収断面積	barns	3.77	4.8	37.0	3.1

( )* 二次定点になっているもの.融点の項で( )表示してあるものは凝固点を示す. 1): 室温で強磁性を示すものは質量磁化σをGcm³/gで示す.

第3章 高融点重金属材料

表3·121 Cu, Ni, Co, Cr, **Mn, Zr, V**, Tlの物理的性質(2)

元素名 (英名)		Mn (Manganese)	Zr (Zirconium)	V (Vanadium)
原子番号		25	40	23
原子量		54.9380	91.22	50.9415
密度	g/cm³	α : 7.44, β : 7.29	6.51	6.11
結晶構造		α : 立方 A12 β (>742) : 立方 A13 γ (>1095) : 立方 A1 δ (>1133) : 立方 A2	α : 六方 A3 β (>862) : 立方 A2	立方 A2
変態点 (°C)				
格子定数	Å	$\alpha : a = 8.9139, \beta : a = 6.3145$ $\gamma : a = 3.8624\ (1095°C)$ $\delta : a = 3.0806\ (1134°C)$	$\alpha : a = 3.231$ $c = 5.1477$ $\beta : a = 3.609^{(862°C)}$	$a = 3.023$
融(解)点 (m.p.)	°C	1240	1850	1890
融解熱	10⁻³ J/mol	14.6	20.5	21.1
沸(騰)点 (b.p.)	°C	1960	4400	3400
蒸発熱	10⁻³ J/mol	256	582	459
線膨張率	10⁻⁴ K	$\alpha : 0.2163^{(-20\sim 0°C)}$	$0.048^{(0\sim 100°C)}$	$0.083^{(0\sim 100°C)}$
比熱容量 (比熱)	J/mol·K	$\alpha : 26.32$	26.64	24.7
熱伝導率	W/m·K	7.82	22.7	31.5
抵抗率 (比抵抗)	10⁻⁶ Ω·cm	$\alpha : 185.0^{(23\sim 100°C)}$	40.0	24.8〜26.0
抵抗率温度係数	10⁻³/K		4.4	
ホール係数	cm³/coulomb	-0.93×10^{-4}		
磁化率	10⁻⁶ cm³/g	α-Mn 9.20	1.34	4.5
ヤング率 (縦弾性率)	GPa	191	98	127.6
剛性率	GPa	79.5	35	46.7
ポアソン比		0.24	0.38	0.365
表面張力 (m.p.直上)	mN/m	1090	1480	1950
粘性率 (m.p.直上)	mN s/m²		8.0	
熱中性子 (0.0253eV)吸収断面積	barns	13.2	0.18	4.98

表3・122 リフラクトリーメタルの物理的性質

特性 \ 金属	Hf	Ta	W	Re	Os	Ir	Nb	Mo	Tc	Ru
原子量	178.49	180.95	183.85	186.21	190.2	192.2	92.91	95.94	98	101.1
密度 20℃	13.31	16.65	19.3	21.02	22.57	22.5	8.57	10.22	11.50	12.1
原子容	13.41	10.9	9.52	8.86	8.43	8.54	10.8	9.39	8.52	8.15
融点 (℃)	2,230	2,990	3,410	3,400	3,045	2,410	2,470	2,620	2,170	2,310
沸点 (℃)	4,600	5,400	5,930	5,700	5,027	4,100	4,700	4,660	4,900	3,900
比熱* (cal/g・℃)	0.035	0.034	0.033	0.033	0.031	0.031	0.065	0.066	—	0.057
融解熱* (cal/g)	32.4	38	44	42	37	33	69	69.8	—	61
蒸発熱* (cal/g)	—	945	1,055	907	—	—	1,840	1,480	—	1,343
線膨張係数 (10⁻⁶) 20〜40℃	5.8	6.5	4.6	6.7	4.6	6.8	7.31	4.9	—	9.1
熱伝導率** (cal/cm・s・deg) 20℃	0.057	0.130	0.397	0.11	0.21	0.35	0.125	0.33	—	—
電気比抵抗 (μΩ・cm) 20℃	35.1	12.45	5.65	19.2	9.5	5.3	12.5 (0℃)	5.2	—	7.6
(ヤング率) E (10³kgf/mm²)	14	19	41	47	57	53	11	42	—	42
結晶型	A3 $a=3.58$ Å $c=5.84$ Å	A2 $a=3.303$	A2 $a=3.158$	A3 $a=2.760$ $c=4.458$	A3 $a=2.734$ $c=4.319$	A1 $a=3.8389$	A2 $a=3.301$	A2 $a=3.1468$	A3	A3 $a=7.041$ $c=4.281$

* (cal/g) 表示の数値に (4.184×原子量) をかければ (J/mol) 表示の値になる。
** ((cal/cm・s・deg) 表示の値に 418.4 をかければ (W/m・K) の表示の値になる。

第3章　高融点重金属材料

表3・123　Au, Ag の物理的性質

元素名（英名）		Au (Gold)	Ag (Silver)
原子番号		79	47
原子量		196.9665	107.8682 ± 3
密度	g/cm^3	19.32	10.50
結晶構造		立方 A1	立方 A1
格子定数	Å	a = 4.0785	a = 4.0862
融（解）点 (m.p.)	℃	1064.43 (1337.58)*	961.93 (1235.08)*
融解熱	10^{-3}J/mol	12.4	11
沸（騰）点 (b.p.)	℃	2800	2210
蒸発熱	10^{-3}J/mol	325	255
線膨張率	10^{-4}/K	0.1424$^{(0〜100℃)}$	0.193$^{(0〜100℃)}$
比熱容量（比熱）	J/mol・K	25.2	25.5
熱伝導率	W/m・K	315	427
抵抗率（比抵抗）	10^{-6} Ω・cm	2.35	1.59
抵抗率温度係数	10^{-3}/K	4$^{(0〜100℃)}$	4.1$^{(0〜100℃)}$
ホール係数	cm^3/coulomb	-0.72×10^{-4}	-0.84×10^{-4}
磁化率	10^{-6}cm^3/g	-0.142	-0.192
ヤング率（縦弾性率）	GPa	78.5	82.7
剛性率	GPa	26.0	30.3
ポアソン比		0.42	0.367
表面張力 (m.p.直上)	mN/m	1140	903
粘性率 (m.p.直上)	mN・s/m^2	5.0	3.88
熱中性子 (0.0253eV) 吸収断面積	barns	98.8	63

( )*：一次定点になっているもの．融点の項で( ) 表示してあるものは凝固点を示す．

表3・124　白金および白金族の物理的性質

物性		Ru	Rh	Pd	Os	Ir	Pt
原子量		101.1	102.9	106.4	190.2	192.2	195.08
密度 (20℃)		12.41	12.41	12.02	22.57	22.5	21.45
融点 (℃)		2,310	1,970	1,550	3,045	2,410	1,770
沸点 (℃)		3,900	3,700	3,100	5,027	4,100	3,800
比熱* (cal/g・℃)		0.055	0.059	0.058	0.031	0.031	0.032
融解熱* (cal/g)		61	52	37	37	33	24
蒸発熱* (cal/g)		1,343	1,151	—	—	701	625
線膨張係数* (10^{-6}/℃) (0〜100℃)		9.6	8.5	12.4	6.6	6.6	9.0
熱伝導率** (0〜100℃)		0.25	0.36	0.18	0.21	0.35	0.17
電気比抵抗, 20℃ ($\mu\Omega$・cm)		7.6	4.5	10.8	9.5	5.3	10.6
結晶型 (20℃)		A3 a = 2.706 Å c/a = 1.582	A1 3.804	A1 3.890	A3 2.735 c/a = 1.579	A1 3.839	A1 3.924
原子容		8.15	8.29	8.85	8.42	8.54	9.09

* (cal/g) 表示の数値に (4.184×原子量) をかければ (J/mol) 表示の値になる．
** ((cal/cm・s・deg) 表示の値に 418.4 をかければ (W/m・K) の表示の値になる．

表 3・125 希土類金属の物性値

金属元素名		原子番号	原子量	密度 (20℃) (g/cm³)	融点 (K)	沸点 (K)	融解熱 (10⁻³J/mol)	蒸発熱 (10⁻³J/mol)	室温原子半径 (Å)	3価イオン径 (Å)	標準電極電位 (V) ($M^{3+} + e \to M$)
スカンジウム	(Sc)	21	44.96	2.99	1810±2	3105±15	14.1±0.5	307.7	1.63	0.83	-2.08
イットリウム	(Y)	39	88.92	4.34	1783	3610±5	11.4±0.1	393.4	1.79	0.95	-2.37
ランタン	(La)	57	138.92	6.15	1193±5	3725±5	6.20±0.01	400	1.87	1.04	-2.52
セリウム	(Ce)	58	140.13	6.77	1073	3530±30	5.18±0.02	314	1.82	1.02	-2.48
プラセオジウム	(Pr)	59	140.92	6.78	1208	3485±5	6.91±0.015	332.8	1.82	1.00	-2.47
ネオジウム	(Nd)	60	144.27	7.00	1298±5	3400±5	6.81±0.08	283.7	1.82	0.99	-2.44
プロメチウム	(Pm)	61	(147)	—	—	—	—	—	—	—	-2.42
サマリウム	(Sm)	62	150.35	7.53	1345±5	2025±15	8.36±0.06	191.7	1.80	0.97	-2.41
ユーロピウム	(Eu)	63	152.0	5.26	1090±5	1870	9.23±0.08	175.5±0.13	2.08	0.97	-2.41
ガドリニウム	(Gd)	64	157.26	7.89	1588	3506±5	10.05±0.4	311.8	1.80	—	-2.40
テルビウム	(Tb)	65	158.93	8.27	1636±5	3314±30	10.8±0.4	293.0	1.77	—	-2.39
ジスプロシウム	(Dy)	66	162.51	8.53	1682	2608±20	10.8±0.4	251.1	1.77	—	-2.35
ホルミウム	(Ho)	67	164.94	8.80	1743	2993	12.2	—	1.76	—	-2.32
エルビウム	(Er)	68	167.27	9.05	1795	2783±20	19.95±0.8	271	1.75	—	-2.30
ツリウム	(Tm)	69	168.94	9.33	1818±15	2000	16.8±0.7	—	1.74	—	-2.28
イッテルビウム	(Yb)	70	173.04	6.97	1097±5	1466±5	7.66±0.035	—	1.93	—	-2.27
ルテチウム	(Lu)	71	174.99	9.84	1934±5	3588±5	18.8	—	1.74	—	-2.25

○ α-Sc→β-Sc, α-Y→β-Y, α-La→β-La→γ-La, α-Ce→β-Ce→γ-Ce→δ-Ce, α-Pr→β-Pr, α-Nd→β-Nd,
　1607K　　　1758±8K　　583K　1139K　　1583K　　　179K　441K　1003K　　441K　1003K
　A3　A2　　A3　　　　4H　A2　A1　A2　　A3　A2　A1　　4H　A2　A1　　4H　A2

α-Sm→β-Sm, Eu, α-Gd→β-Gd, α-Tb→β-Tb, Dy, Ho, Er, α-Tm→β-Tm, α-Yb→β-Yb, α-Lu→β-Lu
　1185±5K　　　　　1533±2K　　　1578±8K
　9R　?　A2　A3　　A2　A3　　　A2　A1　　　A3　A3　A3　A3　　A2　A1　　　A1　A3　　　A2

○ A1:面心立方, A2:体心立方, A3:最密六方, 4H:重六方 (ランタン構造), 9R:9層構造

第4章　新しい金属材料

4・1　基本的な一般金属素材に対する考え方

　鉄鋼材料，アルミニウムや銅などの基本的な金属素材は，材料の学問的な立場よりも，社会の要求と世界的な経済の動きに支配されることが今後ますます多くなって行くものと考えられる．その生産規模を世界に誇示する時代は終り，その品位のレベルも技術的にほぼ確立された現在，残っている問題はいかに安価に生産するかということだけしかない．

　そこで必然的に高度利用の技術開発ということが浮かんでくる．すなわち汎用素材をできるだけ特殊な用途に多面的に活用するということである．その前提条件としては，その素材の特性に対する理解をさらに深め，今まで工業的に利用されていなかった特性を活用する努力を行うことである．

　鉄鋼材料といえば，これは少々極端に過ぎるかも知れないが，構造用としては炭素鋼だけで充分であり，特殊鋼指向はあまり必要でないという言葉を高度成長最盛期の鉄鋼大手のある企業幹部の言葉として聞いたことがある．

　その企業の技術と規模が世界一流となり，鉄鋼の構造用材料としての汎用性が確立されている現在，粗鋼の高品位化によりあるいは炭素量の調節だけで大部分の用を満すことのできる所まで来たという意味では正しい見方かもしれない．しかし必ずしも安定した操業を確保できるという保証のない日本の現状から見ても，多量消費から少量多面的高度利用の方向に時代は移行していることは否定できない．

　自動車産業における薄鋼板，造船用の厚鋼板の製造が鉄鋼産業の消長を支配した時代から，天然ガスあるいは石油輸送用パイプラインなどに使用されるシームレス管の需要が企業の動きを左右する時代となり，やや付加価値の高い状態での需要を狙う方向に移行している．企業規模が大きくなり，その製造法も連鋳法式に画一化されてくると，連鋳に合った鋼質以外は無視され勝ちとなり，末端の各種ユーザーは細かい点でその対応に苦しめられる，といった悪循環が生じないようなことも，たえず考慮する必要があると考えられる．

　鉄鋼材料は銑鉄をその出発点としている．したがってその中に含まれる各種不純物は他の非鉄材料よりも数も多く複雑である．従来のSとPを主体にした考え方から，主として粒界偏析を中心としたそれ以外の微量不純物の追求を厳密に行うことが，将来の鉄鋼材料開発の残された大きな課題の一つであろう．幸い研究手段も急速に高度化されている現在，今後

その方向の研究の急速な進歩が期待できる．とくに鋳鉄の将来はこの方面の研究の成果に最も大きい期待がかかっている．

非鉄材料になると鉄鋼とは異なった原因から今後の対応が迫られていることが多い．

銅はその電気伝導性および熱伝導性の面で確固不動の地位を占めているように見える．またその色調も他の金属には求められない特性を持っている．

しかし最近は電気を通すには銅という独占的な地位にも次第に大きい変動が起っている．その最初は軽いアルミニウムの普及によって，ACSR線で置き代り，いままた光ファイバーの実用化によってその通信用部門の需要が大きく変動しようとしている．今後は特殊な電気導体としての用途面，たとえば，エレクトロニクス，メカトロニクス用リード線，放電加工用カッテイングワイヤーなどあるが，ますます細線化の方向に需要が動く傾向がある．

アルミニウムの需要は今後ますます増加の傾向をたどるものと考えられる．生産国から輸入国に変身を強いられた日本としては，今後その高度利用に徹底せざるを得ない金属の一つである．

アルミニウムは銅と同じように，それ自体に同素変態も磁気変態も示さない単純な金属である．合金学的には時効硬化という熱処理では多くの古い歴史を持っているが，今後この方面で画期的な発展はあまり期待できない．

将来のアルミ基合金材料としては，分散強化あるいは繊維強化材のマトリックスとしての期待が大きい．

最後に新しい汎用材料としてチタンについてその将来を少し展望したい．

その比強度，高融点，高耐食性，同素変態を利用しての合金特性の広範な変化は，チタンの応用面での将来性を約束している．チタンはまだless common metalsの一つと考えられている側面もあるが，近い将来はきわめて汎用的な金属材料の一つになるものと考えてよい．

その生産も日本，アメリカ合衆国，英国，ソ連，中国の5カ国であり，企業の数も数社に過ぎない．先進諸国が最も精力的にその応用面の開発に力を入れる必要のある金属材料であろう．

4・2 極限状態下での金属物性の見直し

我々の金属に関する知識の大部分は，従来かなり大きなバルク状態でのものである．汎用材料は多くバルクの金属で使用されるものであるから，構造用素材としてはその知識だけで充分であったといえる．

しかし，今後はきわめて微細な超微粉の状態，きわめて薄い膜の状態での使用も高度利用

面で考えていく必要がある．

また従来の液相から固相への冶金学を続けるにしても，きわめて平衡状態からずらした凝固法で製造した非晶質に近い金属の物性を相手にして高度利用を考える必要もある．

このような状態を極限状態とここで定義したわけであって，この分野の物性には未だ未知のものが多く，その意味で夢も大きい．

4・2・1　超微粉の性質とその応用

我々の取り扱ってきた物質系を左右する相律の中に含まれる重要な状態量である自由エネルギーの中には，相の表面エネルギーの項は含まれていなかった．温度と圧力（あるいは温度と体積），各相の組成だけが自由エネルギーを決める独立変数であった．ただ反応速度論での安定核形成の問題などでは，核の表面エネルギーと体積エネルギーを区別して考えるようなことがあっただけである．

ところが微粒状態に近づくにつれて次第に表面積が増加してくると，相の形や大きさに関係した項を含まない従来の金属学の相律は根底から見直す必要が生じてくる．

いま一般に小球体の半径をrとし，その表面エネルギーをγとすれば，単位表面積当りのこの球体にかかる静水圧pは

$$p \fallingdotseq \frac{2\gamma}{r}$$

で示される[22]．これは表面原子が内部原子によって内部に引かれる力によって，発生するものである．

たとえばAuの場合，表面エネルギーの実測値を$\gamma = 2000 \mathrm{erg/cm^2}$とすれば，$r = 100$ Åの球体になると，$p = 4 \times 10^9 \mathrm{dyn/cm^2} \fallingdotseq 4000$気圧となる．すなわち微粒子はたえず小さくなり自己消滅しようとする傾向を持っている．

またバルク部分の原子の結合エネルギーと表面近傍の原子の持つ表面エネルギーの大きさを比較した場合，Au原子では$r = 5$mmでは後者は前者の10^8分の1程度にすぎないが，$r = 50$ Åでは約10^2分の1，$r = 5$ Åになると同程度となる．このような超微粒子の状態になると，その全エネルギーをできるだけ低下させるための原子の移動が起り，形状あるいは結晶構造にまで変化が起る．各種金属微粒子の特徴を表3・126に示した．

微粒子を作る方法としては蒸着膜の高温加熱による方法，不活性ガス中での蒸発による方法，蒸着膜あるいは電着膜中に形成させる方法，急冷凝固法による方法などが考えられる．

Vermaak[23]らの研究によると，Auの微粒子ではその粒径の減少とともに格子定数も小さくなると報告されている．これは先に述べた大きな静水圧下にあることと一致する結果である．

表3・126 各種金属微粒子の性質

金属	色	外形	結晶格子	表面酸化物*
Cr	黒	立方体または直方体	体心立方	
		偏菱形二十四面体	立方格子(δ-Cr)**	
Mn	黒	三・四面体	α-Mn	MnO
		菱形十二面体	β-Mn	
		細長い棒状	不明	
Fe	黒	菱形十二面体	体心立方	Fe_3O_4
Co	黒	六角形の多面体 多重双晶粒子	面心立方	
Ni	黒	六角形の多面体 多重双晶粒子	面心立方	NiO
Cu	うす赤	複雑な多面体	面心立方	Cu_2O
Ga	灰色	球形	非晶質	
Ag	明るい灰 灰白色[†]	六角形の多面体 六角板状 多重双晶	面心立方	
Au	栗色[†] 明るい茶	六角形の多面体 多重双晶	面心立方	

* 電子回折で確認されたもの. ** Ar中蒸発法で発見 [†] 高温Ar中

(金属物性基礎講座:膜と微粒子の構造と特性より)

またCrはバルクの体心立方格子が,δ-Crとよばれる新しい構造に変化することが報告されている[24,25,26].この他にV,Fe,Bi,Mn,Coなどでも高温相が室温で安定化して現れることがあるとされている[27〜33].

微粒子物性の中で最も知られ利用されているのは,強磁性体の単一磁区構造である.この場合は形状異方性を利用するため針状の微粒子が注目されている.

このほか超微粒子化により,強磁性が超常磁性(super paramagnetism)といわれる状態に変化することがメスバウアー分光(Mössbauer spectrometry)により検証されている[34].

また微粒子化によりその電子のエネルギー準位が,バルクの連続的バンド構造からやや不連続的なレベルに分離し,その結果として超微粒子の電子比熱はバルクの場合の約3分の2に減少することが久保[35]により示されている.

化学的にはきわめて表面活性が強くなることが考えられるから,その応用および対策を充分考えておく必要がある.

4・2・2 薄膜の物性とその応用

現在作られている薄膜はこれを大きく分けて，蒸着膜，電着膜，液体急冷凝固膜に分類できるが，それぞれ各方面でその応用がかなり進んでいる．

微粒子と薄膜はその微細構造の点でよく似た側面もあるが，後者は2次元的にはバルクのディメンションを持っている点で大きく異なる．したがってその応用面でもかなり異なった性格を持っている．その厚さ方向に対しては微粒子と同様の極限状態にある．

薄膜の成長理論に従来から核形成-成長の島状構造モデルと，単原子層成長モデルの二つがあった[36,37]．

電子回折や電子顕微鏡による観察研究の結果，真空度，下地物質（substrate）の種類と結晶方位，その表面状態，温度などの条件によって，形成される膜の構造は広汎に変化することが知られている．電着膜でもその電解の条件や添加物の種類などで大きく変化する．最近盛んに研究されている非晶質合金薄膜構造でも，その凝固速度によって微結晶質から完全非晶質にいたるまでの広汎な状態が得られる．

膜の場合は蒸着膜でも電着膜でも，下地物質によるエピタクシー成長（epitaxial growth）が重要な課題の一つになっている．

結晶質の薄膜が単結晶下地上で成長する場合に，下地結晶に左右されてある特定の優先方位成長を示すのをエピタクシー（epitaxy）とよんでいる．このエピタクシーに影響する因子は多くあるが，一般にこの形式の成長を起すためには下限温度があり，この温度以上に下地を加熱しておく必要がある．これは結晶の不完全性の原因となる格子欠陥の熱的除去がこの成長には必要であることを示している．

そのいくつかの例を表3・127に示した[38,39]．金属はいずれも面心立方晶であり，下地はアルカリハライドの単結晶である．

電着膜にもエピタクシーがあるが，これも下地金属のみならず，電解液のpH，電流密度，電解浴中の微量添加物，温度などによって変化する．従来得られている電着膜のエピタクシー関係を表3・128にまとめた[40]．

表3・127 面心立方金属のエピタクシー成長の臨界温度

下地	蒸着金属	Ag	Au	Al*	Pd	Cu	Ni	β-Co
	格子定数	4.09 Å	4.08 Å	4.05 Å	3.89 Å	3.62 Å	3.52 Å	3.54 Å
NaCl	5.63 Å	150℃	400℃	300℃	250℃	300℃	370℃	>540℃
KCl	6.28	130	380	280	250	150	410	
LiF	4.02	340	440	350	400	250		

(001)metal ∥ (001)base；[100]metal ∥ [100]base
* $(111)_{Al}$ ∥ (001)base；$[1\bar{1}0]_{Al}$ ∥ [110]base または $[1\bar{1}0]$ base になる温度

表 3・128 電着金属膜のエピタキシー

下地	下地の表面状態*	蒸着金属	方 位 関 係
Cu	B	Ni	(110) metal ∥ (110) base ; [001] metal ∥ [001] base
Cu	A	Ni	(001) m ∥ (001) b ; [100] m ∥ [100] b
Cu	B	β-Co	(110) m ∥ (110) b ; [001] m ∥ [001] b
Cu	A	β-Co	(001) m ∥ (001) b ; [100] m ∥ [100] b
Cu	B	Ag	(110) m ∥ (110) b ; [001] m ∥ [001] b
Cu	A	Ag	(001) m ∥ (001) b ; [100] m ∥ [100] b
Cu	C	Cr	(110) m ∥ (111) b ; [001] m ∥ [1$\bar{1}$0] b
Fe	B	Au	(001) m ∥ (110) b ; [100] m ∥ [100] b
Pt	D	Cu	(110) m ∥ (110) b ; [001] m ∥ [001] b
Pd	E	Cu	(001) m ∥ (001) b ; [100] m ∥ [100] b
Au	E	Ni	(001) m ∥ (001) b ; [100] m ∥ [100] b

* A：(001)腐食面，B：(110)腐食面，C：(111)腐食面，D：(110)方位のはく，E：(001)方位のはく
(金属物性基礎講座：薄膜・微粒子の構造と物性より)

　電着膜では一般に電流密度が小さいとエピタクシー成長で単結晶薄膜が得られるが，電流密度が大きくなると微結晶質の膜になる傾向がある．
　電着膜はめっきとして応用されているが，その膜の硬さ，色調などは電解条件で広く変化することが古くより知られ，利用されている．これは主として膜の微細構造と酸化物などの混入による．次に薄膜特有の物性を考えてみよう．
　電気伝導性は薄膜特有の構造より考え，バルク金属よりかなり低いことが予想される．これは主としてその欠陥構造によるものであるが，厚さの効果も考えられる．
　伝導電子の平均自由行程をl_eとした場合，厚さdが$d \gg l_e$の時はバルクと同様と考えられるが，$d \leq l_e$となると電子の移動はl_eよりはむしろdに左右される．したがってこのような薄膜の電気抵抗の温度係数は格子振動ではなくdに左右されるのでほとんど零に近い値を示す．さらに膜中に半導体的酸化物が含まれるようになると，その膜の電気抵抗は負の温度係数を示す傾向さえ考えられる．
　Crの真空蒸着膜の電気比抵抗ρと膜厚の関係の一例を図3・90に示した[41]．Cr膜の電気比抵抗はバルクの値より全体として大きく300Å付近より急激な増加を示している．また基板温度が高いと膜厚の増加とともにバルク値に接近する傾向がある．
　図3・91にNi(80)-Cr(20)真空蒸着膜の電気比抵抗の温度係数と膜厚の関係を示した[42]．膜厚の変化により蒸着膜組成の変動があるので多少不正確ではあるが，全体の傾向として温度係数はバルクの値より小さく，非常に薄いところでは負の温度係数を示している．膜の微細構造は温度の上昇とともに敏感に変化する一般的傾向があるので，この点に注

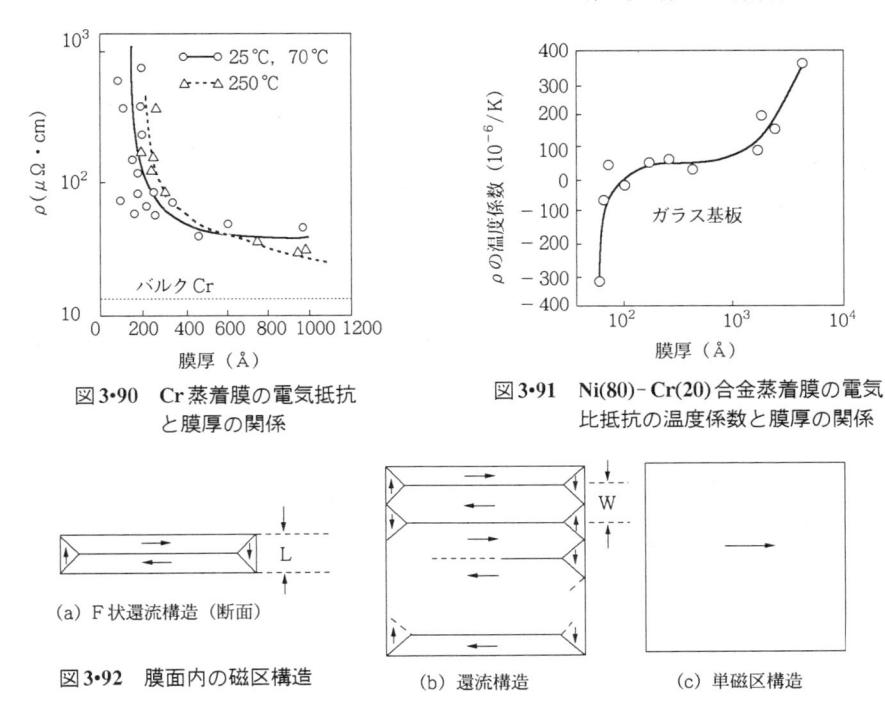

図3・90　Cr蒸着膜の電気抵抗と膜厚の関係

図3・91　Ni(80)-Cr(20)合金蒸着膜の電気比抵抗の温度係数と膜厚の関係

図3・92　膜面内の磁区構造
(a) F状還流構造（断面）
(b) 還流構造
(c) 単磁区構造

意すれば何か利用価値のある特性である．

　金属薄膜の磁性，とくにその強磁性はかなり古い研究の歴史があり，記憶素子への応用で現在も多くの研究が行われている．

　この方面ではパーマロイ合金膜についての研究が多い．

　基本的には強磁性薄膜内に形成される磁区の形状およびその配置が問題となる．パーマロイ薄膜を電子計算機などの記憶素子に応用する場合を考えると，その容易磁化方向が膜面上のある一方向になっていることが必要である．これを実現するためにはパーマロイ多結晶薄膜の蒸着あるいは電着時に，膜面に平行な磁界を作用させる方法がとられている．

　膜面内の一方向に容易磁化方向がある場合の磁区構造は図3・92に示したようなものになる可能性があるといわれている[43]．

　これに対しMn-Biやバブル磁区材料（bubble magnetic domain material）では，単結晶膜の膜面に垂直な方向を容易磁化方向にすることもある．

　膜面内に単軸磁気異方性（monoaxial magnetic anisotropy）の容易方向を持つ場合は，この容易方向に沿って正または負の方向に磁化した場合をそれぞれ2進法の"1"およ

び"0"に対応させて記憶素子として用いる.

　薄膜の光学的性質も興味深いものである.一般にバルクの金属は光を通さないから,金属の光学特性は薄膜を用いて行われることが多い.

　一般に薄膜は均質と考えるより,微粒子の平面的な集合体と考えた方がよいことが多い.その内部の欠陥構造や界面分布によって,反射,吸収,透過性に大きい差が現れる.膜の光学特性も広く変化するためにその応用分野も広い.

　下地温度が低い場合は膜の結晶構造は異常を示すことが多く,とくにB,C,Si,Ge,As,Se,Sb,Biなどの共有結合の特性の強い半金属類では,いわゆる非晶質状態に近い構造になる.多くの場合その電子線あるいはX線回折像に非晶質のハロー(halo)とよばれる回折像を示す.

　電着膜はその電解条件によって光沢,色調が広い範囲で変化する.比較的低電流密度ではCr,Ni,Rh,Pt,Pdなどは金属光沢を示すが,電流密度が高くなると黒色の膜になることが多い.後者は一般に結晶の不完全性が高く,回折像もぼけることが多い.このような黒いめっきはそれなりの応用面が考えられている.

4・2・3　急冷凝固非晶質合金膜

　蒸着膜あるいは電着膜で非晶質金属膜の得られることは先にも述べた通りであるが,最近急冷凝固法で非晶質合金膜が得られるようになり,その物性ならびに応用面で精力的な研究が進められている.この種の合金状態も従来の金属学からややはみ出した一種の極限状態下の材料と考えてよい.

　普通の鋼の焼入れ速度は $10^3 \sim 10^4 \mathrm{deg/sec}$ 程度であるが,約 $10^6 \mathrm{deg/sec}$ の急冷凝固を行うと種々の合金が非晶質化することがわかってきた.純金属ではこの方法でまだ非晶質化に成功していないが,1968年頃 Ray[44] がCu-Zr系で金属-金属系の非晶質を作るのに初めて成功している.

　一般に金属-半金属あるいは金属-非金属系で得やすい傾向があるところから考えると,合金の結合成分になんらか共有結合的な性格が混ると形成されやすいということができる.

　その後工業的応用の面よりFe,Co,Ni,Cuなどの金属をベースにした非晶質合金の研究が進み,1973年アメリカ合衆国のアライド・ケミカル社が"Metglas"という商品名で非晶質合金テープを発表した.この合金は(Fe,Ni)P-B系合金である.

　この室温に準安定化された非晶質合金の構造に関しては,溶融状態に近いものとか,微結晶の集合などといったいくつかのモデルが提唱されているが,多くの解析結果では,最近接範囲では結晶質のものとその配位関係はあまり変らず,長範囲ではバルクの結晶の規則性を失ったものであるという解釈が一般的である.次にこのような非晶質合金の特性を示して

表3·129 主な非晶質金属の機械的性質と結晶化温度

合金	硬さ (HV)	引張強さ (kgf/mm²)	ヤング率 (kgf/mm²)	伸び (%)	引張強さ/ヤング率	硬さ/引張強さ	結晶化温度 (℃)
$Pd_{80}Si_{20}$	325	136	6.8×10^3	0.11	0.02	2.4	380
$Cu_{60}Zr_{40}$	540	200	7.6×10^3	0.1	0.026	2.7	480
$Co_{75}Si_{15}B_{10}$	910	306	9×10^3	0.20	0.034	3.0	490
$Fe_{78}Si_{10}B_{12}$	910	340	12×10^3	0.3	0.028	2.6	500
$Fe_{80}P_{13}C_7$	760	310	12.4×10^3	0.03	0.025	2.5	420
$Fe_{72}Ni_8P_{13}C_7$	680	270	—	0.1	—	2.5	410
$Fe_{72}Cr_8P_{13}C_7$	850	385	—	0.05	—	2.2	440
$Ni_{49}Fe_{29}P_{14}B_6Al_2$	792	243	13.2×10^3	0.02	0.018	3.26	—

(日本金属学会会報, 15, No.3, 1976より)

おこう.

磁性の応用が最も有望と考えられているが,このような材料の磁性には異方性がない.非晶質Fe合金,Ni合金,Co合金では優れた軟質磁性を示す.Fe-Co合金の磁歪が0の組成で400℃に焼もどしたものでは,複雑な熱処理を施した結晶質の高級パーマロイに匹敵する性能といわれている.

合金元素として半金属元素を比較的多量(約20at%)に含んでいるので,飽和磁気は低くなっている.Feを多量に含む合金にはインバー特性あるいはエリンバー特性を示すものがあり,結晶合金より優れている.

その電気抵抗は結晶質合金よりはるかに大きい.軟質磁性の特性が高く,電気抵抗の大きい材料は変圧器などの鉄心によい.鉄損の少ない有効な変圧器が得られる.現在Fe基非晶質合金薄膜はコイル状でこの方面への利用が進められている.

その機械的性質は結晶質合金よりはるかに優れている.主要な非晶質合金の機械的特性を表3·129にまとめて示した.

その降伏強さは,Fe基合金(Fe-B, Fe-P, Fe-P-B, Fe-Si-B)では約400kgf/mm²,Co基合金(Co-B, Co-P-B, Co-Si-B)では約350kgf/mm²,Ni基合金(Ni-P, Ni-P-B, Ni-Si-B)では約300kgf/mm²と高く,結晶質合金の約10倍である.靭性も高く,硬質である.

その耐食性は結晶合金より熱力学的に不安定であるにもかかわらず,孔食の発生は少なく,中性,酸性およびアルカリ性のすべての溶液中で安定である.

たとえばFe-8%Cr-P非晶質合金は,18:8ステンレスの約10^6分の1程度の腐食速度しか示さないということである.

また結晶粒界も存在しないので応力腐食割れの心配も少ない．

この他に放射線損傷を受けない，振動のダンピングが極端に少ないなどの特性もある．

非晶質状態は極限状態で作られたものであり，その構造はどうしても熱的に不安定である．温度の上昇とともに結晶化の方向への変化が進む．つまり経年変化の問題は今後の大きな課題である．

また今後加工技術の進歩によって，たとえばレーザー光による加熱-急冷によって，表面層だけの非晶質化が行われるようになれば，材料強化および耐食性向上の点で大きな進歩がある可能性も考えられる．

4・3 金属材料の複合化

単一金属材料の特性の応用がある程度満たされると，自然の傾向として異種材料を組み合わせた複合材料の特性研究へと進むもののようで，この複合化によって予期せぬ成果が得られる場合が多い．

複合化の要素としては，
1) 金属-金属の複合化
2) 金属-セラミックの複合化
3) 金属-プラスチックの複合化

が考えられる．

また形式としては
1) サンドイッチ形式
2) 粒子分散形式
3) 繊維分散形式

がある．これはもちろんセラミックおよびプラスチックを主体として考えた場合にも同様のことがいえる．プラスチックの場合はその分子の構造より考え，さらに複雑な状態が出現する可能性がある．

複合材料で最も重要なのはその界面の問題である．界面には複雑な要因がひそんでいるが，最近の局所解析法の進歩とともに種々の成果が期待されている．

サンドイッチ形式のものとしては，各種の表面処理製品，温度制御用バイメタル，各種合せ板，免振構造用の鋼板-プラスチックあるいは鋼板-ゴム複合材等と，多数のものが実用化されている．

粒子分散形式のものも，SAP，TDニッケル，酸化物分散合金等とかなり以前より知られているものが多い．

繊維分散形式のものとしては，セラミック-プラスチックの組み合わせでFRPが最もよく知られ広く使用されている．現在金属母相のものも種々研究開発中である．古くは日本の壁土のように，藁繊維と粘土のようなものもその代表的なものと考えられる．

複合化の目的は多種多様であるが，主として強化を目的としたものについて，その強化の仕組みについて一般的な考え方を述べる．

4・3・1 粒子分散強化の特徴とその応用

粒子分散の場合は，その外部応力の負担は主として母相金属であり，分散粒子の役目は転位の移動の阻止作用である．転位の移動阻止作用は2種に分けられ，その一つは直接すべり転位のピン止め（pinning）効果と，粒子の周囲に多重形成される転位群の密度増加による加工硬化である．

粒子自体に作用する応力は，その粒子の周囲に多重形成された不動転位からの応力場のみであるから，粒子自体の破断強さよりはるかに小さなものと考えてよい．

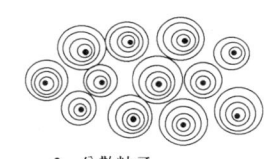

● 分散粒子
○ Orowanループ群

図3・93　粒子分散相中のOrowan転位ループ群

図3・93に示したように母相中の転位は，1個の粒子がフランク・リード源となるため極度に高密度となり加工硬化が進行する．

強化に有効な粒子の大きさは0.1～0.01 μm，粒子間隔は0.1～0.01 μmとされている．その強化率はほぼ粒子と母相の体積比に比例し，一般に0.01～0.15の範囲である．

粒子に対して要求される性質は，高温においても粗大化せず安定であることが最も大切なことである．一般に強化率は3～15倍である．一様な分散が要求されるので粉末冶金法，内部酸化法，微粒子混合法，酸化還元法，共沈法などの方法が試みられている．母相と密度差の大きい粒子の分散には，無重力状態なども魅力的な条件であり，液体急冷法も有力な手段と考えられる．

粒子分散法は強化が等方的であるのが特徴の一つである．

4・3・2 繊維強化の特徴とその応用

この方法による強化材料の代表的なものはFRP（fiber reinforced plastics）とよばれる，高分子を母材にしてガラスやカーボン繊維で強化した材料が一般化されている．金属を母材にしたものは研究は進んでいるが，それほど一般的ではない．

第Ⅰ部の3・7・3の表1・30あるいは表1・31にも示したように，転位のない完全結晶やいわゆるホィスカーとよばれるひげ結晶の強度は，一般の材料より桁ちがいに高い．このよ

うな繊維を一方向にそろえて並べると，その方向の強さが非常に高くなり繊維強化の目的を達成できることが考えられる．

この場合外部応力を負担するのは主として強いファイバーであり，母相はこの外部応力を伝えるのが主な役割とされている．

図3・94に示したように繊維には長いものと短いものがあり，(a)のような長繊維の場合はその強さは複合則によって示され，

$$\sigma_c = \sigma_M (1-V) + \sigma_F \cdot V$$

となる．

ただしσ_Mはマトリックスの強さ，σ_Fはファイバーの強さ，σ_cは複合材料の強さ，Vはファイバーの体積分率である．

しかし(b)のような短い繊維の場合はその複合材の強さはファイバーの体積分率のみではなく，その長さおよび太さにも関係し，界面での接着強度も重要となる．

短繊維の場合の外部荷重によるせん断応力τの繊維への伝達のされ方は，ミクロに見た場合やや複雑であるが，主としてファイバー端部の先端面ではなくその側面に図3・95のような分布をもって伝えられる．

荷重$P_1 < P_2 < P_3$と増加するにつれて，界面でのせん断応力は(a)のようにファイバーの先端部で最も高く，長さの中心に向って減少する．先端部のせん断応力がマトリックスの降伏せん断応力τ_yに達し，側面部のせん断応力がaのところまでτ_yになった時のa部でのファイバーにかかる引張り力は，ファイバーの半径をrとすると

$$\pi r^2 \sigma = 2\pi r \cdot a \cdot \tau_y$$

$$\therefore \quad \sigma = \frac{2a}{r} \cdot \tau_y \quad (r: ファイバーの半径)$$

σが$x = a$のところまではxに関して直線的に増加することが(b)にも示されている．

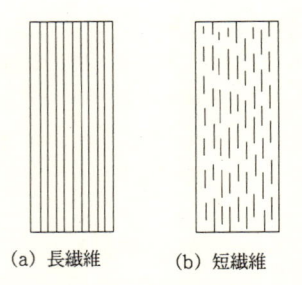

(a) 長繊維　　(b) 短繊維

図3・94　強化繊維の分布

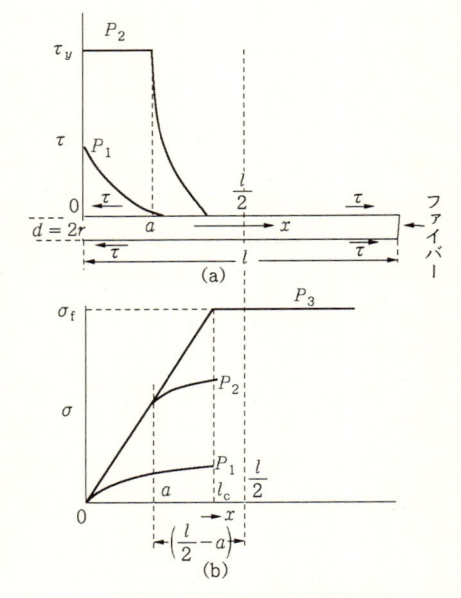

図3・95　短繊維周辺の応力分布

σがファイバーの破断応力σ_fになるaの値をa_cとすればこのファイバーの臨界の長さl_c = $2a_c$となり，

$$\sigma_f = \frac{l_c}{r} \cdot \tau_y$$

$$= \frac{2 l_c}{d} \cdot \tau_y \quad (ただし d = 2r)$$

$$\therefore \quad \frac{l_c}{d} = \frac{\sigma_f}{2 \tau_y}$$

この繊維の破断強度まで強化を生かすためには，繊維の長さは少なくともl_c以上でなければならない．このl_cを臨界長さ（critical length）とよび，l_c/dを臨界アスペクト比（critical aspect ratio）とよぶ．この値は不連続繊維強化では非常に重要なパラメータである．

一般に$l/l_c = \alpha$の値が5～10程度になると不連続繊維の場合も連続繊維とあまり変らない強化率を示すといわれている．

以上のように繊維とマトリックス界面は外部応力を繊維に伝える重要な役割を果しているから，高温においてもこの部分で反応相を形成しないよう適当な被覆処理を行うことがある．工業用に考えられている繊維の特性を表3・130に示した．

繊維の体積比は10～80％であり，ほぼ体積比に比例して強化されるが，マトリックスの

表3・130 繊維強化ファイバーの特性

繊維物質	直径（μm）	製造法	平均強さ（kgf/mm^2）	密度（g/cm^3）	弾性率（kgf/mm^2）
ボロン	100～150	化学蒸着	340	2.6	40,000
SiC被覆ボロン	〃	〃	310	2.7	40,000
SiC	100	〃	270	3.5	40,000
炭素単繊維	70	〃	200	1.9	15,000
B$_4$C	70～100	〃	240	2.7	40,000
ボロン（炭素芯）	100	〃	240	2.2	—
高強度炭素繊維	～7	焼成	270	1.75	25,000
高弾性炭素繊維	～7	焼成	200	1.95	40,000
Al$_2$O$_3$	250	融液引上げ	240	4.0	25,000
S－ガラス	1束10^{4}本	融液押出し	410	2.5	8,000
ベリリウム	100～250	線引き	130	1.8	25,000
タングステン	150～250	〃	270	19.2	40,000
鋼線（AFC－77）	50～100	〃	410	7.9	18,000

(村上，亀井：『非鉄金属材料学』より)[45]

表3・131 繊維強化合金の強さおよび比強度

組み合わせ		密度(g/cm^3)		繊維 V%	試験温度 ℃	複合材料	
マトリックス	繊維	マトリックス	繊維			引張強さ kgf/mm^2	比強度 10^{3}m
Al	B	2.7	2.3	50	室温	77.3	42.9
		2.7	2.3	50	500	54.8	22.1
	スチール	2.7	7.82	25	室温	121	30.7
		2.7	7.82	25	427	70	17.8
	SiO$_2$	2.7	2.2	~48	室温	82.6	34.0
		2.7	2.2	~48	500	27.7	11.4
	Be	2.7	1.9	40	室温	56	21.1
		2.7	1.9	10	316	11	5.1
	Al$_2$O$_3$	2.7	3.97	35	室温	112.7	36.2
		2.7	3.97	27	532	38.4	12.7
	B$_4$C	2.7	2.5	10	室温	20	7.7
*	CuAl$_2$	2.7	4.35	50	室温	27	7.8
		2.7	4.35	50	482	6	1.8
*	Al$_3$Ni	2.7	3.79	10	室温	34	11.9
		2.7	3.79	10	482	14	5.0
Al-10.2 Si	Al$_2$O$_3$	2.7	3.97	15	室温	28.5	10.0
		2.7	3.97	15	427	20	2.4
Nb	Nb$_2$O	8.27	7.92	31	室温	120	14.5
Ni	B	8.86	2.3	75	室温	269	37.3
	W	8.86	19.3	9.4	室温	43.0	4.4
	Al$_2$O$_3$	8.86	3.97	19	室温	120	15.2
		8.86	3.97	19	1010	60	7.7
	C	8.86	1.50	48	室温	34.8	6.6
Ni-20 Cr	Al$_2$O$_3$	8.55	3.97	39	室温	179	22.1
Fe	Al$_2$O$_3$	7.89	3.97	36	室温	166	25.8
* Ta	Ta$_2$C	16.6	15.1	29	室温	108.5	6.8 再凝固
		16.6	15.1	29	538	87.5	5.5 冷間スウ
		16.6	15.1	29	室温	82.6	5.2 エージ67%
Ag	Si$_3$N$_4$	10.5	3.19	15	室温	28	3.0
	Al$_2$O$_3$	10.5	3.97	24	室温	162	18.3

* 一方向凝固 　　　　　　　　　　　　(三浦, 平野:『金属複合材料における諸問題』より)

強度の2~50倍となる．粒子分散とは異なり，繊維間隔はあまり問題とならない．
　製造法は粉末冶金法，真空浸透法，プラズマスプレー法，電着あるいは蒸着法もある．表3・131に繊維強化合金の特性をまとめた[46]．

4・3・3 一方向凝固法による強化

共晶合金の組織は母相のマトリックス中に金属間化合物がラメラー状に分布しているものが多い．この共晶組成合金を特殊な凝固法で一方向に急激な温度勾配を与えて凝固させると，金属間化合物による繊維強化状態が得られる．高温からの凝固組織であるので，界面がきわめて安定であり，超耐熱合金としては理想的な状態である．

表3・132に高融点金属の一方向凝固強化材のいくつかについての特性を示した．

表3・132 高融点金属の一方向凝固強化合金の特性

合金系	組成 (wt%)	共晶温度 (℃)	強化相の体積比 (%)	引張強さ (kgf/mm^2)	
Ni–Ni$_3$Ti	Ni–13.8 Ti	1287	4.6 ± 2	室温	142
Ni–Ni$_3$Si	Ni–11.5 Si	1152	Ni$_3$Si 中に 36% Ni	室温	91.4
				800℃	42.2
Ni$_3$Al–Ni$_3$Nb	Ni–13 Al–15 Nb	1285	44	室温	119.5
				1093℃	80.9
Ni–NbC	Ni–10 NbC	1330	11	室温	88
				1093℃	19
Co–TaC	Co–13 TaC	1402	18	982℃	33
Nb–Nb$_2$C	Nb–1.5 C	2335	31	室温	119
Ta–Ta$_2$C	Ta–0.8 C	2800	30	室温	105
				1093℃	40.1
				1649℃	16.2

(村上，亀井：『非鉄金属材料学』より)[47]

タービンの効率は使用温度の上昇とともに向上するが，現在のところ金属材料では限界があるのでセラミックスへの移行が現れてきている．このような分野では耐熱性の高い高融点一方向凝固強化合金は有望な金属材料として注目されている．高温回転体の遠心力方向にその繊維方向をそろえると，その強化が理想的に利用される．

4・4 金属材料の機能化による高度利用

機能材料（functional materials）という言葉が最近よく利用される．およそ従来の汎用金属材料はすべてその長い使用の歴史を通じて，あらゆる面でその特性の活用が行われてきた．これらをあえて古典的な材料と名付け，いま新たに機能材料の開発が叫ばれるその背

景を考えたい．

金属と非金属との性質の根本的な相異は，結合に関係する電子の非局在性と局在性にあることは金属の基礎のところで考えたわけであるが，そのことは超高圧下での物性の変化を見るとさらによく理解される．すなわち超高圧下で原子が接近すると，離れている場合には電子はクーロン斥力の相互作用で原子核のまわりに局在し，絶縁体的振舞いを示していたのが，

バンドの幅の広がりとともに非局在化し金属的な挙動に変ることがC，Si，Geなどの4b族や3b-5b族化合物，2b-6b族化合物などで見出されている．これは共有結合→金属結合の転移である．

H，I，Se，Teの分子は強い共有結合をしていて，ファン・デル・ワールス力で分子性結晶を形成し絶縁体である．しかるにこれを超高圧下に置きその分子間と原子間の距離がほぼ等しくなる程度に圧縮すると，その電子は非局在化して金属的な導体となる．これもファン・デル・ワールス結合→金属結合の転移である．

5b族のBiや2価面心立方金属のCa，Sr，Ybなどでは高圧下で半導体的挙動を示す．これは金属→半導体の転移可能なことを示している．

遷移金属の酸化物や硫化物は多少共有結合性を残したイオン結晶である．これらの化合物では，常圧下でも温度の上昇とともに結晶転移が起り，これらのイオン結晶を構成する金属原子間距離の減少とともに金属的性格を示すようになる．希土類金属のカルコゲン化合物や酸化物には超高圧下でイオン結合→金属結合の転移を示すものが多い．温度や圧力変化だけではなく異種元素のドーピングによってこのような転移を起すこともある．

以上金属-半導体-非金属を区別している電子の存在のしかたはその材料の機能性を大きく左右するものであるが，お互いに転移可能なゆるやかな区別であることも頭に入れて置く必要がある．

今後は高真空技術の応用によって物質の純化をさらに進め，各個金属あるいは非金属物質の性質の洗い直しを行い，その用途面における機能性を広げる必要がある．

金属の今後の機能化を大まかに分類してみると大体次のようなことが指摘されるであろう．

構造用材料としては単なる強度だけではなく，比強度，耐食性を含めた広い意味での耐環境性，振動減衰能，熱伝導性などを加味した応用に留意する必要がある．

とくに楽器などの構造用材料は金属が今後ともに微妙な機能を果すべき分野であろう．

機器材料としては，もちろん従来通りその電気伝導性，熱伝導性，磁性，弾性などは多様化する高度な要求に対応できるだけの情報の整理が必要である．

また特異な金属特性の応用としては，超伝導の工業技術化，超塑性の利用，インバーおよびエリンバー特性の応用，形状記憶効果の利用などが目下の指摘できる点である．

表3・133　機能材料

関連分野	材　料　名
電気	各種半導体，超電導材料，ジョセフソン素子，リードフレーム
磁性	非晶質磁性体，希土類磁石，磁歪材料，磁気記録材料
光	発光ダイオード，レーザーダイオード，エレクトロルミネッセンス，蛍光体
熱	温度センサー，耐熱材料，ヒートパイプ，水素貯蔵合金
機械	圧力センサー，形状記憶材料，超弾性，超塑性
音，振動	スピーカー材料，楽器材料，金属防振材
化学	ガスセンサー，電池材料，金属触媒
医療	人口弁，歯科材料，人口骨材料

　金属の種類としては，もちろん従来の汎用金属に問題がなくなったわけではないが，b族の半金属，希土類系の金属類などに多くの期待が機能的応用面で残されている．
　多くのリフラクトリーメタルの加工性，非晶質合金の信頼性とその応用ももちろん進められていくことであろう．
　金属表面は種々の化学反応を促進するいわゆる触媒作用（catalytic effect）がある．この事実は19世紀の初頭頃より化学者にはよく知られていたことであるが，最近の石油化学工業の発達とともに，その重要性がますます大きくなっている．
　また種々の環境問題の中で自動車の排気ガスの無害化が種々の触媒を利用して研究されているが，この方面でも安定な触媒の開発が望まれている．
　この方面では白金で代表される種々の貴金属の応用や3d族遷移元素のFe, Co, Niなどの研究も多い．
　金属の化学的機能材料としては，各種新電池の開発とともに，この触媒の研究も見落とすことのできない問題であろう．
　最近機能材料として話題になった材料を，各応用分野にまとめたものが表3・133である．
　この中でいくつかを選び簡単な解説を行う．

4・4・1　アモルファス金属材料[48]

　4・2・3の急冷凝固非晶質合金膜においてアモルファス合金について多少記述したが，その機能性の本質についてもう少し詳述したい．
　現在アモルファス材料の作製法としては，
　(a) 液体急冷法（liquid quenching method）
　(b) 物理的蒸着法（PVD）（Physical Vapour Deposition）

(c) 化学的蒸着法（CVD）（Chemical Vapour Deposition）
(d) プラズマ化学プロセス

などが考えられているが，主として液体急冷法の現状を紹介する．

4・2・3においても述べたように，アモルファス金属材料は一種の非平衡状態であるが，結晶，液体，過冷液体との関係を体積-温度関係で示したのが図3・96である．

液体をT_mにおいて平衡凝固させ結晶固相にすると，一般には数％の体積減少を不連続的に示す．これは液相にはかなり大きい空間が存在していることを示しているものであって，この空間は自由体積（free volume）と呼ばれるものである．この液体の熱膨張係数は図に示してあるように結晶のそれより大きい．この液体を急冷するとガラス化温度T_gにおいて結晶化せずガラス状態（アモルファス固相）に移行する．それ以後の体積変化は，結晶の場合と同様な非調和振動項の減少によるものである．T_g付近での熱膨張係数の折れ曲りは，冷却速度の増大とともに高温側に移行し，それだけ多くの自由体積が残存することになる．急冷されたままのアモルファス合金は，アモルファスとして最も安定な状態にはないので，これを加熱するとわずかな自由体積の減少を伴って安定化する．これを構造緩和（structure relaxation）と呼んでいる．この変化量は少ないが，アモルファス合金の諸特性の改善には大きい意味を持つものである．

図3・96に示されているように，T_gには範囲があり，冷却速度の大小によって変化する．

そのような意味で古典的な相変態点ということはできない．また結晶化温度T_xも，アモルファス構造の安定性，加熱速度などによって変化し，非常に安定なアモルファスでは，T_gより高温になることもある．以上のことを念頭に入れて図3・96を見ていただきたい．

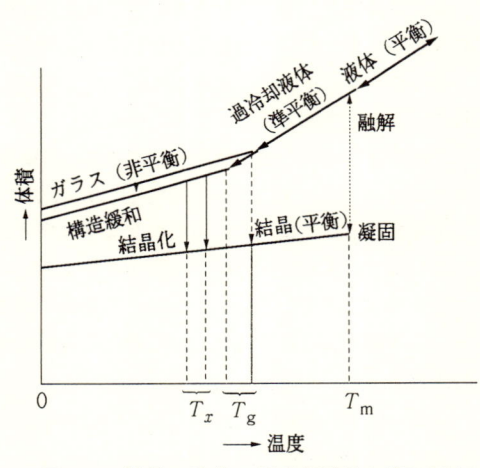

図3・96 結晶，液体，過冷却液体（ガラス）における体積-温度関係

次に現在知られているアモルファス合金の中で，液体急冷法で作成されたアモルファス合金の分類表を表3・134に示した．合金元素として半金属および非金属を含んでいるので，半導体もいくつか含まれている．

これを見るとわかるように，単純金属間でもいくつかアモルファスが形成されているが，

表3・134 液体急冷法で製作されたアモルファス合金(半導体を含む)の分類

	E.非金属および半金属	D.遷移金属(6a〜8a)および1価貴金属	C.遷移金属(3a〜5a)	B.希土類金属	A.多価単純金属
A.多価単純金属	Ga, In, Tl-Te Al-Ge Pb-Sb	Mg-Cu Ca-Cu, Ag Al-Cu, Au Pb, Sn, Tl-Au Sb-Pt	Ti, Zr-Be Y-Al, Fe	Gd-Ga, Pb La-Al, Ga, Sn Pr-Sn, Fe Nd-Fe	Ga-Mg, Zn, Ga Mg-Zn, Ga, Al Ba Sr-Mg, Zn, Al Ga
B.希土類金属	La-Si, Ge	La-Ni, Au, Ag Ce-Fe, Co Pr-Au, Cu Gd-Mn, Fe, Co, Ni, Cu, Ru, Rh Tb, Ho, Tm-Au Er, Th-Fe	なし	なし	
C.遷移金属 (3a〜5a)	Zr, Nb-Si	Ti-Co, Ni, Cu Zr-Fe, Co, Ni, Cu, Mo, Rh, Pd Hf-Fe, Co, Ni Ni, Rh, Ir, Co Ta-Ni	なし		
D.遷移金属(6a 〜8a)および 1価貴金属	Fe, Co, Ni-B Mn, Pd, Pt, Ag, Au-Si Pd-P Pd, Pt, Cu, Ag, Au-Ge Fe-P-C, Co-Cr-C, P	なし			
E.非金属および半金属	Ge-Se, Te As-Se, Te Sb-Se, Te Se-Te				

多くは多少なりと共有結合的電子構造をもったものが多い.

アモルファス構造をとりやすい合金を組成的に考えてみると,融点T_mの低い範囲である.状態図より共晶組成近傍ということになる.これはT_g/T_mの値が大きいほどアモルファスになりやすいということにもなる.

アモルファス構造の安定性を状態図と関連させて解析しようとする試みは,ポリマーアロイの方でも種々試みられているが,これには混合の自由エネルギー変化ΔG_mの計算が必要である.ΔH_mの中味もさることながら,特にΔS_mの計算がきわめて困難であると考えられる.これはアモルファス構造の不規則性の中には,金属系でも結晶合金について古典的に用いられている位置の不規則性(topological disorder)で配置のエントロピーと呼ばれる項が,アモルファスになるとさらに複雑になると同時に,結合の性格に由来する質的不規則性(qualitative disorder)が入ってくるからΔS_mの求め方が困難さを増すためであろう.

アモルファス合金の機能的特性は,
(1) 硬くて機械的強度がきわめて高い.

(2) 弾性は結晶質のものよりやや低く，擬弾性的性格がある．
(3) 耐食性がきわめて高い．
(4) 電気抵抗が結晶質のものよりはるかに大きい（$\rho = 50〜350\ \mu\Omega\cdot cm$）．
(5) 電気抵抗の温度係数が結晶質よりきわめて小さく温度領域によって複雑に変化する．
(6) 超伝導性を示すものがある．（現在は最高 $T_c \fallingdotseq 9K$）
(7) 透磁率 μ は磁気異方性に反比例するが，アモルファスは結晶のような異方性がないので大きい．また結晶粒界や欠陥がないので抗磁力 H_c が小さい．したがって軟質磁性的特性がよい．
(8) インバーおよびエリンバー特性で興味ある性質を示す．

等と多くの特性を持ち将来に期待を持たせる材料であるが，実用材料としては熱的に不安定であることが現在でもその実用化を阻む大きい欠点となっている．

以上に述べたように1960年以降，膨大な数のアモルファス合金が見出されたが，その多くは箔状，膜状であるか，あるいは厚くても数mm程度の金属が金属ガラス状態で得られたのみであった．

しかし，1989年，井上（東北大学）ら[49]により，Mg-Al, Zr, Ti に Ln（希土類金属），Tm（遷移金属）を加えた3元系，4元系で，容易に厚肉の金属ガラスを作ることができることが見出され，大きな金属ガラスを得るための三つの経験則，

(1) 3成分以上の多元系である
(2) 構成元素の原子径が12%以上異なる
(3) 構成元素同士が負の混合熱を持つ

が導き出された（1994年）[50]．

これに基づいて多くの金属系について検討された結果，合金設計により約 $10^3 K/s$ 以下の冷却速度，数mm以上数cmに及ぶガラス厚さ，$T_g/T_m \to 0.6$（T_g：ガラス生成温度，T_m：融点）の多くの金属ガラス（Mg系，Ln系，Zr系，Ti系，Fe系，Nd系，Co系，Pd系，Pr系など）が作られるようになった．これら金属ガラスの特性は，前述したように，高強度，高延性，軟磁性，高鋳造性，超粘流動加工性などで，光学精密機械部品[51]や軟磁性材料部品としての実用化が検討されており，従来の結晶金属やアモルファス金属で得られないユニークな特性が期待されている．

4・4・2 半導体材料

近代的な意味での半導体の応用研究が始まったのは，SiおよびGeの物性研究の成果として1948年トランジスタが発明された時にさかのぼることができる．その後3b-5b族化合物半導体の研究により新しい半導体が導入され，さらに現在は非晶質半導体の研究へと進んで

表3·135 主な半導体材料と用途

材料	用途
Si	トランジスタ, IC, 圧力測定, フォトダイオード, 太陽電池, 整流器
Ge	トランジスタ, フォトダイオード
GaP	発光ダイオード
GaAs	半導体レーザ, F.E.T, IC
InSb	磁界測定, 赤外線検知
CdS	フォトセル
PbTe	赤外線検知
遷移金属酸化物	サーミスター
α-Si（非晶質）	太陽電池, 光導電膜

いる．

　周知のように半導体の導電率は金属の場合とは逆で，正の温度係数を示す．この性質を利用したのが測温用のサーミスター（thermister）である．一般に遷移金属酸化物の固溶体か焼結体であり，$-60 \sim 150 ℃$で使用される．

　半導体に磁界を働かせると，電流と磁界に垂直な方向に電圧が発生する．これはホール電圧（Hall voltage）と呼ばれ，磁界の測定に応用されている．

　半導体に圧力を加えると，その導電率が変化する．これをピエゾ抵抗効果（Piezo resistance effect）と呼んでいる．これは格子歪によって発生するものであるから，金属にも存在している．金属では電気抵抗の温度係数の小さいコンスタンタン（466頁参照）がこのストレンゲージに使用されているが，ピエゾ半導体の方が敏感である．主として閃亜鉛鉱型（ZnS, ZnSe等）およびウルツ鉱型（ZnO, CdS等）が使用されている．

　この他に，光の検知と放出，マイクロ波発振にも応用される．主要な半導体とその応用面を表3・135にまとめた．

4・4・3　超伝導材料

　金属の超伝導現象については第Ⅰ部「金属の基礎」のところで多少触れておいた．線材化技術もかなり進歩し，表1・26に示した各種化合物および合金系の中で特にNb-Ti合金やNb$_3$Sn系は実用段階にきていて，強磁場発生用コイルやリニアモーターカーなどに使用されようとしている．これらの金属系では，液体ヘリウム温度4.2Kがひとつの大きい壁として残っている．

　ところが最近チタン酸バリウムと同類のペロブスカイト（perovskite, 灰チタン石, CaTiO$_3$）型構造をもったセラミックが，非常に高いT_cを持つことがわかり，この大きい壁

の一つが取除かれた．

このセラミック超伝導体の超伝導機構の研究とともに，従来の金属系超伝導体の理論であった，電子対形成から出発しているBCS理論（Bardeen-Cooper-Schriefer theory）に対しても種々検討が加えられ，世はまさに超伝導ブームの観がある．

そのきっかけは，1986年IBMチューリッヒ研究所のBednorzとMüllerが，Ba-La-Cu-O系混合酸化物系で，35Kより電気抵抗が急激に低下し，13K付近で0になることを報告したことである．

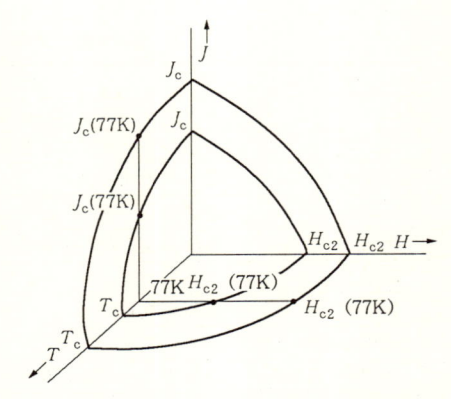

図3・97　超伝導体の$T_c - H_{c2} - J_c$の関係

その後東京大学で（$La_{1-x}Sr_x$）$_2CuO_2$，（$La_{1-x}Ca_x$）$_2CuO_4$がそれぞれ$T_c = 40K$および20Kであることが発表され，さらに米国および日本でY-Ba-Cu-O系で$T_c = 90K$級のものが公表された．

とにかく液体窒素温度77Kでの超伝導材料の工業的応用が可能になったというセンセーショナルなニュースが流された．

表3・136　酸化物超伝導材料

発見時期	酸化物組成	結晶構造	T_c (K)
1964	$SrTiO_{3-x}$	ペロブスカイト型	～0.5
1964	$BaPb_{1-x}Bi_xO_3$	ペロブスカイト型	～13
1973	$Li_{1+x}Ti_{2-x}O_4$	スピネル型	13.7
1986	$(La_{1-x}Ba_x)_2CuO_{4x-0.08}$	K_2NiF_4型	30
1986	$(La_{1-x}A_x)_2CuO_{4x-0.08}$ A = Sr, Ca	K_2NiF_4型	30～40
1987	$Ba_2L_nCu_3O_{7-x}$ L_n = Y, La, Nd, etc. 希土類	層状ペロブスカイト型	～90
1987	$Bi_2Sr_2CuO_6$	層状ペロブスカイト型	7～20
1988	$Bi_2Sr_2Ca_1Cu_2O_8$	層状ペロブスカイト型	80
1988	$Bi_2Sr_3Ca_2Cu_2O_{10}$	層状ペロブスカイト型	110
1987	$Tl_2Ba_2CuO_8$	層状ペロブスカイト型	20～80
1988	$Tl_2Ba_2CaCu_2O_8$	層状ペロブスカイト型	110
1988	$Tl_2Ba_2Ca_2Cu_2O_{10}$	層状ペロブスカイト型	125
1988	$(Ba_{1-x}K_x)BiO_{3x-0.4}$	ペロブスカイト型	～30

工業的に超伝導マグネットに応用する場合，その臨界磁場H_{c2}と臨界電流密度J_cの高いことが必要条件である．このH_{c2}とJ_cの温度との関係は図3・97に示した．この図より高いT_cをもった材料ならば，77K付近で使用した場合でも，高いJ_cとH_{c2}が確保されることがわかる．線材化という技術的難問を残しつつも，超伝導時代がスタートしたということができる．

酸化物超伝導材料を表3・136に一括表示した．

今後の応用面では，ますます高密度化するコンピューターの配線，リードフレームなどが有望である．これを信頼性の高い材料として使用するためには種々の問題が残されている．まずきわめて困難な細線化の技術，マグネシア，ジルコニア，Si，アルミナなどの基板上への薄膜形成技術，一般に酸素に対する親和性が強く，水やCO_2と反応して劣化しやすい傾向があるので，これに対する予防策等であるとされている．

新しい金属系超伝導体

酸化物超伝導体の発見（1986年）以後，多数のセラミック系高温超伝導体が発見されたが，いずれももろくて成型が困難であった．また従来の金属系超伝導体（ニオブとスズの合金）は，硬くて加工しにくく材料費も高いなどの難点があった．

2000年10月，秋光純ら（青山学院大学）はニホウ化マグネシウム（MgB_2）が39Kで超伝導になることを発見した．これは酸化物系高温超伝導体のCuO_2面とよく似た「はしご格子」構造を金属系超伝導体にも持たせるという新しい着想によるもので，これまでの金属系超伝導体の超伝導最高温度がニオブ3ゲルマニウム（Nb_3Ge）の23Kであったのに比べて16Kも高く，BCS理論の臨界温度の上限30K〜40Kに達している．またMgB_2は金属なので，軟らかく酸化もしにくく自由な成型が可能で，原料価格も安く，産業への幅広い応用が予想でき，将来さらに同様な金属系超伝導体が発見されることが期待されている[52,53,54]．

4・4・4　磁性材料

磁性材料についても様々な変革が起りつつあるが，非晶質磁性については4・2・3において多少記述したので，特に希土類系磁石の現況を簡単に紹介したい．

ラジオ，テレビ，オーディオ，電子レンジに使用されているマグネトロンなどの磁石材料としては，従来アルニコ合金が多量に使用されていたが，これに代わっていわゆるフェライト磁石が多く使用され始めている．バリウムフェライトやストロンチウムフェライトが主流である．これらの粉末磁石は，磁性論でいえば単磁区粒子（single domain particle）という，磁性のひとつの理想を実現したものである．このフェライト磁石はスピーカーへの応用により，現在はマイクロモーターの電磁石の代わりに使用され始めている．その高い保磁力が応用面を切り開いた．

表3・137　各種の希土類磁石

材　料	B_s (kG)	$(BH)_{max}$ (MGOe)	キュリー点 (℃)
$SmCo_5$	9.7	～20	727
$Sm(Co, Fe, Cu)_{6.8}$	12.8	～26	917
$Sm(Co, Fe, Cu, Zr)_{9.4}$	12.8	～30	917
$Nd_2Fe_{14}B$	16.1	～40	312

　希土類磁石の研究が開始されたのは1970年頃であるが，$SmCo_5$焼結磁石の開発によって$(BH)_{max}$は飛躍的に増大した．この磁石のB_sは約9.5kG，$(BH)_{max}$は約20MGOeとなった．またその固有保磁力も30kOeと高いのが特徴である．

　一般に3d遷移系列のFe, Co, Niは代表的な強磁性元素である．この中で原子磁気モーメントM_Bの最も大きいのはFeであるが，合金化によってこの値は一般に低下し，B_sの減少に結びつく．その上Feの磁性を受け持っているのは3d電子であるが，この電子も自由電子化しやすく，軌道磁気モーメントを失ってスピン磁気モーメントのみとなりやすい．

　ところが希土類の4f電子は両方の磁気モーメントを失うことなく，これが磁性材料として希土類が注目されるところである．

　$SmCo_5$磁石は，微粒子状態にして，これを磁場焼結によって各粒子の容易磁化方向をそろえたものである．

この希土類磁石は磁気ベアリング，水晶発振器と組み合わせて水晶時計などに使用されている．

　その後Nd-Fe-B系磁石が，Feと希土類の合体の思想の下で開発され，B_sが16kG，$(BH)_{max}$が40MGOeという史上最高の磁性を示す材料として登場した．最近の磁石材料を表3・137に示した．

4・4・5　水素吸蔵合金

　最近地球の環境問題と関連して，クリーンなエネルギー源として水素が着目されている．

　多量の水素を狭い空間に貯蔵できるのは固体の状態である．このような発想より水素吸蔵合金が各方面で検討されている．

　現在までに研究されてきたこの目的の材料は，希土類合金，チタン合金，マグネシウム合金，ジルコニウム合金などである．

　表3・138にこれらの合金例を示す．

　その応用面としては，ヒートポンプシステム，蓄熱システム，水素精製システム，2次電

表3・138 水素吸蔵合金例

化　学　式	密度 (g/cm^3)	水素吸蔵量 ($n\ell/kg$)	平衡解離圧 atm (℃)
$LaNi_5$	8.3	153	2.5 (30)
$MmNi_{4.5}Al_{0.5}$	8.0	128	1.9 (30)
LmNi系	8.0	157	5.0 (30)
$Fe_{0.94}Ti_{0.96}Zr_{0.04}Nb_{0.04}$	6.5	187	1.5 (30)
$TiMn_{1.5}$	6.1	193	9.0 (30)
Mg_2Ni	3.2	409	3.6 (310)
Mg_2Cu	3.2	302	1.0 (240)

Mm：ミッシュメタル，Lm：ランタンを主成分とするミッシュメタル

池などが考えられる．ライフの向上，平衡圧の低下，吸蔵量の増加などが今後の研究テーマとなっている．

4・4・6　形状記憶合金

　金属材料の形状記憶現象については，1950年代にAu-Cd合金β相において発見されているが，特に注目を引いたのは，1963年米国のNaval Ordnance Laboratoryの研究グループが，Ni-Ti合金系でこの効果の発表を行ってからのことである．この合金にはニチノール（Nitinol）という商品名が与えられている．その後1970年代に多くの銅合金系のβ相にもこの現象が発見され，ベータロイの名称で商品化されている．

　この現象は材料が高温におけるもとの形状を記憶していて，室温付近で大きく変形させても，加熱するともとの形状に戻る現象である．

　この現象を示す合金系について共通していえることは，高温相は規則格子であって，室温付近ではこれがマルテンサイト変態を起して，単斜晶あるいは三斜晶のきわめて対称性の低い結晶になっていることである．このような系では，きわめて小さな界面エネルギーや弾性変形エネルギー変化で，そのマルテンサイト変態はほぼ可逆的に進行することが特徴である．したがって，低温のマルテンサイト状態での変形は転位の移動を伴うような非可逆的な塑性変形ではなく，応力誘起マルテンサイトによる変形，マルテンサイト中の兄弟晶バリアント（variant）の食い合いによる変形，あるいはマルテンサイト内での双晶境界の移動による変形のいずれかであるとされている．その形状記憶効果の原理図を図3・98（a）に示した．図は二つのバリアントの食い合いによる変形を示している．このようなマルテンサイト変態を熱弾性型マルテンサイト変態とよんでいる．通常の炭素鋼のマルテンサイトではこのような変形は起りにくいといわれている．

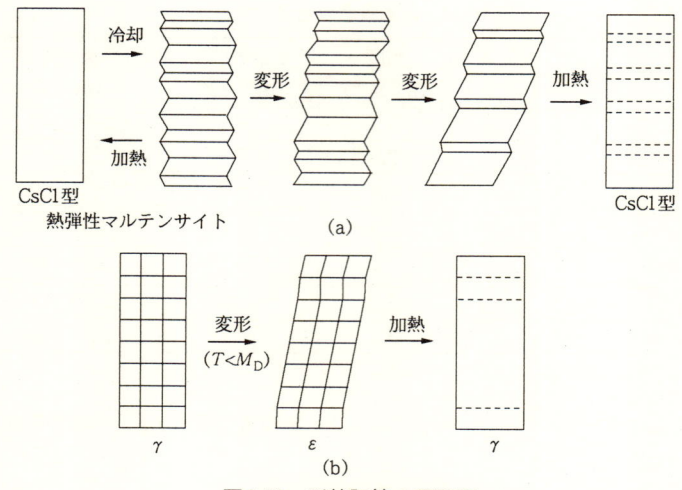

図3・98　形状記憶の原理図

このような材料は温度センサーとしての役目を果すと同時に，ある種の機械的動作を行うということで多面的な応用が考えられる．

たとえば，チューブの接続部に使用するカップリング，サーモスタット，医療用材料，熱エネルギーを機械エネルギーに変えるエネルギー変換材料などである．

表3・139に形状記憶合金例を示した．

この表に示されている合金以外にも100％ではないが，多少形状記憶的性格を示すものもある．また従来のCsCl型規則格子⇄マルテンサイトの変態とは異なった形式の変態で，形状記憶効果を示すものが発見されている．

その発想の中で興味深いのは，鉄系合金における γ(fcc) ⇄ ε(hcp) 変態の応用である．

一般にfcc→hcpの変態は最密面の積層がABCABC…よりABAB…に変ることである．

この変態は積層欠陥の導入を必要とするが，その欠陥エネルギーを小さくすれば，変態に伴う自由エネルギー変化と，欠陥に伴う弾性エネルギーの大きさとがうまくバランスして，可逆的なプロセスも考えられるということである．

この種の形状記憶合金としてはFe-Mn-Si系が示されている[55]．

積層欠陥エネルギーの低下は鉄にMnを添加すると可能であることは従来から高マンガン鋼などで知られている．他方Mnを添加すると γ-Feの反磁性的性格が強くなり，γ-Feが安定化して ε-Feが発生しにくくなるということが知られているので，Siを添加して $\gamma \to \varepsilon$ の反応が進行しやすくしたのがFe-Mn-Si系の特徴である．

図3・139 形状記憶合金(CsCl型 ⇌ マルテンサイト)

合金系	組成	*M_s (℃)	*A_s (℃)
Ti-Ni	Ti-50％Ni (at％)	60	78
	Ti-51％Ni (at％)	-30	-12
Ni-Al	Ni-36.6％Al (at％)	60	—
Ag-Cd	Ag-45.0％Cd (at％)	-74	-80
Au-Cd	Au-47.5％Cd (at％)	58	74
Cu-Al-Ni	Cu-14.5％Al-4.4％Ni (wt％)	-140	-109
	Cu-14.1％Al-4.2％Ni (wt％)	2.5	20
Cu-Au-Zn	Au-21％Cu-49％Zn (at％)	-153	—
	Au-29％Cu-45％Zn (at％)	57	—
Cu-Sn	Cu-15.3％Sn (at％)	-41	—
Cu-Zn	Cu-39.8％Zn (wt)	-120	—
In-Tl	In-21％Tl (at％)	60	65
In-Cd	In-4.4％Cd (at％)	40	50
Ti-Ni-Cu	Ti-40％Ni-10％Cu (at％)	50	60
Ti-Ni-Fe	Ti-47％Ni-3％Fe (at％)	-90	-72
Cu-Zn-Al	Cu-27.5％Zn-4.5％Al (wt％)	-105	—
	Cu-13.5％Zn-8％Al (wt％)	146	—

＊M_s：冷却の際マルテンサイト変態の起り始める温度　　　（『機能材料入門』下巻P.73による）
＊A_s：加熱の際逆変態が完了する温度

この系では $\gamma \to \varepsilon$ は加工による応力誘起であり，逆の $\varepsilon \to \gamma$ は加熱である．その原理を図3・98(b)に示した．

合金としてはFe-30％Mn-1％Si合金の単結晶で実験が行われている．

理論的には100％可逆的という保証はないが，特定条件下では100％の形状記憶性を示すといわれている．

形状記憶合金には超弾性（super elasticity）と呼ばれる特性がある．通常の金属の弾性変形量は0.5％程度であるが，この合金では約10％の変形量を示し，温度変化ではなく力を除くとゴムのように元の形に戻る現象である．

この現象は，通常形状記憶合金の加熱に伴う変態終了温度 A_f 点よりやや高い温度で起るから，A_f 点を室温よりかなり低くしておくと都合がよい．

この現象は一種の応力誘起マルテンサイト変態によって起る．

現在形状記憶効果は，玩具，家電製品，住宅機器，自動車部品，人工歯根のような医療，ロボットなどへの応用がある．熱エンジンへの応用は将来問題として有望である．

また超弾性は，眼鏡フレーム，歯列矯正ワイヤ，女性のブラジャー，ブレスレットなどへ

の応用が身近なところで行われている．

今後の研究課題としては，正確で長期にわたって信頼性の高い形状回復力の確保，熱処理による変態温度の調整，応力および温度ヒステレシスの調整，熱および応力サイクルに対する耐疲れ性など多くの問題が残されている．

4・4・7 燃料電池 (Fuel electric cell)

電池は化学的エネルギーを電気的エネルギーに変換する化学電池と，光や熱エネルギーを電気エネルギーに変換する太陽電池や熱電池などの物理電池に大別される．化学電池には，乾電池のように充電できない1次電池，ニカド電池のように繰り返し充電できる2次電池，反応物質を外部から供給し，いつまでも使用できる燃料電池とがある．

化学電池の基本的な構成は，陽極，陰極と電解質で，電池の放電の際は陽極で還元反応，陰極で酸化反応が起り，陰極で放出された電子は外部負荷を通って陽極で吸収，消費される．1次電池の中でマンガン電池は最も普及している電池であるが，先進諸国ではオーディオ，通信用を中心に，高容量で大電流放電が可能なアルカリ乾電池への移行が進んでいる．2次電池は130年の歴史を持つ鉛蓄電池が自動車始動用電源，据置大容量電池，電気車電池などに広い用途を持っている．1900年頃発明されたニッケル・カドミウム電池（ニカド電池）は，急速充電，大電流放電，長寿命，保存特性などに優れており，携帯電話，ワープロ，ポータブルVTR，シェーバー，防災灯，ラジコン玩具など，民生用小型電子機器の電源として盛んに利用されている[56]．

燃料電池は，燃料（水素，燃料ガス，石炭ガスなど）の燃焼反応を電気化学的に行うことにより外部回路に電力を得るもので，水から酸素と水素を得る電気分解の逆の反応を利用する．燃料電池の基本的構成は，陰極/電解質/陽極で，陰極に還元剤として燃料（水素，燃料ガス，石炭ガス）を，陽極に酸化剤として酸化性ガス（空気，CO_2ガス）を供給し，電解質中をH^+（プロトン），炭酸イオンが移動する．りん酸型燃料電池（PAFC：Phosphoric Acid Fuel Cell）や溶融炭酸塩燃料電池（MCFC：Molten Carbonate Fuel Cell），固体酸化物燃料電池（SOFC：Solid Oxide Fuel Cell），高分子電解質燃料電池（PEFC：Polymer Electrolyte Fuel Cell）などがあり，特にMCFCは大容量電源として，PEFCは長距離走行用自動車電源に，SOFCは発電システムからの高温タービン排気ガスの利用などに研究されている[57]．

4・5 原子力工業と金属材料

エネルギー問題はあらゆる面より検討が加えられているが，その中で原子力の利用は今後

避けて通ることのできない問題のひとつである．この分野は原子の核に関係するという特殊な雰囲気であるため，使用される金属材料についても，他の分野では考えられない特殊な環境下でその機能を発揮する必要がある．

強力な放射線による放射損傷 (radiation damage) がそれである．欠陥，ボイドの形成による体積変化 (swelling)，超高温中性子による材料表面よりの原子の蒸発 (sputtering)，特殊な液体金属冷却材による腐食，放射性物質のもれを絶対起してはならない安全でコンパクトなシステムを形成する各種構造材料など，今後に残された問題は山積している．今までは金属材料は主として電子論的な立場で考えてきたが，この分野では核を主体にした金属の特性を考えるという大きな転換を必要とする．

現在原子力の利用（原子核エネルギーの利用）を大きく分類すると二つに分けられる．

重原子核の核分裂 (fission) の際に放出されるエネルギーを利用する原子炉の応用，比較的軽い原子核を高温のプラズマ (plasma) 状態として融合 (fusion) し，放出されるエネルギーを利用する核融合炉の応用がそれである．

4・5・1　原子炉材料 [58,59,60]

核分裂を利用する原子炉の方が融合の方より先行し，主として発電用や研究用に使用されている．原子炉 (reactor) は主として燃料 (fuel)，被覆材 (cladding)，冷却材 (coolant)，減速材 (moderator)，反射体 (reflector)，制御材 (controller)，ブランケット (blanket)，圧力容器 (pressure vessel) と圧力管 (pressure tube)，遮へい材 (shielding) より組み立てられている．

燃料は熱中性子の吸収で分裂を起す ^{235}U，^{239}Pu，^{241}Pu，^{233}U などの核種である．金属，合金，化合物の形で利用される．被覆材は燃料の保護，エネルギーの伝達を行うものであるが，各種の特性を考慮して選ばれる．現在 Be, Mg, Zr, Al などが使用されている．冷却材は炉の形式によって軽水，重水，CO_2 ガス，He ガス，液体 Na, NaF-NaBF$_4$ 系溶融塩などが利用されている．減速材は高速中性子のエネルギーを低下させるもので，熱中性子の吸収断面の小さい軽水，重水，黒鉛，Be および各種水素化合物が利用されている．反射体は中性子の炉外へのもれを防ぐもので，軽水，重水，Be，黒鉛などである．制御材は中性子吸収断面の大きい B, Ag, Cd, In, Eu, Gd, Ta, Hf などである．圧力容器は放射損傷による脆化の少ないボイラー鋼，配管はオーステナイト鋼，Ni 基合金などであり，遮へい材は Pb や鉄鋼，コンクリートなどである．

4・5・2　核融合炉材料 [61,62]

主として重水素 (heavy hydrogen, duterium) と3重水素 (tritium) の反応 (D-T

反応）が利用されている．超高温プラズマを狭い空間に閉じ込める強磁場発生のための超伝導磁石（superconducting magnet），中性子とLiの反応で3重水素を再生するブランケット，最も近くでプラズマを取り囲む第1壁とそのコーティング（coating），遮へい体，絶縁材などより構成される．ブランケットはオーステナイト鋼，Ti合金，Moなどの高融点金属などが考えられている．第1壁材は高温に耐えるMo，Nb，Ti，ステンレス鋼など，コーティングはTiC，SiC，TiB_2，黒鉛などである．冷却材はHe，軽水，Liなど，遮へい材はPb，鋼，モルタルなどが考えられている．超伝導材料としてはNbTi，Nb_3Sn，V_3Gaなどがあげられる．これらの特殊な材料の組み合せにより核融合炉はスタートしようとしているのが現状である．

4・6 最近の金属材料の話題

話題のひとつは合金開発の手段が多様化してきたことである．

従来の融解－鋳造－加工－熱処理といったオーソドックスな方法ではなく，いかにして緩和時間の短い金属系アロイ反応を抑えて，準安定相を室温にまで安定させ得るかということである．その方法としては，

（ⅰ）液体急冷法（liquid quenching method）
（ⅱ）気相急冷法（spattering method, vapour deposition method）
（ⅲ）イオンミクシング法（ion mixing method）
（ⅳ）メカノケミカルアロイング法（mechano chemical alloying method）

（ⅰ）は約10^6K・sec^{-1}の冷却速度が得られる．（ⅲ）はA金属基板にB金属膜を蒸着した状態，あるいはA-B金属多層膜に数100keVに加速した不活性ガスイオンを照射し，AおよびB金属原子を励起して拡散を促すと同時に格子欠陥の導入を行う方法である．冷却速度は10^{14}K・sec^{-1}に達するといわれている．

金属は微粉にすればするほど，表面の活性度が増加する．また物質粒子は接近させるほどお互いに作用力を及ぼし合う．この原理を利用したのがメカノケミカル反応の合金化である．これはポリマーアロイ系のブレンド技術と相通じるものがある．これらの方法によって種々の合金状態を得られることが期待できる．

もうひとつは金属間化合物の研究である．

元素金属間化合物は，固溶体と異なっていて硬くてもろいという先入観が我々にはあった．確かに等方的な金属結合以外に，かなり結合電子の局在性を示す共有結合およびイオン結合的性格の強いことは事実である．しかし複雑な結合であるがゆえに，その性質には普通の固溶体合金には期待できないような特異な性質を示すことも考えられる．つまり機能材

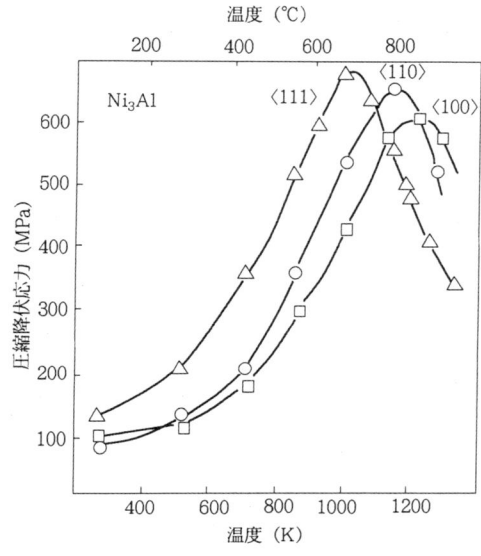

図3・99　Ni$_3$Al単結晶の圧縮降伏応力と温度および方位依存性
（「金属」Vol. 60. No. 4, 1990より）

図3・100　B添加によるNi$_3$Alの常温延性
（「金属」Vol. 60. No. 4, 1990より）

料としての期待が大きいことになる．

　金属間化合物は異種原子が規則的に配列した規則格子と考えられる．
　したがってその塑性変形に際しては単純な転位の移動では格子の乱れが大きく，大きなエネルギーを必要とする．このような規則格子の塑性変形には，一般に超格子転位（superlattice dislocation）と呼ばれる一対の転位が考えられている．この対転位の移動で格子の乱れは修復される．
　たとえばNi$_3$AlはL1$_2$型金属間化合物であるが，強度の逆温度依存性を示すといわれている．耐熱材料としてはきわめて好都合な性質である．これは超格子転位対が{111}すべり面から熱活性によって{100}面に交差すべり（cross slip）を起す時，転位がひっかかって残る．そのため転位密度が高くなって強度が上昇すると説明されている．
　またへき開脆性や粒界脆性を起しやすい．この性質改善にはBの微量添加が非常に有効とされている．
　また化合物を形成する元素に，比較的共有結合的性格のないものを選ぶことによって，もろさの改善を行うことなども考えられている．今後の応用を期待したい．
　図3・99にNi$_3$Alの強度の逆温度依存性，図3・100にB添加による延性の改善の様子を

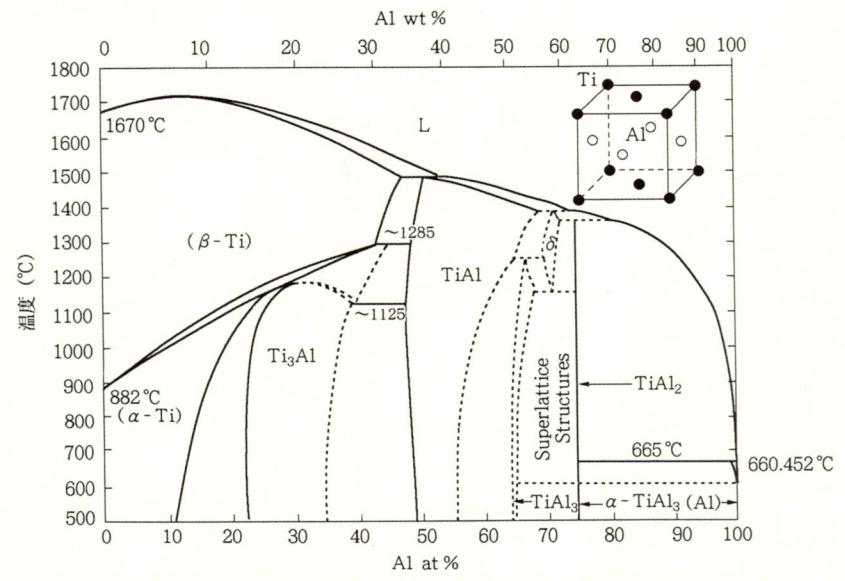

図3・101　Ti-Al 2元系状態図　（「金属」Vol. 59. No.1, p50, 1989より）

示した．

　Ni系耐熱材料で重要なNi_3Al化合物と同様に，Ti-Al系においてもAl：49～55at％に存在するTiAl相が，軽量，耐熱，耐酸化材として研究が進められている．現在研究が進められているのは化学量論組成のTiAl（～36wt％Al）よりややTi側に寄った組成付近である．Ti・Al母相中にTi_3Alが析出した組織を示す．その引張り強さは400～480MPa（36～40wt％Al），室温伸びは1％以下という報告が多い．参考のためTi-Al系状態図を図3・101に示した．状態図より考えられるように，この化合物の性質は熱履歴その他に影響を受けやすいことがわかる．熱処理，加工方法，第3元素の添加などによって主として延性の改善に研究が集中されている．

　20世紀の金属材料の開発目標は，1万トン高炉に象徴されるように，大量生産による高能率化と高性能化であった．しかし，20世紀末になると地球的規模で資源減少と環境汚染が避けられぬ問題となり，大量生産の持続が困難であると考えられるようになった．

　21世紀を迎えて金属材料の開発方式は，マクロ的手法による材料性能改善から，ミクロ的な手法によりマクロ的な性能改善を計るという方向へと転換が行われつつある．

　以下にその若干例を紹介する．

金属人工格子 (metal artificial lattice)

2種またはそれ以上の金属をナノメーター (nm) のオーダーで基盤上に1原子層から数原子層ずつ交互にエピタキシャルに積層した薄膜状物質で，1980年頃から米国と日本を中心に研究が始まった．1次元の積層構造はスパッタやMBE (micro beam epitaxy) のような薄膜作成技術で作られているが，金属細線を異種金属中に規則正しく並べた2次元構造や，微細粒子を規則正しく並べて積層させた3次元構造の物質作成技術はまだ確立されていない[63]．

グラニュラー構造物質 (granular structure material)

大きさのそろった金属微粒子を異種金属中に積層させた3次元格子の製造技術はまだ確立されていないが，大きさに統計的分布のある微粒子をランダムに異相マトリクス中に分布させた構造物質は，相分離過程を利用すれば比較的容易に作ることができる．このような物質をグラニュラー構造物質と呼ぶ．強磁性金属微粒子を非磁性金属や絶縁体母相中に分散させたグラニュラー構造物質は巨大磁気抵抗 (GMR) を示すことが多く，このような人工格子の開発が進められている[64,65]．

準結晶 (quasi crystal)

金属は規則的な原子構造（周期性）を持つ結晶と不規則な構造のアモルファス金属に分類されていたが，1984年に正20面体対称の回折パターンを示す急冷 Al-Mn 合金が D. Shechtman により発見され，これは原子構造の周期性はないが複数個の短範囲規則性を持っているので準結晶と呼ばれた．その結果，金属材料の構成相は，結晶，準結晶，アモルファスの3種類あると考えられるようになった[66]．結晶は単一の構造単位（単位胞）を持つが，準結晶は複数の構造単位が組み合わさっていると考えられている．従って結晶の周期性を持たないので，特定のすべり面はない．そのため転位は準結晶の格子中を動きにくいので，準結晶は硬くてもろい．しかし高温では転位が動くことができ，塑性変形もする．現在数10種類の合金で準結晶が見出されている（多くはアルミニウムの3元合金）．

単体では構造材としての利用はできないが，硬い性質を活かして分散強化合金の強化材として，また摩擦係数や熱伝導度，電気伝導度が小さいなどの特徴から表面被覆材料への利用が考えられている．

フラーレン (Fullerene)

炭素原子のみで合成されている微小球形籠状（中空，大きさ 0.7nm 程度）巨大分子の総称で，C_{60}, C_{70}, C_{76}, C_{80} などがあり，C_{60}（炭素原子60個の結合体）が代表的．炭素原子が六角形，五角形の配置で連続分布し，サッカーボールと同じ形状であるため，サッカーボール分子とも呼ばれており，その内部には異種原子や分子を封入することもできる．1985

年にKroto (英), Smalley (米) らにより炭素のレーザー蒸発により作られた煤 (すす) の中に見出された[67]。

ナノチューブ(Nano tube)

グラファイトを円筒状に巻いてできる中空の繊維状物質であるが,カーボンファイバーと異なり,直径が10nmオーダーの中空チューブで,ほぼ完全に規則性の高い原子配列のグラファイトより成っている.多層と単相の2種類のチューブがあり,多層チューブは長さ$1\mu m$以上,単相チューブは$100\mu m$くらいである.1991年NECの飯島により発見された[68]。

ナノカプセル(Nano capsul)

金属原子を内包するフラーレンの研究で,炭化ランタン(LaC_2)の単結晶微粒子を閉じ込めた多層のグラファイト籠(フラーレン)が,1993年斉藤ら(三重大学)により発見された.LaC_2は大気中で不安定ですぐ加水分解するが,ナノカプセル中のLaC_2は長期間安定で分解しない.Laに限らず他の希土類元素や,Fe, Coなどの単結晶超微粒子もナノカプセル中に閉じ込めることができる.

人工原子(単電子素子, artificial atom)

「人工原子」は半導体微細加工技術や新しい構造/物質作成技術の進展に伴って得られるようになった成果である[69]。自然界の原子は原子核と電子とで構成され,広がりが限られているが(零次元),「人工原子」は数百倍のスケールであるが,自然の原子をまねたもので,直径500nmの加工された円筒内に電子を入れたIn Ga As層とその上下を電子を閉じ込めるためのAl Ga As隔壁層ではさみ,それらの上と下をn-Ga Asドレイン電極とn-Ga Asソース電極基盤とした層状構造を作り,円筒の回りには金属サイドゲートを配置して,負の電圧をかけて電子の存在領域を数10nm程度に抑えるようにした.原子核はないが,この「人工原子」は電子数を単電子以上整数単位で安定に制御,増加でき,元素の周期律表に似た性質を持たせることができる.

「人工原子」を重ねて人工分子を作る試みや,小さい磁場下で結晶のような構造を作る試みが研究されている[70]。

鉄系スーパーメタル

鉄鋼の強度を固溶強化や析出強化など従来の強化法により高めようとすると靭性が低下するというのが,これまでの常識であった.しかし,金属材料の強度は結晶粒径の1/2乗の逆数に比例して上昇するという「ホール・ペッチ則」があり,これは靭性についても同様であることが知られている.そこで,鉄鋼の結晶粒径をできるだけ小さくできれば,強度を高めるとともに靭性も改善できるという一挙両得の結果が得られる.現状の鉄鋼材の結晶粒径は細かいものでも$10\mu m$程度であるが,これを$1\mu m$以下にすれば,強度を約2倍に,靭性の指標である脆性−延性遷移温度も150℃程度低温にできると,ホール・ペッチ則で予

想された．

鉄鋼では，組織制御の手法として，加工熱処理（TMCP：Thermo Mechanical Control Process）法が，1970年頃から研究開発され，現在ではほぼ確立された手法となっている．そこでこの手法により鉄鋼の細粒化を試み，鉄鋼材を800℃以上のγ領域からの急冷により，過冷した準安定γ領域（700ないし550℃）で，大歪加工を施し，加工中にγ→α変態を起させ，単純組成の低炭素鋼で結晶粒径を1μm以下にすることができ，予想された超高強度，高靭性の鋼材開発に成功した[71]．

4・7 金属材料のリサイクル

大量生産・大量消費社会は大量の産業廃棄物や都市ごみを排出するが，その中の金属廃棄物は貴重な国内資源と考えることができ，その回収・リサイクルは工業社会の大問題である．

鉄鋼のリサイクル

日本の粗鋼生産は1973年に1億2千万トンのピークに達したのち，毎年ほぼ1億トンの生産を維持しており，その50〜70％は製品・素材として輸出されているが，それでも国内には10億トン（一人当り10トン）の鉄鋼蓄積量があると推定される（1990年統計による）．鉄鋼製品は，社会で数週間（飲料缶など）から数百年（建築土木材など）の使用蓄積期間を経て，最終的には90％以上が鉄鋼業にもどる循環型材料である．日本では鉄鋼製品に限っていえば，その回収・リサイクル技術と組織は20世紀末の10年間に著しく発展・整備・確立され，国内鉄鋼生産の約40％が鉄スクラップによるまでになっており，その供給量はさらに増加すると考えられている．

問題は，鉄スクラップのリサイクル（電気炉精錬など）において，銅，錫（スズ），ニッケルなどの不純物成分（トランプエレメント）の蓄積濃化で，たとえば銅成分の増加は鋼材の熱間加工割れ，加工性低下，酸洗い時の脱スケール性の悪化などをもたらす．

このため，対策として，鋼種設計の変更，処女鋼による希釈法，溶解前の事前酸洗い除去などが検討，施行されている[72]．

アルミニウムのリサイクル

日本のアルミニウム消費量は約370万トン/年（1993年）で，アルミ製品の寿命は飲料缶などの約1カ月から土木建築・電力関係の約20年まで，用途によって著しく異なる．アルミニウムのリサイクルで2次地金の製造に要するエネルギーは，新地金をボーキサイトから製造する場合のわずか3％以下（鉄鋼では約3分の1）で，大きな省エネルギー効果があり，スクラップ価格も高い．従ってアルミ製品のリサイクルはかなり行われており，リサイクル

率はサッシなど土木建築用で90～100%，自動車など運輸用が80～90%，飲料缶など食料品用で60%に達している．

飲料用アルミ缶（約150億本/1994年）はスチール（鉄）缶と競争しているが，自治体，小・中学校，生協などによる回収組織の整備が促進されている．アルミ缶は，ふたがAl-Mg系合金，胴がAl-Mn-Mg系合金なので，そのまま溶解再利用できるが，不純物として鉄，チタンが悪影響するので，その前処理除去が行われている[73]．

非鉄重金属（亜鉛・鉛・銅）のリサイクル

亜鉛の最大の用途は，鋼板，鋼材の防食めっき用で，これは鋼材がスクラップとしてリサイクルされる時，電気炉製鋼のダスト（年50万トン）として発生する．この中に含有される亜鉛量は15万トンと推定され，主として蒸留処理法により粗酸化亜鉛として回収される．

鉛の主な工業用途は自動車用蓄電池であるが，年間新車約1千万台，二輪車3～5千万台として，すべて新品の鉛蓄電池が使用される．そのために年間約25万トンの鉛量が必要とされるが，その金属成分はほとんど鉛なので，回収は容易である．

銅は用途の大部分が電線などの導電材料で，自動車や家庭電気製品に使用されている．1台の自動車に約10kgの銅が使用されているので，年間500万台の廃車として，年5万トンの銅が出る．その回収は，廃車をプレスして厚板状にしたのちシュレッダー方式で粉砕処理し，磁力選別と目視で銅分を完全に選別して回収し，電気炉製鋼の鋼材に銅が入らないようにする処理方法が行われるようになった[74]．

4・8　材料極微小領域分析機器 [75,76]

最近の材料応用面の多様化によって，その研究手段も益々高性能高速度化されるようになった．その結果として今後の科学技術の研究は，高価格の装置があるかないかで勝負がきまりそうな風潮さえ感じさせるほどである．これらの分析装置はその英文名の頭字で略名が通用しているので，予備知識がないと非常に解りにくいことが多い．その主要なものをまとめて表示しておくのも意味があると考えられるので，表3・140および3・141にまとめて示した．材料はますますその微細構造についての知識を必要としているので，装置の多くは，高真空装置と，できるだけ細くしぼられた電子線，X線，イオンビームなどの入射粒子と，検出粒子の効果的な検出装置，コンピューターや画像化装置の組み合せになっている．

表3·140　極微小領域分析法の名称 (1)

略　語	名　　称	英　語　名
AEAPS	オージェ電子出現電圧スペクトル法	Auger electron appearance potential spectroscopy
AEM	分析電子顕微鏡	analytical electron microscopy
AES	オージェ電子分光法	Auger electron spectroscopy
APS	出現電圧スペクトル法	appearance potential spectroscopy
ATR	赤外全反射分光法	attenuated total reflection
CEMS	内部転換電子メスバウアー分光法	conversion electron Mössbauer spectroscopy
CL	カソードルミネセンス法	cathode luminescence
EBIC	電子線励起電流法	electron beam induced current
EDX	エネルギー分散X線分光法	energy dispersive X-ray spectroscopy
ELS (EELS)	電子エネルギー損失分光法	electron energy loss spectroscopy
EPMA	電子プローブマイクロアナリシス	electron probe micro analysis
ESCA	X線光電子分光分析	electron spectroscopy for chemical analysis
EXAFS	拡張X線吸収端微細構造解析法	extended X-ray absorption fine structure
FEM	電界放出電子顕微鏡	field emission microscopy
FIM (FIM-APS)	電界イオン顕微鏡 アトムプローブ電界イオン顕微鏡	field ion microscopy field ion microscopy-atom probe spectroscopy
GDS	グロー放電スペクトル法	glow discharge spectroscopy
IMMA (IMA)	イオンマイクロプローブ質量分析法	ion microprobe mass analysis
IRAS	高感度反射赤外分光法	infrared reflection absorption spectroscopy
ISS	イオン散乱分光法	ion scattering spectroscopy
LAMMA	レーザマイクロプローブ質量分析法	laser microprobe mass analysis

表3·140 極微小領域分析法の名称 (2)

略 語	名 称	英 語 名
LEED	低速電子線回折法	low energy electron diffraction
LEELS	低速電子エネルギー損失分光法	low energy electron loss spectroscopy
LMA	レーザマイクロプローブ発光分光分析法	laser micro-analysis
MOLE	レーザラマンマイクロプローブ分光法	molecular optical laser examiner
PAS	光音響分光法	photoacoustic spectroscopy
PIXE	粒子線励起X線分光法	particle induced X-ray emission
PXS	粒子線励起X線分光法	particle induced X-ray spectroscopy
RBS	ラザフォード後方散乱分光法	Ratherford backscattering spectroscopy
RHEED	高速反射電子線回折法	reflection high energy electron diffraction
SAES	走査型オージェ電子分光法	scanning Auger electron spectroscopy
SAM	走査型オージェ電子顕微鏡	scanning Auger microscopy
SERS	表面異常ラマン散乱分光法	surface enhanced Raman scattering
SEM	走査電子顕微鏡	scanning electron microscopy
SIMS	2次イオン質量分光法	secondary ion mass spectroscopy
STEM	走査型透過電子顕微鏡	scanning transmission electron microscopy
SXAPS	軟X線出現電圧スペクトル法	soft X-ray appearance potential spectroscopy
TEM	透過型電子顕微鏡	transmission electron microscopy
UPS	紫外光電子分光法	ultra violet photoelectron spectroscopy
XMA	X線マイクロアナリシス	X-ray micro-analysis
XPED	X線光電子回折法	X-ray photoelectron diffraction
XPS	X線光電子分光法	X-ray photoelectron spectroscopy
XRC	X線ロッキングカーブ	X-ray rocking curve
XRFS	蛍光X線分光法	X-ray fluorescence spectroscopy
WDX	波長分散X線分光法	wavelength dispersive X-ray spectroscopy

表3・141　極微小領域分析法で得られる情報(主なもの)

方法・略称	得られる情報
AEM	STEMにより得られる情報のうち、特に元素情報を強化したもの
AES	表面の元素分析（Li以上）イオン銃との併用で深さ分析、状態分析も可能（ピーク・プロファイルから）
ATR	分子の吸収帯から物質の同定または分子構造の解析
CEMS	固体表層の鉄（メスバウアー核種）の化学状態
CL	電子遷移、発光色と発光スペクトル形状、化学組成
EBIC	接合近傍における結晶欠陥など、キャリアー再結合中心の存在
ELS(EELS)	微小部の元素組成ならびに電子状態とその分布状態
EPMA	微小部元素組成分析（定性および定量）、CL, EDICとの共用可能
EXAFS	特定元素周辺の原子、原子間距離、結合状態
FEM	各結晶面の仕事関数、吸着、脱離のカイネティックス、表面拡散およびその結晶面依存性
FIM(FIM-APS)	表面原子の配列、吸着原子の位置、原子の酔歩運動
GDS	固体表層の元素分析と深さ分布、バルク分析も可能
IMMA(IMA)	表面の元素組成、深さ方向組成分布
IRAS	赤外吸収スペクトルと同様の振動状態に関する情報
ISS	表面元素分析および表面原子の構造（配列）
LAMMA	表面局所の元素分析
LEED	表面結晶構造、吸着状態、表面原子再配列
LEELS	表面の電子状態
LMA	固体表面の局所定性-定量分析
MOLE	特性ラマン線を測定することにより、化合物の形状、分布を知る
PAS	表面物質の元素組成分析、表面下構造、物質の光学的熱的性質
RBS	元素の深さ方向分布、格子間原子の検出（チャンネリング）
RHEED	表面近傍の2次格子構造、超周期構造
SERS	表面での極微量吸着種の配向、吸着ボンド
SEM	表面の凹凸形状
SIMS	表層元素分析と元素の深さ分布、IMMAをこれに含めることあり
STEM	試料形状、元素分布（エネルギーロススペクトル）、構造（回折図形）
TEM	微小領域のイメージ情報
UPS	表面近傍の電子状態、元素組成、結合状態
XPED	表面の構造・組成・化学状態
XPS	内殻光電子の結合エネルギーから、元素の種類・量・化学状態を知る

第 III 部の文献

1) アルミニウム物語，軽金属協会，1971
2) The Story of Aluminum, The Aluminum Association, 1965
3) N. F. Mott : J. Inst. Metals, **60**, 1937, 267
4) Z. Matyas : Phil, Mag., 〔7〕 40, 1949, 324
5) A. H. Geisler : Phase Transformation in Solids, John Wiley & Sons, 1951, 387
6) M. E. Fine : Acta Met., **7**, 1959, 228
7) J. M. Silcock : J. Inst. Metals, **89**, 1960-61, 203
8) V. Gerold and R. Haberkorn : Z. Metallk., **50**, 1959, 568
9) 山口浩一，西川精一：日本金属学会誌，**45**, 1981, 675
10) 軽金属学会研究委員会報告，No.21, Al-Li 合金，1989
11) B. Noble, S. J. Harris and K. Dinsdahl : J. Mat. Sci., **17**, 1982, 461
12) 鈴木清，中川威雄，大川陽康：生産研究，**30**, 1978, 237
13) E. Kölsch : Diplom-Arbeit, T. H. Braushweing, 1957(III の参考書 6) 中に引用)
14) Gough, H. J. and W. G. Sopwith : J. Inst. Metals, **56**, 1935, 55 ; 245 ; 258 ; 349
15) J. Mckeown : Intern. Conf. on Fatigue of Metals, London, 1956
16) 西川精一：東京大学生産技術研究所報告，**9**, No.2, 1960
17) 加藤正夫，西川精一：生産研究，**3**, 1951, 383
18) 村田講三，沢田和夫：日本金属学会会報，**21**, No.12, 1982
19) 大日方一司，林三樹男：鉄と鋼，**23**, 1937, 1092
20) G. Wassermann : Metallwirtsch., **13**, 1934, 133
21) 茅 誠司：科学，岩波書店，1942 年 4 月号，金属物理学特集号，「金属固溶体における規則格子生成の実験的研究」
22) 藤田英一：応用物理，**36**, 1967, 129
23) J. S. Vermaak and D. Kuhlmann-Wilsdorf : J. Phys., Chem., **72**, 1968, 4150
24) K. Kimoto and I. Nishida : J. Phys., Soc. Japan, **22**, 1967, 744
25) J. Forssell and B. Persson : J. Phys., Soc. Japan, **27**, 1969, 1368
26) J. Forssell and B. Persson : J. Phys., Soc. Japan, **29**, 1970, 1532
27) 紀本和男：日本結晶成長学会誌，**14**, 1972, 119
28) H. J. Wassermann and J. S. Vermaak : Surf. Sci., **22**, 1970, 164
29) I. Nishida : J. Phys., Soc. Japan, **26**, 1969, 1225
30) K. Kimoto, Y. Kamiya, M. Nonoyama and R. Uyeda : J. appl. Phys., **2**, 1963, 702

31) S. B. Hendricks, M. E. Jefferson and J. F. Shultz : Z. Kryst., **73**, 1930, 376
32) T. Homma and C. M. Wayman : J. appl. Phys., **36**, 1965, 2791
33) T. Kato and S. Ogawa : Japan J. appl. Phys., **9**, 1970, 875
34) T. Shinjo : J. Phys. Soc. Japan, **21**, 1966, 917
35) R. Kubo : J. Phys. Soc. Japan, **17**, 1962, 975
36) G. A. Bassett : Proc. Eur. Reg. Conf. on Electron Microscopy, Delft, 1960, Vol.1, ed. by A. L. Houwick and B. J. Spit.
37) J. H. van der Merwe : J. appl. Phys., **24**, 1963, 117 ; Single Crystal Films, ed. by Francombe and H. Sato
38) D. W. Pashley : Advances in Phys., **5**, 1956, 87
39) H. Raether : Handbuch der Phy, **32**, ed. by Flügge Springer-Verlag, 1957
40) 日本金属学会編：金属物性基礎講座，Vol.14, 丸善，1974, p.121
41) 原　留美吉：薄膜工学ハンドブック，日本学術振興会 膜131委員会編，オーム社，1964, Ⅲ-9
42) H. Degenhart and I. Pratt : Trans. Vac. Symp., 10th, Boston, 1963, 480
43) 日本金属学会編：金属物性基礎講座，Vol.14, 丸善，1974, p.193
44) R. Ray, B. C. Giessen and N. J. Grant : Scripta Metall., **2**, 1968, 357-9
45) 村上陽太郎，亀井　清：非鉄金属材料学，朝倉書店，1978
46) 三浦維四，平野　造：J. Soc. Mat. Science, **18**, No.188, 1969
47) 日本金属学会編：金属物性基礎講座，Vol.14, 丸善，1974, p.193
48) 井野博満，村山和郎，鯉沼秀臣，七尾　進：材料テクノロジー，No.20, 堂山昌男，山本良一編，東京大学出版会，1985
49) A. Inoue, K. Ohtera, K. Kita and T. Masumoto : Japan J. Appl. Phys., **27**, 1988, L2248
50) A. Inoue : Mat. Trans. , JIM, **36**, 1995, 866
51) 井上明久：金属，**66**, No.11, 1996, 955
52) J. Akimitsu, et. al. : Nature, **410**, March 1, 2001, 63~64
53) 永田貴志，秋光　純：固体物理，**34**, No.3, 1999
54) 秋光　純：日経サイエンス，No.6, 2001, 36
52) A. Sato, E. Chisima, Y. Yamaji and T. Mori : Acta Met., **32**, 1984, 539
53) 湯浅浩次：金属，**67**, No.4, 1997, 275
54) 江口浩一：金属，**69**, No.7, 1999, 582
55) 浅田忠一，大山　彰，倉本昌昭，法貴四郎，三島良績監修：原子力ハンドブック，オーム社，1976

56) 長谷川正義, 三島良績監修：原子炉材料ハンドブック, 日刊工業新聞社, 1977
57) 日本金属学会編：金属便覧, 改訂4版, 丸善, 1982
58) 石野 栞：核融合炉技術開発上の問題点の総合評価, 日本原子力学会, 1979, 1-22
59) 核融合炉研究専門委員会編：核融合研究の進歩と動力炉開発への展望, 日本原子力学会, 1976
60) 高梨弘毅, 三谷誠司, 藤森啓安, 中嶋英雄：日本金属学会会報, **35**, 1996, 1204
61) 潟岡教行, 深通和明：日本金属学会会報, **33**, 1994, 165
62) 隅山兼治, 日原岳彦, 鈴木謙爾：日本金属学会会報, **35**, 1996, 836
63) 井上明久, 木村久道：まてりあ, 日本金属学会, **39**, 2000, 664
64) Acc. Chem. Res. 25, No. 3 ; 阿知波洋次：金属, **63**, No.1, 1993, 39
65) S. Iijima : Nature, **354**, 1991, 56
66) M. A. Kastner : Phs. Today Jan., 1993, 24
67) 都倉康弘：金属, **71**, No.2, 2001, 68
68) 萩原行人, 藤岡政昭：金属, 71, No.5, 2001, 409
69) 丸川雄淨：金属, 71, No.1, 2001, 67
70) 村田富士夫：アルミニウム, 2, No.4, 1995, 143
71) 阿座上竹四：金属, 71, No.1, 2001, 72
72) 日本金属学会編：日本金属学会会報, **25**, No. 3, 1986
73) 日本学術振興会マイクロビーム・アナリシス第141委員会編：マイクロビーム・アナリシス, 朝倉書店, 1985

第 Ⅲ 部の参考書

1) アルミニウム加工技術便覧編集委員会編：アルミニウム加工技術便覧, 東京日刊工業新聞社, 1970
2) マグネシウム委員会編：マグネシウム便覧, 軽金属協会, 1975
3) Kent. R. van Horn ed. : Aluminium, Vol.1~Vol.3, A. S. M., 1967
4) 日本鉛亜鉛需要研究会亜鉛ハンドブック編集委員会編：亜鉛ハンドブック, 日刊工業新聞社, 1977
5) 日本鉛亜鉛需要研究会鉛ハンドブック編集委員会編：鉛ハンドブック, 1975
6) W. Hofmann : Lead and Lead Alloys, Translated by Lead Development Association, London, 1970
7) C. A. Hampel : Rare Metals Handbook, New York Reinhold Pub., 1954

8) 後藤正治：合金学，富山房，1943
9) 山本勇三編：貴金属の実際知識，東洋経済新報社，1978
10)「金属」編集部編，長崎誠三監修：金属を知る事典，アグネ，1978
11) 本間基文，北田正弘編：機能材料入門，上・下巻，アグネ，1981
12) 通産省通商政策局国際経済部編：希少金属と先端技術，日刊工業新聞社，1982
13) 日本規格協会：JISハンドブック，非鉄，1983

索　引

凡　例

和文索引
1. 配列はかな書きの五十音順による．
2. よう音（つまる音）および促音（はねる音）は一固有音と同じように扱う．かなが同一のときは，よう音，促音のあるものはあとにする．
3. 濁音，半濁音は清音と同じに扱うが，かなが同一のときは清音，濁音，半濁音の順とする．
4. 人名，元素名はここでは省略した．
5. アルファベット表示の語句は，読み方の五十音順に配列した．
6. 表示の簡略化のため元素名のつく語句の元素名は元素記号で表示し，配列はかな書きの五十音順にした．
 （例：Ag合金→ギンゴウキン）

欧文索引
1. 項目（固有名詞を含む）および術語，（化合物名，商品名を含む）に対する英・米語，その他の外国語，並びに略号，記号を収録した．
2. 配列は，原語のままアルファベット順とした．
3. ギリシャ文字の接頭語をもつ術語（例 α-creep）は最初に「ギリシャ」として収録し，配列はギリシャアルファベット順とした．
4. ウムラウト「¨」アポストロフィー「'S」などは無視して配列した．
5. 人名は反応，式，法則などにつくものだけ収録した．
6. 元素名は，元素索引の項に収録しここでは省略した．
7. 接頭語の表示法（例 mn, self, semiなど）は慣例に従った．

元素索引
1. 項目および説明文中の元素を収録した．
2. 収録した元素は，元素記号のアルファベット順に配列した．ゴシック体表示のページは，その元素の特に詳しい記述のあるところを示している．ffは，続くページにも記載があることを示している．
3. 物・表は，その元素の物理的諸性質表のあるところを示しており，該当する項の最初に配列した．
4. 同一元素の中での配列は，かな書きの五十音順とした．
5. 合金系（例 Ag-Au）は，該当する項の最後にアルファベット順に配列した．
6. 表示の簡略化のため元素名のつく語句の元素名は元素記号で表示し，配列はかな書きの五十音順にした．
 （例：Ag合金→ギンゴウキン）
 γ はグリューナイゼンの係数

状態図索引
1. 2元系，3元系，4元系の順に収録した．
2. 2元系はアルファベット順とした．
3. 3元系については，初出元素のアルファベット順とした．

和 文 索 引

あ

アーク溶解 ················· 373
アームコ鉄（armco iron）······· 241
アームスブロンズ ············· 466
ISP法 ···················· 406
IC回路 ···················· 477
I.G.社 ···················· 383
アイゾット型試験機 ············ 154
アイデアル ················· 466
アインシュタイン（Einstein）の特性
　　　温度 ················· 89
―――の比熱式 ·· 89, 205
亜鉛 ····················· 405
――合金 ·················· 409
――合金の粒間腐食 ············ 410
――ダイカスト合金 ············ 409
――ダイカストの機械的性質 ······· 411
――当量 ·················· 461
――のリサイクル ·············· 570
――めっき鋼板 ·············· 408
青金 ····················· 502
赤金 ····················· 502
亜共析鋼 ·················· 247
アコースティックエミッション ···· 428
アスペクト比 ················ 547
圧子の形状（押込み式硬さ試験法の）
　 ······················ 141
圧縮試験 ·················· 153
圧力管 ···················· 563
圧力容器 ·················· 563
アドバンス ················· 466
アドミラルチー黄銅 ············ 462
アドミラルチー砲金 ············ 464
アノード ·················· 173
アマルガム ················· 438
アモルファス合金 ············· 551
――――合金の機能的特性· 553
――――金属材料 ··· 551
――――材料作製法 ········ 551
――――シリコン ········ 445
アルカリ乾電池 ·············· 562
アルカリ脆性 ··············· 160
アルコア（ALCOA）············ 353
アルドライ ················· 365
アルニコ ·················· 311
アルバーム ················· 309

α_2規則相 ················· 378
α-クリープ ················· 155
α相（Ti）················· 378
アルファー鉄（α-Fe）········· 242
α-チタン ··················· 377
α-マルテンサイト ············ 249
α-Mn ···················· 487
アルブラック ··············· 462
アルマイト ················· 372
アルミ黄銅 ················· 462
Al-Zn系合金 ··············· 365
Al-Zn-Mg合金 ············· 366
Al-Si系合金 ··············· 361
Al-Si-Cu合金 ·············· 362
Al_2Cu（θ相）··············· 354
Al-Cu合金 ················ 354
Al-Cu-Mg合金 ············· 358
Al-Mg系合金 ·············· 362
Al-Mg-Si系合金 ············ 364
Al-Mn合金 ··············· 360
アルミニウム3元合金（準結晶）· 567
―――――― 青銅 ········· 465
―――――― 軟ろう ·········· 431
―――――― に対する固溶度 ···· 352
―――――― の加工硬化 ········ 349
―――――― の表面処理 ········ 372
―――――― のリサイクル ······ 569
アルミはんだ ··············· 431
アルミブラス ··············· 462
アルミライト ··············· 372
アルミン酸ソーダ ············ 345
アルメック ················· 368
安定化（ステンレス鋼の）········· 300
安定化焼なまし ·············· 300
アンドレー則 ················ 156
アンバー ·················· 98
鞍部 ····················· 67

い

ESD磁石 ················· 313
飯高メタル ················· 467
η相（$MgZn_2$）············ 366, 367
イェルンコントレット（Jernkontoret）
　　　標準試料 ············· 259
硫黄酸化物対策 ·············· 238
イオン結合 ················· 6

イオン結晶の配位数 ············ 10
イオン半径 ·············· 10, 191
―――――と配位数 ·········· 10
イオンミクシング法 ··········· 564
鋳型 ····················· 236
イゲタロイ ················· 296
イソパーム ················· 476
1次結合力 ················· 5
1次固溶体 ············· 43, 45
1成分系 ·················· 25
位置の不規則性（アモルファス構造の）
　 ······················ 553
一方向凝固 ················· 549
Y-Ba-Cu-O系（超伝導）········ 556
易動転位 ·················· 132
移動転位 ·················· 136
イプシロン（ε）カーバイド ······ 250
ε-真鍮型 ···················· 47
―― 炭化物 ················ 279
―― Fe ··················· 560
―― brass構造 ············· 458
異方性アルニコ ·············· 312
―――パラメーター（弾性）· 119, 121
卑しい金属 ················· 173
易融合金 ·················· 433
イリウム ·················· 480
イリドスミン ··············· 516
イルズロ（ILZRO）合金 ··· 411, 412
イルメナイト ··············· 373
陰極防食 ·················· 177
Inco社 ··················· 473
インゴット ················· 41
インコネル ················· 480
インバー ············· 98, 475～477
インベストメント鋳型 ········· 381
インレー ·················· 509

う

ウィーデマン-フランツ（Wiedemann
　-Franz）の法則 ············ 103
ウイディア ················· 296
上臨界冷却速度 ·············· 261
ウォルフラマイト（wolframite）· 495
ウスタイト ················· 284
ウッド合金 ················· 434
上吹き転炉 ················· 235

運動のエネルギー ……………… 26

え

A_0 変態 ……………………… 247
A_1 変態（点） ………………… 246
────点の変化(合金元素による)287
A_2 変態点 …………………… 242
A_3 変態 ……………… 242, 243, 244
────点 …………………… 37, 242
A_4 変態 ……………… 242, 243, 244
────点 …………………… 37, 242
AISI（アメリカ鉄鋼協会）……… 262
AAAC 電線 …………………… 368
AAC 電線 ……………………… 368
ASTM 粒度 …………………… 258
────と破面粒度 …………… 260
────例 …………………… 259
A_f 点 ………………………… 561
永久磁石 ……………………… 117
────（強力）………………… 527
────鋼 ……………………… 311
永久双極子 ……………………… 6
ACAR 電線 …………………… 370
ACSR ………………………… 350
────電線 …………………… 368
A_{cm} 線 ……………………… 246
H 材 …………………………… 354
H_2O の平衡状態図 ……………… 31
HD 合金 ……………………… 367
H バンド ……………………… 262
鋭敏化現象 …………………… 300
液化天然ガス ………………… 306
液相線 ………………………… 49
液体急冷 ………………………… 56
────法 …………… 551, 552, 564
液体金属 ……………………… 435
液体浸炭法（浸炭窒化）……… 318
液体窒素温度（超伝導）……… 556
液体ヘリウム温度（超伝導）… 555
SI 組立単位 …………… 218, 219
SAE（アメリカ自動車技術者協会）262
S 曲線 ………………………… 251
SCR 法 ………………………… 455
S 相（Al_2CuMg）…… 358, 359, 367
S′ 相 …………………………… 358
S″ 相 …………………………… 358
St52 …………………………… 285
s 電子 …………………………… 4
X 線小角散乱法 ……………… 365
N 殻 …………………………… 4
ND 合金 ……………………… 359

エネルギー準位 ………………… 4
エネルギーバンド模型 …… 20, 105
エネルギーレベルの帯状化 …… 18
エピタキシー（成長）………… 539
FRP ……………………… 170, 545
FCC 触媒 ……………………… 528
f 電子 …………………………… 5
MHD 発電 …………………… 528
M_s 点 …………………… 251, 253
M_f 点 ……………………… 253
M 殻 …………………………… 4
MKS 単位 …………………… 103
MK 鋼 ………………………… 311
M_d 点 ……………………… 300
MBE（薄膜作成）…………… 567
エリンバー …………… 475, 477
L 殻 …………………………… 4
LD 法 ………………………… 235
エレクトロネガティブ ………… 6
エレクトロポジティブ ………… 6
エレクトロンメタル ………… 383
エロキザール（Eloxal）法 … 372
塩基性（製鋼）……………… 234
延性-脆性遷移温度 …………… 154
延性繊維破断面 ……………… 147
延性破壊 ……………………… 305
エンタルピー ………………… 26
鉛丹（Pb_3O_4）……………… 413
エントロピー ………… 26, 27, 28
鉛筆 …………………………… 413
鉛毛 …………………………… 426

お

黄銅 …………………………… 459
────鉱 …………………… 472
────の組成と性質（表）… 462
────の名称 ……………… 460
応力拡大係数 ………………… 161
応力腐食割れ …………… 160, 367
────（チタン合金の）… 379
────（銅合金の）……… 461
応力誘起マルテンサイト変態
　　　　　　　　　……… 255, 561
OFHC 銅 ……………………… 456
O 殻 …………………………… 4
大きさ因子（Size factor）… 45
O 材 …………………………… 354
オーステナイト ……………… 242
────鋼（原子炉材料）563
オーステナイト粒度 ………… 258
────調整 ………………… 259

581

オーステンパー ……………… 266
オースフォーミング ………… 267
オーフォード法 ……………… 472
オーム損 ……………………… 370
オームの法則 ………………… 103
置き割れ ……………………… 461
otavite（オタバイト）……… 436
オニオン合金 ………………… 434
帯状組織 ……………………… 269
ω 相（$Al_2Mg_3Zn_2$）………… 367
ω_α 相 ……………………… 378
ω_q 相 ……………………… 378
オリエントコア ……………… 309
音子 …………………………… 101

か

カーケンダール効果 ………… 84
加圧水型原子炉 ……………… 490
加圧による融点の変化 ……… 36
カーナリット ………………… 383
カーボニル鉄 ………………… 241
Cahn-Hilliard の理論 ……… 79
回復 …………………………… 139
開放 γ 領域型 ………… 274, 275
海綿鉄 ………………………… 229
改良処理 ……………………… 361
火炎焼入れ法 ………………… 323
化学拡散係数 ………………… 82
化学気相蒸着法 ……………… 309
化学的蒸着法（アモルファス材料
　作製法）……………………… 552
化学電池 ……………………… 562
化学熱力学 …………………… 25
化学ポテンシャル …………… 32
鏡青銅 ………………………… 463
可鍛 …………………………… 27
過共晶シルミン ……………… 362
核 ……………………………… 75
核形成-成長論 ………………… 38
核形成促進剤 ………………… 42
拡散クリープ ………………… 126
────現象 ………………… 79
────焼なまし …………… 253
拡大 γ 領域型 ………… 274, 275
拡張転位 ……………………… 134
核分裂 ………………………… 563
核融合 ………………………… 563
核融合炉材料 ………………… 563
加工硬化 ……………… 138, 165
────指数 ………… 146, 151
加工熱処理 …………………… 286

加工熱処理（組織制御の手法）・・・・569
加工表面荒れ・・・・・・・・・・・・・・・・・149
化合物超伝導体・・・・・・・・・・・・・・111
過時効・・・・・・・・・・・・・・・168, 357
か焼・・・・・・・・・・・・・・・・・・・・・・473
過剰空孔・・・・・・・・・・・・・・・・・・167
ガス浸炭法・・・・・・・・・・・・・・・・318
── 窒化法・・・・・・・・・・・・・・・319
ガス不純物・・・・・・・・・・・・・・・・270
カソード・・・・・・・・・・・・・・・・・・173
可塑性・・・・・・・・・・・・・・・・・・・127
硬さ・・・・・・・・・・・・・・・・・・・・・141
── 値・・・・・・・・・・・・・・・・・・214
可鍛鋳鉄・・・・・・・・・・・・・・・・・335
カチオン空孔・・・・・・・・・・・・・・・21
活字合金・・・・・・・・・・・・・・・・・425
合晶反応・・・・・・・・・・・・・・・・・・59
活性化エネルギー・・・・・・・・・・・・39
活性炭素・・・・・・・・・・・・・・・・・318
活性な金属・・・・・・・・・・・・・・・173
褐石・・・・・・・・・・・・・・・・・・・・・487
活物質・・・・・・・・・・・・・・・・・・・422
カップ‐コーン破断面・・・・・・・・147
活量・・・・・・・・・・・・・・・・83, 173
── 係数・・・・・・・・・・・・・・・・・83
価電子・・・・・・・・・・・・・・・・・・・・・6
渦電流損・・・・・・・・・・・・・・・・・307
カドミウム銅・・・・・・・・・・437, 471
カドミめっき・・・・・・・・・・・・・・・436
鐘青銅・・・・・・・・・・・・・・・・・・・463
過熱・・・・・・・・・・・・・・・・・・・・・40
下部ベイナイト・・・・・・・・・・・・・251
過飽和固溶体・・・・・・・・・・・・・167
上降伏応力・・・・・・・・・・・・・・145
可融合金・・・・・・・・・・・・・・・・・433
カラー鋼板・・・・・・・・・・・・・・・409
枯らし・・・・・・・・・・・・・・・・・・・293
ガラス化温度・・・・・・・・・・・・・552
── 状態・・・・・・・・・・・・・・・・42
── 状態（アモルファス固相）・・552
── 転移温度・・・・・・・・・・・・98
カラット・・・・・・・・・・・・・・・・・・501
からみ・・・・・・・・・・・・・・・・・・・452
カラミン・プラス・・・・・・・・・・・・405
カリウム・・・・・・・・・・・・・・・・・・398
カルシウム（合金）・・・・・・・・・393
ガルバニセル・・・・・・・・・・172, 174
過冷・・・・・・・・・・・・・・・・・・・・・38
── オーステナイト・・・・・・・・251
── 度ΔT・・・・・・・・・・・・・・・75
カロライジング・・・・・・・・・・・・324
かわ・・・・・・・・・・・・・・・・・・・・452

環境超塑性・・・・・・・・・・・・・・・150
──── 合金例・・・・・・・・・153
環境問題（鉄鋼業における）・・・238
乾式精製法（鉛の）・・・・・・・・414
完全転位・・・・・・・・・・・・・・・・134
完全なまし・・・・・・・・・・・・・・・253
乾腐食・・・・・・・・・・・・・・・・・・171
γ-真鍮型・・・・・・・・・・・・・・・・47
γ'-窒化物・・・・・・・・・・・・・・281
ガンマ鉄（γ-Fe）・・・・・242, 560
γ（fcc）⇌ε（hcp）変態・・・560
γ-Mn・・・・・・・・・・・・・・・・・487
γ-ループ型・・・・・・・・・・・・・・275
緩和時間・・・・・・・・104, 124, 164

き

貴金属・・・・・・・・・・・・・・・・・・499
基準抗折荷重・・・・・・・・・・・・332
基準引張強さ・・・・・・・・・・・・331
基準ブリネル硬さ・・・・・・・・・・332
基準曲げ強さ・・・・・・・・・・・・332
犠牲陽極・・・・・・・・・・・・・・・・177
気相急冷法・・・・・・・・・・・・・564
規則化による硬化・・・・・・・・・166
規則格子（超格子）の格子模型・・44
規則溶体・・・・・・・・・・・・・・・・43
擬弾性・・・・・・・・・・・・・・・・・122
── 効果・・・・・・・・・・・・・・・122
ギップス‐デュエム（Gibbs-Duhem）
　の式・・・・・・・・・・・・・・・・・・84
ギップス（Gibbs）の三角形・・・・64
──── の自由エネルギー・・30
基底状態・・・・・・・・・・・・・・・・・3
軌道量子数・・・・・・・・・・・・・・・4
希土類金属の性質，用途・・・・527
── 金属の物性値・・・・・・・・534
── 系磁石・・・・・・・・557, 558
── 鉱石の組成・・・・・・・・・525
貴な金属・・・・・・・・・・・・・・・173
ギニエ半径・・・・・・・・・・・・・・366
Guinier-Preston・・・・・・・・・・356
機能材料・・・・・・・・・・・549, 551
逆温度依存性（Na₃Al）・・・・・565
逆拡散・・・・・・・・・・・・・・・・・・79
キャビテーション・・・・・・・・・・158
球晶・・・・・・・・・・・・・・・・・・・335
球状化なまし・・・・・・・・・・・・254
球状黒鉛の結晶スケッチ・・・・334
球状黒鉛鋳鉄・・・・・・327, 333
──── の組織・・・・・・・・・334
吸熱反応・・・・・・・・・・・・・・・・26

Q-BOP法・・・・・・・・・・・・・・・236
急冷帯・・・・・・・・・・・・・・・・・・41
キュニフェ（Cunife）・・・・・・・313
キュプロニッケル・・・・・・・・・・466
キュリー点・・・・・・・・・・116, 242
強磁性・・・・・・・・・・・・・・・・・115
──（体）・・・・・・・・・・・・・・・112
──（フェロ磁性）・・・・・・・・118
凝集対応温度・・・・・・・・・・・158
凝縮系・・・・・・・・・・・・・・・・・・37
共晶・・・・・・・・・・・・・・・・・・・・53
── 合金の融点（表）・・・・・・74
強靱性・・・・・・・・・・・・・・・・・153
共析反応・・・・・・・・・・・・・・・・60
── 鋼・・・・・・・・・・・・・・・・247
── 炭素鋼の連続冷却・・・・268
兄弟晶バリアント・・・・・・・・・559
共軛三角形・・・・・・・・・・・・・・65
── 線・・・・・・・・・・・・・・・・・64
共有結合・・・・・・・・・・・・・・・6, 7
──── 物質の結晶構造・・・・11
強力永久磁石・・・・・・・・・・・527
極限状態下の金属物性・・・・536
極微小領域分析機器・・・・・・570
巨大磁気抵抗・・・・・・・・・・・567
切欠き感受性・・・・・・・・・・・154
── 靭性・・・・・・・・・・・・・・285
キルド鋼・・・・・・・・・・・・・・・・237
き裂開口変位量・・・・・・・・・161
均一核形成・・・・・・・・・・・・・・38
均一系・・・・・・・・・・・・・・・・・・34
均一な溶体・・・・・・・・・・・・・・42
金液・・・・・・・・・・・・・・・・・・・509
Au-Cd合金（形状記憶の）・・・559
Ag-CdO合金・・・・・・・・・・・・512
金衡・・・・・・・・・・・・・・・・・・・501
禁止帯・・・・・・・・・・・・・・・・・・20
── とその大きさ・・・・・・・・197
均質化処理・・・・・・・・・・・・・253
金属および非金属の熱伝導率・・263
金属ガラス・・・・・・・・・・・・・・554
金属間化合物・・・・・・・・・・・・43
────（機能材料としての）564
金属系超伝導体（新しい）・・・557
金属結合・・・・・・・・・・・・・・・6, 8
── 半径・・・・・・・・・・・・・・189
金属結晶の配位模型・・・・・・・11
金属元素の比熱・・・・・・・・・・88
金属材料の機能化・・・・・・・・549
── の構成相・・・・・・・・・・567
── のリサイクル・・・・・・・・569
金属シリコン・・・・・・・・445, 446

583

金属人工格子	567
金属の3重点（計算値）	36
── 結晶構造	11
── 再結晶温度	140
── 線膨張係数の順位	97
── 標準単極電位	172
金属表面の酸化被膜	176
近代高炉の断面	231
均熱炉	237
金の薄膜	505
銀の比熱-温度曲線	92
金めっき	507
銀電池	514
金ろう	505
銀ろう	512, 513

く

空孔	21
── 形成源	22
── 集合体	135
── 消滅源	22
空洞破壊	158
クーロン力	6
クラーク数	213
クラジウス-クラペイロン（Clausius-Clapeyron）の関係式	31, 199
クラスタ	509
グラニュラー構造物質	567
greenockite（グリーノカイト）	436
クリープ試験	155
── 強さ	302
── 破壊	155
── 破断強さ	302
── 破断強度（各種耐熱鋼の）	304
── 破断試験	157
クリーンなエネルギー	558
グリッドメタル	422
Griffith-Orowanの式	159
グリフィス（Griffith）のモデル	159, 212
グリュナイゼン（Grüneisen）の定数	97, 98
グルシナム（glucinum）	391
グルシニウム（glucinium）	391
クロール（Kroll）法	373, 488, 490
黒鉱	452
クロマイジング	324
クロム系ステンレス鋼	297, 398
── 鋼	288
── 銅	471

クロム・ニッケル系ステンレス鋼	298
クロム・モリブデン鋼	288
クロムめっき	485, 486
クロメル−アルメル	480

け

K_{IC}試験	162
KS鋼	311
K殻	4
軽金属	343
── の密度	343
けい光体	527
形状記憶合金	466, 559
── の原理図	560
形状効果（焼入れの）	264
けい素化	324
── 鋼	308
── 樹脂	446
形態	78
ゲージ鋼	291, 293
ゲージブロック	293
ケーブルシース	426
── 用鉛合金	426
欠陥（結晶中の）	20, 21
結晶によるX線および電子線の散乱	194
── のすべり要素	127
── の方向表示法	16
── 粒度と降伏応力	150
ケルメット	470
毛割れ	270, 288
原子間距離（金属元素の）	190
原子径比化合物	46
減磁特性（析出硬化型材料の）	312
── （微粉末型材料の）	313
── （焼入れ硬化型材料の）	313
原子容	243
原子力工業	562
原子炉	563
── （加圧水型，PWR）	490
── （沸騰水型，BWR）	490
原子炉材料	563
減衰能	125, 332
減衰材	563
ゲンタロイ	126

こ

コインシルバー	511
高圧操業法	233
硬鉛	416, 420

高温硬さ（各種高速工具材料の）	296
高温脆性	270
恒温変態	250
高温焼もどし	255
鋼塊	236
── の冷却曲線	257
光学レンズ	528
槓杆法則	49
高級鋳鉄	333
工業材料の線膨張係数	263
合金鋼	273
── の弾性定数	122
工具用特殊鋼	294
高減衰能合金	125, 126, 471
鉱滓	231
鋼材中の熱応力	263
交差すべり	156, 566
格子間位置	247
── 原子	21
格子欠陥	21
格子定数	13
硬質磁性材料	117
硬質磁性特殊鋼	311
高周波焼入れ法	322
公称応力	144
公称ひずみ	144
孔食	348
剛性率	120
鉱石の前処理	233
構造緩和	552
構造超塑性	150
── 合金例	152
構造に敏感な性質	87
── 鈍感な性質	87
高速度鋼	294
高速度鋼の熱処理プロセス	295
高張力鋼	285
── （ハイテン）の開発史	286
硬点	330
降伏	145
── 応力と降伏現象	148
── 伸び	149
── 比	285
── 前微小ひずみ	148
高分子電解質燃料電池	562
鋼片	237
高マンガン鋼	291
── の加工硬化	292
高融点金属材料	451
光量子	101
高力高電導合金	471
高力鋳鉄	335

高炉	229	
硬ろう	429	
硬ろう付け	429	
コークス比	233	
ゴースト線	269	
コーベル	466	
ゴールドシュミット (Goldschmidt) の原子直径	18, 45, 351	
Goldschmidt 法	487	
コールドストリップミル	238	
黒鉛	245, 328	
── の形 (鋳鉄中の)	330	
黒心	335	
── (可鍛) 鋳鉄	335	
Goss 方位	308	
固相線	49	
固体酸化物燃料電池	562	
固体浸炭法	317	
固体レーザー材料	528	
コットレル効果	166	
コバール	476	
コバルト合金	484	
コビタリウム	360	
ゴム弾性物質	121	
固溶線	55	
固溶体	25, 43	
── 硬化	165	
孤立系	27	
Corsalli 法	333	
コルソン合金	467	
Cor-Ten	302	
コロンバイト	496	
混合のエンタルピーの求め方	200	
── エントロピー	29	
混こう法	500	
コンシデールの作図	147	
コンスタンタン	466	
混成	7	
── 軌道	7	
コンチロッド法	455	
コントラシッド	480	
コンドン-モース図	121	
混粒鋼	258	

さ

サーミスター	555	
サーメット (Cermet)	170, 304	
再結晶	139	
── なまし	253	
サイズ因子 (Hume-Rothery の)	273, 274	
最大エネルギー積	311	
最密充填型	8	
最密六方格子	14	
最密六方晶	11	
再融反応	63	
材料の比強度	349	
── 引張強さ	349	
サイレンタロイ	126	
棒銅	455	
サッカーボール分子	567	
サップ (SAP)	371	
サブゼロ温度	301	
── 処理	268	
$SmCo_5$ 焼結磁石	558	
サルファープリント	270	
酸化被膜の形成域	179	
── の成長機構	178	
酸化物超伝導材料	556	
産業廃棄物対策	240	
三斜晶系	13, 14	
3 重点	31	
酸性 (製鋼) 法	234	
3 成分合金平衡状態図	63	
3 相平衡反応	52	
3T 曲線	251	
サンドイッチ形式 (金属材料複合化)	544	
残留応力	263	
残留オーステナイト	60, 249, 265	
残留磁気	116	
残留抵抗	107	
残留誘導度	116	

し

CRSS	169	
COD 試験	163	
C 曲線	251	
C-C-T 曲線	266, 268	
θ 相	168, 358	
θ' 相	168, 358	
θ'' 相	168, 358	
G-PB ゾーン	358	
G-P ゾーン	167, 358	
── 〔Ⅰ〕	356, 357, 358	
── 〔Ⅱ〕	356, 357, 358	
シーベルト (Sievert) の法則	280	
シームレス鋼管	535	
ジーメンス・マルタン法	230, 234	
シーライト (Sheelite)	495	
J_{IC} 試験	163	
J 積分	161	
シェファード (Shepherd) の標準試料	259	
磁化 (磁化の強さ)	112	
磁化曲線	110, 111	
歯科用金合金	508, 509	
磁化率	112	
磁気能率 (原子核)	115	
── (電子)	113	
磁気バブルメモリー材料	527	
磁気変態点	116	
磁気モーメント (能率)	111	
磁気誘導度	112	
磁気履歴曲線	116	
磁気流体発電	528	
磁気量子数	4, 114	
時期割れ	160, 461	
磁区	115	
軸受鋼	291, 293	
軸受の性能	514	
軸受用スズ合金	432	
シグマ (σ) 相	46, 298, 300	
時効硬化	353	
自己拡散係数	84	
自己硬化鋼	287	
自己焼鈍	466	
自己触媒的	170	
ジジム	526	
磁性	111	
磁性材料	557	
── の分類	314	
自然時効	355	
磁束密度	112	
下地物質	539	
下臨界冷却速度	261	
七三黄銅 (70/30 黄銅)	460	
室温時効	355	
湿式精製法 (Bett's 法) (鉛の)	414	
質的不規則性 (アモルファス構造の)	553	
湿腐食	171	
実用金属の消費比率	342	
実用マグネシウム合金	389	
質量効果 (焼入れの)	264	
質量数	227	
磁場 (磁界)	111	
自発磁化	115	
島状構造モデル	539	
下降伏応力	145	
Sherby の式	156	
遮へい材	563	
斜方晶型炭化物	277	

斜方晶系 …………………… 13, 14
シャルピー型試験機 ………… 154
自由エネルギー ………… 25, 26, 29
柔鉛 ………………………… 414
周期律表中における合金元素位置 275
―― と元素の結晶構造 ……… 12
重格子 ………………………… 43
集合組織（純Znの）………… 408
集合体 ……………………… 167
15％大きさ因子（Hume-Rotheryの）
 ……………………………… 458
収縮孔 ……………………… 236
重晶石 ……………………… 395
自由体積 …………………… 552
自由電子 ……………………… 8
―― のエネルギー状態
 （3次元空間内の）………… 192
――― 模型 ………………… 106
自由度 ……………………… 26
17-4pH …………………… 301
18-8ステンレス鋼 ………… 297
縮小γ領域型 …………… 274, 275
樹枝状晶 …………………… 41
シュミット因子 …………… 138
―― の法則 ……………… 126
ジュラルミン ……………… 345
主量子数 …………………… 4
Schrödingerの波動方程式 …… 184
純金属の融解と凝固 ………… 37
準結晶 ……………………… 567
純鉄 ………………………… 241
―― 中での拡散 …………… 85
純鉄の機械的性質 ………… 244
―――― 性質 ……………… 242
―――― 磁気特性 ………… 244
―――― 磁性 ……………… 308
―――― 純度 ……………… 241
純チタン …………………… 375
ショアー硬さ ……………… 143
昇華 ………………………… 36
小傾角粒界 ………………… 139
衝撃試験 …………………… 153
焼結炭化物合金 …………… 296
消磁曲線 …………………… 311
―― とエネルギー積 ……… 311
常磁性（体） ……………… 112
照射損傷 …………………… 22
状態関数 …………………… 26
状態量 ……………………… 27
常伝導状態 ………………… 111
上部ベイナイト …………… 251
消耗電極式 ………………… 373

自溶炉 ……………………… 453
short-rangeの相互作用 …… 169
触媒作用 …………………… 551
初晶 ………………………… 53
初析セメンタイト ……… 247, 256
初析フェライト …………… 247
ショットキー欠陥 ………… 21
ショットピーニング ……… 323
ジョミニー試験装置 …… 261, 262
――― 法 ………………… 261
ジョミニー標準試験片 …… 261
除歪なまし（ひずみ除去なまし）
 ………………………… 253, 265
Johnson-Mehl-Avramiの式 …… 76
シラン ……………………… 445
シリコーン ………………… 446
磁硫鉱 ……………………… 472
磁力線 ……………………… 111
ジルカロイ ………………… 490
―― の組成 ……………… 490
ジルコニウム（クロール法）の耐食性
 ……………………………… 491
ジルコニウムスポンジ …… 489
――――― 銅 …………… 471
シルコンサンド …………… 488
シルジン青銅 ……………… 471
シルミン …………………… 361
――― α ………………… 362
――― β ………………… 362
真応力 ……………………… 145
ジンカリウム ……………… 409
真空溶解鋼 ………………… 456
新KS鋼 …………………… 313
人工原子 …………………… 568
人工時効 …………………… 355
進行波 ……………………… 19
人工分子 …………………… 568
浸炭 ………………………… 317
―― 鋼 …………………… 317
―― 窒化法 ……………… 317
―― 箱 …………………… 318
真鍮（しんちゅう）…… 405, 459
ジントル（Zintle）型化合物 … 46
侵入型化合物 ……………… 47
――― 原子 ……………… 21
――― 原子の拡散式 …… 81
――― 合金 ……………… 277
――― 合金元素 ………… 276
――― 固溶体 …………… 44
――― 中間相 …………… 47
――― 不純物原子 ……… 21
侵入元素の最大固溶度 …… 278

真ひずみ …………………… 145
浸硫 ………………………… 323
深冷処理 …………………… 268

す

水金 ………………………… 509
水準線腐食 ………………… 175
水靭法 ……………………… 292
吹精 …………………… 230, 452
―― 管 …………………… 235
水素架橋 …………………… 9
―― 吸蔵合金 ……… 528, 558
―― 結合 ………………… 9
―― 脆化（チタン合金の）… 380
―― 脆性 …………… 161, 270
水道用鉛管 ………………… 422
―― 材の化学成分 ……… 422
酔歩 …………………… 79, 201
―― の問題 ……………… 201
スーパーシルバー ………… 472
スーパーマロイ …………… 476
スカル溶解 ………………… 381
すき間腐食 ………………… 175
スズ黄銅 …………………… 462
鈴木の化学効果 …………… 166
スズ鋼板 …………………… 428
――― ペスト …………… 428
スターリング ……………… 511
―― の近似式 …………… 29
ステダイト ………………… 329
ステライト（Stellite）…… 296
ステンレス鋼 ……………… 297
ストライエーション ……… 159
ストレッチゾーン ………… 164
ストロンチウム（合金）… 394
ストロンチウムフェライト … 557
スパイラルコーン ………… 309
スパッタ（薄膜作成）…… 567
スピネル型結晶 …………… 118
スピノーダル曲線 ………… 79
――― 分解 ……………… 79
スピン量子数 ……………… 4
すべり ……………………… 22
―― 系 …………………… 127
―― 帯 …………………… 148
―― 楕円 ………………… 127
―― （面）……………… 126
―― 要素 ………………… 127
スポンジチタン ……… 373, 374
隅角効果（焼入れの）…… 265
スラッグ …………………… 232

せ

青化法 500
制御圧延 286
制御材 563
精鉱 452
整合状態 356
成熟度 332
脆性破壊 305
脆性破面 147
精製用フラックス 390
正則溶体 33
製鉄法の概略 231
青銅 462
―― 時代 451
―― の組成と用途（表） 463
青熱脆性 255, 266
正方晶系 13, 14
ゼーワッサー（Seewasser）合金 364
析出 55
析出硬化 167
―― 型ステンレス鋼 301
赤色鋳物 464
積層欠陥 134
―― （形状記憶の） 560
赤泥 345
赤熱脆性 253, 266
切削量相対値 381
接種 333
接触改質 524
接点用金合金 505
接点用銀合金 511, 512
CsCl型体心規則格子（形状記憶） 561
ゼノタイム 525
セミキルド鋼 237
セメンタイト 245, 278
セメンテーション 324
セラミックコンデンサー 528
セラミック超伝導体 556
セル構造 51
―― （転位の） 139
セレーション 149
セレン整流器 442
セロセーフ 434
セロマトリックス 434
セロロー105 434
―― 147 434
閃亜鉛鉱 406
遷移温度 271
―― （超伝導） 109
繊維強化 545
―― 合金の強さ 548

―― プラスチック 170
―― 用ファイバー 547
遷移金属の炭化物 276
線状欠陥 22
センダスト 310
せん断率 120
銑鉄 229
―― の化学組成 232
線膨張係数 97
―― （表）（金属の結晶構造別） 99

そ

相 25, 34
蒼鉛（ソウエン） 432
相互作用エネルギー 26
走査電顕 161
層状構造（ラメラー構造） 54
双晶変形 126
相転移 25
送風技術 233
相平衡 25
双ベルト方式（Conti Rod方式） 455
相変化 25
相変態 25
相律 26, 34
速度論 25
束縛エネルギー 27
塑性安定性 151
組成過冷 42
組成過冷却 51
塑性変形 126
―― に伴う性質変化 138
粗銅 452
粗粒鋼 258
ソルバイト 60, 249

た

ターニッシング 457
タービン用超合金 481
ターンシート 426
ターンメタル 426
第1種超伝導体 111
耐環境用特殊鋼 296
大傾角粒界 139
耐候性鋼 301
第3元素の添加 566
耐酸鋳鉄 335
耐食性合金（Ni-Cr系） 480
―― （Ni-Mo系） 478

耐食性特殊鋼 297
体心立方格子 14
体心立方晶 11
対数クリープ 155
体積弾性率 120
体積変化 563
ダイナモブロンズ 466
第2種超伝導材料 110
―― 体 111
耐熱合金（Ni-Cr系） 479
耐熱性（各種金属材料の） 303
―― アルミニウム合金鋳物 359
―― 合金（Ni-Mo系） 478
―― 特殊鋼 302
耐熱鋳鉄 335
ダイノード 513
耐摩耗鋼 291
―― 性 332
―― 鋳鉄 335
ダイ焼入れ 259
太陽電池 562
耐力 145
ダウ（Dow）法 383
ダウメタル 386
ダクタイル鋳鉄 333
多結晶体の塑性変形 129
多元共晶合金 434
多重すべり 138
脱亜鉛現象 461
脱酸銅 456
脱炭 256
堅型蒸留法（Znの） 406
縦弾性係数 119
―― 率 120
棚吊り 233
タフピッチ銅 455
タリウム 441
ダルセ合金 434
単位 217
―― （SI以外の） 221, 222
―― 換算表 223
単位格子 13
炭化タングステン（WC） 296
炭化ランタン 568
タンガロイ 296
単極電位 171
単原子層成長モデル 539
単軸磁気異方性 541
単磁区粒子 557
単斜晶系 13, 14
単純格子 14
単純菱面体格子 14

弾性異方性 ……………………… 119	超格子転位 ……………………… 565	低融点2元共晶合金 …………… 433
弾性係数と状態図の関係 ……… 122	超高張力鋼 ……………………… 289	DAL法 …………………………… 486
弾性定数（単結晶および多結晶）・120	超ジュラルミン ………………… 358	D鋼 ……………………………… 285
――の成分 …………………… 118	超常磁性 ………………………… 538	D-T反応 ………………………… 563
弾性変形 ………………………… 118	超塑性 …………………………… 150	T4材 ……………………………… 354
弾性余効 ………………………… 122	超耐熱合金（Co基） …………… 484	T6材 ……………………………… 354
炭素鋼 …………………………… 245ff	超弾性 …………………………… 561	ディップフォーミング法 ……… 455
――の恒温変態 ……………… 250	超々ジュラルミン ……………… 365	デオキソ ………………………… 524
――の標準組織 ……………… 248	超伝導 …………………………… 109	適合原子径 ……………………… 274
――の臨界冷却速度 ………… 261	――材料（セラミック系） … 555	Fe-Al合金 ……………………… 309
炭素飽和度 ……………………… 329	――磁石（マグネット）… 111, 564	Fe-Cr合金 ……………………… 310
担体 ……………………………… 100	――状態 ……………………… 111	Fe-Si-Al合金 …………………… 310
タンタライト …………………… 496	――遷移温度 T_c ……… 109, 110	Fe-Si合金の履歴損 …………… 308
単電子素子 ……………………… 568	――体 ………………………… 110	Fe-H系 ………………………… 282
丹銅 ……………………………… 460	――体（金属系） …………… 557	Fe_2C …………………………… 279
断熱 ……………………………… 103	――体内部 …………………… 111	Fe-C-Ni系の徐冷組織範囲 …… 287
短範囲の規則性 ……………… 38, 43	長範囲の規則性 ……………… 38, 43	Fe-W-Cr-C系 ………………… 295
ダンピング材 …………………… 488	超微粉 …………………………… 537	Fe_4N …………………………… 281
断面収縮率 ……………………… 145	超流動 …………………………… 109	Fe-Ni-Al系磁石材料 ………… 311
	調和融解点 ……………………… 51	Fe-Ni系のインバー …………… 293
ち	直線クリープ …………………… 156	Fe-B系 ………………………… 281
	チル層 …………………………… 236	Fe-Mn-Si系（形状記憶の） … 560
置換型原子の拡散式 …………… 81	チルドロール …………………… 330	鉄黄銅 …………………………… 462
―― 固溶体 …………………… 44	チンクライ ……………………… 428	鉄基高透磁率合金 ……………… 310
―― 不純物原子 ……………… 21	沈静鋼 …………………………… 237	――2元合金状態図 ………… 275
蓄電池の性能 …………………… 515	沈静効果 ………………………… 305	鉄系スーパーメタル …………… 568
チコナール ……………………… 313		鉄鋼生産工程 …………………… 239
TiAl（軽量，耐熱，耐酸化材料）…566	**つ**	鉄鋼の強度と靭性 ……………… 568
Ti-6Al-4V合金 ………………… 379		――リサイクル ……………… 569
――チタン合金の加工法 …… 381	疲れ ……………………………… 158	鉄窒化物 ………………………… 281
チタン酸バリウム ……………… 555	――限 ………………………… 159	鉄超炭化物 ……………………… 279
窒化 ……………………………… 321	――強さ ……………………… 159	鉄中水素の溶解度変化 ………… 283
――鋼の組成 ………………… 320	――破壊 ……………………… 158	鉄中への窒素の溶解度 ………… 280
――処理 ……………………… 320	ツタンナガ ……………………… 405	鉄の飽和磁束密度 ……………… 243
Thyssen-Enmel法 ……………… 333		――原子容 …………………… 243
窒素酸化物対策 ………………… 240	**て**	――格子定数の温度変化（図）… 243
中間相 …………………………… 44		――最近接原子間距離 ……… 243
中間炭化物の形成 ……………… 265	T-T-A曲線 …………………… 322	――耐クリープ性に及ぼす
鋳鋼 ……………………………… 271	T-T-T曲線 …… 251, 252, 267, 268	添加元素の影響 ……… 303
――の焼ならしの効果 ……… 272	d電子 …………………………… 5	――炭素含有量と電磁気的性質… 307
中尺 ……………………………… 405	低温クリープ …………………… 155	――P-T図 …………………… 35
鋳石（ちゅうしゃく） ………… 405	低温焼もどし …………………… 255	――沸点 ……………………… 37
柱状晶 …………………………… 41	低温用鋼材 ……………………… 306	――変態点 …………………… 37
中性子 …………………………… 3	――特殊鋼 …………………… 304	――融点 ……………………… 37
鋳鉄 ……………………………… 327	低合金工具鋼 …………………… 294	鉄ほう化物 ……………………… 281
鋳鉄の一般的性質 ……………… 330	抵抗用白金合金 ………………… 521	――（Fe_2B） ……………… 281
――化学的性質 ……………… 330	定在波 …………………………… 19	デバイ（Debye）（の特性）温度… 90
――機械的性質 ……………… 331	定常クリープ …………………… 156	――の比熱式 ……………… 90, 206
――物理的性質 ………… 330, 331	TDニッケル …………………… 544	デューロン-プティー（Dulong-Petit）
超共析鋼 ………………………… 247	低膨張合金 ……………………… 476	の法則 ……………………… 88, 204
超合金 …………………………… 480, 481	低融点金属の物性 ……………… 403	ΔH_mの求め方 ……………… 200
超格子 …………………………… 43	低融点重金属材料 ……………… 403	デルター鉄（δ-Fe） …………… 242

デルタマックス‥‥‥‥‥‥‥‥‥‥‥476
デルタメタル‥‥‥‥‥‥‥‥‥‥‥462
転位‥‥‥‥‥‥‥‥‥‥‥22, 129〜136
── 拡散‥‥‥‥‥‥‥‥‥‥‥‥‥84
── 間の相互作用‥‥‥‥‥‥‥‥133
── によるすべり模型‥‥‥‥‥‥130
── の移動‥‥‥‥‥‥‥‥‥‥‥130
── の運動‥‥‥‥‥‥‥‥‥‥‥131
── のエネルギー‥‥‥‥‥‥‥‥132
── の数と結晶の強さ‥‥‥‥‥‥136
── のクライム‥‥‥‥‥‥‥‥‥131
── の形成源‥‥‥‥‥‥‥‥‥‥135
── の自己エネルギー‥‥‥‥‥‥132
電位列‥‥‥‥‥‥‥‥‥‥‥‥‥‥171
電解クロム‥‥‥‥‥‥‥‥‥‥‥485
電解質濃度と単極電位の関係‥‥‥173
電解鉄‥‥‥‥‥‥‥‥‥‥‥‥‥‥241
電気亜鉛めっき‥‥‥‥‥‥‥‥‥409
電気化学的化合物‥‥‥‥‥‥‥‥‥46
電気抵抗‥‥‥‥‥‥‥‥‥‥‥‥‥105
電気伝導‥‥‥‥‥‥‥‥‥‥‥‥‥103
────率‥‥‥‥‥‥‥‥103, 106
────率（各種工業材料の）‥‥‥106
電気銅‥‥‥‥‥‥‥‥‥‥‥‥‥‥454
電気ニッケル‥‥‥‥‥‥‥‥‥‥473
電気比抵抗‥‥‥‥‥‥‥‥‥‥‥105
電気用鋳鉄‥‥‥‥‥‥‥‥‥‥‥335
電極電位‥‥‥‥‥‥‥‥‥‥‥‥‥171
点欠陥‥‥‥‥‥‥‥‥‥‥‥‥‥‥‥21
電子/原子比‥‥‥‥‥‥‥‥‥46, 458
電子エネルギー状態（結晶(内部の)‥‥‥‥‥‥‥‥‥‥‥‥‥‥‥‥‥‥‥18
電子化合物‥‥‥‥‥‥‥‥‥‥46, 47
電磁気の単位系‥‥‥‥‥‥‥‥‥220
────用特殊鋼‥‥‥‥‥‥‥‥306
電子対結合‥‥‥‥‥‥‥‥‥‥‥‥‥6
電磁軟鋼‥‥‥‥‥‥‥‥‥‥‥‥307
電子の8個構造‥‥‥‥‥‥‥‥‥‥‥5
電子ビーム溶解法‥‥‥‥‥‥‥‥375
電着金属膜のエピタクシー‥‥‥‥540
伝導電子‥‥‥‥‥‥‥‥‥‥‥‥‥‥18
電熱蒸留法（Znの)‥‥‥‥‥‥‥406
電熱線用合金‥‥‥‥‥‥‥‥‥‥479
電錬（電解精錬)‥‥‥‥‥‥‥‥‥452
転炉‥‥‥‥‥‥‥‥‥‥‥‥‥‥‥230
────法‥‥‥‥‥‥‥‥‥‥‥234

と

Cu-Zn体心立方‥‥‥‥‥‥‥‥‥‥44
Cu-Al合金‥‥‥‥‥‥‥‥‥‥‥465
CuAu面心正方‥‥‥‥‥‥‥‥‥‥44
Cu_3Au面心立方‥‥‥‥‥‥‥‥44
Cu-Pt系の電気抵抗（図)‥‥‥‥521
等価‥‥‥‥‥‥‥‥‥‥‥‥‥‥‥‥‥6
── 結合‥‥‥‥‥‥‥‥‥‥‥‥‥6
等極結合‥‥‥‥‥‥‥‥‥‥‥‥‥‥6
統計熱力学‥‥‥‥‥‥‥‥‥‥‥‥28
凍結余剰空孔‥‥‥‥‥‥‥‥‥‥‥22
透磁率‥‥‥‥‥‥‥‥‥‥‥‥‥‥112
銅製錬のフローシート‥‥‥‥‥‥453
同素体‥‥‥‥‥‥‥‥‥‥‥‥‥‥242
同素変態‥‥‥‥‥‥‥‥‥‥36, 242
銅中のHの溶解度‥‥‥‥‥‥‥‥455
導電用アルミニウム合金‥‥‥‥‥368
銅の耐力と添加元素‥‥‥‥‥‥‥166
──── 電気抵抗と微量元素（図）‥‥‥457
──── リサイクル‥‥‥‥‥‥‥‥570
ドーピング‥‥‥‥‥‥‥‥‥‥‥550
トーマス法‥‥‥‥‥‥‥‥‥‥‥235
毒重石‥‥‥‥‥‥‥‥‥‥‥‥‥‥395
特殊黄銅‥‥‥‥‥‥‥‥‥‥‥‥461
特殊強靭性鋼（低合金強靭鋼)‥‥287
特殊鋼‥‥‥‥‥‥‥‥‥‥‥‥‥‥273
特殊青銅‥‥‥‥‥‥‥‥‥‥‥‥463
特殊鋳鉄‥‥‥‥‥‥‥‥‥‥‥‥335
トタン‥‥‥‥‥‥‥‥‥‥‥‥‥‥405
TOCCO法‥‥‥‥‥‥‥‥‥‥‥322
トランジスタ‥‥‥‥‥‥‥‥‥‥554
トランプエレメント‥‥‥‥‥‥‥569
トリクロロシラン‥‥‥‥‥‥‥‥445
トリチウムの製造‥‥‥‥‥‥‥‥397
取鍋‥‥‥‥‥‥‥‥‥‥‥‥‥‥‥236
トリメタル‥‥‥‥‥‥‥‥‥‥‥511
トルースタイト‥‥‥‥‥‥‥60, 249
Dorn-Weertmanの式‥‥‥‥‥156
トロイユニット‥‥‥‥‥‥‥‥‥501
ドロマイト‥‥‥‥‥‥‥‥‥‥‥384

な

内部エネルギー‥‥‥‥‥‥‥‥‥‥26
内部くびれ‥‥‥‥‥‥‥‥‥‥‥147
内部摩擦（内耗)‥‥‥‥‥‥‥‥123
内耗による共鳴吸収‥‥‥‥‥‥‥124
ナイモニック‥‥‥‥‥‥‥‥‥‥479
ナック‥‥‥‥‥‥‥‥‥‥‥‥‥‥398
Na還元法‥‥‥‥‥‥‥‥‥‥‥‥373
ナノカプセル‥‥‥‥‥‥‥‥‥‥568
ナノチューブ‥‥‥‥‥‥‥‥‥‥568
Pb-1%Sbの時効硬化‥‥‥‥‥421
Pb-Ca-Ba合金の硬さ‥‥‥‥‥424
Pb-Ca合金の時効‥‥‥‥‥‥‥424
鉛‥‥‥‥‥‥‥‥‥‥‥‥‥412, 416
鉛黄銅‥‥‥‥‥‥‥‥‥‥‥‥‥‥462
鉛基軸受合金‥‥‥‥‥‥‥‥‥‥424
鉛合金‥‥‥‥‥‥‥‥‥‥‥412, 420
鉛地金の規格‥‥‥‥‥‥‥‥‥‥420
鉛蓄電池‥‥‥‥‥‥‥‥‥‥‥‥422
鉛電池‥‥‥‥‥‥‥‥‥‥‥‥‥‥562
鉛の耐食性‥‥‥‥‥‥‥‥‥‥‥416
──── 疲れ現象‥‥‥‥‥‥‥‥‥418
──── 毒性‥‥‥‥‥‥‥‥‥‥‥417
──── リサイクル‥‥‥‥‥‥‥‥570
──── 歴史‥‥‥‥‥‥‥‥412, 413
軟化なまし‥‥‥‥‥‥‥‥‥‥‥253
軟鋼‥‥‥‥‥‥‥‥‥‥‥‥‥‥‥271
軟質磁性合金‥‥‥‥‥‥‥‥‥‥478
──── 材料‥‥‥‥‥‥‥‥‥‥‥117
──── 特殊鋼‥‥‥‥‥‥‥‥‥‥307
軟窒化‥‥‥‥‥‥‥‥‥‥‥‥‥‥321
軟ろう‥‥‥‥‥‥‥‥‥‥‥‥‥‥429
──── 付け‥‥‥‥‥‥‥‥‥‥‥429

に

ニオブの低温比熱‥‥‥‥‥‥‥‥‥91
苦汁（にがり)‥‥‥‥‥‥‥‥‥‥383
ニクロム線‥‥‥‥‥‥‥‥‥‥‥479
2元合金‥‥‥‥‥‥‥‥‥‥‥‥‥‥48
2次欠陥‥‥‥‥‥‥‥‥‥‥‥‥‥‥22
2次結合力‥‥‥‥‥‥‥‥‥‥‥‥‥5
2次硬化‥‥‥‥‥‥‥‥‥‥‥‥‥296
2次固溶体‥‥‥‥‥‥‥‥‥‥‥‥‥44
ニチノール‥‥‥‥‥‥‥‥‥‥‥559
Ni_3Al（γ′相)‥‥‥‥‥‥‥‥‥301
Ni-Cdアルカリ電池‥‥‥‥‥‥‥437
ニッケル・カドミウム電池
　（ニカド電池)‥‥‥‥‥‥‥‥‥562
ニッケルカーボニル‥‥‥‥241, 473
──── ・クロム鋼‥‥‥‥‥‥‥‥288
──── ・クロム・モリブデン鋼‥288
──── 鋼‥‥‥‥‥‥‥‥‥‥‥‥384
──── 鋼のT-T-T曲線‥‥‥‥‥288
──── 青銅‥‥‥‥‥‥‥‥‥‥‥467
Ni-Ti合金（形状記憶の)‥‥‥‥559
Ni_3Ti（η相)‥‥‥‥‥‥‥‥‥‥301
Ni_3Fe‥‥‥‥‥‥‥‥‥‥‥‥‥475
Ni-Mo合金‥‥‥‥‥‥‥‥‥‥‥477
ニトロロイ‥‥‥‥‥‥‥‥‥‥‥321
ニホウ化マグネシウム（超伝導）
‥‥‥‥‥‥‥‥‥‥‥‥‥‥‥‥‥557
ニューカレドニア法（Ni製錬の）
‥‥‥‥‥‥‥‥‥‥‥‥‥‥‥‥‥473
ニュートン合金‥‥‥‥‥‥‥‥‥434

ぬ

ヌープ圧子 142

ね

ネーバル黄銅 462
ネール温度 117
Nd-Fe-B系磁石 558
ねずみ鋳鉄 328
──── のかたさ 331
──── の衝撃値 331
熱 26
熱塩割れ 379
熱応力 263
熱間加工 140, 141
熱含量 26
熱サイクル 153
熱処理記号（アルミニウム合金の）354
熱弾性型マルテンサイト変態 559
──── 効果 123
熱的ゆらぎ 38
熱電池 562
熱電対用金合金 480, 507, 508
熱伝導 100
熱伝導性（各種材料の） 102
熱伝導率 101, 102
──── （主な金属の） 101
──── （各種工業材料の）102, 106
──── （金属材料の） 103
熱膨張 96
熱力学の第1法則 26
──── 第2法則 27
燃料 563
燃料電池 562

の

ノイマン-コップ（Neumann-Kopp）
　の法則 92
ノジュラー鋳鉄 333
伸び率 145
ノボコンスタン 470
ノルドハイム（Nordhiem）の法則・108
のろ 231

は

バーガース回路 131
バーガースベクトル 23, 131
バークス法 414
Burgess法 241
% IACS 457
バーニング 355
パーマロイ 310, 475
バーミンバー 476
パーライト 60, 246, 265
──── の形成 265
──── ノジュールの形成模型・253
バーンメタル 424
ハイアルブロンズ 466
配位数 11
灰色スズ 427
バイエルス-ナバロ力 148
排ガスセンサー 529
排気ガス用触媒 528
焙焼 452
灰チタン石 555
灰鋳鉄 328
ハイテン 285
ハイパーシル 309
ハイパーム 309
灰吹法 412
灰分 231
バイヤー法 345
パイライト 452
パウリの常磁性 115
──── 排他律（則） 3, 18
破壊靭性 161
──── パラメーター 162
鋼の焼入れ性 260
白金加金 509
白金合金 519
──── の硬さ（表） 519
Pt-Co永久磁石 521
白金族 515
白金族触媒 523
──── 薄膜 517
白金（Pt）熱電対 520
白色スズ 427
白心 335
──── （可鍛）鋳鉄 335
羽口 232
白鋳鉄 328
白点 234, 270, 288
薄膜の物性 539
はしご格子構造（超伝導） 557
刃状転位 23
──── の拡張 133
波数ベクトル 19
ハステロイ 478, 480
バストネサイト 525
破断応力（強さ） 145
破断部の形状 147
破断法 259
(8-N)法則 11
8個構造（電子の） 5
八面体のすき間 245
発生機炭素 318
発熱反応 26
波動方程式 4, 19
パドル法 229
バビットメタル 428, 432
バブル磁区材料 541
破面組織観察 161
パラジウムろう 522, 523
バリウム（合金） 395
バリウムフェライト 557
Ba-La-Cu-O系（超伝導） 556
ハリス法 414
ハロー 542
バロー 522
反強磁性 113, 117, 118
半金属 404
半硬質磁性材料 314
──── （表） 315
反磁性（体） 112
反射性 563
Hansson Robertson式連続被鉛機
.... 426
ハンター（Hunter）法 373
はんだ 428, 429
──── 付け 429
──── の強さ（高温，低温） 430
──── の硬さ 430
ばん土 344
半導体 104, 105
──── 材料 554
──── 材料と用途 555
バンドモデル 103

ひ

PHステンレス鋼 301
ピエゾ抵抗効果 555
ピエゾ半導体 555
PL効果 149
Piowarski法 333
BCS理論 556, 557
PWR（加圧水型原子炉） 490
BWR（沸騰水型原子炉） 490
BDS法 486
p電子 5
非可逆的弾性変形 123
光ファイバー 536
引上げ法 445

比強度……………………343
非金属介在物…………229, 271
非金属元素の共有結合半径……191
引け巣………………42, 236
微小（ビッカース）硬さ………142
微小球形籠状巨大分子…………567
非晶質合金………42, 542, 543
────の機械的性質………543
非晶質半導体……………554
非消耗電極式……………373
ピジョン（Pidgeon）法………384
ヒステリシスモーター…………314
ひずみ硬化……………138, 165
────時効………………149
────除去焼なまし…176, 265
────速度感度指数………151
ビッカース硬さ…………142
非鉄重金属のリサイクル………570
ヒドロニウム……………363
比熱……………………87
──（金属，セラミックス，
　　有機高分子）…………92
引張強さ…………………145
引張試験…………………144
被覆材……………………563
被覆用フラックス………390
微分モル自由エネルギー………32
非保存運動（転位の）…………131
ピューター………………432
ヒュームロザリー（Hume-Rothery）
　の経験則………………352
────の法則………………45
標準水素電極……………171
標準組織…………………247
標準単極電位……………172
氷晶石………………345, 346
表面拡散……………………84
表面硬化法………………317
表面溶着法………………324
微粒子の性質（表）……………538
ピリング-ベットワース（Pilling-
　Bedworth）の式…………178
ピンクゴールド…………507
ピン止め…………………545
ピンホール…………………42

ふ

ファラデー定数……………172
Falconbridge Nickel社………473
ファン・デル・ワールス（van der
　waals）力……………9, 550

フィックの第1法則………80
────第2法則………82
Fischer法………………241
フィラーメタル…………434
フェライト………………242
────（磁石）……………118
────磁石…………………557
────型（ステンレス鋼）…297
フェリー…………………466
フェリ磁性………………117, 118
フェルミ-ディラックの統計……106
フェルミ粒子……………109
フェルミ・レベル………20, 90
フェロクロム……………485
フェロ磁性………………118
フェロニッケル…………474
不可逆……………………27
不活性ガス………………6
不規則固溶体の格子模型………44
不規則溶体………………43
不均一核形成……………38
不均一系…………………34
副結晶粒…………………139
復元………………………355
複合化（金属材料の）……………544
────による強化……………170
物質流……………………79
腐食および酸化………………171
腐食抑制剤………………176
普通鋳鉄…………………332
フックの法則……………118
沸点………………………36
沸騰水型原子炉…………490
物理吸着……………………9
物理蒸着法（アモルファス材料作製法）
　…………………………551
物理定数…………………223
物理電池…………………562
不働態………………176, 348
不動転位…………………132
不動点または不変点……………53
部分転位…………………134
浮遊選鉱法………………452
浮遊帯溶融法……………445
フラーレン………………567
ブラウンパウダー………505
プラズマ…………………563
────化学プロセス（アモルファス
　材料作製法）……………552
────スプレー法…………548
プラチネルII……………507
フラックス………………429

Braggの反射条件………194
────の法則……………20
フランクの不動転位ループ……135
プランクの分布則………89, 205
フランク-リード転位源………136
ブランケット……………563
ブリキ……………………428
プリズマティック転位ループ…135
ブリタニア・メタル……432
ブリネル硬さ……………141
不良導体………………104, 105
フレンケル欠陥…………21
ブローホール……………42
分塊………………………238
分解せん断応力…………127
分極………………………174
分散強化…………………170
分散粒子…………………260
分子熱……………………88
粉末磁石…………………118
粉末冶金材料……………304

へ

閉殻………………………5
平均自由行路……………101
閉鎖γ領域型………274, 275
ベイナイト………………251
平炉………………………230
────法…………………234
ベーキング…………324, 436
β-クリープ………………155
β-真鍮型…………………47
β相（Mg$_2$Si）……………364
β-チタン…………………377
β-brass構造……………458
β-Mn……………………487
β-マンガン型……………47
ベータ鉄（β-Fe）………242
ベーター（β）マルテンサイト…250
ベータロイ………………559
ベーマイト………………372
ベガード（Vegard）の法則…45, 47
へき開面……………148, 160
ペグマタイト……………445
ヘッグ（Hägg）の法則…45
ベッセマー法……………234
ベッツ法…………………414
ベリリウム青銅…………468
────銅…………………468
ヘルムホルツ（Helmholz）の
　自由エネルギー…………30

ペレット ················· 233
ペロブスカイト ············· 555
変形速度と変形速度感度指数の関係
 ·························· 151
偏晶反応 ···················· 58
偏析 ····················· 42, 61
変態応力 ··················· 263
変態機構 ···················· 25
変態曲線の鼻部 (膝部) ······· 251

ほ

ポアッソン比 ··············· 120
ホイスカーの機械的性質 ······ 137
ホイスラー合金 ············· 466
ボイド ···················· 158
ボイラー鋼 (原子炉材料) ····· 563
防音防振用鉛 ··············· 426
砲金 ······················ 463
放射線遮蔽用鉛 ············· 426
放射損傷 ·············· 139, 563
包晶反応 ················ 57, 58
防食法 (金属の) ············ 176
包析反応 ···················· 62
膨張係数 (各種工業材料の) ···· 100
飽和磁化 ··················· 116
飽和誘導度 ················· 116
ボーア磁子 ················· 114
ボーキサイト ··············· 345
ボース粒子 ················· 109
ポーリング ················· 454
ホール・エルー (Hall-Héroult) 法
 ······················ 344, 345
ホール電圧 ················· 555
ボールベアリング ··········· 293
ホール・ペッチ (Hall-Petch) の式
 ·························· 150
─────の法則 ······ 151, 568
母金属 ····················· 43
保磁力 (抗磁力) ············ 116
保存運動 (転位の) ·········· 131
ボタン溶解法 ··············· 381
ホットサイジング ··········· 382
ホットストリップミル ······· 238
ポテンシャルエネルギー ······ 26
ポリゴニゼーション ········· 139
ボルツマンの関係式 ·········· 28
ボルツマン-マタノ (Boltzmann-
 Matano) の解 ············· 82
Borelius の理論 (核形成の) ···· 78
ボロン化 ··················· 324
ホワイトゴールド ······· 503, 504

ホワイトメタル ············· 424

ま

Maurer の組織図 ············ 329
マグネサイト ··············· 383
Mg_2Si 相 ···················· 359
$MgZn_2$ 相 ·············· 366, 367
マグネシウム合金の加工 ····· 390
─────の需給 ········· 384
マグネタイト ··············· 284
マグノックス ··············· 389
Matano 界面の求め方 ········ 202
まだら鋳鉄 ················· 329
マティーゼンの法則 ········· 107
マルエージング鋼 ··········· 289
─────の組成 ········· 290
─────の標準熱処理 ··· 290
マルエージング・ステンレス鋼 291
マルクエンチ ··············· 267
マルテンサイト ········· 60, 249
───── 型 (ステンレス鋼) 298
─────の形成模型 ····· 250
─────変態 ··········· 170
─────変態 (形状記憶)・559
マルテンス硬さ ············· 143
マルテンパー ··············· 266
マロット合金 ··············· 434
マンガニン ············ 470, 471
マンガン黄銅 ··············· 462
───── 団塊 (マンガン・ノジュール)
 ·························· 483
───── 電池 ············ 562
MnBi 金属間化合物 ·········· 488

み

ミーハナイト鋳鉄 ··········· 333
Meehan 法 ·················· 333
ミスフィットパラメーター ···· 169
ミッシュメタル ········ 526, 529
密陀僧 (PbO) ··············· 413
密度 ······················· 92
─── (各種工業材料の) ······ 93
─── 順位 (固体元素の) ····· 93
ミラー (Miller) 指数 ········· 15
ミラー・ブラベー指数 · 15, 16, 17
ミラー面指数 ················ 14

む

無拡散変態 ················· 253

無酸素銅 ··················· 456
無析出帯 ··················· 161
無火花工具 ················· 470

め

迷走電流 ··················· 416
メカノケミカルアロイング法 ··· 564
メスバウアー分光 ··········· 538
めっき ···················· 324
面心立方格子 ················ 14
面心立方晶 ·················· 11
メンテナンスフリー (MF) バッテリー
 ·························· 423

も

モース硬さ表 ··············· 144
模造金 ····················· 465
模造銀 ····················· 468
Mott-Nabarro の式 ·········· 169
モナズ石 ··················· 525
モネルメタル ··············· 482
モル比熱 ···················· 88
モンド (Mond) 法 ······ 241, 471

や

焼入れ ················ 249, 254
焼入れ鋼材中の残留応力 ····· 264
─────性 ············· 260
─────性試験法 ······· 261
─────用冷却媒 ······· 256
焼入浴の冷却能 ············· 258
焼なまし ··················· 253
焼ならし (焼準し) ·········· 254
焼もどし ··················· 255
─────時効 ··········· 355
─────ソルバイト ····· 255
─────マルテンサイト ··· 250
焼割れ ···················· 262
─────の写真例 ······· 264
やに入りはんだ ············· 429
ヤング率 ·············· 120, 209
─── (各種材料の) ········· 121
─── (軟鋼の) ············ 121
─── (表) (金属の結晶構造別)
 ··························· 99

ゆ

有芯構造 ···················· 51

優先方位 …… 121
融点 …… 36
──（表）（金属の結晶構造別）…… 99
誘導度 …… 244
ユーリカ …… 466
遊離したC …… 328

よ

容易磁化方向 …… 308
溶液 …… 25
溶解度ギャップ（miscibility gap）51
陽極泥 …… 453, 516
洋銀 …… 468
溶鉱炉製錬法 …… 406
陽子 …… 3
溶接用鋼線 …… 271
溶銑炉 …… 327
溶体化温度 …… 355
── 処理 …… 355
洋白 …… 468
溶融亜鉛めっき（どぶ付け亜鉛めっき） …… 408
溶融塩 …… 563
溶融炭酸塩燃料電池 …… 562
4成分合金平衡状態図 …… 75
475℃脆性 …… 298
四面体のすき間 …… 245

ら

Larson-Millerのパラメータ …… 157
── プロット …… 157
ラーベ相 …… 46
ラーモアの歳差運動 …… 115
ラウタル …… 362
らせん転位 …… 23
ラッチングリレー …… 314, 315
ラテライト …… 472
ラフィナール …… 348
ラム鋳型 …… 381
ランカイン（Rankine）温度 …… 157
ランダウの反磁性 …… 115
ランタニド …… 524
ランタン系列 …… 524
La-Sr-Cu-Ca-O系（超伝導）…… 556
Lanz法 …… 333

り

リードスイッチ …… 315
リードフレーム …… 477

理想密度 …… 94
── と実測密度（金属の）…… 95
理想溶体 …… 33, 43
リサイクル（アルミニウムの）…… 569
──（金属材料の）…… 569
──（鉄鋼の）…… 569
──（非鉄重金属の）…… 570
リチウム電池 …… 397
立方晶型炭化物 …… 276
立方晶系 …… 13, 14
立方晶のヤング率 …… 209
立方体方位 …… 309
リフラクトリーメタル …… 493
────── の融点（図）493
リボヴィツ合金 …… 434
リマネントリードスイッチ・314, 315
リミングアクション …… 236
リム鋼 …… 236
リムリード …… 315
略字記号 …… 216
粒界拡散 …… 84
── すべり …… 126
── 腐食 …… 300
── 割れ …… 161
粒子分散強化 …… 545
リューダースひずみ …… 149
流動床接触分解用触媒 …… 528
流動変形 …… 157
粒内偏析 …… 51
── 割れ …… 161
量子数 …… 3
量子力学 …… 3
良導体系 …… 104, 105
菱面体系 …… 13, 14
緑柱石 …… 391
履歴現象 …… 248
履歴損失 …… 308
臨界アスペクト比 …… 547
── 径 …… 261
── 磁場 …… 111
── 値 …… 162
── 点 …… 37
── 長さ …… 547
── 分解せん断応力 …… 126, 128
── 冷却速度 …… 261
りん酸型燃料電池 …… 562
りん青銅（鋳物用, 展伸用）…… 465
林立転位 …… 136

る

ルシャテリエ熱電対 …… 520

ルチル …… 373
Le Nickel社 …… 473
ルビジウム …… 399

れ

レア・アース …… 524
冷間加工 …… 140, 141
── 材の加熱に伴う硬さ変化139
── 材の加熱に伴う
　　　残留抵抗の変化 …… 139
冷却曲線 …… 48
冷却材 …… 563
レーザー焼入れ …… 325
レーデブライト …… 329
レジスチン …… 470
レスコモンメタル …… 536
レマロイ …… 311
連続鋳造機略図 …… 237
── 法 …… 237
連続冷却変態 …… 250
レンツの法則 …… 114

ろ

ろう材 …… 429
ローエックス …… 362
ローズ合金 …… 434
ローマンピューター …… 432
ロールス・ロイス（RR）合金 …… 360
────── 59合金360
ローレンツ教 …… 106
────── Lの値（各種工業材料の） …… 106
緑青 …… 457
ロジウムめっき …… 504
ロタニウム …… 522
ロックエル硬さ …… 142
六方晶型炭化物 …… 277
六方晶系 …… 13, 14
long-rangeの相互作用 …… 169

わ

Y合金 …… 359
ワイス（Weiss）…… 116
倭鉛（わえん）…… 405

欧文索引

ギリシャ

α-creep ... 155
α-Fe ... 242
α-martensite ... 249, 250
β-creep ... 155
β-Fe ... 242
β-martensite ... 250
γ-Fe ... 242
γ-loop type ... 275
δ-Fe ... 242
ε-carbide ... 250
ε-Fe ... 242
θ phase ... 230
θ phase, Al_2Cu ... 356
θ' phase ... 228
θ'' phase ... 228
σ_{th} ... 331, 332
σ phase ... 46

A

A A Number ... 353
A_0 transformation ... 247
A_1 transformation point ... 246
A_2 transformation point ... 242
A_3 transformation point ... 242
A_4 transformation point ... 242
acid-copper lead ... 420
acidic steel making ... 234
A_{cm} line ... 254
acoustic emission ... 428
ACSR (Aluminum Conductor Steel Reinforced) ... 350, 368
activation energy ... 39
active carbon ... 318
active material ... 422
active metal ... 173
activity ... 83, 173
activity coefficient ... 83
Admiralty gun metal ... 464
adsorption ... 9
Advance ... 466
age hardening ... 165, 353
Alcoa (Aluminium Company of America) ... 353
Aldrey ... 365
All Aluminium Alloy Conductor ... 368
All Aluminium Conductor ... 368
allotropic transformation ... 36, 242
allotropy ... 36, 242
Alloy E ... 425
alloy steel ... 273
Almelec ... 368
Alnico ... 311
Alperm ... 309
alpha prime phase ... 378
Alumel-Chromel ... 480
Alumilite ... 372
alumine ... 344
Aluminium Association Number ... 353
aluminium brass ... 462
aluminium bronze ... 465
Aluminium Company of America ... 353
Aluminium Conductor Alloy Reinforced ... 370
aluminium solder ... 431
Alumite ... 372
alumium ... 344
amalgam ... 438
amalgam process, amalgamation ... 500
amorphous alloys ... 42, 511
amorphous silicon ... 445
Andrade's law ... 156
anelastic effect ... 122
anelasticity ... 122
anode slime ... 453, 516
anti-corrosion steel ... 301
antiferromagnetism ... 112
arc melting ... 373
Armco ... 241
armco iron ... 241
artifical aging ... 355
artificial atom ... 568
ash ... 231
aspect ratio ... 547
ASTM grain size number ... 258
atomic monolayer model ... 539
atomic volume ... 243
ausforming ... 267
austempering ... 266
austenite ... 242
auto-catalytic ... 170

B

Babbit metal ... 428, 432
Bahn metal ... 424
bainite ... 251
baking ... 324
band model ... 103
banded structure ... 269
Bardeen-Cooper-Schriefer theory ... 556
baryte ... 395
base metal ... 173
basic steel making ... 234
bastnasite ... 525
bauxite ... 345
bearing steel ... 293
Becker-Daeves-Steinberg process ... 486
bell bronze ... 463
beryl ... 391
beryllium bronze ... 468
beryllium copper ... 468
bessemerizing ... 230, 452
Bett's process ... 414
binary alloy ... 48
bittern ... 383
black heart ... 334
black heart cast iron ... 334
blanket ... 563
blast furnace ... 229
blister copper ... 452
bloom ... 237
blooming ... 238
blowhole ... 42
blue brittleness ... 255
boemite ... 372
Bohr magneton ... 115
boiling point ... 36
boiling water reactor ... 490
Boltzmann-Matano's solution ... 82
Boltzmann's relation ... 28
boronizing ... 324

Bose particle ········· 109
bound energy ········· 27
brass rod ········· 460
breaking strength ········· 145
Brinell hardness ········· 142
Britannia metal ········· 432
brittle fracture ········· 147, 305
bronze ········· 462
bronze age ········· 451
brown powder ········· 505
brown stone ········· 487
bubble magnetic domain material
········· 541
bulk modulus ········· 120
Burgers circuit ········· 131
Burgers vector ········· 23, 131
burning ········· 355
button melting ········· 381

C

c (chauffage) ········· 248
C-C-T (continuous cooling transformation) curve
········· 251, 268
C-curve ········· 251
cable sheath ········· 426
cadmium copper ········· 471
cadmium plating ········· 436
calamine brass ········· 405
calcining ········· 473
calorizing ········· 324
carat, Ct ········· 501
carbon steel ········· 247
carbonyl iron ········· 241
carburizing box ········· 318
carburizing steel ········· 317
carnallite ········· 383
carrier ········· 100
cartridge brass ········· 460
cast iron ········· 327
cast steel ········· 271
catalytic effect ········· 551
cathodic protection ········· 177
cation vacancy ········· 21
caustic embrittlement ········· 160
cavitation ········· 158
cavitation fracture ········· 158
CBMM ········· 498
cellular structure ········· 51
cementation ········· 324
cementite ········· 245, 278

Cermet ········· 170, 304
Cerrolow ········· 434
Cerromatrix ········· 434
Cerrosafe ········· 434
chalcopyrite ········· 472
Charpy shock value ········· 154
chemical diffusion coefficient
········· 82
Chemical Lead ········· 420
chemical potential ········· 32, 83
chemical thermodynamics ········· 25
chilled layer ········· 236
chilled roll ········· 330
chilled zone ········· 41
chromium copper ········· 471
chromium plating ········· 486
chromium steel ········· 288
chromizing ········· 324
CK High Ten ········· 286
cladding ········· 563
clasp ········· 509
Clausius-Clapeyron's formula
········· 31, 199
cleavage plane ········· 159
closed shell ········· 5
closed γ-field type ········· 275
cluster ········· 167, 356
COD ········· 162
COD test ········· 163
coercive force ········· 116
coherent ········· 356
coherent state ········· 356
coin silver ········· 511
coke ratio ········· 233
cold strip mill ········· 238
cold working ········· 140
columbite ········· 496
columnar crystal ········· 41
commercial bronze ········· 460
Common Desilverd Lead ········· 420
compression strength ········· 153
concentrate ········· 452
condensed system ········· 37
Condon-Morse diagram ········· 122
conduction electron ········· 19
congruent point ········· 51
conservative motion ········· 131
Considére's construction ········· 147
Constantan ········· 466
constitutional supercooling ········· 42
consumable electrode type ········· 373
Conti Rod System ········· 455

continuous casting ········· 237
continuous cooling transformation
········· 251
Contracid ········· 480
contracted γ-field type ········· 275
controlled rolling ········· 286
controller ········· 563
converter ········· 230
coolant ········· 563
coordination number ········· 11
cored structure ········· 51
corner effect ········· 265
Corrosion Lead ········· 420
Corson alloy ········· 467
Cor-Ten ········· 302
Cottrell effect ········· 166
Coulomb's force ········· 6
covalent bond ········· 6
covering flux ········· 390
crack opening displacement ········· 162
creep ········· 155
creep rupture ········· 155
creep rupture strength ········· 302
creep rupture test ········· 157
creep strength ········· 302
crevice corrosion ········· 175
critical aspect ratio ········· 547
critical cooling rate ········· 261
critical point ········· 37
critical radius ········· 127
critical resolvod shear stress
········· 127
cross slip ········· 156, 565
crown ········· 509
CRSS (critical resolved shear stress) ········· 169
cryolite ········· 345, 346
cubic ········· 13
cubic texture ········· 309
Cunife ········· 313
cup and cone fracture ········· 147
cupelation ········· 412
cupola ········· 327
cupro nickel ········· 466
Curie temperature ········· 116, 242
CVD (Chemical Vapour Deposition)
········· 552
cyanide process ········· 501
CZ process ········· 445
Czochralski zone melting process
········· 445

D

d electron ········· 5
damping capacity ········· 125
D'Arget alloy ········· 434
Debye temperature ········· 90
Debye's specific heat formula
 ········· 90, 206
decarburization ········· 256
deep drawing brass ········· 460
degree of freedom ········· 26
Deltamax ········· 476
demagnetization curve ········· 311
dendrite ········· 41
density ········· 92
denuded zone ········· 162
deoxidized copper ········· 456
dezincification ········· 461
diamagnetism ········· 112
didymium ········· 526
die quenching ········· 258
Diffusion Alloy Ltd process 486
diffusion annealing ········· 253
diffusion creep ········· 126
diffusionless transformation
 ········· 253
dip-forming process ········· 455
dislocation ········· 22, 129
dislocation cell structure ········· 139
dislocation climb ········· 131
dislocation short circuit diffusion
 ········· 84
disordered solution ········· 43
dispersion reinforce ········· 170
dispersoid ········· 260
dolomite ········· 384
doping ········· 550
Dorn-Weertmann's formula ········· 156
Dow metal ········· 386
Dow process ········· 383
DPN ········· 142
dry corrosion ········· 171
Ducol steel ········· 285
ductile-brittle transition
  temperature ········· 154
ductile cast iron ········· 333
ductile fibrous fracture ········· 147
ductile fracture ········· 304
Dulong-Petit's law ········· 88, 204
Duralumin ········· 345
duterium ········· 563
dynode ········· 513

E

easy magnetization direction
 ········· 308
eddy current lose ········· 307
edge dislocation ········· 23
eighteen-eight stainless steel
 ········· 297
Einstein temperature ········· 89
Einstein's specific heat formula
 ········· 89, 205
elastic after-effect ········· 122
elastic anisotropy parameter
 ········· 119
elastic deformation ········· 118
elastomer ········· 121
electrical conduction ········· 103
electrical conductivity ········· 103
electrical conductor ········· 103
electrical insulator ········· 104
electrical resistance ········· 105
electrical resistivity ········· 106
electrochemical compound ········· 46
electrochemical series ········· 171
electrode potential ········· 171
electrolytic copper ········· 454
electrolytic iron ········· 241
electrolytic nickel ········· 473
electrolytic refining ········· 452
electrolytic zinc plating ········· 409
electron/atom ratio ········· 46, 458
electron compound ········· 46
electron to atom ratio ········· 458
electronegative ········· 6
electropositive - ········· 6
Elektron metall ········· 383
Elinvar ········· 475, 477
Elongated Single Domain magnet
 ········· 313
elongation ········· 145
Eloxal ········· 372
embryo ········· 75
endothermic reaction ········· 26
endurance limit ········· 159
energy level ········· 3
engineering strain ········· 144
engineering stress ········· 144
enthalpy ········· 26
entropy ········· 26
environmental super plasticity
 ········· 150
epitaxial growth ········· 539

equicohesive temperature ········· 158
ESD (Extra Super Duralumin)
 ········· 365
eutectic ········· 53
eutectoid ········· 60
eutectoid steel ········· 247
excess vacancy ········· 167, 355
exothermic reaction ········· 26
extended dislocation ········· 134

F

f electron ········· 5
Faraday constant ········· 172
fatigue ········· 158
fatigue fracture ········· 158
fatigue limit ········· 159
fatigue strength ········· 159
FCC (fluid contact catalyser) 528
Fe_3C ········· 245
Fe_3O_4 ········· 284
FeO ········· 284
Fermi-Dirac statistics ········· 106
Fermi level ········· 20
Fermi particle, fermion ········· 109
ferrimagnetism ········· 113
ferrite ········· 242
ferrite magnet ········· 118
ferrite type stainless steel ········· 297
ferro-chromium ········· 485
ferromagnetism ········· 113
ferro-manganese ········· 487
ferro-nickel ········· 474
fiber reinforce ········· 170, 545
fiber reinforced plastic ········· 170
Fick's frst law ········· 80
Fick's second law ········· 82
filler metals ········· 434
fission ········· 563
flame hardening ········· 323
flash smelting furnace ········· 453
floatation process ········· 452
floating zone melting process
 ········· 445
flux ········· 429
forbidden band ········· 20
forest dislocation ········· 136
fractography ········· 161
fracture method ········· 259
fracture toughness ········· 161
fracture toughness parameter
 ········· 162

Frank-Read dislocation source ······ 136
Frank sessile dislocation loop ······ 135
free electron ······ 8
free electron model ······ 106
free energy ······ 25, 26
free volume ······ 552
Frenkel imperfection ······ 21
FRP (fiber reinforced plastics) ······ 170, 545
fuel ······ 563
Fuel electric cell ······ 562
full annealing ······ 253
full dislocation ······ 134
Fullerene ······ 567
function of state ······ 26
functional materials ······ 549
fusible alloys ······ 433
fusion ······ 563
FZ process ······ 445

G

galvanic cell ······ 172
galvanizing ······ 409
gas carburizing ······ 318
gauge steel ······ 293
german silver ······ 468
ghost line ······ 269
Gibbs-Duhem's formula ······ 84
Gibbs free energy ······ 30
Gibbs triangle ······ 64
glide dislocation ······ 136
gilding metal ······ 460
glass transition temperature ······ 98
glassy state ······ 42
glucinium (Gl) ······ 391
glucinum ······ 391
GMR ······ 567
Goldschmidt's atomic diameter ······ 18
Goss texture ······ 308
G-P zone ······ 167, 356, 357
grain boundary diffusion ······ 84
grain boundary sliding ······ 126
grain segregation ······ 51
granular structure material ······ 567
graphite ······ 245
green gold ······ 502
greenockite ······ 436
grey cast iron ······ 328

Griffith-Orowan's formula ······ 159
Griffith's model ······ 159
ground state ······ 3
Grüneisen's constant ······ 97, 98
Guinier-Preston zone ······ 167, 356, 357
gun metal ······ 463

H

H-band ······ 262
Hägg's law ······ 45
hair crack ······ 270, 288
half-cell potential ······ 171
Hall-Héroult process ······ 344, 345
Hall-Petch equation ······ 150
Hall voltage ······ 555
halo ······ 542
handenability band ······ 262
hanging ······ 233
Hansgirg process ······ 383
hard facing ······ 324
hard lead ······ 416, 420
hard magnetic alloy steel ······ 311
hard magnetic material ······ 117
hard soldering ······ 429
hard spot ······ 330
hardenability ······ 260
hardenability band ······ 262
hardenability test ······ 261
hardness ······ 142
Harris process ······ 414
Hastelloy ······ 478
HB ······ 142, 143
heat conduction ······ 100
heat conductivity ······ 102
heat content ······ 26
heat insulation ······ 103
heat resisting alloy steel ······ 302
heavy hydrogen ······ 563
Helmholz free energy ······ 30
heterogeneous nucleation ······ 38
heterogeneous system ······ 34
Heuslar alloy ······ 466
hexagonal ······ 13
high damping capacity alloys ······ 471
high manganese steel ······ 291
high speed steel ······ 294
high temperature brittleness ······ 255
high tensile steel ······ 285

Hipersil ······ 309
homogeneous nucleation ······ 38
homogeneous solution ······ 42
homogeneous system ······ 34
homogenization annealing ······ 253
Honda Duralumin ······ 367
Hooke's law ······ 118
host metal ······ 43
hot dipping ······ 408
hot-dip zinc plating ······ 408
hot salt cracking ······ 379
hot shortness ······ 253, 270
hot sizing ······ 381
hot strip mill ······ 238
hot working ······ 140
HR ······ 143
HS ······ 143
Hume-Rothery's law ······ 45
Hume-Rothery's size factor ······ 45
Hunter process ······ 373
HV ······ 143
hybridization ······ 7
hybridized orbital ······ 7
hydrogen bond ······ 9
hydrogen bridge ······ 9
hydrogen embrittlement ······ 161, 270
Hydronalium ······ 363
hypereutectoid steel ······ 247
Hyperm ······ 309
hypoeutectoid steel ······ 247
hysteresis ······ 248
hysteresis loss ······ 308

I

IACS ······ 368
ideal density ······ 94
ideal solution ······ 33, 43
Illium ······ 480
ilumenite ······ 373
imitation gold ······ 465
imitation silver ······ 468
impact value ······ 154
Inconel ······ 479, 480
induction hardening ······ 322
ingot ······ 41
ingot mold ······ 236
inhibitor ······ 176
inhomogeneous nucleation ······ 38
inlay ······ 509
inoculation ······ 333

integrated circuit ……477
interaction energy ……26
intergranular corrosion ……300
intergranular cracking ……161
intermediate phase ……44
intermetallic compound ……43
internal energy ……26
internal friction ……123
internal necking ……147
International Annealed Copper Standard ……457
International Nickel Company ……473
interstitial atom ……21
interstitial impurity atom ……21
interstitial solid solution ……44
Invar ……98, 293, 475, 476
invariant point ……53
invariant state ……35
investment mould ……381
ionic bond ……6
ionic radius ……10
Iridosmin ……516
iron brass ……462
iron mixing method ……564
iron percarbide ……279
irreversible ……27
island structure model ……539
isolated system ……27
Isoperm ……476
isothermal transformation ……250
Izod shock value ……154

J

J integral ……161
J_{IC} test ……163
Jernkontoret standard sample ……259
Johnson-Mehl-Avrami equation ……76
Jominy end-quench test ……261
Jominy test ……261

K

K-shell ……4
K_{IC} test ……162
karat, Kt ……501
Kelmet ……470
killed steel ……237
killing effect ……304

kinetic energy ……26
kinetic theory ……25
Kirkendall effect ……84
Knoop indenter ……142
Kobitalium ……360
Kobolos ……483
Kovar ……476
Kroll process ……373, 488
KS steel ……311
kuroko ……452

L

L-shell ……4
ladle ……236
lamellar structure ……54
lance ……235
Landau diamagnetism ……115
lanthanides ……524
lanthanum series ……524
large angle grain boundary ……139
Larmor precession ……115
Larsan-Miller's parameter ……157
laser hardening ……325
laterite ……472
lattice constants ……13
lattice defects, lattice imperfections ……21
lattice diffusion ……84
lattice parameters ……13
Lautal ……362
Laves phase ……46
LD steel making process ……235
lead brass ……462
lead frame ……477
lead pencil ……413
ledeburite ……329
Lenz's law ……114
less common metals ……536
lever rule ……49
light metals ……343
line defect ……22
linear creep ……156
linear expansion coefficient ……94
Lipowitz alloy ……434
liquid bright gold ……509
liquid carburizing ……318
liquid metals ……435
liquid natural gas ……306
liquid quenching ……56
liquid quenching method ……551, 564

liquid solution ……25
liquidus ……49
lithage ……413
LNG ……306
Lo-Ex (alloy) ……362
logarithmic creep ……155
long range order ……38
Lorentz number ……103, 106
low alloy tool steels ……294
low brass ……460
low temperature alloy steel ……304
low temperature creep ……155
lower bainite ……251
lower yielding stress ……145
Lüders strain ……149

M

M-shell ……4
machinability rating ……381
magnesite ……383
magnetic bubble memory material ……528
magnetic domain ……115
magnetic field ……111
magnetic flux ……111
magnetic flux density ……111
magnetic hysteresis loop ……116
magnetic induction ……112, 244
magnetic moment ……111
magnetic permeability ……112
magnetic quantum number ……4
magnetic soft steel ……307
magnetic susceptibility ……112
magnetism ……111
magnetite ……284
magnetization ……112
Magneto Hydro Dynamics (MHD) ……528
Magnox ……389
maintenance free (MF) battery ……423
malleable cast iron ……334
Malotte alloy ……434
manganese brass ……462
manganese nodule ……483
Manganin ……471
maraging steel ……289
marquenching ……267
martempering ……266
Martens hardness ……143

martensite ················· 60, 249
martensitic transformation ··· 170
mass effect ···················· 264
matte ···························· 452
Matthiesen's rule ·············· 107
maximum energy product ···· 311
MBE (micro beam epitaxy) 567
MCFC (Molten Carbonate Fuel Cell)
·································· 562
M_d point ······················ 300
mean free path ················ 101
mechano chemical alloying method
·································· 564
Meehanite cast iron ············ 333
metal artificial lattice ········· 567
metallic bond ···················· 6
metallic silicon················· 445
metalloid························ 404
metatectic························ 63
MF (maintenance free) battery
····························· 394, 423
M_f Point ······················ 255
micro Vickers hardness······· 142
mild steel······················· 271
Miller-Bravais indices ······ 16, 17
Miller indices ···················· 15
minium ·························· 413
mirror bronze··················· 463
misch metal ···················· 526
miscibility gap ··················· 51
misfit parameter················ 169
mixing entropy ·················· 29
MKS unit ······················· 103
mobile dislocation ············· 132
mobility ························· 83
moderator ······················ 563
modification ···················· 361
molar heat ······················· 88
monazite························ 525
Mond process··················· 473
Monel metal ···················· 482
monoaxial magnetic anisotropy
·································· 541
monoclinic························ 13
monotectic························ 58
monotectoid······················ 61
morphology ····················· 78
Mössbauer spectrometry ······ 538
mottled cast iron··············· 329
Mott-Nabarro equation ······· 169
M_s Point ················ 254, 255
multiple slip ···················· 138

Muntz metal····················· 460

N

N-shell ···························· 4
Nak······························· 398
Nano capsul···················· 568
Nano tube······················· 568
nascent carbon ················ 318
natron solida··················· 398
natural aging··················· 355
necking·························· 146
Néel temperature··············· 117
negative diffusion················ 79
Neumann-Kopp's law ·········· 92
neutron ···························· 3
Newton alloy ··················· 434
Nichrome························ 479
Nichrome wire ················· 479
nickel carbonyl ················· 473
nickel-chromium steel········· 288
nickel steel ····················· 288
Nimonic·························· 479
niobite···························· 496
Nippon Duralumin ············· 359
Nitinol···························· 559
Nitralloy ························· 321
nitriding ························· 321
nitrum solida··················· 398
NIVCO-10······················· 126
NK-HITEN ······················ 286
noble metal····················· 173
noble metals ··················· 499
nodular cast iron ······· 327, 333
nominal strain ·················· 144
nominal stress ·················· 144
nonconservative motion······· 132
non-consumable electrode type
·································· 373
non-metallic inclusion
·························· 229, 271
non sparking tool··············· 470
nonvariant state ················· 35
Nordheim's rule ················ 108
normal structure ··············· 247
normalizing ····················· 254
nose or knee of transformation
         curve ···················· 251
notch sensitivity ················ 154
notched toughness············· 285
nucleating agent················· 42
nucleus··························· 75

O

octahedral hole··················· 245
octet ······························· 5
offset yield stress ·············· 145
ohmic loss······················· 370
Ohm's law······················· 103
omega phase···················· 378
one component system·········· 25
Onion alloy····················· 434
open γ-field type ·············· 275
open hearth····················· 230
optical fiber ···················· 536
orbital quantum number········· 4
ordered solution················· 43
Orford process·················· 472
Orientcore······················· 309
orthorhombic····················· 13
O-shell ···························· 4
otavite··························· 436
over aging················ 168, 357
overheating······················ 40
oxygen free copper············· 456
oxygen free high conductivity
         copper···················· 456

P

p electron························· 5
pack carburizing················ 317
Packfong························· 472
PAFC (Phosphoric Acid Fuel Cell)
·································· 562
Palau···························· 522
paramagetism··················· 112
Park's process·················· 414
partial dislocation ·············· 134
partial molal free energy ····· 32
passive state············· 176, 348
Pauli paramagnetism ·········· 115
Pauli's exclusion principle·3, 18
pearlite ················ 60, 246, 265
PEFC (Polymer Electrolyte Fuel
         Cell)······················ 562
pegmatite······················· 445
Peierls-Nabarro force········· 148
pellet···························· 233
peritectic························· 57
peritectoid······················· 62
Permalloy ················ 310, 475
permanent dipole ················ 6
permanent magnet············· 117

permanent magnetic steel····311
Perminver················476
Perovskite ···············555
Pewter··················432
phase··················25, 34
phase change············25
phase rule··············26, 34
phase transformation·········25
phase transition············25
phonon················101
phosphor bronze············465
photon·················101
Pidgeon process············384
Piezo resistance effect······555
pig iron················229
Pig Lead················420
Pilling-Bedworth value······178
pinhole·················42
pink gold···············504
pinning················545
pitting corrosion···········348
plasma·················563
plasma spray methbd·········548
plastic deformation··········126
plastic stability···········151
plasticity···············127
Plat forming·············524
Platinel II··············507
plating················324
point defects··············21
Poisson's ratio············120
polarization··············174
poling·················454
polygonization············139
Portevin-Le Chatelier effect 149
potential energy············26
precipitation··············55
precipitation hardening······167
precipitation hardening stainless
    steel···············301
pre-eutectic crystal··········53
preeutectoid cementite·······247
preeutectoid ferrite·········247
preferred orientation texture
    ·······················121
pressure tube·············563
pressure vessel············563
pressurized water reactor····490
pre-yield microstrain········148
primary bonding force········5
primary cementite······247, 256
primary crytal·············53

primary ferrite············247
primary solid solution········43
primitive cell··············14
principal quantum number······4
prismatic dislocation loop····135
proof stress·············145
proton··················3
puddling process··········229
PVD (Physical Vapour Deposition)
    ·······················551
pyrite·················452
pyrrohotite··············472

Q

Q-BOP process············236
qualitative disorder·········553
quantum mechanics··········3
quantum number············3
quasi crystal·············567
quenched-in excess vacancy·22
quenching···············249

R

r (refroidissment)·········248
R. F. C.················126
radiation damage····22, 139, 562
Raffinal················348
rammed mould············381
random solution···········43
random walk·········79, 201
Rankine temperature········157
rare earth metals··········524
RE···················524
reactor·················563
recovery···············139
recrystallization···········139
recrystallization annealing····253
red brass···············460
red gold················502
red matte···············345
reduction of area··········145
reed switch··············315
refining fiux·············390
reflector················563
refractry metals···········493
regular solution············33
Reifegrad···············332
relaxation time·······104, 124
Remalloy···············311
remanent induction········116

remreed················315
residual magnetization·······116
residual resistivity··········107
residual stress············263
resolved shear stress·······127
retained austenite···60, 249, 265
reversible···············27
reversion···············355
RG···················332
rhombohedral···············13
Rhotanium··············522
rigidity modulus···········120
rimmed steel·············236
rimming action···········236
roasting················452
Rockwell hardness·········142
Rolls Royce-59 alloy········360
Roman pewter············432
room temperature aging·····355
Rose alloy···············434
Rotguss················464
RR alloy················360
rubidus················399
running wave·············19
rutile··················373

S

S-curve················251
s electron················4
S-phase················359
saddle point··············67
SAP··················371
saturated carbon··········329
saturation induction·········116
saturation magnetization·····116
scale melting············381
scanning electron microscope
    ·······················161
Schmid's law············127
Schmid's factor···········138
Schottky imperfection········21
screw dislocation···········23
SD···················358
seamless steel pipe·········535
season cracking·······160, 461
seasoning···············293
secondary bonding force······5
secondary defect············22
secondary solid solution······44
secondary sorbite··········255
segregation···············42

selenium rectifier 442
self annealing 466
self diffusion coeffcient 84
self energy of dislocation 132
self hardening steel 287
SEM 161
semiconductor
  .... 106, 442, 444, 554
semi-hard magnetic materials
  314
semikilled steel 237
semimetal 404
sensitization 300
serration 149
sessile dislocation 132
shaft furnace 229
shape effect 264
shape memory alloys 466
shear modulus 120
sheelite 495
Shepherd standard sample ... 259
Sherby's formula 156
shielding 563
shock value 154
Shore hardness 143
short range order 38
shot peening 323
shrinkage cavity 42, 236
shrinkage pipe 236
Sievert law 280
silane 445
Silentalloy 126
silicon bronze 471
silicon steel 308
Silicone 446
siliconizing 324
Silumin 361
silver solder 512
single domain particle 557
Sintered Aluminium Powder
  371
sintered carbide alloy 296
size factor 45, 273, 274
size factor compound 46
slag 231, 452
slag inclusion 271
slip 22
slip band 148
slip element 127
slip plane 127
slip system 127
small angle grain boundary 139

small angle X-ray scattering
  366
soaking pit 237
SOFC (Solid Oxide Fuel Cell)
  562
soft magnetic alloy steel 307
soft magnetic material 117
soft soldering 429
softening 253
solder 429
solid laser material 528
solid solution 25, 43
solid solution hardening 165
solidus 49
solution 25
solution temperature 355
solution treatment 355
solvus 55
Sonostone 126
sorbite 60, 249
Southwire Continuous Rod system
  455
spattering method 564
special brass 461
special bronze 463
special cast iron 334
special steel 273
special tool steel 294
specific heat 87
specific strength 343
spherodizing annealing 254
spheroidal graphite cast iron
  333
spherulite 334
spin quantum number 4
spinel lattice 118
spinodal curve 79
spinodal decomposition 79
Spiralkone 309
split aging 365
sponge iron 229
sponge titanium 373
spontaneous magnetization ... 115
spring brass 460
SPZ (super plastic zinc)
  .... 126, 152, 412
stabilization 300
stabilizing annealing 300
stacking fault 134
stainless steel 297
standard half-cell potential 172
standard hydrogen electrode 171

standard tin 427
standing wave 19
statistical mechanics 28
statistical thermodynamics ... 28
statistics 28
steadite 329
steady creep 156
steel filler wire 271
steel ingot 236
Stellite 296
sterling silver 511
Stirling's equation 29
strain hardening 138, 165
strain-rate sensitivity exponent
  151
stray current 416
strength to weight ratio 343
stress concentration factor .. 161
stress corrosion cracking (SCC)
  .... 160, 366, 379
stress induced martensite
  transformation 255
stress intensifying factor 161
stress relief annealing
  .... 176, 253, 265
stretched zone 164
stretcher strain marking 149
striation 159
structural super plasticity ... 150
structure insensitive properties
  87
structure relaxation 552
structure sensitive properties
  87
subgrain 139
sublimation 36
substitutional impurity atom .. 21
substitutional solid solution ... 44
substrate 539
subzero treatment 268
sulphidizing 323
sulphur print 270
super alloys 480
Super Duralumin 358
super elasticity 561
super fine particle (powder)
  537
super high tensile steel 289
super lattice 43
super paramagnetism 538
super plastic zinc 152
super plasticity 150

super saturated solid solution ···· 167
Super Silver alloy ············· 472
superconducting magnet ······ 564
superconductivity ··············· 109
superconductor ··················· 109
superconductor of the first kind ···· 111
superconductor of the second kind ···· 111
supercooling ······················ 38
superfluidity ····················· 109
superheating ······················ 40
superlattice dislocation ········ 565
Supermalloy ······················ 476
surface diffusion ················· 84
Suzuki chemical effect ········ 166
swelling ·························· 563
syntectic ·························· 59
syntectoid ························· 63

T

T-T-T curve ······ 251, 252, 268
tantalite ··························· 496
tarnishing ························· 457
temper aging ····················· 355
Temperature-Time-Transformation curve ·················· 251
tempered martensite ············ 250
tempered sorbite ················· 255
tempering ························· 255
tensile strength ·················· 145
tensile test ······················· 144
terminal solid solution ·········· 43
terne metal ······················· 426
terne sheet ······················· 426
tetragonal ·························· 13
tetrahedral hole ·················· 245
the closest packing type ········· 8
the first rule of thermodynamics ···· 26
the second rule of thermodynamics ···· 27
thermal expansion ················ 96
thermal fluctuation ··············· 38
thermal stress ··················· 263
thermister ························ 555
thermo-elastic effect ············ 123
thermo-mechanical treatment ···· 286
Ticonal ··························· 313

tie line ···························· 64
tie triangle ························ 65
Time-Temperature-Austenizing curve ····················· 322
tin brass ························· 462
tin cry ···························· 428
tin pest ··························· 428
tin plated steel sheet ············ 428
TMCP (Thermo Mechanical Control Process) ········ 568
topological disorder ············· 553
tough pitch copper ··············· 455
toughness ························ 154
tramp element ··················· 569
transformation mechanism ····· 25
transformation stress ··········· 263
transgranular cracking ········· 161
transition temperature ·········· 271
trichlorosilane ··················· 445
triclinic ····························· 13
triple point ························ 31
tritium ···························· 563
troostite ····················· 60, 249
troy unit ·························· 501
true strain ······················· 145
true stress ······················· 145
Tutanaga ························· 405
tuyere ···························· 232
twinning ·························· 126
type metal ························ 425

U

unary system ····················· 25
undercooling ······················ 38
unfavourable ····················· 273
unit cell ···························· 13
unit lattice ························· 13
up-hill diffusion ·················· 79
upper bainite ····················· 251
upper yielding stress ··········· 145

V

vacancy ···························· 21
vacancy cluster ·················· 135
vacancy sink ······················ 22
vacancy source ···················· 22
vacuum melted copper ·········· 456
valence electron ···················· 6
van der Waals force ··············· 9
vapour deposition method ····· 564

variant ···························· 559
Vegard's law ······················ 45
Vickers hardness ················ 143
void ······························· 158
VPN ······························ 143

W

water-line corrosion ············ 175
water toughening ················ 292
wave equation ······················ 4
wave number vector ·············· 19
WEL-TEN ······················ 286
wet corrosion ···················· 171
white cast iron ··················· 328
white gold ························ 503
white heart ······················· 334
white heart cast iron ············ 334
white metal ······················· 432
white spot ················· 234, 270
Wiedemann-Franz's law ······ 103
wire bar ·························· 455
witherite ·························· 395
wolframite ······················· 495
Wood alloy ······················· 434
work hardening ·················· 138
work hardening exponent 146, 151
wustite ···························· 284

X

xenotime ························· 525

Y

Y-alloy ··························· 359
yield elongation ·················· 149
yield ratio ························ 285
yielding ··························· 145
Young's modulus ················ 120

Z

zinc die casting alloy ··········· 410
zinc equivalent ··················· 461
zinc plated steel sheet ·········· 408
Zincalium ························· 409
zincblend ························· 406
Zintl compound ··················· 46
Zircaloy ··························· 490
zircon sand ······················ 488
zirconium copper ················ 472

元素索引

Ag（銀） 509ff
- 物・表 533
- アマルガム 439
- γの値 98
- 銀ろう 382, 512
- 形状記憶合金 561
- 原子炉材料 563
- 合金 510
- 黒変 442
- 固溶度, Al へ 352
- 再結晶 140
- 歯科用合金 508, 509
- 時効, Al-Ag 168
- すべり面 127
- 青銅中の 463
- 接点合金 505, 506
- 繊維強化 548
- せん断応力 129
- 粗鉛中の 414
- 弾性 119, 120
- 添加, Cu へ 457
- ―― Pb 合金へ 423
- ―― Pt へ 519
- 電池 514
- 銅副産物 453
- 熱電対, Ag-Ni 257
- 熱伝導 102
- 白金鉱中の 516
- 比熱（図） 92
- 微粒 538
- ピンクゴールド 505
- 不純物, Mg 合金の 389
- 包析, Ag-Al 63
- ローレンツ数 106
- Ag-Au 43
- AgBe$_2$ 56
- Ag-Pd 522

Al （アルミニウム） 344 ff
- 物・表 400
- 応力腐食, Al-Zn-Mg の 160
- 応力腐食, Ti の 380
- 加工 381, 392
- 還元剤, Ba の 395
- ―― Cs の 399
- ―― Sr の 395
- γの値 98
- 機械的性質 349
- 規格 353
- 共析, Cu-Al の 60
- 金属ガラス 554
- 金属間化合物（耐熱材料） 565
- 形状記憶合金 561
- 固溶体強化 377
- 固溶度, Cu へ 458
- 硬化 165, 167
- 硬化, ステンレス鋼の 301
- 合金 350
- 黒鉛化, 鋳鉄の 330
- 再結晶 140
- SAP 371
- 酸化被膜 176, 180
- 時効, Al 合金の 168
- 弾性 112, 312, 315
- 準結晶 567
- 水素吸蔵合金 559
- すべり面 127
- 製錬, Mn の 487
- ―― Ni の 472
- 繊維強化 170, 548
- せん断応力 129
- 耐熱材料 566
- 耐熱性 303
- 脱酸剤, 製鋼 237, 305
- ―― 鋼の 42, 234
- 弾性 119, 120
- 超塑性, Al 合金の 152
- 超伝導, T_c 109
- 疲れ 158
- 転位 135, 150
- 添加, Zn 合金へ 412
- ―― ステンレス鋼へ 297, 299, 301
- ―― 黄銅へ 461
- ―― 鋼へ 289, 320
- 電子構造 5
- 電線 368
- 鋼の粒度 259, 260
- 薄膜 539
- はんだ 431
- 比熱 92
- 表面硬化, 鋼の 317, 324
- 表面処理 357

不純物, Be の 392
- ―― Ni の 475
- ―― Zn 合金の 410
- 物・化性質 348
- 包析, Ag-Al 63
- 膨張 100, 263
- Mg 合金 386
- 密度 93, 95
- めっき 408
- ヤング率 121
- リサイクル 569
- ローレンツ数 106
- Fe-Al 309

Ar （アルゴン）
- 磁性 112, 115
- 電子構造 5
- 熱伝導 102
- ろう付け 382

As （ヒ素）
- 固溶度, Cu へ 458
- 3重点 36
- 柔鉛 414
- 人工原子 568
- 添加, Al 黄銅へ 462
- ―― Pb-Sb へ 423
- 非晶質 542
- 不純物, Au の 500
- ―― Cu の 454, 456
- ―― Pb の 414
- ―― Sb の 435
- ―― W の 495

Au （金） 500ff
- 物・表 533
- アマルガム 439
- γの値 98
- 金ろう 505
- Ag 合金 510
- Ag の黒変 511
- 形状記憶合金 559, 561
- 合金 501
- 固溶体 43
- 固溶体硬化 167
- 再結晶 140

磁性	すべり	フラーレン
………112	………129	………567
蒸着………540	繊維強化………548	膨張………100
すべり面………127	中間相………46	Ag-C………512
せん断応力………129		Fe-C-X系………276
弾性………119	**Bi（ビスマス）………432ff**	
超微粉………537, 538	物・表………403, 448	**Ca（カルシウム）………393ff**
添加, Ptへ………519	加圧 m.p.………36	物・表………401
電気伝導………106	凝固膨張………37	合金………393
熱電対………507	共晶………74	3重点………36
白金鉱中の………516	合金………433	ずい伴, Srの………395
ピンクゴールド………505	固溶体………43	製法………393
不純物, Cuの………453	磁性………112, 313	Ti製錬………373
────Pbの………414	超塑性………152	超伝導………556
密度………95	超微粉………538	Pbの脱Bi………415
めっき………504	低融点合金………433	バッテリー………423
ローレンツ数………106	Cu精錬, 副産物………453	Vの製法………491
Au-Pd………522	鉛製錬………414ff	半導体………550
Cu-Au………44	薄膜………542	Mg合金………390
	半導体………550	密度………343
B（ボロン）	不純物, Cuの………454	CaMg$_2$………46
化合物………47	Ag-Bi-Cs………513	
固溶度Feへ………273		**Cd（カドミウム）………436ff**
磁石………558	**C（炭素）………229ff**	物・表………403, 448
セメンテーション………324	拡散………85	アマルガム………439
繊維強化………170, 548	共析Fe-C………60	Al用はんだ………431
超伝導………557	結合………9, 550	ガラス着色………442
添加, Alへ………353	工具用鋼………294	共晶合金………74
────鋼へ………290	黒鉛の………330	銀電池………514
鋼の粒度………259	固溶原子, Feへ………273	Agの黒変………511
非晶質………542, 543	磁性, Feの………308, 315	形状記憶合金………559, 561
Fe-B………281, 543	侵入原子………47, 154, 255, 299	合金………437
	ステンレス鋼………297	再結晶………140
Ba（バリウム）………395ff	繊維強化………545, 548	すべり………127
物・表………401	組成, 鉄鋼………232	弾性………120
核燃料………399	炭素鋼………245	超伝導, T_c………109
けい光体………527	窒化鋼の………320	低融点合金………433
合金………395, 396	中間炭化物………265	毒性………417
3重点………36	鋳鉄の………324, 332	ニカド電池………562
磁石………313, 314, 557	超高張力鋼………289	半導体………555
超伝導………556	特殊強靭鋼の………287	LiCd………46
密度………95, 343	ナノカプセル………568	
	燃料電池………562	**Ce（セリウム）………524**
Be（ベリリウム）………391ff	非晶質………542	物・表………534
物・表………401	不純物, Zrの………489	黒鉛球状化………333
Al-Mg合金への添加………363, 390	────純鉄の………241	触媒………528
固溶硬化………166	────銑鉄の………231, 328	白鋳化………330
固溶度, Alへ………352	────Tiの………373	Mg-Ce合金………387
────Cuへ………458	────Niの………475	
────Feへ………273	────Beの………392	**Cl（塩素）**
酸化被膜………180	鋼の………317, 320, 324	形状記憶合金………560, 561

不純物, Ti の	373	
——— Be の	392	
Mg 鋳造	390	

Co（コバルト） 483ff

物・表	530
一方向凝固	549
応力腐食割れ, Ti	380
拡散	85
γ-ループ型	275
金属ガラス	554
合金	484
Co 基合金	296
固溶体硬化	167
固溶度, Cu へ	458
磁石	527, 558
磁性	112, 115, 306, 311, 314
触媒	528, 551
人工原子	568
切削性	381
炭化物	277
中間相	46, 47
超高張力鋼	289
鋼, 焼入れ	260
薄膜	539, 540
非晶質, Co-Si-B	543
微粒	538
表面硬化	324
不純物, Ni の	474
密度	95

Cr（クロム） 484ff

物・表	530
アルミ電線	365
応力腐食	161
拡散	85
γ-ループ	275
強靭鋼	288
高張力鋼	285
固溶度, Cu へ	458
磁石	312
磁性	307, 315
ステライト	296
ステンレス鋼	297〜299
耐クリープ性, 鋼への	302
中間相	46
超塑性	152
超微粉	538
添加, 工具鋼へ	294
添加元素, 鋳鉄への	327, 330, 335

電気伝導度	106
電着	540
熱処理, 鋼の	266
鋼中の	287
薄膜	540
微粒	538
表面硬化, 軟鋼の	324
不純物, 銑鉄の	232
腐食	175
防食	176, 180
密度	95
めっき	485
レーザー材料	528
ろう接用合金	522
Al-Zn-Mg 合金	366
Al-Zn-Mg-Cu 合金	367
Cr-Mo 鋼	288
Fe-Cr 合金	310
Zn 合金	411

Cs（セシウム） 399

物・表	402, 403
形状記憶合金	560, 561
固溶体	43
光電子管	513
密度	343

Cu（銅） 451ff

物・表	530
Al-Cu の硬化	167, 168, 169
アマルガム	439
X 線窓	393
エピタクシー	539, 540
γ の値	98
規格	353
共析	60
銀ろう	382, 512
硬化	167
合金	457
高張力鋼	285
高電導用合金	471
高力鋳鉄	335
固溶体	43
固溶度, Al へ	352
再結晶	140
再融	63
3 重点	36
産出	483, 509
歯科用合金	509
軸受合金	514

時効 Cu-Be	169
磁石	312
磁性	315
純銅	454
水素吸蔵合金	559
ステンレス鋼	299, 297, 301
すべり面	127
製錬	452
製錬副産物 (Bi)	432
青銅	427
せん断	129
線膨張	263
耐候性鋼	302
耐力	166
弾性	119, 120
超塑性 Cu-Al	152
Ti の表面加工	381
超伝導	556, 557
添加, Al へ	345, 362
——— Al-Zn へ	366
——— Pb 合金へ	426
——— 鋳鉄へ	327, 330
電気伝導度	106
鉛の精製	414
反磁性	112, 115
非晶質 CuZr	542
微粒子	538
ピンクゴールド	504, 505
不純物, Zn 合金の	410, 412
——— Al の	348, 363
——— 銑鉄の	232
——— 炭素鋼の	270
——— 鉛の合金	414
——— Mg 合金の	385
Be の製錬	391
包晶	57
防食	176
包析	63
密度	95
ヤング率	121
洋白	472
リサイクル	570
Ag-Cu	510〜512
Al-Cu	354
Al-Cu-Mg	358
Al-Cu-Mg-Ni	359
Al-Si-Cu	362
Al-Zn-Mg-Cu	367
Cu-Al	465
Cu-Be	468

605

Cu-Mg-P-Ag ……………… 472	純鉄…………………………… 241	Fe-Si-Al, Fe-Cr …………… 310
Cu-Mn ……………………… 470	触媒………………… 528, 551	
Cu-Ni ……………………… 466	浸炭, 鋼 …………………… 317	**Ga**（ガリウム）………… **440ff**
Cu-Ni-Al, Cu-Ni-Si ……… 467	水素吸蔵合金 ……………… 559	物・表 ………………… 403, 449
Cu-Ni-Zn ………………… 468	ステンレス鋼 ……………… 297	凝固膨張 …………………… 37
Cu-Pb ……………………… 470	すべり ……………………… 127	固溶度, Alへ ……………… 352
Cu-Sn ……………………… 462	製鋼 ………………………… 234	──── Cuへ ……………… 458
Cu-Zn ……………………… 459	製錬 ………………………… 231	人工原子 …………………… 568
CuZn, Cu₃Au, CuAu ……… 44	繊維強化合金 ……………… 548	超伝導, T_c ………………… 109
MgCu₂ ……………………… 46	炭素鋼 …………………… 245ff	半導体 ……………………… 555
Pt 合金 …………………… 519	炭素鋼 0.2C>, 0.25～0.45C… 271	微粒 ………………………… 538
Sn-Sb-Cu ………… 428, 432	──── 0.45～0.6C, 0.6C<, … 272	
	弾性 ………………… 119, 120	**Gd**（ガドリニウム）…… **524ff**
Dy（ディスプロジウム）	鋳鉄 …………………… 327ff	物・表 ……………………… 534
物・表 ……………………… 534	超塑性 Fe-Ni ……………… 152	原子力 ……………………… 528
原子力 ……………………… 528	超微粉 ……………………… 538	磁性 ……………… 113, 306, 527
磁性 ………………… 113, 527	鉄黄銅 ……………………… 462	レンズ ……………………… 528
	鉄系スーパーメタル ……… 568	
Er（エルビウム）	添加, Alへ ………… 362, 363	**Ge**（ゲルマニウム）…… **444ff**
物・表 ……………………… 534	電位 ………………………… 173	物・表 ……………………… 450
磁性 ………………… 113, 527	電気伝導度 ………………… 106	凝固膨張 …………………… 37
	熱サイクル（環境超塑性）… 153	金ろう ……………………… 505
Eu（ユーロピウム）	熱伝導度 …………………… 102	結合 ………………………… 9
物・表 ……………………… 534	非晶質 ……………………… 543	降伏 ………………………… 148
原子炉 ……………………… 528	比熱 ………………………… 92	固溶度, Alへ ……………… 352
発光 ………………………… 527	微粒 ………………………… 538	──── Cuへ ……………… 458
	不純物, Alの ……… 348, 358, 361	超伝導 ……………………… 557
F（フッ素）	──── Auの ……………… 500	熱伝導度 …………………… 102
氷晶石, Al ………………… 346	──── Cuの ……… 454, 457	半導体 ……………… 554, 555
	──── Mnの ……………… 487	非晶質 ……………………… 542
Fe（鉄）………………… **227ff**	──── Niの ……………… 473	
物・表 ……………………… 242	──── Tiの ……………… 377	**H**（水素）
アマルガム ………………… 439	腐食 ………………………… 175	拡散, Feへ ………………… 85
インバー …………………… 293	変態硬化 …………………… 170	化合物 ……………………… 47
拡散 …………………… 83, 85	ホイスカー ………………… 137	固溶, Feへ ………… 273, 277
鐘青銅 ……………………… 463	ボーキサイト ……………… 345	触媒 ………………………… 524
γ の値 ……………………… 98	防食 ………………………… 180	水素脆性 …………… 161, 380
γ-ループ型 ………………… 275	膨張 ………………………… 100	電子構造 …………………… 5
共析 ………………………… 60	密度 ………………………… 95	燃料電池 …………………… 562
強磁性 ……………… 113, 243	リサイクル ………………… 569	不純物, Alの ……………… 348
形状記憶合金 ……………… 560	歴史 ………………………… 228	──── 純鉄の …………… 241
固溶体硬化 ………………… 167	Fe-Al ……………………… 309	──── 銑鉄の …………… 232
固溶度, Cuへ ……………… 458	Fe-B系 …………………… 281	──── Tiの ……………… 373
鋼 …………………………… 236	Fe-C系 …………………… 278	──── Cuの ……………… 454
再結晶 ……………………… 140	Fe-C-X系 ………………… 276	──── 鋼の ……… 269, 270
3重点, 変態点 ………… 36, 37	Fe-H系 …………………… 282	Fe-H ……………………… 282
産出 ………………… 483, 516	Fe-N系 …………………… 280	
シグマ相 …………………… 46	Fe-Ni-Al系（磁）………… 311	**He**（ヘリウム）
磁石 ………………………… 558	Fe-O系 …………………… 284	磁性 ………………………… 112
磁性 ………………… 112, 113	Fe-Si ……………………… 308	侵入型合金, Feへ ………… 277

超流動 … 109	KNa₂ … 46	添加，鋳鉄へ … 327, 330, 334
電子構造 … 5		添加元素，シルミンへの … 362
熱伝導度 … 102	**Kr**（クリプトン）	Pbの脱Bi … 415
	磁性 … 115	Vの製法（Kroll法）… 492
Hf（ハフニウム）	電子構造 … 5	光電子管 … 513
物・表 … 532		不純物，Ti中 … 373
超伝導，T_c … 109	**La**（ランタン）… **524**	Be製錬 … 391
不純物，Zrの … 488, 489	物・表 … 534	防食 … 177
Nb-Hf … 498	合金元素 … 300	密度 … 93, 344
	触媒 … 528	Al-Cu-Mg … 358
Hg（水銀）… **437ff**	水素吸蔵合金 … 559	Al-Cu-Mg-Ni … 359
物・表 … 403, 447	超伝導 … 556	Al-Mg … 362
アマルガム … 438	超伝導，T_c … 109	Al-Mg-Si … 364
3重点 … 36	ナノカプセル … 568	Al-Mn-Mg … 364
製錬 … 437		Al-Zn-Mg … 365
超伝導 … 109	**Li**（リチウム）… **396ff**	Al-Zn-Mg-Cu … 367
超伝導，T_c … 109	物・表 … 402, 403	Ba-Mg … 395
不純物，Auの … 500	銀ろう … 512	Mg-Al, Mg-Zn … 386
焼入浴，鋼の … 257, 258	固溶度，Alへ … 352	Mg-Mn, Mg-Zr, Mg-Ce … 387
Hg-Tl合金 … 441	脱酸剤，Cuの … 456	Mg-Th, Mg-Li … 388, 389
	密度 … 93, 343	
Ho（ホルミウム）	LiCd … 46	**Mn**（マンガン）… **487ff**
物・表 … 534	Mg-Li … 389	物・表 … 531
磁性 … 113, 527		アマルガム … 439
	Lu（ルテチウム）… **524**	応力腐食割れ，Tiの … 380
I（沃素）	物・表 … 534	拡散 … 85
高圧 … 550		γ-ループ型 … 275
	Mg（マグネシウム）… **382ff**	規格 … 353
In（インジウム）… **439**	物・表 … 400	銀ろう … 512
物・表 … 403, 449	Zn合金，不純物 … 410, 412	形状記憶合金 … 560
共晶 … 74	アルミニウム線 … 370	高張力鋼 … 285
銀ろう … 512	加工法 … 390	高Mn鋼 … 291
人工原子 … 568	規格 … 353	固溶度，Cuへ … 458
超伝導，T_c … 109	希土類の分離 … 526	磁材 … 541
低融点合金 … 433	金属間化合物 … 46	磁性 … 307, 313, 315
銅副産物 … 453	減衰能 … 126	準結晶 … 567
用途 … 440	合金 … 386	ステンレス鋼 … 299
	降伏，Al-Mg合金 … 150	炭素鋼の不純物 … 269
Ir（イリジウム）	固溶度，Alへの … 352	超高張力鋼 … 289
物・表 … 532, 533	再結晶 … 140	超微粉 … 538
硬化剤 … 519	実用合金 … 389	低合金工具鋼 … 294
超伝導，T_c … 109	水素吸蔵合金 … 558	添加，Mgへ … 385
	すべり面 … 127	添加元素，シルミンへの … 362
K（カリウム）… **398ff**	製錬 … 383	———実用合金への … 352, 358
物・表 … 402, 403	せん断 … 129	———鋳鉄への … 330, 332
合晶，K-Pb, K-Zn … 60	塑性変形 … 129	電気伝導度 … 105
固溶体 … 43	弾性 … 120	特殊強靱鋼 … 287
磁気能率 … 115	超塑性，Mg合金 … 152	鋼中の … 291
すべり面 … 127	超伝導 … 557	鋼の熱処理 … 266, 267
密度 … 343	Ti製錬 … 373	白鋳化 … 330

微粒 538	── 鋼の 237, 269, 278	すべり 127
不純物, 純鉄の 241	── 純鉄の 232	製錬 472, 473
── 銑鉄の 231	Fe-N 265, 280	せん断 129
── Ti 中の 373, 378	NO$_x$ 240	繊維, Ni 合金 548
── 鋳鉄の 327		弾性 119
マンガン黄銅 462	**Na**（ナトリウム） **398ff**	超塑性, Ni 合金 152
── 化合物 47	物・表 402, 403	ニカド電池 562
── 団塊 483	化合物 46, 47	鋼中の 287
── 電池 562	合晶, Na-Zn 60	非晶質, Ni 合金 543
Al-Mg-Mn 364	金属間化合物 46, 47	微粒 538
Al-Mn 360	磁性 115	不純物 474
Al-Zn-Mg-Mn 366	すべり面 127	Ni-Be 482
Mg-Mn 387	Ti 製錬 373	Ni-Cr 478
	密度 93, 95	Ni-Cu 466
Mo（モリブデン） **495ff**		Ni-Fe 475
物・表 532	**Nb**（ニオブ） **497ff**	Ni-Mo 477
応力腐食割れ, Ti の 380	物・表 532	
化合物, 中間相 46	一方向凝固 549	**O**（酸素）
γ の値 98	応力腐食, Ti の 380	応力腐食, Ti の 380
金属間化合物, 超伝導 T_c 110	金属間化合物 110	酸化被膜 177, 178
高速度鋼 295	磁石 315	磁性 112
高張力鋼 285	水素吸蔵合金 559	触媒 528
高 Mn 鋼中の 292	ステンレス鋼 299, 300, 301	脱酸素, Cu の 456
高力鋳鉄 335	繊維強化合金 548	── ガス精製 524
再結晶 140	超高張力鋼 289	超伝導 556
酸化 180	超伝導 555, 557	電子構造 5
磁性 315	超伝導, T_c 109, 416	燃料電池 562
ステンレス鋼 299	低温比熱 91	白鋳化 330
すべり 127	溶着 325	不純物, Al の 348
耐候性鋼 302		── Cu の 454
耐熱性特殊鋼 302, 303	**Nd**（ネオジム） **525**	── Zr の 490
弾性 119	物・表 534	── 純鉄の 241
窒化, 鋼材の 320	磁石 558	── 侵入型固溶 154, 277
超高張力鋼 289	触媒 528	── 銑鉄の 232, 333
低合金工具鋼 294		── Ti の 373, 375, 377
白鋳化 330	**Ne**（ネオン）	── 炭素鋼の 269
Cr・Mo 鋼 288	磁性 115	腐食, Al の 175
	電子構造 5	Fe-O 284
N（窒素）		
拡散 85	**Ni**（ニッケル） **472ff**	**Os**（オスミウム） **515**
化合物 47	物・表 530	物・表 532, 533
ガス軟窒化法 325	一方向凝固 Ni 合金 549	超伝導, T_c 109
固溶, Fe へ 273, 277	拡散 85	白金硬化剤 519
浸炭窒化 318	γ の値 98	
青熱脆性 255	強磁性 558	**P**（リン）
添加, ステンレス鋼へ 297, 299, 301	金属間化合物（耐熱材料） 565	銀ろう 512
── 鋼へ 292, 305	形状記憶合金 559	組成, 銑鉄 232
不純物, Zr の 490	再結晶 140	── 鋳鉄 329
── Al の 348	磁性 113	耐摩耗鋳鉄 335
── Ti の 373, 375	水素吸蔵合金 559	脱酸剤, 製銅 463

低温用特殊鋼·················· 305
添加元素，シルミンへの ········· 362
―――― 耐候性鋼 ············· 302
―――― 不純物 ··············· 301
非晶質，Fe-P ··················· 543
不純物，純鉄の ················ 241
―――― 銑鉄の ················ 231
―――― 炭素鋼の ·············· 269
―――― 鋳鉄の ················ 327
―――― Cuの ·················· 456
―――― 鋼の ·················· 234

Pb（鉛）··················· 412ff
物・表 ···················· 403, 447
アマルガム ···················· 439
γの値 ························· 98
ケーブル用 ···················· 426
活字合金 ······················ 425
共晶合金 ······················· 74
結晶化 ························· 41
合金 ·························· 420
再結晶 ························ 140
再結晶温度 ···················· 408
3重点 ·························· 36
軸受合金 ········· 395, 424, 432, 514
水道用鉛管 ···················· 422
すべり ························ 127
製錬 ·························· 413
弾性 ····················· 119, 120
蓄電池 ························ 422
超塑性合金 ···················· 152
超伝導，T_c ··············· 109, 110
疲れ ·························· 160
低融点合金 ···················· 433
特殊青銅 ······················ 463
鉛黄銅 ························ 462
鉛合金，合晶 ··················· 60
鉛蓄電池 ······················ 562
バッテリー ················ 394, 423
はんだ ··················· 428, 430
比熱 ··························· 92
不純物，Zn合金の ············· 410
―――― Cdの ·················· 436
―――― Sbの ·················· 435
―――― 純金の ················ 500
―――― Cu地金の ········ 454, 456
膨張 ······················ 99, 100
密度 ······················· 93, 95
リサイクル ···················· 570
Pb-Sb ························ 420

Pd（パラジウム）············515
物・表 ························ 533
ガラス金属 ···················· 554
合金 ····················· 522, 523
歯科用合金 ········· 508, 509, 522
触媒 ················· 523, 524, 528
添加元素，不変色銀へ ········· 511
電子化合物 ····················· 47
熱電対 ························ 520
薄膜 ················ 539, 540, 542
非晶質，Pd-Si ················· 543
Ag-Pd ························ 512
Au-Pd固溶体 ··················· 43

Pm（プロメチウム）·········524
物・表 ························ 534

Pr（プラセオジム）
物・表 ························ 534
ガラス金属 ···················· 554
触媒 ·························· 528

Pt（白金）················515ff
物・表 ························ 533
γの値 ························· 98
合金 ····················· 519, 521
固溶体硬化，Co-Pt ············ 167
再結晶 ························ 140
歯科用合金 ············· 508, 509
磁石 ·························· 527
磁性 ·························· 112
触媒 ················ 523, 528, 551
接点用合金 ·············· 505, 506
添加元素，不変色銀へ ········· 511
電極 ·························· 171
電子化合物 ····················· 47
熱電対 ························ 520
薄膜 ·························· 542
副産物，Cu製錬の ············· 453
密度 ··························· 95
Pt-Co ························ 521
Pt-Rh ························ 520

Rb（ルビジウム）············399
物・表 ···················· 402, 403
密度 ·························· 343

Re（レニウム）·············493
物・表 ························ 532
超伝導，T_c ··················· 109

Rh（ロジウム）············515
物・表 ························ 533
合金 ····················· 522, 523
触媒 ·························· 528
電着膜 ························ 542
Fe-Rh ························ 167
Pt-Rh ························ 520

Ru（ルテニウム）··········515
物・表 ···················· 532, 533
硬化材 ························ 519
合金 ·························· 522
触媒 ·························· 528

S（硫黄）
W製錬 ························ 495
添加元素，耐摩耗鋳鉄 ········· 335
灰鋳鉄成分 ···················· 332
白鋳化 ························ 329
半導体 ························ 555
表面硬化銅 ···················· 323
不純物，Auの ················· 500
―――― Sbの ·················· 435
―――― 純鉄の ················ 241
―――― 銑鉄の ······ 231, 232, 234
―――― 炭素鋼の ·············· 269
―――― 鋳鉄の ················ 327
―――― 低温用特殊鋼の ········ 305
―――― Cu地金の ·············· 454
―――― Niの ·················· 474
Mg鋳造 ······················ 390
SO_x除去 ···················· 240

Sb（アンチモン）··········435ff
物・表 ···················· 403, 448
活字合金 ······················ 425
過冷却 ························· 38
凝固膨張 ······················· 37
ケーブルシース用鉛合金 ······· 426
固溶体Bi-Sb ··················· 43
軸受合金 ······················ 424
磁性 ·························· 112
柔鉛 ·························· 414
触媒 ·························· 528
添加元素，不変色銀 ··········· 511
はんだ ························ 431
非晶質 ························ 542
副産物，Cu製錬の ············· 453
不純物，純金の ················ 500
―――― 粗Pbの ················ 414

———Cu 地金の ……… 454	——— Mn の ……… 487	Sn-Sb-Cu ……… 428
Pb-Sb合金 ……… 420	ホイスカー ……… 137	**Sr**（ストロンチウム）…… **394ff**
Tl 合金 ……… 441	用途 ……… 446	物・表 ……… 401
	Al-Mg-Si ……… 364, 367, 368	高圧下 ……… 550
Sc（スカンジウム）……**524**	Al-Mg-Si 時効 ……… 168	合金 ……… 395
物・表 ……… 534	Al-Si ……… 361	磁石 ……… 557
密度 ……… 343	Al-Si-Cu ……… 362	超伝導 ……… 556
	Fe-Si-Al ……… 310	密度 ……… 343
Se（セレン）……… **442**		
物・表 ……… 450	**Sm**（サマリウム）……**525**	**Ta**（タンタル）……… **496ff**
高圧 ……… 550	物・表 ……… 534	物・表 ……… 532
添加, 鋼へ ……… 297, 299	原子炉材 ……… 528	一方向凝固 Ta-C ……… 549
半導体 ……… 555	磁石 ……… 558	γの値 ……… 98
非晶質 ……… 542	用途 ……… 527	合金 ……… 495
副産物（銅の）……… 453		再結晶 ……… 140
用途 ……… 442	**Sn**（すず）……… **427ff**	繊維強化合金 ……… 548
	物・表 ……… 403, 447	超伝導, T_c ……… 109
Si（シリコン・けい素）… **444ff**	アマルガム ……… 439	TaC ……… 47
物・表 ……… 450	m.p.加圧 ……… 36	
規格 ……… 353	応力腐食割れ, Ti ……… 380	**Tb**（テルビウム）………**524**
凝固膨張 ……… 37	活字合金 ……… 425	磁性 ……… 113, 527
金ろう ……… 505	γの値 ……… 98	物・表 ……… 534
形状記憶合金 ……… 560	共晶合金 ……… 74	
けい素鋼 ……… 308	共析反応 Cu-Sn ……… 60	**Tc**（テクネチウム）
結合 ……… 9	金ろう ……… 505	物・表 ……… 532
降伏 ……… 148	結合 ……… 9	
固溶度, Al に対する ……… 352	結晶化 ……… 41	**Te**（テルル）……… **443ff**
——— Cu への ……… 458	固溶体強化, Ti 合金 ……… 377	物・表 ……… 450
実用 Al 合金 ……… 358	固溶度, Cu への ……… 458	高圧下 ……… 550
シルミン ……… 361	再結晶 ……… 140	添加, Pb へ ……… 426
製造 Cs ……… 399	再融反応 Cu-Sn ……… 63	銅副産物 ……… 453
組成, 鋳鉄 ……… 332	軸受合金 ……… 424, 514	白鋳化 ……… 330
耐熱鋳鉄 ……… 335	軸受用 ……… 432, 514	
脱酸剤, Cu の ……… 456	柔鉛 ……… 414	**Th**（トリウム）………**525**
添加元素, 工具鋼へ ……… 294	スズ黄銅 ……… 462	製造 ……… 394
——— 高張力鋼へ ……… 285	弾性 ……… 120	Mg-Th ……… 388
——— ステンレス鋼へ ……… 299	超塑性, Sn 合金 ……… 152	
——— 耐候性鋼へ ……… 302	超伝導 ……… 553	**Ti**（チタン）……… **372**
電子構造 ……… 5	超伝導, T_c ……… 109	物・表 ……… 400
熱処理, 鋼の ……… 266	低融点合金 ……… 433	$\alpha+\beta$ 型 ……… 378
半導体 ……… 105, 444, 554	添加元素, ジルカロイへ ……… 490	α-安定型 ……… 377
非晶質 ……… 542, 543	——— Pb 合金への ……… 423	β-安定型 ……… 377
表面硬化, 鋼 ……… 324	——— 不変色銀へ ……… 511	応力腐食 ……… 379
不純物, Al の ……… 348	特殊黄銅 ……… 461	加工法 ……… 381
——— 純鉄の ……… 241	はんだ ……… 430, 431	γ-ループ型 ……… 275
——— 銑鉄の ……… 229, 231, 232	被覆ターンシート ……… 426	規格 ……… 353
——— 炭素鋼の ……… 269	不純物, Zn 合金の ……… 410	共析反応 ……… 60
——— Ti の ……… 373	——— 粗鉛 ……… 414	形状記憶合金 ……… 559
——— 鋳鉄の ……… 327, 329, 330	Cu-Sn ……… 462	軽量, 耐熱, 耐酸化材料 ……… 566
——— Ni の ……… 473	Sn-Pb ……… 428	

固溶体 … 43	超伝導, T_c … 109	固溶度, Cu へ … 458
固溶度, Cu への … 458	熱サイクル … 153	再結晶 … 140
合金 … 377	Pb-U … 60	3重点 … 36
磁石 … 313		すべり … 127
磁性 … 315	**V（バナジウム） … 491ff**	製錬 … 405, 406
将来の材料としての … 536	物・表 … 531	せん断 … 129
水素吸蔵合金 … 558	金属間化合物, 超伝導 … 110	弾性 … 120
すべり … 127, 129	合金 … 492	超伝導, T_c … 109
製錬 … 373	炭化物 … 277	電位 … 173
耐候性鋼 … 302	超伝導, T_c … 109	熱サイクル … 153
脱酸剤, 鋼の … 42, 305	添加, 高張力鋼へ … 286	半導体 … 555
炭化物合金 … 296	───高力鋳鉄へ … 335	不純物, Cd の … 436
超塑性 … 152	───超高張力鋼へ … 289	密度 … 95
添加元素, Al 合金へ … 258	鋼粒度の微細化 … 259	めっき … 408
─── Y 合金へ … 360	Fe-V … 275	リサイクル … 570
─── ステンレス鋼へ	VC … 47	
… 297, 299〜301		**Zr（ジルコニウム） … 488ff**
─── 鋳鉄へ … 335	**W（タングステン） … 495ff**	物・表 … 531
─── 超高張力鋼へ … 289	物・表 … 532	金属ガラス … 554
灰鋳化 … 330	拡散 … 85	原子力 … 563
鋼粒度の微細化 … 259	γ の値 … 98	合金 … 490
表面溶着 … 325	再結晶温度 … 140	水素吸蔵合金 … 558
不純物, Al の … 348	すべり … 127	製錬 … 488
─── 銑鉄の … 232	繊維強化合金 … 548	脱酸剤, 鋼の … 305
ボーキサイト … 345	弾性 … 119, 120	超伝導, T_c … 109
密度 … 93, 95	超伝導, T_c … 109	熱サイクル … 153
Nb-Ti … 498	表面溶着 … 324, 325	鋼粒度の微細化 … 259
TiC … 47	Ag-W … 512	密度 … 95
TiFe$_2$ … 46	WC … 47, 296	Mg-Zr … 387
Tl（タリウム） … 441	**Y（イットリウム） … 524**	**希土類 … 524ff**
物・表 … 449	物・表 … 534	物・表 … 534
物性 … 403	合金 … 526	金属ガラス … 554
NaTl … 46	超伝導 … 556	鉱石 … 526
	レーザー材料 … 528	磁性 … 557
Tm（ツリウム）		水素吸蔵合金 … 558
物・表 … 534	**Yb（イッテルビウム）**	性質, 用途 … 527
磁性 … 113, 527	物・表 … 534	製錬 … 526
	高圧下 … 550	
U（ウラン）		**白金属 … 515ff**
原子力 … 563	**Zn（亜鉛） … 405ff**	物・表 … 533
資源 … 341	物・表 … 403, 447	合金 … 519
製錬 … 394	合金 … 409	触媒 … 523

状態図索引

2元系状態図

- Ag-Al ……… 62
- Ag-Au ……… 502
- Ag-Cu ……… 510
- Ag-Pt ……… 518
- Al-Cu ……… 62, 465
- Al-Cu（Al側）……… 167, 355
- Al-Cu（Cu側）……… 61
- Al-Mg ……… 363
- Al-Mg$_2$Si擬2元系（Al側）……… 365
- Al-MgZn$_2$擬2元系（Al側）……… 366
- Al-Mn（Al側）……… 360
- Al-Si ……… 361
- Al-Ti ……… 566
- Al-Zn ……… 62, 365
- Au-Cu ……… 502
- Au-Ge ……… 506
- Au-Ni ……… 503
- Au-Pd ……… 504
- Au-Pt ……… 518
- Au-Si ……… 506
- Au-Sn ……… 506
- B-Fe ……… 282
- Be-Cu ……… 469
- Be-Ni ……… 482
- Ce-Mg ……… 388
- C-Fe ……… 246
- C-Fe（Fe側）……… 248
- Co-Pt ……… 522
- Cr-Fe ……… 298
- Cr-Fe（Fe側）……… 275
- Cr-Ni ……… 478
- Cu-Mn ……… 471
- Cu-Ni ……… 467
- Cu-Pb ……… 470
- Cu-Pt ……… 518
- Cu-Sn ……… 463
- Cu-Zn ……… 459
- Fe-Fe$_3$C（Fe側）……… 61
- Fe-H（Fe側，予想図）……… 283
- Fe-Hf（Fe側）……… 275
- Fe-Mn ……… 291
- Fe-Mo（Fe側）……… 275
- Fe-N（Fe側）……… 280
- Fe-Nb（Fe側）……… 275
- Fe-Ni ……… 475
- Fe-O（Fe側）……… 284
- Fe-Re（Fe側）……… 275
- Fe-Ta（Fe側）……… 275
- Fe-Ti（Fe側）……… 275
- Fe-V（Fe側）……… 275
- Fe-W（Fe側）……… 275
- Fe-Zr（Fe側）……… 275
- Ir-Pt ……… 520
- Li-Mg ……… 388
- Mg-Mn（Mg側）……… 387
- Mg-Th ……… 388
- Mg-Zn ……… 386
- Mg-Zr（Mg側）……… 387
- Mo-Ni ……… 477
- Ni-Pt ……… 518
- Pb-Sb ……… 421
- Pb-Sn ……… 428
- Pb-Zn ……… 406
- Pt-Rh ……… 520
- Ta-Zr ……… 62

3元系状態図

- Cu-Ni-Zn ……… 468
- Fe-C-Ni（徐冷組織範囲）……… 287
- Fe-Cr-Ni（恒温断面）……… 299
- Fe-C-Si（Si 2%, 4%断面）……… 328
- Fe-Mn-C（13% Mn断面）……… 292

4元系状態図

- Fe-W-Cr-C系（垂直切断図）……… 295

著者紹介

西川　精一（にしかわ　せいいち）

　　1919年10月　奈良に生まれる
　　1944年 9月　東京帝国大学第二工学部冶金学科卒業
　　1948年 8月　東京大学第二工学部講師
　　1971年 6月　東京大学生産技術研究所教授
　　　　　　　（金属材料学部門担当）
　　1980年 9月　定年退官
　　現在　　　 東京大学名誉教授

新版　金属工学入門（しんぱん　きんぞくこうがくにゅうもん）

著　者	西川 精一　©	2001年6月30日　初版 第1刷発行 2003年8月31日　2版 第1刷発行 2006年8月31日　2版 第2刷発行
発行者	比留間 柏子	
発行所	株式会社 アグネ技術センター 〒107-0062 東京都港区南青山5－1－25 北村ビル 電話 03 (3409) 5329（代表）・FAX 03 (3409) 8237 振替 00180－8－41975	
印刷・製本	株式会社 平河工業社	Printed in Japan, 2001, 2003, 2006

落丁本・乱丁本はお取り替えいたします。
定価の表示は表紙カバーにしてあります。

ISBN4－900041－92－0 C3057